한솔아카데미가 답이다!
토목기사·토목산업기사 인터넷 강좌

한솔과 함께라면 빠르게 합격 할 수 있습니다.

단계별 완전학습 커리큘럼

기초핵심 – 정규이론과정 – 모의고사 – 마무리특강의 단계별 학습 프로그램 구성

기초핵심 (기초역학) ▶ **정규강의** (이론+문풀) ▶ **모의고사** (시험 2주전) ▶ **블랙박스 특강** (우선순위핵심)

토목기사·토목산업기사 유료 동영상 강의

구 분	과 목	담당강사	강의시간	동영상	교 재
필 기	응용역학	안광호	약 22시간		
	측량학	고길용	약 31시간		
	수리학 및 수문학	한웅규	약 20시간		
	철근콘크리트	고길용	약 25시간		
	토질 및 기초	박광진	약 29시간		
	상하수도공학	이상도	약 17시간		
	기사 과년도	과목별 교수님	약 62시간		
	산업기사 과년도	과목별 교수님	약 41시간		

• 유료 동영상강의 수강방법 : www.inup.co.kr

HANSOL INFO
수험생이 알아야 할 출제경향

 최근의 출제문제를 중심으로 분석한 출제빈도와 중요내용입니다.

과목	단원명	출제문항수	세부항목
응용역학	1. 힘과 모멘트	1~2	평형해석, 부정정차수, sin법칙
	2. 단면의 성질	2	단면2차모멘트, 단면계수, 도심
	3. 재료의 역학적성질	2	프아송비, 변형량, 비틀림응력, 주응력
	4. 정정보	3~4	휨모멘트 계산, 반력계산
	5. 보의 응력	1~2	휨응력, 전단응력
	6. 라멘 아치 트러스	2	라멘의 휨모멘트, 3힌지의 수평반력, 트러스의 부재력
	7. 기둥	2	최대압축응력, 좌굴길이, 오일러 좌굴하중, 세장비
	8. 처짐 탄성변형	3~4	보의 처짐, 트러스처짐, 휨변형에너지
	9. 부정정구조	2~3	변위일치법, 모멘트분배법
계		20	
측량학	1. 측량학개론	1~2	측지학분류, 지구형상, 좌표계, 지구물리측정
	2. 거리측량	1	방법, 보정값, 관측값 해석
	3. 평판측량	1~2	3요소, 측량방법, 오차
	4. 수준측량	2~3	용어, 기포관감도, 교호, 지반고계산, 야장기입
	5. 각측량	1~2	측량방법, 트랜싯, 각오차
	6. 기준점측량	2	트래버스 종류, 관측오차, 계산문제, 조정, 삼각망, 조건식수, 삼변측량
	7. 스타디아지형측량	2~3	원리와 공식, 오차, 지성선, 등고선, 기입방법
	8. 면적체적측량	2	직선면적, 곡선면적, 체적계산, 면적분할
	9. 노선측량	3	단곡선, 설치방법, 완화곡선, 클로소이드, 종단곡선
	10. 하천측량	1~2	정의, 수위관측소, 유속측정방법
	11. 사진측량	2	특성, 특수3점, 항공사진축척, 시차차, 중복도, 사진매수, 입체시, 표정, 사진지도, 원격탐측
계		20	
수리학 및 수문학	1. 유체의 기본성질	1	표면장력, 비중, 공학단위, 차원
	2. 정수역학	2~3	전수압, 피토관, 부체상태
	3. 동수역학	3	연속방정식, 운동방정식, 항력, 마찰저항, 흐름상태
	4. 오리피스와 위어	2~3	위어의 유량, 오리피스 유속
	5. 관수로	2~3	마찰손실수두, 유속계수, 펌프마력
	6. 개수로	3	비에너지, 경심, 도수에너지, 최대유량조건
	7. 지하수	1~2	투수계수, 유량계산, 지하수유속, 여과수량
	8. 수문학 일반	2~3	수문기상, 물의순환과정
	9. 증발과 유출	2~3	단위도, 합리식
계		20	

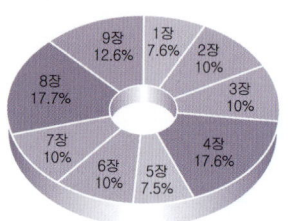

응용역학

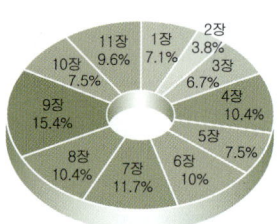

측량학

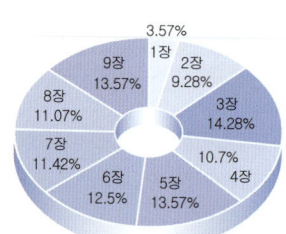

수리학 및 수문학

과목	단원명	출제문항수	세부항목
철근콘크리트 및 강구조	1. 기본개념	1	성립이유, 콘크리트강도, 철근종류
	2. 설계방법	1	설계법 비교, 기본가정
	3. 강도설계법	4~5	단철근직사각형보, 복철근직사각형보, T형보, 처짐균열
	4. 전단설계법	3	전단철근종류, 철근량, 간격, 전단마찰
	5. 정착과 이음	1~2	철근상세, 부착, 정착, 이음
	6. 기둥	1~2	구조세목, 단주해석, 장주해석
	7. 슬래브	1	종류, 설계, 구조상세, 2방향슬래브
	8. 옹벽 확대기초	1	안정조건, 옹벽설계, 기초소요면적
	9. PSC	3	정의 특징, 재료, 분류, 기본개념, 손실
	10. 강구조 교량	3~4	리벳이음, 고장력볼트, 용접이음, 교량
계		20	

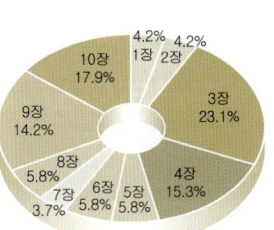

철근콘크리트 및 강구조

과목	단원명	출제문항수	세부항목
토질 및 기초	1. 흙의 기본적성질	2~3	상관관계, 단위무게, 연경지수, 통일분류법
	2. 흙의 투수성과 침투	2	다르시법칙, 투수계수, 유선망특성
	3. 유효응력	2~3	모관영역의 유효응력, 침투수압, 분사현상
	4. 흙의 압축성	1~2	압밀도, 선행압밀하중, 압밀시간계산, 침하량계산
	5. 흙의 전단강도	3~4	전단강도계산, 배수방법에따른 삼축압축, 전단특성, 간극수압계수
	6. 토압	1	랜킨의 토압이론, 정지토압계수, 토압계산
	7. 사면의 안정	1	유한사면의 안정, 무한사면의 안정
	8. 흙의 다짐	2	다짐곡선의 성질, 다짐특성, 현장다짐
	9. 기초	2~3	얕은기초지지력계산, 말뚝의 지지력, 부마찰력, 군말뚝, 공기케이슨
	10. 연약지반개량공법	2	개량공법의 종류, 샌드드레인, 페이퍼드레인, 컴포저 공법, 바이브로플로테이션, 사운딩
계		20	

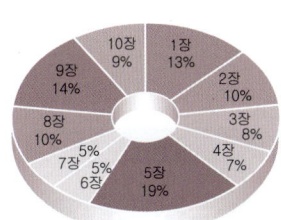

토질 및 기초

과목	단원명	출제문항수	세부항목
상하수도공학	1. 상수도시설계획	2~3	상수도 구성, 급수인구 급수량산정
	2. 수질관리	1~2	먹는 물 수질기준, 자정작용, 부영양화
	3. 수원과 취수	2	수원 및 취수지점 선정요건, 종류
	4. 상수관로시설	2~3	도수·송수·배수·급수계획, 관로설계공식
	5. 정수장시설	3	정수방법, 시설, 배출수처리시설
	6. 하수도시설계획	3~4	하수도구성 계통, 하수배제방식, 계획하수량산정
	7. 하수관로시설	2~3	하수관로계획, 하수도관, 우수조정지
	8. 하수처리장시설	3~4	하수처리방법, 처리시설, 오니처리시설
	9. 펌프장시설	2	계획, 종류, 관련식, 펌프특성곡선
계		20	

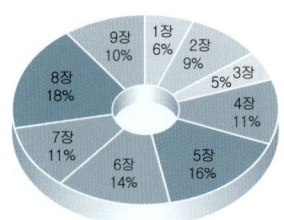

상하수도공학

200% 학습법 — 본 도서를 구매하신 분께 드리는 혜택

본 도서를 구매하신 후 홈페이지에 회원등록을 하시면 아래와 같은 학습 관리시스템을 이용하실 수 있습니다.

무료동영상 (3개월 제공)

토목기사·토목산업기사 합격은 출제경향 및 기출학습에서 갈린다

- 최근 3개년 기출문제 제공
- 2026년 대비 출제경향분석

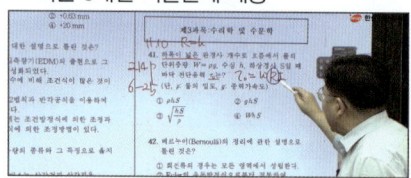

전국 모의고사

토목기사·토목산업기사 시험일 2주전 실시 (세부일정은 인터넷 전용 홈페이지 참조)

- 전국 실전모의고사
- 토목기사 실기 동영상강좌 할인쿠폰
  모의고사 결과 상위 10% 이내 회원은 토목기사 실기 동영상 강좌 30,000원 할인쿠폰

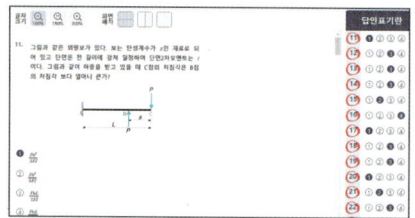

CBT 모의고사

토목기사·토목산업기사 CBT모의고사

- 토목기사 6회
  - CBT대비 기사 6회 실전테스트
    - CBT 토목기사 6회분
    - 2023년, 2024년, 2025년 과년도
- 토목산업기사 6회
  - CBT대비 산업기사 6회 실전테스트
    - CBT 토목산업기사 6회분
    - 2023년, 2024년, 2025년 과년도

[등록절차] 도서구매 후 뒷표지 회원등록 인증번호를 확인하세요.

포켓북 제공 — 일주일 완성! 핵심정리 120제

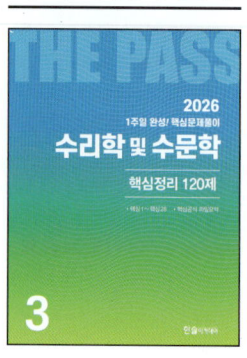

수리학 및 수문학
THE PASS
2026 1주일 완성/핵심문제풀이
수리학 및 수문학
핵심정리 120제

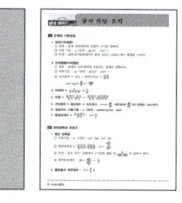

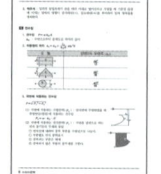

THE PASS

2026
토목기사·산업기사 시리즈

수리학 및 수문학

기출문제 무료동영상
핵심정리 120제
CBT 모의고사

3

한솔아카데미

HANSOLACADEMY

머리말

　수리·수문학은 토목의 한 분야로서 인간이 존재하는 모든 영역과 관련이 있는 중요한 분야입니다. 이러한 관점에서 본서에서는 십 수년간 강의를 해온 저자의 집약된 성과물로서 토목기사, 토목산업기사 및 공무원 수험 및 승진준비에 대비하여 객관식 문제를 풀 수 있도록 기본이론에서부터 과년도 기출문제 및 예상문제까지 자세한 해설과 함께 수록하고자 하였습니다.

　본서에서는 대부분 사람들의 넉넉지 못한 학습시간을 고려하여 다음과 같은 특징을 갖고 구성하였습니다.

> **이 책의 특징을 요약하면 다음과 같다.**
> **첫째** : 이론부분의 오른쪽 지면에 「학습 point」를 두어 이론부분의 이해와 암기를 돕고자 하였다.
> **둘째** : 각 장의 단원별 이론적인 부분과 직접 관련있는 문제들을 핵심문제에 수록하여 수험생들의 이론내용을 보다 쉽게 이해하도록 하였다.
> **셋째** : 각 단원의 이론부분 시작지면을 항상 왼쪽 지면에 배치·구성하므로써 학습자들의 시각적 측면의 편의성에 기여를 하고자 하였다.
> **넷째** : 각 장에서 세부목차를 두어 탐색이 간편하도록 하였다.
> **다섯째** : 각 장별 기출문제 및 예상문제를 임의로 배열하므로써 학습자가 예상문제를 풀 때 수험문제 형태의 효과를 기대하고자 하였다.
> **여섯째** : 해설에 있어 기본공식을 활용하여 문제해결이 되도록 노력하므로써 수험생들의 공식암기를 최소화하고자 하였다.

　이상과 같은 점에 역점을 두어 구성하였으며 수험문제가 객관식 문제인 학습 특성을 고려하여 정답을 쉽게 찾을 수 있는 방법들을 가능한 한 수록하였습니다.

　하여튼 본서가 수험생 여러분의 목적을 달성하고자 하는데 큰 보탬이 되었으면 하는 마음 간절하여 큰 보탬이 된다면 저자로서는 큰 보람이 될 것입니다.

　끝으로 독자 여러분들의 수리·수문학에 대한 끊임없는 관심과 본서에 대한 질책이 함께 하기를 바라며 앞으로도 계속 수정·보완할 것을 약속드립니다. 본 교재가 탄생하기까지 여러번의 수정작업과 인고의 어려움 속에서도 좋은 책을 만들고자 애써주신 「한솔아카데미」 임직원 여러분께 깊은 감사의 마음을 전합니다.

저자 드림

"한솔아카데미" 교재는 앞서갑니다.

교재구성 특징

각 항목별 단원에 학습방향을 두어 흐름을 파악할 수 있습니다.
본문에 들어가기전 핵심을 체크하면서 쉽고 간단하게 학습에 몰입할 수 있도록 해드립니다.

각 핵심문제를 통해서 시험의 유형을 파악할 수 있습니다.
본문내용의 흐름에 맞추어 핵심문제를 구성하여 핵심문제를 완벽하게 풀 수 있도록 해설을 명쾌하게 구성하였습니다.

각문제마다 출제비중을 알게 하였습니다
[09,21,22㉮] 출제횟수를 한눈에 파악할 수 있게 하여 출제경향을 파악할 수 있게 하였습니다.

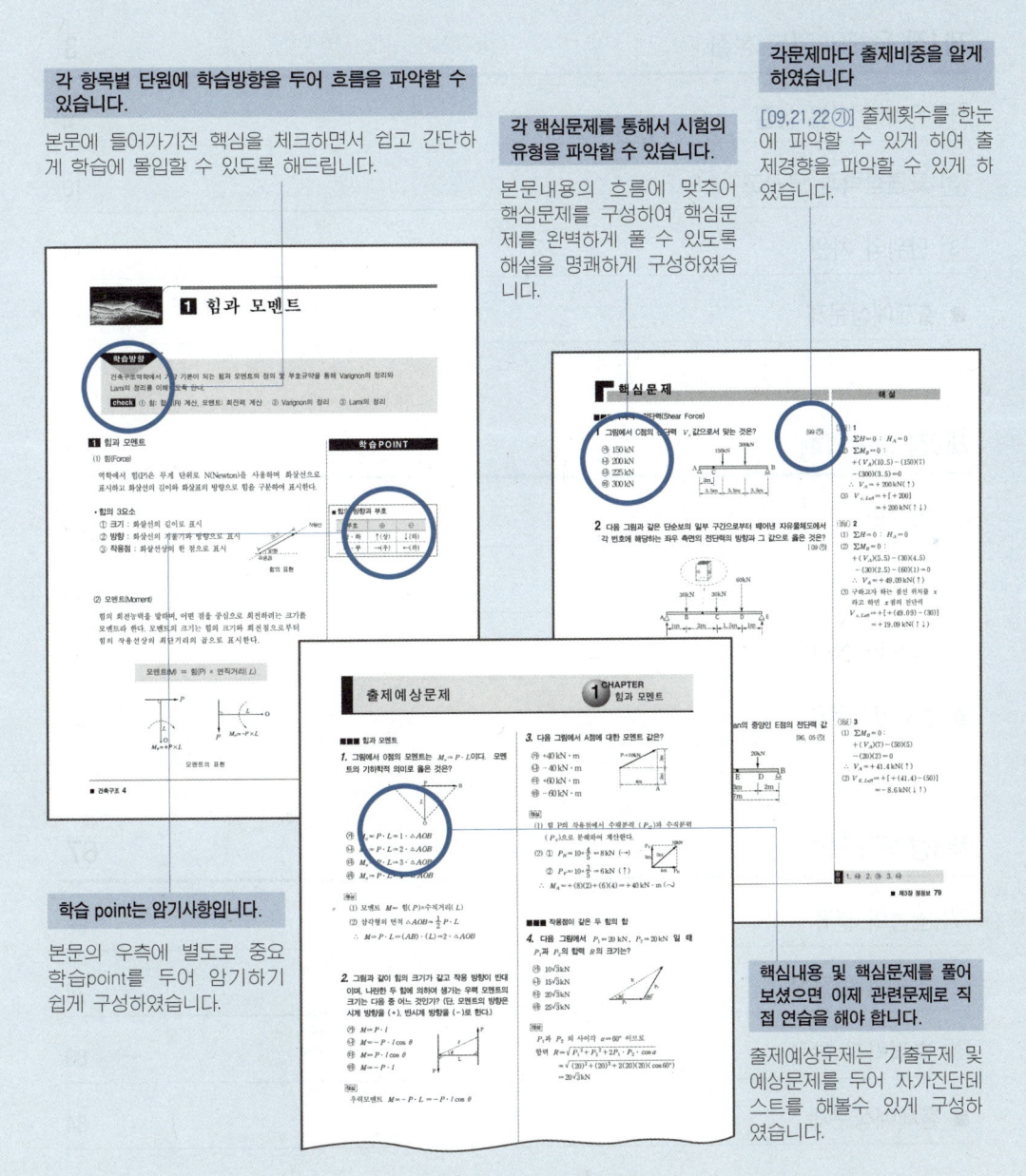

학습 point는 암기사항입니다.
본문의 우측에 별도로 중요 학습point를 두어 암기하기 쉽게 구성하였습니다.

핵심내용 및 핵심문제를 풀어 보셨으면 이제 관련문제로 직접 연습을 해야 합니다.
출제예상문제는 기출문제 및 예상문제를 두어 자가진단테스트를 해볼수 있게 구성하였습니다.

목 차

제1장 유체의 기본 성질   3

1. 유체의 기본 성질   4
2. 표면장력과 모관고   10
3. 단위와 차원   14
- 출제예상문제   18

제2장 정수역학   23

1. 정수압   24
2. 전수압   28
3. 부체와 상대정지   34
- 출제예상문제   40

제3장 동수역학   67

1. 흐름의 분류   68
2. 흐름의 방정식   74
3. 충격력과 항력   80
- 출제예상문제   84

제4장 오리피스와 위어　　　　　　　　　　　　　　　　　　　　109

1	오리피스와 유량	110
2	위어와 유량	116
3	유량 오차	122
■	출제예상문제	126

제5장 관수로　　　　　　　　　　　　　　　　　　　　　　　　　137

1	관수로 일반	138
2	마찰 손실 공식	142
3	유량과 배수시간	148
4	동력과 수격작용	154
■	출제예상문제	158

제6장 개수로　　　　　　　　　　　　　　　　　　　　　　　　　173

1	개수로의 평균유속	174
2	한계수심과 흐름판별	180
3	비력과 수면형	186
4	해안수리	192
■	출제예상문제	196

제7장 지하수와 상사　　　　　　　　　　　　　　　　211

1　지하수　　　　　　　　　　　　　　　　　　　　212

2　지하수 유량과 소류력　　　　　　　　　　　　　218

3　수리학적 상사　　　　　　　　　　　　　　　　224

■　출제예상문제　　　　　　　　　　　　　　　　226

제8장 수문학 일반　　　　　　　　　　　　　　　　239

1　수문학　　　　　　　　　　　　　　　　　　　　240

2　강수　　　　　　　　　　　　　　　　　　　　　244

3　평균우량　　　　　　　　　　　　　　　　　　　250

■　출제예상문제　　　　　　　　　　　　　　　　256

제9장 증발과 유출　　　　　　　　　　　　　　　　265

1　증발과 침투　　　　　　　　　　　　　　　　　266

2　유출　　　　　　　　　　　　　　　　　　　　　270

3　수문곡선　　　　　　　　　　　　　　　　　　　276

■　출제예상문제　　　　　　　　　　　　　　　　282

부 록 : 과년도 출제문제

■ 토목기사

1	2021 토목기사 과년도 출제문제	3
2	2022 토목기사 과년도 출제문제	18
3	2023 토목기사 과년도 출제문제	33
4	2024 토목기사 과년도 출제문제	47
5	2025 토목기사 과년도 출제문제	62

■ 토목산업기사

1	2023 토목산업기사 과년도 출제문제	77
2	2024 토목산업기사 과년도 출제문제	86
3	2025 토목산업기사 과년도 출제문제	95

CBT 대비 토목기사, 토목산업기사 실전테스트는 홈페이지 (www.inup.co.kr)에서 CBT 모의 TEST로 함께 체험하실 수 있습니다.

■ CBT대비 기사 6회 실전테스트
- CBT 토목기사 제1회 (2025년 제1회 과년도)
- CBT 토목기사 제2회 (2025년 제3회 과년도)
- CBT 토목기사 제3회 (2024년 제1회 과년도)
- CBT 토목기사 제4회 (2024년 제3회 과년도)
- CBT 토목기사 제5회 (2023년 제1회 과년도)
- CBT 토목기사 제6회 (2023년 제3회 과년도)

■ CBT대비 산업기사 6회 실전테스트
- CBT 토목산업기사 제1회 (2025년 제1회 과년도)
- CBT 토목산업기사 제2회 (2025년 제3회 과년도)
- CBT 토목산업기사 제3회 (2024년 제1회 과년도)
- CBT 토목산업기사 제4회 (2024년 제3회 과년도)
- CBT 토목산업기사 제5회 (2023년 제1회 과년도)
- CBT 토목산업기사 제6회 (2023년 제4회 과년도)

제3과목

수리학 및 수문학
(과년도 기출문제 분석수록)

유체의 기본성질 01
정수역학 02
동수역학 03
오리피스와 위어 04
관수로 05
개수로 06
지하수와 상사 07
수문학 일반 08
증발과 유출 09

출제기준

- 토목기사 필기 (적용기간 : 2026. 1. 1 ~ 2027. 12. 31)

자격종목	주요항목	세부항목	세세항목
수리학 및 수문학	1. 수리학	1. 물의 성질	1. 점성계수 2. 압축성 3. 표면장력 4. 증기압
		2. 정수역학	1. 압력의 정의 2. 정수압 분포 3. 정수력 4. 부력
		3. 동수역학	1. 오일러방정식과 베르누이식 2. 흐름의 구분 3. 연속방정식 4. 운동량방정식 5. 에너지 방정식
		4. 관수로	1. 마찰손실 2. 기타손실 3. 관망 해석
		5. 개수로	1. 전수두 및 에너지 방정식 2. 효율적 흐름 단면 3. 비에너지 4. 도수 5. 점변 부등류 6. 오리피스 7. 위어
		6. 지하수	1. Darcy의 법칙 2. 지하수 흐름 방정식
		7. 해안 수리	1. 파랑 2. 항만구조물
	2. 수문학	1. 수문학의 기초	1. 수문 순환 및 기상학 2. 유역 3. 강수 4. 증발산 5. 침투
		2. 주요 이론	1. 지표수 및 지하수 유출 2. 단위 유량도 3. 홍수추적 4. 수문통계 및 빈도 5. 도시 수문학
		3. 응용 및 설계	1. 수문모형 2. 수문조사 및 설계

- 토목산업기사 필기 (적용기간 : 2026. 1. 1 ~ 2027. 12. 31)

자격종목	주요항목	세부항목	세세항목
수자원설계 (전) 수리학	1. 수리학	1. 물의 성질	1. 점성계수 2. 압축성 3. 표면장력 4. 증기압
		2. 정수역학	1. 압력의 정의 2. 정수압 분포 3. 정수력 4. 부력
		3. 동수역학	1. 오일러방정식과 베르누이식 2. 흐름의 구분 3. 연속방정식 4. 운동량방정식 5. 에너지 방정식
		4. 관수로	1. 마찰손실 2. 기타손실 3. 관망 해석
		5. 개수로	1. 효율적 흐름 단면 2. 비에너지 및 도수 3. 점변 부등류 4. 오리피스 및 위어

제1장 유체의 기본 성질

출제경향분석

수리학을 배우는데 있어 유체에 관한 기본성질인 밀도, 단위중량, 비중, 점성 등의 기본개념을 명확히 숙지해야 하고 압축성, 표면장력 및 단위와 차원에 대해서도 그 의미와 기본원리를 파악하므로써, 앞으로 계속 사용되는 유체의 기본성질 및 단위에 대한 자심감을 갖는다. 시험 출제에 있어서도 매번 거의 빠지지 않고 1~2문제씩 출제가 되고 있다.

단원별 경향분석

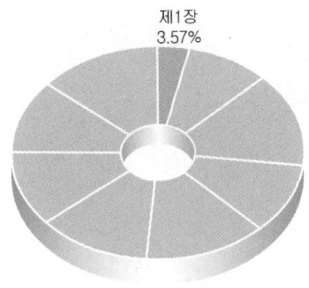

토목기사

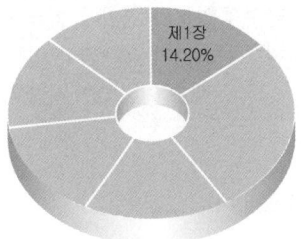

토목산업기사

항목별 경향분석

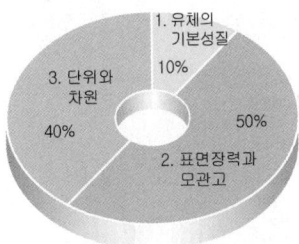

토목기사

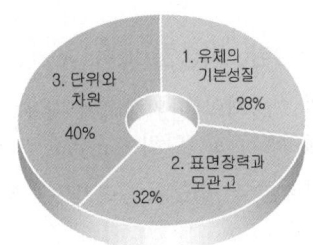

토목산업기사

1 유체의 기본 성질

> **학습방향**
> 수리학을 처음 배우는 시작의 문턱에서 꼭 알고 지나가야 할 기본용어의 개념을 파악함으로써 수리학 분야의 기초를 다져야 한다.
> ① 밀도(비질량) ② 중량 ③ 단위중량(비중량) ④ 비체적
> ⑤ 비중 ⑥ 전단응력(내부마찰력) ⑦ 점성계수

1 밀도(=비질량) (density)

① 정의 : 물체 단위체적당 질량의 크기를 말한다.
② 사용 기호 : ρ (단위 : g/cm^3, t/m^3)
③ 밀도

$$\rho = \frac{m}{V} = \frac{w}{g}$$

④ 특성 : 표준대기압하에서의 물의 밀도는 3.98℃에서 최댓값($1g/cm^3$)을 가지며, 약 4℃를 기준으로 온도의 증가 또는 감소에 따라 밀도의 값이 작아진다.

> ※ 물은 크게 2종류로 구분한다.
> • 담수 : 염분의 침입이 없는 하천수 등을 일컫는다.
> • 해수 : 염분이 용해되어 있는 바닷물 등을 일컫는다.
>   해수의 밀도는 일반적으로 $1.025g/cm^3$이다

학습POINT

■ 밀도

온도(℃)	0	4	10
물의 밀도 kg/m^3	999.84	999.97	999.70

표준대기압 : 상온에서의 대기압력 크기를 말하며 일반적으로 1기압이다.

2 중량(weight)

① 정의 : 어떤 물체가 중력가속도를 받고 있을 때의 무게이다.
② 사용기호 : W (단위 : g, kg, t)
③ 중량 = 질량 × 중력가속도 = 단위 중량 × 체적

$$W = mg = wV$$

■ 일반적으로 중력가속도의 크기는 $9.8m/sec^2$이다.

■ 질량은 중력의 영향이 없는 경우 물체 고유의 무게이다.

3 단위중량(=비중량) (unit weight)

① 정의 : 물체의 단위체적에 작용하는 물체의 중량이다.
② 사용기호 : w (단위 : g/cm^3, t/m^3)
③ 단위중량 = 밀도 × 중력가속도 = $\dfrac{중량}{체적}$

$$w = \rho g = \frac{W}{V} = \frac{mg}{V}$$

※ 담수인 경우 표준대기압 상태에서 단위중량은 1g/cm³이다.
※ 해수인 경우 염분의 농도에 따라 약간의 차이가 있으나 일반적으로 단위중량은 1.025g/cm³이다.
④ 특성 : 물의 단위중량은 온도 약 4℃에서 최대값(1g/cm³)을 가지며 이때 밀도도 최대값이 된다.

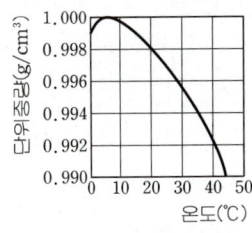

물의 단위중량과 온도의 관계

온 도[℃]	-10	0	4	10	15	20	25	30
단위중량[g/m³]	0.9979	0.9998	1.0	0.9997	0.9991	0.9982	0.9970	0.9956

4 비체적

① 정의 : 단위중량의 역수로써 나타낸다. 즉, 단위중량에 대한 물체 체적의 크기를 말한다.
② 사용 단위 : cm³/g, m³/t
③ 비체적 = $\frac{1}{단위중량}$

$$비체적 = \frac{1}{w}$$

5 비중

① 정의 : 물(담수)을 기준으로 하여 다른 물체와의 특성비를 나타낸다.
② 사용기호 : γ (단위 : 단위가 없다)
③ 비중 = $\frac{물체의 밀도}{물의 밀도}$ = $\frac{물체의 단위중량}{물의 단위중량}$

= $\frac{물체의 질량}{동일 체적의 물의 질량}$ = $\frac{물체의 중량}{동일 체적의 물의 중량}$

$$\gamma = \frac{\rho}{\rho_w} = \frac{w}{w_w} = \frac{m}{m_w} = \frac{W}{W_w}$$

④ 특성 : 어떤 유체의 비중을 알고 있으면 그 유체(물체)의 밀도, 단위중량 등을 파악할 수 있다.

■ 예) 내 몸의 비중은?
[단계]
① 물로 가득 찬 욕조에 들어갔을 때 넘쳐진 물의 중량을 측정한다.
② 내 몸무게를 물의 중량으로 나눈다.
③ 상수값이 내 몸의 비중이다.

6 전단응력(=내부마찰력)

① 정의 : 단위면적당의 마찰력(힘)의 크기이다.
② 사용기호 : τ (단위 : g/cm², kg/cm²)

③ 전단응력 = 점성계수 × 속도경사

$$\tau = \mu \times \frac{dv}{dy}$$

속도경사 $\left(\frac{dv}{dy}\right)$의 단위는 /sec이다.

※ 전단응력식을 따르는 유체를 뉴우톤 유체라 하며 따르지 않는 유체를 비뉴우톤 유체라 한다.

■ 속도(m/sec)를 거리(m)로 미분하면 속도경사가 되며 단위는 /sec가 된다.

■ 수리학에서 물은 일반적으로 뉴우톤 유체로 간주한다.

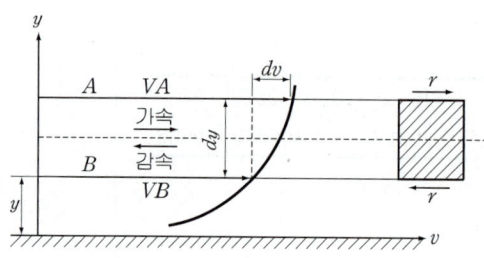

Newton의 점성법칙

7 점성계수(coefficient of viscosity)

① 정의 : 유체사이에서 마찰의 원인이 되는 유체의 성질을 말한다. 즉 속도차가 있는 유체입자 내부에서 유체의 흐름을 균등한 속도로 만들려고 내부적으로 조절작용을 일으키게 하는 유체의 성질.

② 사용기호 : μ (단위 : poise=g/cm·sec)

$$1 \text{ poise} = 100 \text{ centipoise} = 1\text{g/cm·sec}$$

③ 점성계수와 온도 (0℃ < t < 50℃)

$$\mu = \frac{0.0179}{1 + 0.0337t + 0.000221t^2} \text{ (g/cm·sec)}$$

※ 유동계수 = $\frac{1}{\text{점성계수}}$

※ 동점성계수(coefficient of kinematic viscosity)
    사용기호 : v (단위 : stokes = cm²/sec)

동점성계수 = $\frac{\text{점성계수}}{\text{밀도}}$ $v = \frac{\mu}{\rho}$

■ 암기방법

식의 형태를 숙지한다.

$$\mu = \frac{\square}{t^0 + \triangle t^1 + \circ t^2}$$

(t^0 은 1이다.)

물의 점성계수와 동점성계수

온 도(℃)	0	5	10	15	20	30
$\mu \times 10^5 (\text{g·s/cm}^2)$	1.83	1.55	1.34	1.17	1.03	0.83
$v \times 10^2 (\text{cm}^2/\text{s})$	1.79	1.51	1.31	1.15	1.01	0.804

■ 숙지방법

일정한 온도하에서 물에 외부의 압력이 작용하면 점성계수는 작아진다.

핵심문제

1 물의 성질에 대한 설명으로 옳지 않은 것은? [20 산]
① 물의 점성계수는 수온이 높을수록 그 값이 커진다.
② 공기에 접촉하는 물의 표면장력은 온도가 상승하면 감소한다.
③ 내부마찰력이 큰 것은 내부마찰력이 작은 것보다 그 점성계수의 값이 크다.
④ 압력이 증가하면 물의 압축계수(C_W)는 감소하고 체적탄성계수(E_W)는 증가한다.

2 어떤 액체의 밀도가 1.02×10^{-3}g·sec²/cm⁴이라면 이 액체의 단위 중량은? [97 22 ㉮, 15 산]
① 1g/cm³
② 2g/cm³
③ 98g/cm³
④ 980g/cm³

3 유체의 기본 성질에 대한 설명으로 틀린 것은? [12 산]
① 압력변화와 체적변화율의 비를 체적탄성계수라 한다.
② 압축률과 체적탄성계수는 비례관계에 있다.
③ 액체와 기체의 경계면에 작용하는 분자 인력을 표면장력이라 한다.
④ 액체 내부에서 유체분자가 상대적인 운동을 할 때, 이에 저항하는 전단력이 작용한다. 이 성질을 점성이라 한다.

4 체적이 4m³, 중량이 12ton인 액체의 비중은? [87 98 ㉮, 14 산]
① 3.0
② 4.1
③ 1.0
④ 2.1

5 체적이 10m³인 물체가 물 속에 잠겨있다. 물 속에서의 물체의 무게가 13t이었다면 물체의 비중은? [14 산]
① 2.6
② 2.3
③ 1.6
④ 1.3

해설

해설 1
점성계수
$$\mu = \frac{\square}{t^0 + \Delta t^1 + \bigcirc t^2}$$
수온이 높을수록 작아진다.

해설 2
단위중량
$w = \rho g$
$\quad = 1.02 \times 10^{-3}\text{g·sec}^2/\text{cm}^4 \times 980\text{cm/sec}^2$
$\quad = 1\text{g/cm}^3$
참고) 단위중량=밀도×중력가속도

해설 3
$C = \dfrac{1}{E}$, 반비례 관계

해설 4
비중 = $\dfrac{\text{물체의 단위중량}}{\text{물의 단위중량}}$ 에서
단위중량 = $\dfrac{\text{중량}}{\text{체적}}$ 이다.
그러므로 비중 = $\dfrac{\text{물체의 단위중량}}{\text{물의 단위중량}}$
에서 물의 단위중량은 1t/m³이고
물체의 단위중량 = $\dfrac{\text{물체의 중량}}{\text{물체의 체적}}$
$\quad = \dfrac{12\text{t}}{4\text{m}^3} = 3.0\text{t/m}^3$
그러므로 비중 = $\dfrac{3}{1} = 3.0$

해설 5
$wV + M = w'V' + M'$
$w \times 10 + 0 = 1 \times 10 + 13$
$w = \dfrac{23}{10} = 2.3\text{t/m}^3$

정답 1. ① 2. ① 3. ② 4. ① 5. ②

6 물에 대한 성질을 설명한 다음 중 옳지 않은 것은? [14 산]

① 점성은 수온이 높을수록 작아진다.
② 동점성계수는 수온에 따라 변하며 온도가 낮을수록 그 값은 크다.
③ 물은 일정한 체적을 갖고 있으나 온도와 압력의 변화에 따라 어느 정도 팽창, 또는 수축을 한다.
④ 물의 단위중량은 0℃에서 최대이고 밀도는 4℃에서 최대이다.

7 액체와 기체와의 경계면에 작용하는 분자간의 인력에 의한 힘은? [15 가]

① 모관현상
② 점성력
③ 표면장력
④ 내부마찰력

8 물의 점성계수의 단위는 g/cm·sec이다. 동점성 계수의 단위는? [02 가, 17 산]

① cm^3/sec
② cm/sec^2
③ sec/cm^2
④ cm^2/sec

9 유체의 점성(viscosity)에 대한 설명으로 옳은 것은? [19 23 산]

① 유체의 비중을 알 수 있는 척도이다.
② 동점성 계수는 점성 계수에 밀도를 곱한 값이다.
③ 액체의 경우 온도가 상승하면 점성도 함께 커진다.
④ 점성 계수는 전단응력(τ)을 속도 경사$\left(\dfrac{\partial v}{\partial y}\right)$로 나눈 값이다.

10 흐르는 유체에 대한 마찰응력의 크기를 규정하는 뉴우톤의 점성법칙 함수는? [13 산]

① 압력, 속도, 점성계수
② 각속도, 속도경사, 점성계수
③ 온도, 점성계수
④ 점성계수, 속도경사

해 설

해설 6
물의 밀도나 단위중량은 4℃에서 최대이고, 온도가 높아지거나 낮아지면 감소한다.
단위중량=밀도×중력가속도
그러므로 밀도가 최대가 되면 단위중량도 최대가 된다.

해설 7
• 액체와 기체 : 표면장력(액체의 응집력에 의하여 그 표면적을 최소로 하려는 힘)
• 내부마찰력 : 흐름속도가 다를 경우 같아질려고 하는 힘
• 액체와 고체 : 부착력
• 응집력 : 액체와 액체사이에 서로 잡아당기는 힘
• 모관현상 : 응집력과 부착력에 의해 연직의 관속에 수면이 상승하는 현상

해설 8
동점성계수
$\nu = \dfrac{\mu}{\rho}$
$= \dfrac{g/cm \cdot sec}{g/cm^3} = \dfrac{g \cdot cm^3}{g \cdot cm \cdot sec}$
$= cm^2/sec$

해설 9
$\nu = \dfrac{\mu}{\rho}$ 그러므로
점성계수 $\mu = \nu \cdot \rho$이다.
$\mu = \dfrac{\Box}{t^0 + \Delta t^1 + \Delta t^2}$
전단응력 $\tau = \mu \cdot \dfrac{du}{dy}$
즉, $\mu = \dfrac{\tau}{\dfrac{du}{dy}}$이다.

해설 10
전단응력 : τ
$\tau = -\mu \cdot \dfrac{dv}{dy}$
= 점성계수 × 속도구배(속도경사)

정답 6. ④ 7. ③ 8. ④ 9. ④ 10. ④

11 물의 밀도(ρ), 점성계수(μ) 그리고 동점성계수 γ와의 사이에 상관식이 옳게 기술된 것은? [96 16 산]

① $\rho = \dfrac{\gamma}{\mu}$
② $\rho = \dfrac{\mu}{\gamma - 1}$
③ $\gamma = \dfrac{\rho}{\mu}$
④ $\gamma = \dfrac{\mu}{\rho}$

해설 11

동점성계수 = $\dfrac{점성계수}{밀도}$

즉, $\gamma = \dfrac{\mu}{\rho}$

12 두 개의 수평한 판이 5mm 간격으로 놓여 있고, 점성계수 0.01N·s/cm²인 유체로 채워져 있다. 하나의 판을 고정시키고 다른 하나의 판을 2m/s로 움직일 때 유체 내에서 발생되는 전단응력은? [17 20 가]

① 1N/cm^2 ② 2N/cm^2
③ 3N/cm^2 ④ 4N/cm^2

해설 12

$\tau = \mu \cdot \dfrac{dV}{dg}$
$= 0.01\,\text{N}\cdot\text{s/m}^2 \times \dfrac{200}{0.5}(/\text{sec})$
$= 4\,\text{N/cm}^2$

13 부피 50m³인 해수의 무게(W)와 밀도(ρ)를 구한 값으로 옳은 것은?(단, 해수의 단위중량은 1.025t/m³) [19 가]

① $W = 5\text{t}$, $\rho = 0.1046\text{kg}\cdot\text{sec}^2/\text{m}^4$
② $W = 5\text{t}$, $\rho = 104.6\text{kg}\cdot\text{sec}^2/\text{m}^4$
③ $W = 5.125\text{t}$, $\rho = 104.6\text{kg}\cdot\text{sec}^2/\text{m}^4$
④ $W = 51.25\text{t}$, $\rho = 104.6\text{kg}\cdot\text{sec}^2/\text{m}^4$

해설 13

$W = wV$
$= 1.025 \times 50 = 51.25\text{t}$
$w = \rho g$
$\rho = \dfrac{w}{g} = \dfrac{1.025\text{t/m}^3}{9.8\text{m/sec}^2}$
$= 0.1046\text{t}\cdot\text{sec}^2/\text{m}^4$
$= 104.6\text{kg}\cdot\text{sec}^2/\text{m}^4$

14 물의 점성계수를 뮤(μ), 동점성계수를 뉴(ν), 밀도를 로(ρ)라 할 때 다음 중에서 맞는 것은? [96 10 18 가]

① $\mu = \dfrac{\nu}{\rho}$
② $\rho = \mu\nu$
③ $\nu = \dfrac{\mu}{\rho}$
④ $\dfrac{1}{\mu} = \rho\nu$

해설 14

동점성계수 = $\dfrac{점성계수}{밀도}$

즉, $\nu = \dfrac{\mu}{\rho}$

점성계수(μ)의 단위는 Poise 또는 g/cm·sec를 사용한다. 동점성계수(ν)의 단위는 cm²/sec 또는 stokes를 사용한다.

15 용적이 5.8m³인 액체의 중량이 62.3N(6.35ton)일 때, 비중은? [13 19 22 산]

① 0.955 ② 1.095
③ 1.215 ④ 1.395

해설 15

$\gamma = \dfrac{M}{W} = \dfrac{6.35}{5.8} = 1.095$

정답 11. ④ 12. ④ 13. ④ 14. ③ 15. ②

2 표면장력과 모관고

학습방향

유체의 특성부분으로써 유체가 가지고 있는 성질을 파악하여 유체를 이해하는데 도움이 된다.
① 평균 압축율   ② 표면장력
③ 모관상승고   ④ 유체의 분류

1 평균 압축율(modulus of compressibility)

① 정의 : 존재하는 모든 유체는 압력에 의해 압축이 되는데 압축되는 평균 압축율은 각 유체마다 다르다.
② 사용기호 : C (단위 : cm^2/kg, cm^2/g)
③ 평균압축율 = $\dfrac{\text{부피의 변화율}}{\text{압력의 변화량}}$

$$C = \dfrac{\dfrac{dV}{V}}{dP}$$

④ 특성 : 물은 10℃ 상태에서 1기압에 대해 약 $\dfrac{5}{100,000}$씩 압축이 된다.

※ 체적탄성계수 : E (단위 : g/cm^2, kg/cm^2) = $\dfrac{\text{압력의 변화량}}{\text{부피의 변화율}}$

$$E = \dfrac{dP}{\dfrac{dV}{V}} = \dfrac{1}{C}$$

학습POINT

■ 암기
압축율은 매우 작으므로 분모에는 큰 수(dP), 분자에는 작은 수 $\left(\dfrac{dV}{V}\right)$가 와야 한다.

■ 체적 탄성 계수 :
(bulk modulus of elasticity)

2 표면장력(surface tension)

① 정의 : 액체의 일정한 상태는 평형을 이루고 있지만 액체 표면에서는 액체의 표면적을 작게 하도록 인장력이 작용하는 것을 말한다.
② 사용기호 : T (단위 : dyne/cm, g/cm)
③ 물방울의 표면장력

$$T = \dfrac{P}{4}d$$

여기서 P : 물방울 내부의 압력
      d : 물방울 직경

여기에서, 단면에서 힘의 평형이 성립되고 있으므로
표면장력 × 원주길이 = 원의 단면적 × 압력

$$T \times \pi d = \dfrac{\pi d^2}{4} \times P \qquad \therefore T = \dfrac{P}{4}d$$

■ $1 dyne = \dfrac{1}{980} g$

■ 물체의 임의의 한 단면에서 수평, 연직 분력의 힘은 평형을 이루고 있다.

3 모세관 현상(capillarity)

① 정의 : 액체의 부착력과 응집력으로 인하여 발생하며, 액체 속에 가느다란 관을 세우면 액체가 관을 따라 위로 상승하는 현상이다.
② 사용기호 : h (단위 : cm, m)
  ※ 응집력 : 같은 액체 분자사이의 인력
    부착력 : 종류가 다른 분자 사이에 작용하는 힘
③ 유리관 모관고

■ 물은 응집력보다 부착력이 크므로 아래로 볼록하게 나타나며 수은은 그 반대이다.

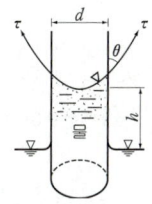 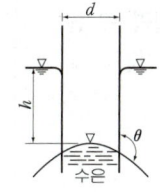

※ 관내의 유체는 힘의 평형 상태를 유지하고 있으므로 관내 수면에 작용하는 힘과 상승한 유체에 의해 작용하는 압력은 동일하다. 즉,
관벽면에 작용하는 표면장력 = 상승한 유체에 의한 압력

$$T\cos\theta \times \pi d = \frac{\pi d^2}{4} \times h \times w$$

$$\therefore h = \frac{4T\cos\theta}{wd}$$

■ T : 유체의 표면장력
  θ : 유체의 접촉각
    (angle of contact)
  w : 단위중량
  d : 관의 직경 또는 평판거리
  h : 모관상승고

④ 연직 평판 모관고

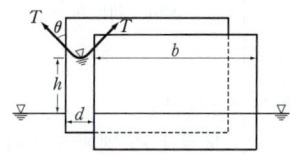

평판사이의 수면에서는 힘의 평형이 유지되고 있으므로 평판수면에서의 표면장력 힘과 모관고에 의한 힘은 평형을 이루고 있는 것이다. 즉,
길이가 b인 평판 수면에서의 표면장력 = 평판 모관고에 의한 압력

$$T\cos\theta \times 2b = bh \cdot d \times w$$

$$h = \frac{2T\cos\theta}{wd}$$

4 유체의 분류

① 압축성 유체 : 유체의 체적이 압력의 증감에 따라 변화하는 유체이다.
  비압축성 유체 : 유체의 체적이 압력의 증감과는 관계없이 일정한 유체이다.
② 점성 유체 : 유체의 성질에서 점성이 있는 유체이다.
  비점성 유체 : 유체의 성질에서 점성이 없는 유체이다. ($\mu = 0$)
③ 실제유체 : 점성도 있고 압축성도 있는 유체 즉, 이 세상에 존재하는 유체이다.
  완전유체 : 비점성 비압축성 유체로서 이상유체라고도 한다.

■ 완전유체는 아직까지 발견되지 않았으므로 이 세상에 존재하지 않는 유체로 볼 수 있다.

■ 압축성유체(compressible fluid)

■ 완전유체(perfect fluid)

핵심문제

1 온도가 10℃(보통온도) 정도에서 200m 깊이에 있는 물의 실제압축은?

① 0.01
② 0.001
③ 0.02
④ 0.002

해설 1

물의 압축은 $1kg/cm^2$의 압력에 대해 $\dfrac{5}{100,000}$ 정도이다.

수심 200m이면 수압
$p = wh = 1 \times 200 = 200t/m^2 = 20kg/cm^2$,

즉 압축은 $C = \dfrac{5 \times 20}{100,000} = 0.001$

2 18℃의 물을 처음 용적에서 1% 축소시키려고 할 때 필요한 압력은? (단, 압축율 $C = 5 \times 10^{-5} cm^2/kg$이다.) [97 11 산]

① $100kg/cm^2$
② $200kg/cm^2$
③ $300kg/cm^2$
④ $400kg/cm^2$

해설 2

압축율 $= \dfrac{\text{체적의 변화율}}{\text{압력의 변화량}}$, $C = \dfrac{\dfrac{dV}{V}}{dP}$

에서 $\dfrac{dV}{V} = 1\% = 0.01$ 이므로

$C = \dfrac{\dfrac{dV}{V}}{dP}$, $5 \times 10^{-5} = \dfrac{0.01}{dP}$

$dP = 0.01 \times \dfrac{1}{5 \times 10^{-5}} = 200kg/cm^2$

3 직경 1mm인 모세관의 모관상승 높이는?
(단, 물의 표면장력은 74dyne/cm, 접촉각은 8°) [13 갸]

① 22mm
② 25mm
③ 28mm
④ 30mm

해설 3

모관상승 높이

$h_c = \dfrac{4 \times T \times \cos\theta}{w \times d} = \dfrac{4 \times \dfrac{74}{980} \times \cos 8°}{1 \times 0.1}$

$= 3cm = 30mm$

4 밀도가 ρ인 액체에 지름 d인 모세관을 연직으로 세웠을 경우 이 모세관 내에 상승한 액체의 높이는? (단, T : 표면장력, θ : 접촉각) [19 갸]

① $h = \dfrac{4T\cos\theta}{\rho g d^2}$
② $h = \dfrac{2T\cos\theta}{\rho g d}$
③ $h = \dfrac{2T\cos\theta}{\rho g d^2}$
④ $h = \dfrac{4T\cos\theta}{\rho g d}$

해설 4

모세관 내 액체의 높이
$h = \dfrac{4T\cos\theta}{wd} = \dfrac{4T\cos\theta}{\rho g d}$

5 10℃의 물방울의 직경이 2mm일 때 그 내부의 압력과 외부의 압력차는?
(단, 10℃때의 표면장력은 74.22dyne/cm이다) [11 갸, 94 산]

① $1.51g/cm^2$
② $1.48cm^2/g$
③ $0.51g/cm^2$
④ $0.48cm^2/g$

해설 5

$T = \dfrac{p}{4}d$

$p = \dfrac{4T}{d} = \dfrac{4 \times 74.22}{0.2}$

$= 1484.4 dyne/cm^2$

그런데 $1 dyne = \dfrac{1}{980}g$ 이므로

$p = \dfrac{1484.4}{980} g/cm^2 = 1.51 g/cm^2$

정답 1. ② 2. ② 3. ④ 4. ④ 5. ①

6 온도 10℃에서 물의 체적탄성계수가 2.0×10⁴kg/cm²일 때 1kg/cm²의 압력증가에 의한 체적변화량은? [01 ㉮]

① 0.002%만큼 감소한다.
② 0.002%만큼 증가한다.
③ 0.005%만큼 증가한다.
④ 0.005%만큼 감소한다.

7 모세관 현상에 대한 설명으로 옳지 않은 것은? [20 ㉰]

① 모세관의 상승높이는 액체의 단위중량에 비례한다.
② 모세관의 상승높이는 모세관의 지름에 반비례한다.
③ 모세관의 상승여부는 액체의 응집력과 액체와 관 벽의 부착력에 의해 좌우된다.
④ 액체의 응집력이 관 벽과의 부착력보다 크면 관 내 액체의 높이는 관 밖보다 낮아진다.

8 직경 0.15cm의 매끈한 유리관을 15℃의 물속에 세웠을 경우 접촉각이 9°였다. 모세관 현상에 의한 물의 높이는? (단, cos9°=0.988, 15℃의 표면장력 T_{15}=0.075g/cm) [00 ㉮]

① 1.976cm   ② 0.384cm
③ 0.988cm   ④ 2.831cm

9 20℃에서 지름 0.3mm인 물방울이 공기와 접하고 있다. 물방울 내부의 압력이 대기압보다 10gf/cm² 만큼 크다고 할 때 표면장력의 크기를 dyne/cm로 나타내면? [20 ㉮]

① 0.075   ② 0.75
③ 73.50   ④ 75.0

10 액체와 기체와의 경계면에 작용하는 분자간의 인력에 의한 힘은? [98 15 ㉮]

① 모관현상   ② 점성력
③ 표면장력   ④ 내부마찰력

11 직경 1mm인 모세관의 경우에 모관상승 높이는?(단, 물의 표면장력은 74dyne/cm, 접촉각은 8°) [05 ㉮]

① 30mm   ② 25mm
③ 20mm   ④ 15mm

해 설

해설 6

$E = \dfrac{dp}{\dfrac{\Delta V}{V}}$ 에서 체적변화율과 압력의 변화량은 비례관계이다.

체적변화율 $= \dfrac{\Delta V}{V} = \dfrac{dp}{E}$
$= \dfrac{1}{20000}$
$= 0.00005 \times 100(\%)$
$= 0.005\%$

체적변화율은 증가하며 물의 전체체적은 감소한다.

해설 7

모세관 높이
$h = \dfrac{4T\cos\theta}{wd}$
모세관 상승높이는 액체의 단위중량에 반비례한다.

해설 8

$h = \dfrac{4T\cos\theta}{wd} = \dfrac{4 \times 0.075 \times 0.988}{1 \times 0.15}$
$= 1.976\text{cm}$

해설 9

$T = \dfrac{p}{4}d$
$= \dfrac{10}{4} \times 0.3 \times \dfrac{1}{10} = 0.075\text{g/cm}$
$= 73.5\text{dyne/cm}$

해설 10

액체와 기체 : 표면장력
액체와 고체 : 부착력

해설 11

$h = \dfrac{4T\cos\theta}{wd}$
$= \dfrac{4 \times 74 \times \dfrac{1}{980}\text{g/cm} \times \cos\theta}{1\text{g/cm}^3 \times 1\text{mm}}$
$= 2.99\text{cm} ≒ 30\text{mm}$

정답 6. ④ 7. ① 8. ① 9. ③ 10. ③ 11. ①

3 단위와 차원

학습방향

공학에서는 단위가 차지하는 비중이 유체역학에서는 특히 중요하다.
단위계를 구분하여 상호인자를 활용하므로써 단위계를 변환할 수 있는 능력을 배양 한다.
① 절대 단위계 ② 공학 단위계

1 단위계

절대단위계(LMT) : L(길이), M(질량), T(시간)으로 나타낸다.
공학단위계(LFT) : L(길이), F(힘), T(시간)으로 나타내면 힘(F)에는 중력이 포함된다.

절대단위계와 공학단위계의 상호 교환인자 : $F = ma$

즉, $F = MLT^{-2}$ 또는 $M = FT^2L^{-1}$

2 절대 단위계의 변환

LMT계를 LFT계로 변환시킬 경우

(1) 차원만을 변환 : 상호교환인자를 사용하여 변환한다. ($F = MLT^{-2}$)
(2) 상수값도 변환 : 단위의 분모분자에 중력가속도(9.8m/sec²)를 곱한다.
  예) 밀도 1g/cm³를 LFT계로 변환
  ① 차원변환 : $ML^{-3} = FT^2L^{-1} \cdot L^{-3} = FT^2L^{-4}$ (상호교환인자)
  ② 상수값 고려 : $\dfrac{1g}{cm^3} \times \dfrac{980 cm/sec^2}{980 cm/sec^2} = \dfrac{1}{980} g \cdot sec^2/cm^4$

  ※ 분자에 있는 중력가속도(980cm/sec²)는 질량(1g)이 중량(1g)으로 단위가 변환되면서 g안에 흡수된다.

3 공학단위계의 변환

LFT계를 LMT계로 변환시킬 경우

(1) 차원만을 변환 : 상호교환인자를 사용하여 변환한다. ($F = MLT^{-2}$)
(2) 상수값도 변환 : 단위의 분모 또는 분자에 숨어 있는 중력가속도가 밖으로 모습을 나타낸다.
  예) 단위중량 1g/cm³를 LMT계로 변환
  ① 차원변환 : $FL^{-3} = MLT^{-2} \cdot L^{-3} = ML^{-2}T^{-2}$ (상호 교환인자 이용)
  ② 상수값 고려 : $\dfrac{1g \times 980 cm/sec^2}{cm^3} = 980 g/cm^2 \cdot sec^2$

  ※ 단위중량에서의 1g에는 중력가속도가 고려되어 있는 것이므로 절대 단위계로 고치기 위해서는 중력가속도(980cm/sec²) 항목이 밖으로 나와야 한다.

학습POINT

■ F : 힘
  m : 질량(g)
  a : 가속도(m/sec²)

■ 1kg = 9.8N
  1g = 980dyne
  1N = 10⁵dyne = 102g

■ 1kg/cm²
  = 0.98bar
  = 0.98×10⁵Pa
  = 10mH₂O
  = 9.8N/cm²

■ 1N/m² = 1Pa

■ LMT계의 단위에는 중력 가속도가 포함되어 있지 않으므로 단위의 분모와 분자에 중력가속도(9.8m/sec²)를 곱한 뒤 질량 g을 중량 g으로 변환하여 정리한다.

■ LFT계 단위에는 중력가속도가 포함되어 있으므로 LMT계로 변환시키기 위해서는 LFT계의 단위에 포함되어 있던 중력가속도가 밖으로 나와서 정리되어야 한다.

핵심문제

1 표면장력의 단위는? [08 ⑤]

① dyne/cm
② dyne/cm^2
③ dyne/cm^3
④ dyne/cm^4

2 공학단위로 표시된 물의 밀도는 다음 중 어느 것인가? [00 ㉮, 98 ⑤]

① 900g/cm·sec^2
② 1,000kg/m^3
③ 102kg·m^4/sec
④ 102kg·sec^2/m^4

3 힘의 차원을 MLT계로 표시하면? [02 ㉮, 14 ⑤]

① [ML^{-1}T^{-2}]
② [MLT^{-1}]
③ [ML^{-2}T^2]
④ [MLT^{-2}]

4 물리량의 차원을 표시한 것으로 옳지 않은 것은? [13 ㉮]

① 각가속도 : [T^{-2}]
② 힘 : [MLT^{-2}]
③ 점성계수 : [ML^{-1}T^{-1}]
④ 탄성계수 : [MLT^{-2}]

5 유체 내부 마찰응력(τ)은 그 단면위에 수직인 y 방향 유속의 변화율 $\left(\dfrac{\Delta v}{\Delta y}\right)$ 에 비례하며 비례상수는 점성계수(μ)이다. 점성계수 (μ)의 차원을 맞게 나타낸 것은? [80 94 07 ⑤ ㉮]

① ML^{-2}T^{-2}
② ML^{-1}T^{-1}
③ ML^{-1}T^{-2}
④ ML^{2}T^{-2}

해설

해설 1
표면장력은 단위길이당의 힘으로 표시된다.
〈유추방법〉
모관고 높이 $h = \dfrac{4T\cos\theta}{wd}$

$T = \dfrac{hwd}{4\cos\theta}$ (단위만을 생각하면)

$= \text{cm} \cdot \text{g/cm}^3 \cdot \text{cm}$
$= \text{g/cm} = \text{dyne/cm}$

해설 2
물의 밀도는 4℃ 상태에서 최대로써 1g/cm^{3}가 된다.

$1\text{g/cm}^3 = \dfrac{1\text{g}}{\text{cm}^3} \times \dfrac{980\text{cm/sec}^2}{980\text{cm/sec}^2}$

$= \dfrac{1}{980} \text{g} \cdot \text{sec}^2/\text{cm}^4$

$\fallingdotseq 102\text{kg} \cdot \text{sec}^2/\text{m}^4$

해설 3
F(힘) = MLT^{-2}

해설 4
차원
① 각가속도 : 각의 시간적 변화율
  단위 : rad/sec^2 = [T^{-2}]
② 힘 : $F = ma$ = [MLT^{-2}]
③ 점성계수 :
  $\mu = \dfrac{g}{\text{cm} \cdot \text{sec}} = [\text{ML}^{-1}\text{T}^{-1}]$
④ 탄성계수
  $E = \dfrac{N}{\text{mm}^2} = [\text{FL}^{-2}]$
  $= [\text{MLT}^{-2}\text{L}^{-2}] = [\text{ML}^{-1}\text{T}^{-2}]$

해설 5
· 점성계수 : μ
· 단위 : poise(=g/cm·sec)
· 차원 : ML^{-1}T^{-1}

정답   1. ① 2. ④ 3. ④ 4. ④ 5. ②

6 어떤 액체의 동점성계수가 $0.0019\text{m}^2/\text{sec}$이고, 비중이 1.2일 때 이 액체의 점성계수는? [20 22 ㉠]

① $228\text{kg/m}\cdot\text{sec}$
② $228\text{kg/sec}^2/\text{m}^4$
③ $0.233\text{kg}\cdot\text{m}^2/\text{sec}$
④ $0.233\text{kg}\cdot\text{sec/m}^2$

7 다음 중 점성계수의 차원으로 옳은 것은? [02 11 18 ㉮, 98 ㉠]

① L^2T^{-1}
② $ML^{-1}T^{-1}$
③ MLT^{-1}
④ ML^{-3}

8 다음 차원을 설명한 것 중 옳지 않은 것은?

① 압력강도 : $[ML^{-1}T^{-2}]$
② 밀도 : $[ML^{-2}]$
③ 점성계수 : $[ML^{-1}T^{-1}]$
④ 표면장력 : $[MT^{-2}]$

9 점성계수 $\mu = \text{Ag/cm}\cdot\text{sec}$를 공학단위로 표시한 값은? (단, g은 질량의 단위) [03 ㉮, 82 94 ㉠]

① $\dfrac{A}{98}\text{kg}\cdot\text{sec/m}^2$
② $\dfrac{A}{980}\text{kg}\cdot\text{sec/m}^2$
③ $\dfrac{A}{98}\text{kg}\cdot\text{m}^2/\text{sec}$
④ $\dfrac{A}{980}\text{kg}\cdot\text{m}^2/\text{sec}$

10 물의 밀도를 ρ, 유속을 v라고 할 때 $\dfrac{\rho V^2}{2}$의 단위는 무엇인가? [99 11 ㉠]

① 시간   ② 길이
③ 질량   ④ 압력

해 설

해설 6

$v = \dfrac{\mu}{\rho}$에서 점성계수는
$\mu = v \cdot \rho = 0.0019 \times 1.2$
$\quad = 0.00228\text{t/m}\cdot\text{sec}$
이것은 절대단위계이므로 공학단위로 고치면
$\mu = 0.00228 \times \dfrac{1}{9.8}$
$\quad = 2.33 \times 10^{-4}\text{t}\cdot\text{sec/m}^2$
$\quad = 0.233\text{kg}\cdot\text{sec/m}^2$

해설 7

점성계수 μ는 poise($= \text{g/cm}\cdot\text{sec}$) 단위를 사용한다. 이를 절대단위계로 나타내면 $ML^{-1}T^{-1}$이며
공학단위계로 나타내기 위해
$F = MLT^{-2}$를 활용하면
$ML^{-1}T^{-1} = FL^{-1}T^2 \cdot L^{-1}T^{-1}$
$\quad\quad\quad\quad = FTL^{-2}$ 이 된다.

해설 8

밀도 $\rho = \dfrac{\text{질량}}{\text{체적}}$
$\therefore [ML^{-3}]$

해설 9

$\mu = \text{Ag/cm}\cdot\text{sec}\ [LMT]$
$\quad = \dfrac{\text{Ag/cm}\cdot\text{sec}}{980\text{cm/sec}^2}$
$\quad = \dfrac{A}{980}\text{g}\cdot\text{sec/cm}^2\ [LFT]$
$\quad = \dfrac{A}{980} \cdot \dfrac{100^2}{1,000}\text{kg}\cdot\text{sec/m}^2$
$\quad = \dfrac{A}{98}\text{kg}\cdot\text{sec/m}^2$

해설 10

$\dfrac{\rho V^2}{2}$의 차원은
$[ML^{-3}] \cdot [LT^{-1}]^2$
$= ML^{-1}T^{-2}$ ($F = MLT^{-2}$를 활용)
$= [FL^{-1}T^2] \cdot L^{-1}T^{-2}$
$= FL^{-2}\ (= \text{g/cm}^2)$
$\therefore$ 압력의 단위이다.

정답 6. ④ 7. ② 8. ② 9. ① 10. ④

11 다음 물리량에 대한 차원을 설명한 것 중 옳지 않은 것은? [18 ⑤]

① 압력 : $[ML^{-1}T^{-2}]$
② 밀도 : $[ML^{-2}]$
③ 점성계수 : $[ML^{-1}T^{-1}]$
④ 표면장력 : $[MT^{-2}]$

12 다음 중 운동량의 차원을 옳게 표시한 것은? [00 ⑤]

① $[MLT]$ ② $[MLT^{-1}]$
③ $[ML^2T]$ ④ $[MLT^2]$

13 밀도 1.5g/cm³를 LFT로 나타내면? [01 ㉮]

① $\frac{1.5}{98}g \cdot sec^2/cm^4$
② $\frac{1.5}{980}g \cdot sec^2/cm^4$
③ $\frac{1.5}{98}g/cm^2 sec^2$
④ $\frac{1.5}{980}g/cm^2 sec^2$

14 L.M.T 계로 나타낸 차원해석 중 옳은 것은? [08 ㉮, 01 13 ⑤]

① 동점성계수 : $[LT^{-2}]$
② 일, 에너지 : $[MLT^{-2}]$
③ 표면장력 : $[MT]$
④ 힘 : $[MLT^{-2}]$

15 어떤 액체의 밀도가 $1.0 \times 10^{-5} N \cdot s^2/cm^4$이라면 이 액체의 단위 중량은? [15 20 22 ⑤]

① $9.8 \times 10^{-3} N/cm^3$
② $1.02 \times 10^{-3} N/cm^3$
③ $1.02 N/cm^3$
④ $9.8 N/cm^3$

해설

해설 11

밀도 $\rho = ML^{-3}$

해설 12

운동량 $= FT$
$= MLT^{-2} \cdot T$
$= MLT^{-1}$

해설 13

LMT계이므로 분모와 분자에 중력 가속도를 곱한 후 질량 g을 중력가속도가 포함된 중량 g으로 변환하여 정리한다.

$\rho = 1.5g/cm^3 \rightarrow LFT$
$= \frac{1.5g}{cm^3} \times \frac{980cm/sec^2}{980cm/sec^2}$
$= \frac{1.5}{980} g \cdot sec^2/cm^4$

해설 14

· 동점성계수(ν)
$\nu = \frac{\mu}{\rho} = \frac{ML^{-1}T^{-1}}{ML^{-3}} = L^2T^{-1}$

· 일, 에너지 : $FL = MLT^{-2} \cdot L$
$= ML^2T^{-2}$

· 표면장력(T)
$h = \frac{4T\cos\theta}{wd}, \quad T = \frac{hwd}{4\cos\theta}$
$T = L \cdot FL^{-3} \cdot L = FL^{-1}$
$= MLT^{-2} \cdot L^{-1} = MT^{-2}$

· 힘(F)
$F = ma$
$= M \cdot LT^{-2}$

해설 15

$w = \rho g$
$= 1 \times 10^{-5} N \cdot s^2/cm^4 \times 980 cm/sec^2$
$= 980 \times 10^{-5} N/cm^3$
$= 9.8 \times 10^{-3} N/cm^3$

정답 11. ② 12. ② 13. ② 14. ④ 15. ①

출제예상문제

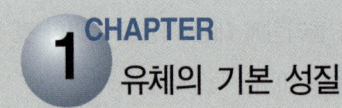
CHAPTER 1 유체의 기본 성질

1. 뉴턴 유체(Newtonian fluids)에 대한 설명으로 옳은 것은? [20 산]
① 물이나 공기 등 보통의 유체는 비뉴턴 유체이다.
② 각 변형률 $\left(\dfrac{dv}{dy}\right)$의 크기에 따라 선형으로 점도가 변한다.
③ 전단응력(τ)과 각 변형률 $\left(\dfrac{dv}{dy}\right)$의 관계는 원점을 지나는 직선이다.
④ 유체가 압력의 변화에 따라 밀도의 변화를 무시할 수 없는 상태가 된 유체를 의미한다.

[해설]
$\tau = \mu \cdot \dfrac{dv}{dy}$ 즉, 원점을 지나는 직선의 관계이다.

2. 모세관 현상에 관한 설명으로 옳지 않은 것은? [19 산]
① 모세관의 상승높이는 액체의 응집력과 액체와 관 벽의 부착력에 의해 좌우된다.
② 액체의 응집력이 관 벽과의 부착력보다 크면 관 내의 액체 높이는 관 밖의 액체보다 낮게 된다.
③ 모세관의 상승높이는 모세관의 지름 d에 반비례한다.
④ 모세관의 상승높이는 액체의 단위중량에 비례한다.

[해설]
모세관 상승고
$h = \dfrac{4T\cos\theta}{wd}$ 이므로 액체의 단위중량에는 반비례한다.

3. 실린더 내에서 압축된 유체가 압력 1,000kg/cm²에서는 0.4m³의 체적이고, 압력 2,000kg/cm²에서는 0.396m³의 체적을 갖는다. 이러한 액체의 체적탄성계수는? [94 08 산]
① 10^5kg/cm²
② 10^4kg/cm²
③ 2×10^5kg/cm²
④ 2×10^4kg/cm²

[해설]
1,000kg/cm³ → 0.4m³
2,000kg/cm³ → 0.396m³
$E = \dfrac{dP}{dV/V} = \dfrac{2,000 - 1,000}{\dfrac{0.4 - 0.396}{0.4}} = 100,000$kg/cm²

4. 유체의 기본성질에 대한 설명으로 틀린 것은? [15 19 산]
① 압축률과 체적탄성계수는 비례관계에 있다.
② 압력변화와 체적변화율의 비를 체적탄성계수라 한다.
③ 액체와 기체의 경계면에 작용하는 분자 인력을 표면장력이라 한다.
④ 액체 내부에서 유체분자가 상대적인 운동을 할 때, 이에 저항하는 전단력이 작용한다. 이 성질을 점성이라 한다.

[해설]
$C = \dfrac{1}{E}$ 반비례 관계에 있다.

5. 물의 체적탄성계수 $E = 2 \times 10^4$kg/cm² 일 때 물의 체적을 1% 감소시키기 위해서는 얼마의 압력을 가해야 하는가? [91 ㉮, 20 산]
① 2×10kg/cm²
② 2×10kg/m²
③ 2×10^2kg/cm²
④ 2×10^2kg/m²

[해설]
$E = \dfrac{dp}{\dfrac{dV}{V}}$ $\dfrac{dV}{V} = 0.01$ 이므로
$2 \times 10^4 = \dfrac{dp}{0.01}$ $dp = 200$kg/cm²

6. 다음 중 이상유체(ideal fluid)의 정의를 옳게 설명한 것은? [12 ㉮]
① 뉴턴(Newton)의 점성법칙을 만족하는 유체
② 비점성, 비압축성인 유체
③ 점성이 없는 모든 유체
④ 오염되지 않은 순수한 유체

[해설]
이상유체(ideal fluid)란 점성이 없는 유체, 즉 $\mu = 0$인 가상의 유체를 말한다.
뉴우톤의 제2법칙(가속도의 법칙) : $f = ma$

해답 1. ③ 2. ④ 3. ① 4. ① 5. ③ 6. ②

7. 다음 중 무차원량이 아닌 것은? [98 14 23 ㉮]

① 푸르드수(Froude수)
② 에너지 보정계수
③ 동점성계수
④ 비중

[해설]

Froude 수 $= \dfrac{V}{\sqrt{gh}} = \dfrac{LT^{-1}}{(L^2T^{-2})^{1/2}} = 1$ (무차원)

에너지 보정계수 = 무차원 (원관내 층류인 경우 2)

동점성계수 : $\nu = \dfrac{\mu}{\rho} = \dfrac{ML^{-1}T^{-1}}{ML^{-3}} = L^2T^{-1}$
(차원이 있다)

비중 $= \dfrac{\text{물체의 단위중량(밀도)}}{\text{물의 단위중량(밀도)}}$ (무차원)

참고) 무차원의 의미는 단위가 없다는 것이다.

8. 밀도의 차원을 공학단위 [FLT]로 옳게 표시한 것은? [02 19 ㉯, 01 ㉮]

① $[FL^{-4}T^2]$ ② $[ML^{-4}T^2]$
③ $[FL^{-3}]$ ④ $[FL^4T^{-2}]$

[해설]

$\rho = [ML^{-3}]$
$F = MLT^{-2}$ 을 활용하면
$FL^{-1}T^2 \cdot L^{-3} = FT^2L^{-4}$

9. 뉴우톤(Newton)의 점성법칙에 관한 설명 중 틀린 것은? [12 ㉯]

① 비례상수로 μ를 사용하며, 이를 점성계수라 하고 Poise의 단위를 갖는다.
② 내부마찰력의 크기는 속도구배에 비례한다.
③ 밀도를 점성계수 μ로 나누는 것을 동점성계수라 하고 Stokes의 단위를 갖는다.
④ 내부마찰력의 크기는 두 층간의 상대속도에 비례하고 거리에 반비례한다.

[해설]

ν(동점성계수) $= \mu$(점성계수)$/\rho$(밀도)
내부마찰력 : $\tau = \mu \dfrac{dv}{dy}$

10. 가느다란 철사나 바늘을 조심해서 물 위에 놓으면 가라앉지 않고 뜬다. 바늘이 물위에 뜨는 이유와 관계가 되는 것은? [14 ㉯]

① 부력   ② 점성력
③ 마찰력   ④ 표면장력

[해설]

유체의 응집력, 즉 유체 표면에서의 표면장력 때문이다.

11. 동점성계수와 비중이 각각 0.0019m²/sec와 1.2인 액체의 점성계수는? [97 ㉯]

① $0.233 kg \cdot sec/m^2$ ② $0.213 kg \cdot sec/m^2$
③ $0.1938 kg \cdot sec/m^2$ ④ $0.243 kg \cdot sec/m^2$

[해설]

$\nu = 0.0019 m^2/sec$, $\gamma = 1.2 \rightarrow \mu = ?$

방법 ①

$\nu = \dfrac{\mu}{\rho}$ 이므로 $\mu = \nu \cdot \rho$

비중 $= \dfrac{\text{물체의 밀도}}{\text{물의 밀도}}$

물체의 밀도 = 비중 × 물의 밀도
$\rho = 1.2 \times 1 g/cm^3 = 1.2 g/cm^3$
$\mu = \nu \cdot \rho = 0.0019 m^2/sec \times 1.2 g/cm^3$
$= 0.0019 m^2/sec \times 1.2 \times 10^{-3} kg/(10 m^{-2})^3$
$= 2.28 kg/m \cdot sec \rightarrow [MLT]$

FLT계로 변환하기 위해 중력가속도를 분모와 분자에 곱해 주면

$\dfrac{2.28 kg}{m \cdot sec} \times \dfrac{9.8 m/sec^2}{9.8 m/sec^2} = \dfrac{2.28}{9.8} kg \cdot sec/m^2$

$\fallingdotseq 0.233 kg \cdot sec/m^2$

방법 ②
점성계수 μ의 단위는 poise(=g/cm·sec)이므로 문항과의 차원이 맞지 않으므로 FLT계의 차원이라는 것을 알 수 있다.

$\nu = \dfrac{\mu}{\rho}$ 에서 $\mu = \nu \cdot \rho$, $\rho = \dfrac{w}{g}$

문제의 조건에서 비중이 1.2이므로 물체의 단위 중량
$w = 1.2 t/m^3$ 이 된다.

$\rho = \dfrac{1,200 kg/m^3}{9.8 m/sec^2} = 122.45 kg \cdot sec^2/m^4$

$\mu = \nu \cdot \rho = 0.0019 m^2/sec \times 122.45 \log \cdot sec^2/m^4$

$\fallingdotseq 0.233 kg \cdot sec/m^2$

해답 7. ③ 8. ① 9. ③ 10. ④ 11. ①

12. 수리학에서 취급되는 다음 여러 가지 양의 차원 중 맞는 것은 어느 것인가? [18㉮]

① 유량 = $[L^3T^{-2}]$
② 힘 = $[MLT^{-2}]$
③ 동점성 계수 = $[L^3T^{-1}]$
④ 운동량 = $[MLT^{-3}]$

해설
유량 → $m^3/sec = [L^3T^{-1}]$
힘 → $F = ma = g \cdot m/sec^2 = [MLT^{-2}]$
동점성계수 → $v = \dfrac{\mu}{\rho}$
　　　　　　$= \dfrac{g/cm \cdot sec}{g/cm^3} = cm^2/sec = [L^2T^{-1}]$
운동량 → $mV = g \cdot m/sec = [MLT^{-1}]$

13. 다음 차원의 방정식 중 옳지 않은 것은? [24㉠]

① 밀도 : $[ML^{-3}]$
② 압력강도 : $[ML^{-1}T^{-2}]$
③ 일·에너지 : $[ML^2T^{-2}]$
④ 비중량 : $[ML^{-1}T^{-2}]$

해설
표면장력 : $T = dyne/cm$
즉, $[FL^{-1}]$

14. 다음 중 밀도를 나타내는 차원은? [01 20 ㉮]

① $[FL^{-4}T^2]$　② $[FL^4T^{-2}]$
③ $[FL^{-2}T^4]$　④ $[FL^{-2}T^{-4}]$

해설
$\rho = g/cm^3 = ML^{-3}$
　$= FL^{-1}T^2 \cdot L^{-3} = FT^2L^{-4}$

15. 밀도 1.5g/cm³를 LFT로 나타내면? [01㉮]

① $\dfrac{1.5}{98} g \cdot sec^2/cm^4$
② $\dfrac{1.5}{980} g \cdot sec^2/cm^4$
③ $\dfrac{1.5}{98} g/cm^2 sec^2$
④ $\dfrac{1.5}{980} g/cm^2 sec^2$

해설
$\rho = 1.5 g/cm^3 \rightarrow LFT$
$= \dfrac{1.5g}{cm^3} \times \dfrac{980 cm/sec^2}{980 cm/sec^2}$
$= \dfrac{1.5}{980} g \cdot sec^2/cm^4$

16. 점성계수(μ)의 차원으로 옳은 것은? [18㉯]

① $[ML^{-2}T^{-2}]$　② $[ML^{-1}T^{-1}]$
③ $[ML^{-1}T^{-2}]$　④ $[ML^2T^{-1}]$

해설
점성계수 $\mu = g/cm \cdot sec$
　　　　　$= ML^{-1}T^{-1}$

17. 다음 물리량 중에서 차원이 잘못 표시된 것은? [18㉮]

① 동점성계수 : $[FL^2T]$
② 밀도 : $[FL^{-4}T^2]$
③ 전단응력 : $[FL^{-2}]$
④ 표면장력 : $[FL^{-1}]$

해설
동점성계수 : $\nu = \dfrac{\mu}{\rho}$
　　　　　　$= \dfrac{ML^{-1}T^{-1}}{ML^{-3}} = L^2T^{-1}$

해답 12. ② 13. ④ 14. ① 15. ② 16. ② 17. ①

18. 그림과 같은 물 속에 세운 모세관의 내경이 d, 그때의 물의 표면장력 σ 그리고 물과 관 사이의 접촉각을 θ라고 하면 모세관고 h 는? (단, 물의 단위중량은 w 이다.) [95산]

① $h = \dfrac{4d\cos\theta}{w}$

② $h = \dfrac{4\sigma\cos\theta}{wd}$

③ $h = \dfrac{4d\sin\theta}{w\sigma}$

④ $h = \dfrac{4\sigma\sin\theta}{wd}$

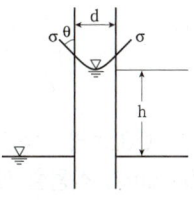

[해설] 모관고는 유체와 고체의 부착력 및 유체 입자사이의 응집력에 의해서 발생
문제의 그림에서 관속의 수면과 관 밖의 수면은 동일한 압력을 받고 있게 되므로 평형을 유지하고 있는 것이다. 즉, 관속의 수면에 작용하는 연직성분=관속의 유체의 무게(힘)

$$\sigma\cos\theta \times \pi d = \dfrac{\pi d^2}{4} \times h \times w$$

$$h = \dfrac{4\sigma\cos\theta}{wd}$$

19. 어떠한 경우라도 전단응력 및 인장력이 발생하지 않으며 전혀 압축되지도 않고 $h_L = 0$인 유체를 무엇이라 하는가? [97 09 21 산]

① 소성유체 ② 점성유체
③ 탄성유체 ④ 완전유체

[해설] 실제유체 : 점성과 압축성이 있다.
완전유체 : 비점성, 비압축성 유체를 말한다.
참고] 전단응력 및 인장력이 없다는 것은 비점성 유체를 말한다.

20. 차원방정식[LMT]계를 [LFT]계로 고치고자 할 때 이용되는 식은 다음 중 어느 것인가? [98 06 산]

① [M]=[LFT] ② [M]=[L^{-1}FT^2]
③ [M]=[LFT^2] ④ [M]=[L^{2}FT]

[해설] 절대단위계(LMT)와 공학단위계(LFT)를 연결시켜주는 인자는 f=ma
즉, 힘=질량×가속도이다.
이를 차원으로 나타내면 F=MLT^{-2}
또는 M=FL^{-1}T^2 이 된다.

21. 모세관 현상에 의하여 상승한 액체기둥은 어떤 힘들이 평형을 이루어서 정지상태를 유지하고 있는가? [16산]

① 부착력에 의한 상방향의 힘과 중력에 의한 하방향의 힘
② 표면장력에 의한 상방향의 힘과 중력에 의한 하방향의 힘
③ 표면 장력에 의한 상방향의 힘과 응집력에 의한 하방향의 힘
④ 응집력에 의한 상방향의 힘과 부착력에 의한 하방향의 힘

[해설] 모세관 현상에서 액체기둥은 표면장력에 의한 상방향의 힘과 중력에 의한 하방향의 힘에 의하여 정지상태를 유지하고 있다.

22. 동일한 유체에 동일한 재료를 사용하여 모관상승고를 구하였다. 직경 d인 원형관을 세웠을 때의 상승고를 h_a, 간격 d인 나란한 연직 평판을 세웠을 때의 상승고를 h_b라 할 때 올바른 것은? [04 가]

① $h_a = 2h_b$
② $h_b = 2h_a$
③ $h_a = 4h_b$
④ $h_b = 4h_a$

[해설] $h_a = \dfrac{4T\cos\theta}{wd}$, $h_b = \dfrac{2T\cos\theta}{wd}$

$h_a = 2h_b$

해답 18. ② 19. ④ 20. ② 21. ② 22. ①

23. 어떠한 경우라도 전단응력 및 인장력이 발생하지 않으며 전혀 압축되지도 않고, 마찰저항 $h_L=0$인 유체는? [16산]

① 소성유체 ② 점성유체
③ 탄성유체 ④ 완전유체

해설
마찰, 압축 등이 없는 유체는 완전유체이다.

24. 동점성계수의 차원으로 옳은 것은? [14가]

① $[FL^{-2}T]$ ② $[L^2T^{-1}]$
③ $[FL^{-4}T^{-2}]$ ④ $[FL^2]$

해설
동점성계수 ν
$\nu = \dfrac{\mu}{\rho} = \dfrac{ML^{-1}T^{-1}}{ML^{-3}} = L^2T^{-1}$

25. 물의 성질에 관한 설명 중 틀린 것은? [16 23산]

① 물은 압축성을 가지며 온도, 압력 및 물에 포함되어 있는 공기의 양에 따라 다르다.
② 물의 단위중량이란 단위체적당 무게로 담수, 해수를 막론하고 항상 동일하다.
③ 물의 밀도는 단위 체적당 질량으로 비질량(比質量)이라고도 한다.
④ 물의 비중은 그 질량에 최대밀도가 생기게 하는 온도에서 그것과 같은 체적을 갖는 순수한 물의 질량과의 비이다.

해설
물은 담수보다 해수의 단위중량이 더 크다.

26. 힘의 차원을 MLT계로 표시한 것으로 옳은 것은? [14산]

① $[MLT^{-2}]$ ② $[MLT^{-1}]$
③ $[ML^{-2}T^2]$ ④ $[ML^{-1}T^{-2}]$

해설
$F=MLT^{-2}$

27. 지름 0.3cm의 작은 물방울에 표면장력 $T_{15}=0.00075$N/cm가 작용할 때 물방울 내부와 외부의 압력차는? [19산]

① 30Pa ② 50Pa
③ 80Pa ④ 100Pa

해설
$T = \dfrac{Pd}{4}$
$P = \dfrac{4T}{d} = \dfrac{4 \times 0.00075 \times 102}{0.3} = 1.02\text{g/cm}^2 = 1.02 \times 98\text{Pa} = 100\text{Pa}$

28. 모세관 현상에서 모세관고(h)와 관의 지름(D)의 관계로 옳은 것은? [20산]

① h는 D에 비례한다.
② h는 D^2에 비례한다.
③ h는 D^{-1}에 비례한다.
④ h는 D^{-2}에 비례한다.

해설
모관고 $h = \dfrac{4T\cos Q}{wd}$

29. 물리량의 차원이 옳지 않은 것은? [19 24가]

① 에너지 : $[ML^{-2}T^{-2}]$
② 동점성계수 : $[L^2T^{-1}]$
③ 점성계수 : $[ML^{-1}T^{-1}]$
④ 밀도 : $[FL^{-4}T^2]$

해설
에너지 : FL
여기서, $F=MLT^{-2}$이므로 $FL=MLT^{-2} \cdot L = ML^2T^{-2}$

해답 23. ④ 24. ② 25. ② 26. ① 27. ④ 28. ③ 29. ①

제2장 정수역학

출제경향분석

물이 정지해 있는 경우에 작용하는 힘의 평형관계를 파악하기 위해 평면, 곡면에 작용하는 전수압과 작용점 위치, 액주계 원리 및 부체 등의 기본원리에 대하여 배운다. 수리학을 배우는데 있어 1장(유체의 기본성질)이 기초라 하면 이러한 기초위에 유체의 중요한 부분인 정지상태의 역학에 대해서 배우는 부분이다. 시험에는 매우 많이 출제가 되고 있으므로 기초위에 튼튼한 구조물을 올려놓는 마음으로 완벽하게 원리를 파악하여야 한다.

단원별 경향분석

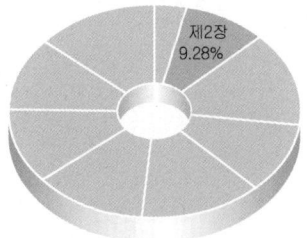

토목기사

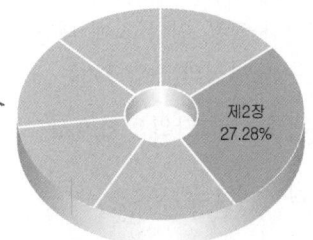

토목산업기사

항목별 경향분석

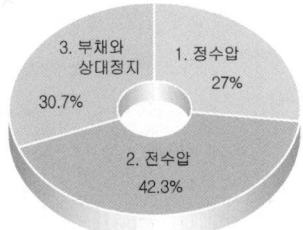

토목기사

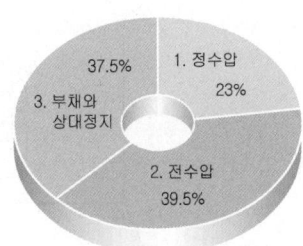

토목산업기사

1 정수압

학습방향

물의 압력에 대해 배우는 기본 단계로서 정수의 특성과 압력의 크기를 배우며, 압력을 이용하는 수압기의 원리와 임의점의 압력을 측정할 수 있는 액주계에 대해 배운다.
① 정수압   ② 수압기   ③ 액주계

1 정수압(Static Pressure)

① 정수 : 유체입자와 입자사이에 서로 상대적인 움직임이 없는 경우로서 정지상태의 경우나 상대정지의 경우를 의미한다

② 성질
  ㉠ 한단면을 기준으로 면의 양측에는 상대적인 운동이 없다.
  ㉡ 점성력이 존재하지 않는다.
  ㉢ 수압은 항상 면에 직각으로 작용한다.

   $p = wh$

  ㉣ 수압은 수심에 비례한다.
  ㉤ 깊이가 같은 임의 점에 대한 수압은 항상 같다.
  ㉥ 정수중 한점의 수압크기는 모든 방향에서 같다.

③ 사용기호 : p (단위 : kg/cm^2, t/m^2)

④ 정수압 = $\dfrac{\text{전수압}}{\text{단면적}}$, $p = \dfrac{P}{A}$

⑤ 절대압력 = 계기압력 + 대기압력

   $p = wh + P_a$

※ 압력측정기구 : 마노미터, 피에조미터
※ 등압면 평형조건식 : $Xdx + Ydy + Zdz = 0$

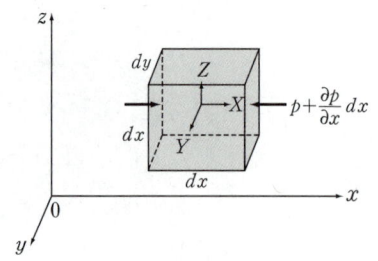

학습POINT

■ 컵속에 물을 넣은 다음 기차를 타고 갈 경우 물에 의해 작용하는 압력은 정수압이다.

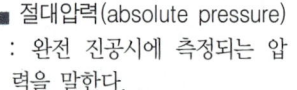

■ 절대압력(absolute pressure) : 완전 진공시에 측정되는 압력을 말한다.

■ 대기압력(atnospheric pressure) : 지구 표면위의 공기무게에 의해 작용하는 단위면적당의 힘을 말한다.

■ 계기압력(gage pressure) : 대기압을 무시한 압력기계에 의해 측정가능한 압력

※ 표준기압(1기압)
  $1\,atm = 1013.25\,hPa$
  $= 1013.25\,milibar$
  $= 760\,mmHg = 1.033\,g/cm^2 = 1013.25\,hPa$
  $= 1,033\,cmH_2O = 1013.25\,milibar$

■ 수은주(760mm) 또는 수두(1033cm)는 연직 높이이다.

2 수압기

① Pascal 원리
밀폐된 용기의 정수중의 한점에 압력을 가하면 그 압력은 물속의 모든 곳에 같은 크기로 전달된다.

$$P_B = P_A + wh$$

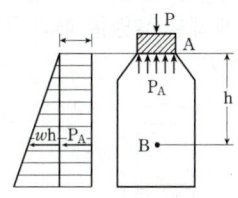

② 수압기 원리 : $\dfrac{P_A}{a_A} = \dfrac{P_B}{a_B}$

(높이차 h로 인한 압력은 무시한다)
C점이 hinge이므로 Moment는 0(zero)이다. 즉, $\sum M_C = 0$

$P_A \cdot l = P_0 \cdot L$에서 $P_A = P_0 \cdot \dfrac{L}{l}$

또한 $\dfrac{P_A}{a_A} = \dfrac{P_B}{a_B}$에서 $P_B = P_A \cdot \dfrac{a_B}{a_A}$

$$P_B = P_0 \cdot \dfrac{L}{l} \cdot \dfrac{a_B}{a_A}$$

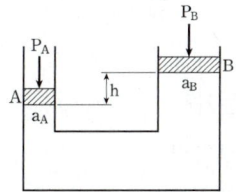

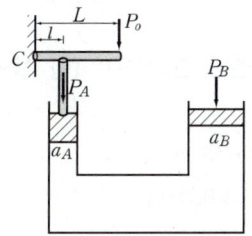

■ A 점의 압력은 B점의 압력보다 wh 크지만 상대적으로 작으므로 무시한다.

$\dfrac{P_A}{a_A} - wh = \dfrac{P_B}{a_B}$

$\dfrac{P_A}{a_A} = \dfrac{P_B}{a_B} + \dfrac{wh}{무시}$

3 액주계(manometer)

특정지점의 압력이나 두점간의 압력차 등을 측정할 수 있는 장치로서 여러종류의 액주계가 있다.

$P_A + w_1 h_1 - w_2 h_2 = 0$

$$P_A = w_2 h_2 - w_1 h_1$$

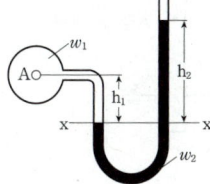

■ 같은 액체로 연결된 수평한 두 점 사이의 압력은 계산할 필요가 없다.

■ 암기 : 임의의 동일유체가 관을 따라 아래로 떨어진다고 가정할 때 기준점 Ⓐ점에 미치는 압력의 영향이 증가하면(-), 감소하면(+)를 부여하여 압력 항목들을 정리한다.

핵심문제

1 정수압의 성질을 설명한 것으로 틀린 것은? [02㉮, 02 07 16 22㉯]

① 정수중에 작용하는 힘은 마찰력과 압력이다.
② 정수압의 크기는 단위면적에 작용하는 힘의 크기로 표시한다.
③ 정수중의 임의의 한점에 작용하는 정수압의 강도는 방향에 관계없이 동일하게 작용한다.
④ 정수압은 작용면에 대하여 물체 표면에 수직으로만 작용한다.

해설 1
정수중의 유체는 상대적인 운동 및 점성이 없으므로 마찰력이 없다.

2 원통형의 용기에 깊이 1.5m 까지는 비중이 1.35인 액체를 넣고 그 위에는 2.5m 까지의 깊이로 비중 0.95인 액체를 넣었을 때의 밑바닥이 받는 총압력은? (단, 밑바닥의 직경은 2m이다) [09㉮, 02 22㉯]

① 0.044 kg/cm^2
② 0.44 kg/cm^2
③ 4.4 kg/cm^2
④ 44 kg/cm^2

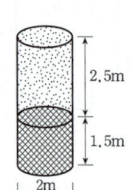

해설 2
$P = wh$
$= (1.35 \times 1.5 + 0.95 \times 2.5)$
$= 4.4 \text{t/m}^2$
$= 0.44 \text{kg/cm}^2$

3 대기압을 무시한 압력을 무엇이라 하는가? [96㉯]

① 정압력
② 부압력
③ 절대압력
④ 계기압력

해설 3
계기압력은 대기압력을 무시한 기계에 의한 압력이다.
절대압력=계기압력+대기압력

4 수면 아래 30m 지점의 수압을 kN/m²으로 표시하면? (단, 물의 단위중량은 9.81kN/m²이다.) [20㉮]

① 2.94kN/m^2
② 29.43kN/m^2
③ 294.3kN/m^2
④ 2943kN/m^2

해설 4
$P = wh$
$= 9.81 \text{kN/m}^3 \times 30\text{m}$
$= 294.3 \text{kN/m}^2$

5 그림에서 A점(관내)에서의 압력에 대한 설명으로 옳은 것은?(단, B점은 수면에 위치) [12㉮]

① B점에서의 압력보다 낮다.
② B점에서의 압력보다 높다.
③ B점에서의 압력과 같다.
④ B점에서의 압력과 비교할 수가 없다.

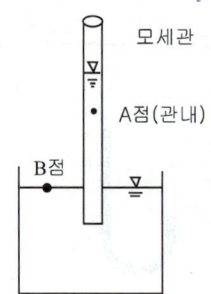

해설 5
모세관에서는 유체의 응집력과 부착력으로 인해 모란고가 발생하며, 압력은 수면보다 작게 된다.

정답 1.① 2.② 3.④ 4.③ 5.①

6 정수(靜水) 중의 한 점에 작용하는 정수압의 크기가 방향에 관계없이 일정한 이유로 옳은 것은? [19 ⑭]

① 물의 단위중량이 9.81kN/m³으로 일정하기 때문이다.
② 정수면은 수평이고 표면장력이 작용하기 때문이다.
③ 수심이 일정하여 정수압의 크기가 수심에 반비례하기 때문이다.
④ 정수압은 면에 수직으로 작용하고, 정역학적 평형방정식에 의해 모든 방향에서 크기가 같기 때문이다.

7 1기압을 서로 다른 단위로 표시한 것으로 옳지 않은 것은? [04 ⑭]

① 1기압 = 760mmHg
② 1기압 = 1013mb
③ 1기압 = 1.033kg/cm²
④ 1기압 = 1.013×10⁴dyne/cm²

8 그림과 같은 수압기에서 L : l 의 길이 비가 3 : 1, A의 지름이 5cm, B의 지름이 10cm 이면 힘의 평형을 유지하기 위한 P의 크기는? (단, 그림에서 ○는 힌지이다.) [11 ⑭]

① 200kg
② 260kg
③ 300kg
④ 360kg

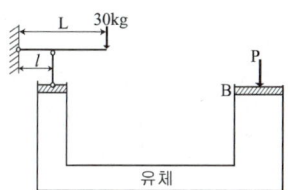

9 액주계의 눈금이 그림과 같을 때 A점의 압력은 얼마인가? (단, 수은의 비중은 13.6) [97 ㉮]

① 136g/cm²
② 282g/cm²
③ 126g/cm²
④ 262g/cm²

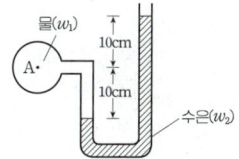

10 그림과 같은 액주계에서 수은면의 차가 10cm 이었다면 A, B점의 수압차는? (단, 수은의 비중=13.6, 무게 1kg=9.8N) [16 ㉮]

① 133.5kPa
② 123.5kPa
③ 13.35kPa
④ 12.35kPa

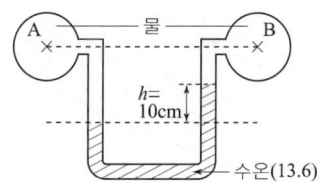

해 설

해설 6
한 점에 작용하는 수압의 크기는 모든 방향에서 동일하다.

해설 7
1기압=760mmHg=1013mb
　　　=1.033kg/cm²
　　　=1.013×10⁶ dyne/cm²

해설 8
$$P_B = P_o \cdot \frac{L}{\ell} \cdot \frac{a_B}{a_A}$$
$$= 30 \times 3 \times \frac{10^2}{5^2} = 360\text{kg}$$

해설 9
기준점을 A점으로 하고
① 물 10cm 물이 아래로 떨어진다고 가정할 때 기준점의 압력은 감소가 되므로 압력에 +부호를 부여한다.
② 수은 20cm가 아래로 떨어진다고 가정할 때 기준점 A의 압력은 증가되므로 압력에 −부호를 부여한다.
$$P_A + w_1 h_1 - w_2 h_2 = 0$$
$$P_A = w_2 h_2 - w_1 h_1$$
$$= 13.6 \times 20 - 1 \times 10 = 262\text{g/cm}^2$$

해설 10
$$P_A + 1 \times 10 - 13.6 \times 10 = P_B$$
$$P_A - P_B = 126\text{g/cm}^2$$
$$= 1260\text{g/m}^2$$
$$= 1260 \times 9.8\text{N/m}^2$$
$$= 12.35\text{kN/m}^2$$
$$= 12.35\text{kPa}$$

정답 6. ④ 7. ④ 8. ④ 9. ④ 10. ④

2 전수압

> **학습방향**
> 유체에 의해 작용하는 압력의 크기를 모두 합해 놓은 것으로써 전수압은 곧 물체가 유체에 의해 받는 힘이다.
> ① 평면에 작용하는 전수압   ② 등압분할법
> ③ 곡면에 작용하는 전수압   ④ 수압에 의한 원관의 두께

1 평면에 작용하는 전수압(경사 평면 포함)

① 전수압 $P = w h_G A$

w : 유체의 단위중량
h_G : 수면으로부터 물체도심까지의 깊이
A : 물체가 수압을 받고 있는 면적

② 작용점의 위치

$$h_c = h_G + \frac{I_G}{h_G A} \sin^2\theta$$

h_c : 수면으로부터 작용점까지의 깊이
I_G : 물체 단면의 중립축에 대한 단면2차 모멘트
θ : 수평면과 물체평면과의 사이각

도 형	도 심	단면2차 모멘트(I_G)
직사각형 (b×h)	$\dfrac{h}{2}$	$\dfrac{bh^3}{12}$
삼각형 (b×h)	$\dfrac{h}{3}$	$\dfrac{bh^3}{36}$
원 (D)	$\dfrac{D}{2}$	$\dfrac{\pi D^4}{64}$
사다리꼴	$y_1 = \dfrac{h}{3} \cdot \dfrac{a+2b}{a+b}$ $y_2 = \dfrac{h}{3} \cdot \dfrac{2a+b}{a+b}$	
반원 (2r)	$\dfrac{4r}{3\pi}$	

학습POINT

■ 도심 : 물체의 무게중심을 말한다.

■ 전수압 : 물체에 작용하는 압력 전체의 합이다.

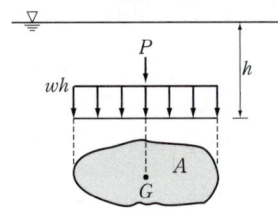

■ 작용하는 힘이 센 것과 압력이 큰 것과는 별개의 문제이다. 왜냐하면 작용하는 면적을 모르기 때문이다.

2 등압분할법

물의 흐름을 막기 위해 벽체의 벽면 각 부분이 균등한 힘을 유지하도록 지지대를 배치한다.

$$h_m = h\sqrt{\dfrac{m}{n}}$$

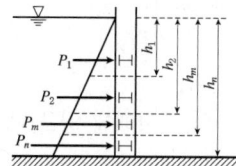

- n : 지지대의 전체 개수
- m : 임의의 분할점의 개수
- h : 전체수심
- h_m : m점에서의 수두

■ $P_1 = P_2 = \cdots = P_n$

■ 수심은 압력처럼 일정하지가 않다. 즉 수심이 커질수록 압력도 커진다.

3 곡면에 작용하는 전수압

$$P = \sqrt{P_x^2 + P_y^2}$$

- P_x : 곡면에 작용하는 수평분력
- P_y : 곡면에 작용하는 연직분력

(1) 곡면에 작용하는 수평분력(P_x) : 가상의 연직면에 투영하였을 때 투영면상(평면)에 작용하는 전수압

$$P_x = w \cdot h_G \cdot A'$$

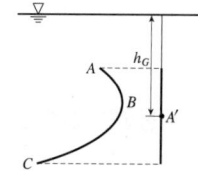

- A' : 연직면에 투영된 면적
- h_G : 수면으로부터 연직 투영면의 도심까지의 거리

■ 투영 : 물체에 대하여 사진 찍는 경우와 유사함

(2) 곡면에 작용하는 연직분력(P_y) : 곡면을 밑면으로 하는 연직 물기둥의 무게와 같으며 다음의 순서에 의해 구한다.
① 임의의 연직선에 대하여 중복되는 부분을 수평면으로 나눈다.
② 각 부분별로 연직 분력을 나타낸다.
③ 도면상에 중복되는 부분은 배제시킨다.
④ 중복되지 않은 부분의 물무게를 구한다.
 • P_y : 연직분력(빗금친 부분)

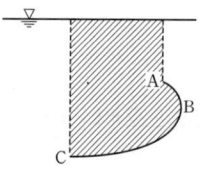

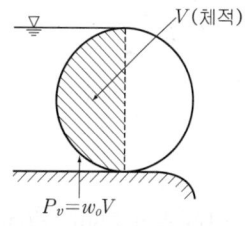

$P_v = w_o V$

■ 위의 그림에서 연직분력(P_y)은 반원의 물의 무게이다.

3 수압에 의한 원관의 두께(t)

σ_{ta} : 강의 인장응력 p : 내부압력 D : 관의 지름
길이 l 인 원관의 경우
관의 인장응력 = 관 내부에 작용력
$2T = PDl$
여기에서 $T = lt \cdot \sigma_{ta}$이므로
$2 \cdot lt\sigma_{ta} = PDl$

$$t = \dfrac{PD}{2\sigma_{ta}}$$

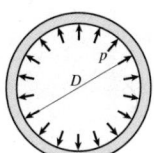 

■ 주의 : 원관의 두께를 구하는 공식의 경우 단위일치를 시켜 공식에 대입한다.

핵심문제

해 설

1 연직 평면에 작용하는 전수압의 작용점 위치에 관한 설명 중 옳은 것은?
[18 21 산]

① 전수압의 작용점은 항상 도심보다 위에 있다.
② 전수압의 작용점은 항상 도심보다 아래에 있다.
③ 전수압의 작용점은 항상 도심과 일치한다.
④ 전수압의 작용점은 도심 위에 있을 때도 있고 아래에 있을 때도 있다.

해설 1
전수압의 작용점은 항상 도심보다 아래에 있다.

2 폭 2.4m, 높이 2.7m의 수직 직사각형 수문이 한 면에서 수압을 받고 있다. 수문의 밑면은 힌지로 연결되어 있고 상단은 수평체인(Chain)으로 고정되어 있을 때 이 체인에 작용하는 장력(張力)은 얼마인가? (단, 수문의 정상과 수면은 일치한다.)
[99 11㉮]

① 2.92ton
② 5.83ton
③ 7.87ton
④ 8.75ton

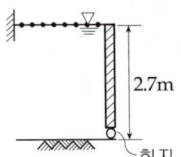

해설 2
$P = w h_G A$
$= 1 \times \dfrac{2.7}{2} \times 2.4 \times 2.7 = 8.75t$

힌지를 기점으로 잡아 모멘트를 구하면
$8.75 \times \dfrac{1}{3} \times 2.7 = P_c \times 2.7$
$\therefore P_c = 2.92t$

3 그림과 같이 지름 3m, 길이 8m인 수문에 작용하는 전수압 수평분력 작용점까지의 수심은?
[14㉮, 15 19 22 산]

① 2.00m
② 2.12m
③ 2.34m
④ 2.43m

해설 3
수평분력과 연직분력을 구하여 모멘트를 취함으로써 구한다.
$P_H = w h_G A' = 1 \times \dfrac{3}{2} \times 3 \times 8 = 36t$

P_V는 반원에 해당하는 물의 무게이므로
$P_V = 1 \times \dfrac{\pi}{4} 3^2 \times \dfrac{1}{2} \times 8 = 9\pi \, t$

반지름이 $\dfrac{3}{2}$m이므로
$x = \dfrac{3}{2} \cdot \cos\theta, \quad y = \dfrac{3}{2} \cdot \sin\theta$

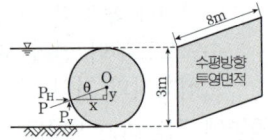

원의 중심(O)에 대해 모멘트를 취하면
$P_H \cdot y = P_V \cdot x$
$36 \cdot \dfrac{3}{2} \sin\theta = 9\pi \cdot \dfrac{3}{2} \cos\theta$
$\dfrac{\sin\theta}{\cos\theta} = \dfrac{\pi}{4} = \tan\theta$
$\therefore \theta = 38.1°$
$\therefore h_C = \dfrac{3}{2} + y = \dfrac{3}{2} + \dfrac{3}{2} \cdot \sin 38.1$
$= 2.43m$

4 그림과 같이 2.5m×2.0m의 수직판이 수면으로부터 1.5m 아래 세워져 있다. 이 판에 작용하는 전수압은?
[02 산]

① 16.57t
② 12.00t
③ 13.75t
④ 15.50t

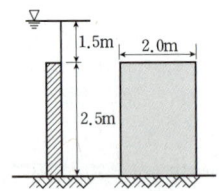

해설 4
$P = w h_G A$
$= 1 \times (1.5 + \dfrac{2.5}{2}) \times (2 \times 2.5)$
$= 13.75t$

5 그림과 같은 원통의 바닥이 받는 전수압의 크기는?
[02㉮]

① 169.6g
② 60.4g
③ 113.1g
④ 114.7g

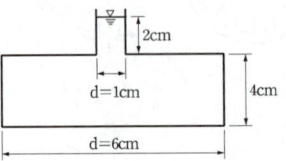

해설 5
유체 중에 작용하는 압력은 모든 곳에 같은 크기로 전달된다. (파스칼 원리)
전수압 : $P = w h_G \cdot A$
$h_G = 2 + 4 = 6cm$
$A = \dfrac{\pi}{4} d^2 = \dfrac{\pi}{4} \times 6^2 = 28.26 cm^2$
$P = 1 \times 6 \times 28.26 = 169.6g$

정답 1. ② 2. ① 3. ④ 4. ③ 5. ①

6 다음 설명 중 옳지 않은 것은? [93 12 산]

① 유체내의 수평한 면에 대해서 압력은 전면을 통하여 모든 점에서의 크기가 같다.
② 수평한 면에 대한 전압력은 $P = wh_G A$가 된다.
③ 유체에서 수평이 아닌 평면에 대해서 압력은 길이에 비례한다.
④ 정지 액체가 면요소에 작용하는 힘은 그 면에 직각이다.

7 내경이 300mm이고 두께가 5mm인 강관이 견딜 수 있는 최대 압력수두는?(단, 강관의 허용인장응력은 1500 kg/cm²이다.) [19 22 산]

① 300m
② 400m
③ 500m
④ 600m

8 액체 속에 잠겨진 경사평면에 작용하는 힘은? [00 21 기]

① 경사각의 자승에 비례한다.
② 경사각에 직접 비례한다.
③ 경사각과 상관없다.
④ 면의 무게중심에서의 압력과 면적의 곱과 같다.

9 반지름($\overline{OP}$)이 6m이고, $\theta = 30°$인 수문이 그림과 같이 설치되었을 때, 수문에 작용하는 전수압(저항력)은? [12 16 기]

① 185.5kN/m
② 179.5kN/m
③ 169.5kN/m
④ 159.5kN/m

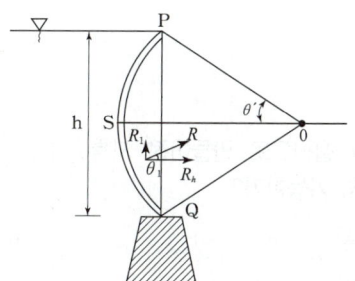

10 그림에서 A점에 작용하는 정수압 P_1, P_2, P_3, P_4에 관한 사항 중 옳은 것은? [18 산]

① P_1의 크기가 가장 작다.
② P_2의 크기가 가장 크다.
③ P_3의 크기가 가장 크다.
④ P_1, P_2, P_3, P_4의 크기는 같다.

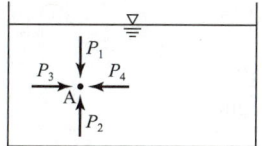

해 설

해설 6
- 수평한 면의 압력 : $P = w \cdot h$
- 평면의 전수압 : $P = wh_G A$
- 정지유체의 경우 전단력 또는 점성력은 무시한다.

해설 7

$$t = \frac{PD}{2\sigma_{ta}}$$

$$0.5 = \frac{P \times 30}{2 \times 1500}$$

$$P = 50 \text{kg/cm}^2$$

$$\frac{P}{w} = \frac{50 \times 1000 \text{g/cm}^2}{1 \text{g/cm}^3}$$

$$= 50000 \text{cm} = 500 \text{m}$$

해설 8

$P = wh_G A$

해설 9

$P = \sqrt{P_x + P_y}$
$P_x = wh_G \cdot A'$
$\quad = 1 \times \frac{6}{2} \times 6 \times 1 = 18 \text{t/m}$
$P_y = 1 \cdot \left(\frac{\pi \cdot 12^2}{4} \times \frac{60}{360} - 3 \times 6 \times \cos 30 \right)$
$\quad = 3.26 \text{t/m}$
$P = \sqrt{18^2 + 3.26^2} = 18.29 \text{t/m}$,
1t = 9.8kN이므로
$P = 18.29 \times 9.8 = 179.3 \text{kN/m}$

해설 10

$P = wh$이므로 A점에 작용하는 정수압은 동일하다.

정답 6. ② 7. ③ 8. ④ 9. ② 10. ④

11 정수 중의 평면에 작용하는 압력프리즘에 관한 성질 중 틀린 것은?
[19 24 ㉮]
① 전수압의 크기는 압력프리즘의 면적과 같다.
② 전수압의 작용선은 압력프리즘의 도심을 통과한다.
③ 수면에 수평한 평면의 경우 압력프리즘은 직사각형이다.
④ 한 쪽 끝이 수면에 닿는 평면의 경우에는 삼각형이다.

12 유체 속에 잠겨진 곡면에 작용하는 수평분력은?
[98 ㉮, 10 ㉳]
① 곡면의 연직상방에 실려 있는 액체의 무게와 같다.
② 곡면에 의해 배제된 액체의 무게와 같다.
③ 곡면 중심에서의 압력과 면적과의 곱과 같다.
④ 곡면에 대해 수직한 면의 투영한 면에 작용하는 힘과 같다.

13 그림과 같은 길이 2m, 지름 0.5m의 원주(圓柱)가 수평으로 놓여 있다. 원주의 한쪽에 원주의 윗단까지 물이 차 있다고 하면 이 원주에 작용하는 전수압의 수평분력은?
[98 ㉳]
① 1.25t
② 1.0t
③ 0.5t
④ 0.25t

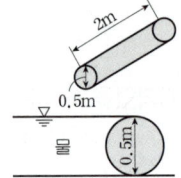

14 허용인장응력이 15kg/mm²인 두께 10mm의 철판으로 만들어진 지름 1.2m의 관을 통과하는 물의 수압강도는 얼마까지 가능한가?
[02 ㉮]
① 0.1kg/mm²
② 0.2kg/mm²
③ 0.25kg/mm²
④ 0.4kg/mm²

15 안지름 0.5m, 두께 20mm의 수압관이 15kg/cm²의 압력을 받고 있다. 관벽에 작용되는 인장응력은?
[03 16 ㉳]
① 46.8kg/cm²
② 93.7kg/cm²
③ 140.6kg/cm²
④ 187.5kg/cm²

해설

해설 11
전수압 = 면적 × 수압
$P = w h_G \cdot A$

해설 12
곡면의 수압 $P = \sqrt{P_H^2 + P_V^2}$
$P_H = w h_G A'$
A' : 연직면상에 투영된 면적

해설 13
곡면에 작용하는 전수압은 수평분력과 연직분력의 합이다.
수평분력의 크기는 물체를 연직면상에 투영시켰을 때 투영된 면적에 작용하는 전수압이며, 연직분력은 그 면을 밑면으로 하는 물기둥의 무게이다.
수평분력 $P = w h_G A'$
$= 1 \times \dfrac{0.5}{2} \times 0.5 \times 2 = 0.25 t$

해설 14
$t = \dfrac{PD}{2\sigma} = \dfrac{P \times 1200}{2 \times 15} = 10$
$P = 0.25 \, kg/mm^2$

해설 15
$t = \dfrac{P \cdot D}{2\sigma}$
$\sigma = \dfrac{P \cdot D}{2t} = \dfrac{15 \times 50}{2 \times 2} = 187.5 kg/cm^2$

정답 11. ① 12. ④ 13. ④ 14. ③ 15. ④

16 그림과 같이 수문이 설치되어 있을때 수문이 열리지 않도록 지지하는 힘 F는? (단, AB의 폭은 2m이고, 수심 9m부분만 물로 채워져 있음) [05 ㉮]

① 10.66ton
② 20.66ton
③ 30.66ton
④ 40.66ton

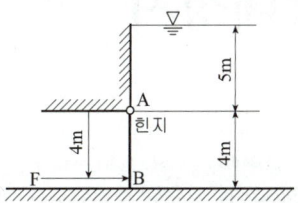

17 직경 4m의 원판이 연직으로 수중에 잠겨있다. 원판의 상단이 수면 아래 1m의 위치에 있을 경우 원판에 작용하는 전수압(P)과 전수압의 중심위치 (h_c)는? [02 ㉮]

① $P = 37.68$ton, $h_c = 3.33$m
② $P = 25.12$ton, $h_c = 3.33$m
③ $P = 37.68$ton, $h_c = 2.5$m
④ $P = 40.28$ton, $h_c = 2.8$m

18 양수발전소의 상부저수지와 하부저수지의 수위차가 500m이고 직경이 2m이고 관의 허용인장 강도가 1200kg/cm²인 경우 가장 밑에 있는 관의 두께를 몇 mm로 하면 되는가? [02 ㉮]

① 52mm
② 42mm
③ 32mm
④ 62mm

19 길이 5m, 직경 8m의 원주가 수평으로 놓여있을 경우 원주의 한쪽에 윗단까지 물이 차 있다면 이 원주에 작용하는 전수압은 약 얼마인가? [11 ㉮]

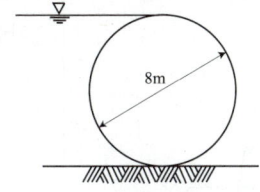

① 126ton
② 160ton
③ 200ton
④ 204ton

해 설

해설 16

$P = w h_G A$
$\quad = 1 \times (5+2) \times 4 \times 2 = 56t$

$h_c = h_G + \dfrac{I_G}{h_G A}$

$\quad = 7 + \dfrac{2 \times 4^3/12}{7 \times 4 \times 2} = 7.19$m

힌지를 중심으로 모멘트를 취하면
$4 \times F = 56 \times (7.19 - 5)$
$F = 30.66$t

해설 17

$P = w h_G A$
$\quad = 1 \times (1+2) \times \dfrac{\pi \cdot 4^2}{4}$
$\quad = 37.7$ton

$h_C = h_G + \dfrac{I_G}{h_G A}$

$\quad = 3 + \dfrac{\pi \cdot 4^4/64}{3 \times \dfrac{\pi \cdot 4^2}{4}} = 3.33$m

해설 18

$t = \dfrac{PD}{2\sigma}, \quad P = 50\text{kg/cm}^2$

$\quad = \dfrac{50 \times 200}{2 \times 1200} = 4.2$cm $= 42$mm

해설 19

$P_h = \omega h_G' \cdot A' = 1 \times \dfrac{8}{2} \times 8 \times 5 = 160$t

$P_V = \omega \times \dfrac{1}{2} \times \dfrac{\pi D^2}{4} \times 5$

$\quad = 1 \times \dfrac{1}{2} \times \dfrac{\pi \cdot 8^2}{4} \times 5 = 125.7$t

$P = \sqrt{P_h^2 + P_V^2}$
$\quad = \sqrt{160^2 + 125.7^2} = 203.5$t

정답 16. ③ 17. ① 18. ② 19. ④

3 부체와 상대정지

학습방향

물체가 유체 가운데 있을 경우의 물체에 대한 영향을 파악해서 물체와 유체사이의 관계를 알아보고, 유체가 가속도를 받는 경우의 유체압력의 변화에 대하여 파악한다.
① 부체　　　② 상대정지

1 부체

(1) 부력(Buoyant force) : 물체가 수중에 있을 때 **물체가 받는 연직상향 분력의 힘**을 말한다.
즉, 연직상향으로 작용하는 힘으로써 (유체의 단위중량×물체가 배제한 수중부분의 체적)으로 나타낼 수 있다.
① 수중에 위치하는 물체는 수중부분의 체적에 해당하는 물의 무게 만큼 가벼워진다.(아르키메데스의 원리)
$B = w' \cdot V'$
② 일반식

$$w \cdot V + M = w' \cdot V' + M'$$

w : 물체의 단위중량
V : 물체의 전체적
M : 물체에 추가되는 중량
w' : 유체의 단위중량
V' : 수중부분의 물체의 체적(배제된 물의 체적)
M' : 물체가 가라앉았을 경우 수중바닥에서의 중량

(2) 경심고($\overline{MG}$) : 경심(M)과 무게중심(G)과의 거리(metacenter height)
① 일반식

$$\overline{MG} \cdot W \cdot \theta = P \cdot l$$

W : 물체의 총톤수
θ : 물체의 기울어진 각도(radian)
P : 물체에 가해지는 하중
l : 물체 중심선으로부터 하중(P)까지의 거리

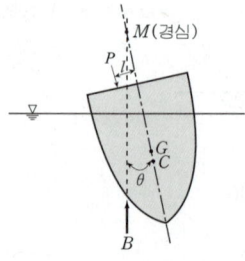

학습POINT

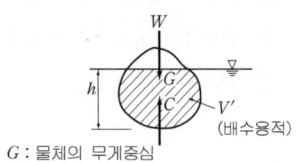

G : 물체의 무게중심

w : 물체의 총 중량

■ 용어
① 부심(Center of buoyancy)
: 부체가 배제한 물의 무게중심
② 홀수(H, draft) : 수면에서 물체의 최심부까지의 수심
③ 무게중심(G) : 물체의 전체 무게중심(도심)
④ 경심(Metacenter) : 부체의 중심선과 부력의 작용선과의 교점
⑤ 부양면(Plan of floatation) : 부체가 수면에 의해 절단된 가상적인 면

(3) 안정·불안정

$$\boxed{\dfrac{I}{V'} - \overline{GC}} \begin{cases} > 0 : \text{안정 (경심 M이 무게중심 G보다 위에 있다.)} \\ = 0 : \text{중립 (경심 M이 무게중심 G와 일치한다.)} \\ < 0 : \text{불안정 (경심 M이 무게중심 G보다 아래에 있다.)} \end{cases}$$

여기에서 V' : 물체 수중부분의 체적
   I : 물체 부양면에서의 도심축에 대한 최소 단면2차 모멘트.
      즉, $\min[I_x, I_y]$
   $\overline{GC}$: 무게 중심(G)과 부심(C)와의 거리

■ 안정상태의 순서
· M (경심)
· G (무게중심)
· C (부심)

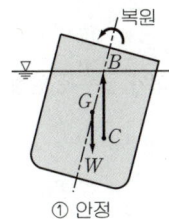
① 안정
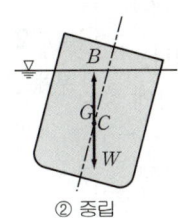
② 중립
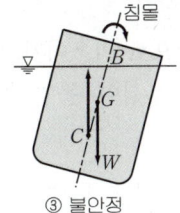
③ 불안정

■ 단면 2차 모멘트가 작은 쪽이 위험하므로 최소 단면 2차 모멘트에 대하여 안정을 검토한다.

2 상대정지

① 수평가속도(α)를 받는 액체

$$\boxed{\tan\theta = \dfrac{\alpha}{g}}$$

- θ : 수면의 기울어진 각도
- g : 중력 가속도

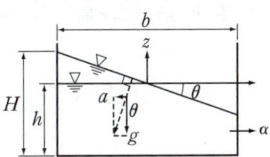

■ $\tan\theta = \dfrac{H-h}{b/2}$

② 연직가속도(α)를 받는 액체의 압력

$$\boxed{P = wh\left(1 \pm \dfrac{\alpha}{g}\right)}$$

여기에서 + : 상향 가속도
    − : 하향 가속도
- w : 유체의 단위중량

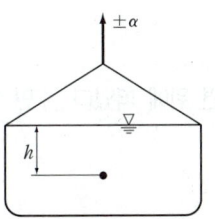

③ 회전 원통속의 수면고

$$\boxed{h = h \pm \dfrac{w^2 a^2}{4g}}$$

- + : 원통 둘레의 수면고 = h_a
- − : 원통 중심의 수면고 = h_o
- h : 정지 때의 수심
- a : 회전원통의 반지름
- w : 회전원통의 각속도(rad/sec)

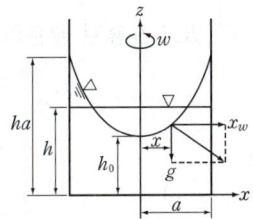

■ 회전 원통에서는 바닥면이 받는 전압력은 정지시와 동일하다.

핵심문제

1 해수면상의 체적이 102.45m³로 떠 있는 빙산의 전체적을 구한 값은?
(단, 빙산의 비중은 0.92, 해수의 비중은 1.025이다.) [95 98 02 ㉮]

① 850.0m³
② 878.7m³
③ 1,000.0m³
④ 1,932.0m³

해설 1

V를 빙산의 전체적, V'를 수중부분의 체적이라 하면
일반식 : $wV + M = w'V' + M'$ 에서
$V = V' + 102.45$
$0.92 \times V + 0 = 1.025 \times (V - 102.45) + 0$
$V = 1,000 \text{m}^3$
참고) 여기서 w : 빙산의 단위중량
w' : 해수의 단위중량

2 부체(浮體)의 성질에 대한 설명으로 옳지 않은 것은? [19 ㉻]

① 부양면의 단면 2차 모멘트가 가장 작은 축으로 기울어지기 쉽다.
② 부체가 평형상태일 때는 부체의 중심과 부심이 동일 직선상에 있다.
③ 경심고가 클수록 부체는 불안정하다.
④ 우력이 영(0)일 때를 중립이라 한다.

해설 2

부체는 경심고가 클수록 안정하다.

3 4m×5m×1m의 목재판이 물에 떠 있고, 판 위에 2,000kg의 하중이 놓여있다. 목재의 비중이 0.5일 때 목재판이 물에 잠기는 흘수(draught)와 체적은? [10 22 23 ㉻]

① $d = 0.5$m, $V = 8.0$m³
② $d = 0.6$m, $V = 12.0$m³
③ $d = 1.0$m, $V = 16.0$m³
④ $d = 0.5$m, $V = 9.6$m³

해설 3

$wV + M = w'V' + M'$
$0.5 \times 4 \times 5 \times 1 + 2 = 1 \times 4 \times 5 \times h + 0$
∴ $h = 0.6$m(흘수)
체적 : $4 \times 5 \times 0.6 = 12$m³

4 비중이 0.92인 빙산이 비중 1.025의 해수면 위에 떠있다. 수면 위로 나온 빙산용적이 180m³이면 빙산의 전체적은? [15 ㉮]

① 1,650 m³
② 1,757 m³
③ 1,815 m³
④ 1,937 m³

해설 4

$wV + M = w'V' + M'$
$0.92 V_t = 1.025(V_t - 180)$
∴ $V_t = \dfrac{1.025 \times 180}{1.025 - 0.92} = 1,757 \text{m}^3$

5 비중 0.9인 빙산이 비중 1.02인 해수에 떠 있고 노출된 부분의 부피를 1이라고 하면 빙산 전체의 부피는? [04 14 15 ㉮]

① 8.5
② 9.0
③ 9.2
④ 10.4

해설 5

$wV + M = w'V' + M'$
$0.9 \times V + 0 = 1.02 \times (V - 1) + 0$
$V = \dfrac{1.02 \times 1}{1.02 - 0.9} = 8.5$

정답 1. ③ 2. ③ 3. ② 4. ② 5. ①

6 해수면상의 체적이 1,205m³인 빙산 위에 무게가 300kg인 곰 10마리가 올라가 있을 경우 수면아래 빙산의 체적은?(단, 빙산의 비중은 0.92, 해수의 비중은 1.025이다.) [02 23 ㉮]

① 10558m³
② 1112m³
③ 10587m³
④ 5422m³

해설 6
$\omega V + M = \omega' V' + M'$
$0.92 \times (1205 + V') + 0.3 \times 10 = 1.025 \times V'$
$V' = \dfrac{0.92 \times 1205 + 0.3 \times 10}{1.025 - 0.92}$
$V' = 10587 \text{m}^3$

7 비중 0.92의 빙산이 해수면에 떠 있다. 수면 위로 나온 빙산의 부피가 100m³이면 빙산의 전체 부피는? (단, 해수의 비중 1.025) [14 15 ㉮]

① 976m³
② 1025m³
③ 1114m³
④ 1125m³

해설 7
$\omega V + M = \omega' V' + M'$
$0.92V + 0 = 1.025 \times (V - 100) + 0$
$V = \dfrac{1.025 \times 100}{1.025 - 0.92} = 976 \text{m}^3$

8 단면적 2.5cm², 길이 2m인 원형강철봉의 무게가 대기 중에서 27.5N이 었다면 단위무게가 10kN/m³인 수중에서의 무게는? [18 ㉼]

① 22.5N
② 25.5N
③ 27.5N
④ 28.5N

해설 8
$\omega V + M = \omega' V' + M'$
$27.5 \times 10^{-3} = 10 \times 2.5 \times 10^{-4} \times 2 + M'$
$M' = 0.0225\text{kN} = 22.5\text{N}$

9 바다에서 배수량(排水量) 20,000t, 흘수(吃水) 9m의 배가 담수로 차 있는 운하에 들어갔을 때 흘수가 0.16m 증가하였다면 바닷물의 단위중량은? (단, 이 배의 수선(水線) 부근에서의 단면적은 3,000m²이다.)

① 1,052kg/m³
② 1,025kg/m³
③ 1,015kg/m³
④ 1,005kg/m³

해설 9
$\omega V + M = \omega' V' + M'$
바다에서 있을 경우
$20,000 = w' \times 3,000 \times h$
담수에 있을 경우
$20,000 = 1 \times 3,000 \times (h + 0.16)$
$\therefore h = 6.51\text{m}$
$\therefore w' = \dfrac{20,000}{3,000 \times (6.5)} ≒ 1.025\text{t/m}^3$

10 어떤 선박의 배수용량이 3,000ton이며 갑판에서 15ton의 하중을 선박의 대칭축 방향에 직각이 되는 방향으로 30m 이동시켰을 때 1/30의 각도만큼 기울어졌다. 이 때의 경심고는? [02 12 ㉮, 96 ㉼]

① 5.0m
② 4.5m
③ 4.0m
④ 3.5m

해설 10
경심고(MG)
$= \dfrac{P \cdot L}{W \cdot \theta} = \dfrac{15 \times 30}{3,000 \times \dfrac{1}{30}} = 4.5\text{m}$

11 물체의 공기 중 무게가 750N이고 물속에서의 무게는 250N일 때 이 물체의 체적은? (단, 무게 1kg중=10N) [19 24 ㉮]

① 0.05m³
② 0.06m³
③ 0.50m³
④ 0.60m³

해설 11
$wV + M = w'V' + M'$
$750 = w'V' + 250$
물체가 가라앉으므로 체적은
$V = V' = 500 \times \dfrac{1}{10} \times \dfrac{1}{1000} \text{m}^3 = 0.05\text{m}^3$

정답 6. ③ 7. ① 8. ① 9. ② 10. ② 11. ①

12 부체의 중심을 G, 부심 C, x축의 단면2차모멘트를 I_x, 체적을 V라 할 때 부체의 안정조건 중 옳은 것은? [14 20 산]

① $VI_x < \overline{CG}$
② $\dfrac{I_x}{V} < \overline{CG}$
③ $\dfrac{I_x}{V} > \overline{CG}$
④ $VI_x > \overline{CG}$

해설 12

$\dfrac{I_x}{V} - \overline{CG}$ > 0 : 안정
　　　　　＝ 0 : 중립
　　　　　< 0 : 불안정
V : 수중 부분의 체적

13 경심에 대한 설명으로 옳은 것은? [20 산]

① 물이 흐르는 수로
② 물이 차서 흐르는 횡단면적
③ 유수단면적을 윤변으로 나눈 값
④ 횡단면적과 물이 접촉하는 수로벽면 및 바닥길이

해설 13

$R(경심) = \dfrac{A}{P} = \dfrac{유수단면적}{윤변}$

14 한 변의 길이가 4m인 정사각형 단면의 각주가 물에 떠 있다. 각주의 비중은 0.920이고 길이는 6m이다. 계산된 흘수가 3.68m이고, 물에 잠긴 체적 V가 88.32m³라면 이 부체는? [95 산]

① 불안정하다.
② 중립이다.
③ 안정이다.
④ 판별할 수 없다.

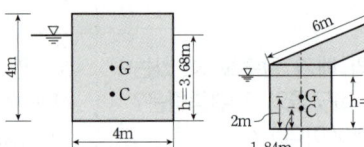

해설 14

부체의 안정, 불안정 판정문제

$\dfrac{I}{V'} - \overline{GC}$

$= \dfrac{\dfrac{6 \times 4^3}{12}}{88.32} - 0.16 = 0.202 > 0$

이므로 안정하다.

15 물이 들어 있고 뚜껑이 없는 수조가 9.8m/sec²으로 수직 상향으로 가속되고 있을 때 깊이 2m에서의 압력은? [98 14 산]

① 8 t/m²
② 4 t/m²
③ 2 t/m²
④ 0 t/m²

해설 15

연직상하향 $p = wh\left(1 \pm \dfrac{\alpha}{g}\right)$
연직상향 가속이므로
$P = wh\left(1 + \dfrac{\alpha}{g}\right) = 1 \times 2\left(1 + \dfrac{9.8}{9.8}\right)$
　$= 4\text{t/m}^2$

16 그림과 같이 높이 2m인 물통에 물이 1.5m만큼 담겨져 있다. 물통이 수평으로 4.9m/s²의 일정한 가속도를 받고 있을 때, 물통의 물이 넘쳐흐르지 않기 위한 물통의 길이(L)는? [18 기]

① 2.0m
② 2.4m
③ 2.8m
④ 3.0m

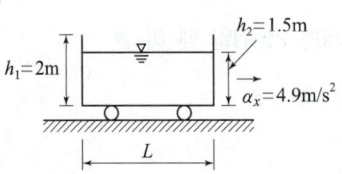

해설 16

$\tan\theta = \dfrac{\alpha}{g}$

$\dfrac{0.5}{\dfrac{L}{2}} = \dfrac{4.9}{9.8}$

$L = 2\text{m}$

정답 12. ③ 13. ③ 14. ③ 15. ② 16. ①

17 물이 들어 있고 뚜껑이 없는 수조가 9.8m/s²으로 수직상향 가속되고 있을 때 수심 2m에서의 압력은? (단, 무게 1kg=9.8N) [14산]

① 78.4 kPa
② 39.2 kPa
③ 19.6 kPa
④ 0 kPa

18 그림에서 가속도 α=19.6m/sec²일 때 A점에서의 압력은? [04기]

① 1.0 t/m²
② 2.0 t/m²
③ 3.0 t/m²
④ 4.0 t/m²

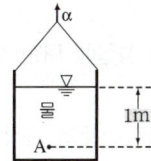

19 그림과 같이 뚜껑이 없는 원통속에 물을 가득 넣고 중심축 주위로 회전시켰을 때 흘러넘친 양이 전체의 20%였다. 이때 원통 바닥면이 받는 전수압(全水壓)은? [93 00 19 기]

① 정지상태에 비해 20%만큼 증가한다.
② 정지상태에 비해 20%만큼 감소한다.
③ 정지상태에 비해 변함이 없다.
④ 정지상태와 비교할 수 없다.

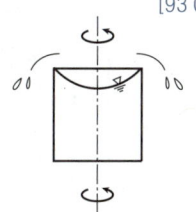

20 다음 그림과 같이 길이 5m인 원기둥(비중 0.6)을 수중에 수직으로 띄웠을 때, 원기둥이 전도되지 않도록 하는데 필요한 지름은? [97 08 기]

① 2m 이상
② 4m 이상
③ 7m 이상
④ 9m 이상

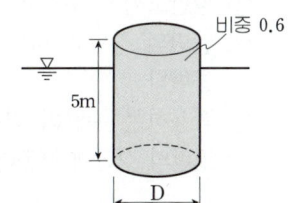

21 밑면적 A, 높이 H인 원주형 물체의 흘수가 h라면 물체의 단위중량 ω_m은? (단, 물의 단위중량은 ω_0이다.) [20산]

① $\omega_m = \omega_0 \times \dfrac{H}{h}$
② $\omega_m = \omega_0 \times \dfrac{h}{H}$
③ $\omega_m = \omega_0 \times \dfrac{H-h}{h}$
④ $\omega_m = \omega_0 \times \dfrac{H-h}{H}$

해 설

해설 17

$P = wh\left(1+\dfrac{\alpha}{g}\right) = 1\times 2\left(1+\dfrac{9.8}{9.8}\right) = 4\text{t/m}^2$

($1\text{t/m}^2 = 9.8\text{kPa}$이므로)

$P = 4\times 9.8 = 39.2\text{kPa}$

해설 18

$P_A = wh\left(1+\dfrac{\alpha}{g}\right)$
$= 1\times 1\left(1+\dfrac{19.6}{9.8}\right) = 3\text{t/m}^2$

해설 19

물의 양이 변함이 없는 경우에는 밑면의 전수압은 회전시에도 똑같다. 그러나 물의 양이 감소한 경우에는 전수압은 그 양만큼 전수압도 감소한다.

해설 20

$\dfrac{I}{V'} - \overline{GC} > 0$ 이어야 한다. (안정)

$w'V + M = w'V' + M'$

$0.6 \times A \times 5 = 1 \times A \times h$

흘수 $h = 0.6 \times 5 = 3\text{m}$

$V' = \dfrac{\pi}{4}D^2 \times h = \dfrac{\pi}{4}D^2 \times 3$

$I = \dfrac{\pi}{64}D^4$, $\overline{GC} = \dfrac{5}{2} - \dfrac{3}{2} = 1\text{m}$

$\dfrac{I}{V'} - \overline{GC} > 0$에서

$\dfrac{\dfrac{\pi}{64}D^4}{\dfrac{3}{4}\pi D^2} - 1 > 0$

$D > \sqrt{48} = 6.93\text{m}$

해설 21

$wV + M = w'V' + M'$
$w_m \times AH + 0 = w_0 \times Ah + 0$
$w_m = \dfrac{h}{H}w_0$

정답: 17. ② 18. ③ 19. ② 20. ③ 21. ②

출제예상문제

CHAPTER 2 정수역학

1. 1kg/cm²의 수압강도를 압력수두로 환산한 값은? [02산]
① 0.1m ② 1.0m
③ 10.0m ④ 100.0m

해설
$$h = \frac{P}{w} = \frac{1000\text{g/cm}^2}{1\text{g/cm}^3} = 1000\text{cm} = 10\text{m}$$

2. 수심이 3m, 폭이 2m인 직사각형 수로를 연직으로 가로 막을 때 연직판에 작용하는 전수압의 작용점($\bar{y}$)의 위치는? (단, $\bar{y}$는 수면으로부터의 거리) [18산]
① 2m ② 2.5m
③ 3m ④ 6m

해설
$$\bar{y} = h_G + \frac{I_G}{h_G A} = \frac{3}{2} + \frac{2 \times 3^3/12}{\frac{3}{2} \times 2 \times 3} = 2\text{m}$$

3. 임의의 면에 작용하는 정수압의 작용방향을 옳게 설명한 것은? [05 24 기]
① 정수압은 수면에 대하여 수평방향으로 작용한다.
② 정수압은 수면에 대하여 수직방향으로 작용한다.
③ 정수압의 수직압은 존재하지 않는다.
④ 정수압은 임의의 면에 직각으로 작용한다.

4. 그림과 같이 수면에서 5m 깊이에 연직으로 놓여 있는 판의 전수압이 7000kN이라면 이 판의 폭은? (단, 물의 단위중량은 9.81kN/m³이다.) [22 기]
① 7.14m
② 8.14m
③ 9.14m
④ 10.14m

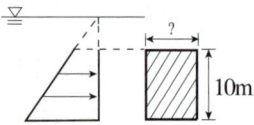

해설
$$P = wh_G \cdot A$$
$$7000 = 9.81 \times \left(5 + \frac{10}{2}\right) \times b \times 10$$
$$b = 7.14\text{m}$$

5. 정수압의 성질에 대한 설명으로 옳지 않은 것은? [19산]
① 정수압은 수중의 가상면에 항상 수직으로 작용한다.
② 정수압의 강도는 전 수심에 걸쳐 균일하게 작용한다.
③ 정수 중의 한 점에 작용하는 수압의 크기는 모든 방향에서 동일한 크기를 갖는다.
④ 정수압의 강도는 단위 면적에 작용하는 힘의 크기를 표시한다.

해설
정수압의 강도는 수심에 정비례하여 작용한다.

6. 흐르지 않는 물에 잠긴 평판에 작용하는 전수압(全水壓)의 계산 방법으로 옳은 것은? (단, 여기서 수압이란 단위 면적당 압력을 의미) [19 기]
① 평판도심의 수압에 평판면적을 곱한다.
② 단면의 상단과 하단 수압의 평균값에 평판면적을 곱한다.
③ 작용하는 수압의 최대값에 평판면적을 곱한다.
④ 평판의 상단에 작용하는 수압에 평판면적을 곱한다.

해설
$$P = w \cdot h_G \cdot A$$
전수압=수압×단면적

해답 1. ③ 2. ① 3. ④ 4. ① 5. ② 6. ①

7. 다음 그림에서 AB에 작용하는 전수압과 작용점을 구한 값 중 옳은 것은 어느 것인가? (단, 폭은 2m이다.)

　　　전수압　　작용점
① 3,000kg,　1.86m
② 3,400kg,　1.62m
③ 3,500kg,　1.51m
④ 3,000kg,　1.56m

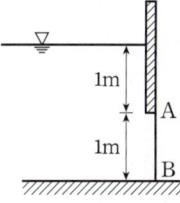

[해설]
전수압 : $P = w \cdot h_G \cdot A$
$= 1 \text{t/m}^3 \cdot \left(1 + \dfrac{1}{2}\right) \cdot (1 \times 2)$
$= 3\text{t} = 3,000\text{kg}$

작용점수심 : $h_C = h_G + \dfrac{I_G}{h_G A} \sin^2\theta$

$= 1 + \dfrac{1}{2} + \dfrac{\frac{2 \times 1^3}{12}}{1.5 \cdot (1 \times 2)} \times 1$

$= 1.56\text{m}$

8. 물 속에 잠긴 곡면에 작용하는 정수압의 연직방향 분력은? [14㉮]

① 곡면을 밑면으로 하는 물기둥 체적의 무게와 같다.
② 곡면 중심에서의 압력에 수직투영 면적을 곱한 것과 같다.
③ 곡면의 수직투영 면적에 작용하는 힘과 같다.
④ 수평분력의 크기와 같다.

[해설] 연직분력
곡면을 밑면으로 하는 연직 물기둥의 무게

9. 그림과 같은 지름 3m, 길이 8m인 드럼게이트에 작용하는 전수압의 수문 ABC위 작용점까지의 수심은? (단, $\omega = 1,000\text{kg/m}^3$) [94 06 11 20 ㉮]

① 1.50 m
② 2.00 m
③ 2.12 m
④ 2.43 m

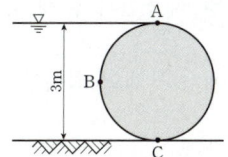

[해설]
수평분력과 연직분력을 구하여 모멘트를 취함으로써 구한다.
$P_H = w h_G A' = 1 \times \dfrac{3}{2} \times 3 \times 8 = 36\text{t}$

P_V 는 반원에 해당하는 물의 무게이므로
$P_V = 1 \times \dfrac{\pi}{4} 3^2 \times \dfrac{1}{2} \times 8 = 9\pi \text{ t}$

반지름이 $\dfrac{3}{2}$ m이므로
$x = \dfrac{3}{2} \cdot \cos\theta, \quad y = \dfrac{3}{2} \cdot \sin\theta$

원의 중심(O)에 대해 모멘트를 취하면
$P_H \cdot y = P_V \cdot x$
$36 \cdot \dfrac{3}{2} \sin\theta = 9\pi \cdot \dfrac{3}{2} \cos\theta$
$\dfrac{\sin\theta}{\cos\theta} = \dfrac{\pi}{4}$
$= \tan\theta$
$\therefore \theta = 38.1°$
$\therefore h_C = \dfrac{3}{2} + y = \dfrac{3}{2} + \dfrac{3}{2} \cdot \sin 38.1$
$= 2.43\text{m}$

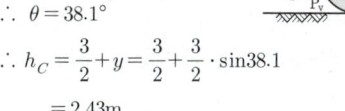

10. 모세관현상에 대한 설명으로 옳지 않은 것은? [18㉺]

① 모세관현상은 액체와 벽면 사이의 부착력과 액체분자 간 응집력의 상대적인 크기에 의해 영향을 받는다.
② 물과 같이 부착력이 응집력보다 클 경우 세관 내의 물은 물 표면보다 위로 올라간다.
③ 액체와 고체 벽면이 이루는 접촉각은 액체의 종류와 관계없이 동일하다.
④ 수은과 같이 응집력이 부착력보다 크면 세관 내의 수은은 수은 표면보다 아래로 내려간다.

[해설]
액체의 점성에 따라서 접촉각이 다양하다.

해답　7. ④　8. ①　9. ④　10. ③

11. 해수 24m 속에 내경 $d=2$m의 강관(steel pipe)을 설치할 경우 관의 두께를 얼마로 하면 되겠는가? (단, σ_{ta}=1,000kg/cm², w =1,025kg/m³이다.)

① 4.92mm ② 2.93mm
③ 2.46mm ④ 2.15mm

해설 단위를 일치시켜야 한다.
$$t = \frac{PD}{2\sigma_{ta}}$$
$$= \frac{1.025 \times 24 \times 2}{2 \times 10,000} = 0.00246\text{m} = 2.46\text{mm}$$

12. 다음과 같이 수심 1.5m 깊이에 직경 0.25m, 두께 25mm인 프라그로된 밸브가 설치되어 있다. 이 프라그의 단위 중량이 7,600kg/m³이라고 할 때 프라그가 열리게 하려면 케이블로 연결된 물에 떠 있는 구의 최소직경을 얼마로 하면 되는가? (단, 케이블과 구의 무게는 무시한다.)

① 0.68m
② 0.56m
③ 0.50m
④ 0.25m

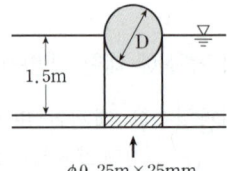

해설 프라그에 작용하는 전수압과 프라그가 수중에서의 무게와의 합과 구에 작용하는 연직분력이 같을 때의 직경을 살펴본다.
프라그에 작용하는 전수압 :
$$wh_G \cdot A = 1 \times 1.5 \times \frac{\pi \cdot 0.25^2}{4} = 0.074\text{t}$$
프라그의 수중의 무게 $wV = w'V' + M'$
여기에 $V = V'$이므로
$$V = \frac{\pi}{4}0.25^2 \times 0.025 = 0.0012\text{m}^3$$
$M' = 7.6 \times 0.0012 - 1 \times 0.0012 = 0.0081\text{t}$
구의 연직분력 : $w' \cdot V' = 1 \times \frac{4\pi}{3}r^3 \times \frac{1}{2}$
그러므로 $0.074 + 0.0081 = \frac{4\pi}{3}r^3 \times \frac{1}{2}$
$r = 0.34$m, $D = 0.68$m

13. 반지름 $r=100$cm 되는 원형단면 강관속의 압력이 $P=10$kg/cm²이다. 강관의 허용인장응력을 $\sigma_{ta}=1,000$ kg/cm²이라고 할 때 관의 소요 두께는?

① 0.1cm ② 1.0cm
③ 10.0cm ④ 100.0cm

해설 단위를 일치시킨다.
$$t = \frac{p \cdot D}{2 \cdot \sigma_{ta}} = \frac{10 \times 200}{2 \times 1000} = 1.0\text{cm}$$

14. 용기에 물을 담았을 때 정수압의 작용방향으로서 옳은 것은?

① 수평방향 ② 수직방향
③ 용기벽면에 45°방향 ④ 용기벽면에 직각방향

해설 정수압의 성질
수압은 면에 항상 직각 방향이다.

15. 10m 깊이의 해수 중에서 작업하는 잠수부가 받는 계기 압력은? (단, 해수의 비중은 1.025) [19④]

① 약 1기압 ② 약 2기압
③ 약 3기압 ④ 약 4기압

해설
$P = wh$
$= 1.025 \times 10$
$= 10.25\text{t/m}^2 = 1$기압

16. 부력과 부체 안정에 관한 설명 중에서 옳지 않은 것은? [18④]

① 부체의 무게중심과 경심의 거리를 경심고라 한다.
② 부체가 수면에 의하여 절단되는 가상면을 부양면이라 한다.
③ 부력의 작용선과 물체 중심축의 교점을 부심이라 한다.
④ 수면에서 부체의 최심부까지 거리를 흘수라 한다.

해설 부력의 작용선과 물체 중심축과의 교점을 경심이라 한다.

해답 11. ③ 12. ① 13. ② 14. ④ 15. ① 16. ③

17. 그림과 같이 물을 가득 채운 용기가 있다. A점이 표준대기압에 접해 있을 때 B점의 절대압력은? [06㉮]

① 0.1533kg/cm²
② 0.5330kg/cm²
③ 1.5330kg/cm²
④ 5.3330kg/cm²

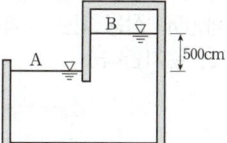

해설
$P_A - 1 \times 500 = P_B$, $P_A = 0$ 이므로
$P_B = -500 g/cm^2$
절대압력 = 계기압력 + 대기압
$P_B = -500 + 1,033$
$= 533 g/cm^2 = 0.533 kg/cm^2$

18. 그림과 같은 액주계에서 A, B관 내의 수압차는? (단, 수은의 비중은 13.55이다.) [91㉮, 93㉯]

① 0.2340kg/cm²
② 0.1580kg/cm²
③ 0.1104kg/cm²
④ 0.2546kg/cm²

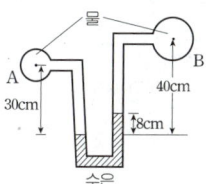

해설
$P_A + 1 \times 30 - 13.55 \times 8 - 1 \times (40-8) = P_B$
$P_A - P_B = 13.55 \times 8 + (40-8) - 30$
$= 110.4 g/cm^2 = 0.1104 kg/cm^2$

19. 그림의 점 A와 B의 압력차는? (단, 수은의 비중은 13.50) [93 08㉮]

① 0.638 t/m²
② 6.75 t/m²
③ 6.25 t/m²
④ 0.689 t/m²

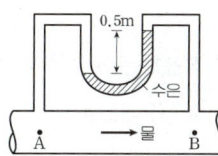

해설
$P_A + 1 \times 0.5 - 13.50 \times 0.5 = P_B$
$P_A - P_B = 13.50 \times 0.5 - 1 \times 0.5$
$= 6.25 t/m^2$

20. 그림과 같이 원호형의 수문 AB에 작용하는 연직 수압의 크기는? (단, 수문폭 5m, AO는 수평이다.) [06㉮]

① 4ton
② 9ton
③ 15ton
④ 25ton

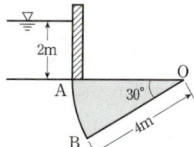

해설
P_y = 그림 ①②의 무게

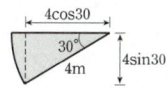

① $= (4 - 4\cos30) \times 2 \times 5 = 5.36$ t
② $= \left(\dfrac{\pi \times 8^2}{4} \times \dfrac{30}{360} - \dfrac{1}{2} \times 4\cos30 \times 4\sin30\right) \times 5 = 3.62$ t
P_y = ① + ② = 5.36 + 3.62 = 8.98 t

21. 수면 아래 20m 지점의 수압으로 옳은 것은? (단, 물의 단위중량은 9.81kN/m³이다.) [20㉯]

① 0.1MPa   ② 0.2MPa
③ 1.0MPa   ④ 20MPa

해설
$P = wh$
$= 1 \times 20 = 20 t/m^2$
1기압 $= 10 t/m^2 = 0.1$MPa
$P = 20 \times 0.01$MPa $= 0.2$MPa

22. 단위무게 5.88kN/m³, 단면 40cm×40cm, 길이 4m 인 물체를 물속에 완전히 가라앉히려 할 때 필요한 최소 힘은? [16㉮]

① 2.51kN   ② 3.76kN
③ 5.88kN   ④ 6.27kN

해설
$wV + M = w'V' + M'$
$5.88 kN/m^3 = 0.6 t/m^3$
$0.6 \times 0.4 \times 0.4 \times 4 + M = 1 \times 0.4 \times 0.4 \times 4 + 0$
$M = 0.256 t = 2.51 kN$

해답 17. ② 18. ③ 19. ③ 20. ② 21. ② 22. ①

23. 수심 3m, 폭이 2m인 직사각형 수로를 연직으로 가로막았을 때 이 판에 작용하는 전수압과 작용점의 위치는? [92 98 ㉮, 11 ㉯]

① $P=9t$, $h_C=2m$
② $P=6t$, $h_C=1m$
③ $P=6t$, $h_C=2m$
④ $P=9t$, $h_C=1m$

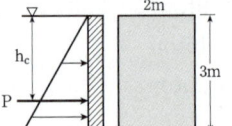

[해설]

$P = wh_G A = 1 \times \dfrac{3}{2} \times 2 \times 3 = 9t$

$h_C = h_G + \dfrac{I_G}{h_G A} = \dfrac{3}{2} + \dfrac{\dfrac{2 \times 3^3}{12}}{\dfrac{3}{2} \times 2 \times 3} = 2m$

24. 원통형의 용기에 깊이 1.5m까지는 비중이 1.35인 액체를 넣고 그 위에 2.5m의 깊이로 비중이 0.95인 액체를 넣었을 때, 밑바닥이 받는 총 압력은? (단, 물의 단위중량은 9.81kN/m³이며, 밑바닥의 지름은 2m이다.) [20 ㉯]

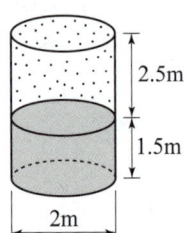

① 125.5kN ② 135.6kN
③ 145.5kN ④ 155.6kN

[해설]

$p = wh_G A$
$= 1.35 \times 9.81 \times 1.5 \times \dfrac{\pi \cdot 2^2}{4} + 0.95 \times 9.81 \times 2.5 \times \dfrac{\pi \cdot 2^2}{4}$
$= 135.6 kN$

25. 폭 4.8m, 높이 2.7m의 연직 직사각형 수문이 한쪽 면에서 수압을 받고 있다. 수문의 밑면은 힌지로 연결되어 있고 상단은 수평체인(Chain)으로 고정되어 있을 때 이 체인에 작용하는 장력(張力)은? (단, 수문의 정상과 수면은 일치한다.) [18 ㉮]

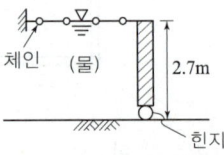

① 29.23kN ② 57.15kN
③ 7.87kN ④ 0.88kN

[해설]

$P = wh_G \cdot A$
$= 1 \times \dfrac{2.7}{2} \times 4.8 \times 2.7$
$= 17.5t$

힌지를 중심으로 모멘트를 구하면

$17.5 \times \dfrac{1}{3} \times 2.7 = 2.7 \times P$

$P = 5.8t = 57.15kN$

26. 수면과 수직한 평면에 작용하는 전수압의 작용점 위치에 관한 설명 중 옳은 것은? [02 ㉯]

① 전수압의 작용점은 항상 도심보다 위에 있다.
② 전수압의 작용점은 항상 도심보다 아래에 있다.
③ 전수압의 작용점은 항상 도심과 일치한다.
④ 전수압의 작용점은 도심위에 있을 때도 있고, 아래에 있을 때도 있다.

[해설]

평면에 작용하는 전수압의 작용점 위치

$h_C = h_G + \dfrac{I_G}{h_G A} \sin^2 \theta$

수면과 수직이므로 $\theta = 90°$

$\therefore h_C = h_G + \dfrac{I_G}{h_G A}$

해답 23. ① 24. ② 25. ② 26. ②

27. 빙산(氷山)의 부피가 V, 비중이 0.92이고, 바닷물의 비중은 1.025라 할 때 바닷물 속에 잠겨있는 빙산의 부피는? [18㉮]

① 1.1V ② 0.9V
③ 0.8V ④ 0.7V

해설
$wV + M = w'V' + M'$
$0.92 \times V + 0 = 1.025 \times V' + 0$
$V' = \dfrac{0.92}{1.025}V = 0.9V$

28. 3m×3m 크기의 수평으로 놓인 정사각형 평판의 윗면이 수면아래 2m 지점에 위치해 있다. 이 판의 두께를 50cm라 하면 이 판의 모든 면이 받는 전수압은?

① 2.5t ② 4.5 t
③ 9.0t ④ 18.0 t

해설
물체가 수중에 잠겼을 경우 모든 면이 받는 전수압의 크기는 부력이 된다.
$B = wV' = 1 \times 3 \times 3 \times 0.5 = 4.5t$

29. 그림과 같이 1m×1m×1m인 정육면체의 나무가 물에 떠 있을 때 부체(浮體)로서 상태로 옳은 것은? (단, 나무의 비중은 0.80이다.) [20㉮]

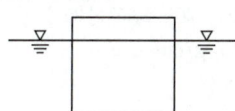

① 안정하다. ② 불안정하다.
③ 중립상태다. ④ 판단할 수 없다.

해설
$\dfrac{I_G}{V'} - \overline{GC} > 0$ 안정
$V' = 1 \times 1 \times 0.8 = 0.8$
$I_G = \dfrac{1 \times 1^3}{12} = 0.083$
$\overline{GC} = 0.5 - 0.4 = 0.1$
그러면 $\dfrac{0.083}{0.8} - 0.1 = 0.00375 > 0$ 안정하다.

30. 액체표면에서 150cm 깊이의 점에서 압력강도가 14.25kN/m²이면 이 액체의 단위중량은? [19㉳]

① 9.5kN/m³ ② 10kN/m³
③ 12kN/m³ ④ 16kN/m³

해설
$P = wh$
$w = \dfrac{P}{h} = \dfrac{14.25\text{kN/m}^2}{1.5\text{m}}$
$= 9.5\text{kN/m}^3$

31. 모세관 현상에 관한 설명으로 옳은 것은? [18㉳]

① 모세관 내의 액체의 상승 높이는 모세관 지름의 제곱에 반비례한다.
② 모세관 내의 액체의 상승 높이는 모세관의 크기에만 관계된다.
③ 모세관의 높이는 액체의 특성과 무관하게 주위의 액체면보다 높게 상승한다.
④ 모세관 내의 액체의 상승 높이는 모세관 주위의 중력과 표면장력 등에 관계된다.

해설
모세관 높이 $h = \dfrac{4T\cos\theta}{wd}$

32. 부력에 대한 설명으로 옳지 않은 것은? [13㉳]

① 부력은 수심에 비례하는 압력을 받는다.
② 부체가 배제할 물의 무게와 같은 부력을 받는다.
③ 부력은 고체의 수중부분 부피와 같은 부피의 물무게와 같다.
④ 유체에 떠 있는 물체는 그 자신의 무게와 같은 만큼의 유체를 배제한다.

해설
$B = wV$
부력의 크기는 수심과는 관계가 없다.

해답 27. ② 28. ② 29. ① 30. ① 31. ④ 32. ①

33. 빙산의 비중이 0.92라 하고, 바닷물의 비중이 1.025라 할 때 빙산의 바닷물 속에 잠겨 있는 부분의 부피는 전체 부피의 약 몇 배인가?

① 0.70 ② 0.90
③ 1.10 ④ 2.50

해설
$wV + M = w'V' + M'$
$0.92 V = 1.025 \times V'$
$\dfrac{V'}{V} = \dfrac{0.92}{1.025} = 0.9$

34. 경심고가 0.3m이고, 회전반지름이 0.58m인 케이슨의 진동주기는?

① 4.821sec ② 4.25sec
③ 2.125sec ④ 1.05sec

해설 케이슨의 진동주기
$T = 2\pi \cdot \dfrac{k}{\sqrt{gh}}$ (sec)

여기서, k : 회전반지름 $\left(\dfrac{\sqrt{I_G}}{A}\right)$
h : 경심고

∴ $T = 2\pi \times \dfrac{0.58}{\sqrt{9.8 \times 0.3}} = 2.125$sec

35. 부피가 5,000cm³의 직육면체 돌을 물속에 넣었을 때 물속에서 돌의 무게는 10kg이었다. 돌의 비중은 얼마인가?

① 1.0 ② 2.0
③ 3.0 ④ 4.0

해설
$wV + M = w'V' + M'$
$w \times 5,000 + 0 = 1 \times 5,000 + 10,000$
$w = 3\text{g/cm}^2$
비중 = $\dfrac{\text{물체의 단위중량}}{\text{물의 단위중량}}$
$= \dfrac{3}{1} = 3$

36. 그림에서 바닥의 총수압을 각각 P_a, P_b라 표시할 때 다음 관계 중 옳은 것은? (단, 바닥의 단면적은 a로 같고 상면에 수면적은 그림에 보인 바와 같으며 높이가 같다.)
[97 15 20 22 산]

① $P_a > P_b$
② $P_a = P_b$
③ $P_a < P_b$
④ $P_a = 2P_b$

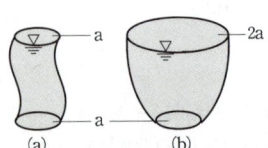

해설
압력 $P = wh$에서 물의 높이가 같으므로 바닥에 작용하는 압력의 크기는 같다. 또한 면적(a)이 같으므로 총수압은 같다.
$P = wh_G \cdot A$
A : 압력이 작용하는 밑부분의 면적(a)
그러므로 $P_a = P_b$이다.

37. 그림에서 h =25cm, H =40cm 이다. A, B점의 압력차는? [15 ㉮]

① 1N/cm²
② 3N/cm²
③ 49N/cm²
④ 100N/cm²

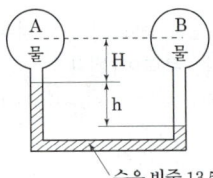
수은 비중 13.55

해설
$P_A + wH + w_1 h - w(H+h) = P_B$
$P_A - P_B = w(H+h) - wH - w_1 h$
$= 40 + 25 - 40 - 13.55 \times 25$
$= -313.75 \text{g/cm}^2$
(1kg = 9.8N이므로)
$P_A - P_B = 3.07 \text{N/cm}^2$

38. 그림과 같은 원통면의 외측에 작용하는 수압의 연직 분력은? (단, w_0 : 물의 비중량, ℓ : 원통길이)

① (bced의 면적 − abca의 면적)$w_0 \ell$
② (bced의 면적 − deab의 면적)$w_0 \ell$
③ (dboe 면적)$w_0 \ell$
④ (dbae 면적 − bcab 면적)$w_0 \ell$

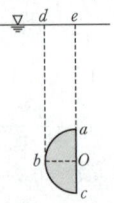

해답 33. ② 34. ③ 35. ③ 36. ② 37. ② 38. ②

해설
연직분력 : 중복되는 부분을 계산에서 제외된다. 즉, 반원의 물의 무게
$P_r = w_o \cdot A\ell = (abca의 면적)w_o l$

39. 높이 5m, 폭 4m의 직사각형 수문이 수직으로 설치되어 있다. 물이 수로의 윗단까지 차 있다고 하면 이 수문에 작용하는 전수압은? [98산]

① 55ton
② 52.5ton
③ 50ton
④ 40ton

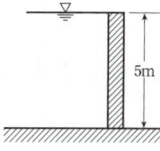

해설
평판에 작용하는 전수압은 $wh_G \cdot A$로써 나타낼 수 있다.
작용점의 위치 : $h_c = h_G + \dfrac{I_G}{h_G A}\sin^2\theta$
$P = wh_G \cdot A = 1 \times \dfrac{5}{2} \times 5 \times 4 = 50t$

40. 바다에서 배수용량이 15,000t, 흘수 8m인 배가 운하의 담수부근에 들어갔을 때 흘수는? (단, 부유면 부근의 선체 단면적은 3,000m²이며 바다에서 해수의 단위중량은 1.025t/m³임.)

① 10.2m   ② 12.2m
③ 8.2m   ④ 6.2m

해설
$wV + M = w'V' + M'$
바다인 경우 $15000 = 1.025 \times 8 \times A$
담수인 경우 $15000 = 1 \times h \times A$는 서로 동일한 배이므로 같게 놓으면
$\therefore h = 8.2m$

41. 그림과 같이 물을 막고 있는 원통곡면에 작용하는 전수압은? (단, 원통 축방향 길이 1m) [07기]

① 2ton
② 1.57ton
③ 3.57ton
④ 2.54ton

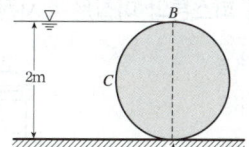

해설
$P_H = \omega \cdot h_{G \cdot A'} = 1 \times \dfrac{2}{2} \times 2 \times 1 = 2.0\text{ton}$
$P_V = \omega \cdot V = 1 \times \dfrac{\pi \cdot 2^2}{4} \times \dfrac{1}{2} \times 1.0 = 1.57\text{ton}$
$P = \sqrt{P_H^2 + P_V^2} = \sqrt{2.00^2 + 1.57^2} = 2.54\text{ton}$

42. 개방된 물통속에 물이 담겨져 있는데 그 깊이는 2m이다. 이 물위에 비중이 0.8인 기름이 1m의 깊이로 떠 있을 때 물통 밑바닥에서의 압력은? [97산]

① 2,800kg/m²
② 2,000kg/m²
③ 1,200kg/m²
④ 800kg/cm²

해설
밑바닥의 압력=유체에 의한 압력+유체에 의한 압력+⋯
 = 유체의 단위중량×체의 높이
  +유체의 단위중량×유체의 높이+⋯
$p = w_1 h_1 + w_2 h_2$
 $= 0.8 \times 1 + 2 \times 1$
 $= 2.8\text{t/m}^2 = 2,800\text{kg/m}^2$

43. 그림에서 시차압력계의 A와 B의 압력차($P_1 - P_2$)는?(단, 수은의 비중은 13.6임.) [95산]

① 67.75g/cm²
② 81.6g/cm²
③ 677.5g/cm²
④ 813g/cm²

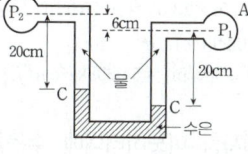

해설
$P_2 + (1 \times 20) + (13.6 \times 6) - (1 \times 20) - P_1 = 0$
$\therefore P_1 = P_2 = 81.6\text{g/cm}^2$

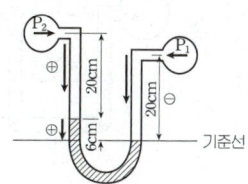

해답 39. ③   40. ③   41. ④   42. ①   43. ②

44. 원통형의 용기 바닥에 깊이 1.5m까지는 비중이 1.35인 액체를 넣고 그 위에는 2.5m까지의 깊이로 비중 0.95의 액체를 넣었을 때 밑바닥이 받는 총압력은? (단 밑바닥의 직경은 2m이다.)

① 12.816t
② 13.816t
③ 14.816t
④ 15.816t

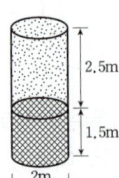

해설

비중 = $\dfrac{물체의\ 단위중량}{물의\ 단위중량}$,

물체의 단위중량 = 비중 × 물의 단위중량
총압력 = 압력 × 면적
 = 무체의 단위중량 × 높이 × 면적
$P = w_1 h_1 A + w_2 h_2 A$
 $= (1.35 \times 1.5 + 0.95 \times 2.5) \times \dfrac{3.14 \times 2^2}{4} = 13.816t$

45. 수면하 40m 점에서의 절대압력은? (단, 수은의 비중 13.55)

① 5.0298kg/cm² ② 5.0298kg/m²
③ 4.0283kg/cm² ④ 4.0283kg/m²

해설

절대압력 = 계기압력 + 대기압력 = $wh + P_a$
대기압력 = 760mmHg = 0.76mmHg
 = $0.76 \times 13.55 t/m^2 = 10.298 t/m^2$
$P = P_0 + wh$에서
$P_0 = 0.76 \times 13.55 = 10.298 t/m^2$ 이므로
$P = 10.298 + 1t/m^3 \times 40m$
 $= 50.298 t/m^2 = 5.0298 kg/cm^2$

46. U자형 마노미터내에 수은을 넣어 같은 높이에 있는 2본의 수압관과 연결하였더니 수은면의 차가 10cm이었다. A, B점의 수압차는? (단, 수은의 비중은 13.6임) [01 07 ㉮]

① 1.260 kg/cm²
② 0.126 kg/cm²
③ 1.360 kg/cm²
④ 0.136 kg/cm²

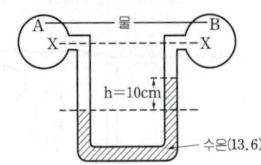

해설

$P_A + 1 \times 10 - 13.6 \times 10 = P_B$
$P_A - P_B = 10(13.6 - 1)$
 $= 126 g/cm^2 = 0.126 kg/cm^2$

47. 부체에 관한 설명 중 틀린 것은? [18 ㉳]

① 수면으로부터 부체의 최심부(가장 깊은 곳)까지의 수심을 흘수라 한다.
② 경심은 물체 중심선과 부력 작용선의 교점이다.
③ 수중에 있는 물체는 그 물체가 배제한 배수량 만큼 가벼워진다.
④ 수면에 떠 있는 물체의 경우 경심이 중심보다 위에 있을 때는 불안정한 상태이다.

해설

안정한 경우는 경심이 무게 중심보다 위에 위치하는 경우이다.

48. 지름이 변하면서 위치도 변하는 원형 관로에 1.0m³/s의 유량이 흐르고 있다. 지름이 1.0m인 구간에서는 압력이 34.3kPa(0.35kg/cm²)이라면, 그 보다 2m 더 높은 곳에 위치한 지름 0.7m인 구간의 압력은? (단 마찰 및 미소손실은 무시한다.) [16 ㉳]

① 11.8kPa   ② 14.7kPa
③ 17.6kPa   ④ 19.6kPa

해설

$\dfrac{P_1}{w} + \dfrac{V_1^2}{2g} + Z_1 = \dfrac{P_2}{w} + \dfrac{V_2^2}{2g} + Z_2$

$Q = A_1 V_1 = A_2 V_2$

$1 = \dfrac{\pi \cdot 1^2}{4} \times V_1,\ V_1 = 1.27 m/sec$

$1 = \dfrac{\pi \cdot 0.7^2}{4} \times V_2,\ V_2 = 2.6 m/sec$

$3.5 + \dfrac{1.27^2}{2 \times 9.8} + 0 = \dfrac{P_2}{1} + \dfrac{2.6^2}{2 \times 9.8} + 2$

$3.58 = P_2 + 2.34$
$P_2 = 1.24 t/m^2$
 $= 12.15 kPa$

49. 그림에서 2t의 자동차를 들어 올리는데 필요한 힘을 계산한 값은? (단, 피스톤의 단면적은 각각 400cm², 10cm²이고 피스톤의 마찰은 무시된다.) [97 05 ㉳]

① 49.0kg
② 50.0kg
③ 52.5kg
④ 55.0kg

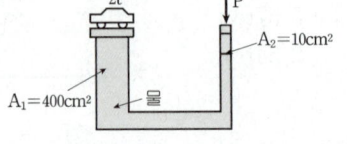

해답 44. ② 45. ① 46. ② 47. ④ 48. ① 49. ②

해설

파스칼의 원리에 의해 유체의 한 점에 작용하는 압력의 크기는 모든 점에 동일한 크기로 전달된다는 것을 이용한다. 양쪽에 작용하는 압력은 같은 크기이므로

$$\frac{P_1}{A_1} = \frac{P_2}{A_2}$$

$$\frac{2,000}{400} = \frac{P}{10} \quad \therefore P = 50\text{kg}$$

50. 그림과 같은 용기에 물을 넣고 연직하향방향으로 가속도 α를 중력가속도만큼 작용했을 때 용기 내의 물에 작용하는 압력 P는? [19⑭]

① 0
② 1t/m^2
③ 2t/m^2
④ 3t/m^2

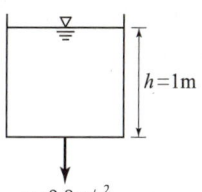

해설

$P = wh\left(1 - \frac{\alpha}{g}\right) = 1 \times 1 \times \left(1 - \frac{9.8}{9.8}\right) = 0$

51. 길이 5m, 직경 8m의 원주가 수평으로 놓여 있을 경우 원주의 한쪽에 윗단까지 물이 차 있다면 이 원주에 작용하는 전수압은? [05㉮]

① 190 ton
② 196 ton
③ 200 ton
④ 204 ton

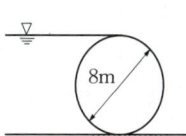

해설

곡면에 작용하는 전수압

$P = \sqrt{P_x^2 + P_y^2}$

$P_x = wh_G A' = 1 \times \frac{8}{2} \times 5 \times 8 = 160\text{t}$

$P_y = \frac{\pi}{4} \cdot 8^2 \times \frac{1}{2} \times 5 \times 1 = 125.7\text{t}$

$P = \sqrt{160^2 + 125.7^2} = 203.5\text{t}$

52. 지름 20cm, 길이 4m, 단위중량이 600kg/m²인 원주형 물체가 물위에 떠 있다. 이 물체를 완전히 가라앉히기 위해 가해야 할 힘은 얼마 이상이어야 하는가?

① 5.124kg
② 5.024kg
③ 51.24kg
④ 50.24kg

해설

$wV + M = w'V' + M'$

$0.6 \times \frac{\pi \cdot 0.2^2}{4} \times 4 + M = 1 \times \frac{\pi \cdot 0.2^2}{4} \times 4$

$M = \frac{\pi \cdot 0.2^2}{4} \times 4(1 - 0.6) = 0.05\text{t} ≒ 50\text{kg}$

53. 다음과 같이 수로폭 3m를 판으로 가로막았을 때 상류수심은 6m, 하류수심은 3m이었다. 이때 전수압의 작용점 위치는? [04⑭]

① $y = 1.50\text{m}$
② $y = 2.33\text{m}$
③ $y = 3.66\text{m}$
④ $y = 4.56\text{m}$

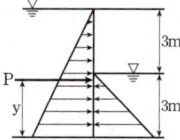

해설

상류 : $P_1 = wh_{G_1} \cdot A_1 = 1 \times 3 \times 6 \times 3 = 54\text{t}$

$h_{C_1} = 4\text{m}$

하류 : $P_2 = wh_{G_2} \cdot A_2 = 1 \times \frac{3}{2} \times 6 \times 3 = 13.5\text{t}$

$h_{C_2} = 2\text{m}$

판 밑의 o점을 기준으로 모멘트를 취하면

$54 \times (6-4) - 13.5 \times (3-2) = (54 - 13.5) \times y$

$\therefore y = 2.33\text{m}$

54. 높이 5m, 폭 2.5m인 연직평면 수문을 수로에 설치하였다. 이 수문에 작용하는 전수압(P)과 작용점의 위치(h_c)는? (단, 수심은 수문의 상부와 일치하고, 작용점은 수면으로 부터의 깊이 방향 위치임.) [05⑭]

① $P = 31.25\text{ton}, h_c = 1.33\text{m}$
② $P = 31.25\text{ton}, h_c = 3.33\text{m}$
③ $P = 62.50\text{ton}, h_c = 1.33\text{m}$
④ $P = 62.50\text{ton}, h_c = 3.33\text{m}$

해설

$P = wh_G A = 1 \times \frac{5}{2} \times 2.5 \times 5 = 31.25\text{t}$

$h_C = h_G + \frac{I_G}{h_G A}\sin^2\theta = \frac{5}{2} + \frac{2.5 \times \frac{5^3}{12}}{\frac{5}{2} \times 5 \times 2.5} \times 1$

$= 3.33\text{m}$

해답 50. ① 51. ④ 52. ④ 53. ② 54. ②

55. 다음의 그림과 같은 구형판이 받는 전수압과 압력의 중심위치는?

① $h_c = 2.5(m)$, $P = 37.5(t)$
② $h_c = 2.5(m)$, $P = 32.5(t)$
③ $h_c = 2.8(m)$, $P = 37.5(t)$
④ $h_c = 2.8(m)$, $P = 32.5(t)$

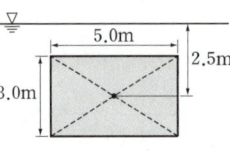

[해설]
$P = wh_G \cdot A$
$= 1 \times \left(1 + \dfrac{3}{2}\right) \times 3 \times 5 = 37.5\text{t}$

$h_C = h_G + \dfrac{I_G}{h_G A} = 2.5 + \dfrac{\dfrac{5 \times 3^2}{12}}{2.5 \times 3 \times 5}$
$= 2.8\text{m}$

56. 그림과 같은 폭 2m의 직사각형 판에 작용하는 수압 분포도는 삼각형 분포도를 얻었는데, 이 물체에 작용하는 전수압(㉠)과 작용점의 위치(㉡)로 옳은 것은? (단, 물의 단위중량은 9.81kN/m³이며, 작용의 위치는 수면을 기준으로 한다.) [20 산]

① ㉠ : 100.25kN, ㉡ : 1.7m
② ㉠ : 145.25kN, ㉡ : 3.3m
③ ㉠ : 200.25kN, ㉡ : 1.7m
④ ㉠ : 245.25kN, ㉡ : 3.3m

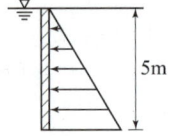

[해설] 전수압의 크기
$P = wh_G A = 1 \times \dfrac{5}{2} \times 5 \times 2 = 25\text{t}$
$= 25 \times 9.81 = 245.25\text{kN}$

$h_C = h_G + \dfrac{I_G}{h_G A} = \dfrac{5}{2} + \dfrac{2 \times 5^3/12}{\dfrac{5}{2} \times 2 \times 5} = 3.33\text{m}$

57. 수심 8m 물속 정수압의 크기는? [96 기]

① 800kg/m^2
② 800g/cm^2
③ 800t/m^2
④ 800kg/cm^2

[해설]
$P = wh = 1\text{g/cm}^3 \times 800\text{cm} = 800\text{g/cm}^2$
정수압의 크기는 계기압력의 크기를 말하는 것이므로 $P = wh$이다.

58. 다음 그림과 같이 수면과 경사각이 45°를 이루는 제방의 측면에 수면에서 도심까지 5m되는 원통형 수문이 있을 때 이에 작용하는 전수압은? [98 산]

① 10.01t
② 11.45t
③ 12.11t
④ 11.11t

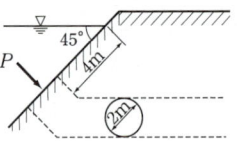

[해설] 평면에 작용하는 전수압
$P = wh_G A$ 에서
$h_G = 5\sin 45$이므로
$P = 1 \times 5\sin 45 \times \dfrac{\pi \cdot 2^2}{4} = 11.11\text{t}$

59. 그림과 같이 ⓐ판재, 폭 1.0m, 길이 2.83m가 수면에서 45° 각도로 물속에 잠겨있을 때의 전수압은?

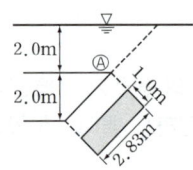

① 수압 6ton, 작용점까지의 수심 3.00m
② 수압 8.49ton, 작용점까지의 수심 3.16m
③ 수압 8.49ton, 작용점까지의 수심 3.11m
④ 수압 12ton, 작용점까지의 수심 3.21m

[해설]
평면에 작용하는 전수압은
$p = wh_G A$
$= 1 \times 3 \times 1 \times 2.83 = 8.49\text{t}$

작용점까지의 수심
$h_C = h_G + \dfrac{I_G}{h_G A} \sin^2 \theta$
$= 3 + \dfrac{\dfrac{1 \times 2.83^3}{12}}{3 \times 1 \times 2.83} \times \sin^2 45$
$= 3.11\text{m}$

해답 55. ③ 56. ④ 57. ② 58. ④ 59. ③

60. 직경 500mm, 압력수두 60m일 때 철판의 두께 1cm에 작용하는 허용인장응력은?

① 200kg/cm² ② 150kg/cm²
③ 100kg/cm² ④ 50kg/cm²

해설
$t = \dfrac{PD}{2\sigma}$ 에서
$\sigma = \dfrac{PD}{2t} = \dfrac{(1\times 60)\times 0.5}{2\times 0.01} = 1,500\text{t/m}^2 = 150\text{kg/cm}^2$
압력수두 $h = \dfrac{P}{w}$ 이므로 $P = wh = 1\times 60 = 60\text{t/m}^2$

61. 강관의 길이가 50m, 내경 2m인 강관이 수두 100m의 수압을 받고 있을 때 최소 강관의 두께는? (단, 강관의 허용인장 응력은 1,400kg/cm²이다.)

① 71.5mm ② 0.175mm
③ 7.15mm ④ 715mm

해설
$t = \dfrac{pD}{2\sigma_{ta}} = \dfrac{1\text{t/m}^3 \times 100\text{m} \times 2\text{m}}{2\times 14,000\text{t/m}^2}$
$= 0.00715\text{m} = 7.15\text{mm}$
여기서 $p = wh$
$\sigma = 1,400\text{kg/cm}^2 = 1,400 \times \dfrac{\frac{1}{1,000}\text{t}}{\left(\frac{100}{1}\text{m}\right)^2}$
$= 14,000\text{t/m}^2$

62. 유속이 3m/s인 유수 중에 유선형 물체가 흐름방향으로 향하여 $h=3$m 깊이에 놓여 있을 때 정체압력(stagnation pressure)은? [18 ㉮]

① 0.46kN/m² ② 12.21kN/m²
③ 33.90kN/m² ④ 102.35kN/m²

해설
$P =$ 정압력+동압력
$= wh + \dfrac{wV^2}{2g}$
$= 1\times 3 + \dfrac{1\times 3^2}{2\times 9.8}$
$= 3.46\text{t/m}^2$
$= 3.46 \times 9.8 = 33.9\text{kN/m}^2$

63. 다음 로울링 게이트(rolling gate)에서 수평 수압은? (단, 폭은 1m이다.) [92 ㉾]

① 2t
② 4.5t
③ 7.5t
④ 9t

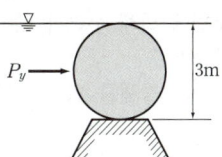

해설
$P_H = wh_G A'$
$= \dfrac{1\times 3}{2} \times 3 \times 1 = 4.5\text{t}$

64. 단면적 2.5cm², 길이 1.5m인 강철봉이 공기중에서 무게가 2.8kg이었다면 수중에서 강철봉의 무게는 얼마인가?

① 2.8kg ② 2.735kg
③ 2.65kg ④ 2.425kg

해설
$wV + M = w'V' + M'$
$2800 = 1 \times 2.5 \times 150 \times M' \qquad M' = 2425\text{g}$

65. 그림과 같이 폭 3m, 높이 2m, 길이 5m, 비중이 0.6인 물체(부체)가 물에 떠 있을 때의 흘수는?

① $H = 1.2$m
② $H = 0.5$m
③ $H = 1.5$m
④ $H = 1.8$m

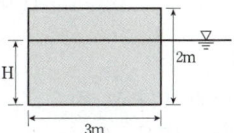

해설
$wV + M = w'V' + M'$
$0.6 \times 2 \times 3 \times 5 = 1 \times 3 \times 5 \times h$
$h = 1.2$m

66. 부체가 수면에 의해 절단되는 면에서 최심부까지의 수심을 무엇이라 하는가? [98 06 21 ㉾]

① 부심 ② 흘수
③ 부력 ④ 부양면

해답 60. ② 61. ③ 62. ③ 63. ② 64. ④ 65. ① 66. ②

해설
- 흘 수 : 수면에서 물체의 최심부까지의 수심
- 부 심 : 수중부분의 물체의 무게중심
- 부양면 : 수면에 의해 수면위, 수면아래로 나누어지는 경계면
- 부 력 : 수중의 물체를 위로 들어올리려는 힘

67. 비중이 0.92인 빙산이 그림과 같이 바닷물 위에 떠 있다. 빙산의 전체적을 구한 값은? (단, 해수의 비중은 1.03) [98 산]

① 1,087m³
② 1,124m³
③ 1,232m³
④ 1,364m³

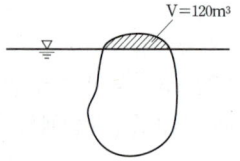

해설
$wV = w'V' + M'$
$0.92 \times V = 1.03 \times (V - 120) + 0$
$V = \dfrac{1.03 \times 120}{1.03 - 0.92} \fallingdotseq 1,124\,m^3$

68. 빙산(氷山)의 부피가 V, 비중이 0.92이고 바닷물의 비중은 1.025라 할 때 빙산의 바닷물 속에 잠겨있는 부분의 부피는? [13 ㉮]

① 0.92V ② 0.9V
③ 0.82V ④ 0.8V

해설 부력
$WV + M = W'V' + M'$
$0.92V + 0 = 1.025V' + 0$
$\therefore V' = 0.9V$

69. 부체의 안정성을 조사할 때 다음 용어 중에서 관계 없는 것은? [02 23 산]

① 경심
② 수심
③ 부심
④ 중심

해설 수면에 떠 있는 물체의 안정조건

① $M > G,\ \dfrac{I_2}{V} > \overline{GC}$ … 안정
② $M = G,\ \dfrac{I_2}{V} = \overline{GC}$ … 중립상태
③ $M < G,\ \dfrac{I_2}{V} < \overline{GC}$ … 불안정

여기서, M : 경심, G : 중심, C : 부심
V : 수중부분의 물체적 체적
I_2 : 최소 단면 2차 모멘트

70. 부체는 보통 어느 경우에 기울어지기 쉬운가? (단, 여기서 C는 부심, V는 배수용적, I_2는 부양면(길이방향)에 대한 단면 2차 모멘트이다.)

① 경심 M이 부체의 중심 G보다 위에 있는 경우
② 부양면에 대한 단면 2차 모멘트가 $\overline{CG}$와 같은 경우
③ $\dfrac{I_x}{V} > \overline{CG}$ 인 경우
④ 부양면에 대한 단면 2차 모멘트가 가장 작은 경우

해설
$\dfrac{I}{V} - \overline{GC} > 0$: 안정
$\qquad\quad = $: 중립
$\qquad\quad < $: 불안정
경심 M이 무게중심 G보다 위에 있어야 안정
동일한 체적을 가진 물체인 경우 부양면에 대한 단면 2차 모멘트가 작은 경우에 가장 불안정하다.

71. 다음 그림과 같이 안지름이 2m, 높이 3m의 원통형 수조에 깊이 2.5m까지 물을 넣고 각속도 w로 회전시킬 때 물이 수조 상단에 도달하는 각 속도는 약 얼마인가?

① $w = 1.4$ rad/sec
② $w = 2.4$ rad/sec
③ $w = 3.4$ rad/sec
④ $w = 4.4$ rad/sec

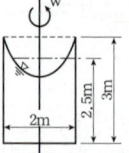

해답 67. ② 68. ② 69. ② 70. ④ 71. ④

해설

정수시 수심 h, 회전시 중심의 수심 h_O, 회전시 외주의 수심 h_a의 관계

$hg = h \pm \dfrac{w^2 a^2}{4g}$

수조상단이므로

$ha = h + \dfrac{w^2 a^2}{4g}$

$w^2 = \dfrac{4g(ha-h)}{a^2}$

$= \dfrac{4 \times 9.8(3-2.5)}{1^2} = 19.6$

$\therefore w = 4.43 \text{ rad/sec}$

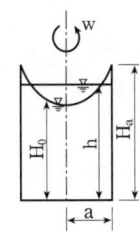

72. 부체의 중심 [G], 부심[C], 경심[M]라 할 때 불안정한 상태를 표시한 것은? [14 ㉑]

① M가 G보다 위에 있을 때
② $\overline{CM} = \overline{CG}$ 일 때
③ M와 G가 연직축상에 있을 때
④ M가 G보다 아래에 있고 C보다 위에 있을 때

해설
경심이 가장 위에 있을 때가 안정이다. 즉, 안정순서는 위에서부터 MGC의 순이다.

73. 다음 정수압의 성질 중 옳지 않은 것은?

① 정수압은 수중의 가상면에 항상 직각방향으로 존재한다.
② 대기압을 압력의 기준으로 잡으면 정수압은 반드시 절대압력으로 표시한다.
③ 정수압의 강도는 단위면적에 작용하는 압력의 크기로 표시한다.
④ 정수중의 한 점에 작용하는 수압의 크기는 모든 방향에서 같은 크기로 작용한다.

해설
· 대기압은 절대압력으로 1기압
· 절대압력 = 계기압력 + 대기압력
· 대기압력을 기준(0기압)으로 하면 측정되는 압력은 계기압력이다.

74. 그림과 같은 단면 ABCDEF에 작용하는 전수압은? [24 ㉑]

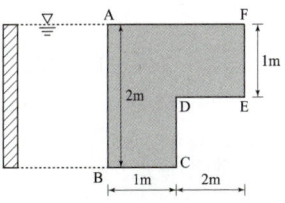

① 14.72kN
② 29.43kN
③ 44.15kN
④ 58.86kN

해설
CD선을 연장하에 계산하면 전수압 = $whqA$ 이므로

$P = 1 \times 1 \times 2 \times 1 + 1 \times \dfrac{1}{2} \times 2 \times 1$

$= 3t$ ($1t ≒ 9.8\text{kW}$)

$= 29.4\text{kW}$

75. 경심고를 구하는 공식 $h = \dfrac{p \cdot l}{W \cdot \theta}$ 에서 W는?

① 부체 자체의 무게를 의미한다.
② 추의 무게를 포함한 부체의 무게이다.
③ 추의 무게를 말한다.
④ 부력을 말한다.

해설
$W \cdot \overline{MG} \theta = P \cdot l$
W : 부체의 배수 총톤수, 즉 부력의 크기이다.
$\overline{MG}$: 경심고
θ : 기울어진 각도(radian)
P : 부체위의 하중의 무게
l : 부체의 중심선으로부터 P 하중까지 거리

76. 댐의 물 쪽은 수직면이고 물의 깊이가 25m이다. 댐 1m당의 물에 대한 힘은? [84 95 ㉑]

① 12,500kg
② 25,000kg
③ 312,500kg
④ 372,500kg

해설
$P = wh_G \cdot A$

$= 1 \times \dfrac{25}{2} \times 1 \times 25 = 312.5t$

해답 72. ④ 73. ② 74. ② 75. ④ 76. ③

77. 지름이 20cm, 길이가 30cm인 원통그릇에 물을 채워 세웠을 때 그릇의 저면에 작용하는 전수압의 크기는?

① 9.42kg ② 18.84kg
③ 94.2kg ④ 188.4kg

해설
$P = wh_G \cdot A = 1 \times 30 \times \dfrac{\pi \cdot 20^2}{4}$
$= 9494.8g = 9.425\text{kg}$

78. 판 AB에 작용하는 수압에 관한 다음 사항 중 옳은 것은?

① ABCD의 물의 무게와 같다.
② OBADC의 물의 무게와 같다.
③ AB 위 수주 무게와 AB의 연직 투영면에 작용하는 힘의 합력
④ OB 위 수주의 무게와 OBA 위 수주의 압력

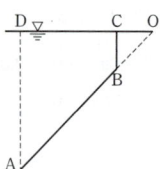

해설
$P = wh_G \cdot A$ 또는
$P = \sqrt{P_x^2 + P_y^2}$, $P_x = w \cdot h_G \cdot A'$
여기서, A'는 연직투영면의 면적
$P_y = AB$ 위의 물의 무게

79. 그림과 같이 Tainter gate의 AB면에 작용하는 전수압은? (단, 수문의 폭은 4m이고 AO는 수평이다.)

① 4.46t
② 0.42t
③ 8.51t
④ 10.64t

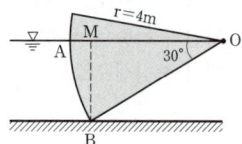

해설
$P = \sqrt{p_x^2 + P_y^2}$
$p_x = w \cdot h_G \cdot A$
$= 1 \times 4 \cdot \sin 30 \cdot \dfrac{1}{2} \times 4 \cdot \sin 30 \times 4 = 8t$
$P_y = \left\{\dfrac{\pi \cdot 8^2}{4} \times \dfrac{30}{360} - \dfrac{1}{2} 4 \cdot \sin 30 \cdot 4\cos 30\right\} \times 4 = 2.9t$
$P = \sqrt{8^2 + 2.9^2} = 8.51t$

80. 높이 6m, 폭 1m의 구형수문이 연직으로 설치되어 있다. 물이 수문의 윗단까지 차 있다고 하면 이 수문에 작용하는 전수압의 작용점 위치는? [86 94 산]

① $h_G = 3m$
② $h_G = 3.5m$
③ $h_G = 4m$
④ $h_G = 4.3m$

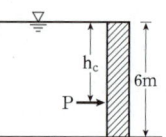

해설
$h_C = h_G + \dfrac{I_G}{h_G A} \cdot \sin^2 \theta$
$= \dfrac{6}{2} + \dfrac{\frac{1 \times 6^3}{12}}{\frac{6}{2} \times 6 \times 1} = 4m$

81. 폭 3m의 직사각형 판이 수중에 있을 때 이 판에 가해지는 전수압의 작용점 위치는? [94 산]

① $h_C = 1.5m$
② $h_C = 2.0m$
③ $h_C = 3.0m$
④ $h_C = 4.0m$

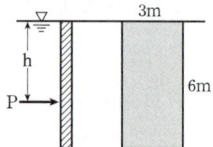

해설
$h_C = h_G + \dfrac{I_G}{h_G A}$
$= \dfrac{6}{2} + \dfrac{\frac{3 \times 6^3}{12}}{\frac{6}{2} \times 3 \times 6} = 4m$

82. 다음 사항 중 옳지 않은 것은?

① 벽 AB의 단위폭에 작용하는 총수압은 $\dfrac{wh^2}{2}$이다.
② 벽 AB의 단위폭에 작용하는 수압은 500kg이다.
③ 총수압의 작용점은 벽의 중심을 통과한다.
④ 바닥의 단위면적에 작용하는 수압은 wh이다.

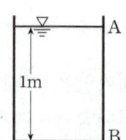

해답 77. ① 78. ③ 79. ③ 80. ③ 81. ④ 82. ③

해설
① 단위폭 수압 $P = wh_G A$
$= w \times \dfrac{h}{2} \times 1 \times h = \dfrac{wh^2}{2}$
② $P = \dfrac{1 \times 1^2}{2} = 0.5\text{t}$
③ $h_C = h_G + \dfrac{I_G}{h_G A}$
④ $P = whA = wh \times 1 \times 1 = wh$

83. 안지름 50cm의 강관에 최고 P = 15kg/cm²의 수압이 작용한다고 하면 적당한 강관의 두께는? (단, 강의 허용인장응력은 $\sigma_a = 1,400\text{kg/cm}^2$이다.)

① 3mm ② 9mm
③ 11mm ④ 19mm

해설
$T = \dfrac{P \cdot D}{2\sigma_{ta}} = \dfrac{15 \times 50}{2 \times 14000} = 0.27\text{cm} \fallingdotseq 3\text{mm}$

84. 다음과 같이 콘크리트 케이슨이 바닷물에 떠 있다면 흘수는? (단, 콘크리트의 비중은 2.4이며 바닷물의 비중은 1.025이다.) [03 16 ㈜]

① $x = 2.45\text{m}$
② $x = 2.55\text{m}$
③ $x = 2.65\text{m}$
④ $x = 2.75\text{m}$

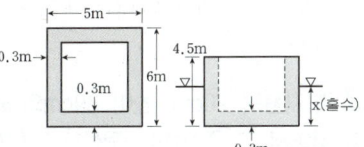

해설
$wV = w'V' + M'$
$wV = 2.4 \times (5 \times 6 \times 4.5 - 5.4 \times 4.4 \times 4.2) = 84.5\text{ton}$
$wV' = 1.025 \times 5 \times 6 \times x = 30.75x \text{ ton}$
$M' = 0$
$84.5 = 30.75x \quad \therefore x = 2.75\text{m}$

85. 빙산이 해수에 떠 있다. 수면 위의 체적이 900m³이면 빙산 전체의 체적은? (단, 빙산의 비중은 0.92, 해수의 비중은 1.025이다.)

① 6758.7m³ ② 7758.7m³
③ 8785.7m³ ④ 9785.7m³

해설
$wV = w'V' + M'$
$w'V' = 1.025 \times (V - 900)$
$0.92 \times V = 1.025 \times (V - 900)$
$V = \dfrac{1.025 \times 900}{1.025 - 0.92} = 8785.7\text{m}^3$

86. 한변의 길이가 4m인 정사각형 단면을 가진 각주가 물에 떠 있다. 각주의 비중은 0.92이며 길이는 6m이다. 계산된 흘수가 3.68m이며 물에 잠긴 체적 V가 88.32m³라면 이 부체는? [87 95 ㈜]

① 불안정하다
② 중립이다.
③ 안정이다.
④ 판별할 수 없다.

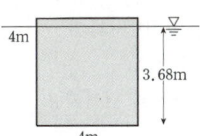

해설
$\dfrac{I_x}{V} = \overline{CG}$
$V = 4 \times 3.68 \times 6 = 88.32$
$I_x = \min\left\{\dfrac{4 \times 6^3}{12}, \dfrac{6 \times 4^3}{12}\right\} = 32$
$\overline{GC} = 2 - \dfrac{3.68}{2} = 0.16$
$\dfrac{32}{88.32} - 0.16 = 0.202 > 0 \quad \therefore \text{안정}$

87. 비중이 0.92인 빙산이 비중 1.025의 해수에 떠 있다. 수면위에 나온 빙산의 체적이 100m³이면 빙산 전체의 체적은? [86 92 06 ㈜]

① 1,464m³
② 1,364m³
③ 976m³
④ 876m³

해설
$wV = w'V' + M'$
$w'V' = 1.025 \times (V - 100)$
$0.92 - V = 1.025 \times (V - 100)$
$V = \dfrac{1.025 \times 100}{1.023 - 0.92} = 976\text{m}^3$

해답 83. ① 84. ④ 85. ③ 86. ③ 87. ③

88. 공기 중에서의 물체 무게가 50kg이었던 것이 수중에서는 40kg, 중유에서는 41.5kg이었다. 이 때 중유의 비중은? [83 94 산]

① 0.85   ② 0.90
③ 0.92   ④ 0.96

해설
$wV = w'V' + M'$
수중 → $50 = 1000 \times V' + 40$ … ①
중유 → $50 = w' \times V' + 41.5$ … ②
식 ①에서 $V' = \dfrac{50-40}{1000} = 0.01 \text{m}^3$
$50 = w' \times 0.01 + 41.5$
$w' = 850 \text{kg/m}^3$
비중 = $\dfrac{\text{유체의 단위중량}}{\text{물의 단위중량}} = \dfrac{850 \text{kg/m}^3}{1000 \text{kg/m}^3} = 0.85$

89. 해수에 떠 있는 길이 20m, 폭 8m의 물체를 담수에 넣었더니 물체의 흘수가 6cm 증가했다. 이 물체의 중량은? (단, 해수의 단위중량은 1,025kg/m³이다.)

① 309.6 ton   ② 399.6 ton
③ 393.6 ton   ④ 398.6 ton

해설
$wV = w'V' + M'$
해수 → $w'V' = 1.025 \times (20 \times 8 \times h)$ … ①
담수 → $w'V' = 1 \times \{(20 \times 8 \times (h+0.06)\}$ … ②
식 ①과 ②를 같다고 하면
$1.025 \times (20 \times 8 \times h) = 1 \times \{20 \times 8 \times (h+0.06)\}$
$h = \dfrac{20 \times 8 \times 0.06}{164 - 160} = 2.4\text{m}$
$wV = 1.025 \times (20 \times 8 \times 2.4) = 393.6\text{t}$

90. 경심고를 구하는 식 $h = \dfrac{I_y}{V} - a$ 에서 다음 설명 중 옳지 않은 것은?

① I_y는 부양면에서 최소 단면 2차 모멘트
② V는 부체의 총체적
③ a는 부심과 중심과의 거리
④ h는 무게중심에서 경심까지의 거리

해설 $\dfrac{I}{V} - a$
V : 수중부분의 체적
I : 최소 단면 2차 모멘트
a : 부심과 중심과의 거리

91. 길이 13m, 높이 2m, 폭 3m, 무게 20ton인 바지선의 흘수는? [19 24 ㉮]

① 0.51m   ② 0.56m
③ 0.58m   ④ 0.46m

해설
$wV + M = w'V' + M'$
$20 + 0 = 1 \times 13 \times 3 \times h + 0$
$h = 0.51\text{m}$

92. 부체의 경심(M), 부심(C), 무게중심(G)에 대하여 부체가 안정되기 위한 조건은? [11 15 16 18 산]

① $\overline{MG} > 0$ ② $\overline{MG} = 0$
③ $\overline{MG} < 0$ ④ $\overline{MG} = \overline{CG}$

해설
부체의 안정 : 경심고(MG) > 0

93. 반지름이 20cm, 높이 80cm의 원통에 물을 60cm까지 넣어서 그 중심축을 중심으로 회전시킬 때 물통 바닥에 작용하는 전수압에 대한 설명 중 옳은 것은?

① 회전 때가 정지 때보다 크다.
② 정지 때가 회전할 때보다 크다.
③ 회전할 때나 정지 때나 같다.
④ 회전 가속도에 따라 다르기 때문에 설명이 곤란하다.

해설 바닥에 작용하는 수압
$P = wh_G \cdot A$

해답 88. ① 89. ③ 90. ② 91. ① 92. ① 93. ③

94. 그림과 같이 수문에서 B, C는 힌지(hinge)이며, A는 홈에 걸려 있다. 수문판의 무게를 무시할 때 수문이 넘어지지 않을 최대 수심은? [98산]

① 0.943m
② 1.886m
③ 4.243m
④ 8.485m

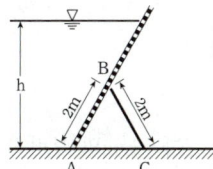

해설
$h_c = h_G + \dfrac{I_G}{h_G A}(\sin 60)^2$

$h_G = \dfrac{h}{2}, \; A = 1 \cdot l, \; h = l \cdot \sin 60 = l \cdot \dfrac{\sqrt{3}}{2}$

$= 1 \cdot \dfrac{2}{\sqrt{3}} h = \dfrac{2}{\sqrt{3}} h$

$I_G = \dfrac{bh^3}{12} = \dfrac{1 \cdot l^3}{12} = \dfrac{1 \cdot \left(\dfrac{2}{\sqrt{3}}h\right)^3}{12} = \dfrac{8h^3}{12 \cdot 3\sqrt{3}} = \dfrac{2h^3}{9\sqrt{3}}$

$h_c = \dfrac{h}{2} + \dfrac{\dfrac{2}{9\sqrt{3}}h^3}{\dfrac{h}{2} \cdot \dfrac{2}{\sqrt{3}}} \cdot \dfrac{3}{4} = \dfrac{h}{2} + \dfrac{2 \times 2\sqrt{3}\,h^3}{2 \times 9\sqrt{3}\,h^2} \cdot \dfrac{3}{4}$

$= \left(\dfrac{1}{2} + \dfrac{2}{9}\right)h = 0.667h$

$h - h_c < 2 \times \sin 60$
$h - 0.67h < 2 \times \dfrac{\sqrt{3}}{2}$
$0.333h < \sqrt{3}$
$h < 5.19m$

95. 관경 D, 관내압력 P, 관의 두께 t, 관내압력으로 인한 인장응력 σ라 할 때 다음 상관식 중 옳은 것은?

① $\sigma = \dfrac{PD}{2t}$ ② $P = \dfrac{tD}{\sigma}$

③ $t = \dfrac{\sigma D}{P}$ ④ $t = \dfrac{\sigma}{PD}$

해설
$t = \dfrac{PD}{2\sigma}$ 또는 $\sigma = \dfrac{PD}{2t}$

96. 높이 6m, 폭 1m의 구형 수문이 수직으로 설치되어 있다. 물이 수문의 윗단까지 차 있다고 하면 이 수문에 작용하는 전수압의 작용점은?

① $h_G = 3$m
② $h_G = 3.5$m
③ $h_G = 4$m
④ $h_G = 4.3$m

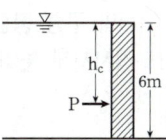

해설
이 경우 $h_C = \dfrac{2}{3}H = \dfrac{2}{3} \times 6 = 4$m이다.

97. 그림과 같은 테인터 게이트(Tainter Gate)가 받는 수평수압은? (단, 폭은 1m) [96 20산]

① 0.707ton
② 1.0ton
③ 1.4ton
④ 1.55ton

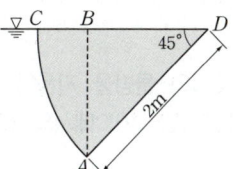

해설
$P_H = w \cdot h_G \cdot A' = w \cdot (r \cdot \sin 45°)/2 \cdot A'$
$= 1 \times (2 \cdot \sin 45°)/2 \times (2 \cdot \sin 45°) \times 1.0 = 1.0$ton

98. 깊이 15m의 바다속을 항해하고 있는 잠수함에 걸리는 정체압력은? (단, 대기압은 표준 대기압이고, 바닷물의 단위 중량은 1,025kg/m³이다.)

① 2.57kg/cm² ② 3.54kg/cm²
③ 1,538kg/cm² ④ 1,038kg/cm²

해설
정체압력=계기압력+대기압
계기압력=1.025×15
대기압력=10.33
정체압력=25.7t/m² =2.57kg/cm²

99. 곡면에 작용하는 수압의 연직성분은? [96산]

① 수평성분과 같다.
② 곡면의 연직투영면에 작용하는 수압과 같다.
③ 중심에 작용하는 압력과 곡면의 표면적과의 곱과 같다.
④ 곡면을 저변으로 하는 연직수주의 무게와 같다.

해설
곡면에 작용하는 수압의 연직성분은 곡면을 저변으로 하는 연직수주의 무게와 같다.

해답 94. ③ 95. ① 96. ③ 97. ② 98. ① 99. ④

100. 3m×4m의 구형 평판이 그림과 같이 수면에서 2m 깊이에 30° 경사지게 놓여 있다. 이 평면에 작용하는 전수압은?

① 36ton
② 32ton
③ 24ton
④ 12ton

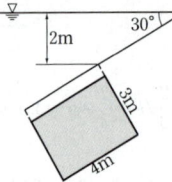

해설
$P = wh_G A = 1 \times (2+2\sin 30) \times 3 \times 4 = 36t$

101. 10℃의 물방울 지름이 3mm일 때 내부와 외부의 압력차는? (단, 10℃에서의 표면장력은 0.076g/cm이다.)
[14 산]

① $1.01 g/cm^2$
② $2.02 g/cm^2$
③ $3.03 g/cm^2$
④ $4.04 g/cm^2$

해설
$T = \dfrac{\Delta P}{4} d$

$\Delta P = \dfrac{4T}{d} = \dfrac{4 \times 0.076}{0.3} = 1.01 g/cm^2$

102. 다음 그림과 같은 용기에 2종류의 혼합하지 않는 액체가 들어 있다. 그리고 폐합단에는 공기가 남아있다. 각 점에 대한 수압 계산식이 잘못된 것은?

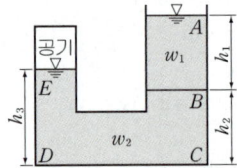

① $P_A = 0$
② $P_B = w_1 h_1$
③ $P_C = P_D = w_1 h_1 + w_2 h_2$
④ $P_E = w_1 h_1 + w_2 (h_2 + h_3)$

해설
$P_A = 대기압 = 0$
$P_B = w_1 h_1$
$P_C = w_1 h_1 + w_2 h_2 = P_D$
$P_E = P_D - w_2 h_3 = w_1 h_1 + w_2 h_2 - w_2 h_3$

103. 20m×10m 선박의 중앙에 코끼리를 태웠더니 1cm만큼 가라앉았다. 코끼리의 무게는? (단, 해수의 비중은 1.025임)

① 1.85t
② 2.00t
③ 2.05t
④ 2.25t

해설
코끼리의 무게 = 1cm의 부력
$= w' V'$
$= 1.025 \times 10 \times 20 \times 0.01 = 2.05t$

104. 단면적 $2.5 cm^2$, 길이 2m인 원형강철봉의 대기중에서 중량이 2.75kg였다면 단위중량이 $1t/m^3$인 수중에서의 무게는 얼마인가?

① 2.25kg
② 0.5kg
③ 2.8kg
④ 2.7kg

해설
$wV + M = w'V' + M'$
$2750 = 1 \times 2.5 \times 200 \times M'$
$M' = 2250g$

105. 부피 $V[cm^3]$의 돌이 물속에서 무게가 $W[g]$이었다면 이 돌의 비중은? (단, w_0 : 물의 단위중량)

① $\dfrac{V + W \cdot w_0}{V \cdot w_0}$
② $\dfrac{V \cdot w_0 + W}{V \cdot w_0}$
③ $\dfrac{W \cdot w_0}{V \cdot w_0 + W}$
④ $\dfrac{V \cdot w_0}{V \cdot w_0 + W}$

해설
$wV + M = w'V' + M'$
$wV = w_0 \times V + W$
$w = \dfrac{w_0 \cdot V + W}{V}$

비중 $= \dfrac{물체의 단위중량}{물의 단위중량}$

$\gamma = \dfrac{w_0 V + W}{w_0 V}$

해답 100. ① 101. ① 102. ④ 103. ③ 104. ① 105. ②

106. 그림과 같이 원뿔형의 물체가 물 위에 떠 있다. 물속에 잠긴 부분의 깊이가 전체의 80%에 해당할 경우 이 물체의 비중은?

① 약 0.5
② 약 0.6
③ 약 0.7
④ 약 0.8

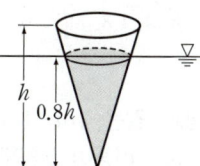

해설

원뿔의 체적은 $V_0 = \frac{1}{3}A_0 h_0$ 이고 수중 부분의 체적 $V_1 = \frac{1}{3}A_1 h_1$ 이다.

$\tau_0 : \tau_1 = h_0 : 0.8h_0$ 에서 $\tau_1 = 0.8\tau_0$
$W = B$ 에서 $w'V_0 = wV_1$

$\therefore \frac{w'}{w} = \frac{V_1}{V_0} = \frac{(0.8\tau_0)^2 \cdot 0.8h_0}{\tau_0^2 h_0} = 0.8^3 = 0.512$

107. 밑변 2m, 높이 3m의 삼각형 형상의 판이 밑변을 수면과 맞대고 연직으로 수중에 있다. 이 삼각형판의 압력 중심은 수면아래 얼마인가? [20㉮, 84㉯]

① 1m
② 2m
③ 1.33m
④ 1.5m

해설

$h_C = h_G + \frac{I_G}{h_G A}$

$= \frac{3}{3} + \frac{2 \times 3^3 / 36}{\frac{3}{3} \times \frac{2 \times 3}{2}}$

$= 1.5\text{m}$

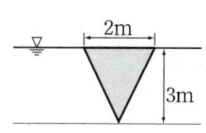

108. 물이 들어있는 뚜껑이 없는 수조가 4.9m/sec²로 수직상향으로 가속되고 있을 때 깊이 3m에서의 압력을 구한 값은? [84㉯]

① 4.5t/m²
② 3.0t/m²
③ 2.0t/m²
④ 1.5t/m²

해설

연직상향으로 가속되고 있는 물통 내의 임의 점의 압력
$p = wh\left(1 + \frac{a}{g}\right) = 1 \times 3\left(1 + \frac{4.9}{9.8}\right)$
$p = 4.5\text{t/m}^2$

109. 지름 25cm, 길이 1m의 원주가 연직으로 물에 떠 있다. 물속 부분의 길이가 70cm라면 원주의 무게는? [20㉮]

① 25.25kg
② 34.36kg
③ 42.35kg
④ 50.30kg

해설

$wV + M = w'V' + M'$
$wV = w'V'$
$= 1 \times \frac{\pi \times 0.25^2}{4} \times 0.7 = 0.0343\text{t} = 34.3\text{kg}$

110. 그림과 같은 단면 ABCDEF에 작용하는 정수압은?

① 2.5kN
② 4.9kN
③ 24.5kN
④ 29.4kN

해설

CD선을 연장하여 두 단면으로 분리하여 계산하면
$P = wh_c A$
$= 1 \times \frac{2}{2} \times 2 \times 1 + 1 \times \frac{1}{2} \times 1 \times 1 = 2.5\text{t}$
$= 2.5 \times 9.8 = 24.5\text{kN}$ (1t = 9.8kN)

111. 그림과 같은 배의 무게가 882kN일 때 이 배가 운항하는데 필요한 최소수심은? (단, 물의 비중 = 1, 무게 1kg = 9.8N) [14㉯]

① 1.2m
② 1.5m
③ 1.8m
④ 2.0m

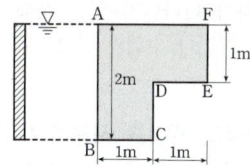

해설

$wV + M = w'V' + M'$
$W = wV$ (882kN = 90t이므로)
$90 = w \times 3 \times 4 \times 15$
$w = 0.5\text{t/m}^3$
$0.5 \times 3 \times 4 \times 15 + 0 = 1 \times 4 \times 15 \times h + 0$
$h = 1.5\text{m}$

해답 106. ① 107. ④ 108. ① 109. ② 110. ③ 111. ②

112. 물이 들어 있는 원통을 일정한 각속도로 원통축 둘레로 회전시킬 때 다음 사항 중 옳지 않은 사항은?

① 회전 때의 원통 측면에 작용하는 전수압은 정지 때보다 크다.
② 반지름에 관계없이 이 흐름은 등류이면서 정류이다.
③ 정지 때나 회전 때의 전밑면이 받는 수압은 동일하다.
④ 압력은 반지름이 커짐에 따라 증가한다.

[해설]
원통을 회전시키면 통안의 물은 원심력을 받아 원통벽면으로 수위가 상승하게 된다. 이 경우 유체입자 사이에는 상대속도차가 나타나지 않는 상대정지의 문제이므로 정수역학이다. 그러나 수위가 다르므로 등류 흐름은 될 수 없다.

113. 부력의 원리를 사용하여 그림과 같이 바닷물 위에 떠있는 빙산의 전체적을 구한 값은?(단, 해수의 비중은 1.025이다.) [21 24 ㉮]

① 1,100m³
② 1,000m³
③ 820m³
④ 550m³

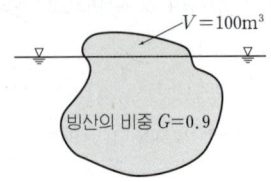

[해설]
$W = B$ 이므로 $\gamma V_t = W(V_t - 100)$
$0.9 V_t = 1.025(V_t - 100)$ ∴ $V_t = 820\text{m}^3$

114. 그림과 같이 수심 3m의 물을 막은 웨어판(폭 4m)이 연직으로 서 있을 때 이에 작용하는 전수압 및 작용점을 구한 값 중 옳은 것은? [89 ㉮]

① $P = 15,000\text{kg}$
   $y_0 = 3\text{m}$
② $P = 18,000\text{kg}$
   $y_0 = 1\text{m}$
③ $P = 21,000\text{kg}$
   $y_0 = 0.9\text{m}$
④ $P = 22,000\text{kg}$
   $y_0 = 0.8\text{m}$

[해설]
$P = wh_G A = 1 \times \dfrac{3}{2} \times 3 \times 4 = 18.0\text{t}$

$h_G = h_G + \dfrac{I_G}{h_G A} = \dfrac{h}{3} = 1\text{m}$

115. 그림과 같은 1m×1m×1m인 정육면체의 나무가 물에 떠 있다. 비중이 0.8이면 부체에 관한 다음 중 옳은 것은? [87 ㉮]

① 안정하다.
② 불안정하다.
③ 중립상태다.
④ 판단할 수 없다.

[해설]
부체의 안정 불안정을 판별하는 문제이므로 $\dfrac{I_x}{V} - \overline{GC}$를 구하면 $\dfrac{1 \times 1^3/12}{1 \times 1 \times 1 \times 0.8} - \dfrac{1}{2}(1 - 0.8) = 4.13 \times 10^{-3}$
위의 값은 0보다 크므로 부체는 안정하다.

116. 모세관현상에서 액체기둥의 상승 또는 하강 높이의 크기를 결정하는 힘은? [18 ㉮]

① 응집력   ② 부착력
③ 마찰력   ④ 표면장력

[해설]
$h = \dfrac{4T\cos\theta}{wd}$

117. 선박의 갑판에서 100t의 하중을 선박의 종축에 직각방향으로 10m 움직였을 때 선박이 1/20정도 기울어지고 경심고가 2.5m가 되었다면 이 선박의 배수용량은? [83 ㉮]

① 2000 t   ② 8000 t
③ 7900 t   ④ 2400 t

[해설]
$M = 100 \times 10 = 1000\text{t}\cdot\text{m}$
$M = W \cdot \overline{GM} \cdot \theta = W \times 2.5 \times \dfrac{1}{20} = \dfrac{2.5}{20}W$
$M = M'$ 이므로 $1000 = \dfrac{2.5}{20}W$ ∴ $W = 8,000\text{t}$

[해답] 112. ② 113. ③ 114. ② 115. ① 116. ④ 117. ②

118. 압력측정에 관한 설명 중 옳지 않은 것은?

① 두 관 또는 두 점 사이의 압력차를 측정할 때 차동수압계를 사용한다.
② 두 점 사이의 극히 작은 압력차를 측정할 때 미차수압계를 사용한다.
③ 용기내의 압력을 측정할 때 압력계를 사용하며 일반적으로 공학에서 계기압력을 사용한다.
④ 역 U자형 액주계는 수은 등 비중이 큰 액체를 사용하고 U자형 액주계는 물보다 비중이 작은 액체의 압력을 측정한다.

해설
U자형 액주계는 일반적으로 수은 등 비중이 큰 액체를 사용하고, 역 U자형 액주계는 물보다 비중이 작은 액체를 사용한다.

119. 다음과 같이 높이 4m, 폭 4m 되는 수문이 있다. 상류 수심 5m에서 하류로 물이 흐를 때 이 수문에 작용하는 전수압의 작용점의 위치를 수면에서부터 구한 값 중 옳은 것은? [83㉮, 24㉯]

① 3.44 m
② 4.333 m
③ 4.777 m
④ 4.875 m

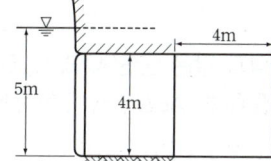

해설
$h_G = (5-4) + \dfrac{4}{2} = 3\text{m}$

$h_G = h_G + \dfrac{I_G}{h_G A} = 3 + \dfrac{\frac{4 \times 4^2}{12}}{3 \times 4 \times 4} = 3.44\text{m}$

120. 다음 설명 중에서 옳지 않은 것은?

① 중심과 경심과의 거리를 경심고라 한다.
② 부체가 수면에 의하여 절단되는 가상면을 부양면이라 한다.
③ 부력의 작용선과 물체의 중심축과의 교점을 부심이라 한다.
④ 수면에서 부체의 최심부까지의 거리를 흘수라 한다.

해설
부력이 작용하는 점이 부심이며 ③의 설명은 경심이다.

121. 5.65m/sec²의 일정한 가속도로 일직선으로 달리고 있는 열차 속에 물그릇을 놓았을 때 이 물이 수평에 대하여 기울어지는 각도는?

① 60°   ② 45°   ③ 30°   ④ 15°

해설
$\tan\theta = \dfrac{H-h}{\frac{b}{2}} = \dfrac{\alpha}{g}$ 에서

$\theta = \tan^{-1}\left(\dfrac{\alpha}{g}\right) = \tan^{-1}\left(\dfrac{5.65}{9.8}\right) = 30°$

122. 길이 8m, 폭 4m, 중량 65t인 폰튼(pontoon)이 해수에 부유하고 있는 경우의 흘수심은? (단, 해수의 비중은 1.025이다.)

① 1.98m   ② 2.08m   ③ 2.18m   ④ 2.28m

해설
$wV + M = w'V' + M'$
$M = 0,\ M' = 0$
$65 = 1.025 \times (8 \times 4 \times h)$
$h = 1.982\text{m}$

123. 다음 액주계에서 $p_1 = p_2$일 때 액면이 AA이었다. 지금 $p_1 > p_2$로 되었다면 압력차 $p_1 - p_2$는? (단, 액주계의 물의 비중량은 γ_w이다)

① $\gamma_w h\left\{1 + \left(\dfrac{d_2}{d_1}\right)^2\right\}$

② $\gamma_w h\left\{1 + \left(\dfrac{d_1}{d_2}\right)^2\right\}$

③ $\gamma_w \Delta h\left\{1 + \left(\dfrac{d_1}{d_2}\right)^2\right\}$

④ $\gamma_w \Delta h\left\{1 + \left(\dfrac{d_2}{d_1}\right)^2\right\}$

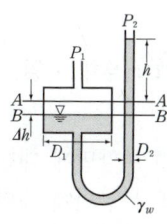

해설
$p_1 = p_2 + \gamma_w h + \gamma_w \Delta h$
여기서 직경이 D_1인 통에서 줄어든 물의 양은 직경이 D_2인 통에서 늘어난 물의 양과 같으므로
$\Delta h \dfrac{\pi D_1^2}{4} = h\dfrac{\pi D_2^2}{4}$ 에서 $\Delta h = h\left(\dfrac{D_2}{D_1}\right)^2$

$\therefore p_1 - p_2 = \gamma_w h + \gamma_w h\left(\dfrac{D_2}{D_1}\right)^2 = \gamma_w h\left\{1 + \left(\dfrac{D_2}{D_1}\right)^2\right\}$

해답 118. ④   119. ①   120. ③   121. ③   122. ①   123. ①

124. 안지름 0.20m의 강판에 압력수두 0.1m의 물을 흐르게 하려면 강판의 필요한 최소 두께는? (단, 강재의 허용 인장응력은 10kg/cm²이다)

① 0.01cm ② 0.10cm
③ 0.001cm ④ 1.00cm

해설

$t = \dfrac{pD}{2\sigma_{ta}}$ 에서 ∴ $t = \dfrac{0.01 \times 20}{2 \times 10} = 0.01$cm

$p = wh = 1 \times 0.1 = 0.1$t/m² $= 0.01$kg/cm²

125. 그림과 같은 원통에 물을 가득 채웠을 때 다음 각 항의 값을 옳게 표시한 것은? (단, a)저부위 전수압, b)BC면에 작용하는 압력)

① a) 603gr, b) 2gr/cm²
② a) 508gr, b) 5gr/cm²
③ a) 12gr, b) 10gr/cm²
④ a) 301gr, b) 12gr/cm²

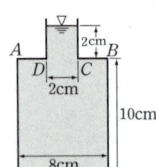

해설

a) 바닥이 받고 있는 전수압은 그 바닥면 위에 있는 물기둥의 무게이므로

$P = whA = 1 \times (2+10) \times \dfrac{\pi \times 8^2}{4} = 603$g

b) $p = wh = 1 \times 2 = 2$g/cm²

126. 부체는 일반적으로 어떤 경우에 기울어지기 쉬운가? [02산]

① 부양면에 대한 단면1차 모멘트가 작을수록
② 부양면에 대한 단면1차 모멘트가 클수록
③ 부양면에 대한 단면2차 모멘트가 작을수록
④ 부양면에 대한 단면2차 모멘트가 클수록

127. 부체의 안정에 관한 다음 설명 중 옳은 것은? [05산]

① 경심 M이 부체의 중심(重心) G보다 위에 있으면 안정하다.
② 경심 M이 부체의 중심(重心) C보다 아래에 있으면 안정하다.
③ 경심 M이 부체의 부심(浮心) C보다 위에 있으면 안정하다.
④ 경심 M이 부체의 부심(浮心) G보다 아래에 있으면 안정하다.

해설

경심 M이 무게중심 G보다 위에 있으면 부체는 안정하다.

128. Tank 속에 깊이 2m의 물과 그 위에 비중 0.85의 기름이 4m 들어 있다. Tank 바닥에서 받는 압력을 구한 값은? [96가]

① 5,400kg/m²
② 5,300kg/m²
③ 5,200kg/m²
④ 5,100kg/m²

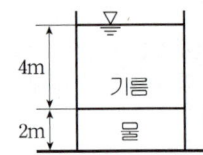

해설

비중 $= \dfrac{\text{물체의 단위중량}}{\text{물의 단위중량}} = \dfrac{\text{물체의 밀도}}{\text{물의 밀도}}$

참고] $P = w_1 h_1 + w_2 h_2$
$= 1 \times 2 + 0.85 \times 4 = 5.4$t/m² $= 5,400$kg/m²

129. 그림과 같은 단면(A, B, C, D, E, F)에 작용하는 힘의 작용점을 변 AB로부터 구한 길이는? [95가]

① 1.5m 수평거리에 있다.
② 1.0m 수평거리에 있다.
③ 0.7m 수평거리에 있다.
④ 0.5m 수평거리에 있다.

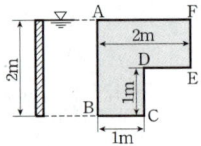

해설

변 AB에 작용하는 모멘트의 크기가 같게 되는 점이다.
① 면적 ㉠에 작용하는 전수압
$P_1 = wh_G A = 1 \times 1 \times (1 \times 2) = 2$t
② 면적 ㉡에 작용하는 전수압
$P_1 = wh_G A$
$= 1 \times 0.5 \times (1 \times 1) = 0.5$t
③ 전체의 단면에 작용하는 전수압
$P = P_1 + P_2 = 2 + 0.5 = 2.5$t
④ 전수압의 작용점 위치까지의 수평거리 AB면을 기준면으로 하여 모멘트를 취하면
$P_1 \times 0.5 + P_2 \times (1+0.5) = P \times x$
$2 \times 0.5 + 0.5 \times 1.5 = 2.5 \times x$ ∴ $x = 0.7$m

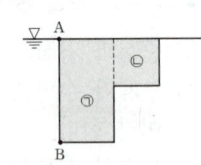

해답 124. ① 125. ① 126. ③ 127. ① 128. ① 129. ③

130. 다음은 수압강도 p의 차원이다. 옳은 것은?

① $[MLT^{-2}]$ ② $[ML^2T^{-2}]$
③ $[MLT^{-3}]$ ④ $[ML^{-1}T^{-2}]$

[해설]
FLT계를 MLT계로 바꾸기 위해서는 상호인자인 $F = MLT^{-2}$을 이용한다. 또한 $P = wh$이므로 차원으로 변환할 때는 단위중량이 들어가므로 FLT계로 변환된다.
p(강도)는 단위면적에 작용하는 힘의 크기이다.
즉 t/m^2 또는 kg/m^2 등으로 나타낸다.
$FL^{-2} \rightarrow [MLT]$로 고치기 위해
$MLT^{-2} \cdot L^{-2} = ML^{-1}T^{-2}$ 이 된다.

131. 정지하고 있는 수중에 작용하는 정수압의 성질 중 옳지 않은 것은? [96 22 ㉮]

① 정수압의 크기는 깊이에 비례한다.
② 한점의 정수압은 방향에 따라 틀린다.
③ 정수압은 단위면적에 작용하는 압력의 크기로 나타낸다.
④ 정수압은 물체의 면에 직각으로 작용한다.

[해설] 정수압의 성질은
① 상대적인 운동이 없다.
② 점성력이 없다.
③ 수압은 항상 면에 직각방향으로 작용한다.
④ 수압은 수심에 비례
⑤ 같은 깊이에서는 같은 수압
⑥ 한 점에 작용하는 수압은 모든 방향에서 크기가 같다.
[참고] $P = wh$

132. 다음 그림은 롤링(rolling) gate의 윗쪽에 고정지수벽을 설치하는 여러 가지 방법을 나타낸 것이다. (a), (b), (c) 어느 경우나 롤링 게이트(rolling gate)와 지수벽의 연직높이와 수위는 일정하다고 할 때 수문에 작용하는 수압이 가장 큰 것은?

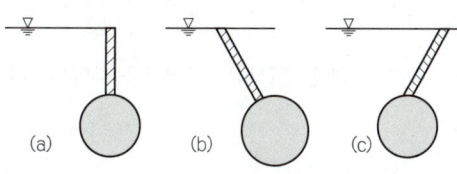

① (a)의 상태로 설치했을 때
② (b)의 상태로 설치했을 때
③ (c)의 상태로 설치했을 때
④ 어느 경우나 수압은 같다.

[해설]
$P = wh$ 즉 수심이 일정하면 수압도 동일하다.

133. 물이 담겨 있는 그릇을 정지 상태에서 가속도 a로 수평으로 잡아당겼을 때 발생되는 수면이 수평면과 이루는 각이 30°이었다면 가속도 a는? (단, 중력가속도 =9.8m/s²) [14 ㉮]

① 약 $4.9m/s^2$ ② 약 $5.7m/s^2$
③ 약 $8.5m/s^2$ ④ 약 $17.0m/s^2$

[해설]
$\tan\theta = \dfrac{\alpha}{g}$
$\tan 30 = \dfrac{\alpha}{9.8}$
$\alpha = 5.66 m/sec^2$

134. 피에조 미터(Piezometer)는 무엇을 측정하기 위한 기구인가? [90 ㉮]

① 동수압 ② 정수압
③ 속도수두 ④ 총수압

[해설]
정수압 측정 : 피에조미터, 마노미터

135. 바닷속 35m 깊이에서 잠수부가 받는 수압과 같은 민물에서의 깊이는? (단, 해수의 비중은 1.025이다.) [07 ㉮]

① 35.88m ② 34.15m
③ 30.58m ④ 28.53m

[해설]
민물의 단위중량은 $1t/m^3$이므로 압력을 민물의 수두로 나타내기 위해서는 $\dfrac{압력}{민물의\ 단위중량} = \dfrac{P}{w}$를 계산한다.
[참고] $P = wh = 1.025 \times 35 = 35.875 t/m^2$
민물에서의 수두
$h_o = \dfrac{P}{w_o} = \dfrac{35.875}{1} = 35.875m$

해답 130. ④ 131. ② 132. ④ 133. ② 134. ② 135. ①

136. 그림과 같은 직사각형 평면에 작용하는 정수압에 적당한 평면의 폭은? (단, P : 정수압, H_c : 정수압의 작용점, H_G : 도심위치, H : 평면의 높이, w_o : 물의 단위중량, b : 평면의 폭임) [98 산]

① $b = w_o \cdot H_G \cdot A$
② $b = w_o \cdot H_c \cdot A$
③ $b = \dfrac{2P}{w_o \cdot H_c^2}$
④ $b = \dfrac{2P}{w_o \cdot H^2}$

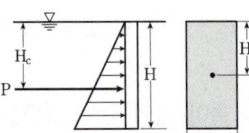

해설

전수압 $P = w h_G A$
$\qquad = w \cdot \dfrac{H}{2} \cdot bH$

$\therefore b = \dfrac{2P}{wH^2}$

수면으로부터 작용점까지의 수심

$H_c = h_G + \dfrac{I_G}{h_G \cdot A} \sin^2 \theta$

$H_c = \dfrac{H}{2} + \dfrac{\dfrac{bH^3}{12}}{\dfrac{H}{2} \times bH} \times 1$

$\qquad = \dfrac{H}{2} + \dfrac{H}{6} = \dfrac{2}{3} H$

137. 그림과 같은 제방을 지나는 수문에 작용하는 전수압은? (단, 폭은 4m) [03 산]

① 8.6 ton
② 12.4 ton
③ 21.6 ton
④ 30.9 ton

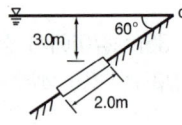

해설

$P = w h_G A = 1 \times (3 + 2\sin 60 \times \dfrac{1}{2}) \times 2 \times 4$
$\quad = 30.9 t$

138. 해수수심 24m 속에 내경 $d = 2m$의 강관(steel pipe)을 설치할 경우 관의 두께를 얼마로 하면 되는가? (단, $\sigma_{ta} = 1,000 \text{kg/cm}^2$, $w = 1,025 \text{kg/m}^3$이다.)

① 4.92mm
② 2.93mm
③ 2.46mm
④ 2.15mm

해설

$t = \dfrac{PD}{2\sigma_{ta}}$ (주의 : 단위 일치)

① $P = wh = 1.025 \times 24 = 24.6 \text{t/m}^2$
② $\sigma_{ta} = 1,000 \text{kg/cm}^2 = 10,000 \text{t/m}^2$

$\therefore t = \dfrac{24.6 \times 2}{2 \times 10,000}$
$\quad = 2.46 \times 10^{-3} \text{m} = 2.46 \text{mm}$

139. 어떤 물체가 공기 중에서 27kg이고, 물 속 바닥에서는 18kg일 때 이 물체의 비중은? [98 산]

① 2.95 ② 3.0
③ 3.17 ④ 2.0

해설

$wV + M = w'V' + M'$
$27 = w'V' + 18$
$w'V' = 27 - 18 = 9 \text{kg}$
$V' = 9,000 \text{cm}^3$

비중 $= \dfrac{\text{물체의 중량}}{\text{동일한 물의 체적중량}}$

$\dfrac{27,000}{9,000} = 3.0$

140. 다음 중 수면이 부체를 절단시키는 가상면을 무엇이라고 하는가? [24 산]

① 흘수 ② 부양면
③ 경심 ④ 부심

해설

부체가 수면에 의해 절단되는 가상면을 부양면이라 한다.

141. 단면 40×40cm, 길이 4m, 단위중량 0.6t/m³의 물체를 물 속에 완전히 가라앉히려 할 때 가해야 할 힘은 얼마 이상이어야 하는가? [97 산]

① 0.128t ② 0.256t
③ 0.384t ④ 0.64t

해설 $wV+M=w'V'+M'$ 에서 물체를 가라앉히기 위해서는
$wV+M > w'V'+M'$ 이 되어야한다.
$0.6 \times (4 \times 0.4 \times 0.4) + M \geq 1 \times 0.4 \times 0.4 \times 4 + 0$
$M \geq 0.256t$

142. 그림과 같이 용기에 물이 들어 있다. 이 용기를 x 방향으로 가속도 α 를 주어 당길 때 수면의 방정식을 나타낸 것은?

① $Z = \dfrac{g}{\alpha} x$
② $Z = -\dfrac{g}{\alpha} x$
③ $Z = \dfrac{\alpha}{g} x$
④ $Z = -\dfrac{\alpha}{g} x$

해설
수면의 방정식 :
$Z = -\dfrac{\alpha}{g} x$

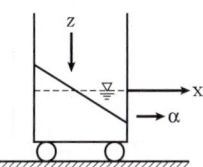

(그림 과 그림 은 닮은 꼴)

143. 길이 2m, 직경 1m의 원주가 그림과 같이 수평으로 놓여있다. 원주의 한쪽에 물이 가득 차 있다고 하면 원주에 작용하는 전수압의 수평분력은? [05 가]

① 2.5ton
② 2.0ton
③ 1.5ton
④ 1.0ton

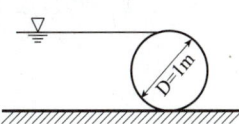

해설 $P_H = w h_G A' = 1 \times \dfrac{1}{2} \times 1 \times 2 = 1t$

144. 그림과 같이 W의 각속도로 회전하고 h_a까지 물이 올라 왔다가 정지 했을 때 높이는 h 가 되었다. h_a, h, h_o 의 관계식으로 옳은 것은? [04 가]

① $h > \dfrac{1}{2}(h_a + h_o)$
② $h < \dfrac{1}{2}(h_a + h_o)$
③ $h = \dfrac{1}{2}(h_a + h_o)$
④ $h_o = \dfrac{1}{2}(h_a + h_o)$

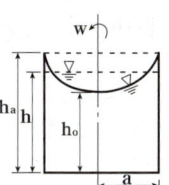

145. 그림과 같이 물을 채운 용기에서 D점의 절대압력은? (단, 대기압 = 1.033kg/cm²) [05 06 산]

① 2.066kg/cm²
② 1.233kg/cm²
③ 1.033kg/cm²
④ 0.733kg/cm²

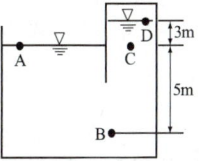

해설
$P_A = 1 \times 300 + P_D$
P_A 는 대기압이므로 1033g/cm² 이다.
$P_D = 1033 - 300 = 733 g/cm^2 = 0.733 kg/cm^2$

146. 부체의 안정에 관한 설명으로 옳지 않은 것은? [18 20 24 가]

① 경심(M)이 무게중심(G)보다 낮을 경우 안정하다.
② 무게중심(G)이 부심(B)보다 아래쪽에 있으면 안정하다.
③ 부심(B)과 무게중심(G)이 동일 연직선 상에 위치할 때 안정을 유지한다.
④ 경심(M)이 무게중심(G)보다 높을 경우 복원 모멘트가 작용한다.

해설
· M (경심)
· G (무게중심)
· B (부심)
경심이 무게중심보다 아래에 있으면 불안정하다.

해답 141. ② 142. ④ 143. ④ 144. ③ 145. ④ 146. ①

147. 액체 속에 잠겨진 경사평면에 작용하는 힘은?

① 경사각과 무관하다.
② 면의 중심에서의 압력과 그 면적과의 곱과 같다.
③ 경사각의 제곱에 비례한다.
④ 경사각에 반비례한다.

해설

평면에 작용하는 전수압 및 깊이
① 전수압
$P = wh_G A$
② 전수압의 작용점까지의 깊이
$h_C = h_G + \dfrac{I_G}{h_G A}\sin^2\theta$
여기서 h_G는 수면에서부터 도심까지의 깊이
I_G는 중립축에 대한 단면2차 모멘트
θ는 수면과 평면과의 이루는 각도

148. 반지름 1.5m의 강관에 압력수두 100m의 물이 흐른다. 강재의 허용응력이 1,500kg/cm² 일 때 강관의 최소 두께는 얼마인가? [19 산]

① 1.0cm   ② 0.5cm
③ 0.98cm ④ 10cm

해설

$t = \dfrac{P \cdot D}{2\sigma}$

$= \dfrac{10000 \times 300}{2 \times 1500000} = 1\text{cm}$

149. 압력 P=980Pa일 때 수두로 나타낸 값은? [20 22 산]

① 0.01m   ② 0.1m
③ 0.15m   ④ 0.2m

해설

980Pa ≒ 9.8mbar
1기압=1013mbar = 1033cm H_2O
1013 : 1033 = 9.8 : x
$x = 9.99$cm H_2O ≒ 0.1m

150. 수심이 3m, 폭이 2m인 구형수로를 연직으로 가로막을 때 연직판에 작용하는 전수압의 작용점($\bar{y}$)의 위치를 구하시오. (단, $\bar{y}$는 수면으로부터의 거리이다)

① 2m   ② 2.5m
③ 3m   ④ 6m

해설

$h_G = h_G + \dfrac{I_G}{h_G A} = 1.5 + \dfrac{\frac{2 \times 3^3}{12}}{1.5 \times 3 \times 2} = 2\text{m}$

151. 그림과 같이 물속에 수직으로 설치된 2m×3m 넓이의 수문을 올리는 데 필요한 힘은? (단, 수문의 물속 무게는 1960N이고, 수문과 벽면 사이의 마찰계수는 0.25이다.) [16 19 ㉮]

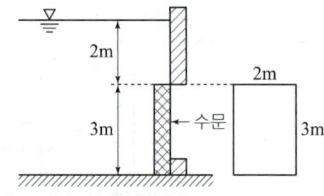

① 5.45kN   ② 53.4kN
③ 126.7kN ④ 271.2kN

해설

마찰력 = 마찰계수 × 수직항력
들어올리는 필요한 힘 = 마찰력 + 물체의 무게
$= 0.25 \times 1 \times \left(2 + \dfrac{3}{2}\right) \times 2 \times 3 + 1960/(9.8 \times 1000)$
$= 5.45\text{t} ≒ 53.4\text{kN}$

해답 147. ② 148. ① 149. ② 150. ① 151. ②

제3장 동수역학

출제경향분석

물이 정지해있는 정수역학을 기초로 물이 움직이는 경우 흐름의 분류, 연속방정식, 베르누이 정리, 운동량 방정식 및 충격력과 항력에 대하여 파악한다. 시험문제 출제에 있어서는 정수역학과 비슷한 비중으로 매우 많이 출제되고 있으므로 한걸음 한걸음 앞으로 나아간다는 마음으로 완전히 이해하면서 진격한다.

단원별 경향분석

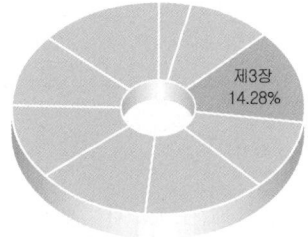

토목기사

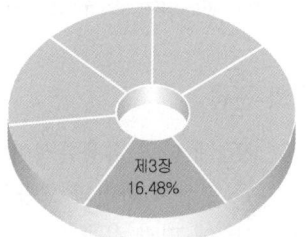

토목산업기사

항목별 경향분석

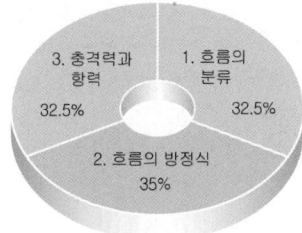

토목기사

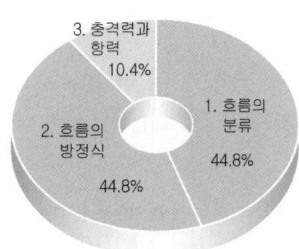

토목산업기사

1 흐름의 분류

학습방향
움직이는 유체에 대하여 유체입자의 경로, 흐름양상에 따른 분류, 흐름의 판별 방법에 대하여 파악한다.
① 유선 방정식　　② 흐름의 분류　　③ Euler 방정식
④ 층·난류　　　　⑤ 상·사류

1 유선방정식

① 용어설명
- 유속 : 단위시간 동안에 물이 흐른 거리를 말한다. (단위 : m/sec)
- 유선 : 한 순간의 입자속도 벡터에 접하는 가상의 곡선을 말하며 흐름의 방향은 순간의 접선 방향과 일치한다.
- 유관 : 유선으로 이루어진 가상적인 관
- 유적선 : 유체입자의 운동경로를 말하며 유선과 일치할 수도 있다. (정류)

② 유선 방정식

$$\frac{dx}{u}=\frac{dy}{v}=\frac{dz}{w}$$

여기서 dx, dy, dz 은 유선상의 흐름방향 성분

2 흐름의 분류

- 정　류 : 시간에 따라 유동특성이 변하지 않는 흐름($\partial t=0$)
　　　　즉 평상시 하천의 흐름을 일컫는다.
- 부정류 : 시간에 따라 유동특성이 변하는 흐름($\partial t \neq 0$)
　　　　즉, 강우 발생시 홍수류의 흐름을 일컫는다.
- 등　류 : 두 단면의 흐름 특성 비교에서 그 특성값이 같은 흐름
- 부등류 : 두 단면의 흐름 특성 비교에서 그 특성값이 다른 흐름

(1) 정류 : $\frac{\partial V}{\partial t}=0$, $\frac{\partial Q}{\partial t}=0$, $\frac{\partial \rho}{\partial t}=0$

　① 등류 : $\frac{\partial V}{\partial t}=0$, $\frac{\partial V}{\partial l}=0$

　② 부등류 : $\frac{\partial V}{\partial t}=0$, $\frac{\partial V}{\partial l} \neq 0$

(2) 부정류 : $\frac{\partial V}{\partial t} \neq 0$, $\frac{\partial Q}{\partial t} \neq 0$, $\frac{\partial \rho}{\partial t} \neq 0$

학습POINT

■ 윤변(P) : 한 단면에서 유체가 벽면에 접하고 있는 길이
· 유선(stream line)
· 유적선(path line)

■ 유적(A) : 한 단면에서 유체가 흐르고 있는 단면적

■ 경심(R) = 동수반경
$= \frac{A}{P} = \frac{유수단면적}{윤변}$

■ 정류(steady flow)
■ 부정류(unsteady flow)
■ 등류(uniform flow)
■ 부등류(non-uniform flow)

■ 정류

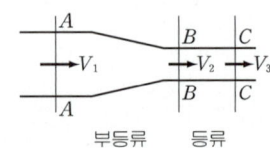

　　부등류　　등류

3 Euler의 방정식

(1) 연속방정식(continuity equation)
 ① 압축성 부정류

$$\frac{\partial \rho}{\partial t}+\frac{\partial (\rho u)}{\partial x}+\frac{\partial (\rho v)}{\partial y}+\frac{\partial (\rho w)}{\partial z}=0$$

밀도에 대한 편미분 값이 존재하므로 압축성 유체이고, 또한 시간에 대한 편미분 값이 존재하므로 부정류 흐름이다. ($\partial \rho \neq 0$, $\partial t \neq 0$)

 ② 비압축성 정류

$$\frac{\partial u}{\partial x}+\frac{\partial v}{\partial y}+\frac{\partial w}{\partial z}=0$$

밀도에 대한 편미분 값이 없으므로 비압축성 유체이며, 또한 시간에 대한 편미분 값이 없으므로 정류 흐름이다. ($\partial \rho =0$, $\partial t=0$)

(2) 운동방정식
 ① 1차원 흐름 : $V\frac{\partial V}{\partial s}+\frac{\partial V}{\partial t}=-g\frac{\partial z}{\partial s}-\frac{1}{\rho}\frac{\partial p}{\partial s}$
 ② 3차원 흐름 : (x 방향)
 $\frac{\partial u}{\partial t}+\frac{\partial v}{\partial t}+\frac{\partial w}{\partial t}=X-\frac{1}{\rho}\frac{\partial p}{\partial x}+Y-\frac{1}{\rho}\frac{\partial p}{\partial y}+Z-\frac{1}{\rho}\frac{\partial p}{\partial z}$

4 층·난류

$$R_e=\frac{v\cdot D}{\nu}=\frac{유속 \times 관경}{동점성계수}$$

$R_e \leq 2,000$: 층류
$2,000 < R_e \leq 4,000$: 불완전 층류
$R_e > 4,000$: 난류

- 층류(laminar flow) : 유체 입자가 서로 층을 이루면서 직선적으로 이동한다.

- 난류(turbulent flow) : 유체 입자가 서로 심한 불규칙 운동을 하면서 흐르는 흐름을 말한다.

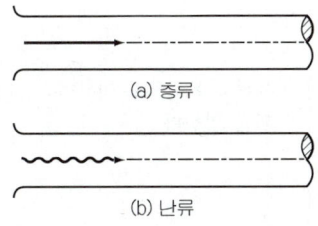

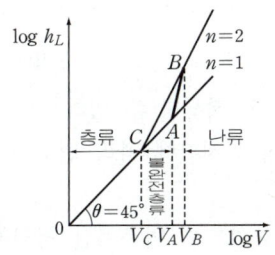

- 층류 저층(Laminar sublayer) : 난류상태로 흐를 때 벽면부근의 층류부분을 말함.

5 상·사류

$F_r=\frac{V}{\sqrt{gh}}$
 < 1 : 상류
 $= 1$: 한계류(한계수심, 한계유속)
 > 1 : 사류

장파의 전달속도 : $C=\sqrt{gh}$

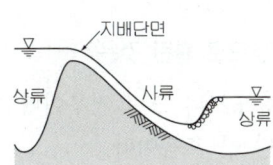

- 상류(subcritical flow) : 하류부의 교란이 상류쪽으로 전달된다.

- 사류(super critical flow) : 하류부의 교란이 상류흐름에 영향을 주지 못한다.

핵심문제

1 흐름에 대한 설명으로 옳은 것은? [14산]
① 하나의 단면을 지나는 유량이 시간에 따라 변하지 않는 흐름을 등류라 하고, 홍수 시 흐름을 부등류라 한다.
② 인공수로와 같이 수심이나 수로 폭이 어느 단면에서나 동일한 경우 수로 내의 유속은 일정하므로 정류라 하고, 수로단면적이 같지 않을 때 부정류라 한다.
③ 유체의 흐름이 흐름방향만 이동되고 직각방향에는 이동이 없는 흐름을 난류라 한다.
④ 층류상태의 흐름은 개수로나 관수로에서보다 지하수에서 쉽게 볼 수 있다.

해설 1
홍수 시 흐름은 부정류
수로 단면적이 다를 때는 부등류, 직각방향 흐름이 없는 경우 층류

2 원형 단면의 관수로에 물이 흐를 때 층류가 되는 경우는? (단, Re는 레이놀즈(Reynolds) 수이다.) [19㉮ 18산]
① $Re > 4000$
② $4000 > Re > 2000$
③ $Re > 2000$
④ $Re < 2000$

해설 2
$Re < 2000$ 층류
> 4000 난류

3 유관(stream tube)에 대한 설명으로 옳은 것은? [15산]
① 한 개의 유선(流線)으로 이루어지는 관을 말한다.
② 어떤 폐곡선(閉曲線)을 통과하는 여러 개의 유선으로 이루어지는 관을 말한다.
③ 개방된 곡선을 통과하는 유선으로 이루어지는 평면을 말한다.
④ 임의의 여러 유선으로 이루어지는 유동체를 말한다.

해설 3
유관은 유선으로 이루어진 관을 의미한다.

4 다음 설명 중 옳지 않은 것은? [94 07㉮]
① 흐름이 층류일 때는 뉴톤의 점성법칙을 적용할 수 있다.
② 정상류란 모든 점에서의 흐름과 특성이 시간에 따라 변하지 않는 흐름이다.
③ 유관이란 개방된 곡선을 통과하는 유선으로 이루어진 평면을 말한다.
④ 유선이란 모든 점에서의 속도벡터가 접선이 되는 곡선이다.

해설 4
· 유관 : 유선으로 이루어진 가상적인 관을 말한다.

5 상류(subcritical flow)에 관한 설명으로 틀린 것은? [19㉮]
① 하천의 유속이 장파의 전파속도보다 느린 경우이다.
② 관성력이 중력의 영향보다 더 큰 흐름이다.
③ 수심은 한계수심보다 크다.
④ 유속은 한계유속보다 작다.

해설 5
상류는 자유수면을 가지므로 중력의 영향이 크다.

정답 1. ④ 2. ④ 3. ② 4. ③ 5. ②

6 개수로에서 발생되는 흐름 중 상류와 사류를 구분하는 기준이 되는 것은? [19산]

① Mach 수 ② Froude 수
③ Manning 수 ④ Reynolds 수

해설 6

$$F_r = \frac{v}{\sqrt{gh}} \quad \begin{array}{l} <1 \text{ 상류} \\ =1 \text{ 한계류} \\ >1 \text{ 사류} \end{array}$$

7 3차원 흐름의 연속방정식을 아래와 같은 형태로 나타낼 때 이에 알맞은 흐름의 상태는? [18 22 기]

$$\frac{\partial u}{\partial x} + \frac{\partial v}{\partial y} + \frac{\partial w}{\partial z} = 0$$

① 비압축성 정상류 ② 비압축성 부정류
③ 압축성 정상류 ④ 압축성 부정류

해설 7

$\partial t \neq 0$: 부정류 흐름

$\partial \rho \neq 0$: 압축성 흐름

8 일반 유체운동에 관한 연속 방정식은? (단, 유체의 밀도는 ρ 이고, x, y, z 방향의 성분속도는 u, v, w 이다.) [98 15 기]

① $\frac{\partial \rho}{\partial t} + \frac{\partial u}{\partial x} + \frac{\partial v}{\partial y} + \frac{\partial w}{\partial z} = 0$

② $\frac{\partial \rho}{\partial t} + \frac{\partial (\rho u)}{\partial x} + \frac{\partial (\rho v)}{\partial y} + \frac{\partial (\rho w)}{\partial z} = 0$

③ $\frac{\partial \rho}{\partial t} + \frac{\partial u}{\rho \cdot \partial x} + \frac{\partial v}{\rho \cdot \partial y} + \frac{\partial w}{\rho \cdot \partial z} = 0$

④ $\frac{\partial u}{\partial x} + \frac{\partial v}{\partial y} + \frac{\partial w}{\partial z} = 0$

해설 8

압축성 유체인 경우 :

$$\frac{\partial \rho}{\partial t} + \frac{\partial \rho u}{\partial x} + \frac{\partial \rho v}{\partial y} + \frac{\partial \rho w}{\partial z} = 0$$

참고) 일반적으로 유체는 압축성 유체이고 흐름 특성값이 시간에 따라 변화하는 흐름인 부정류 흐름이다.

9 유선(流線)에 대한 다음 설명 중 옳지 않은 것은? [02 16 기]

① 정상류에는 유적선과 일치한다.
② 비정상류에는 시간에 따라 유선이 달라진다.
③ 유선이란 유체입자가 움직인 경로를 말한다.
④ 하나의 유선은 다른 유선과 교차하지 않는다.

해설 9

③는 유적선을 설명한 것이다.

10 비압축성유체의 연속방정식을 표현한 것으로 가장 올바른 것은? [04 19 기]

① $Q = \rho A V$
② $\rho_1 A_1 = \rho_2 A_2$
③ $Q_1 A_1 V_1 = Q_2 A_2 V_2$
④ $A_1 V_1 = A_2 V_2$

해설 10

비압축성 유체는 밀도가 일정하므로
$Q = A_1 V_1 = A_2 V_2$

정답 6. ② 7. ① 8. ② 9. ③ 10. ④

11 에너지선에 대한 설명으로 옳은 것은? [16 19 산]
① 유체의 흐름방향을 결정한다.
② 이상유체 흐름에서는 수평기준면과 평행한다.
③ 유량이 일정한 흐름에서는 동수경사선과 평행하다.
④ 유선상의 각 점에서의 압력수두와 위치수두의 합을 연결한 선이다.

12 내경 15cm의 관에 10℃의 물이 유속 3.2m/s로 흐르고 있을 때 흐름의 상태는? (단, 10℃ 물의 동점성계수(ν)=0.0131cm²/s 이다.) [14 산]
① 층류
② 한계류
③ 난류
④ 부정류

13 유체의 흐름이 일정한 방향이 아니고 상하좌우 방향으로 이동하면서 흐르는 흐름은? [16 산]
① 층류
② 난류
③ 정상류
④ 비정상류

14 폭 1.5m인 직사각형 수로에 유량 1.8m³/s의 물이 항상 수심 1m로 흐르는 경우 이 흐름의 상태는? (단, 에너지보정계수 a=1.1) [1 228 산]
① 한계류
② 부정류
③ 사류
④ 상류

15 안지름 1cm인 관로에 충만되어 물이 흐를 때 다음 중 층류 흐름이 유지되는 최대유속은? (단, 동점성계수 ν=0.01cm²/s) [15 ㉮, 20 22 산]
① 5cm/s
② 10cm/s
③ 20cm/s
④ 40cm/s

해 설

해설 11
실제유체가 아닌 이상유체(완전유체)의 흐름에서는 에너지선은 수평기준면과 항상 평행하다.

해설 12
$$R_e = \frac{V \cdot D}{\nu} = \frac{3.2 \times 0.15}{0.0131 \times 10^{-4}}$$
$$= 366412 > 2000$$
∴ 난류

해설 13
일정한 방향으로 질서 정연하게 흐르는 것은 층류이며, 일정한 방향이 아니고 좌우방향으로 이동하면서 흐르는 흐름은 난류이다.

해설 14
$Q = AV$
$1.8 = 1.5 \times 1 \times V, \ V = 1.2 \text{m/sec}$
$$F_r = \frac{\alpha V}{\sqrt{gh}}$$
$$= \frac{1.1 \times 1.2}{\sqrt{9.8 \times 1}} = 0.42 < 1 \quad 상류$$

해설 15
$$Re = \frac{VD}{\nu} < 2000$$
$$V < 2000 \times \frac{\nu}{D}$$
$$< 2000 \times \frac{0.01}{1}$$
$$< 20 \text{cm/sec}$$

정답 11. ② 12. ③ 13. ② 14. ④ 15. ③

16 원형 관수로 내의 층류 흐름에 관한 설명으로 옳은 것은? [14㉮]

① 속도분포는 포물선이며, 유량은 지름의 4제곱에 반비례한다.
② 속도분포는 대수분포 곡선이며, 유량은 압력강하량에 반비례한다.
③ 마찰응력 분포는 포물선이며, 유량은 점성계수와 관의 길이에 반비례한다.
④ 속도분포는 포물선이며, 유량은 압력강하량에 비례한다.

17 유체의 흐름에 대한 설명으로 옳지 않은 것은? [20㉮]

① 이상유체에서 점성은 무시된다.
② 유관(stream tube)은 유선으로 구성된 가상적인 관이다.
③ 점성이 있는 유체가 계속해서 흐르기 위해서는 가속도가 필요하다.
④ 정상류의 흐름상태는 위치변화에 따라 변화하지 않는 흐름을 의미한다.

18 유량 2 ℓ/sec의 물을 원관내에서 층류상태로 흐르게 하자면 원관의 지름이 만족해야 할 조건으로 옳은 것은? (단, 물의 동점성 계수는 0.01cm²/sec이다.) [83 94 98㉮]

① $d > 63$cm
② $d \leq 63$cm
③ $d < 127$cm
④ $d \geq 127$cm

19 직사각형 개수로의 단위 폭당의 유량 5m³/sec, 수심 5m이면 푸르드수 및 흐름의 종류는? [98 11㉮]

① $F_r = 0.143$, 사류
② $F_r = 2.143$, 사류
③ $F_r = 0.143$, 상류
④ $F_r = 1.430$, 상류

20 정상류의 흐름에 대한 설명으로 가장 적합한 것은? [18㉳]

① 모든 점에서 유동특성이 시간에 따라 변하지 않는다.
② 수로의 어느 구간을 흐르는 동안 유속이 변하지 않는다.
③ 모든 점에서 유체의 상태가 시간에 따라 일정한 비율로 변한다.
④ 유체의 입자들이 모두 열을 지어 질서 있게 흐른다.

해 설

해설 16

유속은 포물선 분포임

$Q = \dfrac{w\pi h_L}{8\mu\ell}\gamma^4$

$= \dfrac{\pi}{8\mu} \cdot \dfrac{wh_L}{\ell} \cdot \gamma^4$

$= \dfrac{\pi}{8\mu} \cdot \Delta p \cdot \gamma^4$

해설 17

정상류의 흐름은 위치가 변하면 정상류의 흐름 특성도 변하게 된다.

해설 18

$R_e = \dfrac{V \cdot D}{\nu} \leq 2000$

$V = \dfrac{Q}{A} = \dfrac{2000}{\dfrac{\pi D^2}{4}} = \dfrac{2546.5}{D^2}$

$R_e = \dfrac{\dfrac{2546.5}{D}}{0.01} \leq 2000$

$\dfrac{2546.5}{0.01D} \leq 2000$, $D \geq 127$cm

해설 19

$F_r = \dfrac{V}{\sqrt{gh}}$ 에서

$F_r < 1$: 상류
   $= 1$: 한계류(한계수심)
   > 1 : 사류

$Q = AV$, $5 = 1 \times 5 \times V$, $V = 1$ m/sec

$F_r = \dfrac{1}{\sqrt{9.8 \times 5}} = 0.143 < 1$

∴ 상류

해설 20

정상류 흐름은 시간에 따라 변하지 않는 흐름이다.

정답 16. ④ 17. ④ 18. ④ 19. ③ 20. ①

2 흐름의 방정식

> **학습방향**
> 흐르는 유체에 있어서 흐름의 특성과 원리를 파악함으로써 유체에 적용되는 공식을 이해한다.
> ① 연속 방정식 ② 베르누이 방정식
> ③ 보정 계수 ④ 정체 압력

1 연속 방정식(equation of continuity)

질량보존의 법칙을 기초로 만들어진 방정식으로써, 유체가 흐르는 ①단면과 ②단면에서 유수 단면적과 유속을 A_1, A_2 및 V_1, V_2 라 할 때 ①단면에서의 유량 Q_1과 ②단면에서의 유량 Q_2가 같다고 하는 방정식이다.

$$Q_1 = A_1 V_1 = A_2 V_2 = Q_2$$

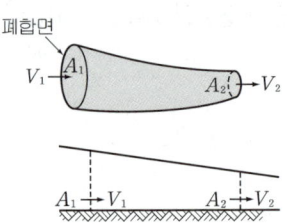

학습POINT

■ 단면을 흐르는 유량은 유수 단면적과 유속의 곱으로 나타낼 수 있다.

2 Bernoulli 정리

에너지 불변의 법칙을 기초로 만들어진 방정식으로써 단면 ①점에서의 위치수두, 압력수두, 속도수두의 합은 단면 ②점에서의 3가지 수두의 합과 같다는 것이다.

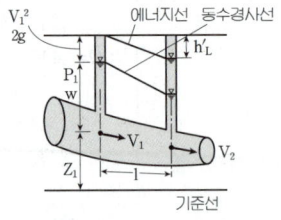

$$\frac{P_1}{w} + \frac{V_1^2}{2g} + z_1 = \frac{P_2}{w} + \frac{V_2^2}{2g} + z_2 = \text{Const}$$

- 위치수두(elevation bead)
- 속도수두(velocity head)
- 압력수두(pressure head)

■ ① 에너지 선 : 압력수두+속도수두+위치수두
② 에너지 경사 : 에너지선의 경사
③ 동수경사선 : 압력수두+위치수두의 선
④ 동수경사 : 동수 경사선의 경사

■ 에너지선 : energy line
■ 동수경사선 : hydraulic grade line

(1) 기본가정
  ① 임의의 두 점은 같은 유선상에 있다.
  ② 이상유체(비점성, 비압축성 유체)의 흐름이다.
  ③ 정상 상태의 흐름이다.

(2) 적용한계
  절대압력이 0기압까지 적용. 즉, 계기압력은 −1기압 까지(수두 : 10.33m)
  ① 응용 : Torricelli, Pitot tube, Venturimeter
  ② Torricelli의 정리 : $V=\sqrt{2gh}$
  ③ Pitot tube : $V=\sqrt{2gh}$
  ④ Venturimeter

  $$Q = C \cdot \frac{A_1 \cdot A_2}{\sqrt{A_1^2 - A_2^2}} \sqrt{2gH}$$

  $C = 0.96 \sim 0.99$

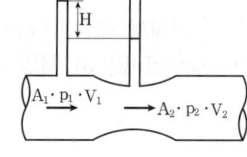
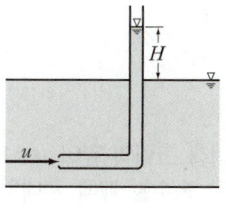

Pitot tube

  ⑤ 측정기구 : 피에조미터, 마노미터 ⇒ 압력수두 측정
     피토관(Pitot tube) ⇒ 압력수두+속도수두를 측정

  ⑥ Laplace 방정식 : $\dfrac{\partial^2 \phi}{\partial x^2} + \dfrac{\partial^2 \phi}{\partial y^2} + \dfrac{\partial^2 \phi}{\partial z^2} = 0$

■ Laplace 방정식은 유체입자가 회전하면서 흐르는 흐름에 적용 가능하다.

■ 보정계수는 이상유체에서 적용되는 방정식을 실제 유체에 적용하기 위해 도입된 것이다.

3 보정계수

① 에너지 보정계수(energy correction factor)

$$\alpha = \int_A \left(\frac{V}{V_m}\right)^3 \frac{dA}{A}$$

원관내 층류 : $\alpha = 2$
난류 : $\alpha = 1.01 \sim 1.1$

② 운동량 보정계수(momentum correction factor)

$$\eta = \int_A \left(\frac{V}{V_m}\right)^2 \frac{dA}{A}$$

원관내 층류 : $\eta = \dfrac{4}{3}$
난류 : $\eta = 1.0 \sim 1.05$

■ 정압력 : static pressure
■ 동압력 : dynamic pressure
■ 정체압력점에서 총압력이 발생하며, 물체가 유체중에서 움직일때 맨 앞부분에서 발생하게 된다.

4 정체압력(총압력)(stagnation pressure)

① 총압력 = 정압력+동압력
   $= wh + \dfrac{1}{2}\rho V^2$

② 진동주기 : $T = \dfrac{2\pi}{w} = 2\pi \cdot \dfrac{K}{\sqrt{gM}}$

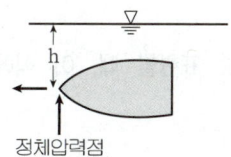

정체압력점
(stagnation point)

■ 예) 잠수함의 앞부분과 물고기의 머리부분 중 앞부분에 정체압력이 걸리게 되므로 강하게 만들어져야 한다.

K : 회전반지름
M : 경심고
w : 고유진동수

핵심문제

1 한 유선 상에서의 속도수두를 $\frac{V^2}{2g}$, 압력수두를 $\frac{P}{w}$, 위치수두를 Z라 할 때 동수경사선(E)을 표시하는 식은? (단, V는 유속, P는 압력, w는 단위중량, g는 중력가속도, Z는 기준면으로부터의 높이이다.) [15㉎]

① $\frac{V^2}{2g}+\frac{P}{w}+Z=E$ ② $\frac{V^2}{2g}+\frac{P}{w}=E$

③ $\frac{V^2}{2g}+Z=E$ ④ $\frac{P}{w}+Z=E$

해설 1
동수경사선 = 위치수두 + 압력수두
$E=Z+\frac{P}{w}$

2 아래 그림과 같이 d_1=1m의 원통형 수조의 측벽에서 내경 10cm의 철관으로 송수할 때에 관내의 평균유속이 V_2=2m/sec였다면 이 때의 유량은? [97㉎]

① $0.0057 \text{m}^3/\text{sec}$
② $0.0157 \text{m}^3/\text{sec}$
③ $0.0257 \text{m}^3/\text{sec}$
④ $0.0357 \text{m}^3/\text{sec}$

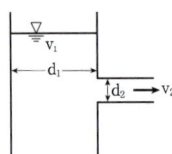

해설 2
$Q=AV$ 에서
$Q=\frac{\pi\times 0.1^2}{4}\times 2=0.0157\text{m}^3/\text{sec}$

3 관의 지름이 각각 3m, 1.5m인 서로 다른 관이 연결되어 있을 때, 지름 3m 관내에 흐르는 유속이 0.03m/s이라면 지름 1.5m 관내에 흐르는 유량은? [20㉎]

① $0.157 \text{m}^3/\text{s}$ ② $0.212 \text{m}^3/\text{s}$
③ $0.378 \text{m}^3/\text{s}$ ④ $0.540 \text{m}^3/\text{s}$

해설 3
$Q=A_1 V_1$
$=\frac{\pi\cdot 3^2}{4}\times 0.03$
$=0.212\text{m}^3/\text{sec}$

4 동수경사선(hydraulic grade line)에 대한 설명으로 옳은 것은? [18㉑]

① 에너지선보다 언제나 위에 위치한다.
② 개수로 수면보다 언제나 위에 있다.
③ 에너지선보다 유속수두만큼 아래에 있다.
④ 속도수두와 위치수두의 합을 의미한다.

해설 4
동수경사선 = 압력수두 + 위치수두
에너지선 = 동수경사선 + 속도수두

5 베르누이 정리를 $\frac{\rho}{2}V^2+wZ+P=H$로 표현할 때, 이 식에서 정체압(stagnation pressure)은? [16㉎]

① $\frac{\rho}{2}V^2+wZ$로 표시한다.
② $\frac{\rho}{2}V^2+P$로 표시한다.
③ $wZ+P$로 표시한다.
④ P로 표시한다.

해설 5
정체압은 유속이 0인 경우의 압력을 말하며 정압력 + 속도압력을 말한다.
즉, 정체압력 = 정압력 + 속도압력

정답 1.④ 2.② 3.② 4.③ 5.①

6 토리첼리(Torricelli)정리는 다음 어느 것을 이용하여 유도할 수 있는가?
[04 ㉮]
① 파스칼 원리
② 알키메데스 원리
③ 레이놀즈 원리
④ 베르누이 정리

7 그림과 같이 관의 A와 B의 높이차가 4m일 때 작용압력이 각각 P_A=0.1kg/cm², P_B=0.3kg/cm²이라면 A와 B의 속도 수두차는 얼마인가?
[11 21 22 ㉳]
① 500cm
② 600cm
③ 700cm
④ 800cm

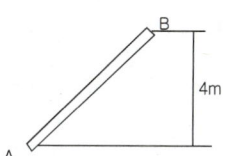

8 다음 그림과 같이 원관으로 된 관로에서 D_2=200mm, Q_2=150 l/sec이고, D_3=150mm, V_3=2.2m/sec인 경우 D_1=300mm에서의 유량 Q_1은?
[02 ㉳]
① 188.9l/sec
② 180.0l/sec
③ 170.4l/sec
④ 190.2l/sec

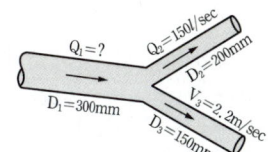

9 그림과 같이 단면 ①에서 단면적 A_1=10cm², 유속 V_1=2m/s이고, 단면 ②에서 단면적 A_2=20cm²일 때 단면 ②의 유속(A_2)과 유량(Q)은?
[18 21 22 ㉳]
① V_2=200cm/s, Q=2000cm³/s
② V_2=100cm/s, Q=1500cm³/s
③ V_2=100cm/s, Q=2000cm³/s
④ V_2=200cm/s, Q=1000cm³/s

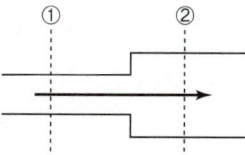

10 관수로에서 동수경사선에 대한 설명으로 옳은 것은?
[04 07 ㉮]
① 수평기준선에서 손실수두와 속도수두를 가산한 수두선이다.
② 관로중심선에서 압력수두와 속도수두를 가산한 수두선이다.
③ 전수두에서 손실수두를 제외한 수두선이다.
④ 에너지선에서 속도수두를 제외한 수두선이다.

해설

해설 6
토리첼리정리 : $V = \sqrt{2gh}$
베르누이정리 : $E = \dfrac{P}{w} + \dfrac{V^2}{2g} + Z$
에서 압력수두 $\left(\dfrac{P}{w}\right)$가 0(zero)이면 $V = \sqrt{2gh}$ 가 된다.

해설 7
$\dfrac{P_A}{\omega} + \dfrac{V_A^2}{2g} = \dfrac{P_B}{\omega} + \dfrac{V_B^2}{2g} + 4$
$\dfrac{V_A^2}{2g} - \dfrac{V_B^2}{2g} = \dfrac{P_B}{\omega} - \dfrac{P_A}{\omega} + 4$
$= 3 - 1 + 4 = 6m$

해설 8
$Q_1 = Q_2 + Q_3$
$Q_2 = 150 l/sec$
$Q_3 = AV = \dfrac{\pi \cdot 15^2}{4} \times 220$
$= 38.9 l/sec$
$Q_1 = 150 + 38.9 = 188.9 l/sec$

해설 9
$A_1 V_1 = A_2 V_2$
$10 \times 200 = 20 \times V_2$
$V_2 = 100 cm/sec$
$Q = A_2 V_2$
$= 20 \times 100 = 2000 cm^3/sec$

해설 10
동수경사선=위치수두+압력수두
그러므로 에너지선과는 속도수두 $\left(\dfrac{V^2}{2g}\right)$만큼의 차이가 있다.

정답 6. ④ 7. ② 8. ① 9. ③ 10. ④

11 완전유체일 때 에너지선과 기준수평면과의 관계는? [19 산]

① 서로 평행하다.
② 압력에 따라 변한다.
③ 위치에 따라 변한다.
④ 흐름에 따라 변한다.

해설 11
완전유체는 에너지 손실이 없으므로 에너지선과 기준수평면은 평행하다.

12 물이 3m/sec의 속도로 그림과 같은 원형 관을 흐를 때 관의 압력은? (단, 관 중심에서 에너지선(E.L)까지의 높이는 1.2m이고, 무게 1kg=9.8N이다.) [13 산]

① 5400Pa
② 6700Pa
③ 7260Pa
④ 8300Pa

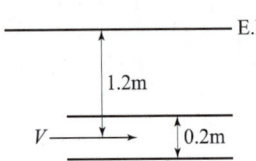

해설 12
$E = \dfrac{P}{w} + \dfrac{V^2}{2g}$

$1.2 = P + \dfrac{3^2}{2 \times 9.8}$

$P = 0.74 \text{t/m}^2 \,(1\text{t/m}^2 = 9800\text{kPa}$ 이므로)

$P = 0.74 \times 9800 = 7252 \text{kPa}$

13 그림과 같은 사다리꼴 수로에 등류가 흐를 때 유량은? (단, 조도계수 $n = 0.013$, 수로경사 $i = \dfrac{1}{1000}$, 측벽의 경사 = 1 : 1이며, Manning 공식 이용) [15 22 산]

① 16.21m³/s
② 18.16m³/s
③ 20.04m³/s
④ 22.16m³/s

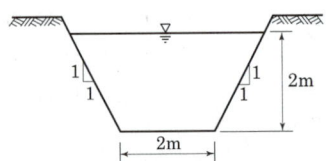

해설 13
$Q = AV = A \cdot \dfrac{1}{n} R^{2/3} \cdot I^{1/2}$

$A = 2 \times 2 + 2 \times 2 \times 2 \times \dfrac{1}{2}$
$= 4 + 4 = 8\text{m}^2$

$R = \dfrac{A}{P} = \dfrac{8}{2 + 2\sqrt{2} \times 2} = 1.04\text{m}$

$Q = 8 \times \dfrac{1}{0.013} \times 1.04^{2/3} \cdot \left(\dfrac{1}{1000}\right)^{1/2}$
$= 19.98 \text{m}^3/\text{sec}$

14 그림에서 A, B에서의 압력이 같다면 축소관의 지름 d는 약 얼마인가? [04 기]

① 148mm
② 200mm
③ 235mm
④ 300mm

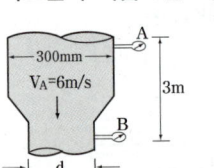

해설 14
$\dfrac{P_1}{w} + \dfrac{V_1^2}{2g} + Z_1 = \dfrac{P_2}{w} + \dfrac{V_2^2}{2g} + Z_2$

$\dfrac{P}{w} + \dfrac{6^2}{2 \times 9.8} + 3 = \dfrac{P}{w} + \dfrac{V_2^2}{2 \times 9.8} + 0$

$V_2 = 9.74\text{m/sec}$

$A_1 V_1 = A_2 V_2$

$\dfrac{\pi \cdot 30^2}{4} \times 600 = \dfrac{\pi d^2}{4} \times 974$

$d = 23.5\text{cm} = 235\text{mm}$

15 그림과 같은 원형관에 물이 흐를 경우 1, 2, 3 단면에 대한 설명으로 옳은 것은? (단, D_1=30cm, D_2=10cm, D_3=20cm이며 에너지손실은 없다고 가정한다.) [16 산]

① 유속은 $V_2 > V_3 > V_1$이 되며
압력은 1단면 > 3단면 > 2단면이다.
② 유속은 $V_1 > V_3 > V_2$이 되며
압력은 2단면 > 3단면 > 1단면이다.
③ 유속은 $V_2 > V_3 > V_1$이 되며 압력은 3단면 > 1단면 > 2단면이다.
④ 1, 2, 3단면의 유속과 압력은 같다.

해설 15
$Q = A_1 V_1 = A_2 V_2 = A_3 V_3$
$D_1 > D_3 > D_2$ 이므로
유속은 $V_2 > V_3 > V_1$
압력은 $P_1 > P_3 > P_2$ 가 된다.

정답 11. ① 12. ③ 13. ③ 14. ③ 15. ①

16 중력장에서 단위유체질량에 작용하는 외력 F의 x, y, z축에 대한 성분을 각각 X, Y, Z라고 하고, 각 축방향의 증분을 dx, dy, dz 라고 할 때 등압면의 방정식은? [13㉮]

① $\dfrac{dx}{X} + \dfrac{dy}{Y} + \dfrac{dz}{Z} = 0$

② $\dfrac{X}{dx} + \dfrac{Y}{dy} + \dfrac{Z}{dz} = 0$

③ $X \cdot dx + Y \cdot dy + Z \cdot dz = 0$

④ $X \cdot dx + Y \cdot dy + Z \cdot dz = dF$

17 유속이 5m/sec이고, 압력 P=5t/m²일 때 총 수두는? [03㉯]

① 5.0m
② 6.28m
③ 7.36m
④ 8.20m

18 수압이 3kg/cm²일 때 압력수두(壓力水頭)는? [03 22 ㉯]

① 30m   ② 3m
③ 33.33m   ④ 3.33m

19 다음 그림에서 H = 250cm일 때 유속을 구한 값은?

① 500cm/sec
② 550cm/sec
③ 700cm/sec
④ 750cm/sec

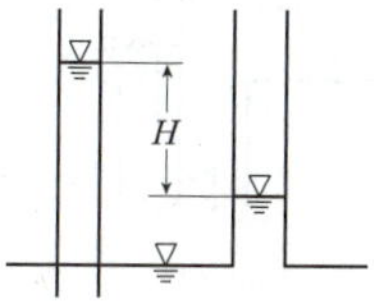

20 정상적인 흐름에서 1개 유선 상의 유체입자에 대하여 그 속도수두를 $\dfrac{V^2}{2g}$, 위치수두를 Z, 압력수두를 $\dfrac{P}{W_o}$라 할 때 동수경사는? [11 20 ㉮]

① $\dfrac{V^2}{2g} + Z$를 연결한 값이다.

② $\dfrac{V^2}{2g} + \dfrac{P}{W_o} + Z$를 연결한 값이다.

③ $\dfrac{P}{W_o} + Z$를 연결한 값이다.

④ $\dfrac{V^2}{2g} + \dfrac{P}{W_o}$를 연결한 값이다.

해 설

해설 16

등압면 방정식
① $dF = \rho(Xdx + Ydy + Zdz)$
② 등압면에서는 압력의 차이가 없으므로 $dF = 0$이다.
유체의 밀도(ρ)는 일정하므로 $(Xdx + Ydy + Zdz) = 0$ 되어야 한다.

해설 17

총수두 = 정수두 + 동수두
$= \dfrac{P}{w} + \dfrac{V^2}{2g}$
$= 5m + \dfrac{5^2}{2 \times 9.8} = 6.28m$

해설 18

$h = \dfrac{P}{w} = \dfrac{3000}{1} = 3000cm = 30m$

해설 19

정체압력 = 정압력 + 동압력이므로
동압력 = $\dfrac{\rho V^2}{2}$
$\dfrac{\rho V^2}{2} = 250 g/cm^2$
$V = \sqrt{\dfrac{2 \times 250}{\dfrac{1}{980}}} = \sqrt{2 \times 980 \times 250}$
$= 700 cm/sec$

해설 20

동수경사는 압력수두와 위치수두의 합이다.

정답 16. ③ 17. ② 18. ① 19. ③ 20. ③

3 충격력과 항력

학습방향

유체의 충돌로 인해 발생하는 충격력의 크기를 파악함으로써 물체가 받는 힘을 계산할 수 있으며, 물체가 유체 속을 항진할 때 유체가 물체에 저항하는 힘, 즉 물체에 작용하는 항력의 크기를 구한다.

① 정지판의 충격력 ② 움직이는 판의 충격력 ③ 항력

1 정지판의 충격력

작용력(충격력) ⇒ $F_x = F_y = \dfrac{w}{g} Q(V_1 - V_2)$

반력 ⇒ $F_x = F_y = \dfrac{w}{g} Q(V_2 - V_1)$ $F = \sqrt{F_x^2 + F_y^2}$

해설)
- V_1 : 유체의 x, y 방향을 고려한 유입속도
- V_2 : 유체의 x, y 방향을 고려한 유출속도
- F_x : x 방향의 분력
- F_y : y 방향의 분력

학습POINT

■ 충격력의 크기에 있어 부호 (+,−)는 작용력과 반력의 의미이다.

① 직각으로 충돌하는 경우

$F = \dfrac{w}{g} Q(V_1 - V_2)$

$V_1 = V,\ V_2 = 0$

$F = \dfrac{w}{g} QV \cdots\cdots F_x$

$F_y = \left(\dfrac{w}{g} QV + \dfrac{w}{g} Q(-V) \right) + \dfrac{w}{g} QV \cdot \cos\theta = 0 + 0 = 0 \cdots\cdots F_y$

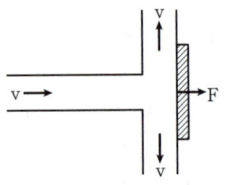

② 경사지게 충돌하는 경우

$F = F_x$ 이므로 $F = \dfrac{w}{g} Q(V_1 - V_2)$

그런데 $V_1 = V \cdot \sin\theta,\ V_2 = 0$

$F = \dfrac{w}{g} AV(V\sin\theta - 0)$

$\quad = \dfrac{w}{g} AV^2 \sin\theta$

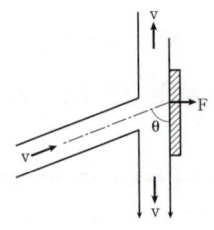

③ 분류가 방향을 바꾸어 $\theta = 180°$ 인 경우

$\cos\theta = \cos 180 = -1$

$F = \dfrac{w}{g} QV[1-(-1)] = \dfrac{2w}{g} QV$

$\quad = \dfrac{2w}{g} AV^2$

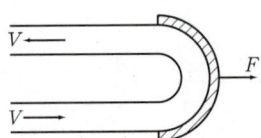

■ 유체의 흐름방향이 정반대가 되면 충격력은 2배가 된다.

2 움직이는 판의 충격력

움직이는 판 : 평 판 ⇒ $F = \dfrac{w}{g} Q(V-u)$

곡면판 ⇒ $F = \dfrac{w}{g} A(V-u)^2 (1-\cos\theta)$

해설)
- V : 유체의 속도
- u : 판이 움직이는 속도
- θ : 판이 꺾인 각도

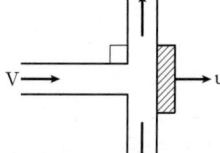

기본식 : $F = \dfrac{w}{g} Q(V_1 - V_2)$

$Q = AV = A(V-u)$

$V_1 = V-u,\ V_2 = 0$

$\therefore F = \dfrac{w}{g} A(V-u) \cdot (V-u)$

$= \dfrac{w}{g} A(V-u)^2$ .... 정지판이 이동하는 경우

$\therefore F = \dfrac{w}{g} Q(V-u)$ .... 회전판에 충돌하는 경우

■ 정지판이 이동시의 충격력
$F = \dfrac{w}{g} QV$ 에서 V 대신에
$V-u$ 를 대입하면 된다.
$F = \dfrac{w}{g} A(V-u) \cdot (V-u)$
$= \dfrac{w}{g} A(V-u)^2$

3 항력(전 저항력) (drag force)

① 마찰저항(표면저항) : 물체의 전 표면에 대하여 흐름방향 마찰력의 분력을 적분한 것.
② 형상저항(압력저항) : 물체로 인한 후류가 원인이 되므로 물체의 흐름방향 형상과 관계가 있다.
③ 조파저항 : 파동을 일으켜 물체에 저항하는 항력

항력 $D = C_D \cdot A \cdot \dfrac{\rho V^2}{2}$ (kg)

C_D : 항력계수(drag coefficient)
A : 흐름방향에 투영된 면적

항력계수, 양력계수는 Reynolds의 함수이다.

양력 : 물체의 후류로 인해 물체가 부상하려는 힘

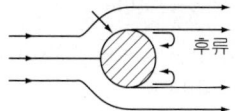
큰 Reynolds 수, $R_e = 10^3 \sim 2.5 \times 10^5$

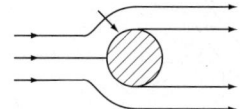
가장 큰 Reynolds 수, $R_e > 2.5 \times 10^5$

■ 구의 형체인 경우 항력 계수는 $\dfrac{24}{R_e}$ 이다.

■ 양력은 비행기의 날개를 생각하면 된다.

핵심문제

1 그림과 같이 직경 10cm의 단면적에 유속 40m/sec의 분류가 판에 충돌하여 90°로 구부러질 때 판에 작용하는 힘은 얼마인가? [94㉮, 12 15㉯]

① 1.28t
② 1.30t
③ 1.32t
④ 1.34t

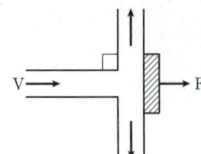

해설 1

유체가 판에 부딪히는 힘
$F = \sqrt{F_x^2 + F_y^2}$
$F = F_x = \dfrac{w}{g}Q(V_1 - V_2)$
$F = \dfrac{1}{9.8} \times \dfrac{\pi \cdot 0.1^2}{4} \times 40 \times (40-0)$
$= 1.282t$

2 구형물체(球形物體)에 대하여 stokes의 법칙이 적용되는 범위에서 항력계수 C_D는? [04 12㉮]

① $C_D = Re - 1$
② $C_D = 4Re$
③ $C_D = 24/Re$
④ $C_D = 64/Re$

해설 2

구, 원판 및 회전체에 대하여 stokes 법칙의 항력계수
$C_D = 24/R_e$

3 그림과 같이 직경 8cm인 분류가 35m/s의 속도로 vane에 부딪친 후 최초의 흐름 방향에서 150° 수평방향 변화를 하였다. vane이 최초의 흐름방향으로 10m/s의 속도로 이동하고 있을 때, vane에 작용하는 힘의 크기는? (단, 무게 1kg = 9.8N) [18 22㉯]

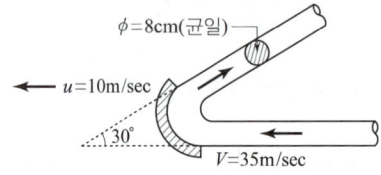

① 3.6kN
② 5.4kN
③ 6.1kN
④ 8.5kN

해설 3

$F = \dfrac{w}{g}Q(V_1 - V_2)$
$Q = AV = \dfrac{\pi \cdot 0.08^2}{4} \times 35 = 0.176 \, m^3/s$
이므로
$F = \dfrac{1}{9.8} 0.176(25 - 25\cos 30)$
$= 0.06t \fallingdotseq 6.1kN$

4 원형 단면의 수맥이 그림과 같이 곡면을 따라 유량 0.018m³/s가 흐를 때 x방향의 분력은? (단, 관내의 유속은 9.8m/s, 마찰은 무시한다.) [16 24㉮]

① −18.25N
② 37.83N
③ −64.56N
④ 17.64N

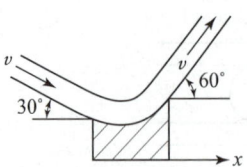

해설 4

$F_x = \dfrac{w}{g}Q(V_1 - V_2)$
$= \dfrac{1}{9.8} \times 0.018$
$\quad (9.8 \times \cos 30 - 9.8 \times \cos 60)$
$= 0.0066t$
$= 64.57N$

정답 1. ① 2. ③ 3. ③ 4. ③

5 절대속도 U(m/sec)로 움직이고 있는 판에 같은 방향으로 부터 절대속도 V(m/sec)의 분류가 흐를 때 판에 충돌하는 힘을 계산하는 식이 옳은 것은? (단, A는 통수단면적임) [96 04 11 21 산]

① $F = \dfrac{w_o}{g} \cdot A \cdot (V-U)^2$

② $F = \dfrac{w_o}{g} \cdot A \cdot (V+U)^2$

③ $F = \dfrac{w_o}{g} \cdot A \cdot (V-U) \cdot V$

④ $F = \dfrac{w_o}{g} \cdot A \cdot (V+U) \cdot V$

6 단위중량 w 또는 밀도 ρ인 유체가 유속 V로서 수평방향으로 흐르고 있다. 직경 d, 길이 l인 원주가 유체의 흐름방향에 직각으로 중심축을 가지고 놓였을 때 원주에 작용하는 항력(D)은? (단, C: 항력계수, g: 중력가속도) [15 19 기]

① $D = C \cdot \dfrac{\pi d^2}{4} \cdot \dfrac{wV^2}{2}$

② $D = C \cdot d \cdot l \cdot \dfrac{\rho V^2}{2}$

③ $D = C \cdot \dfrac{\pi d^2}{4} \cdot \dfrac{\rho V^2}{2}$

④ $D = C \cdot d \cdot l \cdot \dfrac{wV^2}{2}$

7 다음의 항력(Drag force)에 관한 설명 중 틀린 것은? [02 21 기]

① 마찰항력은 유체가 물체표면을 흐를 때 점성과 난류에 의해 물체표면에 발생하는 마찰저항이다.

② 형상항력은 물체의 형상에 의한 후류(wake)로 인해 압력이 저하하여 발생하는 압력저항이다.

③ 조파항력은 물체가 수면에 떠 있거나 물체의 일부분이 수면위에 있을 때에 발생하는 유체저항이다.

④ 항력 $D = C_D A \dfrac{V^2}{2g}$으로 표현되며, 항력계수 C_D는 Reynolds의 함수이다.

8 유량 Q, 유속 V, 단면적 A, 도심거리 h_G라 할 때 충력치(M)의 값은? (단, 충력치는 비력이라고도 하며, η : 운동량 보정계수, g : 중력가속도, W : 물의 중량, w : 물의 단위중량) [14 16 20 산]

① $\eta \dfrac{Q}{g} + Wh_G A$

② $\eta \dfrac{Q}{g} V + h_G A$

③ $\eta \dfrac{gV}{Q} + h_G A$

④ $\eta \dfrac{Q}{g} V + \dfrac{1}{2} w^2$

해 설

해설 5

판에 충돌하는 힘 :

$\Sigma F = \dfrac{w_o}{g} \cdot Q \cdot (V_1 - V_2)$

$= \dfrac{w_o}{g} \cdot AV \cdot V$

$= \dfrac{w_o}{g} \cdot A \cdot (V-U) \cdot (V-U)$

$= \dfrac{w_o}{g} \cdot A(V-U)^2$

해설 6

항력 $D = CA \dfrac{\rho V^2}{2} = C \cdot dl \cdot \dfrac{\rho V^2}{2}$

해설 7

$D = C_D A \dfrac{\rho V^2}{2}$

해설 8

$M = \eta \dfrac{Q}{g} V + h_G A$

정답 5. ① 6. ② 7. ④ 8. ②

출제예상문제

CHAPTER 3 동수역학

1. 등류의 정의로 옳은 것은? [13 16 산]
① 흐름특성이 어느 단면에서나 같은 흐름
② 단면에 따라 유속, 수심 등의 흐름특성이 변하는 흐름
③ 한 단면에 있어서 유적, 유속, 흐름의 방향이 시간에 따라 변하지 않는 흐름
④ 한 단면에 있어서 유량이 시간에 따라 변하지 않는 흐름

해설
등류란 흐름 특성이 어느 단면에서나 동일한 흐름이다.

2. 1차원 정류흐름에서 단위시간에 대한 운동량 방정식은? (단, F : 힘, m : 질량, V_1 : 초속도, V_2 : 종속도, Δt : 시간의 변화량, S : 변위, W : 물체의 중량) [21 가]
① $F = W \cdot S$
② $F = m \cdot \Delta t$
③ $F = m \dfrac{V_2 - V_1}{S}$
④ $F = m(V_2 - V_1)$

해설
운동량 방정식은
$F \cdot \Delta t = m(V_2 - V_1)$
$\Delta t = 1$이므로
$F = m(V_2 - V_1)$

3. 유선 위 한 점의 x, y, z축에 대한 좌표를 (x, y, z), x, y, z축 방향 속도성분을 각각 u, v, w라 할 때 서로의 관계가 $\dfrac{dx}{u} = \dfrac{dy}{v} = \dfrac{dz}{w}$, $u = -ky$, $v = kx$, $w = 0$인 흐름에서 유선의 형태는? (단, k는 상수) [19 24 가]
① 원
② 직선
③ 타원
④ 쌍곡선

해설
$\dfrac{dx}{u} = \dfrac{dy}{v} = \dfrac{dz}{w}$
$\dfrac{dx}{-ky} = \dfrac{dy}{kx}$
$kxdx = -kydy$
$k \cdot \dfrac{1}{2}x^2 + c = -k \cdot \dfrac{1}{2}y^2 + c$
$\dfrac{k}{2}x^2 + \dfrac{k}{2}y^2 + c = 0$
$x^2 + y^2 = c$ ∴ 원

4. 평면상 x, y 방향의 속도성분이 각각 $u = -ky, v = kx$인 유선의 형태는? [15 20 가]
① 원
② 타원
③ 쌍곡선
④ 포물선

해설
$\dfrac{dx}{u} = \dfrac{dy}{v}$
$udv = vdx$
$u = -ky, v = kx$이므로
$xdx + ydy = 0$
적분하면 $x^2 + y^2 = c$, 원

5. 폭 20m인 직사각형 단면수로에 30.6m³/s의 유량이 0.8m의 수심으로 흐를 때 Froude 수(㉠)와 흐름 상태 (㉡)는? [20 산]
① ㉠ : 0.683, ㉡ : 상류
② ㉠ : 0.683, ㉡ : 사류
③ ㉠ : 1.464, ㉡ : 상류
④ ㉠ : 1.464, ㉡ : 사류

해설
$F_r = \dfrac{v}{\sqrt{gh}}$ $Q = AV = bh \cdot V$
$30.6 = 20 \times 0.8 \times V$ $V = 1.91$ m/sec
$F_r = \dfrac{1.91}{\sqrt{9.8 \times 0.8}} = 0.683$은 1보다 작으므로 상류

해답 1. ① 2. ④ 3. ① 4. ① 5. ①

6. 다음 그림은 손실수두와 관내 유속과의 관계를 나타낸 그림이다. 이 그림에서 V_a의 유속은?

① 층류 - 난류
② 난류 - 층류
③ 한계류
④ 유속이 생기지 않는다.

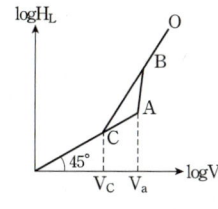

해설
· 층류에서 난류 (→)
· 난류에서 층류 (←)

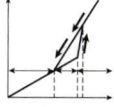

7. 안지름 1cm인 원형관로에 물을 흘릴 때 난류가 생기는 한계유속은? (단, $\nu_{20℃}$ =0.01cm²/sec이다.)

① 10cm/sec
② 20cm/sec
③ 30cm/sec
④ 40cm/sec

해설
$R_e = \dfrac{V \cdot D}{\nu}$ 〈 2000 : 층류
  〉 4000 : 난류

$\dfrac{V \cdot D}{\nu} = 4000$

$V = 4000 \times 0.01 = 40\text{cm/sec}$

8. 다음 설명 중 옳지 않은 것은?

① 평상시의 하천은 정류이다.
② 홍수시의 하천은 부정류이다.
③ 수류의 단면에 따라 유속이 다른 흐름을 부등류라 한다.
④ 층류에서 난류로 변화할 때의 유속을 한계유속이라 한다.

해설
한계유속이란 상류에서 사류로 변할 때의 유속이다.
층류에서 난류로 변할 때는 불완전 층류구간이 되며 2000 〈 R_e 〈 4000이다.

9. 관수로에서 레이놀즈(Reynolds, Re) 수에 대한 설명으로 옳지 않은 것은? (단, V : 평균유속, D : 관의 지름, ν : 유체의 동점성계수) [19 산]

① 레이놀즈 수는 $\dfrac{VD}{\nu}$로 구할 수 있다.
② Re 〉 4000이면 층류이다.
③ 레이놀즈 수에 따라 흐름상태(난류와 층류)를 알 수 있다.
④ Re는 무차원의 수이다.

해설
R_e 〉 4000이면 난류이다.

10. 수로경사 $I = \dfrac{1}{2500}$, 조도계수 $n = 0.013\text{m}^{-1/3} \cdot \text{s}$인 수로에 아래 그림과 같이 물이 흐르고 있다면 평균유속은? (단, Manning의 공식을 사용한다.) [21 ㉠]

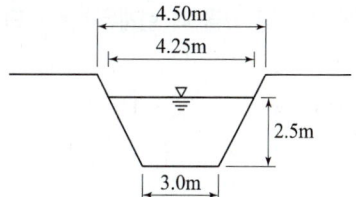

① 1.65m/s
② 2.16m/s
③ 2.16m/s.
④ 3.16m/s

해설
$V = \dfrac{1}{n} R^{2/3} \cdot I^{1/2}$

$R = \dfrac{A}{P}$

$P = 3 + \sqrt{\left(\dfrac{4.25-3}{2}\right)^2 + 2.5^2} \times 2 = 8.12\text{m}$

$A = \dfrac{3+4.25}{2} \times 2.5 = 9.06\text{m}^2$

$R = \dfrac{9.06}{8.12} = 1.16$

$V = \dfrac{1}{0.013} 1.16^{2/3} \cdot \sqrt{\dfrac{1}{2,500}} = 1.7\text{m/sec}$

해답 6. ① 7. ④ 8. ④ 9. ② 10. ① 11. ④

11. 층류와 난류(亂流)에 관한 설명으로 옳지 않은 것은? [19㉮]

① 층류란 유수(流水) 중에서 유선이 평행한 층을 이루는 흐름이다.
② 층류와 난류를 레이놀즈 수에 의하여 구별할 수 있다.
③ 원관 내 흐름의 한계 레이놀즈 수는 약 2000 정도이다.
④ 층류에서 난류로 변할 때의 유속과 난류에서 층류로 변할 때의 유속은 같다.

해설
층류에서 난류로 변화할 때, 불완전 층류가 되며, 난류에서 층류로 변화할 때와는 유속이 다르다.

12. 안지름이 2cm인 관내를 동점성 계수가 $0.01cm^2/sec$인 물이 흐르고 있을 때 한계유속은? (단, 레이놀즈수 R_e=2,000임)

① V_c=7cm/sec   ② V_c=8cm/sec
③ V_c=9cm/sec   ④ V_c=10cm/sec

해설
한계유속이 되기 위하여는 $R_e = 2000$ 이므로
$R_e = \frac{VD}{\nu}$ 에서
$V = \frac{R_e \cdot \nu}{D} = \frac{2,000 \times 0.01}{2} = 10cm/sec$

13. 유체의 흐름에 관한 다음 설명 중 옳지 않은 것은? [21㉮]

① 유체의 입자가 움직인 경로를 유적선(path line)이라 한다.
② 부정류에서는 유선이 시간에 따라 변화한다.
③ 정류에서는 하나의 유선이 다른 유선과 교차하게 된다.
④ 점성을 무시하고 밀도가 일정한 가상적 유체를 완전유체라 한다.

해설
정류에서의 유선은 서로 교차하지 않는다.

14. 수로 폭 4m, 수심 1.5m인 직사각형 단면에서 유량이 $24m^3$/sec일 때 Froude 수(F_r)는? [20㉯]

① 0.74   ② 0.85
③ 1.04   ④ 1.08

해설
$F_r = \frac{V}{\sqrt{gh}}$
$= \frac{\frac{24}{4 \times 1.5}}{\sqrt{9.8 \times 1.5}} = 1.04$

15. 수리 평균심에 대한 다음 설명 중 옳지 않은 것은? [97㉮]

① 수리 평균심은 유수단면적을 윤변으로 나눈 것이다.
② 수리 평균심은 수로의 단면주변장에 대한 유수단면적의 크기이다.
③ 수리 평균심이 큰 수로는 수리 평균심이 작은 수로보다 마찰에 의한 수두 손실이 크다.
④ 폭이 넓은 직사각형 수로의 수리 평균심은 그 수로의 수심과 거의 같다.

해설
수리 평균심($\frac{A}{P}$)=경심=수리반경
수리수심 : $D = \frac{A}{B}$ B는 수면폭이며 A는 유적이다.

16. 그림과 같은 삼각형 단면의 경심은?

① $R = \frac{h\sin\theta}{2\tan\theta}$
② $R = \frac{1}{2}\sin\theta \cdot h$
③ $R = \sin\theta \cdot h$
④ $R = \frac{h\sin\theta}{2\cot\theta}$

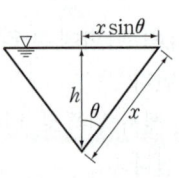

해설
$R = \frac{A}{P}$ 이고 $A = x\sin\theta \cdot h$,
$P = 2x$ 이므로 $R = \frac{x\sin\theta \cdot h}{2x} = \frac{1}{2}\sin\theta \cdot h$

17. 그림과 같이 1/4원의 벽면에 접하여 유량 $Q=0.05\text{m}^3/\text{s}$이 면적 200cm²으로 일정한 단면을 따라 흐를 때 벽면에 작용하는 힘은? (단, 무게 1kg = 9.8N) [18 산]

① 117.6N
② 176.4N
③ 1176N
④ 1764N

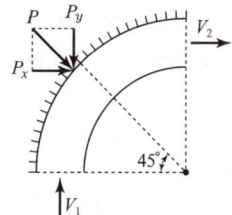

해설

$F = \dfrac{w}{g}Q(V_1 - V_2)$

$V_1 = \dfrac{Q}{A_1} = \dfrac{0.05 \times 10^6}{200} = 250\,\text{cm/sec}$

$F = \sqrt{P_x^2 + P_y^2}$

$P_x = \dfrac{1}{9.8}0.05(0 - 2.5)$
  $= -0.013t$

$P_y = \dfrac{1}{9.8}0.05(2.5 - 0)$
  $= 0.013t$

$F = \sqrt{(-0.013)^2 + 0.013^2} = 0.018t$
  $= 0.018 \times 1000 \times 9.8 N$
  $= 176.4 N$

18. 10m/s로 움직이는 수직 평판에 동일한 방향으로 25m/s로 분류가 충돌하고 있을 때 평판에 미치는 힘은? (단, 분류의 지름은 10mm이다.) [24 산]

① 11.76N
② 17.67N
③ 27.44N
④ 31.36N

해설

$F = \dfrac{w}{g}Q(V - u)$

$Q = AV = \dfrac{\pi \cdot 0.01^2}{4} \times (25 - 10) = 0.001\,\text{m}^3/\text{sec}$

$F = \dfrac{1}{9.8} \times 0.001 \times (25 - 10)$
  $= 0.0018t = 1.8\text{kg} ≒ 17.64\text{N}$

19. 다음 물의 흐름에 대한 설명 중 옳은 것은? [19 가]

① 수심은 깊으나 유속이 느린 흐름을 사류라 한다.
② 물의 분자가 흩어지지 않고 질서 정연히 흐르는 흐름을 난류라 한다.
③ 모든 단면에 있어 유적과 유속이 시간에 따라 변하는 것을 정류라 한다.
④ 에너지선과 동수 경사선의 높이의 차는 일반적으로 $\dfrac{V^2}{2g}$이다.

해설

에너지선=동수경사선+속도수두로 나타낼 수 있다.
그러므로 속도수두는 $\dfrac{V^2}{2g}$이다.

20. 깊이 15m로 바닷속을 항해하고 있는 잠수함에 걸리는 유체압력은? (단, 대기압은 표준대기압이고 바닷물의 단위중량은 1,025kg/m³이다.)

① 2.57kg/cm²
② 3.54kg/cm²
③ 1.038kg/cm²
④ 1.38kg/cm²

해설

• 계기압력: $p = wh$
  $= 1.025 \times 15 = 15.375\,\text{t/m}^2$
• 절대압력=계기압력+대기압
  $= 15.375\text{t/m}^3 + 10.33\text{t/m}^2$
  $= 25.7\text{t/m}^2 = 2.57\text{kg/cm}^2$

21. 지름 d의 구(球)가 밀도 ρ의 유체 속을 유속 V로서 침강할 때 구(球)의 항력은? [24 가]

① $D = C_D \pi d^2 \cdot \dfrac{V^2}{2g}$
② $D = C_D \dfrac{\pi d^2}{4}\rho V$
③ $D = \dfrac{1}{8}C_D \pi d^2 \rho V^2$
④ $D = \dfrac{1}{16}C_D \pi d^2 \rho V^2$

해설

$D = C_D A \dfrac{\rho V^2}{2}$ (A는 투영면적)
  $= C_D \cdot \dfrac{\pi}{4}d^2 \cdot \dfrac{\rho V^2}{2} = \dfrac{1}{8}C_D \pi d^2 \rho V^2$

해답 17. ② 18. ② 19. ④ 20. ① 21. ③

22. Bernoulli 정리의 적용 조건이 아닌 것은?
[16 20 22 산]

① Bernoulli 방정식이 적용되는 임의의 두 점은 같은 유선 상에 있다.
② 정상상태의 흐름이다.
③ 압축성 유체의 흐름이다.
④ 마찰이 없는 흐름이다.

해설
베르누이 정리는 이상유체에 적용이 가능하다.
압축성 유체에는 적용이 불가하다.

23. 기준면을 수로 바닥으로 한 경우 동수경사(Hydraulic Gradient)를 옳게 기술한 것은?
(단, 전체수심 $h = \dfrac{p}{w_o}$이다.)

① $I = -\dfrac{\partial}{\partial s}\left(\dfrac{p}{w_o} + z\right)$
② $I = -\dfrac{\partial}{\partial s}\left(\dfrac{p}{w_o} - z\right)$
③ $I = -\dfrac{\partial}{\partial s}\left(\dfrac{p}{w_o}\right)$
④ $I = -\dfrac{\partial z}{\partial s}$

해설
• 동수경사선 = 압력수두 + 위치수두
• 동수경사란 동수경사선의 경사를 의미한다.

24. 베르누이의 정리에 관한 설명으로 옳지 않은 것은?
[18 산]

① 베르누이의 정리는 (운동에너지) + (위치에너지)가 일정함을 표시한다.
② 베르누이의 정리는 에너지(energy) 불변의 법칙을 유수의 운동에 응용한 것이다.
③ 베르누이의 정리는 (속도수두) + (위치수두) + (압력수두)가 일정함을 표시한다.
④ 베르누이의 정리는 이상유체에 대하여 유도되었다.

해설
베르누이 정리는
압력수두 + 속도수두 + 위치수두 = 일정하다는 것이다.

25. 그림과 같은 피토관에서 유속과 동압력의 수두를 각각 옳게 나타낸 것은?
[87 93 산]

① 0.70m/sec, 2.5cm H₂O
② 2.42m/sec, 32.5cm H₂O
③ 0.98m/sec, 30.5cm H₂O
④ 2.42m/sec, 2.5cm H₂O

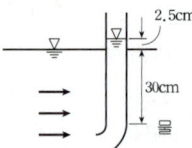

해설
동압력 $= \dfrac{V^2}{2} = 2.5\text{g/cm}^2$

$V = \sqrt{\dfrac{2 \times 2.5}{1/980}} = 70\text{cm/sec}$

수두 : $2.5\text{cm} = 2.5\text{g/cm}^2$

26. 피토관으로 유수중의 유속을 측정하고자 한다. 정압관과 동압관에 수은(비중 13.6)을 넣은 U자형 액주계를 연결하였더니 수은주의 높이차가 $H = 10\text{cm}$이었다. 유속은? (단, $g = 9.80\text{m/sec}^2$, k : 피토관 고유의 상수이다.)

① $k(2 \times 9.80 \times 10 \times 13.6)^{1/2}$ (m/sec)
② $k(2 \times 9.80 \times 0.1 \times 13.6)^{1/2}$ (m/sec)
③ $k(2 \times 9.80 \times 0.1 \times 12.6)^{1/2}$ (m/sec)
④ $k(2 \times 9.80 \times 10 \times 12.6)^{1/2}$ (m/sec)

해설
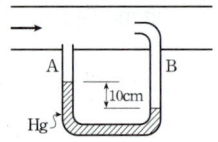

$P_A + 13.66 \times 0.1 - 1 \times 0.1 = P_B$
$P_B - P_A = 1.266\text{t/m}^2$
$V = k\sqrt{2gh}$ 에서 $h = \dfrac{P_B - P_A}{w}$ 이므로
$h = 1.266\text{m}$ 이다.
$V = k\sqrt{2 \times 9.8 \times 1.266}$ (m/sec)

해답 22. ③ 23. ③ 24. ① 25. ① 26. ③

27. 그림과 같이 사염화탄소(CCl₄)를 넣은 피토관으로써 유속을 측정하고자 한다. 사염화탄소의 높이차가 6.5cm 이고 비중이 1.60라 할 때 유속을 구하면 얼마인가?

① 142.77cm/sec
② 87.43cm/sec
③ 10.4cm/sec
④ 5.2cm/sec

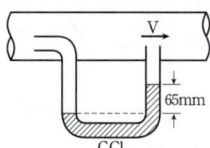

해설
왼쪽을 A, 오른쪽을 B라 하면
$p_A + 1 \times 6.5 - 1.6 \times 6.5 = p_B$
$p_A - p_B = 3.9 \text{g/cm}^2$
수두로 환산하면 $\frac{p_A - p_B}{w} = 3.9 \text{cm}$
$V = \sqrt{2gh} = \sqrt{2 \times 980 \times 3.9} = 87.43 \text{cm/sec}$

28. 유속이 V, 물의 단위중량을 w, 물의 밀도를 ρ 라 할 때 동수압(動水壓)을 바르게 표시한 것은? [01 21 24 ㉮]

① $\frac{V^2}{2g}$
② $\frac{wV^2}{2g}$
③ $\frac{wV}{2g}$
④ $\frac{\rho V^2}{2g}$

해설
동수압 = $\frac{\rho V^2}{2} = \frac{wV^2}{2g}$

29. 다음 중 옳지 않은 것은? [93 ㉮]

① 피토관은 Pascal의 원리를 응용하여 압력을 측정하는 기구이다.
② Venturimeter는 관 내의 유량이나 평균유속을 측정할 때 사용한다.
③ $V=\sqrt{2gh}$ 를 Torricelli의 정리라고 한다.
④ 수조의 수면에서 깊이 h 인 곳에 단면적 a인 작은 구멍에서 물이 유출할 경우 Bernoulli의 정리를 적용한다.

해설
피토관은 정압력과 정체압력의 관계를 이용하여 유속을 측정하는 장치이다.

30. 흐르는 유체 속의 한 점(x, y, z)의 각 축방향의 속도성분을 (u, v, w)라 하고 밀도를 ρ, 시간을 t로 표시할 때 가장 일반적인 경우의 연속방정식은? [22 ㉮]

① $\frac{\partial u}{\partial t} + \frac{\partial v}{\partial t} + \frac{\partial w}{\partial t} = 0$
② $\frac{\partial \rho u}{\partial x} + \frac{\partial \rho v}{\partial y} + \frac{\partial \rho w}{\partial z} = 0$
③ $\frac{\partial \rho}{\partial t} + \frac{\partial u}{\partial x} + \frac{\partial v}{\partial y} + \frac{\partial w}{\partial z} = 0$
④ $\frac{\partial \rho}{\partial t} + \frac{\partial \rho u}{\partial x} + \frac{\partial \rho v}{\partial y} + \frac{\partial \rho w}{\partial z} = 0$

해설
일반적인 경우에는 시간에 따라 밀도가 변화하고, 각 축방향에 따라 밀도가 변화하게 된다.

31. 그림 단면1에서 단면적, 평균유속, 압력강도를 각각 a_1, V_1, p_1, 단면2에서는 a_2, V_2, p_2 라 하고, 물의 단위중량을 w_o 라 할 때, 다음 중 옳지 않은 것은? (단, $z_1 = z_2$이다.) [93 ㉮]

① $a_1 \cdot V_1 = a_2 \cdot V_2$
② $V_1 < V_2$
③ $p_1 > p_2$
④ $\frac{V_1^2}{2g} + \frac{p_1}{w_o} < \frac{V_2^2}{2g} + \frac{p_2}{w_o}$

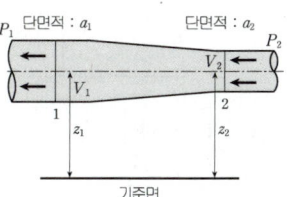

해설 연속방정식
$Q = a_1 V_1 = a_2 V_2$
$a_1 > a_2$ 이므로 $V_1 < V_2$ 이다.
베르누이 방정식은 $\frac{p_1}{w} + \frac{V_1^2}{2g} + Z_1 = \frac{p_2}{w} + \frac{V_2^2}{2g} + Z_2$
$Z_1 = Z_2$, $V_1 < V_2$ 이므로 $\frac{p_1}{w} > \frac{p_2}{w}$ 이다.

해답 27. ② 28. ② 29. ① 30. ④ 31. ④

32. 베르누이의 정리에 관한 다음 설명 중 옳지 않은 것은? [23㉮]

① 부정류라고 가정하여 얻은 결과이다.
② 하나의 유선에 대하여 성립된다.
③ 하나의 유선에 대하여 총에너지는 일정하다.
④ 두 단면 사이에 있어서 외부와의 에너지 교환은 없다고 가정한 것이다.

[해설] 베르누이 기본가정
① 임의의 두 점은 같은 유선상에 있다.
② 정상 상태의 흐름이다.
③ 이상유체의 흐름이다.

33. 그림에서 단면 ①, ②에서의 단면적, 평균유속, 압력강도를 각각 A_1, V_1, P_1, A_2, V_2, P_2라 하고, 물의 단위 중량을 w_0라 할 때, 다음 중 옳지 않은 것은?(단, $Z_1 = Z_2$이다.) [19㉯]

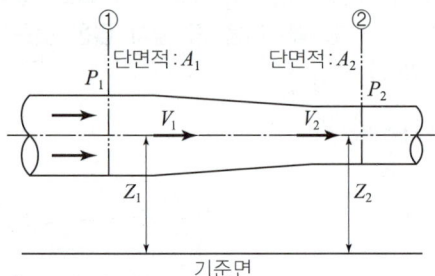

① $V_1 < V_2$
② $P_1 > P_2$
③ $A_1 \cdot V_1 = A_2 \cdot V_2$
④ $\dfrac{V_1^2}{2g} + \dfrac{P_1}{w_0} < \dfrac{V_2^2}{2g} + \dfrac{P_2}{w_0}$

[해설]
베르누이 방정식은 압력수두＋속도수두＋위치수두＝일정하다는 것이다.
그러므로 위치수두가 동일하면 압력수도＋속도수두도 동일하다.

34. 비력(special force)에 대한 설명으로 옳은 것은? [18㉮]

① 물의 충격에 의해 생기는 힘의 크기
② 비에너지가 최대가 되는 수심에서의 에너지
③ 한계수심으로 흐를 때 한 단면에서의 총 에너지 크기
④ 개수로의 어떤 단면에서 단위중량당 운동량과 정수압의 합계

[해설]
$$M = \eta \frac{Q}{g} + h_G A = 운동량 + 정수압$$

35. 다음 중 베르누이 정리를 유도하는데 이용되는 관계식이 아닌 것은? [94㉯]

① 에너지 불변의 법칙
② 물의 연속 방정식
③ 운동량 방정식
④ 운동에너지, 위치에너지, 압력에너지

[해설] 베르누이 정리
에너지 불변의 법칙을 기본으로 하고 있다. 즉, 연속방정식, 운동에너지, 위치에너지, 압력에너지와 관계가 깊다.

36. 수심이 1.2m인 수조의 밑바닥에 길이 4.5m, 지름 2cm인 원형관이 연직으로 설치되어 있다. 최초에 물이 배수되기 시작할 때 수조의 밑바닥에서 0.5m 떨어진 연직관 내의 수압은? (단, 물의 단위중량은 9.81kN/m³이며, 손실은 무시한다.) [22㉮]

① 49.05kN/m² ② -49.05kN/m²
③ 39.24kN/m² ④ 39.24kN/m²

[해설]
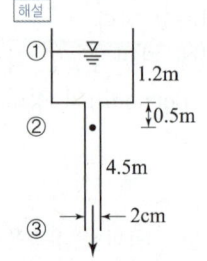

해답 32. ① 33. ④ 34. ④ 35. ③ 36. ④

①,②점에 있어서 베르누이 정리 대입

$$\frac{P_1}{w}+\frac{V_1^2}{2g}+Z_1=\frac{P_2}{w}+\frac{V_2^2}{2g}+Z_2$$

$\left(\frac{P_1}{w}=0,\ \frac{V_1^2}{2g}=0\right)$이므로

$$\frac{P_2}{w}=Z_1-Z_2-\frac{V_2^2}{2g}\ \cdots\cdots\cdots\cdots\ (1)$$

①,③에 베르누이 정리를 대입하면

$$\frac{P_1}{w}+\frac{V_1^2}{2g}+Z_1=\frac{P_3}{w}+\frac{V_3^2}{2g}+Z_3$$

$\left(\frac{P_1}{w}=0,\ \frac{V_1^2}{2g}=0,\ \frac{P_3}{w}=0,\ Z_3=0\right)$

$$Z_1=\frac{V_3^2}{2g}\ \cdots\cdots\cdots\cdots\ (2)$$

②,③은 동일관로이므로

$V_2=V_3\ \cdots\cdots\cdots\cdots\ (3)$

(1)식에 각 각 대입을 하면

$$\frac{P_2}{w}=Z_1-Z_2-Z_1=-Z_2$$

$P_2=w\cdot Z_2=-9.81\times(4.5-0.5)=-39.24\text{kN}/\text{m}^2$

37. 관내에 그림과 같이 똑바른 유리관 ①과 구부린 유리관 ②를 삽입하였다. 관내의 유속이 2m/sec일 때 ①, ② 유리관내의 수면의 높이차 H는?

① 10cm
② 20.4cm
③ 30cm
④ 40.8cm

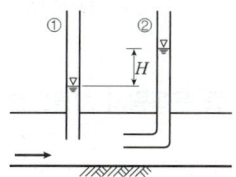

해설
①의 수두는 위치수두+압력수두
②의 수두는 위치수두+압력수두+속도수두
②-①은 속도수두이므로

$$\frac{V^2}{2g}=\frac{2^2(\text{m}/\text{sec})^2}{2\times9.8\text{m}/\text{sec}^2}=0.204\text{m}=20.4\text{cm}$$

38. 단순한 피토관으로 무엇이 측정되는가? (단, 관수로에 설치했을 때)

① 정압력
② 동압력
③ 정체압력
④ 전체수두와 동수 구배선과의 수두차

해설
관수로의 경우에는 유속을 측정하고자 하는 부분에 세워진 피토관인 경우 정압력+동압력=정체압력을 측정하게 된다.

39. 하나의 유관 내의 흐름이 정류일 때, 미소거리 $d\ell$만큼 떨어진 1, 2 단면에서 단면적 및 평균유속을 각각 A_1, A_2 및 V_1, V_2라 하면, 이상유체에 대한 연속방정식으로 옳은 것은? [18산]

① $A_1V_1=A_2V_2$
② $d(A_1V_1-A_2V_2)/d\ell=$ 일정(一定)
③ $d(A_1V_1+A_2V_2)/d\ell=$ 일정(一定)
④ $A_1V_2=A_2V_1$

해설
연속방정식
$Q=A_1V_1=A_2V_2$

40. 다음 중 베르누이의 정리를 응용한 것이 아닌 것은? [20가]

① 토리첼리의 정리
② 벤츄리미터
③ 오리피스
④ 레이놀즈수

해설 레이놀드수
$R_e=\frac{V\cdot D}{\nu}$는 베르누이 정리와는 관계가 없다.

해답 37. ② 38. ③ 39. ① 40. ④

41. 물이 흐르고 있는 벤추리미터(Venturi meter)의 관부와 수축부에 수은을 넣은 U자형 액주계를 연결하여 수은주의 높이차 $h_m = 10cm$를 읽었다. 관부와 수축부의 압력수두의 차는? (단, 수은의 비중은 13.6이다.)

[20 산]

① 1.26m ② 1.36m
③ 12.35m ④ 13.35m

해설

$$\frac{P_1}{w} + 0.1 - 13.6 \times 0.1 = \frac{P_2}{w}$$

$$\frac{P_1 - P_2}{w} = 13.6 \times 0.1 - 0.1$$

$$= 1.26m$$

42. 단위시간에 있어서 속도변화가 V_1에서 V_2로 되며 이 때 질량 m인 유체의 밀도를 ρ라 할 때 운동량 방정식은? (단, Q : 유량, ω : 유체의 단위중량, g : 중력가속도)

[20 산]

① $F = \frac{\omega Q}{\rho}(V_2 - V_1)$ ② $F = \omega Q(V_2 - V_1)$
③ $F = \frac{Qg}{\omega}(V_2 - V_1)$ ④ $F = \frac{\omega}{g} Q(V_2 - V_1)$

해설

운동량 방정식
$F = \frac{w}{g} Q(V_2 - V_1)$

43. 다음 중 직접 유량측정법이 아닌 것은?

① 중량측정법
② 체적측정법
③ 위어에 의한 측정
④ 피토관에 의한 측정

해설

피토관에서는 속도수두로써 유속을 측정할 수 있다. 유속을 측정함으로써 유량을 측정하는 방법이므로 간접측정법이다.

44. 그림과 같이 지름이 20cm인 노즐에서 20m/sec의 유속으로 물이 수직판에 직각으로 충돌할 때 판에 작용하는 힘은? (단, 수평분력 P_H, 수직분력 P_V임)

① $P_H = 1.28$ton, $P_V = 0$
② $P_H = 2.28$ton, $P_V = 0$
③ $P_H = 1.28$ton, $P_V = 1.0$ton
④ $P_H = 2.28$ton, $P_V = 1.0$ton

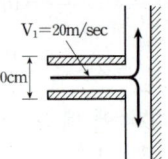

해설

$P_H = \frac{w}{g} Q(V_1 - V_2)$ 에서

$V_1 = 20$m/sec, $V_2 = 0$이므로

$P_H = \frac{1}{9.8} \times \left(\frac{\pi \times 0.02^2}{4}\right) \times 20 \times (20 - 0) = 1.28$t 이며,

수직분력 P_V는 연직평판이므로 0이다.

45. 지름 5cm의 분류가 유속 50m/sec로 판에 직각으로 충돌하여 방향 전환을 할 때에 작용하는 힘은?

① 0.25t ② 2t
③ 0.5t ④ 2.25t

해설

$P_H = \frac{w}{g} Q(V_1 - V_2)$ 에서

$V_1 = 50$m/sec, $V_2 = 0$이므로

$P_H = \frac{1}{9.8} \frac{\pi \times 0.05^2}{4} \times 50 \times (50 - 0) = 0.5$t

46. 다음 중 운동량의 차원으로 옳게 표시된 것은?

[19 산]

① [MLT] ② [MLT^{-1}]
③ [ML^{2}T] ④ [MLT^2]

해설

$F = ma = m \cdot \frac{\triangle V}{\triangle t}$

운동량은 $F \cdot \triangle t = m \cdot \triangle V = $ [MLT^{-1}]

해답 41. ① 42. ④ 43. ④ 44. ① 45. ③ 46. ②

47. 유량 100l/sec 의 분사 수맥이 정지한 평판에 직각으로 5m/sec의 속도로 충돌할 때 평판이 받는 힘의 크기는? [93㉮]

① 0.051t ② 0.510t
③ 0.049t ④ 0.490t

해설
$$F = F_x = \frac{w}{g}Q(V_1 - V_2) = \frac{1}{9.8} \times 0.1 \times (5-0)$$
$$= 0.051 \text{ ton}$$

48. 다음 그림과 같이 수평으로 놓인 관로가 90° 굽어 있다. 관내 수압이 2.7kg/cm² 작용하고 있다면 관로 곡관부의 경사면에 작용하는 힘의 수평분력 F_x 는 얼마인가? (단, 이 관내의 유량은 0.28m³/sec이고 관의 직경은 0.3m이다.)

① 1020.4kg
② 1638.6kg
③ 2021.6kg
④ 2312.6kg

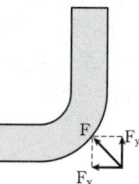

해설 충격력
$$F = \frac{w}{g}Q(V_1 - V_2) + P \cdot A$$
$$F_x = \frac{w}{g}Q(V-0) + P \cdot \frac{\pi D^2}{4}$$
$$V = \frac{Q}{A} = \frac{0.28}{\frac{\pi \cdot 0.3^2}{4}} = 3.96 \text{m/sec}$$
$$P = 2.7 \text{kg/cm}^2 = 27 \text{t/m}^2$$
$$F_x = \frac{1}{9.8} \times 0.28(3.96) + 27 \times \frac{\pi \cdot 0.3^2}{4} = 2.0217 \text{ ton}$$
즉, $F_x = 2021.7$kg

49. 두께 10cm, 폭 20cm의 수맥이 10m/sec의 유속으로 그림과 같이 벽면에 의해 구부러질 때 벽면에 작용하는 힘은?

① 0.075 t
② 0.389 t
③ 0.011 t
④ 0.289 t

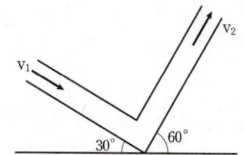

해설
$$F = \sqrt{F_x^2 + F_y^2}$$
$$A = 0.1 \times 0.2 = 0.02 \text{m}^2$$
$$F_x = \frac{w}{g}Q(V_1 - V_2)$$
$$= \frac{1}{9.8} \times 0.02 \times 10 \times (10\cos30 - 10\cos60)$$
$$= 0.75 \text{t}$$
$$F_y = \frac{1}{9.8} \times 0.02 \times 10 \times (-10\sin30 - 10\sin60)$$
$$= -0.279 \text{t}$$
$$F = \sqrt{0.075^2 + (-0.279)^2} = 0.289 \text{t}$$

50. 그림과 같은 지금 4cm의 원형관로 수맥이 구부러질 때 지지하는데 필요한 힘은 P_x, P_y 이다. 수맥의 속도가 15m/sec이고 마찰을 무시할 때 P_x 의 힘을 구하시오. [09㉮]

① -0.0106t
② 0.0106t
③ 11.106t
④ -1.1106t

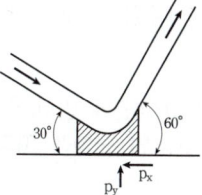

해설
반력 : $F = \frac{w}{g}Q(V_2 - V_1)$
$$P_x = \frac{w}{g}Q(V \cdot \cos60 - V \cdot \cos30)$$
$$= \frac{1}{9.8} \times \frac{\pi \cdot 0.04^2}{4} \times 15(15\cos60 - 15\cos30)$$
$$= -0.0106 \text{ ton}$$
P_x 의 방향이 (←)이므로
P_x 의 힘의 크기는 0.0106t이다.

51. 지름 d의 구(球)가 밀도 ρ의 유체 속을 유속 V로서 침강할 때 구(球)의 항력(D)은? (단, C_D : 항력계수) [24㉮]

① $D = C_D \pi d^2 \dfrac{V^2}{2g}$ ② $D = \dfrac{1}{4} C_D \cdot \pi d^2 \rho V^2$
③ $D = \dfrac{1}{8} C_D \pi d^2 \rho V^2$ ④ $D = \dfrac{1}{16} C_D \pi d^2 \rho V^2$

해답 47. ① 48. ③ 49. ④ 50. ② 51. ③

해설

$$D = C_D A \frac{\rho V^2}{2}$$
$$= C_D \cdot \frac{\pi d^2}{4} \cdot \frac{\rho V^2}{2}$$
$$= \frac{1}{8} C_D \cdot \pi d^2 \cdot \rho V^2$$

52. 폭이 넓은 직사각형 수로에서 폭 1m당 0.5m³/s의 유량이 80cm의 수심으로 흐르는 경우에 이 흐름은? (단, 이 때 동점성 계수는 0.012cm²/s이고 한계수심은 29.4cm이다.) [19 산]

① 층류이며 상류
② 층류이면 사류
③ 난류이며 상류
④ 난류이며 사류

해설

$$R_e = \frac{V \cdot D}{\nu} = \frac{V \cdot h}{\nu} = \frac{\frac{0.5}{1 \times 9.8} \times 0.8}{0.012 \times \frac{1}{10^2}} = 4166.7$$

$R_e > 4000$ ∴ 난류
수심이 한계수심(29.4m)보다 크므로 상류

53. 1/4원의 벽면에 연하여 유량 $Q=0.05$m³/sec이 $a_1 = a_2 = 200$cm²인 단면에 따라 흐를 때 벽면에 작용하는 힘은? [97 기, 98 산]

① 0.012 t
② 0.018 t
③ 0.12 t
④ 0.18 t

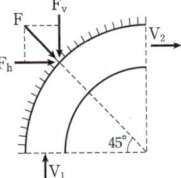

해설

$$F = \frac{w}{g} Q(V_1 - V_2)$$
$$V = \frac{Q}{A} = \frac{0.05 \text{m}^3/\text{sec}}{200 \text{cm}^2} = 2.5 \text{m/sec}$$
$$F = \sqrt{P_x^2 + P_y^2} \text{ 에서}$$
$$P_x = \frac{w}{g} Q(V_1 - V_2) = \frac{1}{9.8} \times 0.05(0 - 2.5) = 0.01276 \text{t}$$
$$P_y = \frac{1}{9.8} \times 0.05(2.5 - 0) = 0.01276 \text{t}$$
$$F = \sqrt{(-0.01276)^2 + 0.01276^2} = 0.018 \text{t}$$

54. 직경 4.0cm의 분류가 x방향으로 25m/sec의 속도로 평판에 수직으로 충돌한 후 판을 따라 흐를 때 판이 받는 힘 P_x는? [96 기]

① 65kg
② 70kg
③ 75kg
④ 80kg

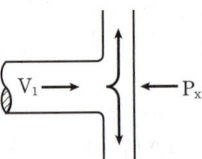

해설

$$P_x = \frac{w}{g} Q(V_2 - V_1)$$
$$Q = AV = \frac{\pi \cdot 4^2}{4} \times 2500 = 31416 \text{cm}^3/\text{sec}$$
$$P_x = \frac{1}{980} \times 31416 \times (2500 - 0) ≒ 80142 \text{g} ≒ 80.1 \text{kg}$$

55. 그림과 같이 직경 8cm 분류가 35m/s의 속도로 관의 벽면에 부딪힌 후 최초의 흐름 방향에서 150° 수평방향 변화를 하였다. 관의 벽면이 최초의 흐름 방향으로 10m/s의 속도로 이동할 때, 관벽면에 작용하는 힘은? (단, 무게 1kg=9.8N) [15 산]

① 3.6kN
② 5.4kN
③ 6.1kN
④ 8.5kN

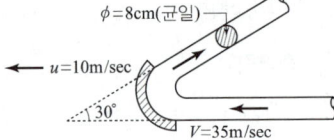

해설

$$F = \frac{w}{g} Q(V_1 - V_2)$$
$$Q = AV = \frac{\pi \cdot 0.08^2}{4} \times 35 = 0.176 \text{m}^3/\text{s 이므로}$$
$$F = \frac{1}{9.8} 0.176(25 - 25 \cos 30) = 0.06 \text{t} = 6.1 \text{kN}$$

56. 원통형 교각 주위에 담수($w=1$t/m³)가 1m/sec의 속도로 흐르고 있을 때 교각에 가해지는 항력은? (단, 수심은 5m이고, 교각의 지름은 3m이며 항력계수 $C_D=1.0$이다.)

① 765.3kg
② 875.3kg
③ 924.3kg
④ 974.4kg

해설

$$D = C_D \cdot A \cdot \frac{\rho V^2}{2} = 1.0 \times 5 \times 3 \times \frac{\frac{1}{9.8} \times 1^2}{2}$$
$$= 0.7653 \text{t} = 765.3 \text{kg}$$

해답 52. ③ 53. ② 54. ④ 55. ③ 56. ①

57. 유체 속에 물체가 있을 때, 물체가 유체로부터 받는 힘은? [95 20 ㉮]

① 장력　　② 중력
③ 항력　　④ 소류력

> **해설**
> 1. 항력(Drag)
>   ① 유속이 V인 유체 속에 물체가 있는 경우 물체에 작용하는 유체의 힘을 항력이라 한다.
>   ② $D = C_D A \dfrac{1}{2} \rho V^2$
> 2. 소류력(tractive force)
>   ① 유수가 수로의 하상에 작용하는 마찰력을 소류력이라 한다.
>   ② $\tau = wRI$

58. 스톡스(Stokes)의 법칙에 있어서, 항력계수 C_D의 값이 옳은 것은? (단, R_e는 Reynolds수이다.)

① $C_D = \dfrac{64}{R_e}$　　② $C_D = \dfrac{32}{R_e}$
③ $C_D = \dfrac{24}{R_e}$　　④ $C_D = \dfrac{4}{R_e}$

> **해설**
> $C_D = 24/R_e$,　수로의 마찰계수 $f = \dfrac{64}{R_e}$ (층류)

59. 밀도 ρ가 되는 유체가 일정한 유속 V_o로서 수평방향으로 흐르고 있다. 이 유체속의 원주 직경 d, 길이 l되는 원주가 흐름 방향에 직각으로 중심축을 가지고 놓였을 때 원주에 작용되는 항력(抗力)은? (단, C_D는 항력계수이다.)

① $C_D \cdot \dfrac{\pi d^2}{4} \cdot \dfrac{\rho V_o^2}{2}$　　② $C_D \cdot d \cdot l \cdot \dfrac{\rho V_o^2}{2}$
③ $C_D \cdot \dfrac{\pi d^2}{4} \cdot l \cdot \dfrac{\rho V_o^2}{2}$　　④ $C_D \cdot \pi d \cdot l \cdot \dfrac{\rho V_o^2}{2}$

> **해설**
> 항력 $D = C_D \cdot A \cdot \dfrac{\rho V^2}{2}$에서 A는 투영면적이므로
> $A = d \cdot l$

60. 양력(揚力)계수 C_L 및 항력(抗力)계수 C_D에 대하여 기술한 것 중 옳은 것은?

① C_L과 C_D는 다같이 Reynolds No.의 함수이다.
② C_L과 C_D는 다같이 Mach No.의 함수이다.
③ C_L은 Reynolds No.의 함수이고, C_D는 Mach No.의 함수이다.
④ C_L은 Mach No.의 함수이고, C_D는 Reynolds No.의 함수이다.

61. 단면적이 1.0m²인 정사각형 평판이 유속 2.0m/s인 물 속에서 받는 힘은? (단, 저항계수 $C_D = 1.96$으로 가정한다.) [94 23 ㉮]

① 0.2t　　② 4.0t
③ 0.4t　　④ 2.0t

> **해설**
> $D = C_D A \dfrac{\rho V^2}{2}$
> $= 1.96 \times 1.0 \left(\dfrac{\dfrac{1}{9.8} \times 2^2}{2} \right) = 0.4t$

62. 마노미터(manometer)와 피에조미터(piezometer)는 다음 어느 것을 측정하는가? [94 ㉮]

① 압력과 압력　　② 압력과 유속
③ 수위와 유량　　④ 유속과 유량

63. 그림과 같은 분지관 수로에서 A수조의 물이 B, C 수조로 흐르려면 액주계내의 수면의 높이를 나타내는 점은?

① P_1이다.
② P_2이다.
③ P_3이다.
④ P_4이다.

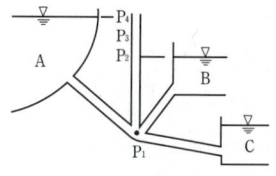

> **해설**
> 물은 높은 데서 낮은 데로 흐르므로 B, C의 수면보다는 P_1 점에서의 수면이 더 높아야 한다.

해답 57. ③　58. ③　59. ②　60. ①　61. ③　62. ①　63. ③

64. 집중호우로 인한 홍수 발생 시 지표수의 흐름은? [20산]
① 등류이고 정상류이다.
② 등류이고, 비정상류이다.
③ 부등류이고, 정상류이다.
④ 부등류이고, 비정상류이다.

해설 홍수시 하천의 흐름은 부등류, 비정상류 흐름이다.

65. 직경 5cm인 소방노즐에서 물젯트가 40m/sec의 속도로 건물벽에 수직으로 충돌하고 있다. 벽이 받는 힘은?
① 320kg   ② 280kg
③ 250kg   ④ 230kg

해설 벽체가 받는 힘
$$\Sigma F = \frac{w}{g} \cdot Q \cdot (V_2 - V_1) = \frac{w}{g} \cdot AV \cdot (0 - V_1)$$
$$= \frac{1}{9.8} \times \left(\frac{\pi \cdot 0.05^2}{4}\right) \times 40(0-40)$$
$$= -0.320\text{ton} = 320\text{kg}(\leftarrow)$$

66. 관의 직경이 A점에서 1.0m로부터 B점에서 관경 0.3m로 변화되는 관수로가 그림과 같이 설치되었다. 이 때 A점의 압력을 8kg/cm², 유속을 0.4m/sec라 하고 두 점간에너지 손실은 없다고 가정할 때 B점의 유속과 압력은? [05가]

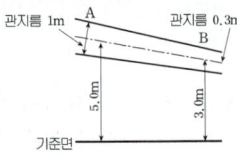

① V_B=4.4m/sec, P_B=8.1kg/cm²
② V_B=5.6m/sec, P_B=10.0kg/cm²
③ V_B=4.2m/sec, P_B=5.4kg/cm²
④ V_B=5.6m/sec, P_B=8.1kg/cm²

해설
$$Q = A_1 V_1 = A_2 V_2$$
$$\frac{\pi \cdot 1^2}{4} \times 0.4 = \frac{\pi \cdot 0.3^2}{4} \times V_2$$
$$V_2 = 4.44\text{m/sec}$$
$$\frac{P_1}{w} + \frac{V_1^2}{2g} + Z_1 = \frac{P_2}{w} + \frac{V_2^2}{2g} + Z_2$$
$$80 + \frac{0.4^2}{2 \times 9.8} + 5 = \frac{P_2}{1} + \frac{4.44^2}{2 \times 9.8} + 3$$
$$P_2 = 81\text{t/m}^2 = 8.1\text{kg/cm}^2$$

67. 한 유선상에서 유속수두를 $\frac{v^2}{2g}$, 압력수두를 $\frac{P}{w}$, 위치수두를 Z라 할 때 동수경사선을 표시하는 식은?
① $\frac{v^2}{2g} + \frac{P}{w} + Z = 0$ ② $\frac{v^2}{2g} + \frac{P}{w} = 0$
③ $\frac{v^2}{2g} + Z = 0$ ④ $\frac{P}{w} + Z = 0$

해설
에너지선 : $\frac{P}{w} + \frac{V^2}{2g} + Z$
동수경사선 : $\frac{P}{w} + Z$

68. 시간을 t, 유속을 v, 두 단면간의 거리를 l이라 할 때, 다음 조건 중 부등류인 경우는? [20가]
① $\frac{v}{t} = 0$ ② $\frac{v}{t} \neq 0$
③ $\frac{v}{t} = 0, \frac{v}{l} = 0$ ④ $\frac{v}{t} = 0, \frac{v}{l} \neq 0$

해설 부등류는 시간에 따른 흐름의 변화는 없으면서 단면간의 흐름 특성값이 다른 경우를 말한다. 즉
$\frac{v}{t} = 0, \frac{v}{l} \neq 0$

69. 반원형 수로 단면의 동수반경(Hydraulic Mean Radius)은? (단, D는 직경) [95가]
① D/π ② $D/2\pi$
③ $D/2$ ④ $D/4$

해설
동수반경 = 경심 = $\frac{\text{유수 단면적}(A)}{\text{윤변}(P)}$
$$= \frac{\frac{\pi D^2}{4} \times \frac{1}{2}}{\pi D \times \frac{1}{2}}$$
$$= \frac{D}{4}$$

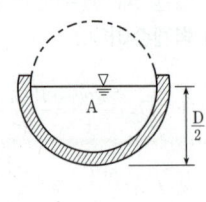

해답 64. ④ 65. ① 66. ① 67. ④ 68. ④ 69. ④

70. 그림과 같이 수조의 측벽에서 관으로 물이 유출되고 있다. 관의 단면은 φ20mm되어 있으나 중간에 φ15mm로 축소된 부분이 연결되어 있다. 이 φ15mm 단면에서의 압력수두를 계산하면?

① 9.5m
② 4.6m
③ 16.7m
④ 10.5m

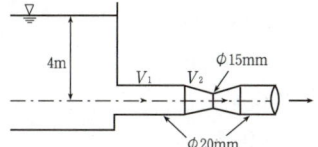

해설

$$\frac{V_1^2}{2g}+\frac{P_1}{w}=\frac{V_2^2}{2g}+\frac{P_2}{w}$$

$V_1=\sqrt{2\times 9.8\times 4.0}=8.86\text{ m/sec}$

$Q=\frac{\pi\times 0.02^2}{4}\times 8.86=0.002783\text{m}^3/\text{sec}$

$V_2=\frac{Q}{A_2}=\frac{4\times 0.002783}{\pi\times 0.015^2}=15.74\text{m/sec}$

$\therefore \frac{P_2}{w}=\frac{V_1^2}{2g}+\frac{P_1}{w}-\frac{V_2^2}{2g}$

$=\frac{8.86^2}{2\times 9.8}-\frac{15.74^2}{2\times 9.8}=-8.64\text{m}$

71. 그림과 같은 유출구에서 약간 떨어져 설치한 원추형 콘을 유지시키는데 필요한 힘 F는? (단, 콘의 무게는 무시한다.)

① 6.07kg
② 5.21kg
③ 4.34kg
④ 3.45kg

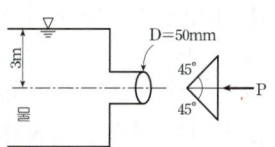

해설

운동량 방정식에서 반력을 구하면

$\Sigma F=\frac{wQ}{g}(V_{2x}-V_{1x})$

$V_1=\sqrt{2gH}=\sqrt{2\times 9.8\times 3}$

$=7.7\text{m/sec}$

$Q=\frac{\pi\times 0.05^2}{4}\times 7.7$

$=0.015\text{m}^3/\text{sec}$

$\Sigma F=\frac{w}{g}Q(V_2\cdot\cos\theta-V_1),\quad V_1=V_2$

$\therefore \Sigma F=\frac{1\times 0.015}{9.8}\times(7.7\cos 45°-7.7)=-3.45\text{kg}$

72. 원통교각이 직경이 2m, 수면에서 바닥까지의 깊이가 5m, 유속이 3m/sec, C_D=1.0일 때 교각에 가해지는 항력은?

① 4,485kg
② 4,824kg
③ 4,592kg
④ 4,267kg

해설 항력

$D=C_D\cdot A\cdot\frac{\rho V^2}{2}$

$=1.0\times 2\times 5\times\frac{1\times 3^2}{(2\times 9.8)}=4.5918\text{ton}=4,592\text{kg}$

73. 관 중심을 흐르는 물의 유속 V를 피토관(pitot tube)으로 측정하고 또 동시에 관벽에 액주계를 세워 정압을 측정하니 동압관 내의 수면이 액주계의 수면보다 10cm 더 올라갔다. 평균 유속이 관 중심의 유속의 1/2이라 하면 이 관의 유량은 얼마인가? (단, 관내경은 30cm, pitot관 계수는 1.00으로 본다.) [98 산]

① 43.52ℓ/sec
② 45.73ℓ/sec
③ 47.47ℓ/sec
④ 49.48ℓ/sec

해설 pitot관에 의해 측정된 관중심의 유속

$V=\sqrt{2gh}=\sqrt{2\times 9.8\times 0.1}=1.4\text{m/sec}$

평균 유속은 최대(관 중심) 유속의 $\frac{1}{2}$이므로

$\frac{V}{2}=0.7\text{m/sec}$이다.

$\therefore$ 유량 $Q=AV=\left(\frac{\pi\times 0.3^2}{4}\right)\times 0.7$

$=0.04948\text{m}^3/\text{sec}=49.48\ell/\text{sec}$

74. 물체의 흐름방향 투영면적을 A, 항력계수를 C_D, 유체의 밀도를 ρ, 단위중량을 γ, 중력가속도를 g라 할 때 유속 V인 유수 중에 놓여 있는 물체가 받는 전저항력 D는?

① $D=C_DA\frac{V^2}{2g}$
② $D=C_DA\frac{\gamma V^2}{2}$
③ $D=C_DA\frac{\rho V^2}{2}$
④ $D=C_DA\frac{\rho V^2}{2g}$

해답 70. ① 71. ④ 72. ③ 73. ④ 74. ③

75. 동수경사선에 관한 설명으로 옳지 않은 것은?

[20④]

① 항상 에너지선과 평행하다.
② 개수로 수면이 동수경사선이 된다.
③ 에너지선보다 속도수두만큼 아래에 있다.
④ 압력수두와 위치수두의 합을 연결한 선이다.

해설
동수경사선은 에너지선보다 손실수두만큼 아래에 위치한다.

76. 다음 중 유량을 옳게 설명한 것은 어느 것인가?

① 단위 시간내에 유적을 통과한 물의 용량이다.
② 단위 시간내에 물이 이동한 거리이다.
③ 유적을 통과한 단위시간을 말한다.
④ 유적을 통과하는 수량을 단위 시간당 유속으로 표시한다.

해설
$Q = AV$
단위 : m^3/sec, cm^3/sec
유적 : 유수단면적을 말한다.

77. 원관의 중앙에 피토관을 넣고 동시에 관벽의 정수압을 측정하기 위하여 정압관과의 수면차를 측정하니 10.7m였다. 관 내의 유속은? (단, $C_v = 1$) [95④]

① 8.4m/sec   ② 11.7m/sec
③ 13.1m/sec ④ 14.5m/sec

해설

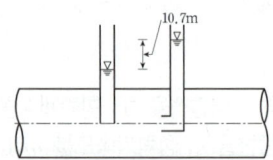

① 이론유속 : $V = \sqrt{2gH}$
② 실제유속 : $V = C_v\sqrt{2gH}$
$= 1 \times \sqrt{2 \times 9.8 \times 10.7}$
$= 14.5 m/sec$

78. 그림과 같이 지름 10cm인 원관에 물이 흐를 때 정압관과 피토(pitot)관 내의 수면차가 10cm로 측정되었다. 관의 단면에서의 평균유속은 중립축에서 최대유속의 70%라면 관을 통한 유량은?

① 10.99ℓ/sec
② 10.77ℓ/sec
③ 7.69ℓ/sec
④ 76.93ℓ/sec

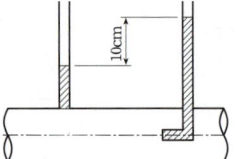

해설
$Q = AV$
여기에서 V는 평균유속이다.
관 중심에서의 최대유수 $V_{max} = \sqrt{2gh}$
$V = 0.7 \times \sqrt{2gh}$
$Q = \dfrac{\pi \cdot 0.1^2}{4} \times 0.7 \times \sqrt{2 \times 9.8 \times 0.1}$
$= 0.0077 m^3/sec = 7.7 l/sec$

79. 다음은 베르누이(Bernoulli) 정리에 대한 설명이다. 내용이 옳지 못한 것은? [97④]

① 실제 유체에서 손실수두를 고려하면
$z_1 + \dfrac{p_1}{w_o} + \dfrac{V_1^2}{2g} = z_2 + \dfrac{p_2}{w_o} + \dfrac{V_2^2}{2g} + h_L$

② 두 점 사이에 펌프를 설치하면
$z_1 + \dfrac{p_1}{w_o} + \dfrac{V_1^2}{2g} = z_2 + \dfrac{p_2}{w_o} + \dfrac{V_2^2}{2g} + E_P + h_L$

③ 두 점 사이에 터빈을 설치하면
$z_1 + \dfrac{p_1}{w_o} + \dfrac{V_1^2}{2g} = z_2 + \dfrac{p_2}{w_o} + \dfrac{V_2^2}{2g} + E_T + h_L$

④ 베르누이의 정리를 압력항으로 사용할 때
$p_1 + \dfrac{1}{2}\rho V_1^2 + \rho g z_1 = p_2 + \dfrac{1}{2}\rho V_2^2 + \rho g z_2$

해설
펌프는 물을 양수하기 위해 설치하는 것이고 터빈(발전기)은 에너지를 얻기 위해 설치하는 것이다.
펌프를 설치하면 $H' = H + h_L$이고
터빈을 설치하면 $H' = H - h_L$이 된다.

해답 75. ① 76. ① 77. ④ 78. ③ 79. ②

80. A, B, C, D 점에서의 압력강도를 각각 p_a, p_b, p_c, p_d 라 할 때 다음 사항 중 옳지 않은 것은?

① $p_c > p_d$
② $p_b < 0$
③ $p_c > 0$
④ $p_a = 0$

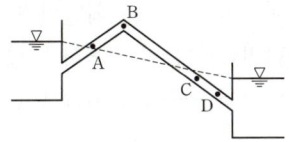

[해설]
동수경사선에서는 압력이 0이 되므로
$p = wh$가 성립하므로 h가 클수록 압력이 크다.

81. 물의 밀도를 ρ, 유속을 V라고 할 때 $\dfrac{\rho V^2}{2}$의 단위는 무엇인가?

① 시간   ② 길이
③ 질량   ④ 압력

[해설]
$\dfrac{\rho V^2}{2} = \text{g/cm}^3 \times (\text{cm/sec})^2$
$= \text{g/cm} \cdot \text{sec}^2 = ML^{-1}T$
$F = MLT^{-2}$를 이용하면 $ML^{-1}T^{-2} = FL^{-2}$

82. 완전 유체에 대한 베르누이 정리에 있어서 필요 없는 것은?

① 속도수두   ② 위치수두
③ 손실수두   ④ 압력수두

[해설]
완전유체 또는 이상유체는 손실수두가 발생하지 않는다. 베르누이 정리는 속도, 압력, 위치 수두의 합으로 이루어져 있다. 손실수두는 실제유체에 적용할 때 사용된다.

83. 정상적인 흐름내의 1개의 유선상에서 각 단면의 위치수두와 압력수두를 합한 수두를 연결한 선은? [19산]

① 동수경사선(Hydraulic Grade Line)
② 에너지선(Energy Line)
③ 총수두(Total Head)
④ 유압곡선(Pressure Curve)

[해설]
① 동수경사선 : 위치수두+압력수두
② 에너지선 : 위치수두+압력수두+속도수두

84. 벤추리미터(Venturimeter)는 무엇을 측정하는데 사용하는 기구인가? [97산]

① 관내의 유량과 압력
② 관내의 수면차
③ 관내의 유량과 평균유속
④ 관내의 점성

[해설]
벤추리미터는 베르누이 방정식을 응용한 것으로 관내의 유량과 유속을 측정하는 기구이다.

85. 그림과 같은 사다리꼴 인공수로의 유적 A와 경심 R은? [20 22산]

① $A = 27\text{m}^2$, $R ≒ 0.86\text{m}$
② $A = 27\text{m}^2$, $R ≒ 1.86\text{m}$
③ $A = 18\text{m}^2$, $R ≒ 1.86\text{m}$
④ $A = 18\text{m}^2$, $R ≒ 2.86\text{m}$

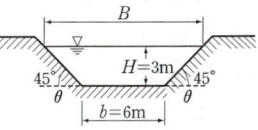

[해설]
① 수로의 단면적
$A = (b+B) \times \dfrac{H}{2}$
$= (6+12) \times \dfrac{3}{2} = 27\text{m}^2$

② 경심 : $R = \dfrac{A}{P} = \dfrac{27}{6 + \sqrt{3^2 \times 3^2} \times 2} = 1.86\text{m}$

86. 지름 d인 구(球)가 밀도 ρ의 유체 속을 유속 V로 침강할 때 구의 항력 D는? (단, 항력계수는 C_D라 한다.) [18기]

① $\dfrac{1}{8} C_D \pi d^2 \rho V^2$ ② $\dfrac{1}{2} C_D \pi d^2 \rho V^2$
③ $\dfrac{1}{4} C_D \pi d^2 \rho V^2$ ④ $C_D \pi d^2 \rho V^2$

[해설]
$D = C_D \cdot A \dfrac{\rho V^2}{2}$
$= C_D \cdot \dfrac{\pi d^2}{4} \times \dfrac{\rho V^2}{2}$
$= \dfrac{1}{8} C_D \pi d^2 \cdot \rho V^2$

해답 80. ① 81. ④ 82. ③ 83. ① 84. ③ 85. ② 86. ①

87. 그림과 같은 단면 ①에서의 관 지름이 0.5m, 단면 ②의 지름이 0.2m이고 단면 ①에서의 유속이 2m/sec라 할 때, 단면 ②에서의 유속은?

① 10.5m/sec
② 11.5m/sec
③ 12.5m/sec
④ 13.5m/sec

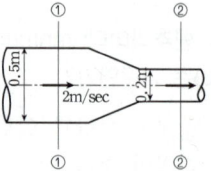

해설
연속방정식 $Q = A_1 V_1 = A_2 V_2$

$$\frac{\pi \cdot 0.5^2}{4} \times 2 = \frac{\pi \cdot 0.2^2}{4} \times V_2$$

$V_2 = 12.5 \text{m/sec}$

88. 유속 3m/sec로 매초 100ℓ의 물을 흐르게 하는데 필요한 원관의 내경을 구한 것 중 옳은 것은? [21 ㉮]

① 206mm
② 312mm
③ 153mm
④ 265mm

해설
$Q = AV = \frac{\pi D^2}{4} \cdot V$

$100 \times 10^3 = \frac{\pi D^2}{4} \times 300$

$D = 20.6 \text{cm} = 206 \text{mm}$

89. 압력수두 P, 속도수두 V, 위치수두 Z라고 할 때 정체압력수두 P_s는? [18 ㉮]

① $P_s = P - V - Z$
② $P_s = P + V + Z$
③ $P_s = P - V$
④ $P_s = P + V$

해설
정체압력수두=정압력+동압력
$P_s = P + V$

90. 다음 중 경심을 올바르게 나타낸 것은? [93 ㉳]

① 물이 흐르는 수로
② 물이 차서 흐르는 횡단면적
③ 횡단면적과 물이 접촉하고 있는 벽면 및 바닥길이
④ 윤변으로 유수단면적을 나눈 값

해설
경심=동수반경=수리평균심
수리수심 : $D = \frac{A}{B} = \frac{\text{유수단면적}}{\text{수면폭}}$
경심 : $R = \frac{A}{P} = \frac{\text{유수단면적}}{\text{윤변}}$
유수단면적 : 물이 흐르는 단면적
윤변 : 물과 접촉하고 있는 변의 길이

91. 그림과 같이 원관의 중심축에 수평하게 놓여 있고, 계기압력이 각각 1.8kg/cm², 2.0kg/cm²일 때 유량을 구한 값은? [05 23 ㉳]

① 약 203ℓ/sec
② 약 223ℓ/sec
③ 약 243ℓ/sec
④ 약 263ℓ/sec

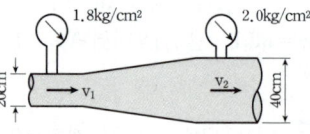

해설
$Q = A_1 V_1 = A_2 V_2$
①점과 ②점에 베르누이 방정식을 적용하면
$$\frac{1,800}{1} + \frac{V_1^2}{2g} = \frac{2,000}{1} + \frac{V_2^2}{2g}$$
연속방정식에서
$$\frac{\pi}{4} 20^2 \times V_1 = \frac{\pi}{4} 40^2 \times V_2$$
$\therefore V_1 = 4V_2$
그러므로
$$1,800 + \frac{(4V_2)^2}{2 \times 980} = 2,000 + \frac{V_2^2}{2 \times 980}$$
$\therefore V_2 = 161.7 \text{cm/sec}$
$Q_2 = A_2 V_2$
$= \frac{\pi \, 0.4^2}{4} \times 1.62 = 0.203 \text{m}^3/\text{sec} = 203 \ell/\text{sec}$

해답 87. ③ 88. ① 89. ④ 90. ④ 91. ①

92. 관수로에서 관의 지름 D를 수리반경 R로 나타내면?

① R이다. ② 2R이다.
③ 3R이다. ④ 4R이다.

해설 동수반경(경심 : Hydraulic mean radius)

$R = \dfrac{A}{P}$

원형관의 $A = \dfrac{\pi D^2}{4}$ 이고, 윤변 $P = \pi D$이므로

$R = \dfrac{A}{P} = \dfrac{\frac{\pi D^2}{4}}{\pi D} = \dfrac{D}{4}$ 이다. $\therefore D = 4R$

93. 정상적인 흐름 내의 한 개의 유선에서 동수경사선은 다음 어느 값을 연결한 선의 기울기인가?

① $\dfrac{V^2}{2g} + \dfrac{P}{w_o}$ ② $\dfrac{V^2}{2g} + Z$

③ $\dfrac{V^2}{2g} + \dfrac{P}{w_o}$ ④ $\dfrac{P}{w_o} + Z$

해설 동수경사선 = 위치수두 + 압력수두

94. 관단면적이 4m²인 관수로에서 물이 정지하고 있을 때 압력을 측정하니 0.55kg/cm²이었고 물을 흐르게 했을 때 압력을 측정하니 0.51kg/cm²이었다. 이 때, 유속(V)과 유량(Q)을 구한 값은? [98 산]

	V	Q
①	12.522m/s,	50.09m³/s
②	12.0m/s,	46.0m³/s
③	10.0m/s,	40.0m³/s
④	15.22m/s,	60.77m³/s

해설
동압력 $= \dfrac{\rho V^2}{2} = 0.51$kg/cm² $= 5.1$t/m²

$V^2 = \dfrac{2}{\rho} \times 5.1 = 2 \times 9.8 \times 5.1 = 100$m²/sec²

$V ≒ 10$m/sec,

$Q = AV = 4 \times 10 = 40$m³/sec

95. 어떤 구분의 유선을 그려서 흐름의 모양을 알 수 있는 경우는?

① 정류에 한한다.
② 정류와 부정류 모두 해당된다.
③ 흐름상태가 시작되면 유선과 유적선은 일치하지 않는다.
④ 물의 각 입자의 속도벡터를 말한다.

96. 지름 1cm의 관에 물이 흐를 때 한계레이놀드수가 2,320 이라 하면 10℃의 물이 흐를 때의 한계유속은? (단, 10℃일 때는 밀도 $\rho = 0.9997$g/cm², $\mu = 0.0131$g/cm·s이다.) [98 산]

① 0.30cm/s
② 0.694cm/s
③ 0.40cm/s
④ 30.40cm/s

해설
$R_e = \dfrac{VD}{\nu} = \dfrac{\rho VD}{\mu} = 2,320$

$V_c = \dfrac{2,320 \cdot \mu}{\rho \cdot D} = \dfrac{2,320(0.0131)}{(0.9997)(1)}$

$= 30.40$(cm/s)

97. 속도분포를 $v = 4y^{\frac{2}{3}}$를 (v : m/s, y : m)으로 나타낼 수 있을 때 바닥면에서 0.5m 떨어진 높이에서의 속도경사(Velocity gradient)를 구하시오.

① $3.36\sec^{-1}$
② $2.67\sec^{-1}$
③ $3.36\sec^{-2}$
④ $2.67\sec^{-2}$

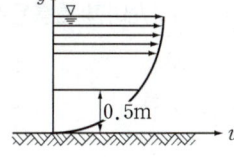

해설
속도경사를 구하기 위해서는 속도 분포함수를 거리로 미분한다.

$\dfrac{dv}{dy} = 4 \cdot \dfrac{2}{3} y^{-\frac{1}{3}}$

$= \dfrac{8}{3} \times 0.5^{-\frac{1}{3}} = 3.36\sec^{-1}$

98. 잠수함이 수면하 20m를 2m/sec로 진행하고 있을 때 선수에서의 압력은? (단, 물의 단위중량 : 1t/m³, 밀도 : 0.1t·sec²/m⁴)

① 40.2 t/m²
② 28.4 t/m²
③ 20.2 t/m²
④ 19.1 t/m²

해설
선수에서의 압력은 정체압력이 작용하게 되므로 정체압력(=정압력+동압력)을 구하면 된다.

정체압력 $p_S = p + \dfrac{\rho V^2}{2} = wh + w\dfrac{V^2}{2g}$

$\therefore p_S = 1 \times 20 + 1 \times \dfrac{2^2}{2 \times 9.8} = 20.2 \text{t/m}^2$

99. $\triangle t$ 시간동안 질량 m인 물체에 속도변화 $\triangle v$가 발생할 때, 이 물체에 작용하는 외력 F는? [18 ㉮]

① $\dfrac{m \cdot \triangle t}{\triangle v}$
② $m \cdot \triangle v \cdot \triangle t$
③ $\dfrac{m \cdot \triangle v}{\triangle t}$
④ $m \cdot \triangle t$

해설
$F = ma = m \cdot \dfrac{\triangle v}{\triangle t}$

100. 수심이 10cm, 수로 폭이 20cm인 직사각형 개수로에서 유량 $Q = 80\text{cm}^3/\text{s}$가 흐를 때 동점성계수 $\nu = 1.0 \times 10^{-2} \text{cm}^2/\text{s}$이면 흐름은? [20 ㉮]

① 난류, 사류
② 층류, 사류
③ 난류, 상류
④ 층류, 상류

해설
$R_e = \dfrac{V \cdot D}{\nu} = \dfrac{V \cdot h}{\nu}$
$= \dfrac{80/(10 \times 20) \times 10}{1 \times 10^{-2}}$
$= 400 < 500 \therefore 층류$

$F_r = \dfrac{V}{\sqrt{gh}}$
$= \dfrac{80/(10 \times 20)}{\sqrt{980 \times 10}} = 0.004 < 1 \therefore 상류$

101. 그림과 같이 지름 0.1m의 물이 젯트 흐름으로 분출속도 5m/sec로서 수차의 날개에 충돌한다. 날개가 2m/sec로 회전할 때 젯트흐름이 수차 날개에 작용하는 힘 P는?

① $P = 10$kg
② $P = 12$kg
③ $P = 20$kg
④ $P = 25$kg

해설
$P = \dfrac{w}{g} Q(V_1 - V_2)$에서 노즐은 정지해 있으면서 수차날개가 움직이고 있으므로
$V_1 = (V - u)$, $V_2 = 0$이므로
$P = \dfrac{w}{g} AV(V - u) = \dfrac{1}{9.8} \times \dfrac{\pi \times 0.1^2}{4} \times 5(5-2)$
$= 0.012t = 12$kg

102. 비회전류의 경우 (A)와 회전류의 경우 (B)에 대하여 Bernoulli의 정리가 성립되는 영역을 옳게 기술한 것은?

① (A)는 동일한 유선상에서만 성립되고 (B)도 그렇다.
② (A)와 (B)는 모든 영역에서 성립된다.
③ (A)는 모든 영역에서 성립되나 (B)는 동일한 유선상에서만 성립한다.
④ (A)는 동일한 유선상에서만 성립되고 (B)는 모든 영역에서 성립된다.

해설
비회전류의 경우 Bernoulli방정식은
$\dfrac{\rho V^2}{2} + \int p + wz = H_t$ 로 표시되어 모든 영역에서 성립되나 회전류의 경우에는
$\dfrac{\rho V^2}{2} + P + wz = H_t$ 로 동일한 유선상에서만 성립된다.

103. 유속분포의 방정식이 $v = 2y^{1/2}$로 표시될 때 경계면에서 0.5m인 점에서의 속도 경사는? (단, y : 경계면으로부터의 거리) [15 ㉮]

① 4.232sec^{-1}
② 3.564sec^{-1}
③ 2.831sec^{-1}
④ 1.414sec^{-1}

해설
속도경사 $\dfrac{dv}{dy} = 2 \cdot \dfrac{1}{2} y^{-\frac{1}{2}}$
$\dfrac{dv}{dy} = 0.5^{-\frac{1}{2}} = 1.414 \text{sec}^{-1}$

해답 98. ③ 99. ③ 100. ④ 101. ② 102. ③ 103. ④

104. 토리첼리(Torricelli)정리는 다음 어느 것을 이용하여 응용한 것인가?

① 파스칼 원리
② 알키메데스원리
③ 레이놀즈원리
④ 베르누이 정리

해설
토리첼리 정리는 에너지 방정식인 베르누이 정리의 한 특수한 경우이다.
토리첼리 정리 : $V=\sqrt{2gh}$

105. 12℃의 물이 내경 4cm의 관내를 흐르는 경우 한계유속은? (단, 12℃의 물의 동점성계수는 0.0131cm²/sec)

① 6.55 cm/sec   ② 5.36 cm/sec
③ 4.27 cm/sec   ④ 3.49 cm/sec

해설
$$R_{ec} = \frac{V_c D}{\nu} = 2,000$$
$$\therefore V_c = \frac{2,000\nu}{D} = \frac{2,000 \times 0.0131}{4}$$
$$= 6.55 \text{cm/sec}$$

106. 그림에서 손실수두가 $3V^2/2g$일 때 관을 통한 유량은? (단, 수면은 변하지 않는다.) [19㉮]

① 0.085 m³/sec
② 0.0426 m³/sec
③ 0.0399 m³/sec
④ 0.0798 m³/sec

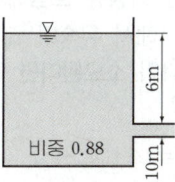

해설
Bernoulli의 정리에 의해 관의 중심을 기준으로 하면
$$\frac{V_a^2}{2g} + \left(6 + \frac{0.1}{2}\right) = \frac{V_a^2}{2g} + 0 + \frac{3V_a^2}{2g}$$
접근유속을 무시하면 ($V_a = 0$)
$$V = \sqrt{2g \times 6.05/4} = 5.44 \text{m/sec}$$
$$\therefore Q = AV = \frac{\pi \times 0.1^2}{4} \times 5.44 = 0.0426 \text{m}^3/\text{sec}$$

107. 정지유체에 침강하는 물체가 받는 항력(drag force)의 크기가 관계가 없는 것은? [18 24 ㉮]

① 유체의 밀도   ② Froude수
③ 물체의 형상   ④ Reynolds수

해설
$$D = C_D \cdot A \frac{\rho V^2}{2}$$

108. 원형 단면의 수맥이 그림과 같이 곡면을 따라 유량 0.018m³/sec가 흐를 때 x 방향의 분력은? (단, 관내의 유속은 9.8m/sec, 마찰은 무시한다.)

① −18kg
② 9kg
③ −6.588kg
④ 0.1764kg

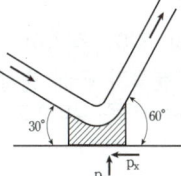

해설
$P_x = \frac{w}{g}Q(V_1 - V_2)$ 에서
$V_1 = V\cos\theta = 9.8 \times \cos 30° = 8.49 \text{m/sec}$
$V_2 = V\cos\theta = 9.8 \times \cos 60° = 4.90 \text{m/sec}$
$$\therefore P_x = \frac{1}{9.8} \times 0.018 \times (8.49 - 4.90)$$
$$= 6.59 \times 10^{-3} \text{t} = 6.59 \text{kg}$$

109. 유량 $Q=0.1$m³/sec의 물이 그림과 같은 관로를 흐를 때 $D=0.2$m이다. 관에서의 압력은? (단, 관 중심선에서 에너지선까지의 높이는 1.2m이다.)

① 0.68t/m²
② 0.80t/m²
③ 0.98t/m²
④ 1.10t/m²

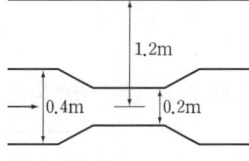

해설
$1.2 = \frac{p}{w} + \frac{V^2}{2g}$ 에서 $\frac{p}{w} = 1.2 - \frac{V^2}{2g}$
$V = \frac{Q}{A} = \frac{0.1}{\pi \times 0.2^2/4} = 3.183 \text{m/sec}$
$$\therefore p = 1 \times \left(1.2 - \frac{3.183^2}{2 \times 9.8}\right) = 0.683 \text{t/m}^2$$

해답 104. ④ 105. ① 106. ② 107. ② 108. ③ 109. ①

110. 직경이 10cm 인 원관 속에 비중이 0.85인 기름이 0.01m³/sec로 흐르고 있다. 이 기름의 동점성계수가 $1 \times 10^{-4} \text{m}^2/\text{sec}$일 때, 이 흐름의 상태는? [88 22 ㉮]

① 층류 ② 난류
③ 천이영역의 흐름 ④ 비정상류

해설

$$V = \frac{Q}{A} = \frac{Q}{\pi D^2/4} = \frac{0.01}{\pi \times 0.1^2/4} = 1.27 \text{m/sec}$$

$$\therefore R_e = \frac{VD}{\nu} = \frac{1.27 \times 0.1}{1 \times 10^{-4}} = 1.270 < 4,000$$

그러므로 층류이다.

111. 그림과 같이 직경이 20cm의 단면적에 유속이 20m/sec의 분류가 판에 충돌하여 90°로 구부러질 때 판에 작용하는 힘은 얼마인가? [24 ㉮]

① 12.57kN
② 12.76kN
③ 12.98kN
④ 13.14kN

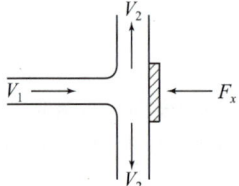

해설

$$F = \frac{w}{g} Q(V_1 - V_2)$$
$$= \frac{1}{9.8} \times \frac{\pi \cdot 0.2^2}{4} \times 20 \times (20 - 0)$$
$$= 1.28 t$$
$$= 1.28 \times 9.8 \text{kW}$$
$$= 12.57 \text{kW}$$

112. 아래 식과 같이 표현되는 것은? [18 ㉳]

$$(\sum F)dt = m(V_2 - V_1)$$

① 역적-운동량 방정식 ② Bernoulli 방정식
③ 연속방정식 ④ 공선조건식

해설

시간에 따른 미분의 합과 운동량 변화량은 같다.
역적-운동량 방정식

113. 다음 그림과 같이 ① 단면의 지름은 10cm, ② 단면의 지름은 30cm이다. 이 관속에 유량이 0.035m³/sec일 때 ① 단면에 연결된 유리관에 올라오는 물의 높이는?

① 0.26m
② 0.62m
③ 1.00m
④ 1.20m

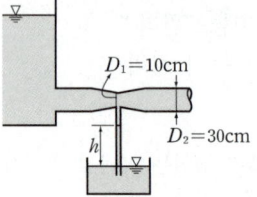

해설

단면 ①, ②에 Bernoulli의 정리를 세우면
$$\frac{V_1^2}{2g} + \frac{p_1}{w} = \frac{V_2^2}{2g} + \frac{p_2}{w}$$
$$\frac{p_2}{w} - \frac{p_1}{w} = \frac{V_1^2}{2g} - \frac{V_2^2}{2g}$$

여기서 p_2는 대기압이므로 $p_2 = 0$
그러므로
$$V_1 = \frac{Q}{A_1} = \frac{0.035}{\frac{\pi \times 0.1^2}{4}} = 4.46 \text{m/sec}$$

$$V_2 = \frac{Q}{A_2} = \frac{0.035}{\frac{\pi \times 0.31^2}{4}} = 4.495 \text{m/sec}$$

$$\therefore h = -\frac{p_1}{w} = \frac{1}{2g}(4.46^2 - 0.495^2) = 1\text{m}$$

114. 1차원 정상류 흐름에서 질량 m인 유체가 유속이 v_1인 단면 1에서 유속이 v_2인 단면 2로 흘러가는 데 짧은 시간 △t가 소요된다면 이 경우의 운동량 방정식으로 옳은 것은? [18 ㉰]

① F · m = △t($v_1 - v_2$)
② F · m = ($v_1 - v_2$)/△t
③ F · △t = m($v_2 - v_1$)
④ F · △t = ($v_2 - v_1$)/m

해설

운동량 방정식
$$F = ma = m \cdot \frac{\Delta V}{\Delta t}$$
$$F \cdot \Delta t = m(V_2 - V_1)$$

해답 110. ① 111. ① 112. ① 113. ③ 114. ③

115. 그림과 같은 단면에서 측면의 기울기가 양쪽이 같을 경우 수로에 평균유속이 3m/sec라 하면 유량은? [24④]

① 0.5m³/sec
② 1.0m³/sec
③ 2.0m³/sec
④ 3.0m³/sec

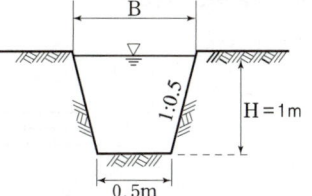

해설
$Q = AV$
$A = 0.5 \times 1 + 1 \times 0.5 \times \dfrac{1}{2} \times 2 = 1$
$Q = 1 \times 3 = 3\text{m}^3/\text{sec}$

116. 그림과 같은 피토관에서 A점의 유속을 구하는 식으로 옳은 것은? [16 19④]

① $V = \sqrt{2gh_1}$
② $V = \sqrt{2gh_2}$
③ $V = \sqrt{2gh_3}$
④ $V = \sqrt{2g(h_1 + h_2)}$

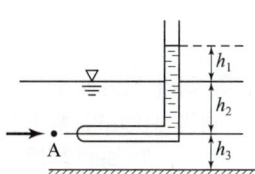

해설
A점에 걸리는 유속은 속도 수두로부터 구한다.
$h_1 = \dfrac{V^2}{2g}$
$V = \sqrt{2gh_1}$

117. 완전 유체일 때 에너지선과 기준 수평면과의 관계는?

① 위치에 따라 변한다.
② 흐름에 따라 변한다.
③ 항상 일정하다.
④ 압력에 따라 변한다.

해설
완전유체는 비점성, 비압축성 유체
에너지선=압력수두+속도수두+위치수두
손실수두가 없으므로 에너지선과 기준면은 항상 일정하다.

118. 물이 유량 $Q = 0.06\text{m}^3$/s로 60°의 경사평면에 충돌할 때 충돌 후의 유량 Q_1, Q_2는? (단, 에너지 손실과 평면의 마찰은 없다고 가정하고 기타 조건은 일정하다.) [21㉮]

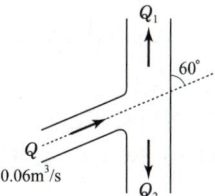

① $Q_1 : 0.03\text{m}^3/\text{s}$, $Q_2 : 0.03\text{m}^3/\text{s}$
② $Q_1 : 0.035\text{m}^3/\text{s}$, $Q_2 : 0.025\text{m}^3/\text{s}$
③ $Q_1 : 0.040\text{m}^3/\text{s}$, $Q_2 : 0.020\text{m}^3/\text{s}$
④ $Q_1 : 0.045\text{m}^3/\text{s}$, $Q_2 : 0.015\text{m}^3/\text{s}$

해설
y축 +방향으로 유출되므로
$Q\cos\theta = Q_1 - Q_2$
그리고 $Q = Q_1 + Q_2$이므로 연립하여 방정식을 풀면
$Q\cos\theta = Q_1 - (Q - Q_1)$
$Q_1 = \dfrac{Q}{2}(1 + \cos\theta)$
$Q = \dfrac{Q}{2}(1 + \cos\theta) + Q_2$
$Q_2 = \dfrac{Q}{2}(1 - \cos\theta)$
$Q_1 = \dfrac{0.06}{2} \times (1 + \cos 60) = 0.045\text{m}^3/\text{sec}$
$Q_2 = \dfrac{0.06}{2} \times (1 - \cos 60) = 0.015\text{m}^3/\text{sec}$

119. $\dfrac{1}{4}$원의 벽면을 따라 $Q = 1\text{m}^3/\text{sec}$의 물이 $a_1 = a_2 = 20\text{cm}^2$의 단면으로서 흐를 때 이 벽에 작용하는 연직 힘은?

① 45.03t
② 51.02t
③ 59.45t
④ 64.38t

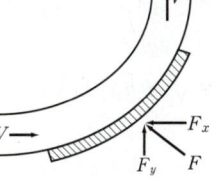

해설
$F_y = \dfrac{w}{g} Q(V_2 - V_1)$
$V_1 = 0$, $V_2 = V$ 이므로
$F_y = \dfrac{w}{g} \cdot \dfrac{Q^2}{A} = \dfrac{1}{9.8} \times \dfrac{1^2}{20 \times 10^{-4}} = 51.02\text{t}$

해답 115. ④ 116. ① 117. ③ 118. ④ 119. ②

120. 베르누이 정리에 관한 설명으로 옳지 않은 것은?

[19산]

① $Z+\dfrac{P}{w}+\dfrac{V^2}{2g}$ 의 수두가 일정하다.
② 정상류이어야 하며 마찰에 의한 에너지 손실이 없는 경우에 적용된다.
③ 동수경사선이 에너지선보다 항상 위에 있다.
④ 동수경사선과 에너지선을 설명할 수 있다.

[해설]
동수경사선은 에너지선보다 아래에 위치하게 된다.

121. 물이 3.18m/sec의 속도로 그림과 같은 관을 흐를 때 관의 압력은?

① 0.54t/m^2
② 0.68t/m^2
③ 0.72t/m^2
④ 0.83t/m^2

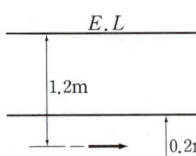

[해설]
$H_t=\dfrac{V^2}{2g}+\dfrac{p}{w}$ 에서
$p=w\left(H_t-\dfrac{V^2}{2g}\right)$
$=1\cdot\left(1.2-\dfrac{3.18^2}{2\times9.8}\right)=0.68\text{t/m}^2$

122. 다음 피토관에서 A점의 유속을 구하는 식은? [03산]

① $V=\sqrt{2gh_1}$
② $V=\sqrt{2gh_2}$
③ $V=\sqrt{2gh_3}$
④ $V=\sqrt{2g(h_1+h_2)}$

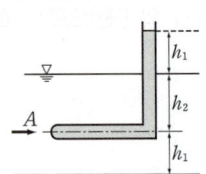

[해설]
$\dfrac{V^2}{2g}+h_2=h_2+h_1$
$\therefore V=\sqrt{2gh_1}$

123. 그림과 같이 직경 5cm의 단면적으로 30m/sec의 속도로 분류가 판에 수직충돌하여 90° 구부러질 때 판에 작용하는 힘은?

① 0.18 t
② 1.81 t
③ 0.72 t
④ 0.09 t

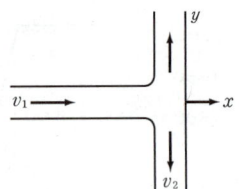

[해설]
$F=\dfrac{w}{g}Q(V_1-V_2)$ 에서
$V_1=V,\ V_2=0$
$\therefore F=\dfrac{w}{g}QV=\dfrac{w}{g}AV^2$
$=\dfrac{1}{9.8}\times\dfrac{\pi\times0.05^2}{4}\times30°$
$=0.18\text{t}$

124. 아래 그림과 같이 $d_1=1\text{m}$의 원통형 수조의 측벽에서 내경 10cm의 철관으로 송수할 때에 관내의 평균유속이 $V_2=2\text{m/sec}$였다면 이 때의 유량은?

[97기]

① $0.0057\text{m}^3/\text{sec}$
② $0.0157\text{m}^3/\text{sec}$
③ $0.0257\text{m}^3/\text{sec}$
④ $0.0357\text{m}^3/\text{sec}$

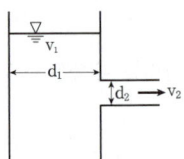

[해설]
$Q=AV$ 에서
$Q=\dfrac{\pi\times0.1^2}{4}\times2=0.0157\text{m}^3/\text{sec}$

125. 흐름의 연속방정식은 어떤 법칙을 기초로 하여 만들어진 것인가?

[19산]

① 질량 보존의 법칙
② 에너지 보존의 법칙
③ 운동량 보존의 법칙
④ 마찰력 불변의 법칙

[해설]
연속방정식은 질량보존의 법칙을 기초로 만들었다.

해답 120. ③ 121. ② 122. ① 123. ① 124. ② 125. ①

126. 물체가 수면에 떠 있거나, 물체의 일부가 수면 위에 있을 때에만 생기는 유체의 저항은?

① 조파저항 ② 표면저항
③ 압력저항 ④ 마찰저항

[해설]
- 조파저항 : 물체가 수면에 떠 있을 때 파동으로 물체에 저항하는 항력
- 표면저항 : 물체의 표면적과 조도에 관계되며 마찰력을 전 표면에 대하여 적분한다. (마찰저항)
- 압력저항 : 물체의 형상으로 후류가 원인이 되어 발생된다. (형상 저항)

127. 다음 사다리꼴 수로의 윤변은? [22㉮]

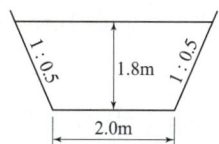

① 8.02m ② 7.02m
③ 6.02m ④ 9.02m

[해설] 윤변 P= 물과 맞닿는 변의 길이
$P = 2 + \sqrt{1.8^2 + 0.9^2} \times 2$
$\quad = 6.02m$

128. 유속 V, 시간 t, 위치로 표시하는 거리를 l 이라고 할 때 다음 중 옳지 않은 것은? [24㉮]

① $\dfrac{\partial V}{\partial t} \neq 0, \dfrac{\partial V}{\partial l} = 0$ (부등류)

② $\dfrac{\partial V}{\partial t} \neq 0, \dfrac{\partial V}{\partial l} \neq 0$ (부정류)

③ $\dfrac{\partial V}{\partial t} = 0, \dfrac{\partial V}{\partial l} = 0$ (등류)

④ $\dfrac{\partial V}{\partial t} = 0$ (정류)

[해설]
- 정류는 시간에 따라 흐름특성이 변화하지 않는 흐름이다.
- 부정류는 시간에 따라 흐름특성이 변화하는 흐름이다.
- 정류에는 등류와 부등류가 있다.

129. 하천의 임의 단면에 교량을 설치하고자 한다. 원통형 교각 상류(전면)에 2m/s의 유속으로 물이 흘러간다면 교각에 가해지는 항력은? (단, 수심은 4m, 교각의 직경은 2m, 항력계수는 1.50이다.) [16㉮]

① 16kN ② 24kN
③ 43kN ④ 62kN

[해설]
$D = C_D \cdot A \dfrac{\rho V^2}{2}$
$\quad = 1.5 \times (4 \times 2) \times \dfrac{\frac{1}{9.8} \times 2^2}{2}$
$\quad = 2.45t$
$\quad = 24kN$

130. 유속을 V, 압력을 P, 위치수두를 Z, 중력가속도를 g, 물의 단위중량을 w로 표시할 때, 완전유체에 대한 베르누이 정리를 바르게 나타낸 것은? [93㉱]

① $\dfrac{V^2}{2g} + \dfrac{Z}{w} + P =$ 일정

② $\dfrac{V^2}{2g} + \dfrac{P}{w} + Z =$ 일정

③ $\dfrac{V^2}{2g} + 2z + \dfrac{Z}{w} =$ 일정

④ $\dfrac{V^2}{2g} + wz + P =$ 일정

[해설]
실제유체 : 손실수두가 존재한다.
$\dfrac{V_1^2}{2g} + \dfrac{P_1}{w} + Z_1 = \dfrac{V_2^2}{2g} + \dfrac{P_2}{w} + Z_2 + h_L$
h_L : 손실수두

131. 단면적이 1.0m²인 정사각형 평판이 2.0m/sec로 흐르는 물속에서 받는 힘은? (단, 저항계수 C_D=1.96으로 가정한다.) [94㉮]

① 0.2 t ② 4.0 t
③ 0.4 t ④ 2.0 t

[해설]
$D = C_D A \dfrac{\rho V^2}{2}$
$\quad = 1.96 \times 1 \times \dfrac{\frac{1}{9.8} \times 2^2}{2} = 0.4t$

C_D : 항력계수 A : 흐름방향에 투명된 면적
V : 물체의 항진 속도 ρ : 유체의 밀도

132. 그림과 같이 수평으로 놓은 관의 내경이 A에서 50cm이고 B에서 25cm로 축소되고 다시 C점에서 50cm로 되었다. 유량이 340 ℓ/sec일 때 B점과 A점의 압력차 $P_B - P_A$ 를 구한값은? [03 ㉮]

① $2.3 kg/cm^2$
② $0.23 kg/cm^2$
③ $0.023 kg/cm^2$
④ $23 kg/cm^2$

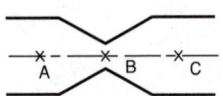

[해설]

$Q = A_1 V_1 = A_2 V_2$

$340 \times 10^3 = \dfrac{\pi \cdot 50^2}{4} \times V_1 = \dfrac{\pi \times 25^2}{4} \times V_2$

$V_1 = 173 cm/sec, \ V_2 = 692.6 cm/sec$

$\dfrac{P_1}{w} + \dfrac{V_1^2}{2g} = \dfrac{P_2}{w} + \dfrac{V_2^2}{2g}$

$\dfrac{P_2 - P_1}{w} = \dfrac{V_1^2 - V_2^2}{2g} = \dfrac{173^2 - 692.6^2}{2 \times 980} = -229 cm$

압력차이므로
$P_2 - P_1 = 229 g/cm^2 = 0.229 kg/cm^2$

133. 극히 짧은 시간사이에 유체가 어떤 면에 충돌하여 발생 되는 반작용의 힘을 구하는데 유용한 식은? [05 ㉮]

① 연속방정식
② 베르누이(Bernoulli) 방정식
③ 운동량 방정식
④ 오일러(Euler) 방정식

[해설]
충돌시에는 운동량의 변화가 발생한다.

134. 안지름 2m의 관내를 20℃의 물이 흐를 때 동점성계수가 $0.0101 cm^2/s$ 이고 속도가 $50 cm/s$ 라면 이 때의 레이놀즈수(Reynolds number)는? [16 ㉮]

① 960,000
② 970,000
③ 980,000
④ 990,000

[해설]

$R_e = \dfrac{V \cdot D}{\nu}$

$= \dfrac{50 \times 200}{0.0101} = 990,000$

135. 베르누이 정리를 압력의 항으로 표시할 때, 동압력(dynamic pressure) 항에 해당되는 것은? [20 ㉯]

① P
② $\dfrac{1}{2} \rho V^2$
③ $\rho g z$
④ $\dfrac{V^2}{2g}$

[해설]

동압력 $= \dfrac{1}{2} \rho V^2$

136. 다음 중 베르누이의 정리를 응용한 것이 아닌 것은? [20 23 ㉯]

① Pitot tube
② Venturimeter
③ Pascal의 원리
④ Torricelli의 정리

[해설]
파스칼 원리는 액체의 압력전달 원리를 응용한 것이다.

137. 1초에 5m의 속도로 흐르는 물의 속도수두는? [24 ㉯]

① 1.72m
② 11.72m
③ 1.28m
④ 12.80m

[해설]

속도수두 : $\dfrac{V^2}{2g} = \dfrac{5^2}{2 \times 9.8} = 1.28 m$

해답 132. ② 133. ③ 134. ④ 135. ② 136. ③ 137. ③

제4장 오리피스와 위어

출제경향분석

오리피스와 위어 및 수문에 있어서는 주로 유량에 관계되는 문제가 출제되고 있으나 오리피스와 위어의 기본이론에 대해서도 출제가 되고 있다. 또한 월류수심 및 폭의 측정잘못으로 인한 유량 오차의 경우에 있어서도 시험에서 간간히 출제가 되고 있다.

단원별 경향분석

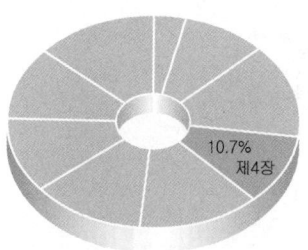

토목기사

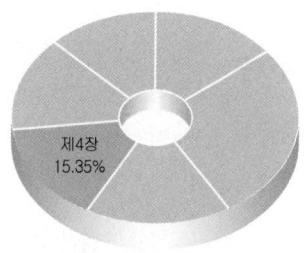

토목산업기사

항목별 경향분석

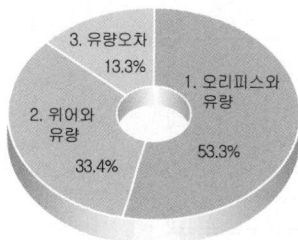

토목기사

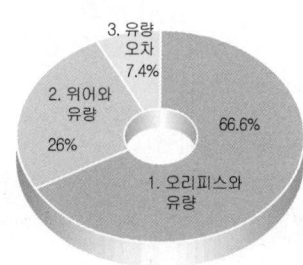

토목산업기사

1 오리피스와 유량

> **학습방향**
> 오리피스에서의 특성을 파악하여 댐 등 실제 구조물에 적용 가능한 응용력을 기르며, 오리피스의 유량과 배수시간에 대하여 익힌다.
> ① 오리피스　　② 유량　　③ 배수시간

1 오리피스(orifice)

(1) 오리피스의 구분

　오리피스 : 수류를 측정함에 있어 정확한 단면형상을 가진 유출구를 말한다.
　수축단면(vena contracta) : 수맥의 단면적이 가장 작은 부분
　① 작은 오리피스 : $H > 5d$
　② 큰 오리피스　 : $H < 5d$
　　H는 수면에서 오리피스까지의 수심
　　d는 오리피스의 직경 (사각형인 경우는 높이)

(2) 수축단면(vena contracta)

　① 발생위치 : 오리피스 직경의 $\dfrac{1}{2}$ 떨어진 지점
　② 수축계수 : $C_a = \dfrac{a}{A} = \dfrac{\text{수축단면의 단면적}}{\text{오리피스의 단면적}}$
　　표준단관 : $C_a = 1.0$
　③ 접근유속수두 : $h_a = \dfrac{V_a^2}{2g}$
　　　V_a : 접근유속

(3) 오리피스의 유속

　① 이론유속 : $V = \sqrt{2gh}$
　② 실제유속 : $V = C_v \sqrt{2gh}$, (C_v : 유속계수, 0.95~0.99)
　③ 유량계수 : $C = C_a \cdot C_v$ = 수축계수 × 유속계수(0.60~0.64)

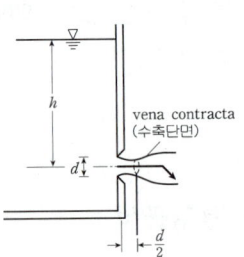

2 유량

① 큰오리피스(사각형)

$$Q = \dfrac{2}{3} Cb\sqrt{2g}\,(H_2^{3/2} - H_1^{3/2})$$

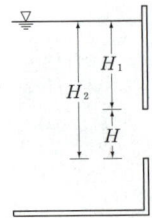

학습POINT

■ 오리피스라 함은 작은 구멍이라는 의미이다.

■ 예연오리피스 : 수류의 출구부분이 날카로운 웨어를 말한다. 유량은 일반 오리피스 유량공식을 활용한다.

■ 오리피스의 표준단관에서는 수축이 발생하지 않는다. ($C_a = 1.0$)

■ $Q = CAV$ 이므로
　$= CHb \cdot \sqrt{2g\left(H_1 + \dfrac{H}{2}\right)}$

② 작은오리피스

$$Q = CAV = CA\sqrt{2gH}$$

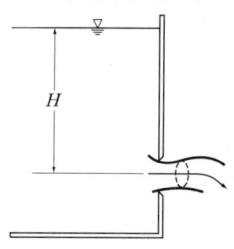

③ 불완전 수중오리피스
유량 = 큰오리피스 유량 + 수중오리피스 유량
$$Q = Q_1 + Q_2 = \frac{2}{3}C_1 b\sqrt{2g}(H^{3/2} - H_1^{3/2})$$
$$+ C_2 \cdot b(H_2 - H)\sqrt{2gH}$$

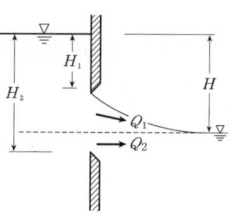

■ 모든 단면에서의 유량은 $\boxed{Q = CAV}$ 를 따른다.

④ 관오리피스(=관노즐=jet 흐름)

$$Q = \frac{Ca}{\sqrt{1 - \left(\frac{Ca}{A}\right)^2}}\sqrt{2gH}$$

a : 오리피스 단면적

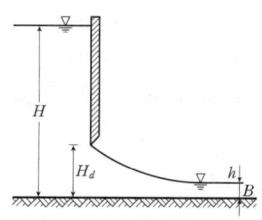

⑤ 수문의 유량
㉠ 수문의 자유유출 : $Q = CbH_d\sqrt{2g(H - H_d)}$
㉡ 수문의 수중유출 : $Q = CbH_d\sqrt{2g(H - h)}$
㉢ 모든 유출점의 유량 : $Q = CAV$

3 배수시간과 경로

$$T = \frac{2A_1 A_2}{Ca\sqrt{2g}(A_1 + A_2)}(H_1^{1/2} - H_2^{1/2})$$

A_1, A_2 : 탱크수면의 면적, a : 오리피스 단면적
H_1 : 탱크수면의 최초 수위차 H_2 : 탱크수면의 나중 수위차

① 사출수의 경로 : $x^2 = 4C_v^2 \cdot H \cdot y$
   C_v : 유속계수

② jet의 경로 :
$$y = \frac{V^2}{2g}\sin^2\alpha$$
$$x = \frac{V^2}{g}\sin 2\alpha$$

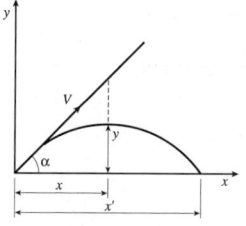

③ 분수 : $H_1 = C_v^2 \cdot H$

■ 자유방출인 경우 $A_2 = \infty$ 그러므로
$$T = \frac{2A_1}{Ca\sqrt{2g}}(H_1^{1/2} - H_2^{1/2})$$

①
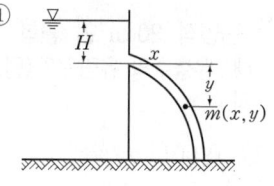

③
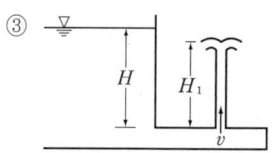

핵심문제

1 수축단면에 관한 설명으로 옳은 것은? [16 20 산]

① 오리피스의 유출수맥에서 발생한다.
② 상류에서 사류로 변화할 때 발생한다.
③ 사류에서 상류로 변화할 때 발생한다.
④ 수축단면에서의 유속을 오리피스의 평균유속이라 한다.

2 오리피스에서 C_c를 수축계수 C_v를 유속계수라 할 때 실제유량과 이론유량과의 비(C)는? [16 ㉮]

① $C = C_c$
② $C = C_v$
③ $C = C_c / C_v$
④ $C = C_c \cdot C_v$

3 그림과 같은 수조에서 수심이 5m인 A점에 작은 오리피스가 설치되어 있고 B에서 압축공기를 유입시켜 수면 위의 공기압력(P)을 $2t/m^2$로 유지시킬 때 오리피스 A에서의 유속은? (단, 유속계수는 0.6으로 함.) [04 ㉮]

① 4.03m/sec
② 5.03m/sec
③ 6.03m/sec
④ 7.03m/sec

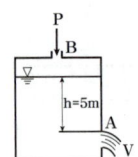

4 베나 콘트렉터에 관한 설명 중 옳지 않은 것은? [02 ㉮]

① 오리피스를 통과하는 유선에서 설명되는 현상
② 수맥이 가장 많이 수축되고 작아지는 현상
③ 베나 콘트렉터의 단면적은 오리피스의 단면적보다는 크다.
④ 베르누이의 정리를 사용하여 해석할 수 있다.

5 단면적 $20cm^2$인 원형 오리피스(orifice)가 수면에서 3m의 깊이에 있을 때, 유출수의 유량은? (단, 물통의 수면은 일정하고 유량계수는 0.60이라 한다.) [12 ㉮]

① 0.0014m³/sec
② 0.0092m³/sec
③ 14.4400m³/sec
④ 15.2400m³/sec

해설

해설 1
수축단면은 오리피스의 유출구에서 단면이 수축되는 것을 말한다.

해설 2
실제유량과 이론유량
$C = C_c \times C_v$

해설 3
$V = \sqrt{2gh} \cdot C_v$
$= 0.6 \times \sqrt{2 \times 9.8 \times (5+2)}$
$= 7.03$m/sec

해설 4
베나 콘트렉터는 오리피스 유출에 있어서 가장 작은 단면을 갖는 부분이다.

해설 5
$Q = CAV = CA \cdot \sqrt{2gh}$
$= 0.6 \times 20 \times 10^{-4} \times \sqrt{2 \times 9.8 \times 3}$
$= 0.0092$m³/sec

정답 1.① 2.④ 3.④ 4.③ 5.②

6 연직오리피스에서 일반적인 유량계수 C의 값은? [16㉮]

① 대략 1.00 전후이다.
② 대략 0.80 전후이다.
③ 대략 0.60 전후이다.
④ 대략 0.40 전후이다.

7 오리피스에 있어서 에너지 손실은 어떠한 방법으로 보정할 수 있는가? [82 94 08 14㉯]

① 이론 유속에 유속 계수를 곱한다.
② 실제 유속에 유속 계수를 곱한다.
③ 이론 유속에 유량 계수를 곱한다.
④ 실제 유속에 유량 계수를 곱한다.

8 작은 오리피스에서 단면 수축계수 C_a, 유속계수 C_v, 유량 계수 C와의 관계가 옳게 표시 된 것은? [98 03 14㉮]

① $C = \dfrac{C_v}{C_a}$　　② $C = \dfrac{C_a}{C_v}$
③ $C = C_a + C_v$　　④ $C = C_v \cdot C_a$

9 오리피스(Orifice)의 압력수두가 2m이고 단면적이 4cm², 접근유속은 1m/s일 때 유출량은? (단, 유량계수 C = 0.630이다.) [20㉮, 22㉯]

① 1558cm³/s　　② 1578cm³/s
③ 1598cm³/s　　④ 1618cm³/s

10 오리피스의 직경이 5cm, 수두가 5m이고 유량이 5,000cm³/sec이라면 이 오리피스의 유량 계수는? [02 06 10㉮]

① 0.231　　② 0.597
③ 0.257　　④ 0.811

11 수평과의 각 60°를 이루고 초속 20m/sec로 사출되는 분수의 최대 연직 도달 높이는? (단, 공기 기타의 저항은 무시한다.) [12 16 17㉯]

① 15.3m　　② 17.2m
③ 19.6m　　④ 21.4m

해 설

해설 6
유량계수 $C = 0.59 \sim 0.64$

해설 7
이론유속 : $V = \sqrt{2gh}$
실제유속 : $V = C_v\sqrt{2gh}$
유속계수 : C_v
즉, 실제유속은 유속계수와 이론유속의 곱이다.

해설 8
유량계수=유속계수×수축계수

해설 9
$Q = CAV$
$= 0.63 \times 4 \times \sqrt{2 \times 980 \times \left(200 + \dfrac{100^2}{2 \times 980}\right)}$
$= 1598 \, \text{cm}^3/\text{sec}$

해설 10
$Q = Ca\sqrt{2gh}$
$5000 = C \times \dfrac{\pi \cdot 5^2}{4} \times \sqrt{2 \times 980 \times 500}$
$C = 0.257$

해설 11
$H = \dfrac{V^2}{2g}\sin^2\theta$
$= \dfrac{20^2}{2 \times 9.8} \times \sin^2 60$
$= 15.3$

정답 6. ③ 7. ① 8. ④ 9. ③ 10. ③ 11. ①

12 단면적이 1m²인 수조의 측벽에 면적 20cm²인 구멍을 내어서 물을 빼낸다. 수위가 처음의 2m 에서 1m로 하강하는데 걸리는 시간은? (단, 유량계수 C=0.6) [18 산]

① 25.0초
② 108.2초
③ 155.9초
④ 169.5초

13 수면으로부터 3m 깊이에 한 변의 길이가 1m이고 유량계수가 0.62인 정사각형 오리피스가 설치되어 있다. 현재의 오리피스를 유량계수가 0.60이고 지름 1m인 원형 오리피스로 교체한다면, 같은 유량이 유출되기 위하여 수면을 어느 정도로 유지하여야 하는가? [19 산]

① 현재의 수면과 똑같이 유지하여야 한다.
② 현재의 수면보다 1.2m 낮게 유지하여야 한다.
③ 현재의 수면보다 1.2m 높게 유지하여야 한다.
④ 현재의 수면보다 2.2m 높게 유지하여야 한다.

14 그림과 같이 내경이 60mm, H=3m의 호스에 직경 20mm의 노즐을 붙였다. 이때 유속계수 C_v=0.98라면 노즐로부터 분류하는 실제 유속은? [13 21 산]

① 5.56m/sec
② 7.56m/sec
③ 9.56m/sec
④ 11.56m/sec

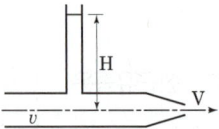

15 원형관의 중앙에 피토관(Pitot tube)을 넣고 관벽의 정수압을 측정하기 위하여 정압관과의 수면차를 측정하였더니 10.7m이었다. 이 때의 유속은? (단, 피토관 상수 C=1 이다.) [16 기]

① 8.4m/s
② 11.7m/s
③ 13.1m/s
④ 14.5m/s

16 그림과 같은 오리피스에서 유출되는 유량은? (단, 이론 유량을 계산한다.) [15 산]

① 0.12m³/s
② 0.22m³/s
③ 0.32m³/s
④ 0.42m³/s

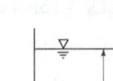

해 설

해설 12
배수시간
$$T = \frac{2A_1}{Ca\sqrt{2g}}(h_1^{1/2} - h_2^{1/2})$$
$$= \frac{2 \times 10000}{0.6 \times 20 \times \sqrt{2 \times 980}}(200^{1/2} - 100^{1/2})$$
$$= 155.9초$$

해설 13
$Q = CAV$ 이므로
$0.62 \times 1 \times 1 \times \sqrt{2 \times 9.8 \times 3}$
$= 0.6 \times \frac{\pi \cdot 1^2}{4} \times \sqrt{2 \times 9.8 \times h}$
$h = 5.19m$ 가 되어야 하므로
$5.19 - 3 = 2.19m$
더 높게 유지하여야 한다.

해설 14
$V = C_v \cdot \sqrt{2gH} = 0.98 \times \sqrt{2 \times 9.8 \times 3}$
$= 7.51m/sec$

해설 15
$\frac{V^2}{2g} = 10.7$
$V^2 = 10.7 \times 2 \times 9.8$
$V = 14.5m/sec$

해설 16
$Q = CAV = \frac{\pi D^2}{4} \times \sqrt{2gh}$
$= \frac{\pi \cdot 0.2^2}{4} \times \sqrt{2 \times 9.8 \times 2.5}$
$= 0.22m^3/sec$

정답 12. ③ 13. ④ 14. ② 15. ④ 16. ②

17 그림과 같은 오리피스를 통과하는 유량은? (단, 오리피스 단면적 A = 0.2m², 손실계수 C=0.78 이다.) [16 산]

① 0.36m³/s
② 0.46m³/s
③ 0.56m³/s
④ 0.66m³/s

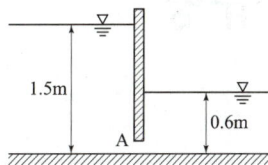

18 다음 그림의 조건에서 단위 폭당의 유량 q 는? (단, 손실은 무시한다.) [95 가, 14 산]

① 2.00m³/sec/m
② 2.52m³/sec/m
③ 2.75m³/sec/m
④ 3.05m³/sec/m

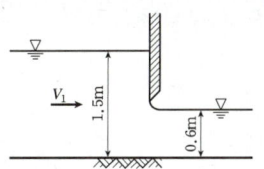

19 길이 5m, 폭 2m인 4각형 단면 수조의 중간에 수직판을 설치하여 수조의 길이를 1:4로 나누어 막았다. 이 때 수직판의 아래쪽에 단면적 70cm²인 오리피스를 설치하여 물을 유출시킨다. 작은 수조의 수면이 큰 수조의 수면보다 3.5m 높을 때부터 2개 수조의 수면차가 70cm가 될 때까지 소요되는 시간은? (단, 오리피스의 유량계수는 0.61로 한다.) [13 가]

① 175sec   ② 220sec
③ 260sec   ④ 275sec

20 그림과 같은 두개의 수조를 한변의 길이가 10cm인 정사각형 단면의 Orifice로 연결하여 물을 유출시킬 때 두 수조의 수면이 같아지려면 얼마의 시간이 걸리는가? (단, C = 0.65이다.) [03 12 산]

① 130 초
② 120 초
③ 115 초
④ 110 초

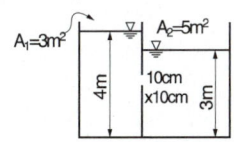

21 수평과의 각 60°를 이루고 초속 20m/sec로 사출되는 분수의 최대 수평 도달 거리는? (단, 공기 기타의 저항은 무시한다.) [12 산]

① 35.4m
② 27.8m
③ 51.2m
④ 15.3m

해 설

해설 17
$Q = CAV$
$= 0.78 \times 0.2 \times \sqrt{2 \times 9.8 \times (1.5 - 0.6)}$
$= 0.66 \text{m}^3/\text{sec}$

해설 18
$Q = CAV = CA\sqrt{2gh}$
$= 1 \times (0.6 \times 1) \times \sqrt{2 \times 9.8 \times (1.5 - 0.6)}$
$= 2.52 \text{m}^3/\text{sec}$

해설 19
배수시간(t)
① $t = \dfrac{2A_1 \cdot A_2}{Ca\sqrt{2g}\,(A_1 + A_2)}(H^{\frac{1}{2}} - h^{\frac{1}{2}})$
$= \dfrac{2 \times 2 \times 8}{0.61 \times 70 \times 10^{-4}\sqrt{2 \times 9.8}\,(2+8)}(3.5^{\frac{1}{2}} - 0.7^{\frac{1}{2}})$
$= 175 \text{sec}$
② $A_1 = 1 \times 2 = 2\text{m}^2$
$A_2 = 4 \times 2 = 8\text{m}^2$

해설 20
$T = \dfrac{2A_1 A_2}{Ca\sqrt{2g}\,(A_1 + A_2)}(H_1^{1/2} - H_2^{1/2})$
$= \dfrac{2 \times 3 \times 5}{0.65 \times 0.1 \times 0.1 \sqrt{2 \times 9.8}\,(3+5)}(1^{1/2} - 0)$
$= 130 \text{sec}$

해설 21
최대수평 도달거리는
$\dfrac{v^2}{2g}\sin 2\theta \times 2 = \dfrac{20^2}{2 \times 9.8}\sin(2 \times 60) \times 2$
$= 35.4\text{m}$

정답 17. ④ 18. ② 19. ① 20. ① 21. ①

2 위어와 유량

> **학습방향**
> 오리피스의 확장된 하천 시설물이라고 할 수 있는 위어의 특성에 대하여 파악하며 위어의 형태에 따른 여러가지 유량 공식을 터득한다.
> ① 위어 일반　　② 위어의 유량

1 위어 일반(weir)

(1) 용어
　① 면수축 : 접근유속이 가속됨에 따라 수면이 축소되는 것. (수면수축)
　② 정수축 : 위어 마루부의 날카로움으로 인한 수축 (=마루부 수축)
　③ 연직수축 : 면수축과 정수축을 합한 것을 말한다.
　④ 단수축 : 위어 측면(notch)의 날카로움으로 인해 월류폭이 축소되는 것.
　　㉠ 일단수축 : 단수축이 한쪽 측면에서만 일어나는 경우
　　㉡ 양단수축 : 단수축이 양쪽 측면에서 일어나는 경우

(1) 면수축과 정수축

(2) 단수축

■ 하천에 위어를 설치하면 어류의 통행에 방해가 되므로 어도의 설치가 요구된다.

(2) 사용목적 : 유량측정, 취수를 위한 수위 증가, 분수(分水), 하천유속의 감소, 친수 공간 조성
(3) 전수두=측정수두+접근유속수두

$$H = h + \frac{\alpha V^2}{2g}$$ 　α : 속도수두 보정계수

2 위어의 유량

(1) 사각형 위어　　$Q = \dfrac{2}{3} Cb \sqrt{2g}\, h^{3/2}$

　Francis 공식 : $C = 0.623$ 을 대입하여 정리하면

　$Q = 1.84\, b_o\, h^{3/2}$

　$b_o = b - 0.1\, nh$

　$n = 0$: 단수축이 없다.
　$n = 1$: 일단수축
　$n = 2$: 양단수축

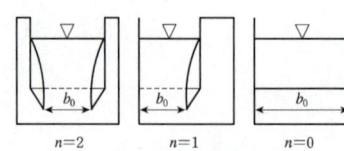

■ 오리피스 유량 공식
$Q = \dfrac{2}{3} Cb \sqrt{2g}\, (h_2^{3/2} - h_1^{3/2})$
C : 유량계수

(2) 삼각형 위어

$$Q = \frac{8}{15} C \cdot \tan\frac{\theta}{2} \sqrt{2g}\, h^{5/2}$$

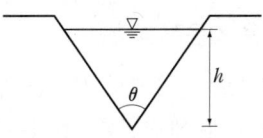

θ : 위어의 사이각

- 일반적으로 $\theta = 90°$로 제작을 많이 하고 있음.
  $\left(\tan\frac{90°}{2} = 1.0\right)$

(3) 광정위어 : 수심에 비해 폭이 대단히 넓은 위어.

$$Q = 1.7 C b H^{3/2}$$

(4) 일반형 위어유량

$$Q = CLH^{3/2}$$

C : 마찰을 무시했을 경우의 위어 계수
L : 위어 마루부의 길이, 위어폭
H : 수면으로부터 토출구높이까지의 수심

- 사각형 일반 단면에 적용가능 하다.

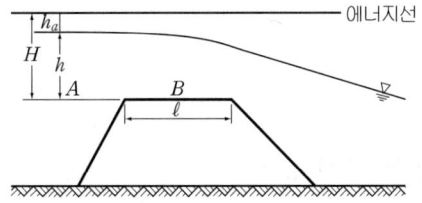

(5) 나팔형 위어(수중)

$$Q = CaH^{1/2}$$

a : 토출구 단면적

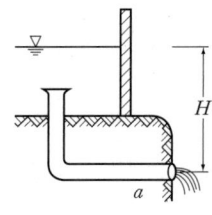

(6) 수중위어 : 위어의 하류측 수면이 마루부보다 높은 경우
유량 = 사각형 위어 유량 + 수중 오리피스 유량

$Q = Q_1 + Q_2$
$\quad = \frac{2}{3} C_1 b \sqrt{2g}\, h^{3/2} + C_2 b h_1 \sqrt{2gh}$

C_1, C_2 : 유량계수
$\quad b$: 위어 폭
$\quad h$: 위어 전후의 수면차
$\quad h_1$: 수중 오리피스의 유출고

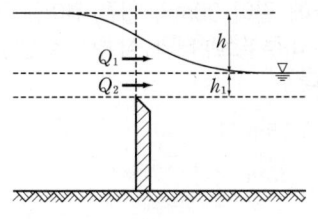

- 불완전 수중 오리피스의 한 형태가 수중위어 이다.

- 예연위어 : 마루(월류부)부분이 날카로운 위어를 말한다. 유량공식은 일반적으로 사용하는 위어공식과 같다.

핵심문제

1 위어(weir)에 관한 설명으로 옳지 않은 것은? [16㉮]

① 위어를 월류하는 흐름은 일반적으로 상류에서 사류로 변한다.
② 위어를 월류하는 흐름이 사류일 경우(완전월류) 유량은 하류 수위의 영향을 받는다.
③ 위어는 개수로의 유량 측정, 취수를 위한 수위 증가 등의 목적으로 설치된다.
④ 작은 유량을 측정할 경우 삼각위어가 효과적이다.

2 폭 1.2m인 양단수축 직사각형 위어 정상부로부터의 평균수심이 42cm일 때 Francis의 공식으로 계산한 유량은?(단, 접근유속은 무시한다.) [15㉯]

[참고 : Francis의 공식]
$Q = 1.84(b - nh/10)h^{3/2}$

① $0.427 m^3/s$
② $0.462 m^3/s$
③ $0.504 m^3/s$
④ $0.559 m^3/s$

3 직각삼각형 위어에 있어서 월류수심이 0.25m일 때 일반식에 의한 유량은? (단, 유량계수(C)는 0.6이고, 접근속도는 무시한다.) [15㉮]

① $0.0143 m^3/s$
② $0.0243 m^3/s$
③ $0.0343 m^3/s$
④ $0.0443 m^3/s$

4 수문의 유량은? [20 22 ㉯]

① 오리피스(Orifice)의 이론으로 구한다.
② 위어(Weir)의 이론으로 구한다.
③ 관수로(Pipe line)의 이론으로 구한다.
④ 개수로(Open channel)의 이론으로 구한다.

5 수면의 높이가 일정한 저수지의 일부에 길이 30m의 월류 위어를 만들어 40m³/s의 물을 취수하기 위한 위어 마루부로부터의 상류측 수심(H)은? (단, C=1.00이고, 접근 유속은 무시한다.) [15㉯]

① 0.70m
② 0.75m
③ 0.80m
④ 0.85m

6 폭 3.5m, 월류 수심 0.4m인 사각형 수로의 유량은 Francis 공식에 의하면 얼마인가? (단, 접근유속은 무시하며, 양단 수축이다.) [01㉮ 92㉯]

① $1.59 m^3/sec$
② $3.42 m^3/sec$
③ $4.66 m^3/sec$
④ $5.43 m^3/sec$

해 설

해설 1

사류의 흐름에서는 하류의 흐름이 상류로 전달되지 못한다.

해설 2

$Q = 1.84 b_o h^{3/2}$
$= 1.84 \times (1.2 - 0.1 \times 2 \times 0.42) \times 0.42^{3/2}$
$= 0.559 m^3/sec$

해설 3

$Q = \dfrac{8}{15} C\sqrt{2g}\, h^{5/2} \cdot \tan\dfrac{\theta}{2}$
$= \dfrac{8}{15} \times 0.6 \times \sqrt{2 \times 9.8} \times 0.25^{5/2} \times 1$
$= 0.044 m^3/sec$

해설 4

수문은 큰 오리피스 이론을 적용할 수 있다.

해설 5

광정위어이므로
$Q = 1.7 C b h^{3/2}$
$40 = 1.7 \times 1 \times 30 \times h^{3/2}$
$h = 0.85 m$

해설 6

$Q = 1.84 b_o h^{3/2}$
$b_o = b - 0.1 nh$
$= 3.5 - 0.1 \times 2 \times 0.4 = 3.42 m$
(양단수축 : $n=2$)
$Q = 1.84 \times 3.42 \times 0.4^{3/2}$
$= 1.59 m^3/sec$

정답 1.② 2.④ 3.④ 4.① 5.④ 6.①

7 4각 위어 유량(Q)과 수심(h)의 관계가 $Q \propto h^{3/2}$일 때, 3각 위어의 유량(Q)과 수심(h)의 관계로 옳은 것은? [15산]

① $Q \propto h^{1/2}$
② $Q \propto h^{3/2}$
③ $Q \propto h^2$
④ $Q \propto h^{5/2}$

8 위어(weir) 중에서 수두변화에 따른 유량 변화가 가장 예민하여 유량이 적은 실험용 소규모 수로에 주로 사용하며, 비교적 정확한 유량측정이 필요할 경우 사용하는 것은? [19산]

① 원형 위어
② 삼각 위어
③ 사다리꼴 위어
④ 직사각형 위어

9 직각 삼각위어(weir)에서 월류 수심이 1m이면 유량은? (단, 유량계수 C=0.59 이다.) [15기, 16 22산]

① 1.0m³/s
② 1.4m³/s
③ 1.8m³/s
④ 2.2m³/s

10 직각삼각형 예연 위어에서의 월류 수심 h=30cm이다. 이 위어를 통과하여 1시간 동안 방출된 물의 양은? (단, C=0.60이다.) [95 00 14 기]

① 0.07m³
② 0.09m³
③ 251.4m³
④ 354.1m³

11 수면의 높이가 일정한 저수지의 일부에 길이(B) 30m의 월류 위어를 만들어 40m³/s의 물을 취수하기 위한 위어 마루부로부터의 상류측 수심(H)은? (단, C=1.00이고, 접근 유속은 무시한다.) [18산]

① 0.70m
② 0.75m
③ 0.80m
④ 0.85m

해 설

해설 7
3각위어 유량공식
$Q = \frac{8}{15}C\sqrt{2g}\,h^{5/2} \cdot \tan\frac{\theta}{2}$
여기서, $Q \propto h^{5/2}$

해설 8
적은 유량의 계측에 사용하는 위어는 삼각위어이다.

해설 9
$Q = \frac{8}{15}C\sqrt{2g} \cdot \tan\frac{\theta}{2} \cdot h^{5/2}$
$= \frac{8}{15} \times 0.59 \times \sqrt{2 \times 9.8} \times \tan\frac{90}{2} \times 1^{5/2}$
$= 1.4 \text{m}^3/\text{sec}$

해설 10
$Q = \frac{8}{15}C \cdot \tan\frac{\theta}{2}\sqrt{2g}\,h^{\frac{5}{2}}$
에서 직각삼각형이므로 $\tan\frac{90}{2} = 1$
$Q = \frac{8}{15}C \cdot \sqrt{2g}\,h^{\frac{5}{2}}$, $h = 0.3\text{m}$,
$C = 0.6$을 대입하면
$Q = \frac{8}{15} \times 0.6 \times \sqrt{2 \times 9.8} \times 0.3^{\frac{5}{2}}$
$= 0.0698 \text{m}^3/\text{sec}$
1시간 동안은
$0.0698 \times 60 \times 60 = 251.4\text{m}^3$

해설 11
$Q = 1.7Cbh^{\frac{3}{2}}$
$40 = 1.7 \times 1.0 \times 3.0 \times h^{\frac{3}{2}}$
$h = 0.85\text{m}$

정답 7. ④ 8. ② 9. ② 10. ③ 11. ④

12 그림과 같은 삼각위어의 수두를 측정한 결과 30cm이었을 때 유출량은? (단, 유량계수는 0.62이다.) [12 18 산]

① 0.042m³/sec
② 0.125m³/sec
③ 0.130m³/sec
④ 0.135m³/sec

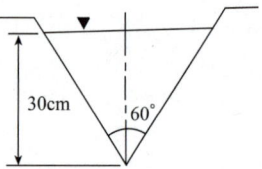

해설 12

$$Q = \frac{8}{15} C\sqrt{2g} \tan\frac{\theta}{2} \cdot h^{\frac{5}{2}}$$
$$= \frac{8}{15} \times 0.62\sqrt{2 \times 9.8} \times \tan\frac{60}{2} \times 0.3^{5/2}$$
$$= 0.042 \text{m}^3/\text{sec}$$

13 다음 그림과 같은 광정위어(weir)의 최대 월류량은? (단, 수로폭은 3m 접근유속은 무시하며 유량계수는 0.96이다.) [83 ㉮, 10 산]

① 71.96m³/sec
② 103.72m³/sec
③ 132.19m³/sec
④ 157.32m³/sec

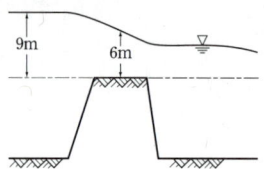

해설 13

$$Q = 1.7 C b H^{\frac{3}{2}}$$
$$= 1.7 \times 0.96 \times 3 \times 9^{\frac{3}{2}}$$
$$= 132.19 \text{m}^3/\text{sec}$$

14 폭이 b인 직사각형 위어에서 양단수축이 생길 경우 유효폭 b_o은? (단, Francis 공식 적용) [18 산]

① $b_o = b - \dfrac{h}{10}$
② $b_o = b - \dfrac{h}{5}$
③ $b_o = 2b - \dfrac{h}{10}$
④ $b_o = 2b - \dfrac{h}{5}$

해설 14

$b_o = b - 0.1nh$ (양단수축 $n=2$)
$b_o = b - 0.2h$

15 삼각 위어의 유량공식으로 옳은 것은? (단, 위어의 각 : θ, 유량계수 : C, 월류 수심 : H) [16 산]

① $Q = \dfrac{8}{15} C\tan\dfrac{\theta}{2}\sqrt{2g}\,H^{\frac{5}{2}}$
② $Q = \dfrac{1}{15} C\tan\dfrac{\theta}{2}\sqrt{2g}\,H$
③ $Q = \dfrac{4}{15} C\tan\dfrac{\theta}{2}\sqrt{2g}\,H$
④ $Q = \dfrac{2}{3} C\tan\dfrac{\theta}{2}\sqrt{2g}\,H^{\frac{1}{3}}$

해설 15

삼각위어의 유량
$$Q = \frac{8}{15} C\sqrt{2g} \cdot \tan\frac{\theta}{2} \cdot h^{5/2}$$

16 그림과 같은 직사각형 위어(weir)에서 유량계수를 고려하지 않을 경우 유량은? (단, g=중력가속도) [15 ㉮]

① $\dfrac{2}{5} b\sqrt{2g}\,h^{\frac{5}{2}}$
② $\dfrac{2}{3} b\sqrt{2g}\,h^{\frac{3}{2}}$
③ $\dfrac{2}{5} b_o\sqrt{2g}\,h^{\frac{5}{2}}$
④ $\dfrac{2}{3} b_o\sqrt{2g}\,h^{\frac{3}{2}}$

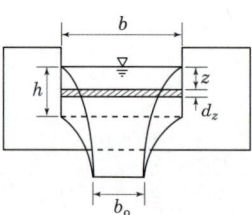

해설 16

직사각형 위어이므로
$$Q = \frac{2}{3} b\sqrt{2g} \cdot h^{3/2}$$

정답 12. ① 13. ③ 14. ② 15. ① 16. ②

17 위어를 월류하는 유량 $Q = 400m^3/s$, 저수지와 위어 정부와의 수면차가 1.7m, 위어의 유량계수를 2라 할 때 위어의 길이 L은? [02 ㉮]

① 78m ② 80m
③ 90m ④ 96m

18 여수로의 배출구 단면적 a는 0.5m², 저수지 수면과 위어까지의 높이가 그림과 같을 때 유량은? (단, C_2=1.8) [95 ㉳]

① 0.64m³/sec
② 0.92m³/sec
③ 1.27m³/sec
④ 1.48m³/sec

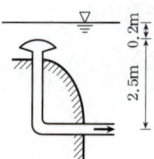

19 그림과 같은 수중오리피스에서 단면적이 50cm²일 때 유출량은? (단, 유량계수 C=0.62임) [96 23 ㉮]

① 5.47l/sec
② 9.70l/sec
③ 14.73l/sec
④ 15.48l/sec

20 위어(weir)에 물이 월류할 경우에 위어 정상을 기준하여 상류측 전수두를 H라 하고, 하류수위를 h라 할 때, 수중위어(submerged weir)로 해석될 수 있는 조건은? [14 20 ㉮]

① $h < \frac{2}{3}H$ ② $h < \frac{1}{2}H$
③ $h > \frac{2}{3}H$ ④ $h > \frac{1}{3}H$

21 직사각형 위어의 계획월류수심을 25cm로 하여야 하는데 잘못하여 24.5cm로 월류시켰다면 이때 계획유량에 대한 월류유량의 크기는? [12 ㉳]

① 1.5% 증가 ② 1.5% 감소
③ 3% 증가 ④ 3% 감소

22 그림과 같이 폭이 4m인 수문이 d=2m 만큼 열려있을 때 상류수심 h_1=4m, 하류수심 h_2=3m, 유량계수 C=0.60이면 수문을 통하는 유량은? [03 ㉮]

① 21.25m³/s
② 31.25m³/s
③ 41.25m³/s
④ 11.25m³/s

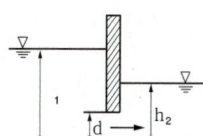

해 설

해설 17
$Q = CLH^{\frac{3}{2}}$
$400 = 2 \times L \times 1.7^{\frac{3}{2}}$
$L = 90m$

해설 18
나팔형 웨어
$= C_2 a(h+h_1)^{\frac{1}{2}}$
$= 1.8 \times 0.5 \times (0.2+2.5)^{\frac{1}{2}}$
$= 1.48m^3/sec$

해설 19
$Q = C \cdot A \cdot V$
$= C \cdot A \cdot \sqrt{2g(h_2-h_1)}$
$= 0.62 \times 50 \times \sqrt{2 \times 980 \times (300-250)}$
$= 9,705 cm^3/sec = 9.70 l/sec$

해설 20
① $h < \frac{2}{3}H$: 완전월류
② $h ≒ \frac{2}{3}H$: 불완전월류
③ $h > \frac{2}{3}H$: 수중위어

수중위어는 상하류의 수위차가 적게 나는 경우 나타나게 된다.

해설 21
$Q = \frac{2}{3}Cb\sqrt{2g} \cdot h^{3/2}$
$\frac{dQ}{dh} = \frac{2}{3}Cb\sqrt{2g} \cdot \frac{3}{2}h^{1/2}$
$\frac{dQ}{Q} = \frac{\frac{2}{3}Cb\sqrt{2g} \cdot \frac{3}{2}h^{1/2} \cdot dh}{\frac{2}{3}Cb\sqrt{2g}\, h^{3/2}}$
$= \frac{3}{2} \cdot \frac{dh}{h}$
$= \frac{3}{2} \times \frac{25-24.5}{25} = 0.03 \times 100$
$= 3\%↓$

해설 22
$Q = CAV = cbd\sqrt{2g(h_1-h_2)}$
$= 0.6 \times 4 \times 2 \times \sqrt{2 \times 9.8 \times (4-3)}$
$= 21.25m^3/sec$

정답 17. ③ 18. ④ 19. ② 20. ③ 21. ④ 22. ①

3 유량 오차

학습방향

오리피스와 위어에 의한 유량의 측정에 있어서 수심 또는 폭의 측정 잘못으로 인한 유량값을 보정하고자 할 때 월류수심 또는 폭의 오차를 계산해서 유량오차를 보정한다.
① 수심을 잘못 측정 ② 폭을 잘못 측정

1 수심을 잘못측정

수두측정 잘못으로 인한 경우에는 양변을 수심으로 1차 미분하여 오차항목에 대하여 정리한다.

① 오리피스 : $Q = CA\sqrt{2gh}$

$$\frac{dQ}{dh} = CA\sqrt{2g} \cdot \frac{1}{2} h^{-\frac{1}{2}}$$

$$\frac{dQ}{Q} = \frac{CA\sqrt{2g} \cdot \frac{1}{2} h^{-\frac{1}{2}} \cdot dh}{CA\sqrt{2gh}}$$

$$= \frac{1}{2} \cdot \frac{dh}{h}$$

$$\therefore \quad \boxed{\frac{dQ}{Q} = \frac{1}{2} \frac{dh}{h}}$$

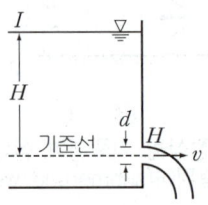

학습POINT

■ 오리피스의 경우 수심 1%오차로 인해 유량에는 0.5%의 오차가 발생한다.

② 사각형 위어 : $Q = \frac{2}{3} Cb\sqrt{2g} h^{\frac{3}{2}}$

$$\frac{dQ}{dh} = \frac{2}{3} Cb\sqrt{2g} \cdot \frac{3}{2} h^{\frac{1}{2}}$$

$$\frac{dQ}{Q} = \frac{\frac{2}{3} Cb\sqrt{2g} \cdot \frac{3}{2} h^{\frac{1}{2}} dh}{\frac{2}{3} Cb\sqrt{2g} h^{\frac{3}{2}}}$$

$$= \frac{3}{2} \frac{dh}{h}$$

$$\boxed{\frac{dQ}{Q} = \frac{3}{2} \frac{dh}{h}}$$

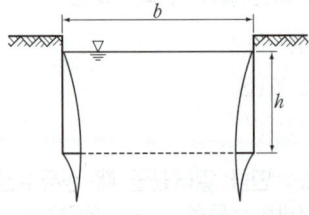

■ 사각형 위어에서는 수심 1% 오차로 인해 유량에는 1.5% 오차가 발생한다.

③ 삼각형 위어 : $Q = \dfrac{8}{15} C \cdot \tan \dfrac{\theta}{2} \sqrt{2g} \, h^{\frac{5}{2}}$

$\dfrac{dQ}{dh} = \dfrac{8}{15} C \tan \dfrac{\theta}{2} \cdot \sqrt{2g} \cdot \dfrac{5}{2} h^{\frac{3}{2}}$

$\dfrac{dQ}{Q} = \dfrac{\dfrac{8}{15} C \tan \dfrac{\theta}{2} \sqrt{2g} \cdot \dfrac{5}{2} h^{\frac{3}{2}} \cdot dh}{\dfrac{8}{15} C \tan \dfrac{\theta}{2} \sqrt{2g} \, h^{\frac{5}{2}}}$

$= \dfrac{5}{2} \dfrac{dh}{h}$

$\boxed{\dfrac{dQ}{Q} = \dfrac{5}{2} \dfrac{dh}{h}}$

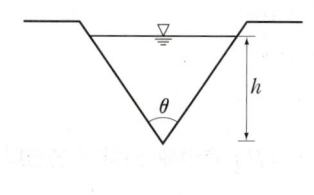

■ 삼각형위어에서는 수심 1%의 오차로 인해 유량에는 2.5%의 오차가 발생한다.

종 류	유 량 오 차	오차비
오리피스	$\dfrac{dQ}{Q} = \dfrac{1}{2} \dfrac{dh}{h}$	1
사각형위어	$\dfrac{dQ}{Q} = \dfrac{3}{2} \dfrac{dh}{h}$	3
삼각형위어	$\dfrac{dQ}{Q} = \dfrac{5}{2} \dfrac{dh}{h}$	5

■ 수심 1% 오차에 대해 오리피스 : 사각형위어 : 삼각형 위어 = 0.5 : 1.5 : 2.5 로 유량 오차가 나타난다.

2 폭을 잘못측정

폭의 측정잘못으로 인한 경우에는 양변을 폭으로 1차 미분하여 유량오차 항목으로 정리한다.

사각형 위어 : $Q = \dfrac{2}{3} C b \sqrt{2g} \, h^{\frac{3}{2}}$

$\dfrac{dQ}{db} = \dfrac{2}{3} C \sqrt{2g} \, h^{\frac{3}{2}}$

$\dfrac{dQ}{Q} = \dfrac{\dfrac{2}{3} C \sqrt{2g} \, h^{\frac{3}{2}} db}{\dfrac{2}{3} C b \sqrt{2g} \, h^{\frac{3}{2}}}$

$= \dfrac{db}{b}$

$\boxed{\dfrac{dQ}{Q} = \dfrac{db}{b}}$

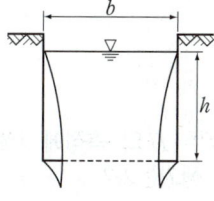

■ 사각형 위어에서 폭의 측정 잘못으로 인한 오차가 1%라면 유량으로 인한 오차도 1%가 된다.

핵심문제

1 직사각형 위어로 유량을 측정하였다. 위어의 수두측정에 2%의 오차가 발생하였다면 유량에는 몇 %의 오차가 있겠는가?　　[03 07 19㉮, 13 14㉯]

① 1%　　　　② 1.5%
③ 2%　　　　④ 3%

2 오리피스의 유량 측정에서 3%의 수두(H) 측정에 오차가 있었다면 유량(Q)에 미치는 오차는?　　[10 11㉮, 98㉯]

① 1%
② $\frac{3}{2}$%
③ 2%
④ $\frac{5}{2}$%

3 직사각형 weir에서의 월류량 Q를 구하기 위하여 유량계수 C 및 월류수심 H를 측정해서 각각 1%의 오차가 있을 경우 월류량의 오차는 얼마나 되는가?　　[95 19㉮]

① 1.5%
② 2.0%
③ 2.5%
④ 3.0%

4 직각 삼각형 위어에서 월류수심의 측정에 1%의 오차가 있다고 하면 유량에 발생하는 오차는?　　[16㉮]

① 0.4%
② 0.8%
③ 1.5%
④ 2.5%

5 오리피스(orifice)에서의 유량 Q를 계산할 때 수두 H의 측정에 1%의 오차가 있으면 유량계산의 결과에는 얼마의 오차가 생기는가?　　[19㉮]

① 0.1%　　　　② 0.5%
③ 1%　　　　　④ 2%

해설

해설 1
직사각형 위어
$$\frac{dQ}{Q} = \frac{3}{2}\frac{dh}{h} = \frac{3}{2} \times 2\% = 3\%$$

해설 2
$$Q = A\sqrt{2gH}$$
$$\frac{dQ}{dh} = A \cdot \sqrt{2g} \cdot \frac{1}{2}H^{-\frac{1}{2}}$$
$$\frac{dQ}{Q} = \frac{1}{2}\frac{dh}{H} = \frac{1}{2} \cdot 3\% = \frac{3}{2}\%$$

해설 3
$$Q = \frac{2}{3}Cb\sqrt{2g}\,h^{\frac{3}{2}}$$

① 수심 : $\frac{dQ}{dh} = \frac{2}{3}Cb\sqrt{2g} \cdot \frac{3}{2}h^{\frac{1}{2}}$

$$\frac{dQ}{Q} = \frac{\frac{2}{3}Cb\sqrt{2g} \cdot \frac{3}{2}h^{\frac{1}{2}} \cdot dh}{\frac{2}{3}Cb\sqrt{2g}\,h^{\frac{3}{2}}}$$

$$= \frac{3}{2} \cdot \frac{dh}{h} = \frac{3}{2} \cdot 1\% = 1.5\%$$

② 유량계수 : $\frac{dQ}{dC} = \frac{2}{3}b\sqrt{2g}\,h^{\frac{3}{2}}$

$$\frac{dQ}{Q} = \frac{\frac{2}{3}b\sqrt{2g} \cdot h^{\frac{3}{2}} \cdot dc}{\frac{2}{3}Cb\sqrt{2g}\,h^{\frac{3}{2}}}$$

$$= \frac{dC}{C} = 1\%$$

∴ 1.5% + 1% = 2.5%

해설 4
직각 삼각형 위어의 유량오차는
$$\frac{dQ}{Q} = \frac{5}{2}\frac{dh}{h}$$
$$= \frac{5}{2} \times 1\% = 2.5\%$$

해설 5
$$Q = CAV = CA\sqrt{2gh}$$
$$\frac{dQ}{Q} = \frac{CA \cdot \sqrt{2g} \cdot \frac{1}{2}h^{-\frac{1}{2}}dh}{CA \cdot \sqrt{2g}\,h^{\frac{1}{2}}}$$
$$= \frac{1}{2}\frac{dh}{h} = \frac{1}{2} \times 1\% = 0.5\%$$

정답 1. ④　2. ②　3. ③　4. ④　5. ②

6 구형(矩形)위어로 유량을 측정할 경우 수두 H를 측정할 때 1%의 측정오차가 있었다면 유량 Q에는 몇 %의 오차가 생기겠는가? [01 ㉮]

① 0.5%
② 1%
③ 1.5%
④ 2.5%

해설 6

$$\frac{dQ}{Q} = \frac{3}{2}\frac{dh}{h}$$
$$= \frac{3}{2} \times 1\%$$
$$= 1.5\%$$

7 삼각 위어에 있어서 유량계수가 일정하다고 할 때 월류 수심의 측정오차에 의한 유량 오차가 1% 이하가 되기 위한 월류수심의 측정오차는 어느 정도로 해야 하는가? [97 17 ㉮]

① $\frac{1}{2}\%$ 이하
② $\frac{2}{3}\%$ 이하
③ $\frac{2}{5}\%$ 이하
④ $\frac{3}{5}\%$ 이하

해설 7

$$Q = \frac{8}{15}C\sqrt{2g} \cdot \tan\frac{\theta}{2} \cdot h^{\frac{5}{2}}$$

$$\frac{dQ}{dh} = \frac{8}{15}C\sqrt{2g} \cdot \tan\frac{\theta}{2} \cdot \frac{5}{2}h^{\frac{3}{2}}$$

$$\frac{dQ}{Q} = \frac{\frac{8}{15}C\sqrt{2g}\tan\frac{\theta}{2} \cdot \frac{5}{2}h^{\frac{3}{2}} \cdot dh}{\frac{8}{15}C\sqrt{2g}\tan\frac{\theta}{2} \cdot h^{\frac{5}{2}}}$$

$$= \frac{5}{2}\frac{dh}{h}$$

$$1\% = \frac{5}{2} \cdot \frac{dh}{h}, \quad \frac{dh}{h} = \frac{2}{5}\%$$

8 프란시스(Francis) 공식으로 전폭 위어(weir)의 월류량을 구할 때 위어 폭의 측정에 2%의 오차가 있다면 유량에는 얼마의 오차가 있게 되는가? [98 05 ㉮]

① 1%
② 5%
③ 2%
④ 3%

해설 8

$$Q = 1.84b_o h^{\frac{3}{2}}$$
$$b_o = b - 0.1nh$$
전폭위어이므로 $n = 0$
$$Q = 1.84bh^{\frac{3}{2}} \quad \frac{dQ}{db} = 1.84h^{\frac{3}{2}}$$

$$\frac{dQ}{Q} = \frac{1.84h^{\frac{3}{2}} \cdot db}{1.84bh^{\frac{3}{2}}} = \frac{db}{b} = 2\%$$

9 폭 35cm인 직사각형 위어(weir)의 유량을 측정하였더니 0.03m³/sec 였다. 월류수심의 측정에 1mm의 오차가 생겼다면 유량에는 몇 %의 오차가 발생할 것인가? (단, 유량 계산은 프란시스(Francis) 공식을 사용하되 월류 시 단면 수축은 없는 것으로 취급한다.) [16 19 24 ㉮]

① 1.84%
② 1.67%
③ 1.50%
④ 1.15%

해설 9

$Q = 1.84BH^{\frac{3}{2}}$ 에서

$$H = \left(\frac{Q}{1.84B}\right)^{\frac{2}{3}}$$
$$= \left(\frac{0.03}{1.84 \times 0.35}\right)^{\frac{2}{3}} = 0.13\text{m}$$

사각형 위어이므로
$$\frac{dQ}{Q} = \frac{3}{2} \times \frac{dH}{H}$$
$$= \frac{3}{2} \times \frac{0.1}{13} \times 100 = 1.15\%$$

정답 6. ③ 7. ③ 8. ③ 9. ④

출제예상문제

CHAPTER 4 오리피스와 위어

1. 그림과 같이 기하학적으로 유사한 대·소(大小)원형 오리피스의 비가 $n=\dfrac{D}{d}=\dfrac{H}{h}$인 경우에 두 오리피스의 유속, 축류단면, 유량의 비로 옳은 것은? (단, 유속계수 C_v, 수축계수 C_a는 대·소 오리피스가 같다.) [15㉠]

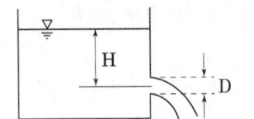 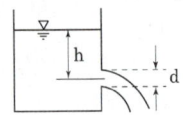

① 유속의 비=n^2, 축류단면의 비=$n^{\frac{1}{2}}$, 유량의 비=$n^{\frac{2}{3}}$

② 유속의 비=$n^{\frac{1}{2}}$, 축류단면의 비=n^2, 유량의 비=$n^{\frac{5}{2}}$

③ 유속의 비=$n^{\frac{1}{2}}$, 축류단면의 비=$n^{\frac{1}{2}}$, 유량의 비=$n^{\frac{5}{2}}$

④ 유속의 비=n^2, 축류단면의 비=$n^{\frac{1}{2}}$, 유량의 비=$n^{\frac{5}{2}}$

[해설]
$V=\sqrt{2gH},\quad v=\sqrt{2gh}$
$\dfrac{V}{v}=\dfrac{\sqrt{2gH}}{\sqrt{2gh}}=\sqrt{\dfrac{H}{h}}=n^{1/2}$
$D_1,\ d_1$: 관의 수축단면 직경
$\dfrac{\frac{\pi D_1^2}{4}}{\frac{\pi d_1^2}{4}}=\dfrac{D_1^2}{d_1^2}\fallingdotseq\dfrac{D^2}{d^2}=n^2$

$\dfrac{Q}{q}=\dfrac{\frac{\pi D^2}{4}\times\sqrt{2gH}}{\frac{\pi d^2}{4}\times\sqrt{2gh}}=\dfrac{D^2\sqrt{H}}{d^2\sqrt{h}}=n^2\cdot\sqrt{n}=n^{5/2}$

2. 수축계수 0.45, 유속계수 0.92인 오리피스의 유량계수는? [19㉭]

① 0.414 ② 0.489
③ 0.643 ④ 2.044

[해설]
$C=C_v\cdot C_a$
$=0.92\times 0.45$
$=0.414$

3. 수면에서 깊이 2.5m에 정사각형 단면의 오리피스를 설치하여 0.042m³/sec의 물을 유출시킬 때 정사각형 단면에서 한변의 길이는? (단, 유량계수는 0.60이다.) [24㉠]

① 10.0cm
② 14.0cm
③ 18.0cm
④ 22.0cm

[해설]
$Q=CAV$
$0.042=0.6\times d^2\times\sqrt{2\times 9.8\times 2.5}$
$d=0.1\text{m}$
$=10\text{cm}$

4. 그림과 같은 완전 수중 오리피스에서 유속을 구하려고 할 때 사용되는 수두는? [15㉭]

① H_2-H_1
② H_1-H_0
③ H_2-H_0
④ $H_1+\dfrac{H_2}{2}$

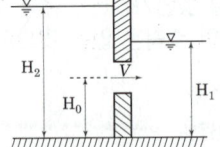

[해설]
$Q=AV=A\cdot\sqrt{2gh}=A\cdot\sqrt{2g(H-h)}$

해답 1. ② 2. ① 3. ③ 4. ①

5. 위어에 있어서 수맥의 수축에 대한 일반적인 설명으로 옳지 않은 것은? [20 24 ㉺]

① 정수축은 광정위어에서 생기는 수축현상이다.
② 연직수축이란 면수축과 정수축을 합한 것이다.
③ 단수축은 위어의 측벽에 의해 월류폭이 수축하는 현상이다.
④ 면수축은 물의 위치에너지가 운동에너지로 변화하기 때문에 생긴다.

[해설]
정수축은 위어 마루부의 날카로움으로 인해 생긴다.

6. 그림과 같은 수조 벽면에 작은 구멍을 뚫고 구멍의 중심에서 수면까지 높이가 h일 때, 유출속도 V는? (단, 에너지 손실은 무시한다.) [22 ㉮]

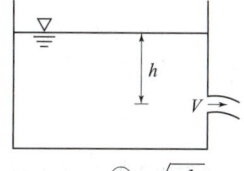

① $\sqrt{2gh}$
② $\sqrt{gh}$
③ $2gh$
④ gh

[해설]
수면과 출구점에 각각 베르누이 정리를 대입하면
$\frac{P_1}{w} + \frac{V_1^2}{2g} + Z_1 = \frac{P_2}{w} + \frac{V_2^2}{2g} + Z_2$
$0 + 0 + h = 0 + \frac{V_2^2}{2g} + 0$
$V_2 = \sqrt{2gh}$

7. 오리피스에서 에너지 손실을 보정한 실제유속을 구하는 방법은? [18 ㉺]

① 이론유속에 유량계수를 곱한다.
② 이론유속에 유속계수를 곱한다.
③ 이론유속에 동점성계수를 곱한다.
④ 이론유속에 항력계수를 곱한다.

[해설]
실제유속 = 이론유속 × 유속계수

8. 다음 중 동일한 오리피스에 있어서 오리피스로 취급될 수 있는 경우는?

① 압력수두 h가 클 때
② 오리피스가 비교적 클 때
③ 유량이 비교적 클 때
④ 오리피스 상하단의 압력차를 무시할 수 없을 때

[해설] 오리피스
일반적인 오리피스라 함은 작은 오리피스를 말한다.
즉, 압력수두가 큰 경우이다

9. 수중 오리피스(orifice)의 유속에 관한 설명으로 옳은 것은? [20 ㉮]

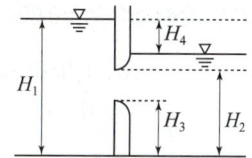

① H_1이 클수록 유속이 빠르다.
② H_2가 클수록 유속이 빠르다.
③ H_3이 클수록 유속이 빠르다.
④ H_4가 클수록 유속이 빠르다.

[해설]
$V = \sqrt{2gh}$
$= \sqrt{2g(H_4)}$

10. 그림과 같이 수조에서 관을 통하여 물을 분출시킬 때 관에 의한 수두손실이 2m라면 물의 분출속도는?
(단, 유속계수는 무시함) [24 ㉺]

① 11.7m/sec
② 13.3m/sec
③ 15.2m/sec
④ 15.2m/sec

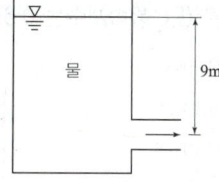

[해설]
$V = \sqrt{2g(h-h_1)}$
$= \sqrt{2 \times 9.8 \times (9-2)}$
$= 11.7 \text{m/sec}$

해답 5. ① 6. ① 7. ② 8. ① 9. ④ 10. ①

11. 그림과 같은 수중 오리피스에서 오리피스의 단면적이 50cm²일 때 유출량 Q는? (단, C=0.62) [05 산]

① 약 13.7 l/sec
② 약 15.7 l/sec
③ 약 23.7 l/sec
④ 약 25.7 l/sec

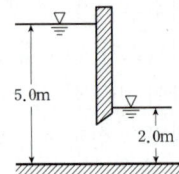

해설
$Q = CAV = CA\sqrt{2gh}$
$= 0.62 \times 50 \times \sqrt{2 \times 980 \times (500-200)}$
$= 23771 cm^3/sec = 23.7 l/sec$

12. 오리피스의 직경이 5cm, 수면에서 오리피스 중심까지 4m인 예연 원형 오리피스를 통해 분출되는 유량은? (단, 유속계수 C_v=0.98, 수축계수 C_a=0.62이다.)

① 10.56l/sec
② 1.056l/sec
③ 106.6l/sec
④ 0.1056l/sec

해설
$Q = CAV$
$= C_a \cdot C_v \cdot \frac{\pi D^2}{4} \cdot \sqrt{2gh}$
$= 0.62 \times 0.98 \times \frac{\pi \cdot 5^2}{4} \sqrt{2 \times 980 \times 400}$
$= 10563 cm^3/sec = 10.56 l/sec$

13. 그림과 같은 수조에서 수심이 5m인 A점에 작은 오리피스가 설치되어 있고, B에서 압축공기를 유입시켜 수면 위의 공기압력을 2t/m²로 유지시킬 때 오리피스 A에서의 유속은? (단, 유속계수는 0.6으로 할 것.)

① 4.03m/s
② 5.03m/s
③ 6.03m/s
④ 7.03m/s

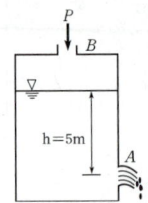

해설
베르누이 방정식을 적용시키면 $h + \frac{P_B}{w_o} = \frac{V^2}{2g}$
유속계수를 고려하면,
$V = C_v \sqrt{2g(h + \frac{P_B}{w_o})} = 0.6\sqrt{2 \times 9.8 \times (5+2)}$
$= 7.03 m/s$

14. 수심 4m의 곳에 원형 오리피스를 만들어 10l/sec의 물을 흐르게 하려고 한다면 적당한 오리피스의 직경은? (단, C=0.62)

① 4.8cm
② 5.2cm
③ 5.8cm
④ 6.2cm

해설
$Q = CAV$
$10 \times 10^3 = 0.62 \times \frac{\pi D^2}{4} \times \sqrt{2 \times 980 \times 400}$
$\therefore D = 4.8 cm$

15. 유속 20m/s, 수평면과의 각 60°로 사출된 분수가 도달하는 최대 연직높이는? (단, 공기 및 기타 저항은 무시한다.) [16 19 산]

① 12.3m
② 13.3m
③ 14.3m
④ 15.3m

해설 최대 연직높이는
$y = \frac{V^2}{2g}\sin^2\alpha$
$= \frac{20^2}{2 \times 9.8} \times \sin^2 60$
$= 15.3 m$

16. 위어(weir)에 물이 월류하고 있는 경우에 위어 정상을 기준으로 하여 상류부의 전수두를 H라 하고, 하류수위가 h인 경우의 수중 위어는? [97 기]

① $h < 2/3H$
② $h < 1/2H$
③ $h > 2/3H$
④ $h > 1/3H$

해설
일반적으로 하류수위 h가 $\frac{2}{3}H$ 보다 크면 수중 weir라 한다.

해답 11. ③ 12. ① 13. ④ 14. ① 15. ④ 16. ③

17. 그림과 같이 삼각위어의 수두를 측정한 결과 30cm이었을 때 유출량은? (단, 유량계수는 0.620이다.) [18산]

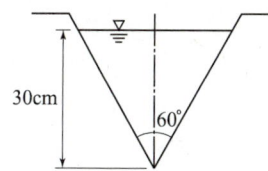

① $0.042m^3/s$
② $0.125m^3/s$
③ $0.139m^3/s$
④ $0.417m^3/s$

해설

$$Q = \frac{8}{15}C\sqrt{2g}\cdot\tan\frac{\theta}{2}\cdot h^{\frac{5}{2}}$$
$$= \frac{8}{15}\times 0.62\times\sqrt{2\times 9.8}\times\tan\frac{60}{2}\times 0.3^{\frac{5}{2}}$$
$$= 0.042m^3/s$$

18. 오리피스의 지름이 5cm이고, 수면에서 오리피스의 중심까지가 4m인 예연 원형오리피스를 통하여 분출되는 유량은? (단, 유속계수 C_v=0.98, 수축계수 C_c=0.620이다.) [19산]

① 1.056L/s
② 2.860L/s
③ 10.56L/s
④ 28.60L/s

해설

$$Q = CAV$$
$$= 0.98\times 0.62\times\frac{\pi\cdot 5^2}{4}\times\sqrt{2\times 980\times 400}$$
$$= 10563cm^3/sec$$
$$= 10.563 l/sec$$

19. 폭이 3m인 직사각형 수로내의 유속을 매끈한 광정 직사각형 위어를 설치하여 감소시키고자 한다. 위어 설치 전의 평균 유속은 4.5m/s이고 수심은 0.3m이며 위어 설치후의 이들 값은 각각 0.3m/s와 1.5m이다. 위어의 높이를 얼마로 해야 하는가? (단, 에너지 보정계수 α=1이다.)

① 1.5m
② 1.3m
③ 1.1m
④ 0.9m

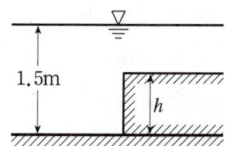

해설

수로폭 : $b = 3m$
• 위어설치 전 $V_1 = 1.5m/sec$, $h_1 = 0.3m$
• 위어설치 후 $V_2 = 0.3m/sec$, $h_2 = 1.5m$
• 광정위어 유량 $Q = 1.7CbH^{3/2}$

$$H = (\frac{Q}{1.7Cb})^{2/3} = (\frac{3\times 1.5\times 0.3}{1.7\times 1\times 3})^{2/3} = 0.41m$$

$$H = h + \frac{V^2}{2g} \quad (h : \text{월류부의 수심})$$

$$0.41 = h + \frac{0.3^2}{2\times 9.8}$$

∴ $h = 0.405m$

$1.5 - h = 1.5 - 0.405$
위어의 높이 = 1.09m

20. 반경 R인 원통위어의 유량계수 C_s는 H/R의 증가에 따라 어떠한 변화를 일으키는가? (단, H는 월류수심 h와 접근유속수두 h_a와의 합이다.) [94기]

① 직선적으로 증가됨
② 곡선적으로 증가됨
③ 직선적으로 감소됨
④ 곡선적으로 감소됨

해설

원통위어의 유량 (유량 Q는 일정)
$$Q = C2\pi RH^{3/2} = C2\pi\cdot\frac{H}{R}\cdot R^2\cdot h^{1/2}$$

$\frac{H}{R}$가 증가하면 C는 곡선적으로 증가됨.

21. 다음 단면 2에서 유속 V_2를 구한 값은? (단, 마찰손실은 무시한다.) [05기]

① 3.74m/sec
② 4.05m/sec
③ 3.56m/sec
④ 3.47m/sec

해설

$$\frac{p_1}{w} + \frac{V_1^2}{2g} + z_1 = \frac{p_2}{w} + \frac{V_2^2}{2g} + z_2$$

$$1.0 + \frac{V_1^2}{2g} + 0 = 0.4 + \frac{V_2^2}{2g} + 0$$

$1\times 1\times V_1 = 1\times 0.4\times V_2$ 이므로 윗식에 대입하여 정리하면

$$V_2 = \sqrt{\frac{2g(1-0.4)}{1-0.4^2}} = 3.74m/sec$$

해답 17. ① 18. ③ 19. ③ 20. ② 21. ①

22. 오리피스로부터 유량을 측정할 경우 수두 H를 측정함에 있어 1%의 오차가 생기면 유량 Q에는 몇 %의 오차가 생기겠는가? [93 95 산]

① 2% ② 1.5%
③ 1% ④ 0.5%

해설
$Q = CAV = CA \cdot \sqrt{2gh}$
$\dfrac{dQ}{dh} = CA\sqrt{2g} \cdot \dfrac{1}{2}h^{-\frac{1}{2}}$
$\dfrac{dQ}{Q} = \dfrac{CA\sqrt{2g} \cdot \dfrac{1}{2}h^{-\frac{1}{2}} \cdot dh}{CA\sqrt{2gh}} = \dfrac{1}{2} \cdot \dfrac{dh}{h}$
$= \dfrac{1}{2} \cdot 1 = 0.5\%$

23. 수심 5m인 곳에 지름 4cm의 원형 오리피스가 있다. 이 오리피스의 유량은? (단, C=0.60)

① 5.5l/sec ② 6.5l/sec
③ 7.5l/sec ④ 8.5l/sec

해설
$Q = CAV = CA\sqrt{2gh}$
$= 0.6 \times \dfrac{\pi \cdot 4^2}{4} \times \sqrt{2 \times 980 \times 500}$
$= 7464 \text{cm}^3/\text{sec} = 7.5l/\text{sec}$

24. 사각 위어에서 유량산출에 쓰이는 Francis 공식에 대하여 양단 수축이 있는 경우에 유량으로 옳은 것은?
(단, B : 위어 폭, h : 월류수심) [18 ㉮]

① $Q = 1.84(B-0.4h)h^{\frac{3}{2}}$
② $Q = 1.84(B-0.3h)h^{\frac{3}{2}}$
③ $Q = 1.84(B-0.2h)h^{\frac{3}{2}}$
④ $Q = 1.84(B-0.1h)h^{\frac{3}{2}}$

해설
$Q = 1.84b_o h^{\frac{3}{2}}$
$b = b - 0.1nh = b - 0.2h$
$Q = 1.84(b-0.2h)^{\frac{3}{2}}$

25. 오리피스의 유량측정에 있어서 3%의 수두(H) 측정 오차가 있었다면 유량 Q에 미치는 오차는?

① 1% ② $\dfrac{3}{2}$%
③ 2% ④ $\dfrac{5}{2}$%

해설
$\dfrac{dQ}{Q} = \dfrac{1}{2} \cdot \dfrac{dh}{h} = \dfrac{1}{2} \times 3 = 1.5\%$

26. 폭이 b인 직사각형 위어에서 접근유속이 작은 경우 월류수심이 h일 때 양단수축 조건에서 월류수맥에 대한 단수축 폭(b_o)은? (단, Francis 공식을 적용) [18 ㉮]

① $b_o = b - \dfrac{h}{5}$ ② $b_o = 2b - \dfrac{h}{5}$
③ $b_o = b - \dfrac{h}{10}$ ④ $b_o = 2b - \dfrac{h}{10}$

해설
$Q = 1.84 b_o h^{\frac{3}{2}}$
$b_o = b - 0.1nh$
$n = 2$(양단수축)이므로 $b_o = b - 0.2h$

27. 직사각형 위어에서 위어의 월류수두 h에 2%의 측정 오차가 생기면 유량에는 몇 %의 오차가 생기겠는가? [22 ㉮, 20 산]

① 1% ② 2%
③ 3% ④ 4%

해설
$\dfrac{dQ}{Q} = \dfrac{3}{2} \cdot \dfrac{dh}{h} = \dfrac{3}{2} \times 2\% = 3\%$

28. 수조의 측면에 구멍을 뚫어서 물을 유출하고자 한다. 이 때 구멍은 원형으로 하며 지름은 2cm, 구멍의 중심에서부터 수면까지는 4m이며, 유속계수 C_v=0.95, 수축계수 C_a=0.8일 경우 유량을 구한 값은? [95 ㉮]

① 0.00211m³/sec
② 0.0356m³/sec
③ 0.00178m³/sec
④ 0.0493m³/sec

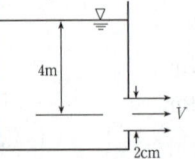

해답 22. ④ 23. ③ 24. ③ 25. ② 26. ① 27. ③ 28. ①

해설

$$Q = A \cdot V$$
$$= C_a \times \frac{\pi d^2}{4} \times C_v \sqrt{2gH}$$
$$= 0.8 \times \frac{\pi(2\times 10^{-2})^2}{4} \times 0.95\sqrt{2\times 9.8 \times 4}$$
$$= 0.00211 \text{m}^3/\text{sec}$$

29. 그림과 같은 두 개의 수조를 한변의 길이가 10cm인 정사각형 단면의 Orifice로 연결하여 물을 유출시킬 때 두 수조의 수면이 같아지려면? (단, $C = 0.65$이다.)

① 130초
② 120초
③ 115초
④ 110초

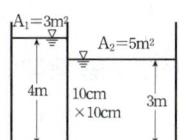

해설

$$T = \frac{2A_1 A_2}{Ca\sqrt{2g}(A_1 + A_2)}(H_1^{\frac{1}{2}} - H_2^{\frac{1}{2}})$$
$$= \frac{2 \times 3 \times 5}{0.65 \times 0.1 \times 0.1 \times \sqrt{2\times 9.8} \times (3+5)}(1-0)$$
$$\fallingdotseq 130.3 초$$

30. 오리피스에서 수축계수 0.45, 유속계수 0.97이라고 할 때 유량계수는? [97 산]

① 0.22
② 0.33
③ 0.44
④ 2.2

해설

C = 수축계수 × 유속계수
$= 0.45 \times 0.97 = 0.44$

31. 그림과 같은 작은 오리피스에서 유속은? (단, 유속계수 $C_v = 0.9$이다.) [20 산]

① 8.9m/s
② 9.9m/s
③ 12.6m/s
④ 14.0m/s

32. 수조 횡단 면적이 1m²인 측벽에 오리피스 면적이 20cm²인 구멍이 있을 때 수두 2m에서 1m로 하강하는데 필요한 시간은? (단, 유량계수 $C = 0.6$)

① 25.0초
② 108.2초
③ 155.9초
④ 169.5초

해설

$$T = \frac{2A}{C \cdot a\sqrt{2g}(A_1 + A_2)}(H_1^{\frac{1}{2}} - H_2^{\frac{1}{2}})$$
$$= \frac{2 \times 1}{0.6 \times 20 \times 10^{-4} \times 1 \times \sqrt{2\times 9.8}}(2^{\frac{1}{2}} - 1^{\frac{1}{2}})$$
$$= 155.9 초$$

33. 직각 삼각위어(weir)에서 월류수심이 1m이면 유량은? (단, $C = 0.59$이다.) [95 산]

① 1.0m³/sec
② 1.4m³/sec
③ 1.8m³/sec
④ 2.2m³/sec

해설 삼각위어의 유량

$$Q = \frac{8}{15}C\tan\frac{\theta}{2}\sqrt{2g}\,h^{\frac{5}{2}}$$
$$= \frac{8}{15} \times 0.59 \times \tan\frac{90°}{2} \times \sqrt{2\times 9.8} \times 1^{\frac{5}{2}}$$
$$= 1.39 \text{m}^3/\text{sec}$$

34. 그림과 같은 삼각위어의 유량은? (단, $C = 0.63$이다.)

① 0.18m³/sec
② 0.23m³/sec
③ 0.25m³/sec
④ 0.28m³/sec

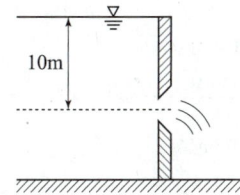

해설 삼각위어의 유량

$$Q = \frac{8}{15}C\tan\frac{\theta}{2}\sqrt{2g}\cdot h^{\frac{5}{2}}$$
$$= \frac{8}{15} \times 0.63 \times \tan\frac{100°}{2} \times \sqrt{2\times 9.8} \times 0.4^{\frac{5}{2}}$$
$$= 0.18 \text{m}^3/\text{sec}$$

해답 29. ① 30. ③ 31. ③ 32. ③ 33. ② 34. ①

35. 오리피스(orifice)의 이론유속 $V=\sqrt{2gh}$ 이 유도되는 이론으로 옳은 것은? (단, V : 유속, g : 중력가속도, h : 수두차) [18㉠]

① 베르누이(Bernoulli)의 정리
② 레이놀즈(Reynolds)의 정리
③ 벤츄리(Venturi)의 이론식
④ 운동량 방정식 이론

해설 이론유속은 베르누이 정리에서 유도된다.
$0+0+h=0+\dfrac{V^2}{2g}+0$

36. 4각형 위어(weir)에서의 유량은 다음 어느 값에 비례하는가? (단, H는 위어의 월류수심이다.)

① $H^{\frac{5}{2}}$ ② $H^{\frac{3}{2}}$
③ H^2 ④ $H^{\frac{1}{2}}$

해설 사각형 위어 유량 공식
$Q=\dfrac{2}{3}Cb\sqrt{2g}\,h^{\frac{3}{2}}$

37. 삼각 위어에서의 수두 h의 측정에 2%의 오차가 생기면 유량에는 몇 %의 오차가 생기는가?

① 2% ② 3%
③ 4% ④ 5%

해설
$\dfrac{dQ}{Q}=2.5\dfrac{dh}{h}$
$\dfrac{dQ}{Q}=2.5\times2\%=5\%$

38. 직각 3각 위어로 유량을 측정함에 있어 월류수심 H의 측정에서 $x\%$의 오차가 있었다면 유량의 오차는? [98㉤]

① $15x\%$ ② $2x\%$
③ $2.5x\%$ ④ $3x\%$

해설
$\dfrac{dQ}{Q}=\dfrac{5}{2}\dfrac{dh}{h}=\dfrac{5}{2}\cdot x\%$

39. 수두가 2m인 작은 오리피스(Orifice)로부터 유출하는 유량은? (단, 오리피스의 직경은 10cm, 유속계수 0.95, 수축계수 0.80이다.) [98㉣]

① $0.053\text{m}^3/\text{s}$ ② $0.0120\text{m}^3/\text{s}$
③ $0.132\text{m}^3/\text{s}$ ④ $0.037\text{m}^3/\text{s}$

해설
$Q=CA\sqrt{2gh}=(C_v\cdot C_a)\cdot\dfrac{\pi D^2}{4}\cdot\sqrt{2gh}$
$=(0.95)(0.80)\cdot\dfrac{\pi\times0.1^2}{4}\cdot\sqrt{2\times9.8\times2}$
$=0.037(\text{m}^3/\text{s})$

40. 위어의 보편적인 사용 목적이 아닌 것은? [98㉣]

① 유량측정
② 취수를 위한 수위 증가
③ 분수
④ 수질 오염방지

해설 위어의 사용목적
• 유량측정
• 취수를 위한 수위 증가
• 분수
• 친수환경 조성
• 세굴 방지

41. 그림과 같은 수조의 측벽에 직경 10cm인 구멍이 뚫어져 있다. 수조내 수면이 일정하게 유지되고 구멍을 통해 물이 분출될 때 일체의 에너지 손실이 없다고 가정하면 분출되는 유량을 계산한 값은?

① $0.065\text{m}^3/\text{sec}$
② $0.078\text{m}^3/\text{sec}$
③ $0.087\text{m}^3/\text{sec}$
④ $0.058\text{m}^3/\text{sec}$

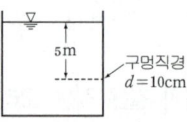

해설
$Q=AV=A\sqrt{2gh}$
$=\dfrac{\pi\times0.1^2}{4}\times\sqrt{2\times9.8\times5}$
$=0.078\text{m}^3/\text{sec}$

해답 35. ① 36. ② 37. ④ 38. ③ 39. ④ 40. ④ 41. ②

42. 상부 수면적이 2m²이며 오리피스로부터 배수량이 4 l/sec라 할 때 수조내의 물이 오리피스로 모이는 접근 유속수두는?

① 2×10^{-5} cm
② 1×10^{-5} cm
③ 1×10^{-6} cm
④ 2×10^{-6} cm

해설

접근유속수두 h_a

$h_a = \dfrac{V_a^2}{2g} = \dfrac{1}{2g}\left(\dfrac{Q}{A}\right)^2$

$= \dfrac{1}{2 \times 980}\left(\dfrac{4 \times 10^3}{2 \times 10^4}\right)^2$

$= 2.04 \times 10^{-5}$ cm

43. 웨어의 월류유량 공식의 일반형은? (단, L : 월류폭, H : 상류수심, ha : 접근유속수두, C : 월류계수임)

[02 ㉮]

① $CL(H+ha)^{2/3}$
② $CL(H+ha)^{4/3}$
③ $CL(H+ha)^2$
④ $CL(H+ha)^{3/2}$

44. 삼각 위어(weir)에 월류 수심을 측정할 때 2%의 오차가 있었다면 유량 산정시 발생하는 오차는? [15 22 ㉮]

① 2%
② 3%
③ 4%
④ 5%

해설

$Q = \dfrac{8}{15}C\sqrt{2g}\tan\dfrac{\theta}{2} \cdot h^{5/2}$

$\dfrac{dQ}{Q} = \dfrac{\dfrac{8}{15}C\sqrt{2g} \cdot \dfrac{5}{2}h^{3/2} \cdot \tan\dfrac{\theta}{2} \cdot dh}{\dfrac{8}{15}C\sqrt{2g} \cdot h^{5/2} \cdot \tan\dfrac{\theta}{2}}$

$= \dfrac{\dfrac{5}{2}dh}{h} = \dfrac{5}{2}\dfrac{dh}{h}$

$= \dfrac{5}{2} \times 2\% = 5\%$

45. 수조에서 수면으로부터 2m의 깊이에 있는 오리피스의 이론 유속은? [20 ㉮]

① 5.26m/s
② 6.26m/s
③ 7.26m/s
④ 8.26m/s

해설

$V = \sqrt{2gh}$
$= \sqrt{2 \times 9.8 \times 2} = 6.26$ m/sec

46. 지름 1m의 원통 수조에서 지름 2cm의 관으로 물이 유출되고 있다. 관내의 유속이 2.0m/s일 때, 수조의 수면이 저하되는 속도는? [21 ㉮]

① 0.3cm/s
② 0.3cm/s
③ 0.06cm/s
④ 0.08cm/s

해설

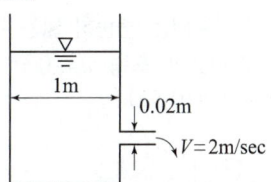

1초 동안 유출량을 원통면적으로 나누면 원통 저하유속이 된다.

$Q = AV = \dfrac{\pi \cdot 0.02^2}{4} \times 2 = 0.000628$ m³/sec

원통의 면적 $= \dfrac{\pi \cdot 1^2}{4} = 0.785$ m²

저하속도 $= \dfrac{Q}{A} = \dfrac{0.000628}{0.785} = 0.0008$ m/sec $= 0.08$ cm/sec

47. 다음 설명 중 옳지 않은 것은?

① 토리첼리 정리는 위치수두를 속도수두로 바꾸는 경우이다.
② 구형 위어에서 유량은 월류수심의 2/3 제곱에 비례한다.
③ 베르누이 정리란 일종의 질량보존의 법칙이다.
④ 연속방정식이란 일종의 질량보존의 법칙이다.

해설

① 토리첼리의 정리 : $V = \sqrt{2gh}$
② 구형위어의 유량 : $Q = \dfrac{2}{3}Cb\sqrt{2g}\,h^{\frac{3}{2}}$
③ Bernoulli의 정리는 에너지불변의 법칙을 나타낸다.
④ 연속방정식은 질량불변의 법칙을 나타내주는 방정식이다.

해답 42. ① 43. ④ 44. ④ 45. ② 46. ④ 47. ②

48. 지름이 3.5m인 수조로부터 지름 8cm인 오리피스를 이용하여 물을 배출할 때, 처음의 수조의 수위가 6m라면 물을 완전 배수시키는데 요하는 시간은? (단, 유량계수 C=0.62이다.)

① 57분   ② 44분
③ 37분   ④ 24분

해설

$T = \dfrac{2A}{Ca\sqrt{2g}}(H_1^{\frac{1}{2}} - H_2^{\frac{1}{2}})$ 에서 완전배수이므로

$H_2 = 0$

$\therefore T = \dfrac{2 \cdot \pi \cdot 3.5^2/4}{0.62 \times \dfrac{\pi \times 0.08^2}{4}\sqrt{2 \times 9.8}} \cdot 6^{\frac{1}{2}}$

$= 3.416 \times 10^3 \, sec \fallingdotseq 57min$

49. 그림과 같이 일정한 수위가 유지되는 충분히 넓은 두 수조의 수중 오리피스에서 오리피스의 직경 d=20cm일 때, 유출량 Q는? (단, 유량계수 C=1이다.) [15㉮]

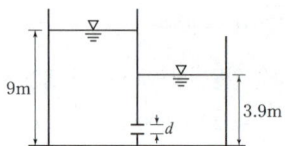

① 0.314m³/s   ② 0.628m³/s
③ 3.14m³/s   ④ 6.28m³/s

해설

$Q = CAV = CA \cdot \sqrt{2gh}$

$= 1 \times \dfrac{\pi \cdot 0.2^2}{4} \times \sqrt{2 \times 9.8 \times (9-3.9)}$

$= 0.314 m^3/sec$

50. 수조로부터 3m 깊이에 있는 작은 오리피스(orifice)의 이론유속을 구한 값은? [92㉮, 99㉯]

① 7.38m/sec   ② 7.67m/sec
③ 7.76m/sec   ④ 8.34m/sec

해설 이론유속

$V = \sqrt{2gh}$

$= \sqrt{2 \times 9.8 \times 3} = 7.67m/sec$

51. 작은 오리피스에서 단면 수축계수 C_a, 유속계수 C_v, 유량계수 C와의 관계가 옳게 표시된 것은? [98㉮]

① $C = \dfrac{C_v}{C_a}$

② $C = \dfrac{C_a}{C_v}$

③ $C = C_a + C_v$

④ $C = C_v \cdot C_a$

해설

$Q = CAV$
$= C_a \cdot A \cdot C_v \cdot V = C_a \cdot C_v \cdot AV$

52. 그림에서 수문에 단위폭당 작용하는 힘(F)을 구하는 운동량 방정식으로 옳은 것은? (단, 바닥마찰은 무시하며, ω는 물의 단위중량, ρ는 물의 밀도, Q는 단위폭당 유량이다.) [18㉯]

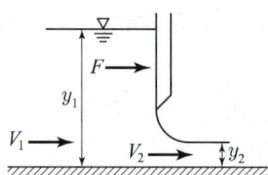

① $\dfrac{y_1^2}{2} - \dfrac{y_2^2}{2} - F = \rho Q(V_2 - V_1)$

② $\dfrac{y_1^2}{2} - \dfrac{y_2^2}{2} - F = \rho Q(V_2^2 - V_1^2)$

③ $\dfrac{\omega y_1^2}{2} - \dfrac{\omega y_2^2}{2} - F = \rho Q(V_2 - V_1)$

④ $\dfrac{\omega y_1^2}{2} - \dfrac{\omega y_2^2}{2} - F = \rho Q(V_2^2 - V_1^2)$

해설

작용력=반작용력+손실힘
$P = wh_G \cdot A$ 를 대입하면
V_1 힘 $= F + V_2$ 힘+손실힘

$\dfrac{wy_1}{2} \cdot y_1 = F + \dfrac{wy_2}{2} \cdot y_2 + \rho Q(V_2 - V_1)$

$\dfrac{wy_1^2}{2} - \dfrac{wy_2^2}{2} - F = \rho Q(V_2 - V_1)$

해답   48. ①   49. ①   50. ②   51. ④   52. ③

53. 폭이 b인 직사각형 위어에서 양단수축이 생길 경우에 폭 b_o 는? (단, Francis 공식 적용) [23㉮]

① $b_o = b - \dfrac{h}{10}$ ② $b_o = b - \dfrac{h}{5}$

③ $b_o = 2b - \dfrac{h}{10}$ ④ $b_o = 2b - \dfrac{h}{5}$

[해설] Francis 공식

$b_o = b - 0.1nh$ (n : 단수축의 갯수)

$b_o = b - 0.1 \times 2h = b - \dfrac{h}{5}$

54. 오리피스(orifice)에서 수축계수를 0.64, 유속계수를 0.98이라고 할 때 유량 계수는? [24㉯]

① 0.63 ② 0.65

③ 0.67 ④ 0.69

[해설]
$C = C_a \times C_v$
$= 0.64 \times 0.98$
$= 0.63$

55. 3각 위어(Weir)에 월류 수심을 측정할 때 2%의 오차가 있었다면 유량에는 얼마의 오차가 생길 것인가?
[86 94㉮, 07㉯]

① 2% ② 3%

③ 4% ④ 5%

[해설]
$Q = \dfrac{8}{15} C\sqrt{2g} \cdot \tan\dfrac{\theta}{2} \cdot h^{5/2}$

수심을 잘못 측정했으므로 양변을 수심으로 미분하면

$\dfrac{dQ}{dh} = \dfrac{8}{15} C\sqrt{2g} \tan\dfrac{\theta}{2} \cdot \dfrac{5}{2} \cdot h^{3/2}$

유량오차는

$\dfrac{dQ}{Q} = \dfrac{\dfrac{8}{15} C\sqrt{2g} \tan\dfrac{\theta}{2} \cdot \dfrac{5}{2} h^{3/2} \cdot dh}{\dfrac{8}{15} C\sqrt{2g} \tan\dfrac{\theta}{2} h^{5/2}}$

$= \dfrac{5}{2} \cdot \dfrac{dh}{h} = \dfrac{5}{2} \cdot 2\% = 5\%$

56. 수로의 취입구에 폭 3m의 수문이 있다. 문을 h 올린 결과, 그림과 같이 수심이 각각 5m와 2m가 되었다. 그 때 취수량이 $8\text{m}^3/\text{s}$이었다고 하면 수문의 개방 높이 h는? (단, $C=0.60$) [16㉯]

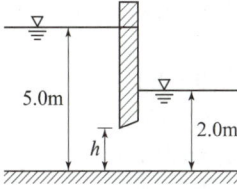

① 0.36m ② 0.58m

③ 0.67m ④ 0.73m

[해설]
$Q = CAV = CA \cdot \sqrt{2g(h_1 - h_2)}$
$8 = 0.6 \times 3h \times \sqrt{2 \times 9.8 \times (5-2)}$
$h = 0.58\text{m}$

57. 수두(水頭)가 2m인 오리피스에서의 유량은? (단, 오리피스의 지름 10cm, 유량계수 0.76) [20㉯]

① $0.017\text{m}^3/\text{s}$ ② $0.027\text{m}^3/\text{s}$

③ $0.037\text{m}^3/\text{s}$ ④ $0.047\text{m}^3/\text{s}$

[해설]
$Q = CAV$
$= 0.76 \times \dfrac{\pi \cdot 0.1^2}{4} \times \sqrt{2 \times 9.8 \times 2}$
$= 0.037\text{m}^3/\text{sec}$

58. 오리피스(orifice)로부터의 유량을 측정한 경우 수두 H를 추정함에 1%의 오차가 있었다면 유량 Q에는 몇 %의 오차가 생기는가? [20 24㉮]

① 1% ② 0.5%

③ 1.5% ④ 2%

[해설]
$Q = AV = \dfrac{\pi D^2}{4} \times \sqrt{2gh}$

$\dfrac{dQ}{Q} = \dfrac{\dfrac{\pi D^2}{4} \times \sqrt{2g} \times \dfrac{1}{2} h^{\frac{1}{2}} dh}{\dfrac{\pi D^2}{4} \times \sqrt{2gh}}$

$= \dfrac{1}{2} \dfrac{dh}{h} = \dfrac{1}{2} \times 1\% = 0.5\%$

해답 53. ② 54. ① 55. ④ 56. ② 57. ③ 58. ②

59. 오리피스에서 수축계수의 정의와 그 크기로 옳은 것은? (단, a_o : 수축단면적, a : 오리피스 단면적, V_o : 수축단면의 유속, V : 이론유속) [19㉮]

① $C_a = \dfrac{a_o}{a}$, 1.0~1.1

② $C_a = \dfrac{V_o}{V}$, 1.0~1.1

③ $C_a = \dfrac{a_o}{a}$, 0.6~0.7

④ $C_a = \dfrac{V_o}{V}$, 0.6~0.7

[해설]

수축계수 = $\dfrac{\text{수축단면 단면적}}{\text{오리피스 단면적}}$

$C_a = \dfrac{a_o}{a} = 0.6 \sim 0.7$

60. 수조의 수면에서 2m 아래 지점에 지름 10cm의 오리피스를 통하여 유출되는 유량은? (단, 유량계수 C = 0.6) [19㉮]

① $0.0152 \text{m}^3/\text{s}$　② $0.0068 \text{m}^3/\text{s}$
③ $0.0295 \text{m}^3/\text{s}$　④ $0.0094 \text{m}^3/\text{s}$

[해설]

$Q = CAV$

$= 0.6 \times \dfrac{\pi \cdot 0.1^2}{4} \times \sqrt{2 \times 9.8 \times 2}$

$= 0.0295 \text{m}^3/\text{sec}$

61. 지름 20cm인 원형 오리피스로 0.1m³/s의 유량을 유출시키려 할 때 필요한 수심은? (단, 수심은 오리피스 중심으로부터 수면까지의 높이이며, 유량계수 c = 0.6) [19㉰]

① 1.24m　② 1.44m
③ 1.56m　④ 2.00m

[해설]

$Q = CAV$

$0.1 = 0.6 \times \dfrac{\pi \cdot 0.2^2}{4} \times \sqrt{2 \times 9.8 \times h}$

$h = 1.44 \text{m}$

62. 오리피스의 지름이 2cm, 수축단면(Vena Contracta)의 지름이 1.6cm라면, 유속계수가 0.9일 때 유량계수는? [21㉮]

① 0.49　② 0.58
③ 0.62　④ 0.72

[해설]

유량계수 = 유속계수 × 수축계수

수축계수 = $\dfrac{a}{A}$

$C = 0.9 \times \dfrac{\dfrac{\pi \cdot 1.6^2}{4}}{\dfrac{\pi \cdot 2^2}{4}} = 0.576 ≒ 0.58$

해답　59. ③　60. ③　61. ②　62. ②

제 5 장 관수로

출제경향분석

흐름방향이 압력에 의해 지배되는 관수로에서는 주로 마찰손실 공식과 유량을 구하는 문제가 출제되며 관수로의 일반사항과 마찰력 및 동력을 구하는 계산문제가 간간히 출제되고 있다. 특히, 여기서는 마찰에 의한 손실 수두와 관련된 계산문제가 집중적으로 출제가 되므로 철저히 파악할 필요가 있다.

단원별 경향분석

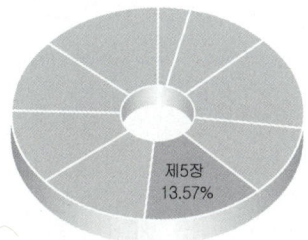

토목기사

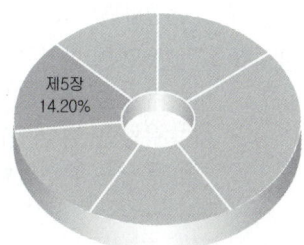

토목산업기사

항목별 경향분석

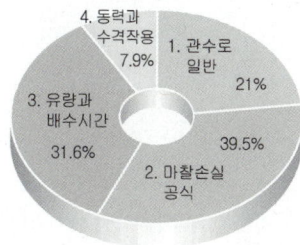

토목기사

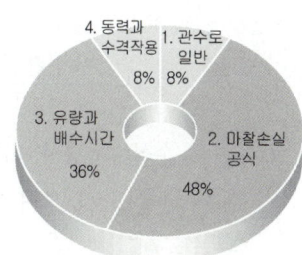

토목산업기사

1 관수로 일반

학습방향

유체를 이동시키는데 있어 관로에 의한 유량의 이동에 대해 배우며 또한 관로 이동시의 관로와 유체의 마찰력 크기 및 유속분포 특성에 대해 배운다.
① Hazen-Poiseuille 법칙   ② 마찰력   ③ 유속과 마찰력의 분포

1 Hazen-Poiseuille 법칙

① 관수로의 정의 : 유수가 단면내를 완전히 충만하면서 유동하는 자유수면을 갖지 않는 흐름. 즉, 압력에 의해 흐름방향이 결정되며 관 단면의 형상과는 관계가 없다.

② 유량 $Q = \dfrac{w\pi h_L}{8\mu l} r^4$

$\qquad = \dfrac{\Delta P \pi}{8\mu l} r^4$

여기서 h_L : 손실수두 μ : 점성계수
$\quad\quad r$: 관의 반지름 l : 관의 길이
$\quad\quad \Delta P$: 손실압력(wh_L)

- 기본성질 : ㉠ 유량은 반지름의 4승에 비례한다.
  ㉡ 유량은 동수경사에 비례한다.
  ㉢ 유량은 점성계수에 반비례한다.
  ㉣ 유량은 손실압력에 비례한다.

학습POINT

■ 문제의 출제는 Hazen-Poiseuille 법칙을 이용하여 유량을 계산하는 것보다는 기본성질을 묻는 경우가 있으므로 공식을 숙지하여야 한다.

2 마찰력 크기

$\tau_o = w \cdot R \cdot I$

$\quad = w \cdot \dfrac{D}{4} \cdot \dfrac{h_L}{l}$

$\quad = \dfrac{r}{2} \cdot \dfrac{\Delta P}{l}$

여기서, R : 경심 $\left(= \dfrac{\text{유수단면적}}{\text{윤변}}\right)$

$\quad\quad I = \dfrac{h_L}{l}$: 손실수두경사

$\quad\quad r$: 관중심으로부터 떨어진 거리

$\quad\quad \Delta P = w h_L$

■ 마찰력의 크기가 반경(r)에 대해서 1차식이므로 직선분포를 한다.

■ 마찰력(frictional force)

3 관로의 유속과 마찰력 분포

① 최대 유속 = 2 × 평균유속

$$V_{max} = 2 \cdot V_{mean}$$

관로의 평균유속 발생위치는 관중심으로 부터 $\dfrac{r_0}{\sqrt{2}}$ 의 위치에 발생한다.
(r_o : 관로의 반지름)

■ 관로에서의 유속분포는 포물선 분포를 하며, 마찰력의 분포는 직선 분포를 하며 관중심에서는 0(영)이다.

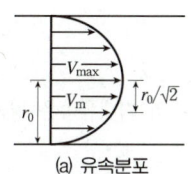
(a) 유속분포

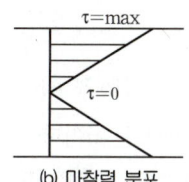
(b) 마찰력 분포

② 곡선 관수로의 유속
$V \propto R$ (관로의 회전반경)

■ 관수로의 회전반경이 클수록 유속이 크다.

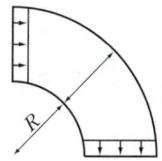

③ 마찰속도(=전단속도) (friction velocity)

$$U_* = \sqrt{\dfrac{\tau_o}{\rho}}$$

$$= \sqrt{\dfrac{wRI}{\rho}}$$

$$\boxed{U_* = \sqrt{gRI}}$$

U_* : 마찰속도
여기서, τ_o : 마찰력
R : 경심(hydraulic mean depth)
I : 수두경사

■ $R = \dfrac{A}{P} = \dfrac{유수단면적}{윤변}$

핵심문제

1 수평 원관 속에 층류의 흐름이 있을 때 유량에 대한 설명으로 옳은 것은? [10 ⓐ]

① 점성(μ)에 비례한다.
② 지름(d)의 4제곱에 비례한다.
③ 압력변화(ΔP)에 반비례한다.
④ 관의 길이(L)에 비례한다.

해설 1

$$Q = \frac{w\pi h_L}{8\mu l}r^4$$

2 관수로에 대한 설명으로 옳은 것은? [16 22 ⓐ]

① 관내의 유체마찰력은 관 벽면에서 가장 크고 관 중심에서는 0이다.
② 관내의 유속은 관 벽으로부터 관 중심으로 1/3 떨어진 지점에서 최대가 된다.
③ 유체마찰력의 크기는 관 중심으로부터의 거리에 반비례한다.
④ 관의 최대유속은 평균유속의 3배이다.

해설 2

관의 최대유속은 평균유속의 2배이다.

3 층류와 난류에 관한 설명으로 옳지 않은 것은? [16 ⓐ]

① 층류 및 난류는 레이놀즈(Reynolds) 수의 크기로 구분할 수 있다.
② 층류란 직선상의 흐름으로 직각방향의 속도성분이 없는 흐름을 말한다.
③ 층류인 경우는 유체의 점성계수가 흐름에 미치는 영향이 유체의 속도에 의한 영향보다 큰 흐름이다.
④ 관수로에서 한계 레이놀즈 수의 값은 약 4000정도이고 이것은 속도의 차원이다.

해설 3

R_e 수는 무차원이다.

4 지름 D인 원관에 물이 반만 차서 흐를 때 경심은? [16 ㉮]

① $D/4$ ② $D/3$
③ $D/2$ ④ $D/5$

해설 4

$$R = \frac{A}{P} = \frac{\frac{\pi D^2}{4} \times \frac{1}{2}}{\pi D \times \frac{1}{2}}$$
$$= \frac{\pi D^2}{4\pi D} = \frac{D}{4}$$

5 지름이 30cm, 길이가 1m인 관의 손실이 30cm일 때 관벽면에 작용하는 마찰력 τ_o 는? [95 08 10 ㉮]

① 4.5g/cm^2
② 2.25g/cm^2
③ 1.0g/cm^2
④ 0.5g/cm^2

해설 5

마찰력
$$\tau = wRI = w \cdot \frac{D}{4} \cdot \frac{h_L}{l}$$
$$= 1 \times \frac{30}{4} \times \frac{30}{100} = 2.25 \text{g/cm}^2$$

정답 1. ② 2. ① 3. ④ 4. ① 5. ②

6 관수로 내에 층류가 흐를 때 이론적으로 유도되는 유속분포와 마찰응력분포에 대한 설명으로 옳은 것은? [11 24 산]

① 유속분포는 직선이며 마찰응력분포는 포물선이다.
② 유속분포와 마찰응력분포는 똑같이 포물선이다.
③ 유속분포는 포물선이며 마찰응력분포는 직선이다.
④ 유속분포는 직선이며 마찰응력분포는 대수함수 곡선이다.

7 원형 관수로 흐름에서 Manning식의 조도계수와 마찰계수와의 관계식은? (단, f는 마찰계수, n은 조도계수, d는 관의 직경, 중력가속도는 9.8m/s² 이다.) [15 가]

① $f = \dfrac{98.8n^2}{d^{1/3}}$
② $f = \dfrac{124.5n^2}{d^{1/3}}$
③ $f = \sqrt{\dfrac{98.8n^2}{d^{1/3}}}$
④ $f = \sqrt{\dfrac{124.5n^2}{d^{1/3}}}$

8 원관 내를 흐르고 있는 층류에 대한 설명으로 옳지 않은 것은? [18 산]

① 유량은 관의 반지름의 4제곱에 비례한다.
② 유량은 단위길이당 압력강하량에 반비례한다.
③ 유속은 점성계수에 반비례한다.
④ 평균유속은 최대유속의 $\dfrac{1}{2}$이다.

9 매끈한 원관 속으로 완전발달 상태의 물이 흐를 때 단면의 전단응력은? [16 가]

① 관의 중심에서 0이고 관 벽에서 가장 크다.
② 관 벽에서 변화가 없고 관의 중심에서 가장 큰 직선 변화를 한다.
③ 단면의 어디서나 일정하다.
④ 유속분포와 동일하게 포물선형으로 변화한다.

10 관벽면의 마찰력 τ_o, 유체의 밀도 ρ, 점성계수 μ라고 할 때 마찰속도는? [98 02 06 가]

① $\tau_o/\rho\mu$
② $\sqrt{\tau_o/\rho\mu}$
③ $\sqrt{\tau_o/\rho}$
④ $\sqrt{\tau_o/\mu}$

11 그림과 같이 반지름 R인 원형관에서 물이 층류로 흐를 때 중심부에서의 최대속도를 V_c라 할 경우 평균속도 V_m은? [04 17 가]

① $V_m = \dfrac{1}{2}V_c$
② $V_m = \dfrac{1}{3}V_c$
③ $V_m = \dfrac{1}{4}V_c$
④ $V_m = \dfrac{1}{5}V_c$

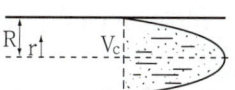

해 설

해설 6
- 유속분포 : 포물선
- 마찰응력분포 : 직선

해설 7
$V = \dfrac{1}{n}R^{2/3} \cdot I^{1/2}$
$V = C\sqrt{RI},\ C = \sqrt{\dfrac{8g}{f}}$
$= \sqrt{\dfrac{8g}{f}} \cdot \sqrt{RI}$
$\dfrac{1}{n}R^{2/3} \cdot I^{1/2} = \sqrt{RI} \cdot \sqrt{\dfrac{8g}{f}}$
$\dfrac{8gR}{f} = \dfrac{1}{n^2}R^{4/3}$
$f = \dfrac{n^2}{R^{4/3}} \cdot 8gR,\ R = \dfrac{D}{4}$
$= \dfrac{8gn^2 \cdot 4^{1/3}}{D^{1/3}} = \dfrac{124.5n^2}{D^{1/3}}$

해설 8
$Q = \dfrac{w\pi h_L}{8\mu\ell}r^4$
압력강하량 $\Delta P = wh_L$에는 비례한다.

해설 9
$\tau = wRI$

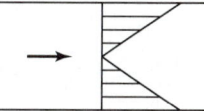

해설 10
마찰속도 $= u_* = \sqrt{\tau_o/\rho} = \sqrt{gRI}$

해설 11
최대유속 $= 2 \times$ 평균유속
평균유속 $= \dfrac{1}{2} \times$ 최대유속
$V_m = \dfrac{1}{2}V_c$

정답 6. ③ 7. ② 8. ② 9. ① 10. ③ 11. ①

2 마찰 손실 공식

> **학습방향**
> 관수로를 이용한 유체의 이동시 관의 특성에 따른 마찰 손실 공식에 대하여 파악하며 관로 이동시에 발생하는 마찰 손실계수 및 미소손실 수두에 대하여 배운다.
> ① 마찰 손실수두 공식 ② 마찰 손실 계수 ③ 미소손실 수두 공식

1 마찰 손실 수두(friction head loss)

$$h_L = f \cdot \frac{l}{D} \cdot \frac{V^2}{2g}$$ (Darcy-Weisbach 공식)

기본성질 : ① 속도수두$\left(\frac{V^2}{2g}\right)$에 비례한다.
② 관경(D)에 반비례한다.
③ 관의 길이(l)에 비례한다.
④ 유속의 자승(V^2)에 비례한다.
⑤ 관내의 조도(凹凸)에 비례한다.
⑥ 물의 점성(μ)에 비례한다.

2 마찰 손실 계수(friction coefficient)

Moody(무디)도표로서 표시되며 Reynolds와 상대조도와의 함수이다.

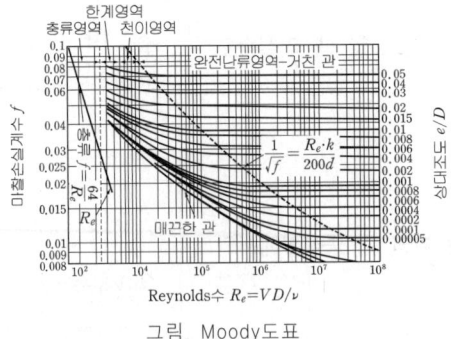

그림. Moody도표

층류($R_e < 2000$)의 경우 마찰손실계수 : $f = \dfrac{64}{R_e}$ (Nikuradse 공식)

상대조도$\left(\dfrac{e}{D}\right)$: 관직경과 관벽면 요철과의 상대적 크기를 말한다.

매끈한 관 : 벽면의 요철(凹凸)의 높이가 층류저층의 두께보다 작은 경우

학습POINT

■ 손실계수 f는 R_e수에 반비례하며 R_e수는 점성계수와 반비례하므로 결국 손실계수는 점성계수에 비례한다.

예) $f = \dfrac{64}{R_e}$

$R_e = \dfrac{VD}{\nu} = \dfrac{\rho VD}{\mu}$

그러므로

$F = \dfrac{64 \cdot \mu}{\rho VD}$ 이 된다.

3 미소손실 수두 공식

(1) 손실수두(head loss)

모든 손실수두는 속도수두 $\left(\dfrac{V^2}{2g}\right)$에 비례한다.

> 미소손실수두＝미소손실계수×속도수두

일반적인 손실계수(f) : 유입 ＝ 0.5
  유출 ＝ 1.0
  급확 ＝ $\left(1-\dfrac{a}{A}\right)^2 = \left(1-\dfrac{d^2}{D^2}\right)^2$

■ 입구손실의 경우 완만한 입구의 형태를 갖춘 관이 손실 계수가 작은 것을 알 수 있다.

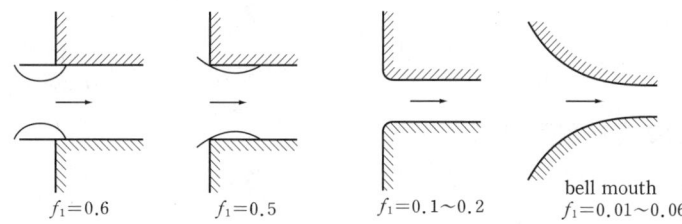

$f_1=0.6$ $f_1=0.5$ $f_1=0.1\sim0.2$ bell mouth $f_1=0.01\sim0.06$

(2) 손실수두의 종류
① 마찰 손실 수두 : 관로의 마찰에 의한 손실수두
② 유입 손실 수두 : 관로의 유입에 의한 소실수두
③ 급확 손실 수두 : 관로의 갑작스런 확대에 의한 손실수두
④ 급축 손실 수두 : 관로의 갑작스런 축소에 의한 손실수두
⑤ 점확 손실 수두 : 관로의 점진적인 확대에 의한 손실수두
⑥ 점축 손실 수두 : 관로의 점진적인 축소에 의한 손실수두
⑦ 굴절 손실 수두 : 관로의 굴절에 의한 손실수두
⑧ 만곡 손실 수두 : 관로의 완만한 만곡에 의한 손실수두
⑨ 밸브 손실 수두 : 관로의 밸브에 의한 손실수두
⑩ 유출 손실 수두 : 관로의 출구점에서의 손실수두

(3) 병렬 관수로의 손실 수두
병렬 관수로의 손실 수두는 각 관로마다 손실의 크기가 동일하다. 즉, 그림에서 ABC 손실 수두와 ADC 손실 수두는 동일하다.

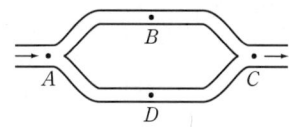

■ 분류되는 A점에서의 수두와 합류되는 C점에서의 수두차는 어떤 특정값이 되므로 유체흐름의 경로가 B점이든 D점이든 관계없이 손실수두는 동일하다.

핵심문제

1 관의 길이가 80m, 관경 400mm인 주철관으로 0.1m³/s의 유량을 송수할 때 손실수두는? (단, Chezy의 평균 유속계수 $C=70$ 이다.) [16산]

① 1.565m ② 0.129m
③ 0.103m ④ 0.092m

2 Darcy-Weisbach의 마찰손실수두 공식에 관한 내용으로 틀린 것은? [19산]

① 관의 조도에 비례한다.
② 관의 직경에 비례한다.
③ 관로의 길이에 비례한다.
④ 유속의 제곱에 비례한다.

3 관수로의 마찰손실수두에 대한 다음 설명으로 옳지 않은 것은? [02㉮, 11 16산]

① 관의 지름(D)에 비례한다.
② 관내의 조도에 비례한다.
③ 관의 길이(l)에 비례한다.
④ 관내 유속(V)의 2승에 비례한다.

4 안지름 200mm의 관에 대한 조도계수 $n=0.012$일 때, 마찰손실계수(f)는? [13산]

① 0.0287
② 0.0307
③ 0.0407
④ 0.0417

5 그림과 같이 원형관을 통하여 정상 상태로 흐를 때 관의 축소부로 인한 수두 손실은? (단, V_1=0.5m/s, D_1=0.2m, D_2=0.1m, f_e=0.36) [02 06 09㉮]

① 0.46cm
② 0.92cm
③ 3.65cm
④ 7.30cm

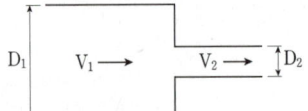

해설

해설 1

$$h_L = f \cdot \frac{l}{D} \cdot \frac{V^2}{2g}$$

$$C = \sqrt{\frac{8g}{f}}, \quad f = \frac{8g}{C^2}$$

$$V = \frac{Q}{A} = \frac{0.1}{\frac{\pi \cdot 0.4^2}{4}} = 0.796 \text{m/sec}$$

$$h_L = \frac{8 \times 9.8}{70^2} \times \frac{80}{0.4} \times \frac{0.796^2}{2 \times 9.8}$$

$$= 0.103\text{m}$$

해설 2

마찰손실수두 $h_L = f \frac{l}{D} \cdot \frac{V^2}{2g}$

관의 직경에 반비례한다.

해설 3

$$h_L = f \cdot \frac{l}{D} \cdot \frac{v^2}{2g}$$

관의 지름에 반비례한다.

해설 4

$$\frac{1}{n} R^{\frac{2}{3}} \cdot I^{\frac{1}{2}} = C\sqrt{RI} = \sqrt{\frac{8g}{f}} \cdot R^{\frac{1}{2}} \cdot I^{\frac{1}{2}}$$

$$\frac{1}{n} R^{\frac{1}{6}} = \sqrt{\frac{8g}{f}}$$

$$\frac{R^{\frac{1}{3}}}{n^2} = \frac{8g}{f}$$

$$f = \frac{n^2}{R^{\frac{1}{3}}} \times 8g = \frac{0.012^2}{\left(\frac{0.2}{4}\right)^{\frac{1}{3}}} \times 8 \times 9.8$$

$$= 0.0306$$

해설 5

$$Q = A_1 V_1 = A_2 V_2$$

$$V_2 = \frac{A_1}{A_2} V_1 = \frac{0.2^2}{0.1^2} \times 0.5$$

$$= 2\text{m/sec}$$

$$h_e = f_e \frac{V_2^2}{2g} = 0.36 \times \frac{2^2}{2 \times 9.8}$$

$$= 0.073\text{m} = 7.3\text{cm}$$

정답 1. ③ 2. ② 3. ① 4. ② 5. ④

6 상대조도에 관한 사항 중 옳은 것은? [19㉮]

① Chezy의 유속계수와 같다.
② Manning의 조도계수를 나타낸다.
③ 절대조도를 관지름으로 곱한 것이다.
④ 절대조도를 관지름으로 나눈 것이다.

7 기준면상 높이 7m위치에 있는 단면 1의 안지름이 50cm, 유속이 2m/s, 압력이 3kg/cm²이고, 높이 2m위치에 있는 단면 2의 안지름은 25cm, 압력은 2.5kg/cm²이다. 이 관수로의 단면 1과 2사이에서 발생하는 손실수두는? [09㉮]

① 6.94m ② 5.94m
③ 4.94m ④ 3.94m

8 내경 5cm의 원활한 관내로 50cm/sec의 유속으로 물이 흐르고 있을 때 관의 단위 길이당(1m당) 손실수두는? (단, 마찰손실 수두계수 $f = 0.02$) [05 22㉮]

① 0.005m
② 0.05m
③ 0.003m
④ 0.001m

9 관수로에서의 마찰손실수두에 대한 설명으로 옳은 것은? [20㉮]

① Froude 수에 반비례한다.
② 관수로의 길이에 비례한다.
③ 관의 조도계수에 반비례한다.
④ 관내 유속의 1/4 제곱에 비례한다.

10 지름이 40cm인 주철관에 동수경사 1/100로 물이 흐를 때 유량은? (단, 조도계수 $n=0.013$이다.) [14㉯]

① 0.208m³/s ② 0.253m³/s
③ 0.184m³/s ④ 1.654m³/s

해 설

해설 6

$$\varepsilon = \frac{e}{D} = \frac{절대조도}{관지름}$$

해설 7

$$\frac{P_1}{w} + \frac{V_1^2}{2g} + Z_1 = \frac{P_2}{w} + \frac{V_2^2}{2g} + Z_2 + h_L$$

$$3000 + \frac{200^2}{2 \times 980} + 700$$
$$= 2500 + \frac{V_2^2}{2 \times 980} + 200 + h_L$$

$$Q = A_1 V_1 = A_2 V_2$$

$$\frac{\pi \cdot 50^2}{4} \times 200 = \frac{\pi \cdot 25^2}{4} \times V_2$$

$$V_2 = 800 \text{cm/sec}$$

$$3720 = 2700 + \frac{800^2}{2 \times 980} + h_L$$

$$h_L = 693 \text{cm} = 6.9 \text{m}$$

해설 8

$$h_L = f \frac{l}{D} \frac{V^2}{2g} = 0.02 \times \frac{100}{5} \times \frac{50^2}{2 \times 980}$$
$$= 0.51 \text{cm} = 0.0051 \text{m}$$

해설 9

$$h_L = f \frac{\ell}{D} \cdot \frac{v^2}{2g}$$

해설 10

$$Q = AV = \frac{\pi D^2}{4} \times \frac{1}{n} \cdot \left(\frac{D}{4}\right)^{2/3} \cdot I^{1/2}$$
$$= \frac{\pi \cdot 0.4^2}{4} \times \frac{1}{0.013} \left(\frac{0.4}{4}\right)^{2/3} \cdot \left(\frac{1}{100}\right)^{1/2}$$
$$= 0.208 \, CMS$$

정답 6. ④ 7. ① 8. ① 9. ② 10. ①

11 관망 문제해석에서 손실수두를 유량의 함수로 표시하여 사용할 경우 지름 D인 원형단면관에 대하여 $h_L = kQ^2$으로 표시한다. 다음 중 각 관의 특성제원에 따라 결정되는 상수 k의 값은? (단, f는 마찰손실계수이고, l은 관의 길이이다.)   [85㉮, 15 20㉱]

① $\dfrac{0.08282 f \cdot l}{D^3}$

② $\dfrac{0.0828 l \cdot D}{f}$

③ $\dfrac{0.0828 f \cdot l}{D^5}$

④ $\dfrac{0.828 f \cdot D}{l^2}$

12 관의 길이가 80m, 관경 400mm인 주철관으로 0.1m³/sec의 유량을 송수할 때 손실수두는? (단, chezy의 평균 유속계수 $C = 70$ 이다.)   [93㉮, 16㉱]

① 1.565m
② 0.129m
③ 0.103m
④ 0.092m

13 마찰손실계수(f)와 Reynolds 수(Re) 및 상대조도(ϵ/d)의 관계를 나타낸 Moody 도표에 대한 설명으로 옳지 않은 것은?   [20㉮]

① 층류영역에서는 관의 조도에 관계없이 단일 직선이 적용된다.
② 완전 난류의 완전히 거친 영역에서 f는 Re^n과 반비례하는 관계를 보인다.
③ 층류와 난류의 물리적 상이점은 f-Re 관계가 한계 Reynolds 수 부근에서 갑자기 변한다.
④ 난류영역에서는 f-Re 곡선은 상대조도에 따라 변하며 Reynolds 수 보다는 관의 조도가 더 중요한 변수가 된다.

14 관수로에서 관의 마찰손실계수가 0.02, 관의 지름이 40cm일 때, 관내 물의 흐름이 100m를 흐르는 동안 2m의 마찰손실수두가 발생하였다면 관내의 유속은?   [18 21㉮]

① 0.3m/s
② 1.3m/s
③ 2.8m/s
④ 3.8m/s

해 설

해설 11

$$h_L = f \frac{l}{D} \frac{V^2}{2g} = f \frac{l}{D} \frac{1}{2g} \left(\frac{Q}{A}\right)^2 = kQ^2$$

$$k = f \frac{l}{D} \frac{1}{2g} \frac{1}{A^2}$$

$$= f \frac{l}{D} \frac{1}{2g} \left(\frac{4}{\pi D^2}\right)^2$$

$$= \frac{8.28 \times 10^{-2} \times fl}{D^5}$$

해설 12

$$h_L = f \cdot \frac{l}{D} \cdot \frac{V^2}{2g}$$

$$C = \sqrt{\frac{8g}{f}}$$

$$70 = \sqrt{\frac{8 \times 9.8}{f}}, \quad f = 0.016$$

$$V = \frac{Q}{A} = \frac{0.1}{\frac{\pi \cdot 0.4^2}{4}} = 0.796 \text{m/sec}$$

$$h_L = 0.016 \times \frac{80}{0.4} \times \frac{0.796^2}{2 \times 9.8}$$
$$= 0.103 \text{m}$$

해설 13

완전히 거친영역에서는 f는 Re수와는 관계없이 거의 일정한 값을 갖는다.

해설 14

$$V = \frac{1}{n} R^{\frac{2}{3}} \cdot I^{\frac{1}{2}}$$

$$f = \frac{124.5 n^2}{D^{\frac{1}{3}}}$$

$$0.02 = \frac{124.5 n^2}{0.4^{\frac{1}{3}}}, \quad n = 0.011$$

$$V = \frac{1}{0.011} \cdot \left(\frac{0.4}{4}\right)^{\frac{2}{3}} \times \left(\frac{2}{100}\right)^{\frac{1}{2}}$$
$$= 2.77 \text{m/sec}$$

정답 11. ③ 12. ③ 13. ② 14. ③

15 물이 가득 차서 흐르는 원형 관수로에서 마찰손실계수 f 를 Manning의 조도계수 n과 연관시킨 식으로 옳은 것은? (단, d : 관지름, R : 동수반경, g : 중력가속도) [12⑦]

① $f = \dfrac{124.5n^2}{d^{1/3}}$ ② $f = \dfrac{8gn^2}{d^{1/3}}$

③ $f = \dfrac{124.5n^2}{R^{1/3}}$ ④ $f = \dfrac{8gn^2}{R^{2/3}}$

해설 15
Manning $V = \dfrac{1}{n} R^{\frac{2}{3}} \cdot I^{\frac{1}{2}}$
$f = \dfrac{124.5n^2}{D^{\frac{1}{3}}}$

16 그림과 같은 병렬관수로에서 $d_1 : d_2 = 3 : 1$, $l_1 : l_2 = 1 : 3$ 이며 $f_1 = f_2$ 일 때 $\dfrac{V_1}{V_2}$ 는? [12 16 ㉾]

① $\dfrac{1}{2}$ ② 1 ③ 2 ④ 3

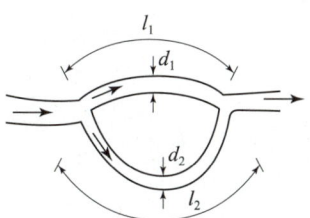

해설 16
병렬관수로에서는 $h_{L1} = h_{L2}$ 이므로
$f_1 \dfrac{l_1}{d_1} \dfrac{V_1^2}{2g} = f_2 \dfrac{l_2}{d_2} \dfrac{V_2^2}{2g}$ 에서
$f_1 = f_2$ 이므로
$\dfrac{l_1}{d_1} V_1^2 = \dfrac{l_2}{d_2} V_2^2$ 이고
$\left(\dfrac{V_1}{V_2}\right)^2 = \dfrac{l_2 \times d_1}{d_2 \times l_1} = \dfrac{3l_1 \times 3d_2}{d_2 \times l_1} = 9$
$\therefore \dfrac{V_1}{V_2} = 3$

17 보통 정도의 정밀도를 필요로 하는 관수로 계산에서 마찰 이외의 손실을 무시할 수 있는 L/D의 값으로 옳은 것은? (단, L : 관의 길이, D : 관의 지름) [20 ㉾]

① 500 이상 ② 1000 이상 ③ 2000 이상 ④ 3000 이상

해설 17
마찰 이외의 손실을 무시할 수 있는 비율은 관의 길이가 관지름의 3,000배 이상일 때이다.

18 관 벽면의 마찰력 τ_σ, 유체의 밀도 ρ, 점성계수를 μ 라고 할 때 마찰속도(U_*)는? [16⑦]

① $\dfrac{\tau_\sigma}{\rho\mu}$ ② $\sqrt{\dfrac{\tau_\sigma}{\rho\mu}}$ ③ $\sqrt{\dfrac{\tau_\sigma}{\rho}}$ ④ $\sqrt{\dfrac{\tau_\sigma}{\mu}}$

해설 18
$U_* = \sqrt{gRI}$ 에서
$\tau_o = wRI$, $RI = \dfrac{\tau_o}{w}$
$U_* = \sqrt{\dfrac{g\tau_o}{w}} = \sqrt{\dfrac{\tau_o}{\rho}}$

19 수면 차가 항상 20m인 수조에 지름 30cm, 길이 500m인 관이 연결되었다면 관속의 유속은? (단, 관의 마찰손실계수 $f=0.03$, 입구손실계수 $f_i=0.5$, 출구손실계수 $f_o=1.00$이다.) [04 ㉾]

① 2.76m/sec ② 4.72m/sec ③ 5.76m/sec ④ 6.72m/sec

해설 19
$V = \sqrt{\dfrac{2gh}{f_i + f\dfrac{l}{D} + f_o}}$
$= \sqrt{\dfrac{2 \times 9.8 \times 20}{0.5 + 0.03 \times \dfrac{500}{0.3} + 1.0}}$
$= 2.76 \text{m/sec}$

정답 15. ① 16. ④ 17. ④ 18. ③ 19. ①

3 유량과 배수시간

학습방향

관수로를 흐르는 유량을 파악하기 위해서 관로의 직경과 평균유속을 알아야 한다. 그러므로 관로의 유속을 파악하는 공식을 숙지하고, 관로 사이를 이동하는 유량을 결정하는 방법을 알아본다.

① 관로의 평균유속 ② 관로의 유량
③ 관로의 배수시간과 사이폰 ④ 유량계산 방법

1 관로의 평균유속

① Chezy식 : $V = C\sqrt{RI}$ $C = \sqrt{\dfrac{8g}{f}}$

② Kutter식 : $V = C\sqrt{RI}$

$$C = \dfrac{23 + \dfrac{1}{n} + \dfrac{0.00155}{I}}{1 + \left(23 + \dfrac{0.00155}{I}\right)\dfrac{n}{\sqrt{R}}}$$

$I > 1/3000$인 경우 $C = \dfrac{23 + \dfrac{1}{n}}{1 + 23\dfrac{n}{\sqrt{R}}}$

R : 경심 I : 수두경사
n : 조도계수 D : 관로의 직경
f : 마찰 손실 계수

③ Manning 식 : $V = \dfrac{1}{n}R^{2/3} \cdot I^{1/2}$

$f = \dfrac{124.6n^2}{D^{1/3}}$ (D : m단위)

④ Chezy의 유속=Manning의 유속 (관로의 평균유속은 하나이다.)

$C\sqrt{RI} = \dfrac{1}{n}R^{2/3} \cdot I^{1/2}$ $C = \dfrac{1}{n}R^{1/6}$

2 관로의 유량

단일 관로의 경우

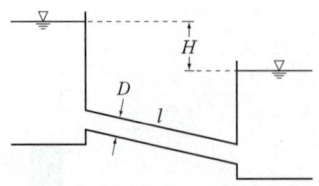

학습POINT

■ 식의 유도

$h_L = f\dfrac{\ell}{D} \cdot \dfrac{V^2}{2g}$

$V^2 = \dfrac{2g \cdot D \cdot h_c}{f\ell}$

$D = 4R$, $I = \dfrac{h_L}{\ell}$

이므로

$V^2 = \dfrac{8g}{f} \cdot RI$

$\therefore V = \sqrt{\dfrac{8g}{f}} \cdot \sqrt{RI} = C\sqrt{RI}$

■ 관로를 흐르는 평균 유속은 한 가지 값을 갖게 되므로 Chezy유속과 Manning 유속은 같은 크기이어야 한다.

$$Q = AV = \frac{\pi D^2}{4} \cdot \sqrt{\frac{2gH}{f_i + f_o + f\frac{l}{D}}}$$

$l/D > 3,000$ 이면 마찰 이외의 손실은 무시한다.

$$\therefore Q = \frac{\pi D^2}{4} \times \sqrt{\frac{2gH}{f\frac{l}{D}}}$$

3 관로의 배수시간과 사이폰

(1) 자유방출 배수시간

$$T = \frac{2A}{a\sqrt{\dfrac{2g}{f_i + f_o + f\dfrac{l}{D}}}} (H_1^{1/2} - H_2^{1/2})$$

여기서, a : 관로의 단면적
H_1 : 초기의 수위
H_2 : 나중의 수위

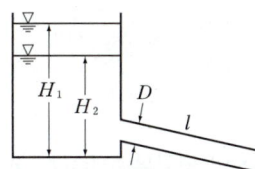

■ 관수로의 배수시간 공식은 오리피스의 배수시간 공식과 매우 흡사하다.
오리피스 배수시간 공식 :
$$T = \frac{2A}{Ca\sqrt{2g}}(H_1^{1/2} - H_2^{1/2})$$

(2) 사이폰
① 이론적 최대 가능 높이 : 10.33m(1기압 수두)
② **실제 가능 높이 : 약 8.0m**(이유 : 각종 손실 수두)
③ 역사이폰은 관로 최하부점에 고압이 걸리게 되므로 주의하여야 한다.

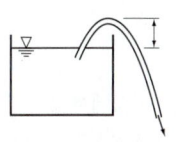 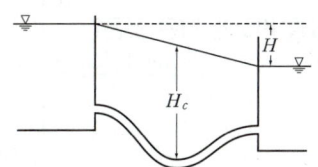

■ 사이폰 : 이론적 최대 가능높이는 동수경사선보다 10.33cm이나 실제적 최대 가능 높이는 동수경사선보다 약 8m 위 까지이다.

■ 역사이폰 : 관내의 압력이 크게 되므로 주의하여야 한다.

4 관망 유량계산

(1) Hardy Cross 방법의 유량계산 기본가정
① 분기점, 합류점의 유량은 정지하지 않고 전부 유출한다.
② 각 폐합관에 대한 손실수두의 합은 흐름의 방향에 관계없이 영(zero)이다.
③ 마찰이외의 손실은 무시한다.

(2) 계산 방법
① 관로의 흐름방향을 결정한다.
② 각 관로의 유량을 가정한다.
③ 폐합 관로에 대해 보정유량을 계산한다.

보정유량 : 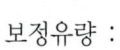 $\Delta Q = \dfrac{-\Sigma h_L}{2\Sigma KQ}$

④ 폐합관로에 대한 손실수두의 합이 영(zero)이 되도록 반복계산한다.

■ 각 관로의 유량을 합리적인 가정유량을 할당한 다음 각 관로의 유량을 보정한다.

핵심문제

1 A지역의 급수용 배수본관의 직경은 1m이다. 장차 아파트 건설 등으로 급수인구가 4배로 증가하여 총급수량도 4배로 증가할 때 급수용 배수본관의 직경은? (단, 유속은 변경하지 않는다고 생각함) [02 ㉮]

① 0.5m
② 1.0m
③ 2.0m
④ 3.0m

2 유량 14.13m³/s를 송수하기 위하여 안지름 3m의 주철관 980m를 설치할 경우, 적당한 관로의 경사는? (단, f = 0.03) [15 22 ㉮]

① 1/600
② 1/490
③ 1/200
④ 1/100

3 마찰손실 계수(f)가 0.03일 때 Chezy의 평균유속계수(C, $m^{1/2}/s$)는? (단, Chezy의 평균유속 $V = C\sqrt{RI}$) [19 ㉮]

① 48.1
② 51.1
③ 53.4
④ 57.4

4 Manning의 평균유속공식 중 마찰손실계수 f의 값을 바르게 적은 것은? [98 14 ㉮]

① $f = \dfrac{8g}{C}$
② $f = \dfrac{124.6n}{D^{\frac{1}{3}}}$
③ $f = \dfrac{124.6n^2}{D^{\frac{1}{3}}}$
④ $f = \sqrt{\dfrac{C}{8g}}$

5 안지름 200mm의 관에 대한 조도 계수 $n = 0.012$ 이다. 이 관의 마찰손실계수는? [13 ㉮]

① 0.0255
② 0.0306
③ 0.0410
④ 0.0442

해설

해설 1

$4Q_1 = Q_2$
$4 \cdot \dfrac{\pi \cdot 1^2}{4} \times V_1 = \dfrac{\pi D^2}{4} \times V_2$
$V_1 = V_2$ 이므로
$D^2 = 4 \quad D = 2m$

해설 2

$Q = AV = A \cdot C\sqrt{RI}$
$= \dfrac{\pi \cdot D^2}{4} \cdot \sqrt{\dfrac{8g}{f}} \cdot \sqrt{\dfrac{D}{4} \cdot I}$
$14.13 = \dfrac{\pi \cdot 3^2}{4} \times \sqrt{\dfrac{8 \cdot 9.8}{0.03}} \times \sqrt{\dfrac{3}{4} \times I}$
$I = \dfrac{1}{490}$

해설 3

$V = C\sqrt{RI}$ 에서
$C = \sqrt{\dfrac{8g}{f}}$ 이므로
$C = \sqrt{\dfrac{8 \times 9.8}{0.03}} = 51.1$

해설 4

Chezy 유속공식에서 $C = \sqrt{\dfrac{8g}{f}}$
Manning 유속공식과 chezy의 유속공식을 같다고 놓으면 $C = \dfrac{1}{n} R^{\frac{1}{6}}$
여기에서 $R = \dfrac{D}{4}$
그러므로 $f = \dfrac{124.6n^2}{D^{\frac{1}{3}}}$

해설 5

$f = \dfrac{124.6n^2}{D^{1/3}}$ (D : m단위)
$= \dfrac{124.6 \times 0.012^2}{0.2^{1/3}} = 0.0307$

정답 1. ③ 2. ② 3. ② 4. ③ 5. ②

6 내경 100mm, 조도계수 $n=0.012$의 주철관으로 물을 보낼 때 마찰손실계수 f는? (단, 매닝(Manning)공식을 적용할 것) [96 11 ㉮]

① 0.0240
② 0.0306
③ 0.0386
④ 0.0083

해설 6
$$f = \frac{124.5n^2}{D^{1/3}}$$
$$= \frac{124.5 \times 0.012^2}{0.1^{1/3}}$$
$$= 0.0386$$

7 다음 중 Chezy의 유속계수 C와 Manning의 조도계수 n 과의 관계를 옳게 나타낸 것은? [10 13 ㉮, 97 ㉯]

① $n = CR^{\frac{1}{6}}$
② $n = \frac{1}{C}R^{\frac{1}{6}}$
③ $n = \frac{1}{C}R^{\frac{2}{3}}$
④ $n = CR^{\frac{1}{6}}$

해설 7
Chezy $V = C\sqrt{RI}$
Manning $V = \frac{1}{n}R^{\frac{2}{3}}I^{\frac{1}{2}}$
$C\sqrt{RI} = \frac{1}{n}R^{\frac{2}{3}} \cdot I^{\frac{1}{2}}$
$n = \frac{R^{\frac{2}{3}} \cdot I^{\frac{1}{2}}}{C\sqrt{RI}} = \frac{1}{C} \cdot R^{\frac{1}{6}}$

8 관망 문제해석에서 손실수두를 유량의 함수로 표시하여 사용할 경우 지름 D인 원형단면관에 대하여 $h_L = kQ^2$으로 표시할 수 있다. 관의 특성 제원에 따라 결정되는 상수 k의 값은? (단, f는 마찰손실계수이고, l은 관의 길이이며 다른 손실은 무시함) [15 ㉯]

① $\frac{0.0827f \cdot l}{D^3}$
② $\frac{0.0827l \cdot D}{f}$
③ $\frac{0.0827f \cdot l}{D^5}$
④ $\frac{0.0827f \cdot D}{l^2}$

해설 8
$$h_L = f\frac{l}{D}\frac{V^2}{2g} = f\frac{l}{D}\frac{1}{2g}\left(\frac{Q}{A}\right)^2 = kQ^2$$
$$k = f\frac{l}{D}\frac{1}{2g}\frac{1}{A^2} = f\frac{l}{D}\frac{1}{2g}\left(\frac{4}{\pi D^2}\right)^2$$
$$= \frac{8.28 \times 10^{-2} \times fl}{D^5}$$

9 다음 그림과 같은 원관으로 된 관로에서 $D_1=300$mm, $Q_1=200l$/sec이고, $D_2=200$mm, $V_2=2.5$m/sec인 경우 $D_3=150$mm에서의 유량 Q_3는? [95 07 ㉮]

① 121.5l/sec
② 100.0l/sec
③ 78.5l/sec
④ 65.0l/sec

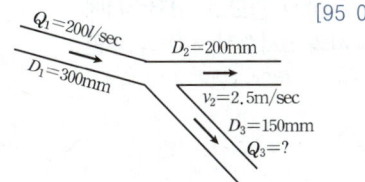

해설 9
$Q_1 = Q_2 + Q_3$
① $Q_1 = 200\,l/\text{sec} = 0.2\text{m}^3/\text{sec}$
② $Q_2 = AV = \frac{\pi \times 0.2^2}{4} \times 2.5$
$= 0.079\text{m}^3/\text{sec}$
∴ $Q_3 = Q_1 - Q_2$
$= 0.2 - 0.079$
$= 0.121\text{m}^3/\text{sec} = 121\,l/\text{sec}$

10 그림과 같이 A에서 분기했다가 B에서 다시 합류하는 관수로에 물이 흐를 때 관Ⅰ과 Ⅱ의 손실수두에 대한 설명으로 옳은 것은? (단, 관Ⅰ의 지름 < 관Ⅱ의 지름이며, 관의 성질은 같다.) [20 ㉮]

① 관Ⅰ의 손실수두가 크다.
② 관Ⅱ의 손실수두가 크다.
③ 관Ⅰ과 관Ⅱ의 손실수두는 같다.
④ 관Ⅰ과 관Ⅱ의 손실수두의 합은 0 이다.

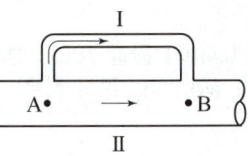

해설 10
A점에서 분기하여 B점에서 합류되므로 두 관로의 손실은 같다.

정답 6. ③ 7. ② 8. ③ 9. ① 10. ③

11 n=0.013인 지름 600mm의 원형 주철관의 동수 구배가 1/180일 때 유량은? (단, Manning 공식을 이용할 것.) [15㉮]

① $1.62 \text{m}^3/\text{sec}$
② $0.148 \text{m}^3/\text{sec}$
③ $0.458 \text{m}^3/\text{sec}$
④ $4.122 \text{m}^3/\text{sec}$

12 수평으로 관 A와 B가 연결되어 있다. 관 A에서 유속은 2m/s, 관 B에서의 유속은 3m/s이며, 관 B에서의 유체압력이 9.8kN/m^2이라 하면 관 A에서의 유체압력은? (단, 에너지 손실은 무시한다.) [16㉮]

① 2.5kN/m^2
② 12.3kN/m^2
③ 22.6kN/m^2
④ 37.6kN/m^2

13 표면적 3ha인 저수지로부터 수면 아래 3m 깊이에 설치되어 있는 직경 300mm인 관을 이용하여 취수할 때 수위가 10cm 저하되는데 소요되는 시간은?(단, 통관의 유량계수는 0.82이다.) [12㉯]

① 0.98 hr
② 1.63 hr
③ 1.89 hr
④ 2.94 hr

14 A저수지에서 200m 떨어진 곳에 내경 20cm 관으로 B저수지에 0.0628m³/sec의 물을 송수하려고 한다. A저수지와 B저수지 사이의 수면차(水面差)는? (단, f = 0.035, f_e = 0.5, f_0 = 1.0) [02 14㉮ 12 14 17㉯]

① 6.94m
② 7.14m
③ 7.45m
④ 0.75m

15 유량 147.6L/s를 송수하기 위하여 내경 0.4m의 관을 700m 설치하였을 때의 관로 경사는? (단, 조도계수 n=0.012, Manning 공식 적용) [18㉯]

① $\frac{2}{700}$
② $\frac{2}{500}$
③ $\frac{3}{700}$
④ $\frac{3}{500}$

해설

해설 11
$Q = AV$
$= A \cdot \frac{1}{n} R^{2/3} \cdot I^{1/2}$
$= \frac{\pi \cdot 0.6^2}{4} \times \frac{1}{0.013}$
$\times \left(\frac{0.6}{4}\right)^{2/3} \times \left(\frac{1}{180}\right)^{1/2}$
$= 0.458 \text{m}^3/\text{sec}$

해설 12
$\frac{P_1}{w} + \frac{V_1^2}{2g} = \frac{P_2}{w} + \frac{V_2^2}{2g}$
$\frac{P_1}{w} = 1 + \frac{3^2 - 2^2}{2 \times 9.8} = 1.255 \text{m}$
$P_1 = 1.255 \times 9.8 = 12.3 \text{kN/m}^2$

해설 13
전체 취수량 = $3ha \times 0.1\text{m} = 3000 \text{m}^3$
$Q = CAV$
$= 0.82 \times \frac{\pi \cdot 0.3^2}{4} \times \sqrt{2 \times 9.8 \times 3}$
$= 0.444 \text{m}^3/\text{sec}$
$t = \frac{3000}{0.444} = 6750 \text{sec} = 1.88\text{hr}$

해설 14
$Q = A \sqrt{\frac{2gh}{f_i + f\frac{l}{D} + f_o}}$
$0.0628 = \frac{\pi \cdot 0.2^2}{4} \times$
$\sqrt{\frac{2 \times 9.8 \times h}{0.5 + 0.035 \times \frac{200}{0.2} + 1.0}}$
$h = 7.44 \text{m}$

해설 15
$Q = AV = A \cdot \frac{1}{n} R^{\frac{2}{3}} \cdot I^{\frac{1}{2}}$
$147.6 l/\text{sec} = \frac{\pi \cdot 0.4^2}{4} \times \frac{1}{0.012} \times$
$\left(\frac{0.4}{4}\right)^{\frac{2}{3}} \times I^{\frac{1}{2}}$
$I = 0.004 = \frac{3}{700}$

정답 11. ③ 12. ② 13. ③ 14. ③ 15. ③

16 물이 단면적, 수로의 재료 및 동수경사가 동일한 정사각형관과 원관을 가득차서 흐를 때 유량비$\left(\dfrac{Q_s}{Q_c}\right)$는? (단, Q_s : 정사각형관의 유량, Q_c : 원관의 유량, Manning 공식을 적용) [12 ㉮]

① 0.645
② 0.923
③ 1.083
④ 1.341

17 그림과 같은 역사이폰에서 특히 주의해야 할 점은 무엇인가? [02 ㉮]

① 부압
② 만곡에 의한 손실수두
③ 마찰손실 수두
④ 관내의 h_{max}에 상당하는 큰 수압

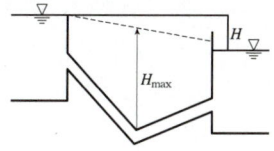

18 물이 저수지에서 25mm 원관을 통해 600m를 흘러 대기 중으로 유출된다. 유출구가 저수지 수면보다 0.3m 아래에 위치하고 있을 때 관내의 흐름이 층류이면 유출구에서의 유량은? (단, 마찰손실만 있는 것으로 본다) [13 ㉮]

① 43cm³/sec
② 459cm³/sec
③ 881cm³/sec
④ 905cm³/sec

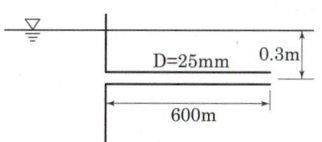

19 사이폰의 이론 중 동수경사선에서 정점부까지의 이론적 높이(㉠)와 실제 설계 시 적용하는 높이의 범위(㉡)로 옳은 것은? [20 ㉰]

① ㉠ : 7.0m, ㉡ : 5.6~6.0m
② ㉠ : 8.0m, ㉡ : 6.4~6.8m
③ ㉠ : 9.0m, ㉡ : 6.5~7.0m
④ ㉠ : 10.3m, ㉡ : 8.0~8.5m

20 관망(pipe network) 계산에 대한 설명으로 옳지 않은 것은? [16 ㉮]

① 관내의 흐름은 연속 방정식을 만족한다.
② 가정 유량에 대한 보정을 통한 시산법(trial and error method)으로 계산한다.
③ 관내에서는 Darcy-Weisbach공식을 만족한다.
④ 임의 두 점간의 압력강하량은 연결하는 경로에 따라 다를 수 있다.

해 설

해설 16

$Q = A \cdot \dfrac{1}{n} R^{\frac{2}{3}} \cdot I^{\frac{1}{2}}$

$R_s = \dfrac{A}{P} = \dfrac{b^2}{4b} = \dfrac{b}{4}$

$R_c = \dfrac{A}{P} = \dfrac{D}{4}$

면적이 동일하므로, $b^2 = \dfrac{\pi}{4}D^2$이 된다.

$Q_s = b^2 \cdot \dfrac{1}{n} \cdot \left(\dfrac{b}{4}\right)^{\frac{2}{3}} \cdot I^{\frac{1}{2}}$

$Q_c = \dfrac{\pi D^2}{4} \cdot \dfrac{1}{n} \left(\dfrac{D}{4}\right)^{\frac{2}{3}} \cdot I^{\frac{1}{2}}$

$\dfrac{Q_s}{Q_c} = \dfrac{b^2 \cdot \frac{1}{n} \cdot \left(\frac{b}{4}\right)^{\frac{2}{3}} \cdot I^{\frac{1}{2}}}{\frac{\pi}{4}D^2 \cdot \frac{1}{n}\left(\frac{D}{4}\right)^{\frac{2}{3}} \cdot I^{\frac{1}{2}}}$

$= \left(\dfrac{b}{D}\right)^{\frac{2}{3}} = \left(\dfrac{\sqrt{\frac{\pi}{4}}D}{D}\right)^{\frac{2}{3}} = \left(\sqrt{\dfrac{\pi}{4}}\right)^{\frac{2}{3}}$

$= 0.923$

해설 17

역사이폰 : 관의 맨 아랫부분에 큰 수압이 걸리므로 주의

해설 18

유출량(Q)

① $f = \dfrac{64}{Re} = \dfrac{64}{2000} = 0.032$

② $v = \sqrt{\dfrac{2gh}{f\frac{l}{d}}} = \sqrt{\dfrac{2 \times 980 \times 30}{0.032 \times \frac{60000}{2.5}}}$

$= 8.75\text{cm/sec}$

③ $Q = AV = \dfrac{\pi \times 2.5^2}{4} \times 8.75$

$= 43\text{cm}^3/\text{sec}$

해설 19

이론적 높이는 1기압의 수두로서 10.33m이며, 실제 적용수두는 8~8.5m이다.

해설 20

두 점간의 압력강하량은 경로와는 관계없다.

정답 16. ② 17. ④ 18. ① 19. ④ 20. ④

4 동력과 수격작용

학습방향

유체의 흐름으로 인해 얻을 수 있는 에너지와 공급해야 할 필요 에너지를 구하는 방법을 숙지하고 관로 흐름에서 발생가능한 흐름시의 유체 특성에 대하여 파악한다.

① 수차의 출력　　②　양수 동력　　③　수격작용

1 수차의 출력

$$E = wQH_e\eta \text{ (kg·m/sec)}$$
$$= 9.8\,QH_e\eta \text{(kW)}$$
$$= 13.33\,QH_e\eta \text{(HP)}$$

참고] $H_e = H - \Sigma h_L$

　η : 수차와 발전기의 합성효율 ($\eta < 1$)

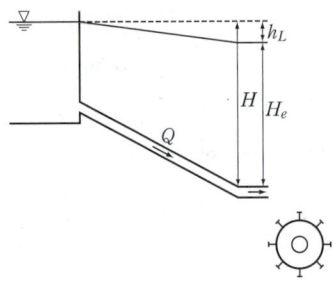

2 양수 동력

$$E = 9.8\,QH_P/\eta \text{ (kW)}$$
$$= 13.33\,QH_P/\eta \text{(HP)}$$

참고] $H_P = H + \Sigma h_L$

　η : 펌프의 효율 ($\eta < 1$)

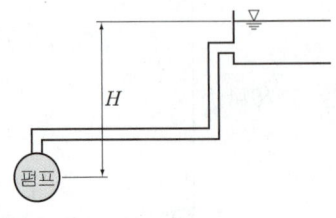

학습POINT

■ 수차(물레방아)의 출력은 수력발전으로 얻을 수 있는 전기에너지를 말한다.

■ 수차의 출력을 구하기 위해서는 효율(η)과 낙차(H_e)를 적용함에 있어 출력값이 작은 값이 나오도록 적용시킨다.

■ 양수동력은 물을 양수하기 위해 펌프에 공급해야 하는 전기에너지를 말한다.

■ 양수동력을 구하기 위해서는 효율(η)과 낙차(H_e)를 적용함에 있어 양수동력값이 크게 나오도록 적용시킨다.

3 수격작용(water hammer)

밸브의 급조작시 압력의 증가로 인하여 발생

① 공동현상(cavitation)
국부적인 저압부위의 발생으로 물속에 기포가 생기는 현상

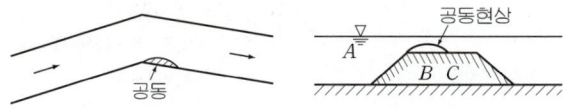

② Pitting
공동현상과 이어져서 발생하며 고체면에 강한 충격을 주는 작용

■ Pitting으로 인하여 관벽면이 파괴되기도 한다.

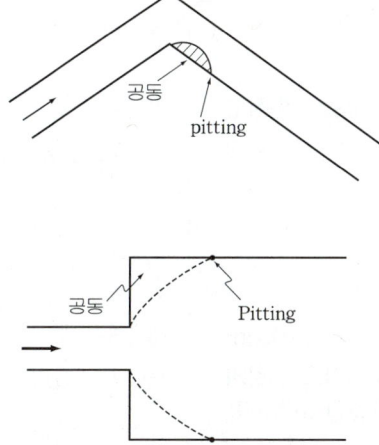

③ 서어징(surging)
수격작용에 의한 수격압을 완화하기 위해 설치된 탱크내에서의 수면 진동 현상을 말한다.

■ 수격압이 발생할 수 있는 수력발전댐 등에 설치한다.

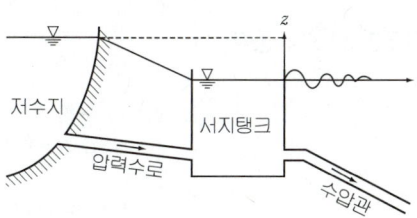

핵심문제

1 총낙차가 68m이고 발전용 수로의 사용 수량이 8m³/sec인 발전기가 발생되어질 수 있는 총손실수두가 1.06m라면, 발전기에서 발생하는 이론 출력은? [02 ㉮]

① 5,250kW 또는 8,160H_P
② 4,635kW 또는 7,140H_P
③ 5,250kW 또는 7,140H_P
④ 4,635kW 또는 8,160H_P

2 양정이 5m일 때 4.9kW의 펌프로 0.03m³/sec를 양수했다면 이 펌프의 효율은 약 얼마인가? [11 20 ㉮]

① 0.3 ② 0.4
③ 0.5 ④ 0.6

3 관정의 펌프용 전동기 동력이 100kW, 펌프의 효율이 93%, 양정고 150m, 손실수두 10m일 때 펌프에 의한 양수량은? [04 ㉰]

① 0.02m³/sec ② 0.06m³/sec
③ 0.12m³/sec ④ 0.15m³/sec

4 수면표고가 18m인 정수장에서 직경 600mm인 강관 900m를 이용하여 수면표고 39m인 배수지로 양수하려고 한다. 유량이 1.0m³/s이고 관로의 마찰손실계수가 0.03일 때 모터의 소요 동력은? (단, 마찰손실만 고려하며, 펌프 및 모터의 효율은 각각 80% 및 70%이다.) [14 24 ㉮]

① 520 kW
② 620 kW
③ 780 kW
④ 870 kW

5 0.3m³/sec의 물을 실양정 45m의 높이로 양수하는데 필요한 펌프의 동력은? (단, 마찰손실수두는 18.6m이다.) [13 19 23 ㉮]

① 186.98kW
② 196.98kW
③ 204.90kW
④ 214.40kW

해설

해설 1
- 이론 출력
$E = 13.33QH$
$= 13.33 \times 8 \times (68 - 1.06)$
$\fallingdotseq 7,140 H_P$
$E = 9.8QH$
$= 9.8 \times 8 \times (68 - 1.06)$
$\fallingdotseq 5,250 \text{kw}$
$(1HP = 0.746\text{kW})$

해설 2
$E = \frac{1}{\eta} \times 9.8QH$
$4.9 = \frac{1}{\eta} \times 9.8 \times 0.03 \times 5$
$\eta = 0.3$

해설 3
$E = 9.8 \frac{1}{\eta} QH$
$100 = 9.8 \times \frac{1}{0.93} \times Q \times (150 + 10)$
$Q = 0.06 \text{m}^3/\text{sec}$

해설 4
$E = \frac{1}{\eta} \times 9.8QH$
$\eta = 0.7 \times 0.8$
$Q = 1$
$H = h + h_L = 21 + f\frac{l}{D}\frac{V^2}{2g}$
$V = \frac{Q}{A} = \frac{4 \times 1}{\pi D^2} = 3.54 \text{m/sec}$
$H = 21 + 0.03 \times \frac{900}{0.6} \times \frac{3.54^2}{2 \times 9.8}$
$= 21 + 28.7 = 49.7 \text{m}$
$E = \frac{1}{0.7 \times 0.8} \times 9.8 \times 1 \times 49.7 = 869.8 \text{kW}$

해설 5
펌프의 동력
$P = \frac{9.8Q(H + \Sigma H_L)}{\eta}$
$= \frac{9.8 \times 0.3(45 + 18.6)}{1}$
$= 186.98 \text{kW}$

정답 1. ③ 2. ① 3. ② 4. ④ 5. ①

6 긴 관로상의 유량조절 밸브를 갑자기 폐쇄시키면 관로내의 유량은 갑자기 크게 변화하게 되며 관내의 물의 질량과 운동량 때문에 관벽에 큰 힘을 가하게 되어 정상적인 동수압보다 몇 배나 큰 압력의 상승이 일어난다. 이와 같은 현상을 무엇이라 하는가? [97 12 17 ㉛]

① 공동현상
② 도수현상
③ 수격작용
④ 배수현상

7 지름 20cm, 길이 100m의 주철관으로서 매초 0.1m³의 물을 40m의 높이까지 양수하려고 한다. 펌프의 효율이 100%라 할 때, 필요한 펌프의 동력은? (단, 마찰손실계수는 0.03, 유출 및 유입손실계수는 각각 1.0과 0.50이다.) [11 ㉮]

① 40HP
② 65HP
③ 75HP
④ 85HP

8 동력 20000kW, 효율 88%인 펌프를 이용하여 150m 위의 저수지로 물을 양수하려고 한다. 손실수두가 10m일 때 양수량은? [18 ㉮]

① 15.5m³/s
② 14.5m³/s
③ 11.2m³/s
④ 12.0m³/s

9 표고 20m인 저수지에서 물을 표고 50m인 지점까지 1.0m³/sec의 물을 양수하는데 소요되는 펌프동력은? (단, 모든 손실수두의 합은 3.0m이고 모든 관은 동일한 직경과 수리학적 특성을 지니며, 펌프의 효율은 80%이다.) [19 ㉮]

① 248kW
② 330kW
③ 404kW
④ 650kW

10 하천수를 펌프로 양수하여 이용하고자 한다. 유량 Q(m³/sec), 양정 H(m), 모든 손실수두의 합을 $\sum h_L$(m), 그리고 펌프의 효율을 η라 할 때, 소요동력(kW)를 결정하는 식은? [13 ㉛]

① $\dfrac{13.33Q(H-\sum h_L)}{\eta}$
② $9.8Q(H+\sum h_L)\eta$
③ $\dfrac{13.33Q(H+\sum h_L)}{\eta}$
④ $\dfrac{9.8Q(H+\sum h_L)}{\eta}$

해 설

해설 6
- 공동현상 : 관로의 곡관부 및 급확안 면부에서 발생
- 도수현상 : 사류의 흐름이 상류로 변화할 때 발생
- 배수현상 : 하천에 구조물로 인해서 상류부의 수위가 상승되는 현상

해설 7
양수동력을 구하는 것이므로
$$E = \frac{13.33}{\eta} \times QH$$
$$= 13.33 \times 0.1 \times \left\{ h + \left(f_i + f\frac{l}{D} + f_o \right) \frac{V^2}{2g} \right\}$$
$$= 13.33 \times 0.1$$
$$\times \left[(40 + \left\{1.0 + 0.03\frac{100}{0.2} + 0.5\right\} \frac{\left(\frac{0.1}{\pi \cdot 0.2^2/4}\right)^2}{2 \times 9.8} \right]$$
$$= 64.7 HP$$

해설 8
$E = 9.8QH_p/\eta$
$20000 = 9.8 \times Q \times (150+10)/0.88$
$Q = 11.2 \text{m}^3/\text{s}$

해설 9
$$E = \frac{1}{\eta} \times 9.8 \times Q \times H_P$$
$$= \frac{9.8}{0.8} \times 1 \times (50-20+3)$$
$$= 404.3 \text{kW}$$

해설 10
$$E = \frac{9.8}{\eta} Q(H + \sum h_L)$$

정답 6. ③ 7. ② 8. ③ 9. ③ 10. ④

출제예상문제

CHAPTER 5 관수로

1. 다음 중 관수로내의 흐름에서 마찰손실수두에 관한 사항 중 옳지 않은 것은? [20 22 산]

① 관내면의 조도에 비례한다.
② 관내의 유속 V의 2승에 비례한다.
③ 관의 길이에 정비례한다.
④ 동점성 계수에 반비례한다.

해설
$h_L = f \dfrac{\ell}{D} \dfrac{V^2}{2g}$
$f = \dfrac{64}{R_e}$, $R_e = \dfrac{VD}{\nu}$
$h_L = \dfrac{\nu \cdot 64}{VD} \cdot \dfrac{\ell}{D} \dfrac{V^2}{2g}$
동점성계수에는 비례한다.

2. 관속에 흐르는 물의 속도수두를 10m로 유지하기 위한 평균 유속은? [19 가]

① 4.9m/s   ② 9.8m/s
③ 12.6m/s   ④ 14.0m/s

해설
$\dfrac{V^2}{2g} = 10\text{m}$
$V = \sqrt{10 \times 2 \times 9.8} = 14\text{m/sec}$

3. 지름 D인 관을 배관할 때 마찰 손실이 elbow에 의한 손실과 같도록 직선 관을 배관한다면 직선 관의 길이는? (단, 관의 마찰손실계수 $f = 0.025$, elbow에 의한 미소손실계수 $K = 0.9$) [20 산]

① 4D   ② 8D
③ 36D   ④ 42D

해설
$h_L = f \dfrac{\ell}{D} \dfrac{V^2}{2g} = k \dfrac{V^2}{2g}$
$= 0.025 \times \dfrac{\ell}{D} = 0.9$
$\ell = 36D$

4. 어느 하천에서 H 되는 곳까지 양수하려고 한다. 양수량을 Q(m³/sec), 모든 손실수두의 합을 $\sum h_e$, 펌프와 모터의 효율을 각각 η_1, η_2라 할 때, 펌프의 동력을 구하는 식은? [20 산]

① $\dfrac{9.8 Q (H + \sum h_e)}{75 \eta_1 \eta_2}$ [kW]

② $\dfrac{9.8 Q (H + \sum h_e)}{\eta_1 \eta_2}$ [kW]

③ $\dfrac{9.8 Q (H - \sum h_e)}{75 \eta_1 \eta_2}$ [kW]

④ $\dfrac{13.33 Q (H - \sum h_e)}{\eta_1 \eta_2}$ [kW]

해설
$E = \dfrac{9.8}{\eta} Q h_p = \dfrac{9.8}{\eta_1 \cdot \eta_2} Q (H + \sum h_e)$ (kW)

5. 경심이 8m, 동수경사가 1/100, 마찰손실계수 f=0.03일 때 Chezy의 유속계수 C를 구한 값은? [15 가]

① $51.1\text{m}^{\frac{1}{2}}/\text{s}$ ② $25.6\text{m}^{\frac{1}{2}}/\text{s}$
③ $36.1\text{m}^{\frac{1}{2}}/\text{s}$ ④ $44.3\text{m}^{\frac{1}{2}}/\text{s}$

해설
$C = \sqrt{\dfrac{8g}{f}} = \sqrt{\dfrac{8 \times 9.8}{0.03}} = 51.1\text{m}^{1/2}/\text{sec}$

6. 관수로의 마찰손실공식 중 난류에서의 마찰손실계수 f는? [18 가]

① 상대조도만의 함수이다.
② 레이놀즈수와 상대조도의 함수이다.
③ 후르드수와 상대조도의 함수이다.
④ 레이놀즈수만의 함수이다.

해설
Moody 도표

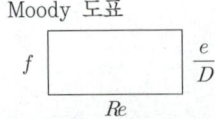

해답 1. ④ 2. ④ 3. ③ 4. ② 5. ① 6. ②

7. 그림과 같이 단면적이 200cm²인 90° 굽어진 관(1/4 원의 형태)을 따라 유량 $Q=0.05\text{m}^3/\text{s}$의 물이 흐르고 있다. 이 굽어진 면에 작용하는 힘(P)은? [19산]

① 157N
② 177N
③ 1570N
④ 1770N

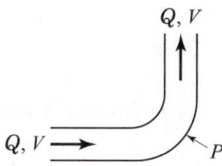

해설
$P_x = \dfrac{w}{g}Q(V_1 - V_2)$
$Q = A \cdot V$
$0.05 = 200 \times 10^{-4} \times V$
$V = 2.5 \text{m/sec}$
$P_x = \dfrac{1}{9.8} \times 0.05 \times (2.5 - 0) = 0.0128\text{t}$
$P_y = \dfrac{1}{9.8} \times 0.05 (0 - 2.5) = -0.0128\text{t}$
$P_T = \sqrt{P_x^2 + P_y^2}$
$\quad = \sqrt{0.0128^2 + (-0.0128)^2} = 0.0181\text{t}$
그러므로 작용하는 힘
$P = 0.0181 \times 9800\text{N}$
$\quad = 177\text{N}$

8. Darcy-Weisbach의 마찰손실계수 $f = \dfrac{64}{R_e}$ (R_e : 레이놀즈수)라 할 때 지름 0.2cm인 유리관속을 0.8cm³/sec의 물이 흐를 때 관의 길이 1.0m의 손실수두는? (단, 동점성계수 $\nu = 1.12 \times 10^{-2}\text{cm}^2/\text{sec}$임) [84 97 기]

① $h_L = 11.6\text{cm}$
② $h_L = 23.3\text{cm}$
③ $h_L = 2.33\text{cm}$
④ $h_L = 1.16\text{cm}$

해설
$h_L = f \dfrac{l}{D} \dfrac{V^2}{2g}$ 에서
$V = \dfrac{Q}{A} = \dfrac{0.8}{\dfrac{\pi \times 0.2^2}{4}} = 25.46 \text{cm/sec}$
$R_e = \dfrac{VD}{\nu} = \dfrac{25.46 \times 0.2}{0.0112} = 454.64$
$R_e < 2000$이므로
$f = \dfrac{64}{R_e} = \dfrac{64}{454.64} = 0.141$
$h_L = f \cdot \dfrac{l}{D} \cdot \dfrac{V^2}{2g} = 0.141 \times \dfrac{100}{0.2} \times \dfrac{(25.46)^2}{2 \times 980}$
$\quad = 23.3 \text{cm}$

9. Hardy-Cross의 관망계산 시 가정조건에 대한 설명으로 옳은 것은? [20 기]

① 합류점에 유입하는 유량은 그 점에서 1/2만 유출된다.
② 각 분기점에 유입하는 유량은 그 점에서 정지하지 않고 전부 유출한다.
③ 폐합관에서 시계방향 또는 반시계 방향으로 흐르는 관로의 손실수두의 합은 0이 될 수 없다.
④ Hardy-Cross 방법은 관경에 관계없이 관수로의 분할 갯수에 의해 유량 분배를 하면 된다.

해설
Hardy - Cross 가정조건은 분기점에 유입하는 유량은 정지하지 않고 전부 유출한다.

10. 관수로에 물이 흐르고 있을 때 유속을 구하기 위하여 적용할 수 있는 식은? [16산]

① Torricelli 정리
② 파스칼의 원리
③ 운동량 방정식
④ 물의 연속 방정식

해설
관로의 흐름에서 유속은 연속방정식을 적용할 수 있다.
$Q = A_1 V_1 = A_2 V_2$

11. 그림과 같은 관(管)에서 V의 유속으로 물이 흐르고 있는 경우에 대한 설명으로 옳지 않은 것은? [22 24 기]

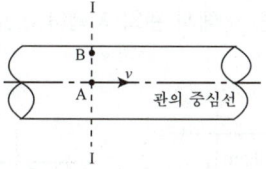

① 흐름이 층류인 경우 A점에서의 유속(流速)은 단면(斷面) I의 평균유속의 2배다.
② A점에서의 마찰저항력은 V^2에 비례한다.
③ A점에서 B점(管壁)으로 갈수록 마찰저항력은 커진다.
④ 유속은 A점에서 최대인 포물선 분포를 한다.

해설
관로 중심에서의 마찰은 0이다.

해답 7. ② 8. ② 9. ② 10. ④ 11. ②

12. 관수로에서의 미소 손실(Minor Loss)는? [16 ㉮]

① 위치수두에 비례한다.
② 압력수두에 비례한다.
③ 속도수두에 비례한다.
④ 레이놀드수의 제곱에 반비례한다.

[해설] 미소손실은 속도수두에 비례한다.

13. 지름 1cm인 관속을 15.7cm³/sec의 물이 흐를 때 관의 길이가 1m이면 마찰손실 수두는? (단, 물의 동점성계수 $\nu =1.12 \times 10^{-2}$cm²/sec) [86 94 ㉮]

① 0.731cm
② 1.500cm
③ 2.305cm
④ 3.175cm

[해설]
$$h_L = f \cdot \frac{l}{D} \cdot \frac{V^2}{2g}$$
$$R_e = \frac{V \cdot D}{\nu} = \frac{20 \times 1}{1.12 \times 10^{-2}} = 1784 < 2000 \text{ 층류이다.}$$
그러므로 $f = \frac{64}{R_e} = \frac{64}{1784}$
$$V = \frac{Q}{A} = \frac{15.7}{\frac{\pi \cdot 1^2}{4}} = 20 \text{cm/sec}$$
$$h_L = \frac{64}{1784} \times \frac{100}{1} \times \frac{20^2}{2 \times 980} = 0.73 \text{cm}$$

14. 그림과 같이 단면 ①에서 관의 지름이 0.5m, 유속이 2m/s이고, 단면 ②에서 관의 지름이 0.2m일 때 단면 ②에서의 유속은? [19 22 ㉳]

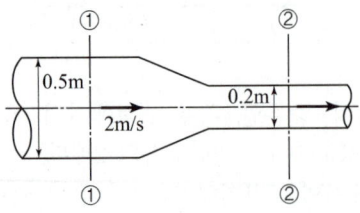

① 10.5m/s
② 11.5m/s
③ 12.5m/s
④ 13.5m/s

[해설]
$Q = A_1 V_1 = A_2 V_2$ 이므로
$\frac{\pi \cdot 0.5^2}{4} \times 2 = \frac{\pi \cdot 0.2^2}{4} \times V_2$
$V_2 = 12.5$m/sec

15. 지름 D = 200mm, 길이가 100m인 원관 내에 물이 유속 2.5m/s로 흐르고 있다. 이때, 원관의 Manning 조도계수 n = 0.013인 경우 마찰손실수두를 계산한 값은?

① 4.74m
② 5.74m
③ 6.74m
④ 7.74m

[해설] Darcy−Weisbach 마찰손실수두
$$h_L = f \frac{l}{D} \cdot \frac{V^2}{2g} = \left(\frac{124.5 n^2}{D^{1/3}}\right) \cdot \frac{l}{D} \cdot \frac{V^2}{2g}$$
$$= \frac{124.5 \times (0.013)^2}{(0.2)^{1/3}} \cdot \frac{100}{0.2} \cdot \frac{(2.5)^2}{2 \times 9.8} = 5.74 \text{m}$$

16. 그림과 같은 병렬관수로에서 점 ①에서 분기되어 점 ②에서 합류된다고 할 때의 설명 중 옳은 것은? [24 ㉮]

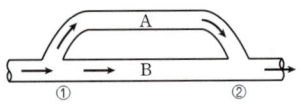

① 관 A는 관 B보다 길이도 길고 bend가 있어 관 B보다 손실수두가 크다.
② 관 B의 유속이 A보다 크기 때문에 관 B에서의 손실수두가 A보다 크다.
③ 관 A와 관B에 흐르는 유량의 비를 알아야만 손실수두가 어느 쪽이 더 큰지 알 수 있다.
④ 각각 관수로에 흐르는 유량의 비에 관계없이 관 A와 B의 손실수두는 같다.

[해설] 병렬관수로
각 관로의 손실수두는 같다.

17. 경심이 10m이고 동수경사가 1/100인 관로의 마찰손실계수 f=0.04일 때 유속은? [98 ㉮]

① 20m/sec
② 10m/sec
③ 24m/sec
④ 14m/sec

[해설]
$V = C\sqrt{RI}$ 에서
$C = \sqrt{\frac{8g}{f}} = \sqrt{8 \times 9.8/0.04} = 44.27$
$\therefore V = C\sqrt{RI} = 44.27 \times \sqrt{10 \times \frac{1}{100}} = 14.0$m/sec

해답 12. ③ 13. ① 14. ③ 15. ② 16. ④ 17. ④

18. 그림과 같이 흐름의 단면을 A_1에서 A_2로 급히 확대할 경우의 손실수두(h_s)를 나타내는 식은? [16 21 산]

① $h_s = \left(1 - \dfrac{A_1}{A_2}\right)^2 \dfrac{V_1^2}{2g}$

② $h_s = \left(1 - \dfrac{A_1}{A_2}\right)^2 \dfrac{V_2^2}{2g}$

③ $h_s = \left(1 + \dfrac{A_2}{A_1}\right)^2 \dfrac{V_1^2}{2g}$

④ $h_s = \left(1 + \dfrac{A_2}{A_1}\right)^2 \dfrac{V_2^2}{2g}$

[해설] 관로의 급확 손실수두 유속은 큰 값을 사용한다.
$h_s = \left(1 - \dfrac{A_1}{A_2}\right)^2 \cdot \dfrac{V_1^2}{2g}$

19. 양정이 6m일 때 4.2마력의 펌프로 0.03m³/s를 양수했다면 이 펌프의 효율은? [19 산]

① 42% ② 57%
③ 72% ④ 90%

[해설]
$E = \dfrac{9.8QH_P}{\eta}(\text{kW}) = \dfrac{13.33QH_P}{\eta}(\text{HP})$
$4.2 = \dfrac{13.33 \times 0.03 \times 6}{\eta}$
$\eta = 0.57 \times 100 = 57\%$

20. 수로 바닥에서의 마찰력 τ_0, 물의 밀도 ρ, 중력 가속도 g, 수리평균수심 R, 수면경사 I, 에너지선의 경사 I_e라고 할 때 등류(㉠)와 부등류(㉡)의 경우에 대한 마찰속도(u_*)는? [21 ㉮]

① ㉠ : ρRI_e, ㉡ : ρRI

② ㉠ : $\dfrac{\rho RI}{\tau_0}$, ㉡ : $\dfrac{\rho RI_e}{\tau_0}$

③ ㉠ : $\sqrt{gRI}$, ㉡ : $\sqrt{gRI_e}$

④ ㉠ : $\sqrt{\dfrac{gRI_e}{\tau_0}}$, ㉡ : $\sqrt{\dfrac{gRI}{\tau_0}}$

[해설]
등류 $u_* = \sqrt{gRI}$
부등류 $u_* = \sqrt{gRI_e}$

21. 유량 1.5m³/s, 낙차 100m인 지점에서 발전할 때 이론수력은? [19 산]

① 1470kW ② 1995kW
③ 2000kW ④ 2470kW

[해설]
$E = 9.8 QH_e \eta$
$= 9.8 \times 1.5 \times 100 \times 1$
$= 1470\text{kW}$

22. 그림과 같은 노즐에서 유량을 구하기 위한 식으로 옳은 것은?(단, 유량계수는 1.0로 가정한다.) [18 24 ㉮]

① $\dfrac{\pi d^2}{4}\sqrt{\dfrac{2gh}{1-(d/D)^2}}$

② $\dfrac{\pi d^2}{4}\sqrt{\dfrac{2gh}{1-(d/D)^4}}$

③ $\dfrac{\pi d^2}{4}\sqrt{\dfrac{2gh}{1+(d/D)^2}}$

④ $\dfrac{\pi d^2}{4}\sqrt{2gh}$

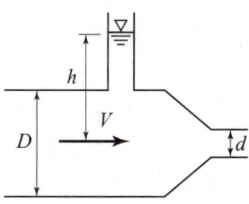

[해설]
연속방정식 $Q = A_1 V_1 = A_2 V_2$
$\dfrac{\pi D^2}{4} \cdot V_1 = \dfrac{\pi d^2}{4} \cdot V_2$
$V_1 = \left(\dfrac{d}{D}\right)^2 \cdot V_2$

베르누이 방정식 $h + \dfrac{V_1^2}{2g} = \dfrac{V_2^2}{2g}$
$2gh + V_1^2 = V_2^2$
$2gh + \left(\dfrac{d}{D}\right)^4 \cdot V_2^2 = V_2^2$
$V_2 = \sqrt{\dfrac{2gh}{1-\left(\dfrac{d}{D}\right)^4}}$

$Q = A_2 V_2$
$= \dfrac{\pi d^2}{4} \cdot \sqrt{\dfrac{2gh}{1-\left(\dfrac{d}{D}\right)^4}}$

23. 지름 200mm인 관로에 축소부 지름이 120mm인 벤츄리미터(venturimeter)가 부착되어 있다. 두 단면의 수두차가 1.0m, $C=0.98$일 때의 유량은? [19 ㉮]

① 0.00525m³/s ② 0.0525m³/s
③ 0.525m³/s   ④ 5.250m³/s

[해답] 18. ① 19. ② 20. ③ 21. ① 22. ② 23. ②

해설
$Q = CAV$
두 단면에 대하여
$A_1 V_1 = V_2 V_2$ 과
$\dfrac{V_1^2}{2g} - \dfrac{V_2^2}{2g} = 1$ 이 성립하므로
$\dfrac{\pi \cdot 0.2^2}{4} \times V_1 = \dfrac{\pi \cdot 0.12^2}{4} \times V_2$
$\therefore V_1 = 0.36 V_2$
$V_1^2 - V_2^2 = 2 \times 9.8$
$(0.36 V_2)^2 - V_2^2 = 2 \times 9.8 - 0.87 V_2^2 = 2 \times 9.8$
$\therefore V_2 = 4.75 \text{m/sec}$
(−부호는 유체의 흐름 방향)
$Q = CAV$
$= 0.98 \times \dfrac{\pi \cdot 0.12^2}{4} \times 4.75$
$= 0.0526 \text{m}^3/\text{sec}$

24. A저수지에서 200m 떨어진 B저수지에 20cm관으로 0.0628m³/sec의 물을 송수하려 한다. A저수지와 B저수지와의 수면차는? (마찰손실만 고려하고 $f = 0.035$이다.)

① 6.94m ② 7.14m
③ 7.45m ④ 0.75m

해설
$Q = AV$
$0.0628 = \dfrac{\pi \cdot 0.2^2}{4} \times \sqrt{\dfrac{2 \times 9.8 \times h}{0.035 \times \dfrac{200}{0.2}}}$
$h = 7.14 \text{m}$

25. 경심이 5m이고 동수경사가 1/200인 관로에서 Reynolds 수가 1000인 흐름의 평균유속은? [16㉮, 23㉯]

① 0.70m/s ② 2.24m/s
③ 5.00m/s ④ 5.53m/s

해설
$V = \dfrac{1}{n} R^{2/3} \cdot I^{1/2}$
$f = \dfrac{124.5 n^2}{D^{1/3}}$
층류인 경우는 $f = \dfrac{64}{R_e}$ 이므로
$\dfrac{124.5 \times n^2}{20^{1/3}} = \dfrac{64}{1000}$
$n = 0.0374$
$V = \dfrac{1}{0.0374} \times 5^{2/3} \times \left(\dfrac{1}{200}\right)^{1/2}$
$= 5.53 \text{m/sec}$

26. 그림과 같은 단일 관수로를 사용하여 200m 떨어진 곳에 내경 20cm관으로 0.0628m³/sec의 물을 송수하려고 한다. 두 저수지의 수면차(H)를 얼마로 유지하여야 하는가? (단, 마찰손실계수 $f = 0.035$, 급확대에 의한 손실계수 $f_o = 1.0$, 급축소에 의한 손실계수 $f_i = 0.50$이다.)

① 6.45m
② 5.45m
③ 7.45m
④ 8.27m

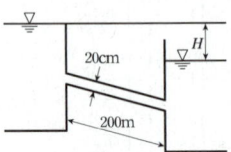

해설
$Q = AV = A \cdot \sqrt{\dfrac{2gh}{f_i + f\dfrac{l}{D} + f_o}}$
$0.0628 = \dfrac{\pi \cdot 0.2^2}{4} \sqrt{\dfrac{2 \times 9.8 \times h}{0.5 + 0.035 \dfrac{200}{0.2} + 1.0}}$
$h = 7.44 \text{m}$

27. A저수지에서 200m 떨어진 B저수지로 지름 20cm, 마찰손실계수 0.035인 원형관으로 0.0628m³/s의 물을 송수하려고 한다. A저수지와 B저수지 사이의 수위차는? (단, 마찰손실, 단면급확대 및 급축소 손실을 고려한다.)
[18㉮]

① 5.75m ② 6.94m
③ 7.14m ④ 7.45m

해설
$Q = AV = A \sqrt{\dfrac{2gh}{f_i + f\dfrac{\ell}{D} + f_o}}$
$0.0628 = \dfrac{\pi \cdot 0.2^2}{4} \times \sqrt{\dfrac{2 \times 9.8 \times h}{0.5 + 0.035 \dfrac{200}{0.2} + 1.0}}$
$h = 7.44 \text{m}$

28. 직경이 D인 한 개의 관으로 송수하던 유량을 직경이 d인 4개의 관으로 송수하려면 D/d의 비는? (단, Chezy 공식을 적용할 것.) [93㉯]

① $2^{\frac{2}{5}}$ ② $2^{\frac{5}{2}}$
③ $4^{\frac{2}{5}}$ ④ $4^{\frac{5}{2}}$

해설
직경이 D인 한 개의 관 : $Q = AV = A \cdot C\sqrt{RI}$
직경이 d인 4개의 관 : $Q = AV = 4a \cdot C\sqrt{rI}$
$\dfrac{\pi D^2}{4} \cdot C\sqrt{\dfrac{D}{4}} \cdot I = \dfrac{\pi d^2}{4} \cdot C\sqrt{\dfrac{d}{4}} \cdot I$
$D^{5/2} = 4 \cdot d^{5/2}$, $\dfrac{D}{d} = 4^{2/5}$

해답 24. ② 25. ④ 26. ③ 27. ④ 28. ③

29. 아래 그림과 같이 지름 10cm인 원 관이 지름 20cm로 급확대되었다. 관의 확대 전 유속이 4.9m/s라면 단면 급확대에 의한 손실수두는? [20㉮]

① 0.69m
② 0.96m
③ 1.14m
④ 2.45m

해설
$$h_L = \left(1 - \frac{a}{A}\right)^2 \cdot \frac{V^2}{2g}$$
$$= \left(1 - \frac{0.1^2}{0.2^2}\right)^2 \times \frac{4.9^2}{2 \times 9.8}$$
$$= 0.69\text{m}$$

30. 다음 중에서 수차의 출력 E를 틀리게 표시한 식은 어느 것인가? (단, H_e : 유효낙차(m), η : 효율, Q : 유량(m³/sec))

① $E = wQH_e\eta$ [kg·m/sec]
② $E = 13.3\eta QH_e$ [PS]
③ $E = \frac{1,000}{75} QH_e\eta$ [HP]
④ $E = 9.8 QH_e\eta$ [kW]

해설 수차의 출력
$E = wQH_e\eta$ (kg·m/sec) = 9.8 $QH_e\eta$ (kW)
  = 13.33 $QH_e\eta$ (HP)
1PS = 0.735kW
1HP = 0.746kW

31. 두 단면간의 거리가 1km, 손실수두가 5.5m, 관의 지름이 3m라고 하면 관 벽의 마찰력은? (단, 무게 1kg = 9.8N) [16㉰]

① 65.5N/m²
② 26.0N/m²
③ 80.9N/m²
④ 40.4N/m²

해설
$\tau = w \cdot R \cdot I$
$= 1 \times \frac{3}{4} \times \frac{5.5}{1000}$
$= 0.00413\text{t/m}^2 = 0.04\text{kN/m}^2$
$= 40\text{N/m}^2$

32. 수두차가 10m인 두 저수지를 지름이 30cm, 길이가 300m, 조도계수가 0.013m$^{-1/3}$·s인 주철관으로 연결하여 송수할 때, 관을 흐르는 유량(Q)은? (단, 관의 유입손실계수 f_e=0.5, 유출손실계수 f_c=1.0이다.) [21㉮]

① 0.02m³/s
② 0.08m³/s
③ 0.17m³/s
④ 0.19m³/s

해설
$$Q = AV = \frac{\pi \cdot 0.3^2}{4} \times \sqrt{\frac{2gh}{f_i + f_o + f\frac{\ell}{D}}}$$

여기에서 $f = \frac{124.6n^2}{D^{1/3}} = \frac{124.6 \times 0.013^2}{0.3^{1/3}} = 0.031$이므로

$$Q = \frac{\pi \cdot 0.3^2}{4} \times \sqrt{\frac{2 \times 9.8 \times 10}{0.5 + 1.0 + 0.031 \times \frac{300}{0.3}}}$$
$Q = 0.17\text{m}^3/\text{sec}$

33. 수평 원형관 내를 물이 층류로 흐를 경우 Hagen-Poiseuille의 법칙에서 유량 Q에 대한 설명으로 옳은 것은? (여기서, w : 물의 단위 중량, ℓ : 관의 길이, h_L : 손실수두, μ : 점성계수) [18㉳]

① 유량과 반지름 R의 관계는 $Q = \frac{wh_L\pi R^4}{128\mu\ell}$이다.
② 유량과 압력차 ΔP의 관계는 $Q = \frac{\Delta P\pi R^4}{8\mu\ell}$이다.
③ 유량과 동수경사 I의 관계는 $Q = \frac{w\pi IR^4}{8\mu\ell}$이다.
④ 유량과 지름 D의 관계는 $Q = \frac{wh_L\pi D^4}{8\mu\ell}$이다.

해설
$Q = \frac{w\pi h_L}{8\mu\ell} r^4$
$\Delta P = wh_L$이므로
$Q = \frac{\pi \cdot \Delta P}{8\mu\ell} r^4$

34. 지름 1cm, 길이 3m인 원형관에 유속 0.2m/sec의 물이 흐른다. 관길이에 대한 마찰손실 수두는? (단, ν =1.12×10⁻²cm²/sec, ρ=1,000kg/m³) [10㉮]

① 1.023cm
② 6.515cm
③ 4.388cm
④ 2.194cm

해답 29. ① 30. ② 31. ④ 32. ③ 33. ② 34. ④

해설
Darcy-Weisbach의 마찰 손실수두공식을 사용하면
$h_L = f \dfrac{l}{D} \dfrac{V^2}{2g}$
$R_e = \dfrac{VD}{\nu} = \dfrac{20 \times 1}{1.12 \times 10^{-2}} = 1785 < 2000$ 이므로
$f = \dfrac{64}{R_e} = \dfrac{64}{1785} = 0.036$
$\therefore h_L = 0.036 \times \dfrac{300}{1} \times \dfrac{(0.2 \times 100)^2}{2 \times 980} = 2.194 \text{cm}$

35. 관수로의 관망설계에서 각 분기점 또는 합류점에 유입하는 유량은 그 점에서 정지하지 않고 전부 유출하는 것으로 가정하여 관망을 해석하는 방법은? [19산]

① Manning 방법
② Hardy - Cross 방법
③ Darcy - Weisbach 방법
④ Ganguillet - Kutter 방법

해설
Hardy - Cross방법은 유입량과 유출량이 동일한 가정으로 해석한다.

36. 긴 관로의 유량조절 밸브를 갑자기 폐쇄시킬 때, 관로 내의 물의 질량과 운동량 때문에 정상적인 동수압보다 몇 배의 큰 압력 상승이 일어나는 현상은? [16산]

① 공동현상 ② 도수현상
③ 수격작용 ④ 배수현상

해설
갑작스런 밸브 폐쇄로 인해 작용하는 압력을 수격압, 이때의 작용을 수격작용이라 한다.

37. 그림과 같은 병열관수로 ㉠, ㉡, ㉢에서 각 관의 지름과 관의 길이를 각각 $D_1, D_2, D_3, L_1, L_2, L_3$라 할 때 $D_1 > D_2 > D_3$이고 $L_1 > L_2 > L_3$이면 A점과 B점 사이의 손실수두는? [19 24 기]

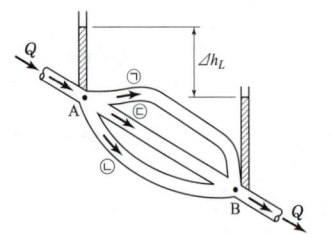

① ㉠의 손실수두가 가장 크다.
② ㉡의 손실수두가 가장 크다.
③ ㉢에서만 손실수두가 발생한다.
④ 모든 관의 손실수두가 같다.

해설
병열관수로이므로 A · B 두 지점 간의 손실수두는 동일하다.

38. Darcy-Weisbach 식의 관수로 마찰손실수두를 구하는 식 중에서 유속을 유도하면 다음 어느 것인가?

① $V = \dfrac{Q}{\pi r^2}$
② $V = \sqrt{2gH}$
③ $V = C\sqrt{RI}$
④ $V = \sqrt{2gH/f\dfrac{l}{D}}$

해설 Darcy-Weisbach의 마찰손식공식
$h_L = f \dfrac{l}{D} \dfrac{V^2}{2g}$ 에서 $V = \sqrt{\dfrac{2gh_L}{f\dfrac{l}{D}}}$

39. 관수로에 대한 설명 중 틀린 것은? [18 기]

① 단면 점확대로 인한 수두손실은 단면 급확대로 인한 수두손실보다 클 수 있다.
② 관수로 내의 마찰손실수두는 유속수두에 비례한다.
③ 아주 긴 관수로에서는 마찰 이외의 손실수두를 무시할 수 있다.
④ 마찰손실수두는 모든 손실수두 가운데 가장 큰 것으로 마찰손실계수에 유속수두를 곱한 것과 같다.

해설
$h_L = f \dfrac{\ell}{D} \cdot \dfrac{V^2}{2g}$

해답 35. ② 36. ③ 37. ④ 38. ④ 39. ④

40. 그림과 같은 역사이폰의 A, B, C, D점에서 압력수두를 각각 P_A, P_B, P_C, P_D라 할 때 다음 사항 중 옳지 않은 것은? (단, 점선은 동수경사선으로 가정한다.)
[16 19 산]

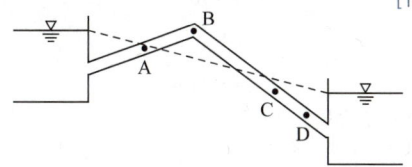

① $P_C > P_D$ ② $P_B < 0$
③ $P_C > 0$ ④ $P_A = 0$

해설
동수경사선에서의 압력은 동일하다.
$P_D > P_C > P_A > P_B$

41. 유속 v, 경심 R, 동수경사를 I라 하면 chezy의 평균 유속공식은 v = C√RI 로 표시된다. 유속계수 C의 차원은?

① LT^{-1} ② $L^{\frac{1}{2}}T^{-1}$
③ LT^{-2} ④ $L^{\frac{1}{2}}T^{-2}$

해설
$LT^{-1} = [C] \cdot L^{\frac{1}{2}}$
$[C] = L^{\frac{1}{2}} \cdot T^{-1}$

42. 유량 147.6 ℓ/sec를 송수하기 위하여 내경 0.4m의 관을 700m 설치하였을 때 적당한 관로 경사는? (단, 조도계수 $n = 0.012$이며 맨닝공식을 적용할 것)

① $\dfrac{3}{700}$ ② $\dfrac{2}{700}$
③ $\dfrac{3}{500}$ ④ $\dfrac{2}{500}$

해설
$Q = AV = \dfrac{\pi D^2}{4} \cdot \dfrac{1}{n} R^{\frac{2}{3}} \cdot I^{\frac{1}{2}}$
$147.6 \times 10^{-3} = \dfrac{\pi \cdot 0.4^2}{4} \times \dfrac{1}{0.012} \times \left(\dfrac{0.4}{4}\right)^{\frac{2}{3}} \times I^{\frac{1}{2}}$
$= 0.043 = \dfrac{3}{700}$

43. 관수로에서 Darcy-Weisbach 공식의 마찰손실계수 f가 0.04일 때 Chezy의 평균유속공식 $V = C\sqrt{RI}$ 에서 C는?
[18 산]

① 25.5 ② 44.3
③ 51.1 ④ 62.4

해설
$C = \sqrt{\dfrac{8g}{f}} = \sqrt{\dfrac{8 \times 9.8}{0.04}} = 44.27$

44. 체지(Chezy)의 평균유속 공식에 있어서 유속계수 C의 값은? (단, g : 중력가속도, f : 마찰 손실계수임)

① $\dfrac{8g}{f}$ ② $\sqrt{\dfrac{8g}{f}}$
③ $3\sqrt{\dfrac{8g}{f}}$ ④ $\sqrt{\dfrac{f}{8g}}$

해설
$h_L = f \cdot \dfrac{l}{D} \dfrac{V^2}{2g}$
$D = 4R$
$V = \sqrt{\dfrac{2gDh_L}{fl}} = \sqrt{\dfrac{8g}{f} \cdot RI} = \sqrt{\dfrac{8g}{f}} \cdot \sqrt{RI}$

45. 저수지로부터 30m 위쪽에 위치한 수조탱크에 0.35m³/s의 물을 양수하고자 할 때 펌프에 공급되어야 하는 동력은?(단, 손실수두는 무시하고 펌프의 효율은 75%이다.)
[18 21 산]

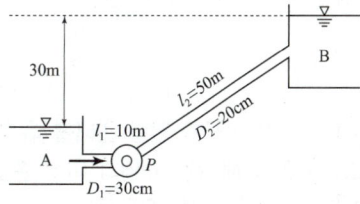

① 77.2kW ② 102.9kW
③ 120.1kW ④ 137.2kW

해설
$E = 9.8 Q H_P / \eta$
$H_P = 30$
$E = 9.8 \times 0.35 \times 30 \times \dfrac{1}{0.75} = 137.2$kW

46. 동수반지름(R)이 10m, 동수경사(I)가 1/200, 관로의 마찰손실계수(f)가 0.04일 때 유속은? [19㉮]

① 8.9m/s
② 9.9m/s
③ 11.3m/s
④ 12.3m/s

해설
$V = \dfrac{1}{n} R^{2/3} I^{1/2}$ $f = \dfrac{124.6n^2}{D^{1/3}}$, $D = 4R$

$0.04 = \dfrac{124.6n^2}{(4 \times 10)^{1/3}}$ $n = 0.033$

$V = \dfrac{1}{0.033} \times 10^{2/3} \times \left(\dfrac{1}{200}\right)^{1/2} = 9.95\text{m/sec}$

47. 그림과 같이 지름 5cm의 분류가 30m/s의 속도로 판에 수직으로 충돌하였을 때 판에 작용하는 힘은? [19㉯]

① 90N
② 180N
③ 720N
④ 1.81kN

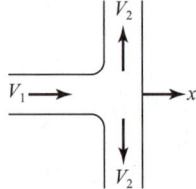

해설
$F = \dfrac{w}{g} Q(V_1 - V_2)$

$Q = AV = \dfrac{\pi \cdot 0.05^2}{4} \times 30 = 0.059\text{m}^3/\text{sec}$

$F = \dfrac{1}{9.8} \times 0.059 \times (30 - 0)$
 $= 0.181\text{t}$
 $= 0.181 \times 1000 \times 10\text{N}$
 $= 1810\text{N} = 1.81\text{kN}$

48. 지름이 0.2cm인 미끈한 원형 관내를 유량 0.8cm³/s로 물이 흐르고 있을 때, 관 1m당의 마찰 손실수두는? (단, 동점성계수 $v = 1.12 \times 10^{-2}$cm²/s) [18 21 ㉯]

① 20.20cm
② 21.30cm
③ 22.20cm
④ 23.20cm

해설
$h_L = f \cdot \dfrac{\ell}{D} \cdot \dfrac{V^2}{2g}$

$f = \dfrac{64}{Re}$, $Re = \dfrac{VD}{\nu} = \dfrac{25.46 \times 0.2}{1.12 \times 10^{-2}} = 454 < 2000$ 층류

$Q = AV = \dfrac{\pi \times 0.2^2}{4} \times V = 0.8$
 $V = 25.46\text{cm/s}$

$h_L = \dfrac{64}{454} \times \dfrac{100}{0.2} \times \dfrac{25.46^2}{2 \times 980}$
 $= 23.31\text{cm}$

49. 유속 3m/sec로 매초 100ℓ의 물을 흐르게 하는데 필요한 원관의 내경을 구한 것 중 옳은 것은?

① 206mm
② 312mm
③ 153mm
④ 265mm

해설
$Q = AV$
$100 \times 10^3 = \dfrac{\pi D^2}{4} \times 300$
$D = 20.6\text{cm} = 206\text{mm}$

50. 내경 60cm의 송수관 내에 유량이 2m³/sec로 흐를 때 관내의 평균유속은? [05㉯]

① 4.8m/sec
② 6.2m/sec
③ 7.1m/sec
④ 8.7m/sec

해설
$Q = AV$
$2 = \dfrac{\pi \cdot 0.6^2}{4} \times V$
$V = 7.07\text{m/sec}$

51. 관내에 유속 v로 물이 흐르고 있을 때 밸브의 급격한 폐쇄 등에 의하여 유속이 줄어들면 이에 따라 관내에 압력의 변화가 생기는데 이것을 무엇이라 하는가? [15㉮, 20㉯]

① 수격압(水擊壓)
② 동압(動壓)
③ 정압(靜壓)
④ 정체압(停滯壓)

해설
관로의 밸브 폐쇄에 의해 수격압 발생

해답 46. ② 47. ④ 48. ④ 49. ① 50. ③ 51. ①

52. 관 중심을 흐르는 물의 유속 V를 피토관(Pitot Tube)으로 측정하고 또 동시에 관벽에 액주계를 세워 정압을 측정하니 동압관 내의 수면이 액주계의 수면보다 10cm 더 올라갔다. 평균유속이 관중심 유속의 1/2이라 하면 이 관의 유량은 얼마인가? (단, 관내경은 30cm, Pitot관 계수는 1.00으로 본다.)

① 43.52ℓ/sec ② 45.73ℓ/sec
③ 47.14ℓ/sec ④ 49.48ℓ/sec

해설
$V_{max} = \sqrt{2gH} = \sqrt{2(9.8)(0.1)} = 1.4(m/s)$
$H = \dfrac{P}{w} = 0.1m$
$Q = A \cdot V_{mean} = \dfrac{\pi \times 0.3^2}{4} \times \dfrac{1.4}{2}$
$= 0.04946 m^3/sec = 49.46 ℓ/sec$

53. 지름 100cm의 원형 단면 관수로를 물이 가득 차서 흐를 때의 동수반경은? [23 산]

① 20cm ② 25cm
③ 50cm ④ 75cm

해설
동수반경 $R = \dfrac{D}{4}$ 이므로 25cm

54. 고수조에서 저수조로 관수로에 의해서 송수할 때 관수로의 일부가 동수경사선보다 높은 부분을 통과하지 않으면 안될 때가 있다. 이와 같은 경우의 관수로는?

① 관망 ② 분기관
③ 사이폰 ④ 피토관

해설
사이폰은 이론적으로 동수경사선보다 10.33m까지 높은 곳을 통과할 수 있으나 실제적으로 약 8m 정도이다.

55. 반지름 2.5cm의 유리관 내의 유속이 4cm/sec 때의 동점성 계수가 $1.01 \times 10^{-2} cm^2/sec$이었다면 이 유리관의 조도계수 n은?

① 0.032 ② 0.010
③ 0.016 ④ 0.021

해설
$R_e = \dfrac{VD}{\nu} = \dfrac{4 \times 2.5 \times 2}{1.01 \times 10^{-2}} = 1980$이며 층류이므로
$f = \dfrac{64}{R_e} = 0.032$
$f = \dfrac{12.7 g n^2}{D^{1/3}}$ 에서
$n = \sqrt{\dfrac{f \cdot D^{1/3}}{12.7 g}} = \sqrt{\dfrac{0.032 \times 0.05^{1/3}}{12.7 \times 9.8}} = 0.01$

56. Pipe의 배관에 있어서 엘보우(Elbow)와 대등한 직선관의 길이는 직경이 몇 배에 해당하겠는가? (단, 관의 마찰계수 f는 0.025이고 엘보우의 미소 손실계수 K는 0.90이다.) [84 ㉮]

① 40 ② 48
③ 36 ④ 20

해설
$h_c = h_e$ 에서 $f \dfrac{l}{D} \dfrac{V^2}{2g} = f_e \dfrac{V^2}{2g}$
∴ $\dfrac{l}{D} = \dfrac{f_e}{f} = \dfrac{0.9}{0.025} = 36$

57. 관수로 ABC와 ADC의 유량을 0.5.m³/s라 할 때 ABC의 수두손실이 17.3m이다. ADC의 손실수두는 얼마인가?

① 17.3m
② 50.17m
③ 34.6m
④ 8.65m

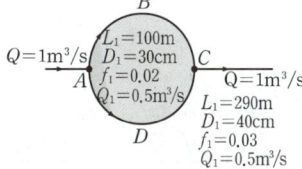

해설
병렬로 연결된 관들의 손실수두는 동일하다.

58. 다음 중 공동현상이 발생할 때 일어나는 현상이 아닌 것은? [20 22 산]

① 주로 고체의 곡선부분에 생긴다.
② 저압부의 압력은 0이 되지 않는다.
③ 관의 고체부분에 강한 충격을 준다.
④ 공동이 생기면 물체의 저항력이 작아진다.

해설
공동현상은 물체의 저항력과는 관계가 없다.

해답 52. ④ 53. ② 54. ③ 55. ② 56. ③ 57. ① 58. ④

59. 관로 길이 $100\,\mathrm{m}$, 안지름 $30\,\mathrm{cm}$의 주철관에 $0.1\,\mathrm{m^3/s}$의 유량을 송수할 때 손실수두는? (단, $v=C\sqrt{RI}$, $C=63\,m^{\frac{1}{2}}/s$이다.) [16㉮]

① $0.54\,\mathrm{m}$ ② $0.67\,\mathrm{m}$
③ $0.74\,\mathrm{m}$ ④ $0.88\,\mathrm{m}$

해설
$$h_L = f \cdot \frac{l}{D} \cdot \frac{V^2}{2g}$$
$$C=\sqrt{\frac{8g}{f}},\ f=\frac{8g}{C^2}=0.01975$$
$$h_L = 0.01975 \times \frac{100}{0.3} \times \frac{\left(0.1/\frac{\pi \cdot 0.3^2}{4}\right)^2}{2\times 9.8} = 0.67\,\mathrm{m}$$

60. A-B 두 저수지가 관지름이 1m, 관길이가 100m, 관의 마찰손실계수가 0.02인 관으로 연결되어 있을 때 A, B 두 저수지의 수면의 높이차가 10m이면 관내의 유속은? (단, 유입구손실, 유출구손실 및 마찰손실만을 고려할 것.)

① $7.48\,\mathrm{m/sec}$
② $17.48\,\mathrm{m/sec}$
③ $0.74\,\mathrm{m/sec}$
④ $1.48\,\mathrm{m/sec}$

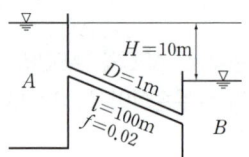

해설
$$H=f_i\frac{V^2}{2g}+f\frac{l}{D}\frac{V^2}{2g}+f_o\frac{V^2}{2g}\text{ 에서}$$
$$V=\sqrt{\frac{2gH}{f_i+f_o+f\frac{l}{D}}}=\sqrt{\frac{2\times 9.8 \times 10}{0.5+1+0.02\frac{100}{1}}}=7.48\,\mathrm{m/sec}$$

61. 콘크리트 벽의 직사각형 수로에서 폭이 4m, 수심이 3m이고, 에너지선의 경사가 0.0004일 때, 평균유속은? (단, $n=0.017$, $C=70$이고, Kutter공식을 적용할 것.) [83]

① 약 $0.79\,\mathrm{m/sec}$ ② 약 $0.97\,\mathrm{m/sec}$
③ 약 $1.53\,\mathrm{m/sec}$ ④ 약 $1.91\,\mathrm{m/sec}$

해설
$$V=C\sqrt{RI}$$
$$R=\frac{A}{P}=\frac{4\times 3}{4+2\times 3}=1.2$$
$$\therefore V=70\sqrt{1.2\times 0.0004}=1.53\,\mathrm{m/sec}$$

62. 병렬로 연결된 관수로의 경우 다음 중 옳은 것은?

① 각 관의 수두손실은 전 손실을 구하기 위해 합한다.
② 모든 관에서의 유량은 같다고 본다.
③ 모든 관에서의 손실수두는 같다고 본다.
④ 전 유량이 주어지면 각 관의 유량은 등분하여 결정한다.

해설
두 관이 연결되어 있는 경우 손실수두는 항상 일정하다. 즉, 관의 흐름의 경로에는 관계 없다.

63. Darcy-Weisbach의 마찰손실공식으로부터 Chezy의 평균유속공식을 유도하면? [19㉴]

① $V=\dfrac{124.5}{D^{1/2}}\cdot\sqrt{RI}$
② $V=\sqrt{\dfrac{8g}{D^{1/2}}}\cdot\sqrt{RI}$
③ $V=\sqrt{\dfrac{f}{8}}\cdot\sqrt{RI}$
④ $V=\sqrt{\dfrac{8g}{f}}\cdot\sqrt{RI}$

해설
$V=C\sqrt{RI}$ 여기서 $C=\sqrt{\dfrac{8g}{f}}$

64. 지름이 20cm, 길이가 1.0m인 관의 수두손실이 20cm일 때 관벽에 작용하는 마찰력 τ_o는? [86 97㉮]

① $0.1\,\mathrm{g/cm^2}$ ② $0.2\,\mathrm{g/cm^2}$
③ $1.0\,\mathrm{g/cm^2}$ ④ $2.0\,\mathrm{g/cm^2}$

해설
$$\tau_o=wRI=1\times\frac{20}{4}\times\frac{20}{100}=1.0\,\mathrm{g/cm^2}$$

해답 59. ② 60. ① 61. ③ 62. ③ 63. ④ 64. ③

65. 그림과 같은 $D=100mm$인 관로에서 마찰저항계수 $f=0.02$이고 굴절손실계수 $f_b=0.2$일 때 유량을 계산한 값은? (단, 양저수지의 수면차는 0.3m이다.)

① $12.40 l/sec$
② $16.33 l/sec$
③ $13.96 l/sec$
④ $11.23 l/sec$

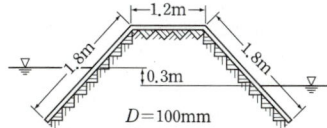

[해설]

$$Q = AV = \frac{\pi D^2}{4}\sqrt{\frac{2gH}{\Sigma f_x + \Sigma f \frac{l}{D}}}$$

$$= \frac{\pi \times 0.1^2}{4}\sqrt{\frac{2 \times 9.8 \times 0.3}{0.5 + 2 \times 0.2 + 1 + 0.02 \times \frac{4.8}{0.1}}}$$

$$= 0.01126 m^3/sec = 11.26 l/sec$$

66. 직경 0.2cm인 유리관 속을 0.8cm³/sec의 물이 흐를 때 관의 단위길이당 마찰손실수두는? (단, 물의 동점성계수는 1.12×10^{-2}cm²/sec이다.) [85 87㉮]

① 32.8cm   ② 29.2cm
③ 23.3cm   ④ 18.6cm

[해설]

$$V = \frac{Q}{A} = \frac{4 \times 0.8}{\pi \times 0.2^2} = 25.46 cm/sec$$

$$R_e = \frac{VD}{\nu} = \frac{25.46 \times 0.2}{1.12 \times 10^{-2}} = 454.7 < R_{ec} = 2,000$$

층류이므로 $f = \frac{64}{R_e} = 0.141$

$$\therefore h_L = f\frac{l}{D}\frac{V^2}{2g} = 0.141 \times \frac{100}{0.2} \times \frac{25.46^2}{2 \times 980} = 23.3 cm$$

67. 관수로 흐름에 관하여 틀린 사항은?

① 수리학적으로 거친 관은 벽면이 거치른 관을 말한다.
② 거친 관에서 완전히 발달된 흐름의 유속은 상대조도와 마찰속도의 함수이다.
③ 미끄러운 관에서 마찰손실계수 f는 레이놀즈수의 함수이다.
④ 전단응력은 반경에 비례한다.

[해설]
수리학적인 차원에서 매끈한 관과 거친 관의 한계는 관벽 요철의 평균높이와 흐름에 관한 층류저층의 두께와의 관계이다. 즉, 매끈한 관이란 층류저층의 두께가 관벽 요철의 평균높이보다 큰 경우를 말한다.

68. 저수지의 수심이 56.12m인 곳에 직경 20cm, 마찰손실계수가 0.02인 관이 100m 길이로 수평으로 설치되어 있을 때 관 끝에서의 유속을 구한값은? (단, 마찰손실만 생각한다.)

① 15.0m/sec
② 10.0m/sec
③ 5.0m/sec
④ 0.7m/sec

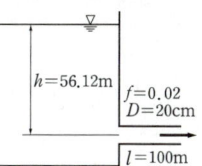

[해설]

$$H = \frac{V^2}{2g} + h_L = \frac{V^2}{2g} + f\frac{l}{D}\frac{V^2}{2g}$$

$$\therefore V = \sqrt{\frac{2gH}{1+f\frac{l}{D}}} = \sqrt{\frac{2 \times 9.8 \times 56.12}{1+0.02 \times \frac{100}{0.2}}}$$

$$= 10.0 m/sec$$

69. 다음의 손실계수 중 특별한 형상이 아닌 경우, 일반적으로 그 값이 가장 큰 것은? [16㉮]

① 입구 손실계수(fe)
② 단면 급확대 손실계수(fse)
③ 단면 급축소 손실계수(fsc)
④ 출구 손실계수(fo)

[해설]
일반적 출구 손실계수는 가장 큰 1이다.

70. 수로내의 손실수두를 대별하면 마찰에 의한 손실수두와 마찰 이외의 손실수두, 즉 minor loss로 구분된다. 이것들은 모두 어느 것에 비례한다고 할 수 있는가?

① 관경   ② 관장
③ 압력수두   ④ 속도수두

해답 65. ④ 66. ③ 67. ① 68. ② 69. ④ 70. ④

[해설] 소손실의 경우

$h_L = f_x \dfrac{V^2}{2g}$ 이므로 손실수두는 속도수두에 비례한다.

71. 단면이 일정한 긴 관에서 마찰손실만이 발생하는 경우 에너지선과 동수경사선은? [18 20 22 산]

① 일치한다.
② 교차한다.
③ 서로 나란하다.
④ 관의 두께에 따라 다르다.

[해설]
에너지선 = 동수경사선 + 속도수두 + 손실수두

72. 다음 그림과 같이 직경 10cm인 원관이 직경 20cm로 급확대되었다. 확대전의 유속이 4.9m/sec라면, 단면 급확대에 의한 손실수두는?

① 0.69m
② 0.96m
③ 1.14m
④ 2.45m

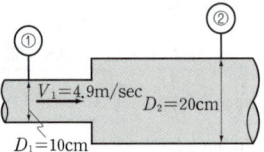

[해설]
$h_{se} = \left(1 - \dfrac{a}{A}\right)^2 \dfrac{V^2}{2g}$

여기서, $a = \dfrac{\pi D_1^2}{4} = \dfrac{\pi \times 0.1^2}{4} = 7.85 \times 10^{-3} \text{m}^2$

$A = \dfrac{\pi D_2^2}{4} = \dfrac{\pi \times 0.2^2}{4} = 3.14 \times 10^{-2} \text{m}^2$

$\therefore h_{se} = \left(1 - \dfrac{7.85 \times 10^{-3}}{3.14 \times 10^{-2}}\right)^2 \times \dfrac{4.9^2}{2 \times 9.8} = 0.69\text{m}$

73. 지름이 20cm인 관수로에 평균유속 5m/s로 물이 흐른다. 관의 길이가 50m일 때 5m의 손실수두가 나타났다면, 마찰속도(U_*)는? [18 ㉮]

① U_*=0.022m/s
② U_*=0.22m/s
③ U_*=2.21m/s
④ U_*=22.1m/s

[해설]
$U_* = \sqrt{gRI}$
$= \sqrt{9.8 \times \dfrac{0.2}{4} \times \dfrac{5}{50}} = 0.22\text{m/s}$

74. 지름 0.2cm, 길이 100cm의 유리관 속을 20cm/sec의 속도로 물이 흐를 때 마찰손실 수두는? (단, R_e=1,000이다.)

① 2.49cm
② 4.99cm
③ 6.53cm
④ 8.05cm

[해설]
$f = \dfrac{64}{R_e} = \dfrac{64}{1,000} = 0.064$

$\therefore h_L = f \dfrac{l}{D} \dfrac{V^2}{2g} = 0.064 \times \dfrac{100}{2} \times \dfrac{20^2}{2 \times 980} = 6.53\text{cm}$

75. 관의 단면적이 4m²인 관수로에서 물이 정지하고 있을 때 압력을 측정하니 500kPa이었고 물을 흐르게 했을 때 압력을 측정하니 420kPa이었다면, 이 때 유속(V)은? (단, 물의 단위중량은 9.81 kN/m³이다.) [20 24 산]

① 10.05m/s
② 11.16m/s
③ 12.65m/s
④ 15.22m/s

[해설]
$\dfrac{P_1}{w} + \dfrac{V_1^2}{2g} = \dfrac{P_2}{w} + \dfrac{V_2^2}{2g}$

$\dfrac{500}{9.8} + 0 = \dfrac{420}{9.8} + \dfrac{V_2^2}{2 \times 9.8}$

$V_2 = 12.65\text{m/sec}$

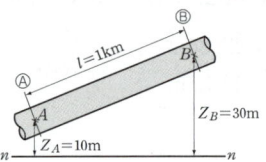

76. 다음 그림과 같이 지름 40cm, 길이 1km의 관수로 속을 물이 흐를 때, A점과 B점의 압력이 각각 3.5kg/cm²와 0.2kg/cm²이다. A~B사이의 관벽에 작용하는 마찰응력은? [02 ㉮]

① $2.6 \times 10^{-2}\text{kg/cm}^2$
② $1.3 \times 10^{-2}\text{kg/cm}^2$
③ $2.6 \times 10^{-4}\text{kg/cm}^2$
④ $1.3 \times 10^{-4}\text{kg/cm}^2$

[해설]
Bernoulli의 정리에 의해
$\dfrac{V_1^2}{2g} + \dfrac{p_1}{w} + z_1 = \dfrac{V_2^2}{2g} + \dfrac{p_2}{w} + z_2 + h_L$

단면적이 일정한 경우 $V_1 = V_2$이므로

$h_L = \dfrac{p_1 - p_2}{w} + z_1 - z_2 = \dfrac{35 - 2}{1} + 10 - 30 = 13\text{m}$

$\therefore \tau_o = wRI = 1 \times 10^{-3} \times \dfrac{40}{4} \times \dfrac{13}{1000} = 1.3 \times 10^{-4}\text{kg/cm}^2$

해답 71. ③ 72. ① 73. ② 74. ③ 75. ③ 76. ④

혹은 하아겐-포아쥬어의 법칙에서
$$\tau_o = \frac{\Delta p}{2l}r_o = \frac{wh_L}{2L}r_o$$
$$= \frac{1 \times 13}{2 \times 1000} \times 0.2 = 1.3 \times 10^{-3} \text{t/m}^2$$
$$= 1.3 \times 10^{-4} \text{kg/cm}^2$$

77. 평행하게 놓여 있는 관로에서 A점의 유속이 1m/s, 압력이 45N/cm^2이고, B점의 유속이 2m/s이라면 B점의 압력은? (단, 물의 단위중량은 9.81kN/m^3이다.) [20 22 ⓢ]

① 4.57kPa ② 45.7kPa
③ 457kPa ④ 4572kPa

해설
$$\frac{P_1}{w} + \frac{V_1^2}{2g} = \frac{P_2}{w} + \frac{V_2^2}{2g}$$
$$\frac{45\text{N/cm}^2}{9.81\text{kN/m}^3} + \frac{(1\text{m/sec})^2}{2 \times 9.8\text{m/sec}^2} = \frac{P_B}{9.81\text{kN/m}^3} + \frac{(2\text{m/sec})^2}{2 \times 9.8\text{m/sec}^2}$$
$1\text{N/cm}^2 = 10\text{kPa}$이므로
$$45.87\text{m} + 0.05\text{m} = \frac{P_B}{9.81\text{kN/m}^3} + 0.2\text{m}$$
$P_B = 45.72 \times 9.81\text{kN/m}^3 = 448.5\text{kN/m}^2$
$1\text{kN/m}^2 = 1\text{kPa}$이므로
$P_B = 448\text{kPa}$

78. 다음 중 사이폰에 대한 설명으로 가장 옳은 것은? [00 ㉮]

① 사이폰이란 만곡된 수로이다.
② 역사이폰과 보통사이폰은 형상은 반대이나 수리학적 이론은 같다.
③ 부압이 생기는 부분이 없는 관로이다.
④ 관의 일부가 동수경사선보다 위에 있는 관로이다.

79. 총유량 25m³/sec, 총낙차 H = 80.0m, 전체 손실수두 $\sum h_L$=5.0M, 수차효율 η_1=80%, 발전기효율 η_2=90% 라고 하면 소요출력은? [96 ㉮]

① 13,230 kW ② 10,558 kW
③ 9,812 kW ④ 7,848 kW

해설
얻을 수 있는 출력이므로
$E = 9.8 \cdot \eta \cdot Q \cdot H_e \text{ (kW)}$
$= 9.8 \cdot \eta_1 \cdot \eta_2 \cdot Q \cdot (H - \sum h_L)$
$= 9.8 \times 0.8 \times 0.9 \times 25 \times (80.0 - 5.0)$
$= 13,230\text{kW}$

80. 다음에서 관내의 흐름이 층류일 때 τ와 τ_0의 관계로 옳은 것은? [98 ⓢ]

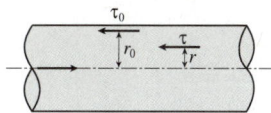

① $\tau_0 = \tau(1-r)$ ② $\tau_0 = \tau(r-1)$
③ $\tau = \tau_0 \left(\dfrac{r}{r_0}\right)$ ④ $\tau = \tau_0 \left(\dfrac{r_0}{r}\right)$

해설
τ는 r에 대해서 1차식(직선식)으로 변화하므로
$r = 0$이면(관의 중심) $\tau = 0$이고,
$r = \gamma_0$이면(관벽) $\tau = \tau_0$이다.

81. 관수로에서 발생하는 손실수두 중 가장 큰 것은? [19 ⓢ]

① 유입손실 ② 유출손실
③ 만곡손실 ④ 마찰손실

해설
관수로에서는 관벽면에서 발생하는 마찰손실이 가장 크다.

82. 관의 마찰 및 기타 손실수두를 양정고의 10%로 가정할 경우 펌프의 동력을 마력으로 구하면? (단, 유량은 $Q = 0.07\text{m}^3$/s이며, 효율은 100%로 가정한다.) [20 ㉮]

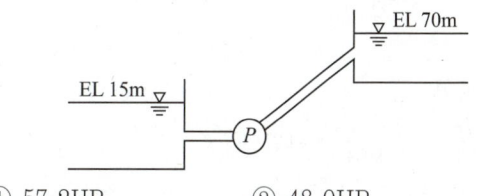

① 57.2HP ② 48.0HP
③ 51.3HP ④ 56.5HP

해답 77. ③ 78. ④ 79. ① 80. ③ 81. ④ 82. ④

해설

$E = 13.33 QH_p/\eta$
$= 13.33 \times 0.07 \times (70-15) \times 1.1/1$
$= 56.45 HP$

83. 관수로에서 Reynolds 수가 300일 때 추정할 수 있는 흐름의 상태는? [16산]

① 상류 ② 사류
③ 층류 ④ 난류

해설

Reynolds ⟨ 2000 층류
       ⟩ 4000 난류

84. 관망계산에 대한 설명으로 틀린 것은? [20가]

① 관망은 Hardy-Cross 방법으로 근사계산할 수 있다.
② 관망계산 시 각 관에서의 유량을 임의로 가정해도 결과는 같아진다.
③ 관망계산에서 반시계방향과 시계방향으로 흐를 때의 마찰 손실수두의 합은 0이라고 가정한다.
④ 관망계산 시 극히 작은 손실의 무시로도 결과에 큰 차를 가져올 수 있으므로 무시하여서는 안 된다.

해설

관망계산시에는 작은 손실은 무시하고 계산한다.

85. 경심이 10m이고, 동수경사가 1/200인 관로의 마찰손실계수 $f=0.04$일 때 유속은? [95가]

① 8.9m/sec ② 9.9m/sec
③ 11.3m/sec ④ 12.3m/sec

해설

$V = C\sqrt{RI}$
$C = \sqrt{\dfrac{8g}{f}} = \sqrt{\dfrac{8 \times 9.8}{0.04}} = 44.27$ 이므로
$\therefore V = 44.27\sqrt{10 \times \dfrac{1}{200}} = 9.9 \text{m/sec}$

86. 그림과 같은 단선관수로에서 200m 떨어진 곳에 내경 20cm 관으로 0.0628m³/sec의 물을 송수하려고 한다. 두 저수지의 수면차(H)를 얼마로 유지하여야 하는가? (단, 마찰손실계수 $f=0.035$, 급확대에 의한 손실계수 $f_{se}=0.5$, 급축소에 의한 손실계수 $f_{sc}=1.00$이다.)
[84 86 92 19산]

① 6.45m
② 5.45m
③ 7.45m
④ 8.27m

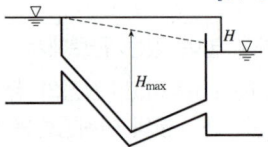

해설

$V = \dfrac{Q}{A} = \dfrac{0.0628}{\pi \times 0.2^2/4} = 2.0 \text{m/sec}$

$H = h_i + h_l + h_o$
$= \left(f_i + f\dfrac{l}{D} + f_o\right)\dfrac{V^2}{2g}$
$= \left(0.5 + 0.035 \times \dfrac{200}{0.2} + 1.0\right)\dfrac{2^2}{2 \times 9.8} = 7.45\text{m}$

87. 유량이 0.8m³/sec인 수평관속에 물이 3m/sec의 속도와 0.5kg/cm²의 압력으로 흐르고 있을 때 물의 동력은? [90산]

① 58.2 마력 ② 67.5 마력
③ 78.2 마력 ④ 53.5 마력

해설

$E = 13.33 QH_e$
$H_e = \dfrac{V^2}{2g} + \dfrac{P}{w} = \dfrac{3^2}{2 \times 9.8} + \dfrac{5}{1} = 5.46\text{m}$
$E = 13.33 QH_e = 13.33 \times 0.8 \times 5.46$
$= 58.2 HP$

88. 원형 관내 층류영역에서 사용 가능한 마찰손실계수 식은? (단, Re : Reynolds수) [21가]

① $\dfrac{1}{Re}$ ② $\dfrac{4}{Re}$
③ $\dfrac{24}{Re}$ ④ $\dfrac{64}{Re}$

해설

층류영역에서는 $f = \dfrac{64}{Re}$

해답 83. ③ 84. ④ 85. ② 86. ③ 87. ① 88. ④

제6장 개수로

출제경향분석

물의 높이에 따라 흐름방향이 결정되는 개수로는 대부분의 하천흐름이 이에 속하는데 흐름의 판별, 수리학상 유리한 단면, 비에너지와 한계수심의 계산 및 도수에 관한 부분을 파악하여야 한다. 또한 해안수리가 추가되어 삼면이 바다인 우리나라의 여건을 잘 반영하고자 한 것으로 판단된다. 출제되는 문제들은 주로 수리학상 유리한 단면, 흐름의 판별, 한계수심, 해안수리의 기본개념 등에 관한 문제들이 자주 출제되고 있다.

단원별 경향분석

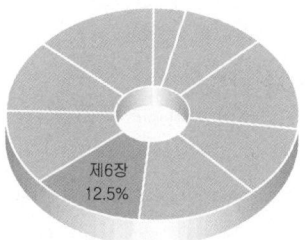

토목기사

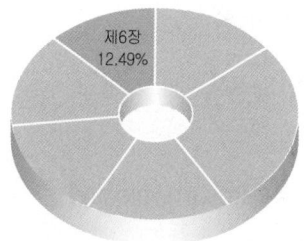

토목산업기사

항목별 경향분석

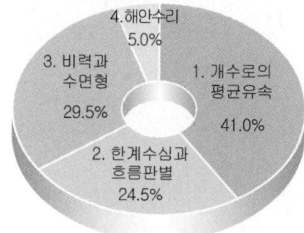

토목기사

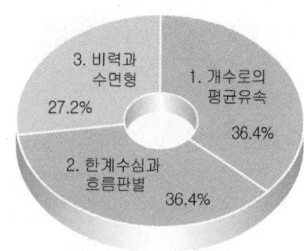

토목산업기사

1 개수로의 평균유속

학습방향

개수로 흐름에서의 단면에 대한 마찰응력과 평균유속을 측정하는 방법을 익히고, 수리학적으로 유리한 단면의 특성을 파악한다. 또한 원형 단면에 대한 특성을 나타내는 수리특성 곡선에 대하여 알아본다.

① 개수로의 단면계수 ② 평균 유속 ③ 수리상 유리한 단면

1 개수로의 단면계수

① 개수로의 정의 : 유수의 표면이 대기와 접하면서 흐르는 수로 즉, 자유수면을 갖고 흐르는 수로를 말한다.
② 한계류 계산을 위한 단면계수

$$Z = A\sqrt{D}$$

여기서 $D = \dfrac{A}{B}$

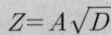

D : 수리수심 A : 유수단면적 B : 수면폭

③ 수로 바닥과 벽면에 작용하는 평균 마찰응력

$$\tau = wRI$$

여기서 $R = \dfrac{A}{P} \fallingdotseq h$: 경심, $I = \sin\theta$ (θ 는 바닥경사 각도)

2 평균유속(mean velocity)

(1) 실측방법

① 표면법 : $V_m = 0.85 V_s$
② 1점법 : $V_m = V_{0.6}$
③ 2점법 : $V_m = \dfrac{V_{0.8} + V_{0.2}}{2}$
④ 3점법 :
$$V_m = \dfrac{V_{0.2} + 2V_{0.6} + V_{0.8}}{4}$$

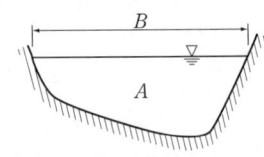

(2) 이론방법

① Chezy : $V_m = C\sqrt{RI}$

학습POINT

■ $Z^2 = Ch^M$
여기서,
C : 계수
h : 수심
M : 등류, 부등류 계산을 위한 수리지수(단면형과 수심에서 결정된다)
· 사용 : 부등류의 수면곡선을 계산할 때 사용한다.

■ 수로 바닥의 마찰응력과 관로 벽면의 마찰응력은 같은 식으로 표시된다.
$\tau = wRI$

■ 수로의 평균유속을 산정하는 데 있어 $V_{0.4}$는 관계가 없다.

■ 4점법 :
$$V_m = \dfrac{1}{5}[(V_{0.2} + V_{0.4} + V_{0.6} + V_{0.8}) + \dfrac{1}{2}(V_{0.2} + \dfrac{V_{0.8}}{2})]$$

② Kutter : $V_m = C\sqrt{RI}$

$$C = \frac{23 + \frac{1}{n} + \frac{0.00155}{I}}{1 + \left(23 + \frac{0.00155}{I}\right)\frac{n}{\sqrt{R}}}$$

$$I > \frac{1}{3000} \Rightarrow C = \frac{23 + \frac{1}{n}}{1 + 23\frac{n}{\sqrt{R}}}$$

③ Manning : $V_m = \frac{1}{n}R^{2/3} \cdot I^{1/2}$

C : chezy 계수 I : 수두경사
R : 경심 $\left(\frac{A}{P}\right)$ n : 조도계수

■ Chezy의 평균유속과 Manning의 평균유속은 동일한 값을 나타내야 한다.

3 수리상 유리한 단면

수리상 가장 유리한 단면은 반원에 외접하는 단면을 일컫는 것이다.
즉, 반원이 내접하는 단면을 말한다.
① 사각형(구형) 단면

$B = 2h$

② 사다리꼴 단면

$B = 2l$,
$R = \frac{h}{2}$

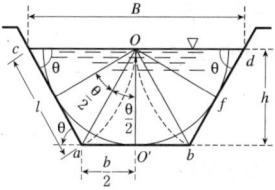

B : 수면폭
h : 수심
l : 측벽의 경사거리

③ 수리특성곡선 : 관로에서의 특성량(h/h_1, A/A_1, R/R_1, V/V_1, Q/Q_1)들의 값을 만관인 상태와 비교하여 미리 곡선으로 표시해 둔 것을 말한다.

■ 수리상 유리한 단면이라는 것은 동일한 단면적을 가지고 최대의 유량을 흘려보낼 수 있는 단면을 말한다.

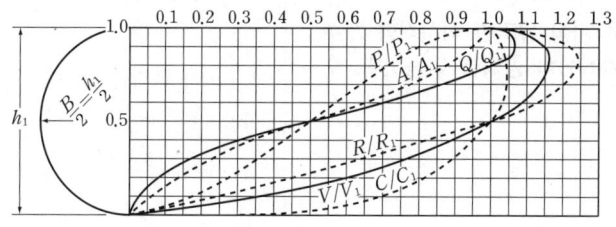

④ 원형단면에서 Q_{max} 일 때 수심은 $h = 0.94D$ 이다. (D : 관로의 지름)
⑤ 복합조도의 등가조도 계수

Manning식 : $n = \dfrac{(P_1 n_1^{3/2} + P_2 n_2^{3/2} + \cdots)^{2/3}}{(\Sigma P)^{2/3}}$

핵심문제

1 개수로 흐름에 관한 다음 설명 중 틀린 것은? [03 15 ㉮]

① 사류에서 상류로 변하는 곳에 도수현상이 생긴다.
② 유량이 수심에 의해 확실히 결정되는 단면을 지배단면이라 한다.
③ 비에너지는 수로 바닥을 기준으로 한 에너지이다.
④ 배수곡선은 수로가 단락(段落)이 되는 곳에 생기는 수면곡선이다.

2 조도계수 $n=0.03$, 수면경사 1/10,000인 직사각형 수로에 유량이 100m³이 되게 하려고 할 때, 수리상 유리한 단면의 폭(B)은? (단, Manning의 평균 유속공식을 적용) [13 ㉮]

① 10.32m   ② 11.52m
③ 13.57m   ④ 15.57m

3 수심 2m, 폭 4m인 콘크리트 직사각형수로의 유량은? (단, 조도계수 $n = 0.012$, 경사 $I = 0.0009$임) [03 ㉮, 13 ㉯]

① 15m³/s   ② 20m³/s
③ 25m³/s   ④ 30m³/s

4 유량 45m³/sec이 흐르는 직사각형 수로에서 수면경사가 0.001인 조건에서 가장 유리한 단면이 되기 위한 수로 폭의 크기는? (단, Manning의 조도계수 $n=0.035$ 이다.) [11 ㉮]

① 8.66m   ② 8.28m
③ 7.94m   ④ 7.48m

5 10m³/sec의 유량을 흐르게 할 수리학적으로 가장 유리한 직사각형 개수로 단면을 설계할 때 개수로의 폭은? (단, Manning 공식을 이용하며, 수로경사 $i=0.001$, 조도계수 $n=0.020$이다.) [20 22 ㉯]

① 2.66m   ② 3.16m
③ 3.66m   ④ 4.16m

해설

해설 1
수로가 단락되는 곳에 생기는 수면곡선은 저하곡선이다.

해설 2
수리 상 유리한 단면
① 직사각형 단면의 수리 상 유리한 단면조건
$b = 2h \Rightarrow h = \dfrac{b}{2}$
② $R = \dfrac{A}{P} = \dfrac{bh}{2h+b} = \dfrac{b(\frac{b}{2})}{2(\frac{b}{2})+b} = (\dfrac{b}{4})$
③ $V = \dfrac{1}{n}R^{\frac{2}{3}}I^{\frac{1}{2}}$
$= \dfrac{1}{0.03} \times (\dfrac{b}{4})^{\frac{2}{3}} \times (\dfrac{1}{1000})^{\frac{1}{2}}$
④ $Q = AV$
$100 = b(\dfrac{b}{2}) \times \dfrac{1}{0.03} \times (\dfrac{b}{4})^{\frac{2}{3}} \times (\dfrac{1}{10000})^{\frac{1}{2}}$
$\therefore b = 15.57m$

해설 3
$Q = AV$
$= A \cdot \dfrac{1}{n}R^{2/3} \cdot I^{1/2}$
$= 2 \times 4 \times \dfrac{1}{0.012} \times (\dfrac{4 \times 2}{4+2\times 2})^{2/3} \times 0.0009^{1/2}$
$= 20m^3/sec$

해설 4
$Q = \dfrac{1}{n}R^{2/3} \cdot I^{1/2} \cdot A$
$45 = \dfrac{1}{0.035}(\dfrac{Bh}{2h+B})^{2/3} \times 0.001^{1/2} \cdot Bh$
수리상 유리한 단면은 $B = 2h$ 그러므로
$45 = \dfrac{1}{0.035}(\dfrac{2h^2}{4h})^{2/3} \times 0.001^{1/2} \cdot 2h^2$
$= \dfrac{1}{0.035}(\dfrac{h}{2})^{2/3} \times 0.001^{1/2} \cdot 2h^2$
$h^{2/3} \cdot h^2 = 39.53$
$h = 3.97m$
그러므로 $B = 2h = 7.94m$

해설 5
$b = 2h$가 유리한 단면이므로
$Q = AV = A \cdot \dfrac{1}{n}R^{2/3} \cdot I^{1/2}$
$A = bh = b \cdot \dfrac{b}{2} = \dfrac{b^2}{2}$
$R = \dfrac{A}{P} = \dfrac{bh}{b+2h} = \dfrac{b \cdot \frac{b}{2}}{b+b} = \dfrac{b}{4}$
$Q = \dfrac{b^2}{2} \times \dfrac{1}{0.02} \times (\dfrac{b}{4})^{2/3} \times 0.001^{1/2}$
Q에 10m³/sec를 대입하면
$b = 3.66m$

정답 1. ④ 2. ④ 3. ② 4. ③ 5. ③

6 Chezy의 평균유속공식($C\sqrt{RI}$)에서 C의 차원은? [12산]

① $[L^{1/2}\,T^{-1}]$
② $[LMT^{-2}]$
③ $[MT^{-2}]$
④ $[L^{-3}M]$

7 사각형 단면 개수로의 수리학적으로 유리한 단면에서 수로의 수심이 3m 이었다면 이 수로의 경심은? [11산]

① 3.0m
② 1.5m
③ 1.0m
④ 0.75m

8 Manning의 조도계수 n=0.012인 원관을 사용하여 1m³/s의 물을 동수경사 1/100로 송수하려 할 때 적당한 관의 지름은? [18기]

① 70cm
② 80cm
③ 90cm
④ 100cm

9 개수로의 흐름에 대한 설명으로 옳지 않은 것은? [16 21 기]

① 사류(supercritical flow)에서는 수면변동이 일어날 때 상류(上流)로 전파될 수 없다.
② 상류(subcritical flow)일 때는 Froude 수가 1보다 크다.
③ 수로경사가 한계경사보다 클 때 사류(supercritical flow)가 된다.
④ Reynolds 수가 500보다 커지면 난류(turbulent flow)가 된다.

10 폭이 4m, 수심 2m인 구형 수로에 등류가 흐르고 있을 때 조도계수 n = 0.02라면 체지(Chezy)의 계수 C의 값은? [14산]

① 0.05
② 0.5
③ 5
④ 50

해설

해설 6
$$V = C\sqrt{RI}$$
$$C = \frac{V}{\sqrt{RI}} = \frac{LT^{-1}}{L^{1/2}} = L^{1/2}\,T^{-1}$$

해설 7
$$B = 2h = 2 \times 3 = 6\text{m}$$
$$R = \frac{A}{P} = \frac{Bh}{B+2h}$$
$$= \frac{6 \times 3}{6 + 2 \times 3} = 1.5\text{m}$$

해설 8
$$Q = AV = A \cdot \frac{1}{n} R^{\frac{2}{3}} I^{\frac{1}{2}}$$
$$1 = \frac{\pi D^2}{4} \times \frac{1}{0.012} \times \left(\frac{D}{4}\right)^{\frac{2}{3}} \times \left(\frac{1}{100}\right)^{\frac{1}{2}}$$
$$1 = 2.6 D^{\frac{8}{3}}$$
$$D = 0.7\text{m} = 70\text{cm}$$

해설 9
상류 $F_\gamma < 1$이다.

해설 10
$$V = C\sqrt{RI}$$
$$V = \frac{1}{n} R^{\frac{2}{3}} \cdot I^{\frac{1}{2}}$$
$$C\sqrt{RI} = \frac{1}{n} R^{\frac{2}{3}} \cdot I^{\frac{1}{2}}$$
$$C = \frac{1}{n} R^{\frac{1}{6}}$$
$$R = \frac{A}{P} = \frac{4 \times 2}{4 + 2 \times 2} = 1$$
그러므로 $C = \frac{1}{0.02} 1^{\frac{1}{6}} = 50$

정답 6. ① 7. ② 8. ① 9. ② 10. ④

11 개수로에서 수로 수심이 1.5m인 직사각형 단면일 때 수리적으로 유리한 단면으로 계산한 수로의 경심(동수반경)은? [12㉮]

① 0.75m
② 1.0m
③ 1.25m
④ 1.5m

12 사각형단면 개수로의 수리상 유리한 형상의 단면에서 수로 수심이 1.5m이었다면 이 수로의 경심은? [05 16 산]

① 3.0m
② 2.25m
③ 1.0m
④ 0.75m

13 폭 4m, 수심 2m인 직사각형 단면 개수로에서 Manning 공식의 조도계수 $n = 0.017 \text{m}^{-1/3} \cdot \text{s}$, 유량 $Q = 15\text{m}^3/\text{s}$일 때 수로의 경사($I$)는? [20㉮]

① 1.016×10^{-3}
② 4.548×10^{-3}
③ 15.365×10^{-3}
④ 31.875×10^{-3}

14 수리학적으로 유리한 단면에 관하여 틀린 사항은? [15 22 산]

① 가장 유리한 단면형은 이등변 직각삼각형이다.
② 동수반지름을 최대로 하는 단면이다.
③ 구형에서는 수심이 폭의 반과 같다.
④ 사다리꼴에서는 동수반지름이 수심의 반과 같다.

15 폭이 4m, 수심 2m의 구형 수로에서 수면경사 $I = 4/1,000$, $n = 0.02$일 때 유속 V는? [97 14 산]

① 0.5m/sec
② 1m/sec
③ 2.5m/sec
④ 3.16m/sec

해 설

해설 11

직사각형의 수리상 유리한 단면
$B = 2h$ 이므로
$$R = \frac{A}{P} = \frac{Bh}{B+2h} = \frac{2h^2}{2h+2h}$$
$$= \frac{2h^2}{4h} = \frac{h}{2}$$
$$= \frac{1.5}{2} = 0.75\text{m}$$

해설 12

수리상 유리한 단면 $B = 2h$ 에서
$B = 3\text{m}$ 이므로
$$R = \frac{A}{P} = \frac{3 \times 1.5}{3 + 1.5 \times 2} = 0.75\text{m}$$

해설 13

$$Q = A \cdot \frac{1}{n} R^{2/3} \cdot I^{1/2}$$
$$R = \frac{A}{P} = \frac{4 \times 2}{4 + 2 \times 2} = 1$$
$$15 = 4 \times 2 \times \frac{1}{0.017} \times 1 \times I^{1/2}$$
$$I = 1.016 \times 10^{-3}$$

해설 14

가장 유리한 단면은 반원에 외접하는 단면이다. 또는 반원이 내접하는 단면이다.

해설 15

$V = \frac{1}{n} R^{\frac{2}{3}} I^{\frac{1}{2}}$ 에서
$R = \frac{A}{P} = \frac{2 \times 4}{4 + 2 \times 2} = 1$ 이므로
$$V = \frac{1}{0.02} \cdot \left(\frac{8}{8}\right)^{\frac{2}{3}} \cdot \left(\frac{4}{1,000}\right)^{\frac{1}{2}}$$
$$= 3.16\text{m/sec}$$

정답 11. ① 12. ④ 13. ① 14. ① 15. ④

16 수심 2m, 폭 4m, 경사 0.0004인 직사각형 단면수로에서 유량 14.56m³/s가 흐르고 있다. 이 흐름에서 수로벽면 조도계수(n)는? (단, Manning 공식 사용) [17㉮]

① 0.0096
② 0.01099
③ 0.02096
④ 0.03099

17 수심 2m, 폭 4m의 직사각형 단면 개수로의 유량을 Manning의 평균유속 공식을 사용하여 구한 값은? (단, 수로경사 $i=\frac{1}{100}$, 수로의 조도계수 $n=0.025$) [13 21 22 ㉯]

① 32.0m³/sec
② 42.0m³/sec
③ 62.0m³/sec
④ 82.0m³/sec

18 수심 2m, 폭 4m인 직사각형 단면 개수로에서 Manning의 평균유속 공식에 의한 유량은?(단, 수로의 조도계수 $n=0.025$, 수로경사 $I=1/100$) [18 ㉯]

① 32m³/s
② 64m³/s
③ 128m³/s
④ 160m³/s

19 개수로에서 유속을 V, 중력가속도를 g, 수심을 h로 표시할 때 장파(長波)의 전파속도를 나타내는 것은? [12 ㉯]

① gh
② Vh
③ $\sqrt{gh}$
④ $\sqrt{Vh}$

20 동해의 일본 측으로부터 300km 파장의 지진해일이 발생하여 수심 3000m의 동해를 가로질러 2000km 떨어진 우리나라 동해안에 도달한다고 할 때, 걸리는 시간은? (단, 파속 $C=\sqrt{gh}$, 중력가속도는 0.9m/s²이고 수심은 일정한 것으로 가정) [16㉮]

① 약 150분
② 약 194분
③ 약 274분
④ 약 332분

해 설

해설 16

$$Q = AV = bd \cdot \frac{1}{n} R^{\frac{2}{3}} \cdot I^{\frac{1}{2}}$$

$$14.56 = (4 \times 2) \times \frac{1}{n} \times \left(\frac{4 \times 2}{4 + 2 \times 2}\right)^{\frac{2}{3}} \times 0.0004^{\frac{1}{2}}$$

$$n = 0.01099$$

해설 17

$$V = \frac{1}{n} R^{\frac{2}{3}} \cdot I^{\frac{1}{2}}$$

$$Q = AV = 2 \times 4 \times \frac{1}{0.025} \times \left(\frac{4 \times 2}{4 + 2 \times 2}\right)^{\frac{2}{3}} \times \left(\frac{1}{100}\right)^{\frac{1}{2}}$$

$$= 32 \text{m}^3/\text{sec}$$

해설 18

$$Q = A \cdot \frac{1}{n} R^{\frac{2}{3}} \cdot I^{\frac{1}{2}}$$

$$= 2 \times 4 \times \frac{1}{0.025} \left(\frac{4 \times 2}{4 + 2 \times 2}\right)^{\frac{2}{3}} \times \left(\frac{1}{100}\right)^{\frac{1}{2}}$$

$$= 32 \text{ m}^3/\text{s}$$

해설 19

장파의 전파속도 $= \sqrt{gh}$

해설 20

$C = \sqrt{gh} = \sqrt{9.8 \times 3000}$
$= 171.5 \text{m/sec}$
$t = \frac{L}{C} = \frac{2000 \times 1000}{171.5}$
$= 11661.8 \text{sec}$
$= 194.4$분

정답 16. ② 17. ① 18. ① 19. ③ 20. ②

2 한계수심과 흐름판별

학습방향

개수로 흐름에 있어 비에너지와 한계수심과의 관계를 파악하며 각 단면에서의 한계수심을 구하는 공식을 숙지한다. 흐름의 판별에 있어 후루드수를 활용하여 판별하는 방법과 경사 및 Reynolds 수를 가지고 판별하는 방법을 터득한다.
① 비에너지 ② 한계수심 ③ 흐름의 판별

1 비에너지(specific energy)

수로 바닥면을 기준으로 단위무게당 물이 가진 에너지를 말한다.

$$H_e = h + \alpha \cdot \frac{V^2}{2g}$$

α : 에너지 보정계수

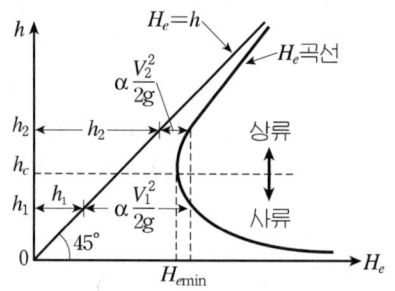

2 한계수심(critical depth)

$$H_c = \frac{2}{3} H_e$$

① 사각형 단면

$$h_C = \left(\frac{\alpha Q^2}{gb^2}\right)^{1/3}$$

H_C : 한계수심
b : 수면폭

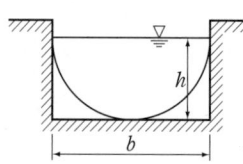

② 포물선 단면

$$h_c = \left(\frac{1.5\alpha Q^2}{ga^2}\right)^{1/4}$$

a : 수면폭

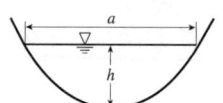

③ 삼각형 단면

$$h_c = \left(\frac{2\alpha Q^2}{gm^2}\right)^{1/5}$$

m : 측벽의 경사값

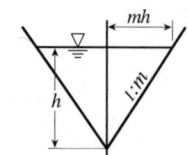

학습POINT

■ 수심이 h_c(한계수심)인 경우에 $F_r = 1$이 된다. 이때의 비에너지는 최소(Hemin)가 된다.

■ h_1, h_2 : 대응수심

3 흐름의 판별

① 후르드수(Froude number)

$$F_r = \frac{V}{\sqrt{gh}} \quad \begin{matrix} < 1 : 상류 \\ = 1 : 한계류(지배단면) \\ > 1 : 사류 \end{matrix}$$

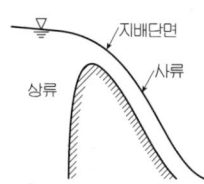

$F_r = 1$ (한계류)일 때 $h = h_c$, $V = V_c$ 이다.

장파의 전달속도 : $C = \sqrt{gh}$

② 경사(slope)

$$I \quad \begin{matrix} < \frac{g}{\alpha C^2} : 상류(완경사) \\ = \quad\quad : 한계류 \\ > \quad\quad : 사류(급경사) \end{matrix}$$

여기서, C는 Chezy계수이다. ($C = \frac{1}{n} R^{1/6}$)

$I = \frac{g}{\alpha C^2}$ (한계류)일 때의 $I = I_C$ (한계경사)이다.

③ Reynolds 수

$$R_e = \frac{V \cdot R}{\nu} \quad \begin{matrix} \leq 500 : 층류 \\ > \quad\quad : 난류 \end{matrix}$$

여기서 ν : 동점성 계수
　　　　R : 경심(hydraulic radius)
　　　　V : 하천의 유속

■ 지배단면(control section) : 한계 경사인 곳의 단면 즉, 상류의 흐름에서 사류의 흐름으로 변화될 때 경계가 되는 단면

■ 한계수심으로 흐를 때가 최대 유량이 발생한다. 이때의 비에너지는 최소가 된다.

■ R : 경심
(수심이 폭에 비해 대단히 작은 경우 R≒h 이다.)

■ 관수로에서는 $R_e = \frac{V \cdot D}{\nu}$ 인데 D는 $4R$이므로 $R_e = \frac{V \cdot R}{\nu}$ 이 되며 층·난류 경계 값도 500이다.

■ 500 < Re < 2000인 경우 불안정 층류가 되어 난류로 분류한다.

핵심문제

1 흐름 중 상류(常流)에 대한 수식으로 옳지 않은 것은? (단, H_c : 한계수심, I_c : 한계경사, V_c : 한계유속, I : 수로경사, H : 수심, V : 유속) [11 19 ㉮]

① $H_c < H$
② $I_c > I$
③ $\dfrac{V}{\sqrt{gH}} > 1$
④ $V_c > V$

해설 1

$F_r = \dfrac{V}{\sqrt{gh}} > 1$ 인 경우는 사류가 된다.

2 폭이 10m인 구형 수로에 유속 3m/sec로 30m³/sec의 물이 흐른다. 이때 비에너지와 한계수심은 각각 얼마인가? [03 ㉮]

① 비에너지 : 1.459m, 한계수심 : 0.092m
② 비에너지 : 2.459m, 한계수심 : 1.972m
③ 비에너지 : 3.459m, 한계수심 : 2.972m
④ 비에너지 : 1.459m, 한계수심 : 0.972m

해설 2

$$h_c = \left(\dfrac{\alpha Q^2}{gb^2}\right)^{1/3} = \left(\dfrac{1 \times 30^2}{9.8 \times 10^2}\right)^{1/3}$$
$$= 0.972\text{m}$$
$$H_e = \dfrac{3}{2}h_c = \dfrac{3}{2} \times 0.972 = 1.458\text{m}$$

3 직사각형 단면의 수로에서 최소 비에너지가 $\dfrac{3}{2}$m이다. 단위 폭 당 최대 유량을 구하면? [16 ㉮]

① 2.86m³/sec/m
② 2.98m³/sec/m
③ 3.13m³/sec/m
④ 3.32m³/sec/m

해설 3

최대유량은 한계수심의 상태에서 흐르므로

$$h_c = \left(\dfrac{\alpha Q^2}{gb^2}\right)^{1/3} = \dfrac{2}{3}H_e$$
$$\left(\dfrac{1 \times Q^2}{9.8 \times 1^2}\right)^{1/3} = \dfrac{2}{3} \times \dfrac{3}{2}$$
$$Q = 3.13\text{m}^3/\text{sec}$$

4 개수로에서 한계수심이란? [02 ㉮, 14 ㉮]

① 비에너지가 최대일 때의 수심
② 비에너지가 최소일 때의 수심
③ 상류흐름의 수심
④ 사류흐름의 수심

해설 4

$h_c = \dfrac{2}{3}He_{\min}$ 또는 한계수심으로 흐를 때의 수심

5 최소 비에너지가 1m인 직사각형 수로에서 폭 1.4m일 때의 최대 유량은? [11 ㉮, 93 ㉮]

① 2.35m³/sec
② 2.26m³/sec
③ 2.41m³/sec
④ 2.38m³/sec

해설 5

최대유량은 한계수심으로 흐를 때이므로

$$h_c = \left(\dfrac{\alpha Q^2}{gb^2}\right)^{1/3} = \dfrac{2}{3}H_e$$
$$\left(\dfrac{1 \times Q^2}{9.8 \times 1.4^2}\right)^{1/3} = \dfrac{2}{3} \times 1$$
$$Q = 2.386\text{m}^3/\text{sec}$$

정답 1. ③ 2. ④ 3. ③ 4. ② 5. ④

6 수로폭이 3m인 직사각형 개수로에서 비에너지가 1.5m일 경우의 최대유량(Q_{max})은? (단, 에너지 보정계수는 1.0이다.) [02 19㉮]

① 9.39m³/sec
② 3.28m³/sec
③ 29.40m³/sec
④ 31.70m³/sec

해설 6

$$h_c = \left(\frac{\alpha Q^2}{gb^2}\right)^{\frac{1}{3}}$$

$H_e = \frac{3}{2}h_c$ 이므로 $1.5 = \frac{3}{2}h_c$

$$1 = \left(\frac{1 \times Q^2}{9.8 \times 3^2}\right)^{\frac{1}{3}}$$

$Q = 9.39 \text{m}^3/\text{sec}$

7 비에너지(specific energy)와 한계수심에 대한 설명으로 옳지 않은 것은? [18㉮]

① 비에너지는 수로의 바닥을 기준으로 한 단위무게의 유수가 가진 에너지이다.
② 유량이 일정할 때 비에너지가 최소가 되는 수심이 한계수심이다.
③ 비에너지가 일정할 때 한계수심으로 흐르면 유량이 최소가 된다.
④ 직사각형 단면에서 한계수심은 비에너지의 2/3가 된다.

해설 7

한계수심으로 흐르게 되면 유량은 최대가 된다.

8 한계경사에 대한 설명으로 옳지 않은 것은?
(단, α : 에너지보정계수, C : 평균유속계수(Chezy 계수), g : 중력가속도) [13㉯]

① 한계경사는 $\frac{g}{\alpha C^2}$로 표시한다.
② 지배 단면이 생기는 경사를 말한다.
③ 흐름이 상류에서 사류로 변하는 한계에서의 경사이다.
④ 수로의 조도계수가 클수록 한계경사는 일반적으로 작아진다.

해설 8

$$I_c = \frac{g}{\alpha C^2}$$

$$C = \frac{1}{n}R^{\frac{1}{6}}$$

그러므로 조도계수가 클수록 한계경사는 커진다.

9 개수로에서 지배단면이란 무엇을 뜻하는가? [95 11㉮, 05㉯]

① 사류에서 상류로 변하는 지점의 단면
② 비에너지가 최대로 되는 지점의 단면
③ 상류에서 사류로 변하는 지점의 단면
④ 층류에서 난류로 변하는 지점의 단면

해설 9

지배단면이란 상류의 흐름이 사류로 변화하는 부분이며 $F_r = 1$이 되는 단면을 말한다.

10 직사각형 단면의 수로에서 최소비에너지가 1.5m라면 단위폭당 최대유량은? (단, 에너지보정계수 $\alpha = 1.0$) [16㉮]

① 2.86m³/s/m
② 2.98m³/s/m
③ 3.13m³/s/m
④ 3.32m³/s/m

해설 10

$H_e = 1.5 = \frac{3}{2}h_c$

$h_c = 1\text{m}$

$$h_c = \left(\frac{\alpha Q^2}{gb^2}\right)^{1/3}$$

$$1 = \left(\frac{1 \times Q^2}{9.8 \times 1}\right)^{1/3}$$

$Q = 3.13 \text{m}^3/\text{sec/m}$

정답 6. ① 7. ③ 8. ④ 9. ③ 10. ③

11 직사각형 단면수로에서 폭 $B=2m$, 수심 $H=6m$이고 유량 $Q=10m^3/s$ 일 때 Froude 수와 흐름의 종류는? [15산]

① 0.217, 사류
② 0.109, 사류
③ 0.217, 상류
④ 0.109, 상류

12 개수로의 흐름에서 상류가 일어나는 경우는? [96 12㉮]

① $I < g/(\alpha \cdot C^2)$
② $F_r > 1$
③ $h < h_c$
④ $V/\sqrt{gh} > 1$

13 수로폭 4m, 수심 1.5m인 직사각형 수로에서 유량 24m³/sec가 흐를 때 흐르드수(froude number)와 흐름의 상태는? [05 13산]

① 1.04, 상류
② 1.04, 사류
③ 0.74, 상류
④ 0.74, 사류

14 개수로에서 도수발생시 사류수심을 h_1, 사류의 Froude수를 Fr_1이라 할 때 상류 수심 h_2를 나타낸 식은? [14㉮]

① $h_2 = -\dfrac{h_1}{2}(1-\sqrt{1+8Fr_1^2})$
② $h_2 = -\dfrac{h_1}{2}(1+\sqrt{1+8Fr_1^2})$
③ $h_2 = -\dfrac{h_1}{2}(1+\sqrt{1-8Fr_1^2})$
④ $h_2 = \dfrac{h_1}{2}(1+\sqrt{1+8Fr_1^2})$

15 폭이 10m인 직사각형 수로에서 유량 10m³/s가 1m의 수심으로 흐를 때 한계 유속은? (단, 에너지보정계수 $\alpha=1.10$이다.) [19 22산]

① 3.96m/s
② 2.87m/s
③ 2.07m/s
④ 1.89m/s

해설

해설 11

$F_r = \dfrac{V}{\sqrt{gh}} = \dfrac{10/(2\times 6)}{\sqrt{9.8\times 6}}$
$= 0.109 < 1$ 상류

해설 12

• 상류가 일어나는 조건
$V < V_c, \ h > h_c,$
$V/\sqrt{gh} < 1, \ F_r < 1,$
$I < g/(\alpha \cdot C^2)$

• 사류가 일어나는 조건
$V > V_c, \ h < h_c,$
$V/\sqrt{gh} > 1, \ F_r > 1,$
$I > g/(\alpha \cdot C^2)$

해설 13

$F_r = \dfrac{V}{\sqrt{gh}} = \dfrac{24/4\times 1.5}{\sqrt{9.8\times 1.5}} = 1.04$,
사류

해설 14

$h_2 = \dfrac{h_1}{2}(-1+\sqrt{1+8Fr_1^2})$
$= -\dfrac{h_1}{2}(1-\sqrt{1+8Fr_1^2})$

해설 15

한계유속은 한계수심으로 흐를 때의 유속이므로

$h_c = \left(\dfrac{\alpha Q^2}{gb^2}\right)^{\frac{1}{3}}$

$h_c = \left(\dfrac{1.1\times 10^2}{9.8\times 10^2}\right)^{\frac{1}{3}} = 0.482m$

$Q = AV$에서
$10 = 10\times 0.482\times V_c$
$V_c = 2.073 \ m/sec$

정답 11. ④ 12. ① 13. ② 14. ① 15. ③

16 그림과 같은 수로에서 단면 1의 수심 h_1=1m, 단면 2의 수심 h_2=0.4m 라면 단면 2에서의 유속 V_2는? (단, 단면 1과 2의 수로 폭은 같으며, 마찰손실은 무시한다.) [15 ㉮]

① 3.74m/s
② 4.05m/s
③ 5.56m/s
④ 2.47m/s

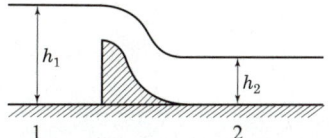

17 그림은 어떤 개수로에 일정한 유량이 흐르는 경우에 대한 비에너지(He) 곡선을 나타낸 것이다. 동일 단면에 다른 크기의 유량이 흐르는 경우, 3점 (A, B, C)의 흐름상태를 순서대로 바르게 나타낸 것은? [14 ㉯]

① 사류, 한계류, 상류
② 상류, 사류, 한계류
③ 사류, 상류, 한계류
④ 상류, 한계류, 사류

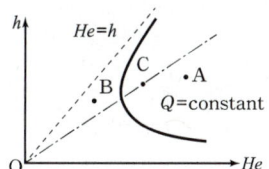

18 직사각형 단면수로의 폭이 5m이고 한계수심이 1m일 때의 유량은? (단, 에너지 보정계수 α=1.0) [18 ㉮]

① 15.65m³/s
② 10.75m³/s
③ 9.80m³/s
④ 3.13m³/s

19 다음의 비력(M)곡선에서 한계수심을 나타내는 것은? [15 ㉯]

① h_1
② h_2
③ h_3
④ $h_3 - h_1$

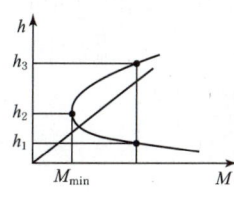

20 사각형 개수로 단면에서 한계수심(h_c)과 비에너지(h_e)의 관계로 옳은 것은? [16 ㉮]

① $h_c = \frac{2}{3}h_e$
② $h_c = h_e$
③ $h_c = \frac{3}{2}h_e$
④ $h_c = 2h_e$

해 설

해설 16

$$\frac{P_1}{w} + \frac{V_1^2}{2g} + Z_1 = \frac{P_2}{w} + \frac{V_2^2}{2g} + Z_2$$

$$1 + \frac{V_1^2}{2g} = 0.4 + \frac{V_2^2}{2g}$$

$A_1 V_1 = A_2 V_2$ 에서
$1 \times 1 \times V_1 = 0.4 \times 1 \times V_2$
$V_1 = 0.4 V_2$ 를 대입하면

$$1 + \frac{(0.4 V_2)^2}{2g} = 0.4 + \frac{V_2^2}{2g}$$

$(1 - 0.4^2) V_2^2 = 2g(1 - 0.4)$
$V_2 = 3.74 \text{m/sec}$

해설 17

비에너지가 증가하면서 수심이 작아지면 사류이다.
그러므로 사류, 한계류, 상류이다.

해설 18

$$h_c = \left(\frac{\alpha Q^2}{g b^2}\right)^{\frac{1}{3}}$$

$$1 = \left(\frac{1 \times Q^2}{9.8 \times 5^2}\right)^{\frac{1}{3}}$$

$Q = 15.65 \text{m}^3/\text{sec}$

해설 19

포물선의 꼭지점에 해당하는 수심이 한계수심이다.

해설 20

$h_e = \frac{3}{2} h_c$
$h_c = \frac{2}{3} h_e$

정답 16. ① 17. ① 18. ① 19. ② 20. ①

3 비력과 수면형

학습방향

운동량 방정식을 기초로 만들어진 비력방정식의 쓰임새에 대하여 숙지하고, 도수 발생시의 수심깊이와 에너지 손실 크기, 수면형의 판별 및 수면곡선을 계산하는 방법에 대하여 파악한다.
① 비력 ② 도수 ③ 수면형 ④ 수면계산

1 비력(M)(specific force)

운동량 방정식을 기초로 만들어진 방정식(충력값)

$$M = \eta \frac{Q}{g} V + h_G \cdot A = \text{Const}$$

h_G : 수면으로 부터 물체 중심까지의 연직 깊이
η : 운동량 보정계수

2 도수(hydraulic jump)

성질 : 사류에서 상류로 변할 때 수면이 불연속적으로 뛰는 현상을 말하며 에너지의 급격한 손실이 있다.

특성 : 도수발생 전과 후의 단면에 대해서 비력은 일정하다.
도수 전후 단면에 대해 에너지 보존의 법칙을 이용한 Bernoulli 정리의 적용은 불가능하지만, 운동량 방정식을 기초로 한 비력 방정식은 적용 가능하다.

① 도수후 수심 :
$$h_2 = \frac{h_1}{2}(-1 + \sqrt{1 + 8F_{r1}^2})$$

② 에너지 손실 :
$$\Delta H_e = \frac{(h_2 - h_1)^3}{4h_1 h_2}$$

h_1 : 도수전 수심 ⎤ 공액수심
h_2 : 도수후 수심 ⎦
F_{r1} : 도수전 후루드수 $\left(= \frac{V_1}{\sqrt{gh_1}}\right)$

③ 도수길이 공식 : Smetana, Safranez, 미개척국, Woycicki, Bakmeteff-Matzke

④ 파상도수(불완전도수) : $1 < F_{r1} < \sqrt{3}$

F_{r1} : 도수전의 후루드수

학습POINT

■ 운동량 방정식
$$F = ma = m \cdot \frac{V_2 - V_1}{\Delta t}$$
$$F \cdot \Delta t = m(V_2 - V_1)$$
왼쪽 항을 충격량, 역적이라 하고 오른쪽 항을 운동량이라 한다.

■ 비력 방정식은 운동량 방정식을 기초로 만들어졌으므로, 개수로에서 운동량 변화가 발생하는 모든 구간에 대해 적용가능하다.

■ 비력 : 개수로의 한 단면에서 물의 단위 중량당 정수압과 물의 단위 중량당 운동량의 합량이다.
비력이 최소인 수심이 한계수심이다.
비력은 한계수심으로 흐를 때에도 한 단면에서의 총에너지 크기이다.

■ 도수 전후 수심의 차가 많을수록 에너지의 급격한 변화 있는 것이다.

⑤ 완전도수 : ㉠ 약도수 : $\sqrt{3} \leq F_{r1} < 2.5$
㉡ 동요도수: $2.5 \leq F_{r1} < 4.5$
㉢ 정상도수: $4.5 \leq F_{r1} < 9.0$
㉣ 강도수 : $9.0 \leq F_{r1}$

■ 후루드수값이 클수록 에너지 변환이 많은 것이다.

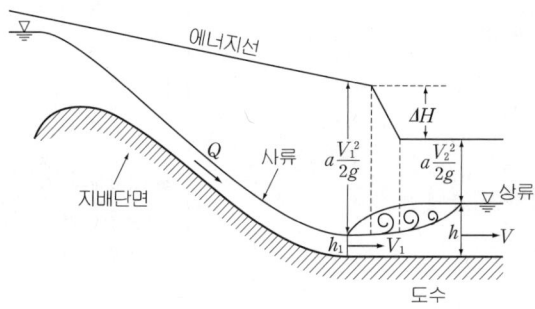

3 수면형(flow profile)

① 완경사(Mild Slope) : $h_c < h_o$, $I < \dfrac{g}{\alpha C^2}$

㉠ $h > h_o > h_c$ … M_1곡선(배수곡선 : back water curve)
: 월류댐의 상류부 수면
㉡ $h_o > h > h_c$ … M_2곡선(저하곡선 : dropdown curve)
: 자유낙하시의 수면
㉢ $h_o > h_c > h$ … M_3곡선 : 수문개방시 하류부 수면
   C : Chezy의 평균유속계수
   h_o : 등류수심
   h_c : 한계수심

■ 배수곡선은 Backwater Curve 로써 흐름수로에 있는 장애물의 영향으로 만들어진다.

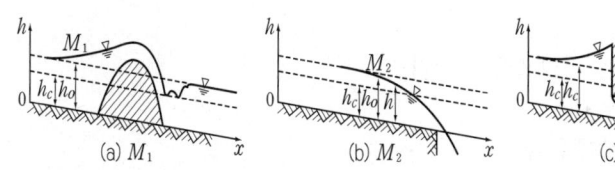

② 급경사(Steep Slope) : $h_c > h_o$, $I > \dfrac{g}{\alpha C^2}$

㉠ $h > h_c > h_o$ … S_1곡선 : 월류댐의 마루부 수면
㉡ $h_c > h > h_o$ … S_2곡선 : 월류댐의 하강부 수면
㉢ $h_c > h_o > h$ … S_3곡선 : 수문개방시 직 하류부 수면

③ 한계경사(Critical Slope) : $h_o = h_c$, $I_c = \dfrac{g}{\alpha C^2}$

4 수면계산

① 부등류의 수면곡선 계산식(직접계산법)

　　Bress식, Tolkmit식, 물부의 식, Bakhmeteff식, Chow식

② 부등류의 수면 곡선법
- 시산법은 **상류흐름인 경우 : 하류 → 상류방향으로 계산**
　　　　　　사류흐름인 경우 : 상류 → 하류방향으로 계산
- Escoffier의 도식해법(기울기 $b/a = -Q^2$)
- 비에너지와 수심곡선에 의한 도해법
- 유량과 수심곡선에 의한 도해법

③ 통수능(conveyance) : 한 단면이 물을 통과시키는 능력

$$Q = AV = A \cdot CR^m I^n$$
$$= KI^n \ (K : 통수능)$$
$$\therefore K = ACR^m$$

여기서 R : 동수반경(경심)

④ 곡선수로의 흐름

상류 : $V \cdot R = \text{Const}$
여기서 R : 회전반경

사류 : 마하각 $\sin\beta = \dfrac{1}{F_{r1}}$

$$F_{r1} = \dfrac{V_1}{\sqrt{gh}}$$

단파 : 흐름의 수면이 갑자기 높아지거나 수면이 급히 저하되는 현상

⑤ 직접축차법(direct step method)

$$L = \dfrac{\Delta E}{S_o - S_e}$$

방법 : 수심을 먼저 가정하여 수심에 해당되는 거리 L을 구한다.
상류(常流)의 경우 상류(上流)측으로 계산하며,
사류(射流)의 경우 하류(下流)측으로 계산을 수행한다.
여기서 ΔE : 비에너지의 차이
　　　S_o : 하상의 경사
　　　S_e : 평균경사 (Manning식으로부터 구한다.)

■ 암기 : 부시에 비유
　① 부등류 수면곡선법
　② 시산법
　③ 에스코피어법
　④ 비에너지 - 수심법
　⑤ 유량 - 수심법

■ Chezy의 평균유속
　$V = C\sqrt{RI}$
　$\ \ = CR^m I^n$

■ 만곡수로에서의 수심은 외측의 수심이 높아진다.

핵심문제

1 도수(跳水)에 관한 설명으로 옳지 않은 것은? [15 21 ⓢ]

① 상류에서 사류로 변화될 때 발생된다.
② 사류에서 상류로 변화될 때 발생된다.
③ 도수 전후의 충력치(비력)는 동일하다.
④ 도수로 인해 때로는 막대한 에너지 손실도 유발된다.

해설 1

도수는 사류에서 상류로 변화될 때 발생한다.
상류에서 사류로 변화될 때는 지배단면이 발생된다.

2 수심이 3m, 하폭이 20m, 유속이 4m/s인 직사각형단면 개수로에서 비력은?(단, 운동량보정계수 $\eta=1.1$) [16 ⓢ]

① 107.2m^3
② 158.3m^3
③ 197.8m^3
④ 215.2m^3

해설 2

$$M=\zeta \cdot \frac{Q}{g}V+h_G \cdot A$$
$$=1.1 \times \frac{3\times20\times4}{9.8}\times 4+\frac{3}{2}\times 3\times 20$$
$$=197.8\text{m}^3$$

3 그림과 같이 여수로(餘水路) 위로 단위폭당 유량 $Q=3.27\text{m}^3/\text{sec}$가 월류할 때 ①단면의 유속 $V_1=2.04\text{m/sec}$, ②단면의 유속 $V_2=4.67\text{m/sec}$라면, 댐에 가해지는 수평성분의 힘은? (단, 무게 1kg=10N이고, 이상 유체로 가정한다.) [12 ㉮]

① 1570 N/m(157 kg/m)
② 2450 N/m(245 kg/m)
③ 6470 N/m(647 kg/m)
④ 12800 N/m(1280 kg/m)

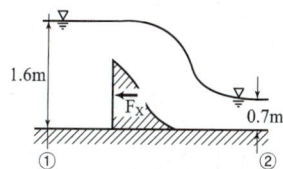

해설 3

$$P_1-F_x-P_2=\frac{w}{g}Q(V_2-V_1)$$
$$P_1=wh_{G_1}A_1=1\times\frac{1.6}{2}\times 1.6\times 1=1.28\text{t}$$
$$P_2=wh_{G_2}A_2=1\times\frac{0.7}{2}\times 0.7\times 1=0.245\text{t}$$
$$1.28-F_x-0.245$$
$$=\frac{1}{9.8}\times 3.27(4.67-2.04)$$
$$F_x=0.157\text{t/m}=157\text{kg/m}$$

4 폭이 50m인 직사각형 수로의 도수 전 수위 $h_1=3$m, 유량 $Q=2000\text{m}^3/\text{s}$일 때 대응수심은? [20 ㉮]

① 1.6m
② 6.1m
③ 9.0m
④ 도수가 발생하지 않는다.

해설 4

$$h_2=\frac{h_1}{2}(-1+\sqrt{1+8Fr_1^2})$$
$$Fr=\frac{V}{\sqrt{gh}}=\frac{2000/(50\times 3)}{\sqrt{9.8\times 3}}$$
$$=2.46 \text{ 그러므로}$$
$$h_2=\frac{3}{2}(-1+\sqrt{1+8\times 2.46^2})$$
$$=9.04\text{m}$$

정답 1. ① 2. ③ 3. ① 4. ③

5 도수가 일어나기 전후의 수심 깊이가 각각 1.5m, 9.24m일 때 도수로 인한 손실 수두는 얼마인가? [13 19 ㉮]

① 8.36m ② 8.86m
③ 9.36m ④ 9.86m

6 비력(specific force)에 대한 설명으로 옳은 것은? [14 ㉮]

① 물의 충격에 의해 생기는 힘의 크기
② 비에너지가 최대가 되는 수심에서의 에너지
③ 한계수심으로 흐를 때 한 단면에서의 총 에너지 크기
④ 개수로의 어떤 단면에서 단위중량당 동수압과 정수압의 합계

7 폭이 1.5m인 직사각형 단면수로에 유량 Q=0.5m³/s의 물이 흐르고 있다. 수심 h=1m인 경우 이 흐름의 상태는? [18 ㉯]

① 상류   ② 사류
③ 한계류   ④ 층류

8 도수 전후의 수심이 각각 1.8m, 4.5m이다. 이 수로의 도수로 인한 에너지 손실은? [02 14 ㉮, 84 86 97 ㉯]

① 0.5m   ② 0.6m
③ 0.7m   ④ 0.8m

9 배수(back water)에 대한 설명 중 옳은 것은? [03 14 ㉮]

① 개수로의 어느 곳에 댐업(dam up)이 발생함으로써 수위가 상승되는 영향이 상류(常流) 쪽으로 미치는 현상을 말한다.
② 수자원 개발을 위하여 저수지에 물을 가두어 두었다가 용수 부족 시에 사용하는 물을 말한다.
③ 홍수시에 제내지(堤內地)에 만든 유수지(遊水池)의 수면이 상승되는 현상을 말한다.
④ 관수로 내의 물을 급격히 차단할 경우 관내의 상승압력으로 인하여 습파(襲波)가 생겨서 상류쪽으로 습파가 전달되는 현상을 말한다.

10 다음 개수로 흐름에 관한 설명 중 잘못된 것은? [94 15 ㉮]

① 사류에서 상류로 변하는 곳에 도수현상이 생긴다.
② 상류에서 사류로 변하는 곳을 지배단면이라 한다.
③ 비에너지는 수로 바닥을 기준으로 한 에너지이다.
④ 배수곡선은 수로가 단락이 되는 곳에 생기는 수면곡선이다.

해설

해설 5

$$\triangle H_e = \frac{(h_2 - h_1)^3}{4h_1 h_2}$$

$$= \frac{(9.24 - 1.5)^3}{4 \times 1.5 \times 9.24} = 8.36m$$

해설 6

비력은 한계수심으로 흐를 때 한 단면에서의 총에너지 크기이다.

해설 7

$$F_r = \frac{V}{\sqrt{gh}}$$

$$V = \frac{Q}{A} = \frac{0.5}{1.5 \times 1} = 0.33 \text{m/sec}$$

$$F_r = \frac{0.33}{\sqrt{9.8 \times 1}} = 0.11 < 1$$

∴ 상류

해설 8

도수에 의한 에너지 손실량

$$\triangle H_e = \frac{(h_2 - h_1)^3}{4h_1 h_2}$$

$$= \frac{(4.5 - 1.8)^3}{4 \times 1.8 \times 4.5} = 0.61m$$

해설 9

배수곡선은 상류의 흐름에서 장애물로 인한 수위상승이 상류방향으로 전파되는 것을 말한다.

해설 10

도수 : 상류에서 상류가 되는 구간에 발생된다.
지배단면 : 상류에서 사류로 되는 부분에 발생된다.
비에너지 : $h_e = h + \frac{\alpha V^2}{2g}$
배수곡선 : 완경사 수로의 댐 월류시 상류측에 생기는 수면곡선

정답 5. ① 6. ③ 7. ① 8. ② 9. ① 10. ④

11 그림과 같은 부등류 흐름에서 y는 실제수심, y_c는 한계수심, y_n은 등류수심을 표시한다. 그림의 수로경사에 관한 설명과 수면형 명칭으로 옳은 것은? [15㉮]

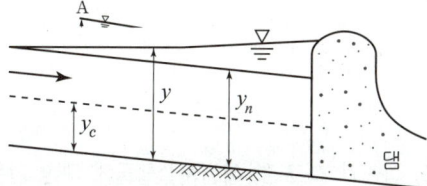

① 완경사 수로에서의 배수곡선이며 M_1곡선
② 급경사 수로에서의 배수곡선이며 S_1곡선
③ 완경사 수로에서의 배수곡선이며 M_2곡선
④ 급경사 수로에서의 저하곡선이며 S_2곡선

12 3m 폭을 가진 직사각형 수로에 사각형인 광정(廣頂)위어를 설치하려 한다. 위어 설치 전의 평균 유속은 1.5m/sec, 수심이 0.3m이고, 위어 설치 후의 평균 유속이 0.3m/sec, 위어상류의 수심이 1.5m가 되었다면 위어의 높이 h는? (단, 에너지 보정계수 α=1.0) [13㉮]

① 0.7m
② 0.9m
③ 1.1m
④ 1.3m

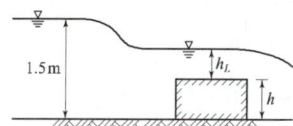

13 그림과 같은 부등류 흐름에서 y는 실제수심, y_c는 한계수심, y_n는 등류수심을 표시한다. 그림의 수면곡선 명칭과 수로경사에 관한 설명으로 옳은 것은? [02 15㉮]

① 완경사 수로에서의 배수곡선이며 M_1곡선
② 완경사 수로에서의 배수곡선이며 S_1곡선
③ 완경사 수로에서의 배수곡선이며 M_2곡선
④ 급경사 수로에서의 저하곡선이며 S_2곡선

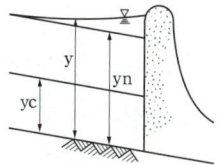

14 폭 5m인 직사각형 단면 수로에서 유량이 100.5m³/sec일 때 도수 전후의 수심이 각각 2.0m 및 5.5m 이었다면 도수로 인한 동력손실은? [12㉯]

① 955.4kW
② 1300.2kW
③ 1969.4kW
④ 5417.2kW

해 설

해설 11
댐체로 인해 수위가 상류부로 전파되는 것은 M_1곡선

해설 12
광정위어(Weir)
① $Q = 1.7\,C\,b\,H^{\frac{3}{2}}$
$H = (\frac{Q}{1.7cb})^{\frac{2}{3}} = (\frac{3 \times 1.5 \times 0.3}{1.7 \times 1 \times 3})^{\frac{2}{3}}$
$= 0.41\text{m}$
② $H = (h_1 + \alpha \frac{V^2}{2g})$
$0.41 = h_1 + \frac{0.3^2}{2 \times 9.8} \Rightarrow h_1 = 0.405\text{m}$
③ $1.5\text{m} = h_1 + h$
$h = 1.5 - 0.405 = 1.1\text{m}$

해설 13
$y > y_n > y_c$: M_1(배수곡선) 완경사

해설 14
$\Delta H_e = \frac{(h_2 - h_1)^3}{4h_1 h_2} = \frac{(5.5-2)^3}{4 \times 2 \times 5.5}$
$= 0.97\text{m}$
$E = 9.8 \times Q \times H_e = 9.8 \times 100.5 \times 0.97$
$= 955.4\text{kW}$

정답 11. ① 12. ③ 13. ① 14. ①

4 해안 수리

학습방향

토목기사 영역에서만 출제되는 해안 수리는 해안에서의 파랑과 파고 및 해안시설물들에 대한 기본적인 사항들이 출제되고 있다.
① 파의 기본요소   ② 방파제   ③ 빛의 굴절

1 미소진폭파의 기본가정

미소진폭파는 이론식을 유도할 때 진폭이 대단히 작다고 가정하여 계산을 한 것이지만, 작은 오차를 허용한다면 파고가 상당히 큰 파랑에 까지 적용가능하다. 미소진폭파의 이론유도에 필요한 8개의 가정은 다음과 같다.

① 물은 비압축성이고 밀도는 일정하다.
② 파는 정지 상태에서 어떤 원인으로 발생한다고 생각한다.
③ 해저는 수평한 고정상이고 불투수층이다.
④ 풍압은 없고 수면에서의 압력은 일정하다.
⑤ 파고는 파장과 수심에 비해서 대단히 작다.
⑥ 자유수면에서의 표면장력과 코리올리힘의 효과는 무시한다.
⑦ 파는 파형을 변화시키지 않으며 전파한다.
⑧ 파봉선은 충분히 길고 현상은 2차원이다.

학습POINT

■ 해안 수리 영역도 담수 부분과 같이 유사한 기본 가정이 적용된다. 자연물체로 인한 미소한 오차는 허용하는 방법으로 인식한다.

2 파의 기본요소

① 파속 (천해파 : C, 심해파 : Co)

$$C = \sqrt{gh} \quad (g : 중력가속도, h : 수심)$$

$$Co = \frac{gT}{2\pi} \quad (T : 파의 주기)$$

② 파장 (천해파 : L, 심해파 : Lo)

$$L = T\sqrt{gh} \qquad Lo = \frac{gT^2}{2\pi}$$

③ 파형경사 : $\frac{H}{L}$

(극천해파 : $\frac{h}{L} < \frac{1}{20}$, 천해파 : $\frac{1}{20} \leq \frac{h}{L} < \frac{1}{2}$, 심해파 : $\frac{h}{L} \geq \frac{1}{2}$)

■ 천해파 : 수심이 낮은곳에서의 파
  심해파 : 수심이 깊은곳에서의 파

3 파의 에너지

① 단위폭당 위치에너지 $E_p = \dfrac{\rho g H^2 L}{16}$

② 단위폭당 운동에너지 $E_k = \dfrac{\rho g H^2 L}{16}$

③ 단위폭당 총 에너지 $E = $ 위치에너지 + 운동에너지 $= \dfrac{\rho g H^2 L}{8}$

④ 정지수면 위치에너지 $E_s = \dfrac{\rho g H^2}{2}$

⑤ 단위폭당 평균 파동력 $P_m = \dfrac{nE}{T}$ (n : 심해 0.5에서 천해 1.0까지 증가)

⑥ 파랑의 반사율 $= \dfrac{\text{반사에너지}}{\text{입사에너지}} = \dfrac{\text{반사파고}}{\text{입사파고}}$ (반사율은 자연해빈일수록 작다)

■ 파의 총에너지 = 위치에너지 + 운동에너지

4 빛의 굴절

① Snell 법칙

빛의 굴절에 있어서 각도와 관련되어 Snell 법칙이 성립한다.

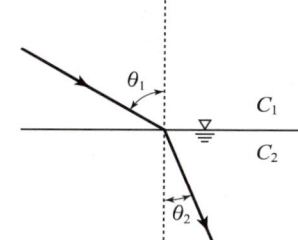

$$\dfrac{\sin \theta_1}{\sin \theta_2} = \dfrac{C_1}{C_2}$$

여기서 θ_1 : 수면에 빛이 입사하는 각도
θ_2 : 수중에서 빛이 휘어지는 각도
C_1 : 공기중에서 빛의 속도
C_2 : 수중에서 빛의 속도

■ 빛의 굴절각도는 연직선을 기준으로 한다.

■ 폭풍해일파로 인한 수면변화의 원인
 ① 수면바람응력과 바닥응력
 ② 코리올리 가속도
 ③ 기압차
 ④ 풍파수면상승
 ⑤ 이동하는 기압으로 인한 장파발생
 ⑥ 강수와 지표면 유출

5 대표파의 4종류

① 최대파 : 파군 중 최대의 파고를 나타내는 파
② 1/10 최대파 : 파고가 큰쪽에서 1/10 까지의 파고를 평균한 것
③ 1/3 최대파 : 파고가 큰쪽에서 1/3 까지의 파고를 평균한 것 ⇐ 유의파고
④ 평균파 : 모든 파랑의 파고를 평균한 값

■ 지진해일(쯔나미)
 ① 정의 : 해안과 해저에서 발생하는 주로 지진, 해저화산의 폭발 등에 의해 생기는 장주기파 해일.
 ② 발생 : 해저의 깊지 않은 곳에서 발생하여 진도가 6.4 이상일 때 쓰나미가 발생.
 ③ 지진해일의 규모에 따른 해일의 높이
 $m = 2.61 M - 18.44$
 여기서,
 $m = $ 해일의 규모,
 $M = $ 지진의 규모

6 방파제의 활동 안전율

$$F_s = \dfrac{f \cdot W}{P_h}$$

F_s : 안전율 f : 마찰계수
W : 방파제의 연직력 (방파제 자중 - 방파제 부력)
P_h : 방파제에 작용하는 수평력

핵심문제

1 미소진폭파(small-amplitude wave)이론을 가정할 때, 일정 수심 h의 해역을 전파하는 파장 L, 파고 H, 주기 T의 파랑에 대한 설명 중 틀린 것은? [17 ㉮]

① h/L이 0.05보다 작을 때, 천해파로 정의한다.
② h/L이 1.0보다 클 때, 심해파로 정의한다.
③ 분산관계식은 L, h 및 T 사이의 관계를 나타낸다.
④ 파랑의 에너지는 H^2에 비례한다.

해설 1

심해파는 $\dfrac{수심}{파장} > \dfrac{1}{2}$인 경우를 말한다.

2 컨테이너 부두 안벽에 입사하는 파랑의 입사파고가 0.8m이고, 안벽에서 반사된 파랑의 반사파고가 0.3m일 때 반사율은? [17 ㉮]

① 0.325
② 0.375
③ 0.425
④ 0.475

해설 2

파랑에 의한 반사율은 $\dfrac{반사에너지}{입사에너지}$

이므로 $\dfrac{0.3}{0.8} = 0.375$

3 수심 10.0m에서 파속(C_1)이 50.0m/s인 파랑이 입사각(β_1) 30°로 들어올 때, 수심 8.0m에서 굴절된 파랑의 입사각(β_2)은? (단, 수심 8.0m에서 파랑의 파속(C_2)= 40.0m/s) [17 24 ㉮]

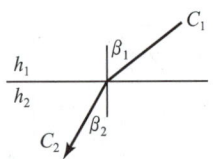

① 20.58°
② 23.58°
③ 38.68°
④ 46.15°

해설 3

$\dfrac{\sin(굴절각)}{\sin(입사각)} = \dfrac{굴절파속}{입사파속}$

$\dfrac{\sin(\beta_2)}{\sin(\beta_1)} = \dfrac{C_2}{C_1}$

$\dfrac{\sin\beta_2}{\sin 30} = \dfrac{40}{50}$

$\sin\beta_2 = 0.4$, $\beta_2 = 23.58°$

4 항만을 설계하기 위해 관측한 불규칙 파랑의 주기 및 파고가 다음 표와 같을 때, 유의파고($H_{1/3}$)는? [18 ㉮]

연번	파고(m)	주기(s)
1	9.5	9.8
2	8.9	9.0
3	7.4	8.0
4	7.3	7.4
5	6.5	7.5
6	5.8	6.5
7	4.2	6.2
8	3.3	4.3
9	3.2	5.6

① 9.0m
② 8.6m
③ 8.2m
④ 7.4m

해설 4

유의파고 : 특정기간 주기내에서 일어나는 모든 파고 중 큰 순서로 3분의 1 안에 드는 파고의 평균 높이

$H = (9.5 + 8.9 + 7.4)/3$
$\quad = 8.6m$

정답 1. ② 2. ② 3. ② 4. ②

5 그림과 같이 단위폭당 자중이 $3.5 \times 10^6 \text{N/m}$인 직립식 방파제에 $1.5 \times 10^6 \text{N/m}$의 수평 파력이 작용할 때, 방파제의 활동 안전율은?(단, 중력가속도=10.0m/s², 방파제와 바닥의 마찰계수=0.7, 해수의 비중=1로 가정하며, 파랑에 의한 양압력은 무시하고, 부력은 고려한다.) [18 ㉮]

① 1.20
② 1.22
③ 1.24
④ 1.26

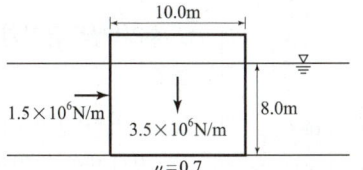

6 주기 11호, 파고 2m인 심해파의 파속, 파장을 구하시오.

① 파속 15.2m/sec 파장 152m
② 파속 13.7m/sec 파장 172m
③ 파속 19.7m/sec 파장 198m
④ 파속 17.2m/sec 파장 188m

7 수심 2m인 곳에서의 $T=11$초인 천해파의 파장과 파속은?

① 파장 28m 파속 2m/sec
② 파장 38m 파속 3.4m/sec
③ 파장 48m 파속 4.4m/sec
④ 파장 56m 파속 5.2m/sec

8 미소진폭파(small-amplitude wave)이론에 포함된 가정이 아닌 것은? [18 ㉮]

① 파장이 수심에 비해 매우 크다.
② 유체는 비압축성이다.
③ 바닥은 평평한 불투수층이다.
④ 파고는 수심에 비해 매우 작다.

9 방파제 건설을 위한 해안지역의 수심이 5.0m, 입사파랑의 주기가 14.5초인 장파(long wave)의 파장(wave length)은? (단, 중력가속도 $g=9.8\text{m/s}^2$) [20 ㉮]

① 49.5m
② 70.5m
③ 101.5m
④ 190.5m

10 수심이 50m로 일정하고 무한히 넓은 해역에서 주태양반일주조(S_2)의 파장은? (단, 주태양반일주조의 주기는 12시간, 중력가속도 $g=9.81\text{m/s}^2$이다.) [20 24 ㉮]

① 9.56km
② 95.6km
③ 956km
④ 9560km

해 설

해설 5

활동 안전율 = $\dfrac{\text{연직력} \times \text{마찰계수}}{\text{수평력}}$

수평력 $P_h = 1.5 \times 10^6 \text{N/m}$
연직력
$W = 3.5 \times 10^6 \text{N/m} - 8 \times 10 \times 9800 \text{N/m}$
$= 2.716 \times 10^6 \text{N/m}$
$F = \dfrac{2.716 \times 10^6 \times 0.7}{1.5 \times 10^6} = 1.267$

해설 6

$C_o = \dfrac{gT}{2\pi} = \dfrac{9.8 \times 11}{2\pi} = 17.2 \text{m/sec}$

$L_o = \dfrac{gT^2}{2\pi} = \dfrac{9.8 \times 11^2}{2\pi} = 188.7 \text{m/sec}$

해설 7

$L = \sqrt{gh}\,T = \sqrt{9.8 \times 2} \times 11 = 48.7\text{m}$
$\dfrac{h}{L} = \dfrac{2}{48.7} = 0.04 < 0.05$ 이므로
$C = \sqrt{gh} = \sqrt{9.8 \times 2} = 4.43 \text{m/sec}$

해설 8

파장과 수심은 다양한 관계가 될 수 있다.

해설 9

$L = T\sqrt{gh}$
$= 14.5 \times \sqrt{9.8 \times 5}$
$= 101.5\text{m}$

해설 10

$L = T\sqrt{gh}$
$= 12 \times 3600 \times \sqrt{9.81 \times 50}$
$= 956,760\text{m}$
$= 957\text{km}$

정답 5. ④ 6. ④ 7. ③ 8. ① 9. ③ 10. ③

출제예상문제

CHAPTER 6 개수로

1. 개수로 지배단면의 특성으로 옳은 것은? [16⑪]
① 하천흐름이 부정류인 경우에 발생한다.
② 완경사의 흐름에서 배수곡선이 나타나면 발생한다.
③ 상류 흐름에서 사류 흐름으로 변화할 때 발생한다.
④ 사류인 흐름에서 도수가 발생할 때 발생한다.

해설
지배단면은 상류가 사류로 변화될 때 나타난다.

2. 수로의 단위폭에 대한 운동량 방정식은? (단, 수로의 경사는 완만하며, 바닥 마찰저항은 무시한다.) [22 24⑪]

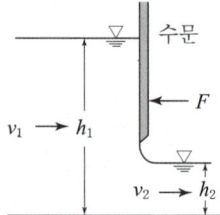

① $\dfrac{\gamma h_1^2}{2} - \dfrac{\gamma h_2^2}{2} - F = \rho Q(V_1 - V_2)$

② $\dfrac{\gamma h_1^2}{2} - \dfrac{\gamma h_2^2}{2} - F = \rho Q(V_2 - V_1)$

③ $\dfrac{\gamma h_1^2}{2} + \dfrac{\gamma h_2^2}{2} - F = \rho Q(V_2 - V_1)$

④ $\dfrac{\gamma h_1^2}{2} + \rho Q V_1 + F = \dfrac{\gamma h_2^2}{2} + \rho Q V_2$

해설
V_1 힘 − V_2 힘 − F = 운동변화량
$\dfrac{rh_1^2}{2} - \dfrac{rh_2^2}{2} - F = \dfrac{w}{g}Q(V_2 - V_1)$

3. 수리학상 유리한 단면에 관한 설명 중 옳지 않은 것은? [22⑪]
① 주어진 단면에서 윤변이 최소가 되는 단면이다.
② 직사각형 단면일 경우 수심이 폭의 1/2인 단면이다.
③ 최대유량의 소통을 가능하게 하는 가장 경제적인 단면이다.
④ 수심을 반지름으로 하는 반원을 외접원으로 하는 제형단면이다.

해설
수심을 반지름으로 하는 단면은 직사각형(구형)단면이다.

4. 직사각형단면 개수로의 수리상 유리한 형상의 단면에서 수로의 수심이 2m라면 이 수로의 경심(R)은? [16⑭]
① 0.5m   ② 1m
③ 2m   ④ 4m

해설
직사각형 단면의 수리상 유리한 단면은 $B = 2h = 4\text{m}$
$R = \dfrac{A}{P} = \dfrac{Bh}{B+2h}$
$= \dfrac{4 \times 2}{4+2 \times 2} = 1\text{m}$

해답 1.③ 2.② 3.④ 4.②

5. 수면 경사 1/1,000인 구형단면 수로에 유량 30m³/sec를 흐르게 할 때 수리상 유리한 단면을 결정하면? (단, Manning 공식을 쓰고, n=0.025이다. 또 구형은 폭 B, 수심은 h이다.) [98 ㉮]

① h=3.0m B=6m
② h=1.95m B=3.9m
③ h=4.63m B=9.26m
④ h=2.0m B=4m

해설
$B=2h$ 에서
$R = \dfrac{A}{P} = \dfrac{2h^2}{4h} = \dfrac{h}{2}$
$Q = AV = bh \cdot \dfrac{1}{n} R^{2/3} \cdot I^{1/2}$
$30 = 2h^2 \cdot \dfrac{1}{n} \cdot \left(\dfrac{h}{2}\right)^{2/3} \cdot I^{1/2}$
$= 2h^2 \cdot \dfrac{1}{0.025} \left(\dfrac{h}{2}\right)^{2/3} \cdot \left(\dfrac{1}{1000}\right)^{1/2}$
∴ $h = 3.0$m
$B = 2h = 6.0$m

6. 비에너지와 한계수심에 관한 설명 중 옳지 않은 것은? [05 ㉮]

① 비에너지는 수로바닥을 기준으로 하는 흐름의 전 에너지이다.
② 유량이 일정할 때 비에너지가 최소가 되는 수심이 한계수심이다.
③ 비에너지가 일정할 때 한계수심으로 흐르면 유량이 최소가 된다.
④ 유량이 일정할 때 직사각형단면 수로내 한계수심은 최소 비에너지의 $\dfrac{2}{3}$이다.

해설
한계수심으로 흐르게 되면 유량이 최대가 된다.

7. 그림과 같은 개수로에서 수로경사 $S_0 = 0.001$, Manning의 조도계수 $n = 0.002$일 때 유량은? [20 ㉮]

① 약 150m³/s
② 약 320m³/s
③ 약 480m³/s
④ 약 540m³/s

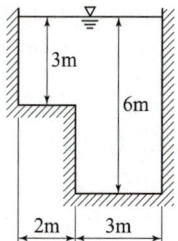

해설
$Q = AV = \dfrac{1}{n} AR^{2/3} \cdot I^{1/2}$
$A = 5 \times 6 - 2 \times 3 = 24$
$R = \dfrac{A}{P}$, $P = 3+2+3+3+6 = 17$
$Q = \dfrac{1}{0.002} \times 24 \times \left(\dfrac{24}{17}\right)^{2/3} \times 0.001^{1/2}$
$= 477.6$m³/sec

8. 도수(hydraulic jump) 전후의 수심 h_1, h_2의 관계를 도수 전의 Froude수 Fr_1의 함수로 표시한 것으로 옳은 것은? [16 20 24 ㉮]

① $\dfrac{h_1}{h_2} = \dfrac{1}{2}\left(\sqrt{8Fr_1^2+1}-1\right)$
② $\dfrac{h_1}{h_2} = \dfrac{1}{2}\left(\sqrt{8Fr_1^2+1}+1\right)$
③ $\dfrac{h_2}{h_1} = \dfrac{1}{2}\left(\sqrt{8Fr_1^2+1}-1\right)$
④ $\dfrac{h_2}{h_1} = \dfrac{1}{2}\left(\sqrt{8Fr_1^2+1}+1\right)$

해설 도수후의 수심
$h_2 = \dfrac{h_1}{2}\left(-1+\sqrt{1+8F_{r_1}^2}\right)$
$\dfrac{h_2}{h_1} = \dfrac{1}{2}\left(-1+\sqrt{1+8F_{r_1}^2}\right)$

해답 5. ① 6. ③ 7. ③ 8. ③

9. 비에너지와 한계수심에 관한 설명으로 옳지 않은 것은? [18㉮]

① 비에너지가 일정할 때 한계수심으로 흐르면 유량이 최소가 된다.
② 유량이 일정할 때 비에너지가 최소가 되는 수심이 한계수심이다.
③ 비에너지는 수로바닥을 기준으로 하는 단위 무게당 흐름에너지이다.
④ 유량이 일정할 때 직사각형단면 수로내 한계수심은 최소 비에너지의 $\frac{2}{3}$이다.

[해설]
한계수심으로 흐를 때 유량은 최대가 된다.

10. Chezy 공식의 평균유속계수 C와 Manning 공식의 조도계수 n 사이의 관계는? [20㉯]

① $C = nR^{\frac{1}{3}}$ ② $C = nR^{\frac{1}{6}}$
③ $C = \frac{1}{n}R^{\frac{1}{3}}$ ④ $C = \frac{1}{n}R^{\frac{1}{6}}$

[해설]
$V = C\sqrt{RI} = \frac{1}{n}R^{2/3} \cdot I^{1/2}$
$C = \frac{R^{2/3} \cdot I^{1/2}}{n\sqrt{RI}}$
$= \frac{1}{n} \cdot R^{2/3 - 1/2} = \frac{1}{n}R^{1/6}$

11. 직사각형 단면의 개수로에서 한계유속(V_c)과 한계수심(h_c)의 관계로 옳은 것은? [16㉯]

① $V_c \propto h_c$ ② $V_c \propto h_c^{-1}$
③ $V_c \propto h_c^{1/2}$ ④ $V_c \propto h_c^2$

[해설]
$V = \sqrt{2gh} = \sqrt{2g} \cdot h^{1/2}$
그러므로 한계수심과 한계유속은 $h^{1/2}$ 비례 관계

12. 사다리꼴 단면인 개수로에서 수리학적으로 가장 유리한 단면의 조건은? (단, R: 경심, B: 수면 폭, h: 수심) [19㉯]

① $B = \frac{h}{2}$ ② $B = h$
③ $R = \frac{h}{2}$ ④ $R = h$

[해설]
가장 유리한 단면은 $B = 2h$ 또는 $R = \frac{h}{2}$이다.

13. 단위폭당 0.9m³/sec가 흐르는 폭이 넓은 구형수로의 한계수심은? (단, 에너지 보정계수는 1.1)

① 0.40m   ② 0.45m
③ 0.56m   ④ 0.67m

[해설]
$h_c = \left(\frac{\alpha Q^2}{gb^2}\right)^{1/3} = \left(\frac{1.1 \times 0.9^2}{9.8 \times 1}\right)^{1/3} = 0.45\text{m}$

14. 직사각형 수로의 단위폭당 유량이 2m³/sec, 수심이 1m이다. $\alpha = 1.0$일 때 비에너지는? [97㉮]

① 2.0m   ② 1.5m
③ 1.0m   ④ 1.2m

[해설]
$h = 1$m 인 경우 단위폭 유량이 2m³/sec라 함은 유속 $V = 2$m/sec 를 암시하는 것이다.
$H_e = h + \alpha\frac{V^2}{2g} = 1 + 1 \times \frac{2^2}{2 \times 9.8} = 1.2\text{m}$

15. 직사각형 단면 수로의 폭이 5m이고, 한계수심이 1m이다. 에너지 보정계수 $\alpha = 1.0$이면 유량은?

① Q = 15.65m³/sec   ② Q = 10.75m³/sec
③ Q = 9.80m³/sec   ④ Q = 3.13m³/sec

[해설]
$h_c = \left(\frac{\alpha Q^2}{gb^2}\right)^{1/3}$
$Q^2 = h_c^3 \cdot gb^2/\alpha = 1 \times 9.8 \times 5^2/1 = 245$
∴ $Q = 15.65$m³/sec

해답 9. ① 10. ④ 11. ③ 12. ③ 13. ② 14. ④ 15. ①

16. 직사각형 단면의 수로에서 단위폭당 유량이 0.4m³/s/m이고 수심이 0.8m일 때 비에너지는? (단, 에너지 보정계수는 1.0으로 함.) [15㉮]

① 0.801m ② 0.813m
③ 0.825m ④ 0.837m

해설
$$H_e = h + \frac{\alpha V^2}{2g} = 0.8 + \frac{1 \times (0.4/0.8)^2}{2 \times 9.8}$$
$$= 0.813m$$

17. 수평면상 곡선수로의 상류(常流)에서 비회전흐름인 경우, 유속 V와 곡률반지름 R의 관계로 옳은 것은? [24㉮]

① $V = CR$ ② $VR = C$
③ $R + \frac{V^2}{2g} = C$ ④ $\frac{V^2}{2g} + CR = 0$

해설
유속과 곡률반경과의 관계는 $V \cdot R = C$가 된다.

18. 폭이 1m인 직사각형 개수로에서 0.5m³/s의 유량이 80cm의 수심으로 흐르는 경우, 이 흐름을 가장 잘 나타낸 것은? (단, 동점성 계수는 0.012cm²/s, 한계수심은 29.5cm이다.) [16㉮]

① 층류이며 상류 ② 층류이며 사류
③ 난류이며 상류 ④ 난류이며 사류

해설
$$R_e = \frac{V \cdot h}{\nu}$$
$$= \frac{\frac{0.5}{1 \times 0.8} \times 0.8}{0.012 \times 10^{-4}}$$
$$= 266667 > 500, \text{ 난류}$$
$$F_r = \frac{V}{\sqrt{gh}} = \frac{\frac{0.5}{1 \times 0.8}}{\sqrt{9.8 \times 0.8}}$$
$$= 0.22 < 1, \text{ 상류}$$

19. 개수로의 단면이 축소되는 부분의 흐름에 관한 설명으로 옳은 것은? [18㉯]

① 상류가 유입되면 수심이 감소하고 사류가 유입되면 수심이 증가한다.
② 상류가 유입되면 수심이 증가하고 사류가 유입되면 수심이 감소한다.
③ 유입되는 흐름의 상태(상류 또는 사류)와 무관하게 수심이 증가한다.
④ 유입되는 흐름의 상태(상류 또는 사류)와 무관하게 수심이 감소한다.

해설
단면이 축소되면 상류의 경우 유속이 빨라지게 되어 수심 감소, 사류가 유입되면 수심 증가한다.

20. 수로의 경사 및 단면의 형상이 주어질 때 최대 유량이 흐르는 조건은? [00 19㉮]

① 윤변이 최대이거나 경심이 최소일 때
② 수로폭이 최소이거나 수심이 최대일 때
③ 윤변이 최소이거나 경심이 최대일 때
④ 수심이 최소이거나 경심이 최대일 때

해설
최대유량이 흐르는 조건은 수리상 유리한 단면을 지칭하는 말이므로 경심(R)이 최대일 때이다.
$$R = \frac{A}{P}$$

21. 수로 폭 4m, 수심 1.5m인 직사각형 단면수로에 유량 24m³/s가 흐를 때, 후르드수(Froude number)와 흐름의 상태는? [16㉯]

① 1.04, 상류 ② 1.04, 사류
③ 0.74, 상류 ④ 0.74, 사류

해설
$$F = \frac{V}{\sqrt{gh}}$$
$$V = \frac{Q}{A} = \frac{24}{4 \times 1.5} = 4$$
$$F = \frac{4}{\sqrt{9.8 \times 1.5}} = 1.04 > 1.0 \quad \therefore \text{사류}$$

해답 16. ② 17. ② 18. ③ 19. ① 20. ③ 21. ②

22. 아래 표의 ( )안에 들어갈 알맞은 용어를 순서대로 짝지어진 것은? [19④]

> 흐름이 사류에서 상류로 바뀔 때에는 (㉠)을 거치고, 상류에서 사류로 바뀔 때에는 (㉡)을 거친다.

① ㉠ : 도수현상, ㉡ : 대응수심
② ㉠ : 대응수심, ㉡ : 공액수심
③ ㉠ : 도수현상, ㉡ : 지배단면
④ ㉠ : 지배단면, ㉡ : 공액수심

[해설]
• 도수 : 사류에서 상류로 바뀔 때 발생
• 지배단면 : 상류에서 사류로 바뀔 때 발생

23. 개수로에서 일정한 단면적에 대하여 최대 유량이 흐르는 조건은? [16㉮]

① 수심이 최대이거나 수로 폭이 최소일 때
② 수심이 최소이거나 수로 폭이 최대일 때
③ 윤변이 최소이거나 경심이 최대일 때
④ 윤변이 최대이거나 경심이 최소일 때

[해설]
최대유량이 흐르는 조건은 수리상 유리한 단면이다. 즉 윤변이 최소, 경심이 최대이다.

24. 수면경사가 1/500인 직사각형 수로에 유량이 50m³/s로 흐를 때 수리상 유리한 단면의 수심(h)은?
(단, Manning 공식을 이용하며, n = 0.023) [20 23㉯]

① 0.8m ② 1.1m
③ 2.0m ④ 3.1m

[해설]
수리상 유리한 단면 : $b = 2h$
$V = \dfrac{1}{n}R^{2/3} \cdot I^{1/2}$
$Q = AV = bh \cdot \dfrac{1}{n}(\dfrac{A}{P})^{2/3} \cdot I^{1/2}$
$50 = 2h \cdot h \cdot \dfrac{1}{0.023}(\dfrac{2h \cdot h}{2h + 2h})^{2/3} \cdot (\dfrac{1}{500})^{1/2}$
$= \dfrac{2h^2}{0.023}(\dfrac{h}{2})^{2/3} \cdot (\dfrac{1}{500})^{1/2}$
$h^{8/3} = 20.41 \quad h = 3.1\text{m}$

25. 배수(back water)에 대한 설명 중 옳은 것은?

① 개수로의 어느 곳에 구조물의 영향으로 수위가 상승되는 영향이 상류쪽으로 미치는 현상을 말한다.
② 수자원 개발을 위하여 저수지에 물을 가두어 두었다가 용수 부족시에 사용하는 물을 말한다.
③ 홍수시에 제내지(堤內地)에 만든 유수지(游水池)의 수면이 상승되는 현상
④ 관수로 내의 물을 급격히 차단할 경우 관 내의 상승 압력으로 인하여 습파(襲波)가 생겨서 상류쪽으로 습파가 전달되는 현상

[해설]
배수란 완경사의 하천에 구조물의 영향으로 상류측 방향으로 수위 영향이 전파되는 현상을 의미한다.

26. 자연하천의 특성을 표현할 때 이용되는 하상계수에 대한 설명으로 옳은 것은?

① 최심하상고와 평형하상고의 비이다.
② 최대유량과 최소유량의 비로 나타낸다.
③ 개수 전과 개수 후의 수심 변화량의 비를 말한다.
④ 홍수 전과 홍수 후의 하상 변화량의 비를 말한다.

[해설]
S하상계수는 $\dfrac{최대유량}{최소유량}$으로 나타낸다.

27. 광폭 직사각형 단면 수로의 단위폭당 유량이 16m³/s일 때, 한계경사는? (단, 수로의 조도계수 $n = 0.020$이다.) [18㉮]

① 3.27×10^{-3} ② 2.73×10^{-3}
③ 2.81×10^{-2} ④ 2.90×10^{-2}

[해설]
$Q = AV = A \cdot \dfrac{1}{n}R^{\frac{2}{3}} \cdot I^{\frac{1}{2}}$
광폭이므로 $R = h$
$Q = 1 \cdot h \cdot \dfrac{1}{n} \cdot h^{\frac{2}{3}} \cdot I^{\frac{1}{2}}$
직사각형 수로이므로
$h_c = \left(\dfrac{\alpha Q^2}{gb^2}\right)^{\frac{1}{3}} = \left(\dfrac{1 \times 16^2}{9.8 \times 1}\right)^{\frac{1}{3}} = 2.97\text{m}$
$16 = 1 \times 2.97 \times \dfrac{1}{0.02} \times 2.97^{\frac{2}{3}} \times I^{\frac{1}{2}}$
$I = I_c = 2.72 \times 10^{-3}$

해답 22. ③ 23. ③ 24. ④ 25. ① 26. ② 27. ②

28. 도수 전후의 수심이 각각 1.0m, 3.0m일 때 에너지 손실을 구하면?

① $\frac{1}{2}$m   ② $\frac{1}{3}$m
③ $\frac{2}{3}$m   ④ $\frac{1}{5}$m

[해설] 에너지 손실
$$\Delta H_e = \frac{(h_2-h_1)^3}{4h_1h_2} = \frac{(3-1)^3}{4\times1\times3} = 0.67\text{m}$$

29. 도수가 15m 폭의 수문 하류 측에서 발생되었다. 도수가 일어나기 전의 깊이가 1.5m이고 그때의 유속은 18m/s였다. 도수로 인한 에너지 손실 수두는? (단, 에너지 보정계수 α = 1이다.)   [19㉮]

① 3.24m   ② 5.40m
③ 7.62m   ④ 8.34m

[해설]
에너지 손실수두 $\Delta h = \frac{(h_2-h_1)^3}{4h_1h_2}$

$h_1 = 1.5\text{m}$, $V_1 = 18\text{m}$, $b = 15\text{m}$이므로

$h_2 = \frac{h_1}{2}(-1+\sqrt{1+8F_{r1}^2})$

$F_{r1} = \frac{V_1}{\sqrt{gh_1}} = \frac{18}{\sqrt{9.8\times1.5}} = 4.7$ 그러므로

$h_2 = \frac{1.5}{2}(-1+\sqrt{1+8\times4.7^2}) = 9.25\text{m}$

$\Delta h = \frac{(9.25-1.5)^3}{4\times1.5\times9.25} = 8.39\text{m}$

30. 개수로에서 지배단면(Control Section)에 대한 설명으로 옳은 것은?   [18㉛]

① 개수로내에서 압력이 가장 크게 작용하는 단면이다.
② 개수로내에서 수로경사가 항상 같은 단면을 말한다.
③ 한계수심이 생기는 단면으로서 상류에서 사류로 변하는 단면을 말한다.
④ 개수로내에서 유속이 가장 크게 되는 단면이다.

[해설] 지배단면은 상류에서 사류로 흐름이 바뀔 때 발생된다.

31. 도수(Hydraulic jump)에 대하여 옳게 기술한 것은?

① 수로의 곡면부에 있어서 외측으로 수면이 부푸는 현상
② 사류에서 상류로 변할 때 수면이 불연속적으로 뛰어 오르는 현상
③ 수로를 갑자기 막았을 때 수면 상승이 상류로 전파되는 현상
④ 정수면의 외부충격에 의한 표면과의 전파 현상

[해설] 도수
사류에서 상류로 변할 때 급격한 에너지 손실을 동반하며 수면이 불연속적으로 뛰는 현상

32. 배수곡선(backwater curve)에 해당하는 수면곡선은?   [18㉮]

① 댐을 월류할 때의 수면곡선
② 홍수시의 하천의 수면곡선
③ 하천 단락부(段落部) 상류의 수면곡선
④ 상류 상태로 흐르는 하천에 댐을 구축했을 때 저수지의 수면곡선

[해설]
배수곡선은 상류의 흐름에서 장애물에 의한 상부로의 흐름을 말한다.

33. 댐의 상류부에서 발생되는 수면 곡선은?
   [93 10 19 24 ㉮]

① 배수곡선   ② 저하곡선
③ 수리특성 곡선   ④ 유사량 곡선

[해설]
• 배수곡선 : 댐의 상류부 수면곡선
• 저하곡선 : 하천단락부 또는 낙하시의 상류부 수면곡선
• 수리특성곡선 : 단면의 흐름에 관한 특성들을 나타낸 곡선
• 유사량 곡선 : 유사의 이송량을 나타낸 곡선

해답 28. ③ 29. ④ 30. ③ 31. ② 32. ④ 33. ①

34. 폭 8m의 구형단면 수로에 40m³/s의 물을 수심 5m로 흐르게 할 때, 비에너지는?(단, 에너지 보정계수 α = 1.11로 가정한다.) [19㉮]

① 5.06m ② 5.87m
③ 6.19m ④ 6.73m

해설
$H_e = h + \dfrac{\alpha V^2}{2g}$

$Q = AV = bh \cdot V$

$V = \dfrac{Q}{bh} = \dfrac{40}{8 \cdot 5} = 1\text{m/sec}$

$H_e = 5 + \dfrac{1.1 \times 1^2}{2 \times 9.8} = 5.06\text{m}$

35. 그림과 같이 댐 여수로 위에 물이 월류할 때 물이 댐에 가하는 여수로 단위폭당 수평력을 역적-운동량 방정식을 사용하여 계산한 값은? (단, 에너지 손실은 무시하고 여수로의 단위폭당 유량을 베르누이 방정식으로 계산하면 2.8m³/sec/m가 되며, 월류전 유속 V_1=1.4m/sec, 월류후 유속 V_2=5.6m/sec이다.)

① 875kg/m
② 575kg/m
③ 475kg/m
④ 675kg/m

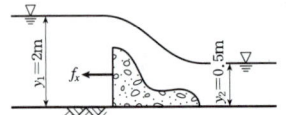

해설 역적-운동량 방정식

$P_1 - F_x - P_2 = \dfrac{wQ}{g}(V_2 - V_1)$

여기에서 P_1 : 댐 상류부의 전수압
P_2 : 댐 하류부의 전수압
F_x : 댐체에서의 작용력

① $P_1 = wh_{G1}A_1 = 1 \times \dfrac{2}{2} \times (2 \times 1) = 2\text{t}$

② $P_1 = wh_{G2}A_2 = 1 \times \dfrac{0.5}{2} \times (0.5 \times 1) = 0.125\text{t}$

$2 - F_x - 0.125 = \dfrac{1 \times 2.8}{9.8} \times (5.6 - 1.4)$

$\therefore F_x = 0.675\text{t}$

단위폭당 댐에 가해지는 힘을 구하므로
$F_x = 0.675\text{t/m} = 675\text{kg/m}$

36. 댐여수로 위로 물이 월류할 때 흐름이 댐에 가하는 단위폭당 힘의 수평성분 힘은 얼마인가? (단, 단위폭당 유량 Q=3.5m³/sec, 월류전의 유속 V_1=2.0m/sec, 월류후의 유속 V_2=4.5m/sec이다.)

① 119.8kg
② 157.5kg
③ 607.1kg
④ 946.3kg

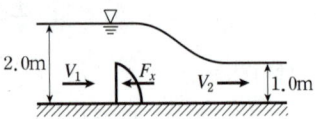

해설
$P_1 - F_x - P_2 = \dfrac{w}{g}Q(V_2 - V_1)$

$P_1 = wh_{G1} \cdot A = 1 \times 1 \times 2 = 2\text{t}$

$P_2 = wh_{G2} \cdot A = 1 \times \dfrac{1}{2} \times 1 = 0.5\text{t}$

$2 - F_x - 0.5 = \dfrac{1}{9.8} \times 3.5 \times (4.5 - 2.0)$

$F_x = 0.607\text{t} = 607\text{kg}$

37. 수리학적으로 유리한 단면에 관한 내용으로 옳지 않은 것은? [20㉮]

① 동수반경을 최대로 하는 단면이다.
② 구형에서는 수심이 폭의 반과 같다.
③ 사다리꼴에서는 동수반경이 수심의 반과 같다.
④ 수리학적으로 가장 유리한 단면의 형태는 이등변 직각삼각형이다.

해설
수리학적으로 가장 유리한 단면은 $B = 2h$(직사각형)이다.

38. 유량 147.6L/s를 송수하기 위하여 안지름 0.4m의 관을 700m의 길이로 설치하였을 때 흐름의 에너지 경사는? (단, 조도계수 n=0.012, Manning 공식 적용) [19㉮]

① $\dfrac{1}{700}$ ② $\dfrac{2}{700}$
③ $\dfrac{3}{700}$ ④ $\dfrac{4}{700}$

해설
$Q = AV = \dfrac{1}{n}AR^{\frac{2}{3}} \cdot I^{\frac{1}{2}}$

$147.6 \times \dfrac{1}{1000} = \dfrac{1}{0.012} \times \dfrac{\pi \cdot 0.4^2}{4} \times \left(\dfrac{0.4}{4}\right)^{\frac{2}{3}} \times \left(\dfrac{\Delta h}{700}\right)^{\frac{1}{2}}$

$\left(\dfrac{\Delta h}{700}\right)^{\frac{1}{2}} = 0.065$

$\Delta h = 2.96 \quad \therefore \text{에너지경사} = I = \dfrac{3}{700}$

해답 34. ① 35. ④ 36. ③ 37. ④ 38. ③

39. 비에너지와 수심의 관계 그래프에서 한계수심보다 수심이 작은 흐름은? [16 ⓢ]

① 사류 ② 상류
③ 한계류 ④ 난류

해설
한계수심보다 작게 되면 유속이 빠르게 되므로 사류가 된다.

40. 개수로 흐름의 도수현상에 대한 설명 중 틀린 것은? [22 ㉮]

① 도수 전후의 수심 관계는 베르누이 정리로 구할 수 있다.
② 도수 전후의 에너지 손실은 주로 불연속 수면 발생 때문이다.
③ 도수는 사류가 상류를 만날 경우에만 발생된다.
④ 비력(충력치)과 비에너지가 최소인 수심은 근사적으로 같다.

해설
도수현상은 사류에서 상류로 천이될 때 발생하며 도수전후의 수심관계는 비력(충력치)에 의해 구한다.
베르누이 방정식은 동일 유선상에서만 방정식이 성립된다.

41. 도수(hydraulic jump)에 대하여 옳게 기술한 것은? [24 ⓢ]

① 수로의 곡선부에 있어서 요안(凹岸) 측으로 수면이 상승하는 현상
② 사류에서 상류로 변할 때 수면이 불연속적으로 뛰어오르는 현상
③ 정수면의 외부 충격에 의한 표면파의 전파현상
④ 수로를 갑자기 막았을 때 수면상승이 상류로 전파되는 현상

해설 도수
사류에서 상류로 변할 때 급격한 에너지 손실을 동반하며 수면이 불연속적으로 뛰는 현상.

42. 개수로 내의 흐름에서 비에너지(specific energy, H_e)가 일정할 때, 최대 유량이 생기는 수심 h로 옳은 것은? (단, 개수로의 단면은 직사각형이고 $\alpha = 1$이다.) [20 ㉮]

① $h = H_e$ ② $h = \frac{1}{2}H_e$
③ $h = \frac{2}{3}H_e$ ④ $h = \frac{3}{4}H_e$

해설
$$H_e = \frac{3}{2}h$$
$$h = \frac{2}{3}H_e$$

43. 다음 단면2에서 유속 V_2를 구한 값은? (단, 마찰손실은 무시한다.) [05 ㉮]

① 3.74m/s
② 4.05m/s
③ 3.56m/s
④ 3.41m/s

해설
$$\frac{p_1}{w} + \frac{V_1^2}{2g} + z_1 = \frac{p_2}{w} + \frac{V_2^2}{2g} + z_2$$
$$1.0 + \frac{V_1^2}{2g} + 0 = 0.4 + \frac{V_2^2}{2g} + 0$$
$1 \times 1 \times V_1 = 1 \times 0.4 \times V_2$ 이므로 윗식에 대입하여 정리하면
$$V_2 = \sqrt{\frac{2g(1-0.4)}{1-0.4^2}} = 3.74\text{m/sec}$$

44. 개수로에서 도수로 인한 에너지 손실을 구하는 식으로 옳은 것은? (단, h_1 : 도수 전의 수심, h_2 : 도수 후의 수심) [19 ⓢ]

① $He = \frac{(h_2-h_1)^3}{h_1 h_2}$ ② $He = \frac{(h_2-h_1)^3}{2h_1 h_2}$
③ $He = \frac{(h_2-h_1)^3}{3h_1 h_2}$ ④ $He = \frac{(h_2-h_1)^3}{4h_1 h_2}$

해설 개수로의 도수로인한 에너지 손실 공식
$$H_e = \frac{(h_2-h_1)^3}{4h_1 h_2}$$

해답 39. ① 40. ① 41. ② 42. ③ 43. ① 44. ④

45. 폭 2.5m, 월류수심 0.4m인 사각형 위어(weir)의 유량은? (단, Francis 공식 : $Q=1.84B_oh^{3/2}$에 의하며, B_o : 유효폭, h : 월류수심, 접근유속은 무시하며 양단수축이다.) [18㉮]

① $1.117\text{m}^3/\text{s}$ ② $1.126\text{m}^3/\text{s}$
③ $1.145\text{m}^3/\text{s}$ ④ $1.164\text{m}^3/\text{s}$

해설
$Q = 1.84 b_o h^{\frac{3}{2}}$
$b_o = b - 0.1nh$
$\quad = b - 0.2h$
$Q = 1.84 \times (2.5 - 0.2 \times 0.4) \times 0.4^{\frac{3}{2}}$
$\quad = 1.126\text{m}^3/\text{s}$

46. 개수로 구간에 댐을 설치했을 때 수심 h는 상류로 갈수록 등류 수심 h_0에 접근하는 수면곡선을 무엇이라 하는가? [97 19 ㉲]

① 저하곡선 ② 배수곡선
③ 수두곡선 ④ 수면곡선

해설 배수곡선
댐에 의해 배수곡선이 발생한 수심은 상류로 향할수록 등류수심에 접근하게 된다.

47. 주어진 유량에 대한 비에너지(specific energy)가 3m일 때, 한계수심은? [20㉮]

① 1m ② 1.5m
③ 2m ④ 2.5m

해설
$H_e = \frac{3}{2}h_c$
$3 = \frac{3}{2}h_c, \ h_c = 2\text{m}$

48. 직사각형 단면의 개수로에서 비에너지의 최소값이 $E_{\min}=1.5\text{m}$ 이라면 단위 폭 당의 유량은? [16㉲]

① $1.75\text{m}^3/\text{s}$ ② $2.73\text{m}^3/\text{s}$
③ $3.13\text{m}^3/\text{s}$ ④ $4.25\text{m}^3/\text{s}$

해설
$h_e = \frac{3}{2}h_c$에서 $1.5 = \frac{3}{2}h_c, \ h_c = 1\text{m}$
$h_c = \left(\frac{\alpha Q^2}{gb^2}\right)^{1/3}$
$1 = \left(\frac{1 \times Q^2}{9.8 \times 1}\right)^{1/3}$
$Q = 3.13\text{m}^3/\text{sec}$

49. 폭 5m의 수평한 구형 수로에 10m³/sec의 물이 수심 1m로 흐른다면 흐름 상태는?

① 한계류 ② 상류
③ 사류 ④ 해답 없음

해설
$h_c = \left(\frac{\alpha Q^2}{gb^2}\right)^{\frac{1}{3}} = \left(\frac{1.1 \times 10^2}{9.8 \times 5^2}\right)^{\frac{1}{3}} = 0.77\text{m} < 1\text{m}$
$\therefore h > h_c$ 이므로 상류이다.

50. 수심이 3m, 유속이 2m/sec인 개수로의 비에너지 값은? (단, 에너지 보정계수는 1.1이다.) [98㉮, 21㉲]

① 1.22m ② 2.22m
③ 3.22m ④ 4.22m

해설
$H_e = h + \frac{\alpha V^2}{2g} = 3 + \frac{1.1 \times 2^2}{2 \times 9.8} = 3.22\text{m}$

51. 한계수심에 대한 다음 설명 중 옳지 않은 것은?

① 유량계측 수단이 된다.
② 유량이 최대이다.
③ 비에너지가 최소이다.
④ 프루드 수(Froude number)가 1보다 크다.

해설
① 한계수심(h_c)일 때 유량이 최대이다.
② $H_{e_{\min}}$ 일 때의 수심을 한계수심(critical depth)이라 한다.
$\left(H_{e_{\min}} = \frac{3}{2}h_c\left(h_c - \frac{2}{3}H_{e_{\min}}\right)\right)$
③ $Fr = 1$이면 한계류이고, 이때의 수심이 한계수심(h_c)이다.

해답 45. ② 46. ② 47. ③ 48. ③ 49. ② 50. ③ 51. ④

52. 한계수심(critical depth)에 관한 설명 중 틀린 것은?

① 유량이 일정할 때 비에너지가 최소치인 수심이다.
② 한계수심을 산정하는 일반식은
$h_c = \left(\dfrac{n\alpha Q^2}{ga^2}\right)^{\frac{1}{2n+1}}$ 이다.
③ 한계유속으로 흐를 때의 수심이다.
④ 사류에서 상류로 흐를 때 지배단면이 생기는 수심이다.

[해설] 상류에서 사류로 흐를 때 지배단면이 발생한다. 사류에서 상류로 바뀔 때는 도수가 발생한다.

53. 직사각형 광폭 수로에서 한계류의 특징이 아닌 것은? [18ⓒ]

① 주어진 유량에 대해 비에너지가 최소이다.
② 주어진 비에너지에 대해 유량이 최대이다.
③ 한계수심은 비에너지의 2/3이다.
④ 주어진 유량에 대해 비력이 최대이다.

[해설] 한계류상태의 흐름에서는 비력이 최소가 된다.

54. 다음 그림과 같은 사다리꼴 수로에서 수리상 유리한 단면으로 설계된 경우의 조건은? [20㉮]

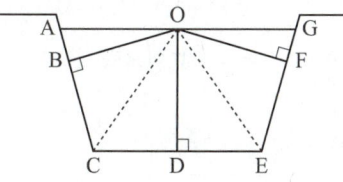

① OB=OD=OF
② OA=OD=OG
③ OC=OG+OA=OE
④ OA=OC=OE=OG

[해설] 수리상 유리한 단면은 반원에 외접하는 단면이다.

55. 관수로와 개수로의 흐름에 대한 설명으로 옳지 않은 것은? [18ⓒ]

① 관수로는 자유표면이 없고 개수로는 있다.
② 관수로는 두 단면 간의 속도차로 흐르고 개수로는 두 단면 간의 압력차로 흐른다.
③ 관수로는 점성력의 영향이 크고 개수로는 중력의 영향이 크다.
④ 개수로는 후르드 수(Fr)로 상류와 사류로 구분할 수 있다.

[해설] 관수로는 단면간의 압력차로 흐르고, 개수로는 수두차로 흐른다.

56. 폭이 넓은 개수로($R \fallingdotseq h_c$)에서 Chezy의 평균유속계수 $C=29$, 수로경사 $I=\dfrac{1}{80}$인 하천의 흐름 상태는? (단, $\alpha=1.11$) [19㉮]

① $I_c = \dfrac{1}{105}$로 사류
② $I_c = \dfrac{1}{95}$로 사류
③ $I_c = \dfrac{1}{70}$로 상류
④ $I_c = \dfrac{1}{50}$로 상류

[해설]
$F_r = \dfrac{V}{\sqrt{gh}} = \dfrac{C\sqrt{RI}}{\sqrt{gh}} = C\sqrt{\dfrac{I}{g}}$

$1 = 29 \times \sqrt{\dfrac{I_c}{9.8}}$

$I_c = 0.01165 = \dfrac{1}{86}$

$I > I_c$이므로 사류

57. 폭 5m인 직사각형 수로에 유량 $8\text{m}^3/\text{sec}$의 물이 항시 수심 0.8m로 흐르는 경우 이 흐름의 Froude 수는? (단, 중력가속도 $g=9.81\text{m}/\text{sec}^2$이다.) [22㉮]

① 0.26
② 0.54
③ 0.71
④ 0.93

[해설]
$F_r = \dfrac{V}{\sqrt{gh}}$

$V = \dfrac{Q}{A} = \dfrac{8}{5 \times 0.8} = 2$

$F_r = \dfrac{2}{\sqrt{9.81 \times 0.8}} = 0.71$

해답 52. ④ 53. ④ 54. ① 55. ② 56. ② 57. ③

58. 수면 폭 5m, 밑폭 4m, 수심 3m인 사다리꼴 수로에서 평균유속율 1.5m/sec라 하면 그 유량은?

① 20.25m³/sec
② 18.35m³/sec
③ 21.05m³/sec
④ 23.10m³/sec

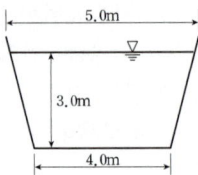

해설

$Q = AV = \dfrac{(5+4) \times 3}{2} \times 1.5 = 20.25 \text{m}^3/\text{sec}$

59. 그림과 같은 구형단면 개수로의 유량을 맨닝(Manning)의 평균유속 공식을 사용하여 구한 값은? (단, 수로경사 $i = \dfrac{1}{100}$, 수로의 조도계수 $n = 0.025$) [98 산]

① 12.8m³/sec
② 32.0m³/sec
③ 128.0m³/sec
④ 160.0m³/sec

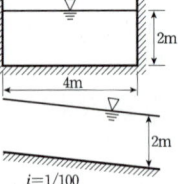

해설

$Q = AV = A \dfrac{1}{n} R^{\frac{2}{3}} I^{\frac{1}{2}}$

$= \dfrac{(4 \times 2) \times 1}{0.025 \times} \left(\dfrac{4 \times 2}{4 + 2 \times 2} \right)^{\frac{2}{3}} \times \left(\dfrac{1}{100} \right)^{\frac{1}{2}} = 32 \text{m}^3/\text{sec}$

60. 개수로의 흐름에서 비에너지의 정의로 옳은 것은? [19 가]

① 단위 중량의 물이 가지고 있는 에너지로 수심과 속도수두의 합
② 수로의 한 단면에서 물이 가지고 있는 에너지를 단면적으로 나눈 값
③ 수로의 두 단면에서 물이 가지고 있는 에너지를 수심으로 나눈 값
④ 압력 에너지와 속도 에너지의 비

해설

비에너지: $h_e = h + \dfrac{V^2}{2g}$

61. 수리학적으로 유리한 단면이 아닌 것은? [20 22 산]

① 일정 단면적에서 유량이 최대로 흐르는 단면
② 일정 단면적에서 경심이 최대인 단면
③ 일정 단면적에서 윤변이 최소인 단면
④ 일정 단면적에서 조도가 최대인 단면

해설

유리한 단면은 최소의 단면으로 최대유량을 보낼 수 있는 단면이므로 조도가 최소인 단면

62. 다음 도수(hydraulic jump)에 대한 설명 중 옳지 않은 것은? [96 산]

① 사류에서 상류로 변할 때 불연속적으로 수면이 뛰는 현상을 말한다.
② 사류수심, 상류수심을 각각 h_1, h_2라 하고 단위 폭당의 유량이 q일 때 $h_2 = -\dfrac{h_1}{2} + \sqrt{\dfrac{h_1^2}{4} + \dfrac{2h_1 q^2}{g}}$ 이다.
③ 도수에 의한 에너지 손실은 도수전후의 수면차가 클수록 크다.
④ 사류수심과 한계수심의 차가 적으면 도수는 파상이 된다.

해설

상류수심: $h_2 = -\dfrac{h_1}{2}(1 - \sqrt{1 + 8{Fr_1}^2})$

$Fr_1 = \dfrac{V_1}{\sqrt{gh_1}}$ $q = h_1 \cdot V_1$이므로

${Fr_1}^2 = \dfrac{1}{gh_1} \cdot \dfrac{q^2}{h_1^2}$

$h_2 = -\dfrac{h_1}{2} + \sqrt{\dfrac{h_1^2}{4}\left(1 + \dfrac{8q^2}{gh_1^3}\right)}$

$= -\dfrac{h_1}{2} + \sqrt{\dfrac{h_1^2}{4} + \dfrac{2q^2}{gh_1}}$

에너지 손실: $\triangle E = \dfrac{(h_2 - h_1)}{4h_1 h_2}$

해답 58. ① 59. ② 60. ① 61. ④ 62. ②

63. 개수로에서 파상도수가 일어나는 범위는? (단, F_{r1}: 도수 전의 Froude number) [19산]

① $F_{r1} = \sqrt{3}$
② $1 < F_{r1} < \sqrt{3}$
③ $2 > F_{r1} > \sqrt{3}$
④ $\sqrt{2} < F_{r1} < \sqrt{3}$

해설
파상도수는 $1 < F_r < \sqrt{3}$ 일 때 발생한다.

64. 수로폭이 B이고 수심이 H인 직사각형 수로에서 수리학상 유리한 단면은? [18산]

① $B = H^2$
② $B = 0.3H^2$
③ $B = 0.5H$
④ $B = 2H$

해설
$B = 2H$

65. 다음 중 한계 수심에 대한 설명 중 옳지 않은 것은? [24㉮]

① 한계 수심에서 비에너지가 최고가 된다.
② 한계 수심보다 수심이 작은 흐름이 상류이고, 큰 흐름이 사류이다.
③ 한계 수심으로 흐를 때 유량이 최대가 된다.
④ 유량이 일정할 때 한계 수심은 비에너지의 2/3이다.

해설
한계수심 : h_c는 $F_r = 1$
한계수심보다 큰 수심이 상류, 작은 수심이 사류이다.

66. 평균유속 3m/sec이고 수심 2m인 등류의 흐름에서 비에너지는? (단, 에너지보정계수 $\alpha=1.1$이다)

① 1.7m
② 2.0m
③ 2.3m
④ 2.5m

해설
$H_e = h + \alpha \dfrac{V^2}{2g} = 2 + 1.1 \times \dfrac{3^2}{2 \times 9.8} = 2.505\text{m}$

67. 직사각형 단면의 수로에서 폭 1m당의 유량이 0.4m³/sec이고 수심이 0.8m일 때 비에너지는? (단, 에너지 보정계수는 1.0으로 함)

① 0.811m
② 0.813m
③ 0.815m
④ 0.817m

해설
$V = \dfrac{Q}{A} = \dfrac{0.4}{1 \times 0.8} = 0.5\text{m/sec}$
$\therefore H_e = h + \alpha \dfrac{V^2}{2g} = 0.8 + 1 \times \dfrac{0.5^2}{2 \times 9.8} = 0.813\text{m}$

68. 개수로 흐름에서 평균하상의 전단응력을 τ_o, 물의 단위중량을 γ, 평균수심을 D, 동수반지름을 R, 두 단면간의 거리와 손실수두를 각각 l, h_L이라 할 때 다음 관계식 중 옳은 것은?

① $\tau_o = \gamma D^2 h_L / l$
② $\tau_o = \gamma D h_L / l$
③ $\tau_o = \gamma R h_L / l$
④ $\tau_o = \gamma R l / h_L$

해설

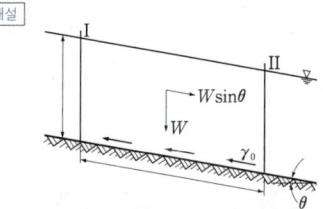

힘의 평형조건을 생각해 보면 $W\sin\theta = \tau_o Pl$
여기서 $W = wAl$이고 $\sin\theta = I = \dfrac{h_L}{l}$ 이므로
$wAlI = \tau_o Pl$ $\therefore \tau_o = wRI = wR\dfrac{h_L}{l}$ 이다.

69. 수로폭이 2.4m인 직사각형 수로에서 비에너지 1.5m인 경우에서의 최대유량은? (단, $\alpha=1.0$으로 본다)

① 56.40m³/sec
② 28.20m³/sec
③ 15.02m³/sec
④ 7.51m³/sec

해설
한계유속으로 흐를 때 유량은 최대이므로
$Q = AV_c = bh_c \sqrt{\dfrac{gh_c}{\alpha}}$
이때 $h_c = \dfrac{2}{3}H_e = \dfrac{2}{3} \times 1.5 = 1.0\text{m}$
$\therefore Q = 2.4 \times 1 \sqrt{\dfrac{9.8 \times 1}{1}} = 7.51\text{m}^3/\text{sec}$

해답 63. ② 64. ④ 65. ② 66. ④ 67. ② 68. ③ 69. ④

70. 개수로의 지배단면(control section)에 대한 설명으로 옳은 것은? [18산]
① 홍수 시 하천흐름이 부정류인 경우에 발생한다.
② 급경사의 흐름에서 배수곡선이 나타나면 발생한다.
③ 상류흐름에서 사류흐름으로 변화할 때 발생한다.
④ 사류흐름에서 상류흐름으로 변화하면서 도수가 발생할 때 나타난다.

[해설] 지배단면은 상류흐름에서 사류흐름으로 변화할 때 나타난다.

71. 유량 8m³/sec, 폭 4m, 수심 1m의 구형 수로에서 비력(specific force)를 계산하시오. (단, η=1.0으로 한다)
① 4.63m³ ② 3.63m³
③ 2.63m³ ④ 1.63m³

[해설]
$$M = h_G A + \eta \frac{Q}{g} V$$
$$= \frac{1}{2} \times 1 \times 4 + 1 \times \frac{8}{9.8} \times \frac{8}{4 \times 1} = 3.63 \text{m}^3$$

72. 개수로 내의 흐름에 대한 설명으로 옳은 것은? [19가]
① 에너지선은 자유표면과 일치한다.
② 동수경사선은 자유표면과 일치한다.
③ 에너지선과 동수경사선은 일치한다.
④ 동수경사선은 에너지선과 언제나 평행하다.

[해설] 개수로 흐름은 자유수면이 동수경사선이다.

73. 일반적인 수로단면에서 단면계수 Z_c와 수심 h의 상관식은 $Z_c^2 = Ch^M$으로 표시할 수 있는데 이 식에서 M은? [20 24 가]
① 단면지수 ② 수리지수
③ 윤변지수 ④ 흐름지수

[해설] M: 수리지수라고 한다.

74. 폭 10m의 직사각형 단면수로에 15m³/sec의 유량이 80cm의 수심으로 흐를 때 한계수심은? (단, α=1.10이다.)
① 0.263m ② 0.352m
③ 0.523m ④ 0.632m

[해설]
$$h_c = \left(\frac{\alpha Q^2}{gb^2}\right)^{\frac{1}{3}}$$
$$= \left(\frac{1.1 \times 15^2}{9.8 \times 10^2}\right)^{\frac{1}{3}} = 0.632 \text{m}$$

75. 개수로의 흐름에서 상류의 조건으로 옳은 것은?
(단, hc : 한계수심, Vc : 한계유속, Ic : 한계경사, h : 수심, V : 유속, I : 경사) [18 22산]
① Fr > 1 ② h < hc
③ V > Vc ④ I < Ic

[해설] 상류의 흐름은 수심이 한계수심보다 크고, 경사가 한계경사보다 작은 흐름이다.

76. 흐름의 단면적과 수로경사가 일정할 때 최대유량이 흐르는 조건으로 옳은 것은? [18가]
① 윤변이 최소이거나 동수반경이 최대일 때
② 윤변이 최대이거나 동수반경이 최소일 때
③ 수심이 최소이거나 동수반경이 최대일 때
④ 수심이 최대이거나 수로 폭이 최소일 때

[해설]
$$Q = AV = A \cdot \frac{1}{n} R^{\frac{2}{3}} \cdot I^{\frac{1}{2}}$$
$$R = \frac{A}{P}$$
윤변이 최소, 동수반경이 최대

해답 70. ③ 71. ② 72. ② 73. ② 74. ④ 75. ④ 76. ①

77. 개수로의 흐름에서 도수 전의 Froude 수가 Fr_1일 때, 완전도수가 발생하는 조건은? [19산]

① $Fr_1 < 0.5$
② $Fr_1 = 1.0$
③ $Fr_1 = 1.5$
④ $Fr_1 > \sqrt{3.0}$

해설
완전도수는 $\sqrt{3}$ 보다 클 때 발생한다.

78. 수심이 4m이고 수로폭 8m인 직사각형 개수로에서 경사가 1/2,000일 때 유속과 유량은? (단, $n = 0.012$이고 Manning 공식을 이용할 것)

① 2.958m/sec, 94.66m³/sec
② 3.510m/sec, 102.30m³/sec
③ 2.756m/sec, 95.88m³/sec
④ 3.214m/sec, 105.40m³/sec

해설
$$V = \frac{1}{n} R^{\frac{2}{3}} \cdot I^{\frac{1}{2}}$$
$$= \frac{1}{0.012} \left(\frac{32}{16}\right)^{\frac{2}{3}} \cdot \left(\frac{1}{2,000}\right)^{\frac{1}{2}} \approx 2.96 \text{m/sec}$$
$Q = AV = 4 \times 8 \times 2.96 = 94.65 \text{m}^3/\text{sec}$

79. 개수로 흐름에 관한 설명으로 틀린 것은? [18가]

① 사류에서 상류로 변하는 곳에 도수현상이 생긴다.
② 개수로 흐름은 중력이 원동력이 된다.
③ 비에너지는 수로 바닥을 기준으로 한 에너지이다.
④ 배수곡선은 수로가 단락(段落)이 되는 곳에 생기는 수면곡선이다.

해설
배수곡선은 수로에 장애물로 인해 형성된다.

80. 개수로 내의 한 단면에 있어서 평균유속을 V, 수심을 h라 할 때, 비에너지를 표시한 것은? [20 23산]

① $He = h + \left(\frac{Q}{A}\right)$
② $He = \frac{V^2}{2g} + \frac{Q}{A}$
③ $He = h + \alpha \frac{V^2}{2g}$
④ $He = \frac{h}{b} + \alpha 2gV^2$

해설
비에너지
$$H_e = h + \frac{\alpha V^2}{2g}$$

81. 에너지선에 대한 설명으로 옳은 것은? [18가]

① 언제나 수평선이 된다.
② 동수경사선보다 아래에 있다.
③ 속도수두와 위치수두의 합을 의미한다.
④ 동수경사선보다 속도수두만큼 위에 위치하게 된다.

해설
에너지선 = 동수경사선 + 속도수두

82. 구형단면의 개수로에 흐르는 한계유속의 값은? (단, V_c =한계유속, h_c =한계수심, α =보정계수, g =중력가속도) [16 21 23산]

① $V_c = \left(\frac{g \cdot h_c}{\alpha}\right)^{\frac{1}{2}}$
② $V_c = \left(\frac{g \cdot h_c}{\alpha}\right)^{\frac{1}{3}}$
③ $V_c = \left(\frac{g \cdot h_c}{\alpha}\right)^{\frac{1}{4}}$
④ $V_c = \left(\frac{g \cdot h_c}{\alpha}\right)^{\frac{1}{5}}$

해설 구형단면 한계수심
$$h_c = \left(\frac{\alpha Q^2}{gb^2}\right)^{1/3}$$
$Q = A \cdot V = bh_c \cdot V_c$
$$h_c = \left(\frac{\alpha b^2 h_c^2 V_c^2}{gb^2}\right)^{1/3} = \left(\frac{\alpha h_c^2}{g} V_c^2\right)^{1/3}$$
$$h_c^3 = \frac{\alpha h_c^2}{g} \cdot V_c^2 \quad V_c = \left(\frac{gh_c}{\alpha}\right)^{1/2}$$

해답 77. ④ 78. ① 79. ④ 80. ③ 81. ④ 82. ①

83. 수로 폭이 3m인 직사각형 수로에 수심이 50cm로 흐를 때 흐름이 상류(subcritical flow)가 되는 유량은?
[21 ㉮]

① $2.5\text{m}^3/\text{sec}$ ② $4.5\text{m}^3/\text{sec}$
③ $6.5\text{m}^3/\text{sec}$ ④ $8.5\text{m}^3/\text{sec}$

[해설]
한계흐름 시의 유량을 구하면 된다.
(실제유속이 V보다 작아야 한다.)
$F_r = \dfrac{V}{\sqrt{gh}} = 1$
$Q = AV = 3 \times 0.5 \times V$
$V = \sqrt{g \cdot h} = \sqrt{9.8 \times 0.5} = 2.21\text{m/sec}$
$Q = 3 \times 0.5 \times 2.21 = 3.32\text{m}^2/\text{sec}$보다 작아야 한다.

84. 폭 3m인 직사각형단면 수로에서 최소비에너지가 2m일 때 발생할 수 있는 최대유량은?
[16 ㉑]

① $9.83\text{m}^3/\text{s}$ ② $11.7\text{m}^3/\text{s}$
③ $13.3\text{m}^3/\text{s}$ ④ $14.4\text{m}^3/\text{s}$

[해설]
$H_e = \dfrac{3}{2}h_c$ 이므로
$h_c = \dfrac{2}{3} \times 2 = \dfrac{4}{3}\text{m}$
$h_c = \left(\dfrac{\alpha Q^2}{gb^2}\right)^{1/3}$
$\alpha Q^2 = gb^2 \cdot h_c^3$
$Q^2 = 9.8 \times 3^2 \times \left(\dfrac{4}{3}\right)^3$
$Q = 14.5\text{m}^3/\text{sec}$

85. 하상계수(河狀係數)에 대한 설명으로 옳은 것은?
[16 24 ㉮]

① 대하천의 주요 지점에서의 강우량과 저수량의 비
② 대하천의 주요 지점에서의 최소유량과 최대유량의 비
③ 대하천의 주요 지점에서의 홍수량과 하천유지유량의 비
④ 대하천의 주요 지점에서의 최소유량과 갈수량의 비

[해설]
하상계수 = $\dfrac{\text{최대유량}}{\text{최소유량}}$ 의 비를 말한다.

86. 직사각형 단면 개수로의 수리학적으로 유리한 형상의 단면에서 수로 수심이 1.5m 이었다면 이 수로의 경심은?
[16 ㉑]

① 0.75m ② 1.0m
③ 2.25m ④ 3.0m

[해설]
수리학적 유리한 단면 $B = 2h$ 이므로
$B = 2 \times 1.5 = 3.0\text{m}$
경심 $R = \dfrac{A}{P} = \dfrac{3 \times 1.5}{3 + 1.5 \times 2} = 0.75\text{m}$

87. 개수로의 상류(subcritical flow)에 대한 설명으로 옳은 것은?
[18 23 ㉮]

① 유속과 수심이 일정한 흐름
② 수심이 한계수심보다 작은 흐름
③ 유속이 한계유속보다 작은 흐름
④ Froud수가 1보다 큰 흐름

[해설]
상류흐름은 한계유속보다 작은 유속의 흐름임

88. 개수로에서 한계수심에 대한 설명으로 옳은 것은?
[19 ㉮]

① 사류 흐름의 수심
② 상류 흐름의 수심
③ 비에너지가 최대일 때의 수심
④ 비에너지가 최소일 때의 수심

[해설]
비에너지가 최소가 되면 수심은 한계수심이 된다.

해답 83. ① 84. ④ 85. ② 86. ① 87. ③ 88. ④

제 7 장 지하수와 상사

출제경향분석

지하를 흐르는 지하수의 유속과 투수계수 및 굴착정, 심정호 등의 공식을 알아야 하며 지하수의 마찰속도와 토립자의 침강속도공식 등을 습득하여야 한다. 수리학적 상사에 있어서는 특별상사법칙에 관계되는 특성을 파악하여야 한다. 문제의 출제는 지하수에서 투수계수를 활용한 유량 관련 문제가 많이 출제되고 있으며 토목기사의 경우 상사법칙도 간간히 출제되고 있다.

단원별 경향분석

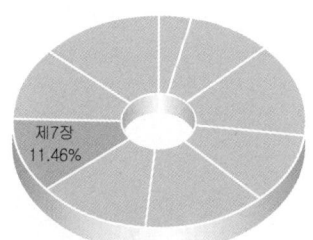

토목기사

항목별 경향분석

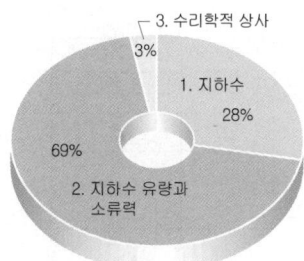

토목기사

1 지하수

> **학습방향**
> 지하수 흐름에 적용 가능한 Darcy 법칙과 투수계수에 영향을 주는 인자들에 대해서 파악한다
> ① Darcy 법칙   ② 지하수의 구성   ③ 투수계수 인자
> ④ 지하수 방정식   ⑤ 부정류 해석방법

1 Darcy 법칙(Darcy's law)

$V = KI$

$I = \dfrac{\triangle h}{\triangle l}$

 V : 지하수유속
 K : 투수계수 $[LT^{-1}]$
 I : 동수경사
 $\triangle l$: 이동거리
 $\triangle h$: 수두손실

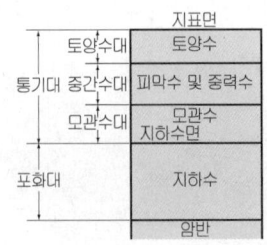

학습POINT

■ 지하수의 유량을 파악하기 위해서는 Darcy법칙의 지하수 유속공식을 이용해야 한다.

(1) 기본가정
① 지하수의 흐름은 층류이다.
② 흐름은 정상류이다.
③ 투수물질은 균일하고 동질이다.
④ 대수층내의 모관수대는 존재하지 않는다.

(2) 적용범위 : 일반적으로 $R_e < 4$ $(1 < R_e < 10)$

(3) 실제 침투유속

$V_s = \dfrac{KI}{n}$ n : 공극율

2 지하수의 구성

통기대 ┌ 토양수대(soil water zone)
       ├ 중간수대(intermediate zone)
       └ 모관수대(capillary zone)
포화대 ─ 지하수대(groundwater zone)

■ 통기대 : zone of aeration

■ 포화대 : zone of saturation

3 투수계수 인자

① 흙입자의 모양 및 크기
② 공극비
③ 포화도
④ 흙입자의 구조 및 구성
⑤ 유체의 점성
⑥ 유체의 단위 중량, 밀도

$$1 \text{ Darcy} = \frac{1\text{centipoise} \times 1\text{cm}^3/\text{sec}}{\frac{1\text{cm}^2}{1\text{기압/cm}}} = 0.987 \times 10^{-8} \text{cm}^2$$

즉, 1 Darcy는 압력경사 1기압/cm 하에서 면적 1cm^2 당 매초 $1\text{cc}(1\text{cm}^3)$의 투수가 될 때의 투수계수이다.

$$K'' = K \cdot \frac{\nu}{g}$$

여기서 K : 투수계수
ν : 동점성 계수 $\left(= \frac{\mu}{\rho}\right)$

> ■ 지하수 유속에 영향을 끼치는 인자는 유체가 매질을 통과하는데 관계있는 인자들을 생각하면 된다.

4 지하수 방정식

지하수의 정류 흐름은 Laplace 방정식을 만족한다.

① 2차원 : $\dfrac{\partial^2 h}{\partial x^2} + \dfrac{\partial^2 h}{\partial y^2} = 0$

② 3차원 : $\boxed{\dfrac{\partial^2 h}{\partial x^2} + \dfrac{\partial^2 h}{\partial y^2} + \dfrac{\partial^2 h}{\partial z^2} = 0}$

> ■ 정류 흐름 해석방법
> · Thiem 방법
> · Dupuit 방법
> · Laplace 방법

5 부정류 해석 방법

저류계수와 투수량 계수를 구하기 위한 방법이다.
① Theis 방법
② Jacob 방법
③ Chow 방법
④ 수두회복법

핵심문제

	해설

1 Darcy공식에 관한 설명으로 옳지 않은 것은? [12산]

① Darcy공식은 물의 흐름이 층류인 경우에만 적용할 수 있다.
② 투수계수 K의 차원은 $[LT^{-1}]$이다.
③ 투수계수는 흙입자의 성질에만 관계된다.
④ 동수경사는 $I=-\dfrac{dh}{ds}$로 표현할 수 있다.

해설 1
투수계수 관계인자
공극비, 유체의 점성, 유체의 단위 중량
흙입자의 모양 및 크기 등

2 지하수에서 Darcy의 법칙에 관계 없는 것은? [03 14 17산]

① 지하수의 유속은 동수경사에 반비례한다.
② Darcy의 법칙에서 투수계수의 차원은 $[LT^{-1}]$다.
③ $Q=Ak\dfrac{\Delta h}{\ell}$의 유량공식이 성립한다.
④ Darcy의 법칙은 주로 층류로 취급했으며 레이놀즈 수는 Re < 4의 적용범위로 했다.

해설 2
$V=ki$
유속과 동수경사는 비례관계이다.

3 지하수의 흐름에서 Darcy의 법칙이 적용되는 범위가 옳은 것은? (단, R_e는 Reynolds수이다.) [97 07 11기]

① $R_e < 2,000$ ② $R_e < 100$
③ $R_e < 4$ ④ $R_e < 0.1$

해설 3
Darcy의 법칙은 지하수의 흐름이 층류인 경우 적용한다. 실험에 의하면 $R_e < 1 \sim 10$인 경우 특히 타당하다고 한다.

4 지하수의 유수 이동에 적용되는 Darcy의 법칙은? (단, v: 유속, k: 투수계수, I: 동수경사, h: 수심, R: 동수반경, C: 유속계수) [19 22산]

① $v=-kI$ ② $v=-kh$
③ $v=-kCI$ ④ $v=C\sqrt{RI}$

해설 4
지하수에 적용되는 Darcy법칙은
$V=-ki$

5 지하수 흐름의 기본방정식으로 이용되는 법칙은? [18산]

① Chezy의 법칙 ② Darcy의 법칙
③ Manning의 법칙 ④ Reynolds의 법칙

해설 5
지하수 흐름에는 Darcy법칙이 적용된다.

6 다음 지하수의 투수계수(透水係數)에 관한 내용 중 옳지 않은 것은? [14기]

① 같은 종류의 토사라 할지라도 그 간극율에 따라 변한다.
② 무차원이다.
③ 흙입자의 지름, 지하수의 점성계수에 따라 변한다.
④ 지하수의 유량을 결정하는데 사용된다.

해설 6
$V_s = \dfrac{V}{n}$ (n: 공극율)$=[LT^{-1}]$
투수계수의 영향인자: 흙의 모양, 크기, 유체입자의 점성, 단위 중량, 공극비

정답 1. ③ 2. ① 3. ③ 4. ① 5. ② 6. ②

7 지하수에 대한 Darcy 법칙의 유속에 대한 설명으로 옳은 것은? [14㉮]

① 영향권의 반지름에 비례한다.
② 동수경사에 비례한다.
③ 동수반경에 비례한다.
④ 수심에 비례한다.

8 지하의 사질여과층에서 수두차가 0.4m이며, 투과거리 3m일 경우에 이곳을 통과하는 지하수의 유속은 다음 중 어느 것인가? (단, 투수계수는 0.2 cm/sec 이다.) [85 00 09㉮]

① 0.0135cm/sec
② 0.0267cm/sec
③ 0.0324cm/sec
④ 0.0417cm/sec

9 두 수조를 연결하는 길이 1m의 수평관 속에 모래가 가득차 있다. 양수조의 수위차를 50cm, 투수계수를 0.01m/sec라고 하면 모래를 통과할 때의 평균 유속은? [13 16 17 22㉯]

① 0.05m/sec
② 0.0025m/sec
③ 0.005m/sec
④ 0.0075m/sec

10 투수계수가 0.1cm/sec이고 지하수위의 동수경사가 1/10인 지하수 흐름의 속도는? [13㉯]

① 0.005cm/sec
② 0.01cm/sec
③ 0.5cm/sec
④ 1cm/sec

11 지하수의 연직분포를 크게 나누면 통기대(通氣帶)와 포화대(飽和帶)로 나눌 수 있다. 다음 중 통기대에 속하지 않는 것은 어느 것인가? [14㉮]

① 토양수대(土壤水帶)
② 중간수대(中間水帶)
③ 모관수대(毛管水帶)
④ 지하수대(地下水帶)

해 설

해설 7

$V = ki = $ 투수계수 × 동수경사

해설 8

Darcy 법칙에 의해
$V = KI = 0.2 \times \dfrac{0.4}{3}$
$= 2.67 \times 10^{-2}$ cm/sec

해설 9

$V = Ki = 0.01 \times \dfrac{0.5}{1}$
$= 0.005$ m/sec

해설 10

$v = ki = 0.1 \times \dfrac{1}{10} = 0.01$ cm/sec

해설 11

① 통기대 : 토양수대, 중간수대, 모관수대
② 포화대 : 지하수대

정답 7. ② 8. ② 9. ③ 10. ② 11. ④

12 Darcy의 법칙을 층류에만 적용하여야 하는 이유는? [15 ㉾]

① 유속과 손실수두가 비례하기 때문이다.
② 지하수 흐름은 항상 층류이기 때문이다.
③ 투수계수의 물리적 특성 때문이다.
④ 레이놀즈수가 크기 때문이다.

13 지하수 흐름에서 다르시(Darcy)의 법칙은? [02 11 ㉮]

① 층류에만 적용된다.
② 모든 흐름에 적용된다.
③ 유속이 클 때에만 적용된다.
④ 유속이 동수경사에 곡선 비례하는 경우에만 적용된다.

14 지하수의 투수계수와 관계 없는 것은? [15 19 ㉮, 91 19 ㉾]

① 지하수의 온도
② 물의 단위중량
③ 토사의 입도
④ 토사의 단위중량

15 그림과 같이 안지름 10cm의 연직관 속에 1.2m만큼 모래가 들어있다. 모래면 위의 수위를 일정하게 하여 유량을 측정하였더니 유량이 4L/hr이었다면 모래의 투수계수 k는? [18 ㉾]

① 0.012cm/s
② 0.024cm/s
③ 0.033cm/s
④ 0.044cm/s

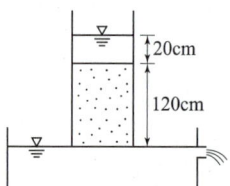

16 Darcy의 법칙 $V=k\dfrac{\Delta h}{\Delta l}$에 대한 설명으로 틀린 것은? [12 ㉾]

① k는 투수계수를 의미한다.
② $\dfrac{\Delta h}{\Delta l}$는 동수경사를 의미한다.
③ k의 차원은 $[LT^{-1}]$이다.
④ $\dfrac{\Delta h}{\Delta l}$는 토사의 공극율에 의해 결정된다.

해 설

해설 12

$V=ki=k\cdot\dfrac{\Delta h}{l}$

즉, 유속과 손실수두는 비례한다.

해설 13

Darcy의 법칙은 $R_e<1\sim10$인 경우에 잘 맞기 때문에 층류에 적용된다.

해설 14

투수계수에 영향을 미치는 인자
흙입자의 모양, 크기, 구조, 구성, 공극비와 유체의 점성, 포화도, 유체의 단위중량 등이다.

해설 15

$Q=Aki$

$4\ell/_{hr}=\dfrac{\pi\cdot 10^2}{4}\times k\times\dfrac{140}{120}$

$4\times\dfrac{1000}{3600}=\dfrac{\pi\times 100}{4}\times k\times\dfrac{140}{120}$

$k=0.012\,cm/sec$

해설 16

$\dfrac{\Delta h}{\Delta l}$는 동수경사이므로 수두경사에 의해 결정된다.

정답 12. ① 13. ① 14. ④ 15. ① 16. ④

17 Darcy의 법칙에 대한 다음 설명 중 옳지 않은 것은? [95 10 ㉮]
① 투수계수가 클수록 유속이 빠르다.
② 투수량 계수가 클수록 유속이 빠르다.
③ 동수경사가 급할수록 유속이 빠르다.
④ 대략 $R_e < 4$ 에서 이 법칙이 성립한다.

18 대수층의 두께 2m, 폭 1.2m이고 지하수 흐름의 상·하류 두 점 사이의 수두차는 1.5m, 두 점 사이의 평균거리 300m, 지하수 유량이 2.4m³/d일 때 투수계수는? [15 ㉰]
① 200m/d   ② 225m/d
③ 267m/d   ④ 360m/d

19 그림은 정수위투수계에 의한 투수계수 측정 모습이다. h=100cm, L=20cm, Q=45cm³/sec이고 시료의 단면적 A=300cm²일 때 투수계수는? [13 ㉮]
① 0.01 cm/sec
② 0.03 cm/sec
③ 0.2 cm/sec
④ 0.3 cm/sec

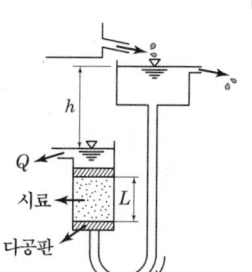

20 Darcy의 법칙에 대한 설명으로 틀린 것은? [18 ㉰]
① Reynolds수가 클수록 안심하고 적용할 수 있다.
② 평균유속이 손실수두와 비례관계를 가지고 있는 흐름에 적용될 수 있다.
③ 정상류 흐름에서 적용될 수 있다.
④ 층류 흐름에서 적용 가능하다.

21 Darcy의 법칙을 층류에만 적용하여야 하는 이유는? [20 ㉰]
① 레이놀즈수가 크기 때문이다.
② 투수계수의 물리적 특성 때문이다.
③ 유속과 손실수두가 비례하기 때문이다.
④ 지하수 흐름은 항상 층류이기 때문이다.

해 설

해설 17
Darcy의 법칙
① 지하수 유속 $V = ki$
② 지하수 흐름에 대한 Darcy법칙의 적용범위
$R_e < 4$ 인 층류에서 적용된다.

해설 18
$Q = AKi$
$2.4 = 2 \times 1.2 \times K \times \dfrac{1.5}{300}$
$K = 200\text{m/day}$

해설 19
$Q = AKi$
$45 = 300 \times K \times \dfrac{100}{20}$
$K = 0.03\text{cm/sec}$

해설 20
Darcy 법칙은 $1 < Re < 4$에서 잘 맞는다.

해설 21
$V = ki = k \cdot \dfrac{\Delta h}{\ell}$
유속과 손실수두가 비례한다.

정답 17. ② 18. ① 19. ② 20. ① 21. ③

2 지하수 유량과 소류력

학습방향

지하를 흐르는 유량과 관정에서의 양수할 수 있는 물의 양을 측정하고 하상 바닥에 위치해 있는 유사에 작용하는 소류력 및 수중에서의 토립자 침강속도에 관하여 파악한다.
① 투수 유량   ② 관정 유량   ③ 소류력

1 투수유량(transmissibility)

(1) Dupuit의 이론
  기본가정
  ① 침윤선의 경사가 작으면 물은 수평으로 흐른다.
  ② 동수경사는 자유수면과 같으며 일정하다.

(2) 대수층에서의 유량
  $$Q = AV = AKi$$

(3) 침윤선 공식의 유량
  $$q = \frac{K}{2l}(h_1^2 - h_2^2)$$

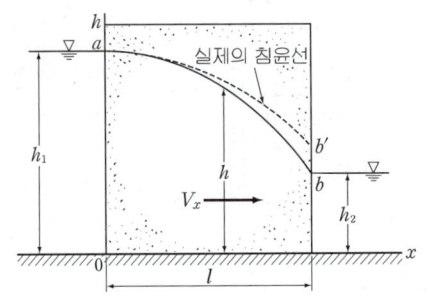

2 관정 유량

(1) 굴착정(artesian well) : 피압 대수층의 물을 양수한다.

$$Q = \frac{2\pi ak(H-h_o)}{L_n(R/r)}$$

$$= 2\pi raK\frac{dh}{dr}$$

  a : 피압대수층의 두께
  H : 최초의 우물의 수두
  h_o : 양수시 우물의 수두
  R : 영향원의 반경
  r : 굴착정의 반경

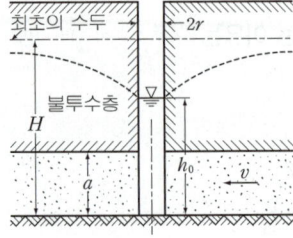

학습POINT

■ 침윤선 공식에 의한 유량산정 기본식은 $Q=AV$에서 출발한다.

■ $i = \dfrac{\text{두 점의 압력수두차}}{\text{투과거리}}$

■ 피압대수층은 압력을 받고 있는 가장 깊은 곳의 물을 말한다.

■ $L_n = Log_e$ 즉, 자연로그를 말한다.

(2) 깊은 우물(심정호 : deep well) : **집수정 바닥이 불투수층까지 도달한 경우**

$$Q = \frac{\pi k(H^2 - h_o^2)}{L_n(R/r)} = 2\pi rh K \frac{dh}{dr}$$

■ 일반적으로 관정의 깊이가 깊은 것부터 나열하면 다음과 같다.
① 굴착정
② 심정호
③ 암거
④ 얕은 우물(천정호)

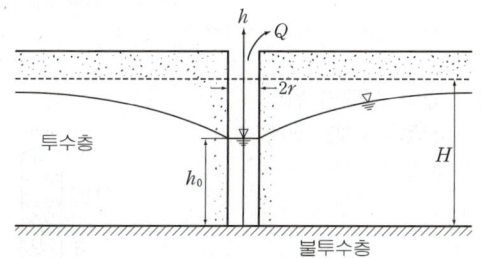

(3) 집수암거(infiltration gallery) : **불투수층에 도달한 경우**

① 양쪽 측면 유입시 : $Q = \frac{KL}{R}(H^2 - h_o^2)$

L : 집수암거의 길이, R : 영향원 반경

② 한쪽 측면 유입시 : $Q = \frac{KL}{2R}(H^2 - h_o^2)$

(4) 얕은 우물(천정호 : shallow well) : 집수정 바닥이 불투수층까지 도달하지 않은 경우 바닥으로만 유입시 : $Q = 4Kr_o(H - h_o)$

3 소류력(tractive force)

(1) 소류력 : $\tau_o = wRI$

(2) 한계 소류력(critical tractive force) : 항력구하는 공식과 동일하다. 즉, 유수에 의한 소류력(마찰력)과 수로바닥의 저항력과 경계가 되는 힘을 말한다.

$$D = C_D A \frac{\rho V^2}{2}$$

C_D : 항력계수(drag coefficient)
A : 흐름방향에의 투영면적

■ 하상에서의 소류력이나 마찰력이나 동일하다.

(3) 마찰속도(friction velocity)

$$U_* = \sqrt{\frac{\tau_o}{\rho}} = \sqrt{gRI}$$

(4) 토립자의 침강속도

$$V_s = \frac{(\rho_s - \rho_w)gd^2}{18\mu}$$

ρ_s : 토립자의 밀도
ρ_w : 물의 밀도
d : 토립자의 직경

■ 침강속도 : fall velocity

핵심문제

1 우물에서 장기간 양수를 한 후에도 수면강하가 일어나지 않는 지점까지의 우물로부터 거리(범위)를 무엇이라 하는가? [18㉮]

① 용수효율권 ② 대수층권
③ 수류영역권 ④ 영향권

2 지름 10cm인 연직관 속에 높이 2m 만큼 모래가 들어 있다. 모래면 위의 수위를 20cm로 일정하게 유지시켰더니 투수량 $Q=3l/\text{hr}$였다. 이때, 모래의 투수계수 k 는? [95 03 09 12 16㉮]

① 6.37m/hr
② 0.347m/hr
③ 3.82m/hr
④ 0.637m/hr

3 대수층의 두께 2.3m, 폭 1.0m일 때 지하수 유량을 구한 값은? (단, 지하수류의 상하류 두 점 사이의 수두차 1.6m, 두 지점 사이의 평균 거리 360m, 투수계수 K=192m/day) [98 10 22㉮, 12㉡]

① 1.53m³/day
② 1.80m³/day
③ 1.96m³/day
④ 2.21m³/day

4 지름이 2m이고 영향원의 지름이 1,000m이며, H=8m, h_o=5m인 깊은 우물의 양수량은? (단, 투수계수 K=0.0036m/sec이다.) [14 22㉡]

① 0.044m³/sec ② 0.071m³/sec
③ 0.144m³/sec ④ 0.171m³/sec

5 투수계수 0.5m/sec, 제외지 수위 6m, 제내지 수위 2m, 침투수가 통하는 길이 50m일 때 하천 제방단면 1m 당 누수량은? [20㉡]

① 0.16m³/sec ② 0.32m³/sec
③ 0.96m³/sec ④ 1.28m³/sec

해설

해설 1
수면강하가 일어나는 지점까지를 영향권이라 함

해설 2
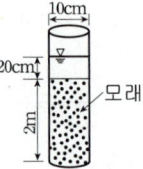

$Q = KiA$
① $Q = 3l/\text{hr} = 0.003\text{m}^3/\text{hr}$
② 동수경사 $i = \dfrac{h}{L} = \dfrac{2.2}{2} = 1.1$

∴ $0.003 = K \times 1.1 \times \dfrac{\pi \times 0.1^2}{4}$

∴ $K = 0.347\text{m/hr}$

해설 3
$Q = AV = Aki$
$= 2.3 \times 1 \times 192 \times \dfrac{1.6}{360}$
$= 1.963\text{m}^3/\text{day}$

해설 4
$Q = \dfrac{\pi K(H^2 - h_o^2)}{\ln(R/r_o)}$
$= \dfrac{\pi \times 0.0036(8^2 - 5^2)}{\ln(500/1)}$
$= 0.071\text{m}^3/\text{sec}$

해설 5
$Q = AV = A \cdot ki$
$= 4 \times 1 \times 0.5 \times \dfrac{4}{50}$
$= 0.16\text{m}^3/\text{sec}$

정답 1. ④ 2. ② 3. ③ 4. ② 5. ①

6 두 개의 수조를 연결하는 길이 3.7m의 수평관속에 모래가 가득 차 있다. 두 수조의 수위차를 2.5m, 투수계수를 0.5m/s라고 하면 모래를 통과할 때의 평균 유속은? [16산]

① 0.104m/s ② 0.207m/s
③ 0.338m/s ④ 0.446m/s

해설 6
$$V = ki = 0.5 \times \frac{2.5}{3.7} = 0.338 \text{m/sec}$$

7 모래여과지에서 사층 두께 2.4m, 투수계수를 0.04cm/sec로 하고 여과수두를 50cm로 할 때 $10000\text{m}^3/\text{day}$의 물을 여과시키는 경우 여과지 면적은? [13기]

① 1289m² ② 1389m²
③ 1489m² ④ 1589m²

해설 7
여과지
$$Q = AV = AKi$$
$$\frac{10,000}{24 \times 60 \times 60} = A \times 0.04 \times 10^{-2} \times \frac{0.5}{2.4}$$
$$\therefore A = 1,389 \text{m}^2$$

8 두께 15m의 피압대수층(confined aquifer)에 있는 우물에서 4m³/sec로 양수한 결과 반지름 200m에서 수면강하가 1.2m, 반지름 40m에서 수면강하가 2.7m 되었다. 이 대수층의 투수계수는? [95 03 15 기]

① 0.234m/sec
② 0.102m/sec
③ 0.046m/sec
④ 0.0198m/sec

해설 8
굴착정
$$Q = \frac{2\pi a k (H - h_o)}{\text{Ln} \frac{R}{r}}$$
$$4 = \frac{2\pi \times 15 \times k \times (2.7 - 1.2)}{\text{Ln} \frac{200}{40}}$$
$$\therefore k = 0.046 \text{m/sec}$$

9 다음 중 깊은 우물(심정호)를 옳게 설명한 것은? [09 14 기, 03 10 산]

① 집수 깊이가 100m 이상인 우물
② 집수정 바닥이 불투수층까지 도달한 우물
③ 집수정 바닥이 불투수층을 통과하여 새로운 대수층에 도달한 우물
④ 불투수층에서 50m이상 도달한 우물

해설 9
깊은 우물은 불투수층까지 도달한 우물이다.

10 그림과 같은 불투수층에 도달하는 집수암거의 집수량은?(단, 투수계수는 k, 암거의 길이는 l 이며, 양쪽 측면에서 유입됨) [19산]

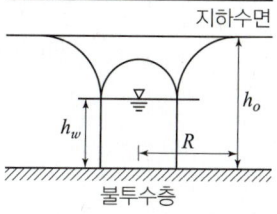

① $\frac{kl}{R}(h_0^2 - h_w^2)$ ② $\frac{kl}{2R}(h_0^2 - h_w^2)$
③ $\frac{\pi k(h_0^2 - h_w^2)}{2.3 \log R}$ ④ $\frac{2\pi k(h_0^2 - h_w^2)}{2.3 \log R}$

해설 10
집수암거유량(양측면 유입)
$$Q = \frac{kl}{R}(h_0^2 - h_w^2)$$

정답 6. ③ 7. ② 8. ③ 9. ② 10. ①

11 두께 20.0m의 피압대수층에서 0.1m³/s로 양수했을 때 평형상태에 도달하였다. 이 양수정에서 각각 50.0m, 200.0m 떨어진 관측점에서 수위가 39.20m, 40.66m이었다면 이 대수층의 투수계수(k)는? [15 24 ㉮]

① 0.2m/day
② 6.5m/day
③ 20.7m/day
④ 65.3m/day

12 다음 우물의 종류를 설명한 것 중 잘못된 것은? [03 ㉮]

① 착정(鑿井)이란 불투수층(不透水層)을 뚫고 내려가서 피압대수층(被壓帶水層)의 물을 양수하는 우물이다.
② 심정(深井)이란 불투수층가지 파내려간 우물이다.
③ 천정(淺井)이란 불투수층까지 파내려가지 못한 우물이다.
④ 집수암거(集水暗渠)란 천정(淺井)보다도 더욱 얕은 우물이다.

13 Dupuit의 침윤선(浸潤線) 공식의 유량은? (단, 직사각형 단면 제방 내부의 투수인 경우이며, 제방의 저면은 불투수층이고 q : 단위폭당 유량, L : 침윤거리, h_1, h_2 : 상하류의 수위, k : 투수계수) [24 ㉮, 14 ㉯]

① $q = \dfrac{k}{2L}(h_1^2 - h_2^2)$
② $q = \dfrac{k}{2L}(h_1^2 + h_2^2)$
③ $q = \dfrac{k}{L}(h_1^2 - h_2^2)$
④ $q = \dfrac{k}{L}(h_1^2 + h_2^2)$

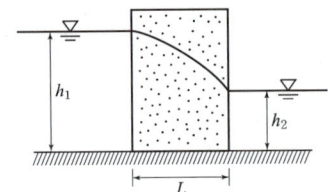

14 그림과 같은 집수암거에서 H=8m, h_o=0.45m, 투수계수 K=0.009m/sec, 길이 l=300m, 영향권의 반경 R=170m라 할 때 양수량은? [12 15 ㉯]

① 1.01m³/sec
② 2.01m³/sec
③ 0.14m³/sec
④ 0.24m³/sec

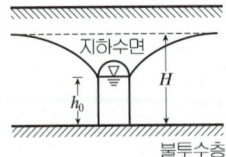

해설

해설 11
피압대수층이므로 굴착정공식
$$Q = \dfrac{2\pi ak(H-h_o)}{L_n(R/r)}$$
$$0.1 = \dfrac{2\pi \times 20 \times k \times (40.66-39.20)}{L_n\left(\dfrac{200}{50}\right)}$$
$k = 0.00076$m/sec $= 65.28$m/day

해설 12
집수암거는 불투수층(암반) 위에 설치된 것으로 물을 모으는 암거를 말한다.

해설 13
$Q = AV$
$q = \dfrac{h_1+h_2}{2} \times k \times \dfrac{h_1-h_2}{L}$
$= \dfrac{K(h_1^2-h_2^2)}{2L}$

해설 14
집수암거의 양쪽 측면 유입시
$Q = \dfrac{Kl}{R}(H^2-h^2)$
$= \dfrac{0.009 \times 300}{170}(8^2 - 0.45^2)$
$= 1.01$m³/sec

정답 11. ④ 12. ④ 13. ① 14. ①

15 비피압대수층 내 지름 $D=2m$, 영향권의 반지름 $R=1000m$, 원지하수의 수위 $H=9m$, 집수정의 수위 $h_o=5m$인 심정호의 양수량은? (단, 투수계수 $k=0.0038m/s$) [20 ㉮]

① $0.0415m^3/s$
② $0.0461m^3/s$
③ $0.0968m^3/s$
④ $1.8232m^3/s$

16 두께 3m인 피압대수층에서 반지름 1m인 우물로 양수한 결과, 수면강하 10m일 때 정상상태로 되었다. 투수계수 0.3m/hr, 영향권 반지름 400m라면 이때의 양수량은? [13 ㉮]

① $2.6 \times 10^{-3} m^3/s$
② $6.0 \times 10^{-3} m^3/s$
③ $9.4 m^3/s$
④ $21.6 m^3/s$

17 심정(깊은 우물)에서 유량(양수량)을 구하는 식은? (단, H_0 : 우물 수심, r_o : 우물 반지름, K : 투수계수, R : 영향원 반지름, H : 지하수면 수위) [18 ㉯]

① $Q = \dfrac{\pi K(H-H_0)}{\ln(R/r_0)}$
② $Q = \dfrac{2\pi K(H-H_0)}{\ln(r_0/R)}$
③ $Q = \dfrac{2\pi K(H+H_0)^2}{\ln(R/r_0)}$
④ $Q = \dfrac{\pi K(H^2-H_0^2)}{\ln(R/r_0)}$

18 지하수의 흐름에서 상·하류 두 지점의 수두차가 1.6m이고 두 지점의 수평거리가 480m인 경우, 대수층의 두께 3.5m, 폭 1.2m일 때의 지하수 유량은? (단, 투수계수 $k=208m/day$ 이다.) [15 24 ㉮]

① $3.82 m^3/day$
② $2.91 m^3/day$
③ $2.12 m^3/day$
④ $2.08 m^3/day$

해 설

해설 15

$$Q = \dfrac{\pi k(H^2-h^2)}{L_n(R/r)}$$

$$= \dfrac{\pi \times 0.0038 \times (9^2-5^2)}{L_n\left(\dfrac{1000}{1}\right)}$$

$$= 0.0968 m^3/sec$$

해설 16

굴정호
① 제1불투수층과 제2불투수층 사이에 있는 피압대수층 물을 양수하는 우물
② $Q = \dfrac{2\pi a K(H-h_o)}{\ln\left(\dfrac{R}{r_0}\right)}$

$$= \dfrac{2\pi \times 3 \times (0.3 \times \dfrac{1}{3600}) \times (10)}{\ln(\dfrac{400}{1})}$$

$$= 2.6 \times 10^{-3} m^3/s$$

해설 17

깊은 우물 유량 공식
$Q = \dfrac{\pi k(H^2-h_o^2)}{L_n(R/r)}$

해설 18

$Q = K i \cdot A$
$= 208 \times \dfrac{1.6}{480} \times 3.5 \times 1.2$
$= 2.92 m^3/day$

정답 15. ③ 16. ① 17. ④ 18. ②

3 수리학적 상사

학습방향

실제 현실에서의 유체의 특성을 고려한 실험현상을 모형제작 함에 있어 상사 법칙을 적용하여 모형의 특성값을 결정하며 유체의 흐름을 특별상사 법칙을 적용하여 모형화 하는 방법을 숙지한다.
① 상사 법칙   ② 특별상사 법칙

1 상사 법칙(laws of similarity)

① 기하학적 상사(hydraulic similarity) … 길이의 비가 일정($L_r = \text{const}$)

$$L_r = \frac{L_m}{L_p}, \quad \text{축척비} = \frac{\text{모형 (Model)}}{\text{원형 (Prototype)}}$$

면적비 : $A_r = \dfrac{A_m}{A_P} = \dfrac{L_m^2}{L_P^2} = L_r^2$

② 운동학적 상사(kinematic similarity) … 속도의 비가 일정($V_r = \text{const}$)

$$V_r = \frac{V_m}{V_p} = \frac{L_r}{T_r}$$

유량비 : $Q_r = \dfrac{Q_m}{Q_P} = \dfrac{L_m^3 T_m^{-1}}{L_P^3 T_P^{-1}} = \dfrac{L_r^3}{T_r} = L_r^{5/2}$

③ 동역학적 상사(dynamic similarity) … 힘, 질량비가 일정($M_r = \text{const}$)

$$M_r = \frac{M_m}{M_p} = \frac{\rho_m V_m}{\rho_p V_p} = \rho_r L_r^3$$

2 특별상사 법칙

① Froude 상사 법칙 : **중력과 관성력이 흐름지배** – 개수로에 적용

> 원형수로의 F_r 수 = 모형수로의 F_r 수

$$F_r = \frac{V_r}{\sqrt{g_r h_r}} = 1, \quad V_r = \sqrt{g_r h_r}, \quad T_r = \sqrt{L_r}$$

② Reynolds 상사 법칙 : **마찰력과 점성력이 흐름지배** – 관수로에 적용가능

> 원형의 Reynolds수 = 모형의 Reynolds수

③ Weber 상사 법칙 : **표면장력이 지배** – 파고가 극히 작은 파동에 적용가능
④ Cauchy(마하)상사 법칙 : **탄성력이 흐름지배** – 압축성 유체에 적용가능

학습POINT

■ 실제 원형에 대한 실험 결과를 얻기 위하여 작은 모형을 만들어 실험을 하게 된다. 이때 흐름 특성에 따라 원형과 모형에 상사법칙을 적용하여 모형 제작을 하여야 한다.

■ 개수로(하천) 수리모형 제작에 있어서는 Froude 상사법칙을 적용하여 모형제작 한다.

■ $g_r = \dfrac{g_m}{g_p} \fallingdotseq 1$

핵심문제

1 수리실험에서 점성력이 지배적인 힘이 될 때 사용할 수 있는 모형법칙은? [18②]

① Reynolds 모형법칙
② Froude 모형법칙
③ Weber 모형법칙
④ Cauchy 모형법칙

2 흐름을 지배하는 가장 큰 요인이 점성일 때 흐름을 구분하는 방법으로 쓰이는 무차원수는? [85 91 10 24②]

① Froude 수　　② Weber 수
③ Reynolds 수　④ Cauchy 수

3 관수로 내의 흐름에서 흐름을 주로 지배하는 힘은 무엇인가? [97②, 16④]

① 중력　　　② 점성력
③ 표면장력　④ 관성력

4 축척이 1:50인 하천 수리모형에서 원형 유량 10000m³/sec에 대한 모형 유량은? [13 21②]

① 0.401m³/sec　② 0.566m³/sec
③ 0.677m³/sec　④ 0.976m³/sec

5 개수로의 설계와 수공 구조물의 설계에 주로 적용되는 수리학적 상사법칙은? [12 22④]

① Reynolds 상사법칙　② Froude 상사법칙
③ Weber 상사법칙　　④ Mach 상사법칙

6 왜곡모형에서 Froude 상사법칙을 이용하여 물리량을 표시한 것으로 틀린 것은? (단, X_r은 수평축척비, Y_r은 연직축척비이다.) [09 20②]

① 유속비 : $V_r = \sqrt{Y_r}$　　② 시간비 : $T_r = \dfrac{X_r}{Y_r^{1/2}}$

③ 경사비 : $S_r = \dfrac{Y_r}{X_r}$　　④ 유량비 : $Q_r = X_r Y_r^{5/2}$

해설

해설 1
점성력이 주된 힘이 될 때는 Reynolds 법칙을 적용한다.

해설 2
점성 등이 흐름을 지배하는 경우에는 Reynolds 법칙을 적용한다.(관수로)

해설 3
개수로에서는 중력, 관수로에서는 점성력이 주된 지배인자이다.

해설 4
특별상사법칙(Froude)
① 유량비(Q_r)

$$Q_r = \dfrac{Q_m}{Q_p} = \dfrac{A_m V_m}{A_p V_p} = A_r V_r = L_r^{\frac{5}{2}}$$

$$\dfrac{Q_m}{10,000} = \left(\dfrac{1}{50}\right)^{\frac{5}{2}}$$

$$\therefore Q_m = 0.566 \text{m}^3/\text{sec}$$

② 원형 F_r수 = 모형 F_r수

$$\dfrac{V_p}{\sqrt{g_p h_p}} = \dfrac{V_m}{\sqrt{g_m h_m}} \text{에서}$$

$$\dfrac{V_m}{V_p} = \dfrac{\sqrt{g_m h_m}}{\sqrt{g_p h_p}}$$

$g_r = 1$ 이므로

$$\therefore V_r = L_r^{\frac{1}{2}}$$

③ 면적비(A_r)

$$A_r = \dfrac{A_m}{A_p} = \dfrac{L_m}{L_p}\dfrac{L_m}{L_p} = L_r^2$$

해설 6
유량비
$$Q_r = A_r \cdot V_r = L_r^2 \cdot L_r^{\frac{1}{2}} = L_r^{\frac{5}{2}}$$

정답 1.① 2.③ 3.② 4.② 5.② 6.④

출제예상문제

CHAPTER 7 지하수와 상사

1. 그림과 같은 제방에서 단위폭당의 유량 q가 $0.414 \times 10^{-2} \text{m}^3/\text{sec}$이라면 투수 계수는?

① 0.37cm/sec
② 0.47cm/sec
③ 0.57cm/sec
④ 0.67cm/sec

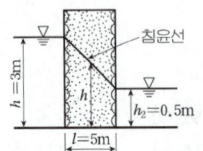

[해설]
$Q = \dfrac{k}{2l}(h_1^2 - h_2^2)$ 에서

$k = \dfrac{2lq}{(h_1^2 - h_2^2)}$

$= \dfrac{2 \times 5 \times 0.414 \times 10^{-2}}{(3^2 - 0.5^2)}$

$= 0.47 \text{cm/sec}$

또는 $Q = KAi$

$0.414 \times 10^{-2} = \dfrac{3+0.5}{2} \times 1 \times K \times \dfrac{3-0.5}{5}$

$K = 0.47 \text{cm/sec}$

2. 지하수 흐름을 설명하는 사항으로 틀린 것은?

① $V = -k\dfrac{dh}{ds}$

② 피압대수층(confined aquifer)에서 우물의 유량 $Q = k\,2\pi r\dfrac{dh}{dr}$

③ 비피압대수층(unconfined aquifer)에서 우물의 유량 $Q = k\,2\pi r h\dfrac{dh}{dr}$

④ 투수량계수는 대수층의 두께와 투수계수의 곱으로 정의된다.

[해설] 피압대수층 우물
$Q = k2\pi r c \dfrac{dh}{dr}$ 에서
c는 피압대수층 두께

3. 그림과 같이 불투수층까지 미치는 암거에서의 용수량(湧水量) Q는? (단, 투수계수 $k=0.009\text{m/s}$) [15산]

① $0.36\text{m}^3/\text{s}$
② $0.72\text{m}^3/\text{s}$
③ $36\text{m}^3/\text{s}$
④ $72\text{m}^3/\text{s}$

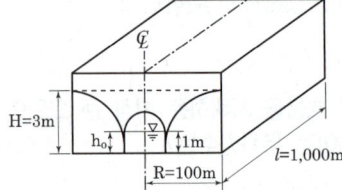

[해설]
암거유량(양쪽측면)
$Q = \dfrac{kl}{R}(H^2 - h^2) = \dfrac{0.009 \times 1000}{100} \times (3^2 - 1^2)$
$= 0.72 \text{m}^3/\text{sec}$

4. Darcy의 법칙을 지하수에 적용시킬 때 다음 어느 경우가 잘 일치되는가? [16 19 20 21 22 산]

① 층류인 경우 ② 난류인 경우
③ 상류인 경우 ④ 사류인 경우

[해설]
Darcy의 법칙은 지하수의 흐름에서 잘 일치되며 $1 < R_e < 10$인 층류영역에서 잘 맞는다.

5. 지하수의 투수계수에 관한 설명으로 틀린 것은? [18기]

① 같은 종류의 토사라 할지라도 그 간극률에 따라 변한다.
② 흙입자의 구성, 지하수의 점성계수에 따라 변한다.
③ 지하수의 유량을 결정하는데 사용된다.
④ 지역 특성에 따른 무차원 상수이다.

[해설]
$V = ki$ 에서 k는 투수계수
즉, 속도의 차원을 갖는다.

해답 1. ② 2. ② 3. ④ 4. ① 5. ④

6. 깊은 우물(심정호)에 대한 설명으로 옳은 것은? [19산]

① 불투수층에서 50m 이상 도달한 우물
② 집수 우물 바닥이 불투수층까지 도달한 우물
③ 집수 깊이가 100m 이상인 우물
④ 집수 우물 바닥이 불투수층을 통과하여 새로운 대수층에 도달한 우물

해설
깊은 우물은 집수정 바닥이 불투수층까지 도달한 우물을 말한다.

7. 그림과 같은 정수위투수계에 의한 투수계수측정 모습이다. 여기서 $h=100cm$, $l=20cm$, $Q=6cm^3/sec$이고 시료의 단면적 $A=300cm^2$일 때 투수계수는? [02 07 갸]

① 0.004cm/sec
② 0.03cm/sec
③ 0.2cm/sec
④ 1.0cm/sec

해설

$Q = Aki$
$6 = 300 \times k \times \dfrac{100}{20}$
$k = 0.04 cm/sec$

8. 직경 20cm인 원관속에 투수계수가 10^{-5}cm/sec인 다공성물질을 길이 3m에 걸쳐 채우고 물을 흘렸다. 다공성물질로 인한 손실수두가 50cm였다면 유량의 통과량은?

① 0.045l/day
② 0.050l/day
③ 0.055l/day
④ 0.060l/day

해설
$V = K \cdot I = K \cdot \dfrac{\Delta h}{l} = 10^{-5} \times \dfrac{50}{300}$
$= 1.67 \times 10^{-6} cm/sec$
$Q = A \cdot V = \dfrac{\pi \times 20^2}{4} \times (1.67 \times 10^{-6}) \times 60 \times 60$
$= 45.33 cm^3/day = 0.045 l/day$

9. 레이놀즈(Reynolds) 수에 대한 설명으로 옳은 것은? [18갸]

① 중력에 대한 점성력의 상대적인 크기
② 관성력에 대한 점성력의 상대적인 크기
③ 관성력에 대한 중력의 상대적인 크기
④ 압력에 대한 탄성력의 상대적인 크기

해설
레이놀즈수는 점성력이 주요인이며 중력에 대한 상대적인 크기이다.

10. 두께 20m의 피압 대수층(confined aquifer)으로부터 6.28m³/sec의 양수율로 양수했을 때 평형상태에 도달하였다. 이 양수정으로부터 50m, 200m 떨어진 관측정에서 지하수위가 각각 39.20m, 39.66m라면 이 대수층의 투수계수는?

① 0.0065m/sec
② 0.0654m/sec
③ 0.0150m/sec
④ 0.1505m/sec

해설
$Q = \dfrac{2\pi aK(H-h_o)}{L_n \dfrac{R}{r}}$

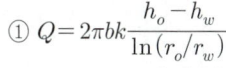

$6.28 = \dfrac{2\pi \times 20 \times K(39.66 - 39.20)}{L_n \dfrac{200}{50}}$

$K = 0.1505 m/sec$

11. 그림과 같이 우물로부터 일정한 양수율로 양수를 하여 우물 속의 수위가 일정하게 유지되고 있다. 대수층은 균질하며 지하수의 흐름은 우물을 향한 방사상 정상류라 할 때 양수율(Q)를 구하는 식은? (단, k는 투수계수임) [15 23 갸]

① $Q = 2\pi bk \dfrac{h_o - h_w}{\ln(r_o/r_w)}$
② $Q = 2\pi bk \dfrac{\ln(r_o/r_w)}{h_o - h_w}$
③ $Q = 2\pi bk \dfrac{h_o^2 - h_w^2}{\ln(r_o/r_w)}$
④ $Q = 2\pi bk \dfrac{\ln(r_o/r_w)}{h_o^2 - h_w^2}$

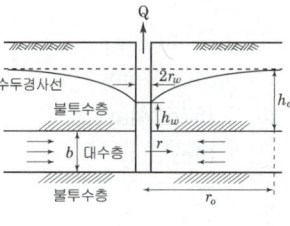

해설
피압대수층의 물을 양수하는 공식이다.

해답 6. ② 7. ② 8. ① 9. ① 10. ④ 11. ①

12. 그림과 같이 면적 500m²의 여과지가 있다. 투수계수 K가 0.120cm/sec일 때 그 여과량은 얼마인가?

① 30ton/sec
② 3ton/sec
③ 0.3ton/sec
④ 0.03ton/sec

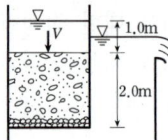

해설

$Q = KI \cdot A = k\dfrac{h}{l} \cdot A$
$= 0.00120\text{m/s} \cdot \dfrac{1}{2} \cdot 500\text{m}^2$
$= 0.3\text{m}^3/\text{s} = 0.3\text{t/s}$

13. 정수두 투수계에 의한 투수계수 측정에서 유량 Q가 4cm³/sec, 시료실의 단면적 A가 200cm², 수두차 h가 200cm, 시료실의 길이 l이 10cm일 때 투수계수는? [97 23 ㉮]

① 0.01cm/sec
② 0.1cm/sec
③ 0.001cm/sec
④ 1.00cm/sec

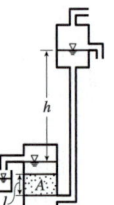

해설

$Q = K\dfrac{h}{l}A$ 에서

$K = Q\dfrac{l}{hA} = \dfrac{4\text{cm}^3/\text{sec} \cdot 10\text{cm}}{200\text{cm} \cdot 200\text{cm}^2} = 0.001\text{cm/sec}$

14. 그림과 같은 투수층 내를 흐르는 유량은? (단, 투수계수 K=1m/day임)

① 0.785m³/day
② 0.314m³/day
③ 0.157m³/day
④ 3.14m³/day

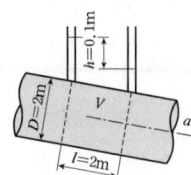

해설

$Q = KiA = 1 \times \dfrac{0.1}{2} \times \dfrac{\pi \times 2^2}{4}$
$= 0.157\text{m}^3/\text{day}$

15. 수리학적 완전상사를 이루기 위한 조건이 아닌 것은? [22 ㉮]

① 기하학적 상사(Geometric Similarity)
② 운동학적 상사(Kinematic Similarity)
③ 동역학적 상사(Dynamic Similarity)
④ 대수학적 상사(Algebraic Similarity)

해설

수리학적 상사는
- 기하학적
- 운동학적
- 동역학적

16. 지하수의 흐름에서 상하류 두 지점의 수두차가 1.6m이고, 두 지점의 수평거리가 480m인 경우에 대수층(帶水層)의 두께 3.5m, 폭 1.2m일 때의 지하수 유량은? (단, 투수계수 K=208m/day이다.) [97 06 ㉮]

① 2.91m³/day
② 3.82m³/day
③ 2.12m³/day
④ 2.08m³/day

해설

Darcy의 법칙에서
$Q = K\dfrac{\Delta h}{l}A = 208 \times \dfrac{1.6}{480} \times 3.5 \times 1.2$
$= 2.912\text{m}^3/\text{day}$

17. 면적이 100m²인 여과지에서 투수계수 k=0.15cm/sec로 여과될 때, 여과수량을 계산한 값은?

① 0.225m³/sec
② 22.5m³/sec
③ 0.075m³/sec
④ 7.5m³/sec

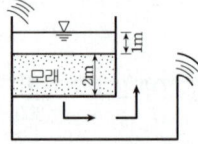

해설

$Q = kiA$
$= (0.15 \times 10^{-2}) \times \dfrac{1}{2} \times 100$
$= 0.075\text{m}^3/\text{sec}$

해답 12. ③ 13. ③ 14. ③ 15. ④ 16. ① 17. ③

18. 면적 300m²의 여과지가 있다. 투수계수 K=0.1cm/sec, 동수경사 I=0.6일 때 여과량은?

① 0.3m³/sec ② 2.4m³/sec
③ 0.18m³/sec ④ 1.80m³/sec

해설
$Q = A \cdot V = A \cdot KI$
$= 300 \times 0.1 \times 10^{-1} \times 0.6 = 0.18 \text{m}^3/\text{sec}$

19. 지하의 사질여과층에서 수두차 h가 0.4m이며 투과거리 l이 2.4m일 경우에 이곳을 통과하는 지하수의 유속은? (단, 투수계수는 0.3m/sec임) [20㉮]

① 0.5m/sec ② 0.1m/sec
③ 0.05m/sec ④ 0.01m/sec

해설
$V = Ki$
$= 0.3 \times \dfrac{0.4}{2.4} = 0.05 \text{m/sec}$

20. 2개의 불투수층 사이에 있는 대수층의 두께 a, 투수계수 k되는 곳에 반지름 r인 artesian well(굴착정)을 설치하고 일정 양수량을 양수하였더니 양수전 착정내의 수위 H가 h_o로 강하하여 정상 흐름이 되었다. 굴착정의 영향원 반경을 R이라 할 때 $(H-h_o)$의 값은? [16 22㉮]

① $\dfrac{2Q}{ak\pi}ln(R/r)$

② $\dfrac{2Q}{ak\pi}ln(r/R)$

③ $\dfrac{Q}{2ak\pi}ln(R/r)$

④ $\dfrac{Q}{2ak\pi}ln(r/R)$

해설 굴착정 유량
$Q = \dfrac{2\pi ak(H-h_o)}{L_n(R/r)}$
$H-h_o = \dfrac{QL_n(R/r)}{2\pi ak}$

21. 여과량이 $2\text{m}^3/\text{s}$이고 동수경사가 0.2, 투수계수가 1cm/s일 때 필요한 여과지 면적은? [16 19 24㉮]

① 2500m² ② 2000m²
③ 1500m² ④ 1000m²

해설
$Q = Aki$
$2 = A \times 0.01 \times 0.2$
$A = 1000\text{m}^2$

22. 모래 여과지에 있어서 두께 2.4m, 투수계수를 0.04 cm/sec로 하고 여과수두를 50cm로 할 때 10,000m³/day의 물을 여과시키는 경우 여과지 면적은? [10㉮]

① 1,289m²
② 1,389m²
③ 1,489m²
④ 1,589m²

해설
$Q = AKi$
$10,000\text{m}^3/\text{day} = A \times 0.04 \times 10^{-2}\text{m/sec} \times \dfrac{0.5}{2.4}$

$A = \dfrac{\dfrac{10000 \times 2.4}{24 \times 60 \times 60}}{0.04 \times 10^{-2} \times 0.5} = 1388.9\text{m}^2$
$= 1389\text{m}^2$

23. 지름 0.3m, 수심 6m인 굴착정이 있다. 피압대수층의 두께가 3.0m라 할 때 5L/s의 물을 양수하면 우물의 수위는? (단, 영향원의 반지름은 500m, 투수계수는 4m/h이다.) [20㉮]

① 3.848m ② 4.063m
③ 5.920m ④ 5.999m

해설
$Q = \dfrac{2\pi ak(H-h_0)}{L_n\left(\dfrac{R}{r}\right)}$

$5 \times 10^{-3} = \dfrac{2\pi \times 3 \times 4 \times \dfrac{1}{3600} \times (6-h_0)}{L_n\left(\dfrac{500}{0.15}\right)}$

$h_0 = 4.063\text{m}$

해답 18. ③ 19. ③ 20. ③ 21. ④ 22. ② 23. ②

24. 하안에서 l =20m의 거리에 길이 400m의 하안 암거를 그림과 같이 설치하였다. 하천 수심을 3m로 하는 경우에 암거 수심은 0.8m이다. 취수량은? (단, 투수계수는 15m/hr이다.)

① 0.448m³/sec
② 0.348m³/sec
③ 0.248m³/sec
④ 0.148m³/sec

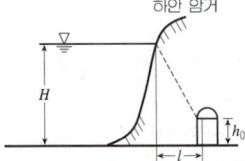

[해설] 집수암거 한쪽 측면 유입시의 유량

$$Q = \frac{KL}{2R}(H^2 - h^2)$$
$$= \frac{(1.5/60 \times 60) \times 400}{2 \times 20} \times (3^2 - 0.8^2)$$
$$= 0.348 \text{m}^3/\text{sec}$$

25. 모래의 두께 2m, 투수계수 K=0.08cm/sec의 모래 여과기에 있어서 연못수면과 출구의 수위차를 50cm로 하고 하루에 500m³의 물을 여과하려 한다. 연못의 면적을 얼마로 하면 되는가?

① $A = 289.45 \text{m}^2$
② $A = 2894.5 \text{m}^2$
③ $A = 28.94 \text{m}^2$
④ $A = 2.89 \text{m}^2$

[해설] $Q = AKi$

$$A = \frac{Q}{Ki} = \frac{500/24 \times 60 \times 60}{0.08 \times 10^{-2} \times \frac{0.5}{2}} = 28.94 \text{m}^2$$

26. 직경 7cm의 연직관에 높이 1m만큼 모래를 넣었다. 이 모래위에 물을 20cm 만큼 일정하게 유지하여 투수량 Q=5.0l/hr를 얻었다. 모래의 투수계수 K를 구하시오.
[20 산]

① 0.65m/hr
② 0.11m/hr
③ 6.5m/hr
④ 1.1m/hr

[해설] $Q = AKi$

$$K = \frac{Q}{Ai} = \frac{5 \times 10^{-3}}{\pi \cdot 0.07^2 \times \frac{1.2}{1}} = 1.1 \text{m/hr}$$

27. 지하수의 흐름에서 Darcy 공식에 관한 설명으로 옳지 않은 것은? (단, dh : 수두 차, ds : 흐름의 길이)
[18 산]

① Darcy 공식은 물의 흐름이 층류인 경우에만 적용할 수 있다.
② 투수계수 K의 차원은 $[LT^{-1}]$이다.
③ 투수계수는 흙입자의 크기에만 관계된다.
④ 동수경사는 $I = -\frac{dh}{ds}$로 표현할 수 있다.

[해설] 지하수의 투수계수는 지하수의 온도, 흙입자의 형상, 지하수의 점성 등과 관계한다.

28. 지하에 얕은 우물을 파서 양수할 때 수위 저하를 2m로 하여 6m³/min의 물을 양수하려면 적당한 우물의 반지름은? (단, 투수계수 k는 0.8cm/sec로 한다.)
[85 87 93 산]

① 1.76m
② 1.56m
③ 1.96m
④ 1.86m

[해설] 얕은 우물(천정호)

$$Q = 4Kr(H - h_o)$$
$$\frac{6}{60} = 4 \times 0.8 \times 10^{-2} \times r \times (2-0)$$
$$r = 1.56 \text{m}$$

29. 직경 10cm인 연직관 속에 높이 1m만큼 모래가 들어있다. 모래면 위의 수위를 10cm로 일정하게 유지시켰더니 투수량 Q=4L/hr이었다. 이 때 모래의 투수계수 k는?
[16 가]

① 0.4m/hr
② 0.5m/hr
③ 3.8m/hr
④ 5.1m/hr

[해설]

$$Q = AKI = AK\frac{dh}{dl} \text{ 에서}$$
$$4 \times 10^{-3} = \frac{\pi \times 0.1^2}{4} \times K \times \frac{1.1}{1}$$
$$\therefore K = 0.46 \text{m/hr}$$

해답 24. ② 25. ③ 26. ④ 27. ③ 28. ② 29. ②

30. 하천 제방 단면의 1m당 누수량은? (단, 제외지의 수위 6m, 제내지의 수위 2m, 투수계수 K=0.5m/sec, 침투수가 통하는 길이 l =50m) [97 ②]

① 0.16m³/sec
② 1.5m³/sec
③ 0.25m³/sec
④ 0.025m³/sec

[해설]
$q = \dfrac{K}{2l}(h_1^2 - h_2^2)$
$= \dfrac{0.5}{2 \times 50}(6^2 - 2^2) = 0.16\text{m}^3/\sec$
또는 $Q = AKi$
$= \dfrac{6+2}{2} \times 1 \times 0.5 \times \dfrac{6-2}{50} = 0.16\text{m}^3/\sec$

31. 다음 그림과 같은 면적 40m²의 여과지에서 투수계수 K=0.20cm/sec일 때 여과수량은?

① 0.2m³/sec
② 0.4m³/sec
③ 0.04m³/sec
④ 4m³/sec

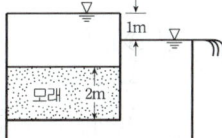

[해설]
$Q = AKi$
$= 40 \times 0.2 \times 10^{-2} \times \dfrac{1}{2} = 0.04\text{m}^3/\sec$

32. 지하수에 대한 설명으로 옳은 것은? [18 ③]

① 지하수의 연직분포는 지하수위 상부층인 포화대, 지하수위 하부층인 통기대로 구분된다.
② 지표면의 물이 지하로 침투되어 투수성이 높은 암석 또는 흙에 포함되어 있는 포화상태의 물을 지하수라 한다.
③ 지하수면이 대기압의 영향을 받고 자유수면을 갖는 지하수를 피압지하수라 한다.
④ 상하의 불투수층 사이에 낀 대수층 내에 포함되어 있는 지하수를 비피압지하수라 한다.

[해설]
· 지하수의 연직분포는 통기대하부에 포화대가 위치한다.
· 피압지하수란 대기와 접함이 없고 압력을 받는 지하수다.
· 비피압지하수란 압력을 받지 않는 지하수를 말한다.

33. 그림과 같이 면적 300m²의 여과지가 있다. 모래의 유효경이 0.3mm, 수온 10℃일 때 여과지의 여과량은? (단, 투수계수 k는 0.104cm/sec이다.)

① 599m³/hr
② 5990m³/hr
③ 210.6m³/hr
④ 2106m³/hr

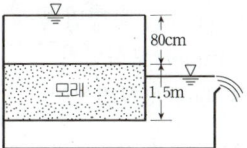

[해설]
$Q = AKi$
$= 300 \times 0.104 \times 10^{-2} \times 60 \times 60 \times \dfrac{0.8}{1.5}$
$= 599\text{m}^3/\text{hr}$

34. 유체의 밀도 ρ, 점성계수 μ, 벽면의 마찰력 τ_o, 평균 유속을 V라고 할 때 마찰속도 U_*를 옳게 나타낸 것은?

① $U_* = \mu V/\rho$
② $U_* = \sqrt{\tau_o/\rho}$
③ $U_* = \tau_o/\mu$
④ $U_* = \rho\sqrt{\tau_o/\mu}$

[해설]
$U_* = \sqrt{\dfrac{\tau}{\rho}}$
$\tau = \sqrt{\dfrac{wRI}{\rho}} = \sqrt{gRI}$

35. 물의 단위 중량 w, 중력가속도 g, 수심 h, 수면경사 I라고 할 때, 단위 면적당 유수의 소류력(掃流力)은 다음의 어느 것인가?

① hI
② ghI
③ hI/w
④ whI

[해설]
소류력 : $\tau = wRI$
$R = h$ 이므로
$\tau = whI$

해답 30. ① 31. ③ 32. ② 33. ① 34. ② 35. ④

36. 모형실험에서 원형과 모형에 작용하는 힘들 중 점성력이 지배적일 경우 적용해야 할 모형법칙은? [95㉮]

① Froude 모형법칙
② Reynolds 모형법칙
③ Cauchy 모형법칙
④ Weber 모형법칙

[해설] 특별상사법칙
① Froude의 상사법칙
중력이 흐름을 주로 지배하는 개수로 내의 흐름, 댐의 여수로 흐름 등의 상사법칙
② Reynolds의 상사법칙
점성력이 흐름을 주로 지배하는 관수로 흐름의 상사법칙
③ Weber의 상사법칙
표면장력이 흐름을 주로 지배하는 경우의 상사법칙
④ Cauchy의 상사법칙
탄성력이 흐름을 주로 지배하는 경우의 상사법칙

37. 투수계수 K=2m/hr, 단면적 A=4m², 수면차 h=6.5m 길이 10m의 여과지를 통과하는 유량은?

① 5.8m³/hr   ② 5.6m³/hr
③ 5.4m³/hr   ④ 5.2m³/hr

[해설]
$$Q = KiA = K\frac{h}{L}A$$
$$= 2 \times \frac{6.5}{10} \times 4 = 5.2\,\text{m}^3/\text{hr}$$

38. 수위저하가 2m인 얕은 우물을 파서 유량(Q) 6m³/min를 양수하려고 할 때 우물의 반경은? (단, 투수계수 K=0.8cm/sec이다.)

① 1.56m   ② 3.12m
③ 0.94m   ④ 1.98m

[해설]
$Q = 4Kr_0(H-h_0)$에서
$\frac{6}{60} = 4 \times 0.008 \times r_0 \times 2$
∴ $r_0 = 1.56$m

39. 다음 설명 중 옳지 않은 것은? [98㉠]

① 자유지하수란 투수층내에서 자유 지하수면을 갖는 지하수이다.
② 심정이란 깊이가 우물 직경의 50배 이상인 것을 말한다.
③ 천정이란 우물의 바닥이 불투수층까지 도달치 못한 것이다.
④ 굴착정이란 피압지하수를 양수하는 우물이다.

[해설] 심정
우물의 바닥이 불투수층까지 도달한 경우

40. 지하수의 흐름에 대한 Darcy의 법칙은?
(단, V : 유속, Δh : 길이 ΔL에 대한 손실수두, k : 투수계수) [19㉮, 21㉠]

① $V = k\left(\frac{\Delta h}{\Delta L}\right)^2$ ② $V = k\left(\frac{\Delta h}{\Delta L}\right)$
③ $V = k\left(\frac{\Delta h}{\Delta L}\right)^{-1}$ ④ $V = k\left(\frac{\Delta h}{\Delta L}\right)^{-2}$

[해설]
$V = ki$
$= k\frac{\Delta h}{\Delta l}$

41. 모래의 두께 2m, 투수계수 k=0.08cm/sec인 여과지에 있어서 여과지와 출구와의 수위차를 50cm로 하고, 여과량을 1000m³/day로 하려면 여과지의 면적으로 가장 적합한 것은? [99㉮]

① 48cm²
② 52cm²
③ 58m²
④ 62m²

[해설]
$Q = Aki$
$1000\text{m}^3/\text{day} = A \times 0.08\text{cm/sec} \times \frac{0.5}{2}$
$1000/24 \times 60 \times 60 = A \times 0.08 \times 10^{-2} \times \frac{0.5}{2}$
$A \fallingdotseq 58\text{m}^2$

해답 36. ② 37. ④ 38. ① 39. ② 40. ② 41. ③

42. 지하수의 흐름에 대한 Darcy의 법칙은? (단, v : 지하수의 유속, k : 투수계수, Δh : 길이 $\Delta \ell$에 대한 손실수두) [16⑭]

① $v = k\left(\dfrac{\Delta h}{\Delta \ell}\right)^2$

② $v = k\left(\dfrac{\Delta h}{\Delta \ell}\right)$

③ $v = k\left(\dfrac{\Delta h}{\Delta \ell}\right)^{-1}$

④ $v = k\left(\dfrac{\Delta h}{\Delta \ell}\right)^{-2}$

[해설] 다르시 법칙 $V = k \cdot i$
$V = K \cdot \dfrac{\Delta h}{\Delta l}$

43. 피압지하수를 양수하는 우물을 무엇이라 하는가? [08⑭]

① 굴착정 ② 집수암거
③ 천정(얕은 우물) ④ 심정(깊은 우물)

[해설]
① 굴착정(artesian well) : 불투수층 사이에 낀 투수층 내에 압력을 받고 있는 피압지하수를 양수하는 우물을 굴착정이라 한다.
② 깊은 우물(Deep well) : 불투수층 위의 투수층 내에 압력을 받지 않는 비피압 지하수를 양수하는 우물 중 집수정 바닥이 불투수층까지 도달한 우물을 깊은 우물이라 한다.

44. 다음 그림에서 불투수층까지 도달한 집수암거에서 $H = 3.0m$, $h_0 = 0.35m$, $k = 0.009m/sec$, $l = 300m$, $R = 170m$이면 용수량 Q는?

① $0.14m^3/sec$
② $0.24m^3/sec$
③ $0.32m^3/sec$
④ $0.34m^3/sec$

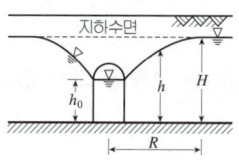

[해설] 불투수층에 달하는 집수암거
$Q = \dfrac{kl}{R}(h^2 - h_0^2)$
$= \dfrac{0.009 \times 300}{170} \times (3^2 - 0.35^2) = 0.14m^3/sec$

45. 지하수의 유속공식 V=KI에서 K의 변화와 관계가 없는 것은? [20 22⑭]

① 물의 점성계수 ② 토사의 입경
③ 토사의 공극률 ④ 지하수위

[해설]
투수계수 $k = D_s \cdot \dfrac{\gamma_w}{\mu} \cdot \dfrac{e^3}{1+e} \cdot C$
즉, 토사의 입경, 물의 단위중량, 점성계수, 공극율, 입자의 형상, 흙의 구조, 흙입자의 구성, 포화도

46. 비중이 2.65의 구형 알맹이를 정수속에 침전시켜 침강속도를 측정해서 0.01cm/sec를 얻었다. 알맹이의 직경(cm)은 얼마인가? (단, 수은은 10℃, 동점성계수 $\nu = 0.013cm^2/sec$) [98⑭]

① $d = 0.12cm$ ② $d = 0.012cm$
③ $d = 0.0012cm$ ④ $d = 0.00012cm$

[해설]
stoke의 법칙에서 $V = \dfrac{(\rho_s - \rho_w)g}{18\mu}d^2$ 이고,
$\mu = v \times p$이므로 직경 d에 대해서 정리하면
$d = \sqrt{\dfrac{18\nu\rho V}{(\rho_s - \rho_w)g}}$
$= \sqrt{\dfrac{18 \times 0.013cm^2/sec \times 1g/cm^3 \times 0.01cm/sec}{(2.65-1)g/cm^3 \times 980cm/s^2}}$
$= 0.0012cm$

47. 직경 0.5m, 수심 10m인 굴착정에서 $Q = 5\ell/sec$의 물을 양수할 때 우물의 수심은? (단, 내수층의 두께 3.5m, 투수계수 5m/hr, 영향권의 반경 500m임) [96⑭]

① 8.2m ② 8.5m
③ 8.8m ④ 9.1m

[해설] 굴착정 유량
$Q = \dfrac{2\pi mk(h-h_0)}{L_n\left(\dfrac{R}{r_0}\right)}$ 에서

$5 \times 10^{-3} = \dfrac{2\pi \times 3.5 \times \dfrac{5}{3,600} \times (10.0 - h_0)}{L_n\left(\dfrac{500}{0.25}\right)}$

$\therefore h_0 = 10.0 - 1.2 = 8.8m$

해답 42. ② 43. ① 44. ① 45. ④ 46. ③ 47. ③

48. 지하수의 유량을 구하는 Darcy의 법칙으로 옳은 것은?(단, Q=유량, k=투수계수, I=동수경사, A=투과단면적, C=유출계수) [19산]

① $Q = CIA$
② $Q = kIA$
③ $Q = C^2 IA$
④ $Q = k^2 IA$

[해설]
$Q = AV$
$\quad = A \cdot ki$

49. 다음 설명 중 옳지 않은 것은? [97 98 08산]

① 침윤선의 형상은 일반적으로 포물선이다.
② 우물의 영향원 반지름은 보통 500~1,000m 사이 값을 취하여 계산하는 경우가 많다.
③ Darcy법칙에서 지하수의 유속은 동수경사에 반비례한다.
④ 자유지하수는 대기압이 작용하는 지하수면을 갖는 지하수이다.

[해설]
$V = Ki = K\dfrac{dh}{dl}$ 에서 지하수 유속은 동수경사에 비례한다.

50. 흙속에서 포화상태의 흐름을 지름이 D인 작은 관을 통한 층류흐름으로 Hazen-poiseuille 법칙에서 Darcy의 투수계수에 해당되는 항은?

① $\dfrac{\omega D^2}{32\mu}$
② $\dfrac{\omega D^2}{8\mu}$
③ $\dfrac{\omega D^2}{4\mu}$
④ $\dfrac{\omega D^2}{2\mu}$

[해설]
$Q = \dfrac{w\pi h_L}{8\mu l}r^4, \quad A = \pi r^2$
$\quad = A \cdot \dfrac{wh_L}{8\mu l}r^2$
$\quad = A \cdot \dfrac{h_L}{l} \cdot \dfrac{w}{8\mu}\left(\dfrac{D}{2}\right)^2 = Ai\dfrac{wD^2}{32\mu}$
그런데 $Q = AKi$ 이므로 $K = \dfrac{wD^2}{32\mu}$

51. 다음 중 다르시(Darcy)법칙에 관한 사항 중 옳은 표현은? [06 09산]

① $V = \dfrac{1}{K}\dfrac{dh}{ds}$
② $V = -K\dfrac{dh}{ds}$
③ $V = h\dfrac{dh}{ds}$
④ $V = \dfrac{1}{h}\dfrac{dh}{ds}$

52. 비피압대수층 우물의 경우 반경 100m 지점에서 지하수위가 50m, 지하수위의 경사가 0.05, 투수계수가 20m/day 일 때 유량을 구하시오. [85가]

① 28,100m³/day
② 42,500m³/day
③ 36,800m³/day
④ 31,400m³/day

[해설]
Darcy의 법칙에 의해 $V = KI = K\dfrac{dh}{dr}$
$A = 2\pi rh$
$\therefore Q = AV = 2\pi rhK\dfrac{dh}{dr}$
$\quad = 2\pi \times 100 \times 50 \times 20 \times 0.05 = 31,416 \text{m}^3/\text{day}$

53. 대수층 두께가 3.5m, 폭이 1.2m일 때의 지하수 유량은? (단, 지하수류 상하류 2지점 사이의 수두차가 1.6m, 수평거리가 480m, 투수계수 K=208m/day이다.)

① 2,910m³/day
② 291m³/day
③ 29.1m³/day
④ 2.91m³/day

[해설]
$Q = KiA = 208 \times \dfrac{1.6}{480} \times 3.5 \times 1.2$
$\quad = 2.91 \text{m}^3/\text{day}$

54. 지하수 흐름에 대한 Darcy의 법칙을 적용하는 경우는? [86 97 가]

① 난류
② 층류
③ 한계류
④ 난류와 층류

[해설]
$R_e = 1 \sim 10$의 범위에서 성립한다.

해답 48. ② 49. ③ 50. ① 51. ② 52. ④ 53. ④ 54. ②

55. 지하수 흐름에서 Darcy 법칙에 관한 설명으로 옳은 것은? [20㉮]

① 정상 상태이면 난류영역에서도 적용된다.
② 투수계수(수리전도계수)는 지하수의 특성과 관계가 있다.
③ 대수층의 모세관 작용은 이 공식에 간접적으로 반영되었다.
④ Darcy 공식에 의한 유속은 공극 내 실제유속의 평균치를 나타낸다.

해설
$V = k\,i$ (k: 투수계수)
k: 지하수의 여러 특성과 관계가 있다.

56. Darcy-Weisbach의 마찰손실계수 $f = \dfrac{64}{Re}$이고, 지름 0.2cm인 유리관 속을 0.8cm³/s의 물이 흐를 때 관의 길이 1.0m에 대한 손실수두는? (단, 레이놀즈수는 5000이다.) [18㉑]

① 1.1cm ② 2.1cm
③ 11.3cm ④ 21.2cm

해설
$h_L = f\dfrac{\ell}{D}\cdot\dfrac{V^2}{2g}$
$f = \dfrac{64}{Re}$ 이므로
$V = \dfrac{Q}{A} = \dfrac{0.8}{\dfrac{\pi\cdot 0.2^2}{4}} = 25.46\,\text{cm/sec}$
$h_L = \dfrac{64}{500}\times\dfrac{100}{0.2}\times\dfrac{25.46^2}{2\times 980} = 21.17\,\text{cm}$

57. Darcy의 법칙에 대한 설명으로 옳지 않은 것은? [18 24㉮]

① Darcy의 법칙은 지하수의 흐름에 대한 공식이다.
② 투수계수는 물의 점성계수에 따라서도 변화한다.
③ Reynolds수가 클수록 안심하고 적용할 수 있다.
④ 평균유속이 동수경사와 비례관계를 가지고 있는 흐름에 적용될 수 있다.

해설
Darcy 법칙은 지하수 흐름에 적용 가능한 법칙으로 $1 < Re < 4$에서 적합하다.

58. 다음 중 부정류 흐름의 지하수를 해석하는 방법은? [16 19 21㉮]

① Theis방법 ② Dupuit방법
③ Thiem방법 ④ Laplace방법

해설
지하수의 부정류 해석은 Theis방법, 정류해석은 Dupuit방법을 사용한다.

59. 지하의 사질 여과층에서 수두차 h가 0.5m이며 투과거리 l이 2.5m일 경우에 이곳을 통과하는 지하수의 유속은? (단, 투수계수는 0.3cm/sec) [89㉮]

① 0.05cm/sec ② 0.06cm/sec
③ 0.04cm/sec ④ 0.03cm/sec

해설
$V = k\,i = k\dfrac{h}{L}$
$= 0.3\times\dfrac{50}{250} = 0.06\,\text{cm/sec}$

60. 비중 2.67인 구형의 입자를 정수중에 침전시켜 침강속도를 측정해서 0.6cm/sec를 얻었다. 입자의 직경은? (단, 동점성계수는 0.0101cm²/sec이다.)

① 0.004cm ② 0.006cm
③ 0.007cm ④ 0.008cm

해설
Stokes식 $V = \dfrac{(\rho_s - \rho_w)}{18\mu}gd^2$ 에서
$d = \sqrt{\dfrac{\dfrac{18}{\mu}}{(\rho_s-\rho_w)g}\cdot V}$
여기서, 점성계수 $\mu = \nu\cdot\mu_w$ 이므로
$d = \sqrt{\dfrac{18\nu\mu_w}{(\mu_s-\mu_w)g}\cdot V}$
$= \sqrt{\dfrac{18\times 0.0101\times 1}{(2.67-1)\times 980}\times 0.6}$
$= 8.16\times 10^{-3}\,\text{cm}$

해답 55. ② 56. ④ 57. ③ 58. ① 59. ② 60. ④

61. Darcy의 법칙에 대한 설명으로 옳은 것은? [16 ②]

① 지하수 흐름이 층류일 경우 적용된다.
② 투수계수는 무차원의 계수이다.
③ 유속이 클 때에만 적용된다.
④ 유속이 동수경사에 반비례하는 경우에만 적용된다.

[해설] 다르시법칙은 지하수의 흐름이 층류인 경우 적용가능하다.

62. 그림과 같이 하안으로 부터 6m 떨어진 곳에 평행한 집수암거를 설치했다. 투수계수를 0.5cm/sec로 할때 길이 1m 당 집수량은? (단, 물은 하천에서만 침투함)

① $0.06m^3/sec$
② $0.01m^3/sec$
③ $0.02m^3/sec$
④ $0.005m^3/sec$

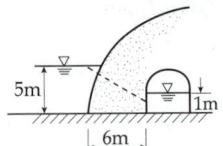

[해설] 집수암거 유량

$$Q = \frac{kl}{2R}(H^2 - h_o^2)$$
$$= \frac{0.5 \times 10^{-2} \times 1}{2 \times 6}(5^2 - 1^2)$$
$$= 0.01 m^3/sec$$

63. 저수지의 물을 방류하는데 1:225로 축소된 모형에서 4분이 소요되었다면, 원형에서의 소요시간은? [16 ②]

① 60분   ② 120분
③ 900분   ④ 3375분

[해설]
$Q_r = L_r^3 \, T_r^{-1} = L_r^{5/2}$
$T_r = L_r^{1/2}$
$\frac{T_P}{T_m} = 225^{1/2} = 15분$
$T_P = 15 \times 4 = 60분$

64. 지하수 흐름에 관한 Darcy법칙에 관한 설명 중 옳은 것은?

① 정상 상태이면 난류 영역에서도 적용된다.
② 투수계수(수리천도계수)는 지하수 특성과 관계가 있다.
③ Darcy공식에 의한 유속은 공극 실제 유속의 평균치를 나타낸다.
④ 대수층의 모세관 작용은 이 공식에 간접적으로 반영되었다.

[해설] $R_e < 4, \; V_s = \frac{V}{n}$

65. 다음 중 듀피트(Dupuit)의 침윤선 공식은? (단, q : 단위폭당 유량, l : 침윤거리, h_1, h_2 : 상하류의 수심, k : 투수계수) [94 95 ③]

① $q = \frac{k}{2l}(h_1^2 - h_2^2)$
② $q = \frac{k}{2l}(h_1^2 + h_2^2)$
③ $q = \frac{k}{l}(h_1^2 - h_2^2)$
④ $q = \frac{k}{l}(h_1^2 + h_2^2)$

[해설]
$Q = KiA$
$= K \times \frac{h_1 - h_1}{l} \times \left(\frac{h_1 + h_2}{2}\right) \times 1$
$= \frac{K}{2l}(h_1^2 - h_2^2)$

해답 61. ① 62. ② 63. ① 64. ② 65. ①

66. 심정호의 유량공식은? (단, R=영향원의 반경, r_o=우물 반경, h_o=우물 수심, H_1=원지하수위, h=투수계수)

[98 06 ㉮, 07 ㉮]

① $Q = \dfrac{\pi k(H^2 - h_o^2)}{2.3\log \dfrac{R}{r_o}}$

② $Q = \dfrac{2\pi k(H - h_o)}{2.3\log \dfrac{R}{r_o}}$

③ $Q = \dfrac{\pi k(H^2 + h_o^2)}{2.3\log \dfrac{R}{r_o}}$

④ $Q = \dfrac{2\pi k(H + h_o)}{2.3\log \dfrac{R}{r_o}}$

67. 다음 중 소류력과 관계가 없는 것은? [94 ㉮]

① Du-Boys 공식
② Indri 공식
③ Kramer 공식
④ Chezy 공식

해설 소류력과 관계있는 식
Shields 공식, Kramer 공식, Indri 공식, Krey 공식, DuBoys 공식
Chezy 공식은 유속과 관계있는 식이다.

68. 자유수면을 가지고 있는 깊은 우물에서 양수량 Q를 일정하게 퍼냈더니 최초의 수위 H가 h_o로 강하하여 정상흐름이 되었다. 우물의 반지름이 r_o, 영향원의 반지름이 R이고 투수계수가 K일 때 Q의 값은? [02 ㉮]

① $Q = \dfrac{\pi K(H^2 - h_o^2)}{\ln \dfrac{R}{r_o}}$

② $Q = \dfrac{2\pi K(H^2 - h_o^2)}{\ln \dfrac{R}{r_o}}$

③ $Q = \dfrac{\pi K(H^2 - h_o^2)}{2\ln \dfrac{R}{r_o}}$

④ $Q = \dfrac{\pi K(H^2 - h_o^2)}{2\ln \dfrac{r_o}{R}}$

69. Darcy의 법칙에 대한 설명으로 옳은 것은? [16 ㉯]
① 점성계수를 구하는 법칙이다.
② 지하수의 유속은 동수경사에 비례한다는 법칙이다.
③ 관수로의 흐름에 대한 상사법칙이다.
④ 개수로의 흐름에 대한 상사법칙이다.

해설 $V = ki$ 지하수 흐름에 적용

70. 굴착정의 유량 공식으로 옳은 것은?
(여기서 C : 피압대수층의 두께, K : 투수계수, h : 압력수면의 높이, h_0 : 우물안의 수심, R : 영향원의 반지름, r_0 : 우물의 반지름) [15 ㉯]

① $\dfrac{2\pi CK(h - h_0)}{\ln\left(\dfrac{R}{r_0}\right)}$

② $\dfrac{2\pi CK(h - h_0)}{\ln\left(\dfrac{r_0}{R}\right)}$

③ $\dfrac{2\pi CK(h + h_0)}{\ln\left(\dfrac{r_0}{R}\right)}$

④ $\dfrac{2\pi CK(h + h_0)}{\ln\left(\dfrac{R}{r_0}\right)}$

해설 굴착정공식은 압력을 받는 유량공식이다.

71. 개수로의 설계와 수공 구조물의 설계에 주로 적용되는 수리학적 상사법칙은? [16 20 ㉯]
① Reynolds 상사법칙 ② Froude 상사법칙
③ Weber 상사법칙 ④ Mach 상사법칙

해설 개수로 : Froude 상사법칙

72. 토양면을 통해 스며든 물이 중력의 영향 때문에 지하로 이동하여 지하수면까지 도달하는 현상은? [18 ㉮]
① 침투(infiltration)
② 침투능(infiltration capacity)
③ 침투율(infiltration rate)
④ 침루(percolation)

해설 침투하여 지하수까지 도달하는 현상을 침루라 한다.

해답 66. ① 67. ④ 68. ① 69. ② 70. ① 71. ② 72. ④

73. 그림과 같은 굴착정(artesian well)의 유량을 구하는 공식은? (단, R : 영향원의 반지름, K : 투수계수, m : 피압대수층의 두께) [19㉮]

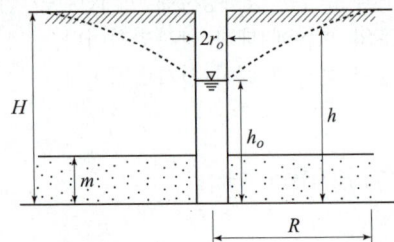

① $Q = \dfrac{2\pi m K(H+h_o)}{\ln(R/r_o)}$

② $Q = \dfrac{2\pi m K(H+h_o)}{\ln(r_o/R)}$

③ $Q = \dfrac{2\pi m K(H-h_o)}{\ln(R/r_o)}$

④ $Q = \dfrac{2\pi m K(H-h_o)}{\ln(r_o/R)}$

해설

굴착정 유량공식

$$Q = \dfrac{2\pi m k(H-h_o)}{L_n\left(\dfrac{R}{r_o}\right)}$$

해답 73. ③

제8장 수문학 일반

출제경향분석

물의 순환과정에 대하여 배우는 부분으로서 강수기록 추정법, 강우강도, 평균우량 산정법, DAD 해석 등에 관하여 기초를 다지고 지나가야 하는 부분이다. 수리학 분야에 비해 수문학 분야의 출제는 상대적으로 간단한 수준의 문제가 주로 출제가 되고 있으므로 높은 점수를 얻을 수 있는 좋은 분야이다.

단원별 경향분석

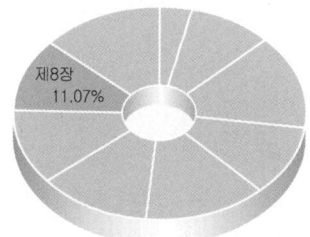

토목기사

항목별 경향분석

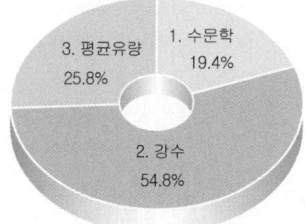

토목기사

1 수문학

학습방향

지구상에서의 물의 순환을 파악하고 순환인자들의 특성에 대해 알아본다. 또한 우리나라의 강수량 특성과 크기에 대해 파악하며 하천의 수위 변화에 대해 알아본다.
① 물의 순환　　　② 기온과 증기압　　　③ 하천의 변화

1 물의 순환(water cycle)

(1) 물의 순환인자

강수(precipitation), 증발(evaporation), 증산(transpiration), 차단(interception), 저류(storage), 침투, 침루, 유출(runoff)

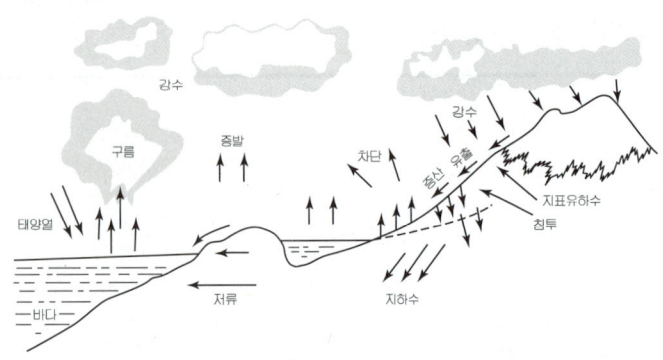

(2) 강수량 ⇌ 유출량 + 증발산량 + 침투량 + 저유량

$$P \rightleftarrows R + E + C + S$$

(3) 상대습도(relative humidity)

임의 온도에 있어서 포화 증기압(e_s)에 대한 실제증기압(e)의 백분율로 나타낼 수 있다.

$$h = \frac{e}{e_s} \times 100(\%)$$

2 기온과 증기압

(1) 기온(atmospheric temperature)
① 일평균 기온 : 일 최고와 최저의 산술평균 온도
② 월평균 기온 : 월 평균 최고와 최저의 산술평균 온도

학습POINT

■ 침투(Infiltration) : 물이 토양면을 통해 토양속으로 스며드는 현상

■ 침루(Percolation) : 토양면으로 스며든 물이 지하수면까지 도달하는 현상

■ 증발산량 : 증발과 증산의 합성어

③ 연평균 기온 : 월 평균 기온의 평균치
④ 정상 일평균 기온 : 특정일의 일평균 기온을 오랜 기간에 걸쳐 평균한 기온
⑤ 정상 월평균 기온 : 특정월의 월평균 기온을 오랜 기간에 걸쳐 평균한 기온

(2) 풍속과 고도

$$\frac{V}{V_o} = \left(\frac{Z}{Z_o}\right)^k$$

여기서 V : 고도 Z에서의 풍속
V_o : 고도 Z_o에서의 풍속
k : 지역상수(통상 1/7 사용)

(3) t°C에서의 증기압(vapor pressure)

$e = e_w - 0.66(t-t_w)$ … 단위 milibar 사용
$e = e_w - 0.485(t-t_w)$ … 단위 mmHg 사용

여기서 e_w : 습구온도계의 눈금이 t_w일 때의 포화 증기압

■ 사용하는 단위에 따라서 계수 값이 달라진다.

(4) 잠재증기화열

$$H_v = 597.3 - 0.56t$$

여기서, t : 온도

3 하천의 변화

(1) 하상계수 : 하천 주요 지점에서의 최소유량과 최대유량의 비

한 강	1 : 393	금 강	1 : 298
낙동강	1 : 372	섬진강	1 : 715

(2) 우리나라 연평균 강수량 : 1316mm
우리나라 연평균 수자원 총량 : 1,308억 m^3
(한강 : 330억 m^3, 낙동강 : 280억 m^3, 금강 : 150억 m^3)

(3) 연강수량의 변동 폭 : 750~1700mm(6월~9월이 65% 차지)

(4) 수위
① 평수위(normal water level) : 1년 중에 고수위에서부터 185번째의 수위
② 저수위(low water level) : 1년 중에 고수위에서부터 275번째의 수위
③ 갈수위(drought water level) : 1년 중에 고수위에서부터 355번째의 수위

■ 우리나라의 하천은 하상계수가 300을 상회하는 경우가 대부분이므로 치수에 더욱 관심을 가져야 한다.

■ 강수량이 증가하고 있는 추세이므로 치수에 더욱 관심을 가져야 한다.

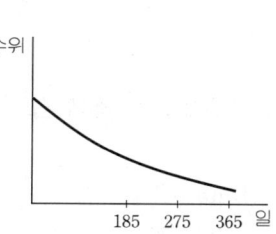

핵심문제

1 물의 순환과정은 통상 8가지의 과정을 거친다. 다음 중 물의 순환과정 용어가 아닌 것은 어느 것인가? [89 95 ㉮]

① 증발 – 증산
② 침투 – 침루
③ 풍향 – 상대습도
④ 차단 – 저류

해설 1

풍향은 물의 순환과정과 관계가 없다.

2 다음 중 물의 순환에 관한 설명으로서 틀린 것은? [18 ㉮]

① 지구상에 존재하는 수자원이 대기권을 통해 지표면에 공급되고, 지하로 침투하여 지하수를 형성하는 등 복잡한 반복과정이다.
② 지표면 또는 바다로부터 증발된 물이 강수, 침투 및 침루, 유출 등의 과정을 거치는 물의 이동현상이다.
③ 물의 순환 과정에서 강수량은 지하수 흐름과 지표면 흐름의 합과 동일하다.
④ 물의 순환과정 중 강수, 증발 및 증산은 수문기상학 분야이다.

해설 2

물의 순환에는 증발, 증산 등도 포함된다.

3 다음 중 물의 순환 과정에 대한 순서로 옳게 나열한 것은? [13 ㉮]

① 증발→강수→차단→증산→침투→침루→유출
② 증발→강수→차단→증산→침루→침투→유출
③ 증발→강수→증산→차단→침루→유출→침투
④ 증발→강수→증산→차단→침투→침루→유출

해설 3

물의 순환
① 물의 순환 : P↔R+E+C+S
② 물의 순환 과정 순서 : 물이 증발해서 유출까지 순서로 강수 시 하늘에서 땅까지 떨어져 유출되는 순서대로 생각하면 된다.

4 임의 온도에 있어서의 실제증기압이 e이고, 포화증기압이 e_s일 때 상대습도(h)는? [87 97 ㉯]

① $h = \dfrac{e}{e_s} \times 100\%$
② $h = \dfrac{e_s}{e} \times 100\%$
③ $h = e \cdot e_s \times 100\%$
④ $h = e \cdot e_s$

해설 4

상대습도 = $\dfrac{\text{실제증기압}}{\text{포화증기압}} \times 100(\%)$

5 기온 25℃에서의 실제 증기압이 16.8mb일 때 상대 습도는? (단, 25℃에서의 포화증기압은 32.3mb이다.) [83 87]

① 38.6%
② 48.0%
③ 52.0%
④ 92.3%

해설 5

상대습도
$h = \dfrac{e}{e_s} \times 100$
$= \dfrac{16.8}{32.3} \times 100 = 52.01\%$

정답 1. ③ 2. ③ 3. ① 4. ① 5. ③

6 대기의 온도 t_1, 상대습도 75%인 상태에서 증발이 진행되어 온도는 t_2로 상승하고 대기중의 증기압은 20% 증가하였다. 온도 t_1 및 t_2에서의 포화 증기압을 각각 10.0mmHg와 18.0mmHg라 할 때 온도 t_2에서의 상대습도는? [09 12 23 ㉮]

① 50%
② 75%
③ 90%
④ 95%

7 다음 설명 중 옳지 않은 것은? [06 ㉮, 94 ㉲]

① 기온이란 대기의 온도를 말하며 온도계에 의해 측정된다.
② 일평균 기온이란 최대 및 최저 온도를 산술평균한 온도를 말한다.
③ 월평균 기온이란 월평균 최고 및 최저 기온을 산술평균한 기온이다.
④ 년평균 기온이란 년 최고 및 최저 기온을 산술평균한 기온이다.

8 일단 물이 토양면을 통해 스며든 후 중력의 영향으로 계속 지하로 이동하여 지하수면까지 도달하게 되는 현상을 무엇이라 하는가? [07 ㉮, 03 ㉲]

① 침투
② 침루
③ 차단
④ 저류

9 가능최대강수량(Probable Maximum Precipitation) 설명 중 가장 적합한 것은? [95 99 ㉮]

① 대규모 수공구조물의 설계홍수량을 결정하는데 사용된다.
② 강우량의 장기 변동성향을 판단하는데 사용된다.
③ 최대강우강도와 면적관계를 결정하는데 사용된다.
④ 홍수량 빈도해석에 사용된다.

10 다음 용어에 대한 설명으로 옳지 않은 것은? [13 ㉮]

① 일평균기온 : 일 최대 및 최저기온을 산술평균한 기온
② 월평균기온 : 해당 월의 일평균기온 중 최고 및 최저기온을 산술평균한 기온
③ 연평균기온 : 해당 연의 월평균기온 중 최고 및 최저기온을 산술평균한 기온
④ 정상 월평균기온 : 특정 월에 대한 장기간 동안의 월평균기온을 산술평균한 온도

해 설

해설 6

온도	상대습도	대기중의 증기압	포화 증기압
t_1	75%	x	10
t_2	y	$x + 0.2x$	18

$75 = \dfrac{x}{10} \times 100$, $x = 7.5$ mmHg

$y = \dfrac{\text{실제증기압}}{\text{포화증기압}} \times 100\%$

$= \dfrac{7.5 + 0.2 \times 7.5}{18} \times 100 = 50\%$

해설 7

년평균 기온이란 월평균 기온의 평균치를 말한다.

해설 8

침투 : 강우가 토양면으로 스며 들어가는 현상

해설 9

가능최대강수량(PMP)
① 어떤 지역에서 일어날 수 있는 가장 극심한 기상조건하에서 발생 가능한 호우로 인한 최대강수량을 PMP라 한다.
② 대규모 수공구조물을 설계할 때 기준으로 삼을 수 있는 우량이다.
③ PMP로서 수공구조물의 크기(치수)를 결정한다.

해설 10

연평균기온 : 해당 년의 월평균기온을 평균하여 구한다.

정답 6. ① 7. ④ 8. ② 9. ① 10. ③

2 강수

학습방향

강수 발생시의 원인에 따른 분류방법에 대해 알아보고 강수의 측정에 있어 결측강우량을 보완하는 방법과 강우량의 세기를 구분하는 강우강도와 지속시간과의 관계에 대해서 파악한다.
① 강수형의 분류　　② 강우의 측정　　③ 강우강도

1 강수형의 분류

(1) 강수의 정의
　구름이 응축되어 지상으로 떨어지는 모든 형태의 수분을 총칭한다.

(2) 강수의 기상학적 조건
　① 공기가 이슬점까지 냉각되어야 한다.
　② 응결핵(먼지, 매연입자)이 존재하여야 한다.
　③ 수분의 입자를 점점 크게 할 수 있어야 한다.
　④ 충분한 강도의 수분을 집적해야 한다.

(3) 강수형의 분류
　① 대류형 강수(convective precipitation) : 대류현상에 의해 발생한다.
　② 전선형 강수(front precipitation) : 두 기간의 충돌로 인하여 발생한다.
　③ 산악형 강수(orographic precipitation) : 산맥에 부딪혀 발생한다.
　④ 선풍형 강수(cyclonic precipitation) : 지각 표면의 압력차로 인해 저기압 지역으로 이동하는 기단이 상승되어 발생한다.

2 강우의 측정

(1) 강우의 측정 : 일우량이 0.1mm이하인 강우의 경우 무강우로 취급한다.
　① 보통우량계 : 직경 20cm, 높이 60cm의 원통형으로 되어 있으며 사람이 눈금을 읽음으로써 기록한다.
　② 자기우량계 : 기계적인 장치에 의해 기록지에 자동적으로 강우의 시간적 변화를 기록한다.
　　참고] 보통우량계 : 사람의 개인 오차가 클 수 있다.
　　　　　자기우량계 : 기계에 의한 것이므로 개인의 오차를 배제시킬 수 있다.

(2) 강수기록의 추정방법(결측강우 발생시)
　① 산술평균법 : 인근 관측점의 정상 년평균 강수량의 차가 10%이내인 경우

$$P_x = \frac{1}{3}(P_A + P_B + P_C)$$

학습POINT

■ 인공강우 발생실험에서 응결핵으로 요오드화은(AgI)을 사용하기도 한다.

■ 우리나라는 산지지형이 70% 정도가 되기 때문에 산악형 강수가 많이 발생한다.

② 정상 년강수량 비율법 : 3개의 관측점 중에 한 개라도 강수량의 차가 10% 이상이 되는 경우

$$P_x = \frac{N_x}{3}\left(\frac{P_A}{N_A} + \frac{P_B}{N_B} + \frac{P_C}{N_C}\right)$$

③ 단순 비례법 : 인근의 관측점이 1개(A점)만 있는 경우

$$P_x = \frac{P_A}{N_A} N_x$$ 참고] N : 관측점의 정상 년평균 강수량

■ 산술 평균법 : arithmetic mean method

■ 정상 년강수량 비율법 : normal-ratio method

■ 단순비례법 : simple proportion method

(3) 용어
① 누가우량곡선(mass curve) : 누가 우량의 시간적 변화 상태를 기록, 항상 상향곡선이며 곡선의 경사가 완만한 경우 강우강도가 작으며 경사가 급한 경우 강우강도가 크다. 수평인 경우는 무강우이다.
② 이중누가우량분석(double mass curve) : 장기간 강우자료의 일관성 검증을 위해 사용되는 분석이다.
③ 가능 최대 강수량(PMP) : 지역 최악의 기상조건하에서의 최대 강수량. 즉, 지역의 가능최대 홍수량(PMF)을 결정하는 기준이 된다.

3 강우 강도(rainfall-intensity)

(1) 강우강도와 지속시간의 관계

① Talbot 형 광주지역에 적용 $I = \dfrac{a}{t+b}$ (t : min)

② Sherman 형 : 서울, 목포, 부산에 적용 $I = \dfrac{c}{t^n}$ (t : min)

③ Japanese 형 : 대구, 인천, 강릉, 포항에 적용 $I = \dfrac{d}{\sqrt{t}+e}$ (t : min)

     a, b, c, c, d, e : 지역상수

④ 물부(모노베)공식 $I = \dfrac{R_{24}}{24}\left(\dfrac{24}{t}\right)^{2/3}$ (t : hr)

   R_{24} : 24시간 동안의 강우량

(2) 강우강도, 지속시간, 생기빈도 곡선(I-D-F) $I = \dfrac{kT^x}{t^n}$

   (k, n, x는 지역상수)

① 강우강도(I) : 단위시간(1hr)에 내린 강우량으로 mm/hr로 나타낸다.
② 지속기간(D) : 강우가 계속되는 기간(t)으로 통상 min로 나타낸다.
③ 생기빈도(F) : 일정한 기간동안에 어떤 크기의 호우가 발생할 횟수를 의미한다. 즉, 임의의 강우량이 1회이상 같아지거나 초과하는데 소요되는 년수

$$생기빈도(F) = \frac{1}{재현기간} = \frac{1}{T}$$

■ 누가우량곡선

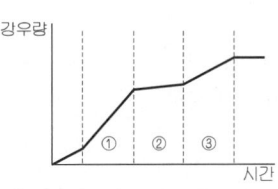

① 큰 강우강도
② 무강우 (수평)
③ 작은 강우 강도

■ Intensity
  Duration
  Frequency

핵심문제

1 표와 같은 집중호우가 자기기록지에 기록되었다. 지속기간 20분 동안의 최대강우강도는? [18 24㉮]

시간(분)	5	10	15	20	25	30	35	40
누가우량(mm)	2	5	10	20	35	40	43	45

① 95mm/hr　　② 105mm/hr
③ 115mm/hr　　④ 135mm/hr

해설 1

$I_{5\sim20} = 20$
$I_{10\sim25} = 35-2 = 33$
$I_{15\sim30} = 40-5 = 35$
$I_{20\sim35} = 43-10 = 33$
$I_{max} = 35\,mm/20min$
$\quad\quad = 105\,mm/hr$

2 강우량 자료를 분석하는 방법 중 2중누가곡선법(double mass curve)을 많이 이용한다. 이에 대한 다음 설명 중 맞는 것은? [12 16 24㉮, 05㉯]

① 평균강수량을 계산하기 위하여 쓴다.
② 강수의 지속기간을 알기 위하여 쓴다.
③ 결측자료를 보완하기 위하여 쓴다.
④ 강수량 자료의 일관성을 검증하기 위하여 쓴다.

해설 2

이중누가우량 분석은 문제가 된 관측점에서의 년, 혹은 계절강우량의 누적총량을 그 부근에 있는 일군의 관측점 누적총량과 비교하여 자료로서의 일관성에 대한 조사를 하는 방법이다.

3 강우강도에 관한 사항 중 틀리는 것은? [93 14㉮]

① 일반적으로 강우강도가 크면 클수록 강우가 계속되는 기간은 짧다.
② 강우강도란 단위시간에 내린 강우량이다.
③ 강우강도와 지속시간의 관계는 경험공식에 의해 표현된다.
④ Talbot형의 강우강도식은 우리나라 어느지점에서도 적용가능하다.

해설 3

Talbot형 강우강도식은 일반적으로 우리나라의 광주 지역에 적용가능하다.

4 어느 관측소의 자기우량기록이 다음 표와 같을 때 10분지속 최대 강우강도는? [03 05 24㉮]

시각(분)	0	5	10	15	20
누가우량(mm)	0	2	8	18	25

① 17mm/h　　② 48mm/hr
③ 102mm/hr　　④ 120mm/hr

해설 4

$0\sim10$: 8mm
$5\sim15$: 16mm
$10\sim20$: 17mm
$I = 17mm/10min = 17 \times \dfrac{60}{10} = 102\,mm/hr$

5 어느 도시의 하수도계획에 있어서 30분간 계속의 강우강도는? [06㉮]
(단, $I = \dfrac{b}{t+a}$ 에서 $b=4,000$, $a=50$)

① 30mm/hr
② 40mm/hr
③ 50mm/hr
④ 60mm/hr

해설 5

$I = \dfrac{b}{t+a} = \dfrac{4,000}{30+50} = 50\,mm/hr$

정답 1. ②　2. ④　3. ④　4. ③　5. ③

6 강우강도(I), 지속시간(D), 생기빈도(F) 관계를 표현하는 식 $I=\dfrac{kT^x}{t^n}$ 에 대한 설명으로 틀린 것은? [12 16 21 ㉮]

① t : 강우의 지속시간(min)으로서, 강우가 계속 지속될수록 강우강도(I)는 커진다.
② I : 단위시간에 내리는 강우량(mm/hr)인 강우강도이며 각종 수문학적 해석 및 설계에 필요하다.
③ T : 강우의 생기빈도를 나타내는 연수(年數)로 재현기간(년)을 의미한다.
④ k, x, n : 지역에 따라 다른 값을 가지는 상수이다.

7 관측소 A에서 강우량 자료가 결측되었다. 주변의 관측소 B, C, D의 자료를 이용하여 가중 평균법을 이용하여 보완하면? [05 ㉮]

관측소	연간 평균 강우량(mm)	지속기간 18시간 강우량(mm)
A	604	결측
B	472	70
C	723	90
D	984	122

① P=79.88mm ② P=89.88mm
③ P=99.99mm ④ P=109.88mm

8 다음 표와 같이 40분간 집중호우가 계속 되었다면 지속기간 20분인 최대 강우강도는? [95 03 09 14 16 19 ㉮]

시간(분)	우량(mm)	시간(분)	우량(mm)
0~5	1	20~25	8
5~10	4	25~30	7
10~15	2	30~35	3
15~20	5	35~40	2

① I=49mm/h ② I=59mm/h
③ I=69mm/h ④ I=72mm/h

9 강우와 강우해석에 대한 설명으로 옳지 않은 것은? [11 ㉮]

① 강우강도의 단위는 mm/hr 이다.
② DAD 해석은 지속기간별, 면적별 최대강우량을 구하는 방법이다.
③ 정상 연강수 비율법(normal ratio method)은 면적평균 강수량을 구하는 방법이다.
④ 대류형 강우는 주위보다 더운 공기의 상승으로 일어난다.

해 설

해설 6
지속기간이 길어지면 강우 강도는 작아진다.

해설 7
방법1 : 연평균 강우량의 순서
  472 B 70
  604 A x
  723 C 80
  984 D 122
∴ x → 70 << x << 80
방법 2 : 정상 연평균 강수량 비율법
$$P_x = \dfrac{N_A}{3}\left(\dfrac{P_B}{N_B}+\dfrac{P_C}{N_C}+\dfrac{P_D}{N_D}\right)$$
$$= \dfrac{604}{3}\left(\dfrac{70}{472}+\dfrac{90}{723}+\dfrac{122}{984}\right)$$
$$= 79.98\text{mm}$$
$\dfrac{984-604}{604}\times 100 = 62.91\% > 10\%$
이므로 정상 연강수량 비율법을 사용한다.

해설 8
① 20분 연속 최대강우량
 $5+8+7+3=23$mm
② 강우강도
 $I=\dfrac{23}{20}\times 60 = 69$mm/hr

해설 9
정상 연강수량 비율법은 결측 지점의 강수량을 산정할 때 사용하는 방법이다.

정답 6. ① 7. ① 8. ③ 9. ③

10 어떤 유역에 20분간 지속된 강우강도가 20mm/hr이었다면 강우량은? [04 산]

① 1.00mm
② 6.67mm
③ 10.33mm
④ 20.00mm

해설 10
한시간 동안에 20mm가 내리므로 20분간 강우량은
$20\text{mm} \times \dfrac{20}{60} = 6.67\text{mm}$

11 누가우량곡선(Rainfall mass curve)의 특성으로 옳은 것은? [02 08 11 15 20 가]

① 누가우량곡선의 경사가 클수록 강우강도가 크다.
② 누가우량곡선의 경사는 지역에 관계없이 일정하다.
③ 누가우량곡선은 자기우량 기록에 의하여 작성하는 것보다 보통우량계의 기록에 의하여 작성하는 것이 더 정확하다.
④ 누가우량곡선으로 일정기간내의 강우량을 산출할 수 없다.

해설 11
누가우량곡선
가로=시간, 세로 : 우량 그러므로 시간에 따른 강우량의 크기를 알 수 있으며, 강우강도를 구할 수 있다.

12 i_1=200mm/100min, i_2=50mm/30min 및 i_3=120mm/80min 되는 3종의 강우 강도(mm/hr) I_1, I_2 및 I_3의 대소(大小) 관계가 옳은 것은? [04 05 13 가]

① $I_1 > I_2 > I_3$
② $I_1 < I_2 < I_3$
③ $I_1 > I_2 < I_3$
④ $I_1 < I_2 > I_3$

해설 12
$i_1 = 2\text{mm/min}$,
$i_2 = \dfrac{5}{3}\text{mm/min}$,
$i_3 = \dfrac{3}{2}\text{mm/min}$
∴ $I_1 = 120\text{mm/hr}$
$I_2 = 100\text{mm/hr}$
$I_3 = 90\text{mm/hr}$
즉, $I_1 > I_2 > I_3$

13 강우강도식 $I = \dfrac{4,500}{(t+30)}$ 인 도시에서 20분간의 강우량은? [00 가]

① 30mm
② 60mm
③ 75mm
④ 90mm

해설 13
$I = \dfrac{4500}{20+30} = 90\text{mm/hr}$
$R_{20} = 90 \times \dfrac{20}{60} = 30\text{mm}$

14 강우 강도 $I = \dfrac{5,000}{t+40}[\text{mm/hr}]$로 표시되는 어느 도시에 있어서 20분 간의 강우량 R_{20}은? (단, t의 단위는 분이다.) [16 가]

① 17.8mm
② 27.8mm
③ 37.8mm
④ 47.8mm

해설 14
$I = \dfrac{5000}{t+40}$mm/hr 이므로
$= \dfrac{5000}{20+40} = 83.3\text{mm/hr}$
20분간 강우량은
$83.3 \times \dfrac{20}{60} = 27.8\text{mm}$

15 IDF도(圖)를 이용하여 강우강도를 구하기 위해서 필요한 요소로 짝지어진 것은? [05 산]

① 강우강도식, 생기빈도
② 유역면적, 최대강우량
③ 강우지속기간, 재현기간
④ 면적강우량비, 빈도계수

해설 15
IDF의 구성요소는 강우강도, 지속기간, 생긴빈도(재현기간)이다.

정답 10. ② 11. ① 12. ① 13. ① 14. ② 15. ③

16 강우 자료의 일관성을 분석하기 위해 사용하는 방법은? [18㉮]

① 합리식
② DAD 해석법
③ 누가 우량 곡선법
④ SDCS(Soil Conservation Service) 방법

해설 16

강우자료의 일관성 분석을 위해 누가 우량 곡선법을 사용한다.

17 4개 지점의 강우량 관측 자료가 아래와 같을 경우, 강우강도가 최대가 되는 지점은? [95 98 00㉮]

A지점 : t_A = 10분, γ_A = 15mm
B지점 : t_B = 30분, γ_B = 50mm
C지점 : t_C = 45분, γ_C = 72mm
D지점 : t_D = 80분, γ_D = 132mm

① D지점
② C지점
③ A지점
④ B지점

해설 17

· A지점의 강우강도
 $15 \times 60/10 = 90$mm/hr
· B지점의 강우강도
 $50 \times 60/30 = 100$mm/hr
· C지점의 강우강도
 $72 \times 60/45 = 96$mm/hr
· D지점의 강우강도
 $132 \times 60/80 = 99$mm/hr

18 서울지역의 I-D-F 곡선으로부터 구한 20년 빈도, 지속시간 2시간의 강우강도가 100mm/hr일 때 우량깊이는? [02㉮]

① 50mm
② 100mm
③ 150mm
④ 200mm

해설 18

지속시간 : 2시간
2hr × 100mm/hr = 200mm

19 어느 유역에 30분간 계속되는 강우량 기록이 아래와 같다. 5분간 지속 최대 강우 강도는? [10㉤,99㉮]

지속시간(분)	0~5	5~10	10~15	15~20	20~25	25~30
우량(mm)	3.0	4.5	7.0	6.0	4.0	6.0

① 60mm/hr
② 64mm/hr
③ 74mm/hr
④ 84mm/hr

해설 19

강우강도 : 단위(mm/hr)
3mm → $3 \times \frac{60}{5} = 36$mm/hr
4.5mm → $4.5 \times \frac{60}{5} = 54$mm/hr
7.0mm → $7 \times \frac{60}{5} = 84$mm/hr
6.0mm → $6 \times \frac{60}{5} = 72$mm/hr
4.0mm → $4 \times \frac{60}{5} = 48$mm/hr
6.0mm → $6 \times \frac{60}{5} = 72$mm/hr

20 유역내의 DAD해석과 관련된 항목으로 옳게 짝지어진 것은? [16㉮]

① 우량, 유역면적, 강우지속시간
② 우량, 유출계수, 유역면적
③ 유량, 유역면적, 강우강도
④ 우량, 수위, 유량

해설 20

DAD는 우량깊이, 유역면적, 강우 지속시간을 의미한다.

정답 16. ③ 17. ④ 18. ④ 19. ④ 20. ④

3 평균우량

학습방향

유역에 강우 발생시 우량계에 의한 기록강우를 토대로 대상유역의 평균강우량을 산정하는 방법과 각 산정방법의 특성을 파악하고 우량으로 인한 유역면적과 지속기간의 관계를 파악한다.
① 평균우량 산정법　　　② DAD 해석

1 평균우량 산정법(arithmetic mean method)

① 산술평균법 : 비교적 평야지역에서 강우분포가 균일하고 우량계가 등분포되고 유역면적이 500km² 미만인 경우에 적용가능하다.

$$P_m = \frac{P_1 + P_2 + \cdots + P_N}{N} = \frac{\Sigma P}{N}$$

일반적으로 산술평균법은 적용상의 제약조건과 오차로 인하여 많이 쓰여지고 있지는 않다.

② Thiessen의 가중법(Theissen's weighing method) : **산악의 영향이 비교적 작고 우량계가 불균등 분포**한 경우, 우량계의 분포상태를 고려하며 **객관성이 있어 가장 널리 사용**된다. 유역면적은 500~5000km²에서 많이 사용한다.

* 지배면적(다각형) : 정삼각형에 가깝도록 각 관측점 주위의 점들과 연결하여 수직이등분선을 그어 각 관측점마다 다각형의 지배면적을 결정한다.

$$P_m = \frac{A_1 P_1 + A_2 P_2 + \cdots + A_N P_N}{A_1 + A_2 + \cdots + A_N} = \frac{\Sigma AP}{\Sigma A}$$

학습POINT

■ 우리나라는 산지가 많기 때문에 산술평균법의 적용은 무리가 따르므로 대부분의 설계에 객관성을 확보할 수 있는 티센의 가중법을 사용하고 있다.

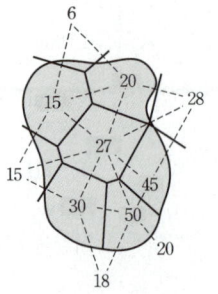

두 관측점간의 수직이등분선을 연결하였으므로 객관성 확보로 인해 대부분의 유역 강우량 설계시에 적용하고 있다.

③ 등우선법(isohyetal method) : **등우선을 그려서 산악의 영향을 고려**한다.
등우선 : 같은 크기의 강우가 내린 지역을 선으로 연결한 것.

$$P_m = \frac{A_1P_1 + A_2P_2 + \cdots + A_NP_N}{A_1 + A_2 + \cdots + A_N} = \frac{\sum AP}{\sum A}$$

■ 등우선과 티센 공식과의 모양은 동일하지만, 수치대입하는 값은 다르다

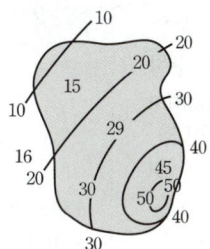

등우선 작성으로 인한 사람의 오차가 있으므로 우리나라의 경우 평균우량 산정시에는 일반적으로 잘 적용하고 있지 않다. 그러나 대규모 유역의 경우 관측점수가 많이 있는 경우에는 유효한 방법이 된다.

2 DAD해석

(1) 정의
최대우량깊이 - 유역면적 - 지속시간과의 관계를 해석하는 작업

Depth - Area - Duration

(2) 작도
순서 : ① 전 유역을 등우선으로 소구역 분할한다.
② 각 소구역의 누가 평균우량을 구한다.
③ 소구역의 누가 면적에 대한 평균 누가우량을 구한다.
④ 누가면적에 대한 지속기간별 최대 평균우량을 구하여 반대수지에 나타내어 DAD곡선을 얻는다.

■ 지역에 대한 DAD곡선을 파악하여 암거의 설계, 하천 수위의 시간적 변화를 숙지하므로써 문제를 해결한다.

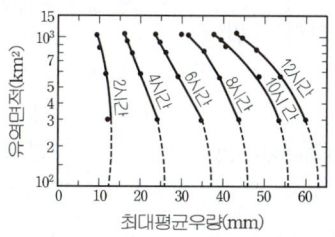

(3) 특징
① 면적이 증가할수록 최대평균우량은 작아진다.
② 지속시간이 커질수록 최대평균우량은 증가한다.

핵심문제

1 측정된 강우량 자료가 기상학적 원인 이외에 다른 영향을 받는지의 여부를 판단하는, 즉 일관성(consistency)에 대한 검사방법은? [18②]
① 순간 단위 유량도법 ② 합성 단위 유량도법
③ 이중 누가 우량 분석법 ④ 선행 강수 지수법

2 그림과 같은 유역(12km×8km)의 평균 강우량을 Thiessen방법으로 구한 값은?(단, 1, 2, 3, 4번 관측점의 강우량은 각각 140, 130, 110, 100mm이며, 작은 사각형은 2km×2km의 정4각형으로서 모두 크기가 동일하다.) [12 20②]
① 120mm
② 123mm
③ 125mm
④ 130mm

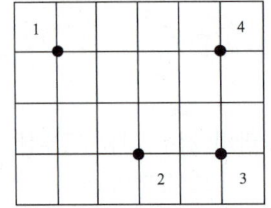

3 비교적 평야지역에서 강우분포가 균일하고 500km² 정도 되는 작은 유역에 강우가 발생하였다면 가장 적당한 유역 평균 강우량 산정법은? [96 13②]
① Thiessen의 가중법 ② Talbot의 강우강도법
③ 등우선법 ④ 산술평균법

4 DAD 해석에 관련된 것으로 옳은 것은? [19②]
① 수심-단면적-홍수기간
② 적설량-분포면적-적설일수
③ 강우깊이-유역면적-강우기간
④ 강우깊이-유수단면적-최대수심

5 면적 평균 우량 계산법에 관한 설명 중 맞는 것은? [03 15②]
① 관측소의 수가 적은 산악지역에는 산술평균법이 적합하다.
② 티센망이나 등우선도 작성에 유역 밖의 관측소는 고려하지 말아야 한다.
③ 등우선도 작성에 지형도가 반드시 필요하다.
④ 티센 가중법은 관측소간의 우량변화를 선형으로 단순화한 것이다.

6 비교적 평야지역에서 강우계의 설치분포가 균일하고 500km² 정도의 크지 않은 유역에 발생한 강우에 대한 적합한 유역 평균 강우량 산정법은? [13②]
① Thiessen의 가중법 ② Talbot의 강도법
③ 산술평균법 ④ 등우선법

해설

해설 1
자료의 일관성을 검증하기 위한 방법으로는 이중누가우량 분석법이 있다.

해설 2

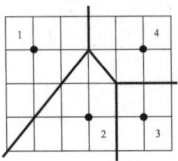

$140 \times 30 + 130 \times 28 + 110 \times 16 + 100 \times 22$
$= 11800$
$P_m = \dfrac{11800}{12 \times 8} = 122.9$

해설 3
Thiessen법은 우량계가 불균등 분포되어 있어 우량계의 분포상태를 고려하여 객관성을 갖는 산정 방법이다.
등우선법은 산악의 효과를 고려하여 평균강우량을 산정하는 방법이다.

해설 4
DAD는 Depth-Area-Duration이므로 강우깊이, 유역면적, 강우기간이다.

해설 5
등우선도를 작성하기 위해서는 유역내의 많은 관측소의 자료가 필요하다.

해설 6
평균 강우량 산정방법
① 산술평균법 : 비교적 평야지역에 적합하고 유역면적 500km² 이내에 적용한다.
② 티센법 : 유역면적 500km²~5,000km²일 때 적용.
③ 등우선법 : 산악지형의 영향을 고려할 수 있다.

정답 1. ③ 2. ② 3. ④ 4. ③ 5. ④ 6. ③

7 홍수유출에서 유역면적이 작으면 단시간의 강우에, 면적이 크면 장시간의 강우에 문제가 발생한다. 이와 같은 수문학적 인자 사이의 관계를 조사하는 DAD 해석에 필요 없는 인자는? [20 ㉮]

① 강우량
② 유역면적
③ 증발산량
④ 강우지속시간

8 그림과 같은 우량관측소의 우량 관측치에 대하여 Thie-ssen 법으로 이 유역의 평균강우량을 계산한 값은? (단, 강우량은 mm로 표시하였음) [10 ㉮]

소구역명	①	②	③	④	⑤
다각형 면적(km²)	30	40	60	50	25

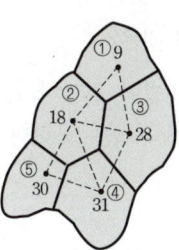

① 26.03mm
② 24.24mm
③ 22.32mm
④ 21.33mm

9 DAD(Depth - area - duration)해석에 관한 설명 중 옳은 것은? [12 ㉮]

① 최대 평균 우량깊이, 유역면적, 강우강도와의 관계를 수립하는 작업이다.
② 유역면적을 대수축(logarithmic scale)에 최대평균강우량을 산술축(arithmetic scale)에 표시한다.
③ DAD 해석시 상대습도 자료가 필요하다.
④ 유역면적과 증발산량과의 관계를 알 수 있다.

10 유역의 평균 강우량을 계산하기 위하여 사용되는 Thiessen방법의 단점으로 옳은 것은? [13 ㉮]

① 지형의 영향(산악효과)을 고려할 수 없다.
② 지형의 영향은 고려되나 강우형태는 고려되지 않는다.
③ 우량계의 종류에 따라 크게 영향을 받는다.
④ 계산은 간편하나 산술평균법보다 부정확하다.

해 설

해설 7
DAD는 강우량, 유역면적, 강우지속시간과 관계있다.

해설 8
Thiessen 방법
$$P_m = \frac{\Sigma PA}{\Sigma A}$$
$$= \frac{30 \times 9 + 40 \times 18 + 60 \times 28 + 50 \times 31 + 25 \times 30}{30 + 40 + 60 + 50 + 25}$$
$$= 24.24mm$$

해설 9
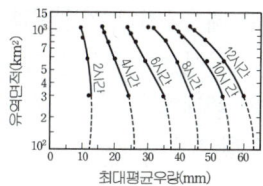

해설 10
① Thiessen 방법 : 지형의 영향(산악효과)을 고려 할 수 없다.
② 등우선법 : 지형의 영향(산악효과)을 고려를 할 수 있는 방법이다.

정답 7. ③ 8. ② 9. ② 10. ①

11 Thiessen망에서 A, B, C 구역의 면적비가 1 : 3 : 2 이고 강우량이 80, 90, 85mm이다. 면적 평균 강우량을 구하면 얼마인가? [97㉮]

① 86.7mm ② 84.2mm
③ 85.6mm ④ 87.8mm

12 유역의 평균 우량 산정방법이 아닌 것은? [97 06 10 11 24 ㉮]

① 산술평균법 ② Thiessen 가중법
③ 평균 비율법 ④ 등우선법

13 면적 평균 강수량 계산법에 관한 설명으로 옳은 것은? [15㉮]

① 관측소의 수가 적은 산악지역에는 산술평균법이 적합하다.
② 티센망이나 등우선도 작성에 유역 밖의 관측소는 고려하지 말아야 한다.
③ 등우선도 작성에 지형도가 반드시 필요하다.
④ 티센 가중법은 관측소간의 우량변화를 선형으로 단순화한 것이다.

14 DAD 해석에 관한 내용으로 옳지 않은 것은? [20㉮]

① DAD의 값은 유역에 따라 다르다.
② DAD 해석에서 누가우량곡선이 필요하다.
③ DAD 곡선은 대부분 반대수지로 표시된다.
④ DAD 관계에서 최대평균우량은 지속시간 및 유역면적에 비례하여 증가한다.

15 얻어진 강우량 기록으로부터 우량의 값, 유역면적 및 강우 지속 시간 등의 관계를 규명하는 것은? [07 10 13㉮, 93㉯]

① 유출 함수법 ② DAD 해석
③ 단위도법 ④ 비우량 해석

16 강수량 자료를 해석하기 위한 DAD해석 시 필요한 자료는? [16㉮]

① 강우량, 단면적, 최대수심
② 적설량, 분포면적, 적설일수
③ 강우량, 집수면적, 강우기간
④ 수심, 유속단면적, 홍수기간

해설

[해설] **11**
$$P_m = \frac{1 \times 80 + 3 \times 90 + 2 \times 85}{1+3+2}$$
$$= 86.7mm$$

[해설] **12**
유역의 평균우량 산정법 :
산술평균법, Thiessen 가중법, 등우선법 평균비율법은 결측우량의 보완 방법이다.

[해설] **13**
두 점간의 수직 이등분선을 그어 연결하는 방법이 티센가중법이다.

[해설] **14**
최대평균우량은 지속시간 및 유역면적이 커질수록 작아지게 된다.

[해설] **15**
DAD 해석 : 우량깊이, 유역면적, 지속시간

[해설] **16**
DAD는 강우량, 유역면적, 강우기간이다.

정답: 11. ① 12. ③ 13. ④ 14. ④ 15. ② 16. ③

17 DAD 곡선을 작성하는 순서가 옳은 것은? [14 ㈎]

> 가. 누가 우량곡선으로부터 지속기간별 최대우량을 결정한다.
> 나. 누가면적에 대한 평균누가우량을 산정한다.
> 다. 소구역에 대한 평균누가우량을 결정한다.
> 라. 지속기간에 대한 최대우량깊이를 누가면적별로 결정한다.

① 가 – 다 – 나 – 라　　② 나 – 가 – 라 – 다
③ 다 – 나 – 가 – 라　　④ 라 – 다 – 나 – 가

18 홍수 유출에는 유역면적이 작으면 단시간의 강우가, 면적이 크면 장기간의 강우가 문제되므로 아래와 같은 수문학적 인자 사이의 관계를 조사하는 D.A.D 해석을 한다. 다음 중 필요없는 인자는?

① 강우 지속시간　　② 강우량
③ 유역 면적　　　　④ 증발산량

19 다음 중 평균 강우량 산정방법이 아닌 것은? [18 ㈎]

① 각 관측점의 강우량을 산술평균하여 얻는다.
② 각 관측점의 지배면적을 가중인자로 잡아서 각 강우량에 곱하여 합산한 후 전유역면적으로 나누어서 얻는다.
③ 각 등우선 간의 면적을 측정하고 전유역면적에 대한 등우선 간의 면적을 등우선 간의 평균 강우량에 곱하여 이들을 합산하여 얻는다.
④ 각 관측점의 강우량을 크기순으로 나열하여 중앙에 위치한 값을 얻는다.

20 다음 표에서 Thiessen법으로 유역평균 우량을 구한 값은? [24 ㈎]

관 측 점	A	B	C	D	E
지배면적	15km²	20km²	10km²	15km²	20km²
우　량	20mm	25mm	30mm	20mm	35mm

① 25.25mm　　② 26.25mm
③ 27.25mm　　④ 30.20mm

21 다음 중 DAD 해석시 가장 불필요한 것은? [03 07 12 ㈎]

① 자기우량 기록지　　② 구적기
③ 최대 강우량 기록　　④ 상대 습도

해 설

[해설] 17
순서
① 소구역 분할
② 누가평균우량
③ 누가면적 평균우량
④ 최대우량 깊이

[해설] 18
DAD해석은 강우량, 강우 지속시간, 유역면적의 관계를 조사하는 것이다.

[해설] 19
산술평균법, Thiessen 가중법, 등우선법 등이 있다.

[해설] 20
$$P_m = \frac{(A_1 \cdot P_1 + A_2 \cdot P_2 + \cdots + A_n \cdot P_n)}{(A_1 + A_2 + \cdots + A_n)}$$
$$= \frac{(15 \times 20 + 20 \times 25 + 10 \times 30 + 15 \times 20 + 20 \times 35)}{(15 + 20 + 10 + 15 + 20)}$$
$$= \frac{2,100}{80} = 26.25\text{mm}$$

[해설] 21
우량깊이 – 유역면적 – 지속기간
· 우량깊이 : 강우량 기록지 필요
· 유역면적 : 구적기 필요
· 지속기간 : 자기우량 기록지 필요

정답 17. ① 18. ④ 19. ④ 20. ② 21. ④

출제예상문제

CHAPTER 8 수문학 일반

1. 물의 순환에 대한 다음 수문 사항 중 성립이 되지 않는 것은? [15⑦]
① 지하수 일부는 지표면으로 용출해서 다시 지표수가 되어 하천으로 유입한다.
② 지표면에 도달한 우수는 토양 중에 수분을 공급하고 나머지가 아래로 침투해서 지하수가 된다.
③ 땅속에 보류된 물과 지표하수는 토양면에서 증발하고 일부는 식물에 흡수되어 증산한다.
④ 지표에 강하한 우수는 지표면에 도달 전에 그 일부가 식물의 나무와 가지에 의하여 차단된다.

해설
땅속에 보류된 물은 지하수로 남을 수도 있고 지표로 유출되어 순환할 수도 있다.

2. X우량 관측소의 우량계 고장으로 수개월 동안 관측을 실시하지 못하였다. 이 기간동안 인접한 A, B, C 관측소에서 총 우량은 각각 210, 180, 240mm이었다. 관측소 X, A, B, C에서의 30년 이상에 걸쳐 산정된 정상 년평균 강우량이 각각 1,170, 1,340, 1,120 및 1,440mm이면 X관측소에서의 결측 호우량은?

① 93.90mm
② 113.25mm
③ 141.57mm
④ 188.80mm

해설
방법 1] 강우기록의 추정
① 3개의 관측점과 결측점의 정상 연평균 강우량의 최대 오차를 구한다.
$\frac{(1440-1170)}{1170} \times 100 = 23.08\% > 10\%$
이므로 정상 연강우량 비율법으로 P를 구한다.
② 결측우량
$P_x = \frac{N_x}{3}\left(\frac{P_A}{N_A} + \frac{P_B}{N_B} + \frac{P_C}{N_C}\right)$
$= \frac{1170}{3}\left(\frac{210}{1340} + \frac{180}{120} + \frac{240}{1140}\right) = 188.8\text{mm}$

방법 2] 정상 연평균강우량의 크기순으로 배열한다.
1120 B 180
1170 X (?)
1340 A 210
1440 C 240
그러므로 (?)는 180쪽에 가까운 값이 된다.

3. 어떤 유역에 다음 표와 같이 30분간, 집중호우가 계속 되었다. 지속기간 15분인 최대 강우강도를 구한 값은? [06 16 21 22 ⑦]

시간(분)	0~5	5~10	10~15	15~20	20~25	25~30
우량(mm)	2	4	6	4	8	6

① 64mm/hr
② 48mm/hr
③ 72mm/hr
④ 80mm/hr

해설
$I = \frac{8+6+4}{15} \times 60 = 72\text{mm/hr}$

4. 대기의 온도 t_1, 상대습도 70%인 상태에서 증발이 진행되었다. 온도가 t_2로 상승하고 대기 중의 증기압이 20% 증가하였다면 온도 t_1 및 t_2에서의 포화 증기압이 각각 10.0mHg 및 14.0mmHg라 할 때 온도 t_2에서의 상대습도는? [18⑦]

① 50%
② 60%
③ 70%
④ 80%

해설

온도	상대습도	대기증기압	포화증기압
t_1	70%	x	10
t_2	Y	$x+0.2x$	14

$70 = \frac{x}{10} \times 100$, $x = 7\text{mmHg}$
$Y = \frac{\text{실제증기압}}{\text{포화증기압}} \times 100$
$= \frac{7+0.2 \times 7}{14} \times 100$
$= 0.6 = 60\%$

해답 1. ③ 2. ④ 3. ③ 4. ②

5. 수문학에서 저수위란 1년을 통해 며칠동안 이보다 저하하지 않은 수위인가? [92 94 ㉮]

① 185일 ② 200일
③ 275일 ④ 355일

해설
평수위 : 1년 중에 185번째의 수위
저수위 : 1년 중에 275번째의 수위
갈수위 : 1년 중에 355번째의 수위

6. 다음 사항 중 옳지 않은 것은? [22 24 ㉮]

① 유량 빈도 곡선의 경사가 급하면 홍수가 드물고 지하수의 하천방출이 크다.
② 수위-유량 관계곡선의 연장방법인 Stevens법은 Chezy의 유속공식을 이용한다.
③ 자연하천에서는 대부분의 경우 동일수위에 대한 수위 상승시와 하강시의 유량이 다르다.
④ 합리식은 어떤 배수영역에 발생한 호우강도와 첨두 유량간의 관계를 나타낸다.

해설
유량빈도 곡선은 곡선의 경사가 급하면 홍수가 빈번히 발생하는 것을 나타내며, 경사가 완만하면 지하수의 하천 방출이 크게 되므로 홍수가 드물다.

7. 고도와 풍속의 관계가 옳은 것은? (단, V_1 : 높이 z_1에서의 풍속, V : 높이 z에서의 평균 풍속, K : 지상의 조도 계수)

① $\dfrac{V}{V_1}=\left(\dfrac{z_1}{z}\right)^k$ ② $\dfrac{V_1}{V}=\left(\dfrac{z_1}{z}\right)^k$
③ $\dfrac{V}{V_1}=\left(\dfrac{z}{z_1}\right)^k$ ④ $\dfrac{V_1}{V}=\left(\dfrac{k}{z}\right)^z$

해설 풍속과 고도와의 관계
$\dfrac{V_1}{V}=\left(\dfrac{z_1}{z}\right)^k$
(일반적으로 $k=\dfrac{1}{7}$)

8. 수문자료의 해석에 사용되는 확률분포형의 매개변수를 추정하는 방법이 아닌 것은? [18 24 ㉮]

① 모멘트법(method of moments)
② 회선적분법(convolution integral method)
③ 확률가중모멘트법(method of probability weighted moments)
④ 최우도법(method of maximum likelihood)

해설 확률분포 매개변수 추정법
· 모멘트법
· 확률 가중 모멘트법
· 최우도법

9. 어느 유역에 1시간 동안 계속되는 강우기록이 아래 표와 같을 때 10분 지속 최대강우강도는? [22 ㉮]

시간(분)	0	0~10	10~20	20~30	30~40	40~50	50~60
우량(mm)	0	3.0	4.5	7.0	6.0	4.5	6.0

① 5.1mm/h ② 7.0mm/h
③ 7.0mm/h ④ 42.0mm/h

해설
10분 강우량은 7mm가 최대 강우강도로 환산하면
$7 \times \dfrac{60}{10} = 42\text{mm/hr}$

10. 관측점 x의 우량계 고장으로 1개월 동안 강우량 관측을 할 수 없었다. 이 기간 동안에 집중 호우가 발생하여 인접관측점 A, B, C에 다음과 같이 강우량이 측정되었다면 결측 기간 동안 x 관측점의 강우량은? [05 ㉮]

관측점	강우량(mm)	정상 연평균 강우량(mm)
x	?	951
A	103	1010
B	90	920
C	118	1208

① 91.3mm ② 92.3mm
③ 93.3mm ④ 94.3mm

해답 5. ③ 6. ① 7. ② 8. ② 9. ④ 10. ④

해설

$$P_m = \frac{N_x}{3}\left(\frac{P_A}{N_A} + \frac{P_B}{N_B} + \frac{P_C}{N_C}\right)$$
$$= \frac{951}{3}\left(\frac{103}{1010} + \frac{90}{920} + \frac{118}{1208}\right) = 94.3\text{mm}$$

$\frac{1208-951}{951} \times 100 = 27.02\% > 10\%$이므로
정상 연강수량 비율법을 사용한다.

11. 30년간의 연평균 강우량이 N_A=1000mm, N_B=850mm, N_C=700mm, N_D=900mm이고 어느 해의 월 강우량이 P_A=85mm, P_B=?, P_C=72mm, P_D=80mm 일 때 B지점의 결측강우량은 얼마인가?

① 72.6mm ② 80.5mm
③ 62.3mm ④ 78.4mm

해설

방법1] 연평균 강우량의 순서대로 나열 정리한다.

700	N_C	72
850	N_B	x?
900	N_D	80
1000	N_A	85

∴ x → 72 ≪ x < 80

방법2] 정상 연평균 강수량 비율법을 사용한다.
$$P_B = \frac{N_B}{N}\left(\frac{P_A}{N_A} + \frac{P_C}{N_C} + \frac{P_D}{N_D}\right)$$
$$= \frac{850}{3}\left(\frac{85}{1000} + \frac{72}{700} + \frac{80}{900}\right) = 78.4\text{mm}$$

$\frac{1000-850}{850} \times 100 = 17.65\% > 10\%$이므로
정상 연강수량 비율법을 사용한다.

12. 유효 강수량과 가장 관계가 깊은 유출량은? [16㉮]

① 지표하 유출량 ② 직접 유출량
③ 지표면 유출량 ④ 기저 유출량

해설
직접유출량은 유효강수량에 포함된다.

13. 강우강도식이 $I = \frac{9000}{t+60}$ (mm/hr)로 계산된 지점에서 30분 동안 내린 강우량의 총량은? (단, t는 분단위이다.)

① 50mm ② 70mm
③ 90mm ④ 110mm

해설 Talbot형 강우강도 경험식
$$I = \frac{9000}{t+60} = \frac{9000}{30+60} = 100\text{mm/hr}$$
30분 동안이므로 $100 \times \frac{30}{60} = 50\text{mm}$

14. 그림과 같은 유역에 호우가 발생하여 유역내 우량 관측점에 기록된 우량이 다음과 같을 때 Thiessen법으로 유역 평균우량을 구한 값은? (단, $\overline{AE} = \overline{CE} = \overline{BE} = \overline{DE} = 10$km이고 강우량은 P_A=80mm, P_B=60mm, P_C=90mm, P_D=70mm, P_E=100mm 이다.) [24㉮]

① 80.00mm
② 40.28mm
③ 40.28mm
④ 76.56mm

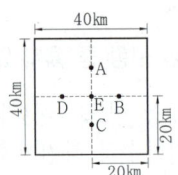

해설
E점의 면적 : $10 \times 10 = 100\text{km}^2$
A=B=C=D는 면적이 동일하므로
$(40 \times 40 - 100)/4 = 375\text{km}^2$
$$P_m = \frac{(80+60+90+70) \times 375 + 100 \times 100}{40 \times 40} = 76.56\text{mm}$$

15. 다음 중 차원이 다른 것은? [93㉮]

① 강우강도 ② 증발율
③ 침투능   ④ 유출율

해설
강우강도 : mm/hr $[LT^{-1}]$
증발율 : mm/day $[LT^{-1}]$
침투능 : mm/sec $[LT^{-1}]$
유출율 : $\frac{\text{유출량}}{\text{총강수량}}$ [무차원]

16. 다음 중 장기간에 걸친 강수 자료의 일관성(一貫性)에 대한 검사 및 교정하는 방법은?

① 선행 강수지수법(API)
② 순간 단위유량도법(IUH)
③ 등우선법(Isohyetal method)
④ 이중 누가우량분석법(Double mass analysis)

해답 11. ④ 12. ② 13. ① 14. ④ 15. ④ 16. ④

해설
- 선행 강수지수법 : 토양의 초기조건을 양적으로 나타내는 방법
- 순간단위유량도법 : 단위유효유량이 유역내에 순간적으로 내릴 때의 출구에서의 수문곡선
- 등우선법 : 관측된 우량을 이용하여 등우선을 작성하여 평균우량을 얻는 방법이다.

17. x우량 관측점의 우량계 고장으로 1개월 동안 우량 관측을 할 수 없었다. 이 기간 동안에 집중 호우가 발생하여 인접 관측점 A, B, C에 다음과 같은 우량이 측정되었다. 결측 기간 1개월 동안의 x관측점의 총강우량을 구한 값은? [24 ㉮]

관측점	강우량(mm)	정상 연평균 강우량(mm)
x	?	963
A	105	1,103
B	88	920
C	120	1,180

① $P=79.88$mm ② $P=89.88$mm
③ $P=93.92$mm ④ $P=109.88$mm

해설
방법1 : 연평균 강우량의 순서대로 나열정리한다.
  920   B   88
  963   A   x
  1103 C   105
  1180 D   120
∴ 88 < x < 105
방법2 : 정상 연강수량 비율법을 사용한다.
$P_x = \frac{N_x}{3}\left(\frac{P_B}{N_B}+\frac{P_C}{N_C}+\frac{P_A}{N_A}\right)$
$= \frac{963}{3}\left(\frac{88}{920}+\frac{120}{1180}+\frac{105}{1103}\right) = 93.92$mm
$\frac{1180-963}{963}\times 100 = 22.53\% > 10\%$이므로
정상 연강수량 비율법을 사용한다.

18. 유역면적이 4km²이고 유출계수가 0.8인 산지하천에서 강우강도가 80mm/hr이다. 합리식을 사용한 유역출구에서의 첨두홍수량은? [18 21 ㉮]

① $35.5\text{m}^3/\text{s}$ ② $71.1\text{m}^3/\text{s}$
③ $128\text{m}^3/\text{s}$ ④ $256\text{m}^3/\text{s}$

해설
$Q = 0.2778 \times CiA$
$= 0.2778 \times 0.8 \times 80 \times 4$
$= 71.1\text{m}^3/\text{s}$

19. 다음 중 강우 강도와 지속기간 간의 경험 공식의 유형에 해당되지 않는 식은? (단, I는 강우 강도(mm/hr), a, b, c, d, e, n은 지역에 따라 다른 값을 가지는 상수이고, t는 지속시간(min)이다.)

① $I = \dfrac{a}{t+b}$
② $I = \dfrac{C}{t^n}$
③ $I = \dfrac{d}{\sqrt{t}+e}$
④ $I = \dfrac{b}{t^n + a}$

해설
$I = \dfrac{a}{t+b}$: Talbot형
$I = \dfrac{C}{t^n}$: Sherman형
$I = \dfrac{d}{\sqrt{t}+e}$: Japanese형

20. 유역의 하천 개수 계획을 위하여 20분간의 강우 강도식 $I = \dfrac{b}{t+a}$를 사용했을 때 $a=30, b=4,000$이다. 강우 강도는?

① 80mm/hr ② 131.9mm/hr
③ 134mm/hr ④ 240mm/hr

해설
$I = \dfrac{b}{t+30}$
$= \dfrac{4000}{20+30} = 80$mm/hr

해답 17. ③ 18. ② 19. ④ 20. ①

21. 강우강도 공식에 관한 설명으로 틀린 것은? [20 ㉮]

① 자기우량계의 우량자료로부터 결정되며, 지역에 무관하게 적용 가능하다.
② 도시지역의 우수관로, 고속도로 암거 등의 설계 시 기본자료로서 널리 이용된다.
③ 강우강도가 커질수록 강우가 계속되는 시간은 일반적으로 작아지는 반비례 관계이다.
④ 강우강도(I)와 강우지속시간(D)과의 관계로서 Talbot, Sherman, Japanese형의 경험공식에 의해 표현될 수 있다.

[해설] 우량계의 설치목적은 지역에 따라 값이 다르므로 설치하는 것이다.

22. Thiessen 다각형에서 각각의 면적이 25km², 30km², 50km²이고, 이에 대응하는 강우량이 각각 45mm, 40mm, 35mm일 때, 이 지역의 면적 평균강우량을 구하시오.

① 42.1mm
② 36.6mm
③ 38.8mm
④ 34.2mm

[해설] Thiessen법에 의한 평균강우량 산정

$$P_m = \frac{A_1 P_1 + A_2 P_2 + \cdots + A_N P_N}{A_1 + A_2 + \cdots + A_N}$$
$$= \frac{(25 \times 45) + (30 \times 40) + (50 \times 35)}{25 + 30 + 50}$$
$$= 38.8mm$$

23. DAD해석에 관계되는 것은? [96 05 23 ㉮]

① 수심, 단면적, 홍수기간
② 강우량, 집수면적, 강우기간
③ 적설량, 분포면적, 적설일수
④ 강우량, 유수단면적, 최대수심

[해설] DAD는 Depth-Area-Duration이다.

24. 유역 내의 DAD 해석이란 용어에서 그 내용을 옳게 말한 것은?

① 우량, 유역면적, 강우 계속시간
② 유량, 유역면적, 강우강도
③ 우량, 수위, 유량
④ 우량, 유출계수, 유역면적

[해설] 유역별로 평균우량 깊이 – 유역면적 – 지속기간 관계를 수립하는 작업을 DAD(Depth-Area-Duration)해석이라 한다.

25. 강우강도와 지속시간 관계를 나타내는데 쓰이는 Sh-erman형 식으로 맞는 것은? (단, I=강우강도(mm/hr), t = 지속시간(min), a, b, c, d 및 n은 지역에 따른 상수를 나타낸다.) [90 ㉮]

① $I = \dfrac{a}{(t+b)}$ ② $I = \dfrac{c}{t^n}$
③ $I = \dfrac{(t+b)}{a}$ ④ $I = \dfrac{t^n}{c}$

[해설] Sherman형 강우강도 $I = C/t^n$

26. 다음 물의 순환에 관계되는 수문사항 중 성립이 되지 않는 것은?

① 지표면에 도달한 우수는 토양중의 수분을 공급하고, 나머지가 아래로 침투해서 지하수가 된다.
② 지표에 강하한 우수는 지표면에 도달하기 전에 그 일부가 식물의 나무와 가지에 의해 차단된다.
③ 땅속에 보류된 물만 토양면에서 증발하고 일부는 식물에 흡수되어 증산한다.
④ 지하수 일부는 지표면에서 용출해서 다시 지표수가 되어 하천으로 유입한다.

[해설] 증발은 물표면 또는 습한 토양면에 있는 물분자가 태양이 방사하는 열에너지를 얻어 액체상태에서 기체상태로 변하는 현상을 말한다.

해답 21. ① 22. ③ 23. ② 24. ① 25. ② 26. ③

27. 다음 수문해석에 대한 설명 중 옳지 않은 것은?

① Talbot형의 강우강도 식은 $I=\dfrac{a}{t+b}$이다.
② Rating Curve는 수위와 유량과의 관계를 나타내는 곡선이다.
③ 어느 관측소의 결측 강우량은 부근 관측지점들 강우량의 산술평균에 의해서만 구할 수 있다.
④ 이중 누가 우량분석으로 관측소 우량계의 위치, 관측방법 등의 변화가 있었음을 발견하여 관측우량을 교정할 수 있다.

[해설] 결측강우량 산정방법
① 산술평균법
② 정상 연강수량 비율법
③ 단순비례법

28. DAD해석시 필요없는 자료는? [93 07 ㉮]

① 자기우량 기록지
② 구적기
③ 최대 강우량 기록
④ 상대습도

[해설] DAD(Depth - Area - Duration)

29. 가능최대강수량(Probable Maximum Precipitation) 설명 중 가장 적합한 것은? [05 ㉴]

① 대규모 수공구조물의 설계홍수량을 결정하는데 사용된다.
② 강우량의 장기변동 성향을 판단하는데 사용된다.
③ 최대강우 강도와 면적관계를 결정하는데 사용된다.
④ 홍수량 빈도해석에 사용된다.

[해설] 강우량의 장기변동성향은 이중누가우량 분석방법 활용한다.

30. 다음 시간별 누가우량 자료로부터 5분 최대우량은?

지속기간(분)	5	10	15	20	25	30	35	40	45	50
누가우량(mm)	1	2	8	15	18	20	25	27	29	31

① 7mm
② 13mm
③ 16mm
④ 18mm

[해설] 표에서 5분간 최대로 내린 강우자료를 찾는다. 이 때 15분에서 20분 사이에 7mm의 비가 최대이다.

31. 3개의 우량 관측점 각각의 정상년 평균 강우량과 관측치를 가진 관측점의 정상년 평균 강우량의 차가 10% 이내였다면 결측 관측점의 강우기록 추정값은? (단, N_x, P_x : 결측 관측점의 정상년 평균강우량 및 결측치 보완 추정값, N_A, N_B, N_C, P_A, P_B, P_c : 결측관측점 부근의 A, B, C 3개 관측점의 정상년 평균 우량 및 우량관측값임)

① $P_x = \dfrac{1}{3}(P_A + P_B + P_C)$
② $P_x = \dfrac{N_x}{3}\left(\dfrac{P_A}{N_A} + \dfrac{P_B}{N_B} + \dfrac{P_C}{N_c}\right)$
③ $P_x = \dfrac{P_A}{N_A} N_x$
④ $P_x = \dfrac{N_x}{3}\left(\dfrac{N_A}{P_A} + \dfrac{N_B}{P_B} + \dfrac{N_C}{P_C}\right)$

[해설] 정상년 평균 강우량의 차가 10% 이내이면 정상 연평년 강수량 비율법을 사용한다.

해답 27. ③ 28. ④ 29. ① 30. ① 31. ①

32. 평균우량 산정방법 및 성질에 대한 설명 중 옳지 않은 것은? [89 ㉮]

① 유역내 관측점의 지점강우량을 산술평균하여 얻는다.
② 각 관측점의 지배면적비를 가중인자로 잡아서 각 우량치에 곱하여 합산한 후 전유역면적으로 나누어 얻는다.
③ 각 등우선간의 면적을 측정하여 전유역면적에 대한 등우선간의 면적을 등우선간의 평균우량에 곱하여 이들을 합산하여 얻는다.
④ 평균우량 산정법에 의한 우량은 우량이 크면 실제우량과의 편차가 크고 우량계측망의 밀도에는 전혀 관계가 없다.

[해설]
평균우량 산정시 강우계측망의 밀도가 높을수록 실제우량과의 편차가 적다.

33. 다음 수문순환의 대기현상 가운데 수문 기상학의 분야에 해당되는 것은? [97 ㉴]

① 강수의 분포현상
② 침투 및 침루현상
③ 지표면 저류현상
④ 지표하 및 지하수 유출현상

34. 온도 t℃에 있어서 잠재증기화열을 구하는 경험식은?

① $H_V = 560 - 597.3t$ ② $H_V = 597.3 - 0.56t$
③ $H_V = 597.3 - 560t$ ④ $H_V = 0.56 - 597.3t$

35. 습구온도계에 의한 기온이 20℃였으며 예보된 일 최고 기온이 28℃였다면 대기에서의 상대 습도는? (단, 습구온도계에 의한 기온 t_w에 있어서의 포화증기압 e_w = 30mmHg이고, 28℃에서의 포화증기압 e_s는 33mmHg이며 상수 γ는 0.485이다.) [95 98 ㉴]

① 79%   ② 88%
③ 95%   ④ 100%

[해설]
기온 20℃에서 습구온도계에 의한 습도
$e = e_w - \gamma(t - t_w) = 30 - 0.485(28 - 20) = 33$mmHg
기온 28℃에서 포화 증기압 $e_x = 33$mmHg
상대습도 $f = \dfrac{e}{e_x} \times 100 = \dfrac{26.12}{33} \times 100 = 79\%$

36. 기온 25℃에서의 실제 증기압이 16.8mb일 때 상대습도는? (단, 이때의 포화 증기압은 32.3mb이다.)

① 38.6%
② 48.0%
③ 52.0%
④ 92.3%

[해설]
상대습도 = $\dfrac{\text{실제증기압}}{\text{포화증기압}} \times 100$
= $\dfrac{16.8}{32.3} \times 100 = 52\%$

37. D.A.D. 해석에 관한 사항 중 틀리는 사항은?

① D.A.D. 곡선은 대부분 반대수지로 표시된다.
② D.A.D. 해석에서 누가우량곡선이 필요하다.
③ D.A.D. 값은 유역에 따라 다르다.
④ D.A.D.는 유역의 최대 평균 우량이 지속 시간에 비례하고 유역 면적에 비례하여 커진다.

[해설]
최대 평균우량은 일반적으로 유역면적이 커지면 우량 값은 작아진다.

38. 물의 순환과정에서 식물에서부터 대기층으로 돌아가는 현상은?

① 증발   ② 상승
③ 증산   ④ 유출

[해설]
수분이 식물의 잎을 통하여 대기층으로 돌아가는 현상을 증산이라 한다.

해답 32. ④ 33. ① 34. ② 35. ① 36. ③ 37. ④ 38. ③

39. T시의 하수도 배수 계획에 있어서 20분간의 강우강도식 $I=\dfrac{b}{t+a}$를 사용했을 때 그 사이의 강우량은? (단, $a=40$, $b=5,000$ 이다.) [98산]

① 27.8mm ② 83.3mm
③ 126.4mm ④ 166.8mm

해설
$I=\dfrac{5000}{20+40}=83.3(\text{mm/hr})$

20분간 강우량 $P_{20}=\dfrac{83.3}{60}\times 20=27.8(\text{mm})$

40. 어떤 지역에서 10분간 14mm의 강우가 발생했다면 강우 강도는?

① 84mm/hr ② 140mm/hr
③ 14mm/hr ④ 42mm/hr

해설
14mm/10min
$I=14\times\dfrac{60}{10}=84\text{mm/hr}$

41. 다음 중 유역의 면적 평균 강우량 산정법이 아닌 것은? [15가]

① 산술평균법(Arithmetic mean method)
② Thiessen 방법(Thiessen method)
③ 등우선법(Isohyetal method)
④ 매닝공법(Manning method)

해설 매닝공법은 평균유속 공식이다.

42. 다음 중 물 수지 방정식에서 장기년의 평균상태를 표시하는 물 수지 방정식은? (단, P : 강수량, O : 년 유출량, E : 년 증발량)

① $P-E-O=0$ ② $P+E+O=0$
③ $P-E+O=0$ ④ $P-E-O=1$

해설 강수량 ⇌ 유출량 + 증발량

43. 유역내의 DAD해석이란 용어에서 그 내용을 옳게 말한 것은?

① 우량, 유역면적, 강우계속시간
② 유량, 유역면적, 강우강도
③ 우량, 수위, 유량
④ 우량, 유출계수, 유역면적

해설
DAD(Depth-Area-Duration)해석이란 우량, 유역면적, 강우계속시간의 관계를 나타낸 것이다.

44. 어느 관측소의 강우기록이 다음 표와 같다. 6시간 연속 최대 강우강도는? [86가]

시 각	2	4	6	8	10	12
2시간 강우량	0.5	4.0	10.5	18.6	16.0	10.2

① 9.3mm/h
② 8.65mm/h
③ 7.5mm/h
④ 6.9mm/h

해설
$0.5+4+10.5=15$
$4+10.5+18.6=33.1$
$10.5+18.6+16=45.1$
$18.4+16+10.2=44.8$
$45.1\times\dfrac{1}{6}=7.5\text{mm/hr}$

45. 어느 유역의 일우량이 240mm이다. 6시간의 최대 강우강도를 물부(物部 : 모노노베)공식으로 구한 값 중 옳은 것은?

① 25.2mm/hr ② 40.0mm/hr
③ 50.0mm/hr ④ 28.2mm/hr

해설 물부의 강우강도 식
$I=\dfrac{R_{24}}{24}\left(\dfrac{24}{t}\right)^{2/3}$
$=\dfrac{240}{24}\left(\dfrac{24}{6}\right)^{2/3}=25.20\text{mm/hr}$

해답 39. ① 40. ① 41. ④ 42. ① 43. ① 44. ③ 45. ①

46. 어느 유역에 1시간 계속되는 강우기록이 아래와 같다. 10분지속 최대강우강도는?

시간(분)	우량(mm)
0	0
0~10	3.0
10~20	4.5
20~30	7.0
30~40	6.0
40~50	4.5
50~60	6.0

① 7.0mm/hr   ② 5.1mm/hr
③ 30.6mm/hr   ④ 42.0mm/hr

해설
10지속 최대강우량은 20~30분 사이인 7.0mm이므로
강우강도 $I = 7 \times \dfrac{60}{10} = 42\text{mm/hr}$

47. 어떤 도시의 하수도 계획에 있어서 20분간 계속 강우강도가 83.3mm/hr일 때 그때의 강우량은? [95 06 ㉮]

① 166.6mm   ② 555.3mm
③ 55.53mm   ④ 27.8mm

해설
① 강우강도 : $I = 83.3\text{mm/hr}$
② 20분간의 강우량 : $P_{20} = \dfrac{83.3}{60} \times 20 = 27.76\text{mm}$

48. 서울 지역의 하수 계획을 위한 설계 강우식은 셔만(Sherman)식 $I = \dfrac{c}{t^n}$ 를 사용하는데 이 식에서 $n = 0.47$, $C = 370$일 때 강우 지속기간이 30분인 경우의 강우 강도는?

① 74.8mm/hr   ② 74.8mm/hr
③ 512.5mm/hr   ④ 512mm/hr

해설
$I = \dfrac{C}{t^n} = \dfrac{370}{30^{0.47}} = 74.81\text{mm/hr}$

49. 누가우량곡선 (rainfall mass curve)의 특성 중 맞는 것은? [85 87 95 98 ㉮]

① 누가 우량곡선의 경사가 클수록 강우강도가 크다.
② 누가 우량곡선의 경사는 지역에 관계없이 일정하다.
③ 누가 우량곡선은 자기우량기록에 의하여 작성하는 것보다 보통우량계 기록에 의하여 작성하는 것이 더 정확하다.
④ 누가 우량곡선으로부터 일정기간의 강우량을 산출할 수 없다.

해설
• 누가 우량곡선은 기간이 경과함에 따라 강우량을 계속 누가시켜 그린 곡선이다. 그러므로 곡선의 경사가 급하면 강우강도가 큰 경우이다.
• 관측지점마다 곡선의 모양은 다르다. 보통우량계의 여러 오차를 보완하기 위해 자기 우량계를 만들었다.
• 임의 시간에 대한 강우량을 알아 볼 수가 있다.

50. 다음 수문해석에 대한 설명 중 옳지 않은 것은? [04 ㉮]

① Talbot형의 강우강도 식은 $I = \dfrac{a}{t+b}$ (t : 지속시간(분), a와 b는 계수)이다.
② Rating Curve는 수위와 유량과의 관계를 나타내는 곡선이다.
③ 어느 관측소의 결측강우량은 어느 경우에나 부근 관측지점들의 강우량을 기준으로 산술평균에 의해서만 구해야 한다.
④ 이중누가 우량분석으로 어느 관측소의 우량계의 위치와 관측방법 등의 변화가 있었음을 발견하여 관측우량을 교정해 줄 수 있다.

해설
결측강우량 추정방법
① 산술평균법
② 정상연강수량비율법
③ 단순비례법

해답 46. ④ 47. ④ 48. ① 49. ① 50. ③

제9장 증발과 유출

출제경향분석

수문학에서 빼놓을 수 없는 중요한 부분으로서 증발, 침투량 산정 관련 문제가 간간히 출제가 되고 있으며 유출에 있어서는 주로 합리식을 이용하는 문제가 출제 되고 있다. 수문곡선의 경우에는 유출수문곡선의 구성요소와 단위유량도를 이해하는 문제가 출제된다.

단원별 경향분석

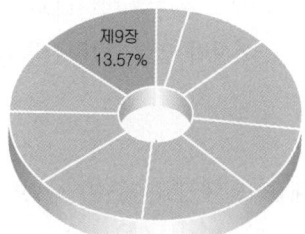

토목기사

항목별 경향분석

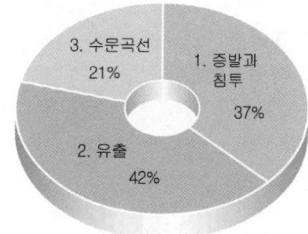

토목기사

1 증발과 침투

학습방향

강우로 인한 물 입자가 액체에서 기체로 변화하는 증발의 경우 증발량을 산정하는 방법에 대하여 익히고 강우가 지면에 떨어져서 지하속으로 침투하여 손실우량이 되는 경우 우량주상도에서의 손실우량을 구하는 방법을 파악한다.

① 증발   ② 침투

1 증발

(1) 용어

① 증발산(evapotranspiration) : **증발과 증산의 합성어**

　참고　증발 : 물분자가 액체상태에서 기체상태로 변화하는 현상
　　　　증산 : 식물의 엽면을 통하여 지중의 물이 기체상태로 대기중에 방출되는 현상

② 증발비 : **토양면으로 부터의 증발량과 수면으로 부터의 증발량과의 비**
　침투능 : 어떤 토양면을 통해 물이 침투할 수 있는 최대율

③ 안전채수량(safty yield) : 인간이 물을 이용할 목적으로 지하로부터 경제적으로 채수할 수 있는 물의 양

④ 채취가능수율 : 포화대로부터 지하수를 채취할 수 있는 정도를 말한다.

⑤ 안전채수율 : 대수층의 기능이나 수질에 영향을 끼치지 않고 합리적으로 대수층내의 물을 채취할 수 있는 상한율

(2) 증발

① 물증발에 영향을 주는 인자 : 온도, 바람, 상대습도, 대기압, 수질, 증발면의 성질

② 증발량 산정법
- 물수지원리에 의한 산정 :

$$E = P + I - O \pm U \pm S$$

　여기서, E : 증발량　　P : 총 강수량
　　　　　I : 지표유입량　O : 지표유출량
　　　　　U : 지하 유출입량　S : 저유량의 변화량

- 에너지 수지원리에 의한 산정
- 경험공식
- Penman의 이론
- Thornthwaite – Holzman 공식

학습POINT

■ 증발 : Evaporation
　증산 : Transpiration
　증발산 : Evapotranspiration

■ 증발비 : evaporation ratio
　침투능 : infiltration capacity
　안전채수율 : safty yield rate

■ 증발량은 총강수량에서 유입량은 +, 유출량은 −, 유출입량은 ±의 부호를 갖는다.

③ 증발접시의 종류
- 소형 : 직경 20cm, 깊이 10cm
- 대형 : 직경 120cm, 깊이 30cm

④ $$증발접시 계수 = \frac{저수지의\ 연\ 증발량}{접시의\ 연\ 증발량}$$

⑤ 증산에 영향을 미치는 인자
- 식물의 생리학적 인자 : 큰 영향을 미치지 않는다.
- 환경학적 인자 : 온도, 바람, 태양의 복사율, 토양의 함유수분

2 침투(Infiltration)

① 침투능에 영향을 주는 인자 : 토양의 종류, 포화층의 두께, 토양의 함유수분, 토양의 다짐정도, 식생피복, 토양의 동결과 기온

② Horton의 침투능 곡선식

$$f_p = f_c + (f_o - f_c)e^{-kt}$$

$$k = \frac{f_o - f_c}{F_c}$$

여기서, f_c : 종기 침투능
f_o : 초기 침투능
k : 토양과 식생에 따른 상수
F_c : 침투능 곡선과 종기 침투능 사이의 면적

■ Horton의 곡선식은 실제적인 식이지만 계산문제로의 출제는 매우 어렵다.

■ 침투능 결정방법
· 침투계
· 침투지수(ϕ, w-index)
· Horton 공식
· Philips 공식
· Green-Ampt 공식

③ 침투 지수법(infiltration index method)
- ϕ-index(ϕ지수)법 : 우량주상도에서 **유효우량과 손실우량을 구분**하는 수평선의 강우강도의 크기
- w-index(w지수)법 : ϕ지수법을 개선하여 지면보유, 증발산 등을 고려한다.

■ 침투지수법에는 ϕ지수를 출제하게 되며 손실우량의 크기를 말한다.

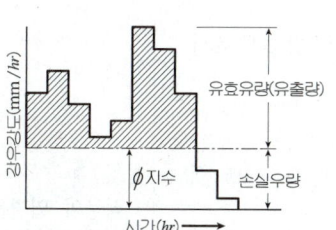

④ **토양의 초기조건을 양적으로 표시**하는 방법
- **선행강수 지수**에 의한 방법
- 지하수 유출량에 의한 방법
- 토양의 함수조건에 의한 방법

핵심문제

해 설

1 수문에 관련한 용어에 대한 설명 중 옳지 않은 것은? [08 19 24 ㉮]

① 증발이란 액체상태의 물이 기체상태의 수증기로 바뀌는 현상이다.
② 증산(transpiration)이란 식물의 엽면(葉面)을 통해 물이 수증기의 형태로 대기 중에 방출되는 현상이다.
③ 침투란 토양면을 통해 스며든 물이 중력에 의해 계속 지하로 이동하여 불투수층까지 도달하는 것이다.
④ 강수(precipitation)란 구름이 응축되어 지상으로 떨어지는 모든 형태의 수분을 총칭한다

[해설] **1**
침루(Percolation)에 대한 설명이다.

2 유역면적이 1km², 강수량이 1,000mm, 지표유입량이 400,000m³, 지표유출량이 600,000m³, 지하유입량이 100,000m³, 저류량의 감소량이 200,000m³이라면 증발량은? [04 ㉮]

① 300,000m³
② 500,000m³
③ 700,000m³
④ 900,000m³

[해설] **2**
$E = P + I - O \pm U \pm S$
$= 1000^2 \times 1 + 400000 - 600000$
$+ 100000 - 200000$
$= 700000 m^3$

3 어느 지역의 증발접시에 의한 연 증발량이 98.2mm이고 증발접시 계수가 0.7일 때 저수지의 연 증발량을 구한 값은 얼마인가? [02 04 ㉮]

① 29.49mm
② 68.74mm
③ 98.24mm
④ 140.29mm

[해설] **3**
증발접시계수 = $\dfrac{\text{저수지의 연 증발량}}{\text{접시의 연 증발량}}$
$0.7 = \dfrac{x}{98.2}$
$x = 68.74mm$

4 침투지수법에 의한 침투능 추정방법에 관한 다음 설명 중 틀린 것은? [05 ㉮]

① 침투지수란 호우기간의 총침투량을 호우지속기간으로 나눈 것이다.
② ϕ-index는 강우주상도에서 유효우량과 손실우량을 구분하는 수평선에 상응하는 강우강도와 크기가 같다.
③ W-index는 강우강도가 침투능보다 큰 호우기간 동안의 평균침투율이다.
④ ϕ-index법은 침투능의 시간에 따른 변화를 고려한 방법으로서 가장 많이 사용된다.

[해설] **4**
ϕ-index법은 우량주상도의 유효우량과 손실우량을 고려한 방법이다.

5 물의 순환과정인 증발에 관한 설명으로 옳지 않은 것은? [16 ㉮]

① 증발량은 물수지방정식에 의하여 산정될 수 있다.
② 증발은 자유수면 뿐만 아니라 식물의 엽면 등을 통하여 기화되는 모든 현상을 의미한다.
③ 증발접시계수는 저수지 증발량의 증발접시 증발량에 대한 비이다.
④ 증발량은 수면온도에 대한 공기의 포화증기압과 수면에서 일정 높이에서의 증기압의 차이에 비례한다.

[해설] **5**
식물의 엽면을 통하여 증발하는 것은 증산이라 한다.

정답 1. ③ 2. ③ 3. ② 4. ④ 5. ②

6 다음 중 침투능을 추정하는 방법은? [07 11 ㉮]
① ϕ-index법
② Theis법
③ DAD해석법
④ N-day법

7 다음 중 증발량 산정방법이 아닌 것은? [14 ㉮]
① 에너지수지(energy budget) 방법
② 물수지(water budget) 방법
③ IDF 곡선 방법
④ Penman 방법

8 수표면적이 10km²되는 어떤 저수지면으로부터 측정된 대기의 평균 온도가 25℃이고, 상태 습도가 65%, 저수지면 6m 위에서 측정한 풍속이 4m/sec이고, 저수지면 경계층의 수온이 20℃로 추정되었을 때 증발률 (E_o)이 1.44mm/day였다면 이 저수지면으로부터의 일증발량은? [06 14 15 ㉮]
① 42366m³
② 42918m³
③ 57339m³
④ 14400m³

9 침투능에 관한 설명 중 틀린 것은? [03 06 24 ㉮]
① 어떤 토양면을 통해 물이 침투할 수 있는 최대율을 말한다.
② 단위는 통상 mm/hr 또는 in/hr로 표시된다.
③ 침투능은 강우강도에 따라 변화한다.
④ 침투능은 토양조건과는 무관하다.

10 어떤 지역에 내린 총 강우량 75mm의 시간적분포가 다음 우량 주상도로 나타났다. 이 유역의 출구에서 측정한 지표 유출량이 33mm였다면 ϕ-index는? [98 00 ㉮, 04 ㉰]
① 9mm/hr
② 8mm/hr
③ 7mm/hr
④ 5mm/hr

11 다음 중 증발에 영향을 미치는 인자가 아닌 것은? [19 ㉮]
① 온도
② 대기압
③ 통수능
④ 상대습도

해 설

해설 6
침투능 추정법 : 침투계에 의한 방법, 침투능 산정공식에 의한 방법, 침투지수법(ϕ-index법, W-index법)
증발량은 표면적이 넓은 곳이 많은 양의 증발을 일으키므로 해수면이 가장 크다.

해설 7
IDF : 강우강도와 지속시간의 관계를 알아보는 것.

해설 8
일증발량 = 증발률×수면적
= $1.44×10^{-3}×10×10^6$
= 14400m³

해설 9
침투능은 토양의 성질에 의해 영향을 받는다.

해설 10
침투량 = 총강우량 − 지표유출량이므로 침투량은 75−33=42mm이다.
종축의 9mm/hr에서 수평으로 선을 그으면 해당 시간당 5, 9, 9, 9, 9, 1mm로서 합 42mm가 침투하므로 ϕ=9mm이다.

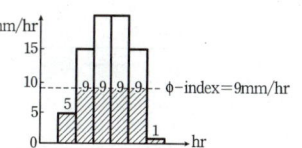

해설 11
증발영향인자 : 온도, 대기압, 상대습도 등

정답 6.① 7.③ 8.④ 9.④ 10.① 11.③

2 유출

학습방향

강우가 발생하여 지상으로 떨어지게 되면 중력의 영향을 받으면서 유출이 발생하게 된다. 이런 유출의 종류를 알아보며 유출에 영향을 끼치는 인자에 대해 알아보며 강우로 인한 유출이 하천을 따라 내려가면서 나타나게 되는 유출량의 산정 방법에 대하여 파악한다.

① 유출의 구분　　　　② 수위 유량 곡선　　　　③ 합리식

1 유출의 구분

(1) 유출계수 = $\dfrac{\text{하천유량}}{\text{강수량}}$ = $\dfrac{\text{평균유출고}}{\text{강우량깊이}}$

(2) 유출의 분류
　① 지표면 유출(Surface runoff) : 지상의 각종 수로를 통해 유역의 출구에 도달한다.
　② 지표하 유출(Subsurface runoff) 또는 중간유출(interflow) : 지표면을 침투하여 횡방향으로 흐르며 지하수보다는 높은 층에서 흐른다.
　③ 지하수 유출(Groundwater runoff) : 지표면의 물이 계속 침투하여 지하수에 도달하여 낮은 곳으로 흐른다.
　④ 직접 유출(direct runoff) : 지표면 유출수, 단시간의 지표하 유출수, 수로상 강수 등으로 구성된다. 즉, 우량주상도에서 유효강우에 의한 유출을 말한다.
　⑤ 기저 유출(base flow) : **비가 오기전의 유출**로서 지하수 유출, 장시간 지연된 지표하 유출 등으로 구성된다. 즉, 수문곡선에서 직접유출 아래부분의 유출을 말한다.

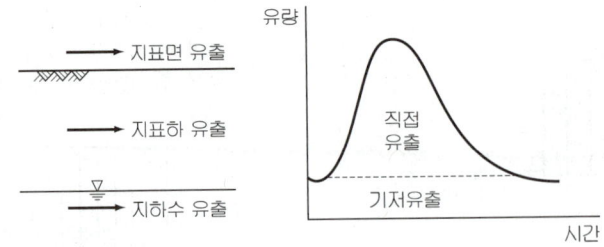

(3) 유출에 영향을 미치는 인자
　① 유역 특성인자(basin characteristics factor) : 유역의 면적, 경사, 방향성, 고도, 수계조직의 구성양상, 저류지, 유역의 형상
　② 기후 특성인자(climate characteristics factor) : 강수, 차단, 증발, 증산, 기온, 바람, 대기압

학습POINT

■ 유출계수 : runoff coefficient

■ 도시가 발달할수록 동일유역에 대해 불투수 면적이 증가하므로 유출계수가 증가하게 된다.
　예) 농촌지역 유출계수 : 0.3
　　　도시지역 유출계수 : 0.6

(4) 도달시간(time of concentration) : 강우로 인한 유수가 그 유역의 출구지점에서 가장 먼 지점으로부터 유역의 출구까지 도달하는데 걸리는 시간

(5) 지하수의 구성

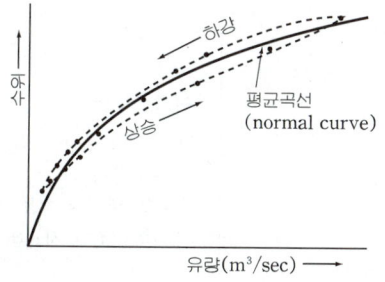

- 통기대 : zone of aeration
- 포화대 : zone of saturation

2 수위-유량 곡선(Rating Curve)

하천의 한 관측점에서 수위의 변화에 대한 유량을 구하여 X축에 유량, Y축에 수위를 나타낸 관계곡선이다.
자연하천의 경우에는 loop형이 된다.
곡선연장방법 : ① 전대수지법
② Stevens법
③ Manning 공식에 의한 법

- 동일한 수위에 대해서 홍수시 수위 상승시에는 평상시 수위에 비해 유량이 많으며 홍수가 끝나가는 경우에는 수위에 비해 유량이 적다

3 합리식(Rational formula)

유역이 불투수성 지역이며 작은 유역 면적에 적합하다 ($A < 0.4\text{km}^2$)
$A > 5.0\text{km}^2$일 경우 사용 불가

$$Q = 0.2778 \, CIA$$

여기서, Q : 첨두유량(m^3/sec)
C : 유출계수
I : 강우강도(mm/hr)
A : 유역면적(km^2)

- 시험문제에 있어서는 유역면적에 제한을 받지 않고 임의면적에 대하여 적용시킨다.

핵 심 문 제

1 다음 설명 중 옳지 않은 것은? [12 ㈎]

① 자연하천에서 대부분 동일 수위에 대한 수위 상승시와 하강시의 유량이 다르다.
② 수위-유량 관계곡선의 연장방법인 Stevens법은 Chezy의 유속공식을 이용한다.
③ 유량누가곡선의 경사가 급하면 홍수가 드물고 지하수의 하천방출이 크다.
④ 합리식은 어떤 배수영역에 발생한 강우강도와 첨두유량간 관계를 나타낸다.

2 다음 중 유출에 영향을 미치는 인자(因子)가 아닌 것은? [03 ㈎]

① 유역의 특성　　② 유로(流路)의 특성
③ 유역의 기후　　④ 하천 수위

3 합리식에 관한 설명으로 틀린 것은? [14 ㈎]

① 첨두유량을 계산할 수 있다.
② 강우강도를 고려할 필요가 없다.
③ 도시와 농촌지역에 적용할 수 있다.
④ 유출계수는 유역의 특성에 따라 다르다.

4 유효강우량(effective rainfall)에 대한 설명으로 옳은 것은? [13 ㈎]

① 지표면 유출에 해당하는 강우량이다.
② 수로상 강수에 해당하는 강우량이다.
③ 기저유출에 해당하는 강우량이다.
④ 직접유출에 해당하는 강우량이다.

5 다음 중 직접 유출량에 포함되는 것은? [18 ㈎]

① 지체지표하 유출량　　② 지하수 유출량
③ 기저 유출량　　　　　④ 조기지표하 유출량

6 단위유량도(Unit hydrograph)에서 강우자료를 유효우량으로 쓰게 되는 이유는? [15 ㈎]

① 기저유출이 포함되어 있기 때문에
② 손실우량을 산정할 수 없기 때문에
③ 직접유출의 근원이 되는 우량이기 때문에
④ 대상유역 내 균일하게 분포하는 것으로 볼 수 있기 때문에

해 설

해설 1

유량누가곡선의 경사가 급하면 홍수가 빈번하고, 지하수의 하천 방출이 적다.

해설 2

유출영향인자
· 유역특성인자
· 기후특성인자

해설 3

합리식 $Q = 0.2778\,CIA$
C : 유출계수
I : 강우강도
A : 유역면적

해설 4

유효강우량
① 유효강우량 : 직접유출의 근원이 되는 유량
② 직접유출 = 수로 상 강수 + 지표면유출 + 조기 지표하 유출

해설 5

직접유출량 : 수로상 강수, 지표면 유출량, 조기지표하 유출량

해설 6

유역출구점에서 관측 가능한 유량이 유효유량이기 때문임(직접유출)

정답 1. ③ 2. ④ 3. ② 4. ④ 5. ④ 6. ③

7 유역면적이 15km² 이고 1시간에 내린 강우량이 150mm일 때 하천의 유출량이 350m³/s이면 유출율은? [19 ㉮]

① 0.56　　　　　　② 0.65
③ 0.72　　　　　　④ 0.78

8 합리식에 관한 사항 중 옳지 않은 것은? [14 ㉮]

① 첨두 유량을 구한다.
② 강우 지속 기간은 일반적으로 도달 시간보다 짧다.
③ 유출 계수는 유역의 특성에 따라 다르다.
④ 확률 유량은 확률 강우량을 사용하여 구한다.

9 유역면적이 0.2km²인 어느 유역에 강우가 20mm/30min로 지속적으로 내렸을 때 유역출구에서의 관측된 첨두유출량이 1m³/sec이었다면 이 유역의 유출계수는? (단, 합리식으로 계산할 것) [13 ㉮]

① 0.15　　　　　　② 0.20
③ 0.25　　　　　　④ 0.45

10 하천유출에서 rating curve는 다음 어느 것에 관련된 것인가? [10 ㉮]

① 수위 – 시간　　　② 수위 – 유량
③ 수위 – 단면적　　④ 수위 – 유속

11 어느 소유역의 면적이 20ha, 유수의 도달시간이 5분이다. 강수자료의 해석으로부터 얻어진 이 지역의 강우강도식이 아래와 같을 때 합리식에 의한 홍수량은? [18 ㉮]

강우강도식 : $I = \dfrac{6000}{(t+35)}$ [mm/hr]

여기서, t : 강우지속시간[분]

(단, 유역의 평균 유출계수는 0.60이다.)

① 18.0m³/s　　　　② 5.0m³/s
③ 1.8m³/s　　　　　④ 0.5m³/s

12 면적 10km²의 지역에 4시간에 10mm의 강우강도로 무한히 내릴 때 평형유출량(Q_e)은 약 얼마인가? [11 ㉮]

① 10.72m³/sec　　　② 9.26m³/sec
③ 8.94m³/sec　　　　④ 6.94m³/sec

해 설

해설 7

$Q = CiA$
$350 = C \times 150 \times 15$
$C = 0.16$

해설 8

$Q = 0.2778 CIA$

강우지속기간이 도달시간보다 짧으면 첨두유량은 작은 값이 나온다. 적용면적이 작기 때문에 강우지속시간이 일반적으로 도달시간보다 길다.

해설 9

합리식
① $Q = \dfrac{1}{3.6} CIA$
$1 = \dfrac{1}{3.6} \times C \times 40 \times 0.2$
∴ C = 유출계수 0.45
② $I = \dfrac{20\text{mm}}{30\text{min}} \times \dfrac{60\text{min}}{1\text{hr}} = 40(\text{mm/hr})$

해설 10

rating curve
수위와 유량간의 관계곡선이다.

해설 11

$Q = 0.2778 \times CiA$
$= 0.2778 \times 0.6 \times \dfrac{6000}{5+35} \times 20 \times \dfrac{1}{100}$
$= 5\text{m}^3/\text{sec}$

해설 12

$Q = 0.2778 CiA$
평형유출량이므로 $C = 1.0$
$i = \dfrac{10}{4} = 2.5\text{mm/hr}$
$= 0.2778 \times 1 \times 2.5 \times 10$
$= 6.945\text{m}^3/\text{sec}$

정답 7. ① 8. ② 9. ④ 10. ② 11. ② 12. ④

13 합리식에 관한 다음 설명 중 틀린 것은? [90 07 14 ㉮]
① 작은 유역면적에 적용한다.
② 불투수층 지역이라 가정한다.
③ 첨두 유량은 도달시간 이후부터는 강우강도에 유역면적을 곱한 값이다.
④ 강우강도를 고려할 필요가 없다.

해설 13
합리식은 배수지역내의 호우강도와 첨두 유출량과의 관계를 나타내는 경험식이다. 즉, $Q=CIA$
여기서 C는 유출계수, I는 강강도, 그리고 A는 유역면적이다.

14 유역면적이 1.2km²인 유역에서 강우강도 $I=\dfrac{5358}{t+37}$ [mm/hr]로 나타나고 도달시간이 10분이라 할 때 유역출구에서 첨두유출량을 측정한 결과 22.80m³/sec이었다면 유출계수는? [11 ㉮]
① 0.55
② 0.60
③ 0.65
④ 0.70

해설 14
$Q = 0.2778 \times CiA$
$22.8 = 0.2778 \times C \times \dfrac{5358}{10+37} \times 1.2$
$C = 0.60$

15 유출(流出)에 대한 설명으로 옳지 않은 것은? [20 ㉮]
① 총유출은 통상 직접유출(direct run off)과 기저유출(base flow)로 분류된다.
② 하천에 도달하기 전에 지표면 위로 흐르는 유수를 지표유하수(overland flow)라 한다.
③ 하천에 도달한 후 다른 성분의 유출수와 합친 유수량을 총 유출수(total flow)라 한다.
④ 지하수유출은 토양을 침투한 물이 침투하여 지하수를 형성하나 총 유출량에는 고려하지 않는다.

해설 15
지하수 유출도 총유출량에 고려하여야 한다.

16 일반적으로 유량빈도곡선의 경사가 완만하면? [07 ㉮]
① 해당 하천은 홍수가 빈번하고 지하수의 하천방출이 작다.
② 해당 하천은 홍수가 드물고 지하수의 하천방출이 크다.
③ 해당 하천은 홍수가 빈번하고 지하수의 하천방출도 크다.
④ 해당 하천은 홍수가 드물고 지하수의 하천방출은 적다.

해설 16
유량빈도의 경사가 완만하면 유량의 변화가 적은 상태이므로 홍수가 드물고 지하수의 하천방출이 크다는 것을 의미한다.

17 배수면적이 500ha, 유출계수가 0.70인 어느 유역에 연평균강우량이 1300mm내렸다. 이때 유역 내에서 발생한 최대유출량은? [20 24 ㉮]
① 0.1443m³/s
② 12.64m³/s
③ 14.43m³/s
④ 1264m³/s

해설 17
$Q = 0.2778 ciA$
$= 0.2778 \times 0.7 \times 1300/(365 \times 24) \times 500/10^2$
$= 0.1443 \text{m}^3/\text{sec}$

정답 13. ④ 14. ② 15. ④ 16. ② 17. ①

18 강우로 인한 유수가 그 유역 내의 가장 먼 지점으로부터 유역출구까지 도달하는데 소요되는 시간을 의미하는 것은? [20 ㉮]

① 기저시간
② 도달시간
③ 지체시간
④ 강우지속시간

해설 18
도달시간 = 유입시간 + 유하시간

19 수표면적이 10km²되는 어떤 저수지 수면으로부터 2m 위에서 측정된 대기의 평균온도가 25℃, 상대습도가 65%이고, 저수지 수면 6m 위에서 측정한 풍속이 4m/s, 저수지 수면 경계층의 수온이 20℃로 추정되었을 때 증발률(Eo)이 1.44mm/day이었다면 이 저수지 수면으로부터의 일증발량(Eday)은? [14 ㉮]

① 42300 m³/day
② 32900 m³/day
③ 27300 m³/day
④ 14400 m³/day

해설 19
일증발량 = 일증발률 × 수표면적
$= 1.44 \times 10^{-3} \times 10 \times 1000^2$
$= 14400 \, m^3/day$

20 다음 중 수위-유량 관계곡선의 연장방법이 아닌 것은? [04 06 09 15 ㉮]

① 전대수지 방법
② Stevens 방법
③ Thiessen 가중 방법
④ Manning공식에 의한 방법

해설 20
Thiessen 가중법은 유역 평균우량 산정 방법이다.

21 유출에 대한 설명으로 옳지 않은 것은? [04 12 ㉮]

① 직접유출(direct runoff)은 강수 후 비교적 짧은 시간 내에 하천으로 흘러들어가는 부분을 말한다.
② 지표유출(surface runoff)은 짧은 시간 내에 하천으로 유출되는 지표류 및 하천 또는 호수면에 직접 떨어진 수로상 강수 등으로 구성된다.
③ 기저유출(base flow)은 비가 온 후의 불어난 유출을 말한다.
④ 하천에 도달하기 전에 지표면 위로 흐르는 유출을 지표류(overland flow)라 한다.

해설 21
기저유출은 비가 오기전인 건천후시의 유량을 말하며, 지하수 유출과 지표하 유출에 의해 형성된다.

22 유역면적이 25km²이고, 1시간에 내린 강우량이 120mm일 때 하천의 최대 유출량이 360m³/s이면 이 지역에 대한 합리식의 유출계수는? [14 ㉮]

① 0.32
② 0.43
③ 0.56
④ 0.72

해설 22
$Q = 0.2778 \, CiA$
$360 = 0.2778 \times C \times 120 \times 25$
$C = 0.43$

정답 18. ② 19. ④ 20. ③ 21. ③ 22. ②

3 수문 곡선

학습방향

유역에서 발생한 강우에 의해 유역 출구점에서 일정시간 간격으로 유량을 측정하여 제시하는 곡선이 수문곡선이며, 이러한 수문곡선은 유역의 특성을 반영하는 단위도로 나타나게 되는데 유역출구점에서 수문곡선의 분리법과 단위도의 특성을 파악한다.
① 수문곡선 ② 단위도 ③ 강우와 토양

1 수문곡선(Runoff hydrograph)

(1) 수문곡선의 정의 : 유역의 배수계통내의 한점에서 수위, 유속, 유량 등의 수문량들을 관측하여 시간적 변화 상태를 나타내는 곡선이다.

(2) 수문곡선의 구성
① 기저유량(base flow) : 강수로 인해 유출이 시작되기 전의 유량을 말한다.
② 지체시간(lag time) : 유효우량 주상도의 중심으로부터 첨두유량이 발생하는 시간까지의 시간적 차이를 말한다.
③ 유효우량(effective rainfall) : 우량주상도에서 손실우량을 뺀 부분으로서 직접유출의 근원이 되는 우량이다.
④ 직접유출량(direct runoff) : 유효우량으로 인해 하천으로 유출되는 유출량을 말한다.
⑤ 손실곡선(rainfall loss curve) : 강우의 차단, 침투 등 손실에 의한 곡선을 의미한다.
⑥ 지하수 감수곡선(groundwater depletion curve) : 강우가 끝나면 하천의 유량은 지하수 유량의 하천유출 감소로 인하여 점점 감소하여 나타낸다.
⑦ 첨두유량(peak flow) : 하천으로 흐르는 유출량이 최대가 되는 유량이다.

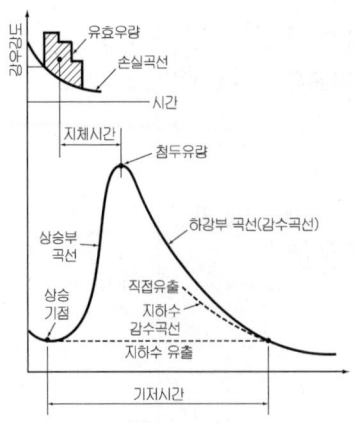

학습POINT

■ 수문곡선으로부터 유역의 특성을 파악할 수 있는 근거를 확보할 수 있다.

(3) 기저유출과 직접유출의 분리법
① 수평직선 분리법 : AB_1
② $N-day$ 법 : AB_3

$$N = 0.8267 A^{0.2}$$ (A : km^2)

③ 수정 $N-day$ 법 : ACB_3
④ 지하수 감수곡선법

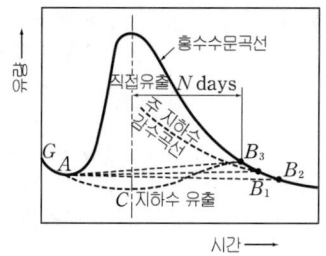

2 단위도(Unit hydrograph)

(1) 단위유효우량 : 유역 전체에 유효우량이 1cm 또는 1 inch의 등가 우량 깊이로 측정되는 우량으로써 유역출구점의 유량에 전체 기여한다.

(2) 단위유량도(단위도) : 단위 유효우량으로 인하여 발생되는 직접유출의 수문곡선을 말한다. 지속시간이 짧은 호우이면서 유역면적이 작은 것이 단위유량도를 유도하기가 좋다.

(3) 단위도의 가정
 ① 일정기저시간 가정(principle of equal base time) : 동일한 유역에서의 각종 강우(1cm, 2cm, 3cm)로 인한 유하시간은 동일하다. (T)
 ② 비례가정(principle of proportionality) : 동일한 유역에서 직접유출 수문곡선의 종거는 강우 강도의 크기에 비례한다. (q, nq)
 ③ 중첩가정(principle of superposition) : 총 유출 수문곡선의 종거는 강우 개개의 유출량을 시간에 따라 산술적으로 합한 것과 같다. (총유출 수문곡선)

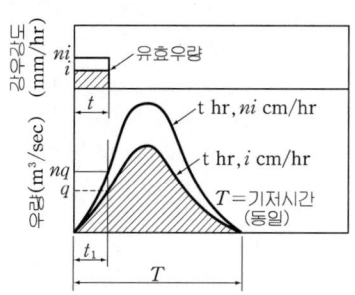 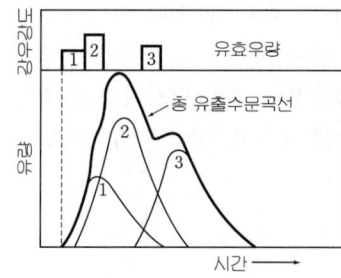

■ 기저유출은 평상시 하천의 유출량을 말한다.

■ 직접유출은 유효우량에 의한 유출량을 말한다.

(4) 단위도의 유도 순서
   ① 유출수문곡선으로부터 기저유출과 직접유출을 분리한다.
   ② 총직접 유출량(용적)을 유역면적으로 나눈다. (유출고)
   ③ 유효우량과 유출고가 같도록 지속시간을 결정한다.
   ④ 직접유출 수문곡선의 종거를 유효우량으로 나누어 단위도의 종거를 구한다.
   ⑤ 단위도를 작성한다.

(5) 합성 단위 유량도(synthetic unit hydrograph) : 관측자료가 없는 경우 다른 유역에서 얻은 과거의 경험을 바탕으로 단위도를 합성해서 미계측 유역의 단위도를 만든 것이다.
   ① Snyder 방법

   $$t_p = C_t\,(L_{ca} \times L)^{0.3}$$

   여기서 t_p : 지체시간 (hr)
   　　　 C_t : 유역계수
   　　　 L_{ca} : 출구점으로부터 유역중심에 가장 가까운 주류하천까지의 측정 거리 (mile)
   　　　 L : 출구점으로부터 유역경계선까지의 거리 (mile)
   ② SCS 방법(무차원 수문곡선)
   무차원의 이용에 근거를 두고 있으며 유역의 특성에 관계없이 적용할 수 있는 장점이 있다.

(6) 순간 단위 유량도(IUH, instantaneous unit hydrograph) : 단위유효 우량이 유역에 순간적으로 내릴 때 유역출구에서 유량의 시간적 변화를 나타낸다.

(7) 유량 빈도 곡선(runoff frequency curve) : 관측된 유량이 어떤 기준값과 같거나 큰 시간의 백분율로 표시한다. 즉, **경사가 급하면 홍수가 빈번하고 경사가 완만하면 홍수가 드물다.**

■ 단위도의 면적은 유역에 내린 단위유효우량의 총량이 된다.

■ 정수배 방법 : 짧은 지속기간을 가진 단위도로부터 긴 지속기간을 가진 단위도를 유도

■ S-curve 방법 : 긴 지속기간을 가진 단위도로부터 짧은 지속기간을 가진 단위도를 유도

■ 단위유량 분포도 : 저수지 홍수유입용량의 예보 등 유출용적이 관심사일 경우 유용하게 사용

3 강우와 토양

① $I < f_i$, $F_i < M_d$: **유출이 발생하지 않는다.** (예, 단시간의 이슬비)
② $I < f_i$, $F_i > M_d$: **중간유출과 지하수 유출이 발생한다.**
　　　　　　　　　　 (예, 장시간의 이슬비)
③ $I > f_i$, $F_i < M_d$: **지표면 유출만 발생한다.** (예, 단시간의 소나기)
④ $I > f_i$, $F_i > M_d$: **모든 유출이 발생한다.** (예, 장시간의 대호우)
　여기서 I : 강우강도
　　　　 f_i : 침투율
　　　　 F_i : 총침투량
　　　　 M_d : 토양수분 미흡량

■ 토양의 미흡량은 토양이 수분을 함유할 수 있는 용량을 말한다.

핵심문제

1 다음 중 유효 강수량과 가장 관계가 깊은 것은? [06 08 16㉮]

① 직접 유출량
② 기저 유출량
③ 지표면 유출량
④ 지표하 유출량

2 10mm 단위도의 종거가 0, 20, 8, 3, 0[m³/sec]이고 유효강우량이 20mm, 10mm일 경우에 첨두유량[m³/sec]은? (단, 단위시간은 2시간이다.) [13㉮]

① 20
② 34
③ 40
④ 42

3 유효강우(effective rainfall)를 설명한 내용으로 옳은 것은? [02 05 13㉮]

① 지표면 유출에 해당하는 강우량이다.
② 직접유출에 해당하는 강우량이다.
③ 기저유출에 해당하는 강우량이다.
④ 총 유출에 해당하는 강우량이다.

4 합성단위 유량도(synthetic unit hydrograph)의 작성방법이 아닌 것은? [20㉮]

① Snyder 방법
② Nakayasu 방법
③ 순간 단위유량도법
④ SCS의 무차원 단위유량도 이용법

5 단위유량도에 대한 설명 중 틀린 것은? [16 22㉮]

① 일정기저시간가정, 비례가정, 중첩가정은 단위도 3대 기본가정이다.
② 단위도의 정의에서 특정 단위시간은 1시간을 의미한다.
③ 단위도의 정의에서 단위 유효우량은 유역 전 면적 상의 등가우량 깊이로 측정되는 특정량의 우량을 의미한다.
④ 단위 유효우량은 유출량의 형태로 단위도상에 표시되며, 단위도 아래의 면적은 부피의 차원을 가진다.

해 설

해설 1

유효강수량은 하천으로 방출되어 직접 유출에 기여하는 강수의 근원이 된다.

해설 2

단위도
① 10mm 유효강우 시 : 0, 20, 8, 3, 0(m³/sec)
② 20mm 유효강우 시 : 0, 40, 16, 6, 0(m³/sec)
③ 유효강우량 20mm, 10mm일 경우

```
   0, 40, 16,  6,  0
+      0, 20,  8,  3,  0
―――――――――――――――――――
     40, 36, 14,  3,  0
```

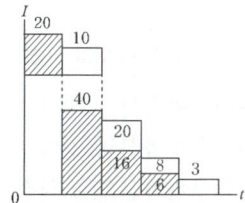

해설 3

유효강우=지표면 유출+단시간 지표하유출
　　　　=직접유출에 기여하게 된다.

해설 4

순간단위유량도 : 유효우량이 유역에 순간적으로 내렸을 때 출구에서의 유량도를 말함.

해설 5

단위도에서 특정단위시간은 일정한 시간을 의미하는 것임

정답 1.① 2.③ 3.② 4.③ 5.②

6 단위유량도 작성에 있어 긴 강우지속 기간을 단위도로부터 짧은 강우기간을 가진 단위도로 변환하기 위해서 사용하는 방법으로 적합한 것은? [94 07 ㉮]

① S - curve 법
② 지하수 감수곡선법
③ 단위도의 비례가정법
④ 단위 유량 분포도법

7 다음 단위도(단위 유량도)에 대한 사항 중 옳지 않은 것은? [08 19 ㉮ 94 ㉰]

① 단위도의 3가정은 일정기저시간 가정, 비례가정, 중첩 가정이다.
② 단위도는 기저유량과 직접유출량을 포함하는 수문곡선이다.
③ S-Curve 방법을 이용하여 단위도의 단위시간을 변경할 수 있다.
④ Snyder씨는 합성단위도법을 연구 발표하였다.

8 누가우량곡선(Rainfall mass curve)의 특성으로 옳은 것은? [18 ㉮]

① 누가우량곡선의 경사가 클수록 강우강도가 크다.
② 누가우량곡선의 경사는 지역에 관계없이 일정하다.
③ 누가우량곡선으로 일정기간내의 강우량을 산출할 수는 없다.
④ 누가우량곡선은 자기우량 기록에 의하여 작성하는 것보다 보통우량계의 기록에 의하여 작성하는 것이 더 정확하다.

9 강우강도를 I, 침투능을 f, 총 침투량을 F, 토양수분 미흡량을 D라 할 때 지표유출은 발생하나 지하수위는 상승하지 않는 경우에 대한 조건식은? [04 19 ㉮]

① $I < f$, $F < D$
② $I < f$, $F > D$
③ $I > f$, $F < D$
④ $I > f$, $F > D$

10 일정 기간동안 균일한 강도를 가진 일련의 유효강우량에 의한 총유출은 각 기간의 유효강우량에 의한 개개 유출량을 산술적으로 합한 것과 같다는 가정은? [96 05 ㉮]

① 중첩가정(Principle of Super Position)
② 일정기저시간 가정(Principle of Equal Base Time)
③ 단위 유효우량 가정(Unit Effective Rainfall)
④ 비례가정(Principle of Proportionality)

해 설

해설 6
- 단위도 지속기간의 변환 방법 : 정수배 방법에 의한 변환, S - curve방법에 의한 변환
- 지하수 감수곡선법 : 기저유출과 직접유출의 분리법
- 단위 유량분포도법 : 유출용적이 관심사일 경우 사용

해설 7
단위도
유효우량이 1cm일 때의 유역 출구점에서의 유출수문곡선이다.

해설 8
누가우량곡선은 강우량의 시간적 변화 상태를 기록한 것으로서 곡선의 경사가 클수록 강우강도가 크다.

해설 9
지표유출이 발생하는 경우 : $I > f$
지하수위가 상승하지 않는 경우 : $F < D$

해설 10
중첩가정을 설명한다.

정답 6. ① 7. ② 8. ① 9. ③ 10. ①

11 다음 중 합성 단위유량도를 작성할 때 필요한 자료는? [15 ㉮]
① 우량 주상도
② 유역 면적
③ 직접 유출량
④ 강우의 공간적 분포

12 다음 중 유효강우량과 가장 관계가 깊은 것은? [18 ㉮]
① 직접유출량
② 기저유출량
③ 지표면유출량
④ 지표하유출량

13 단위유량도 작성시 필요 없는 사항은? [88 07 17 23 ㉮]
① 직접유출량
② 기저유출량
③ 지표면유출량
④ 지표하유출량

14 다음 사항 중 옳지 않은 것은? [98 07 09 24 ㉮]
① 유량 빈도곡선의 경사가 급하면 홍수가 드물고 지하수의 하천방출이 크다.
② 수위 - 유량 관계곡선의 연장방법인 Stevens법은 Chezy의 유속공식을 이용한다.
③ 자연하천에서 대부분 동일 수위에 대한 수위 상승시와 하강시의 유량이 다르다.
④ 합리식은 어떤 배수영역에 발생한 호우강도와 첨두유량간 관계를 나타낸다.

15 대규모 수공구조물의 설계우량으로 가장 적합한 것은? [19 ㉮]
① 평균면적우량
② 발생가능최대강수량(PMP)
③ 기록상의 최대우량
④ 재현기간 100년에 해당하는 강우량

해 설

해설 11
합성단위유량도는 미계측 지역의 단위도를 만드는 것으로 유역형상이 필요하며 Snyder방법, SCS 방법 등이 있다.

해설 12
유효강우량은 하천유출로 직접 이어지는 유출을 말한다.

해설 13
단위유량도란 구하고자 하는 유역에서 단위유효우량, 즉 1cm의 유효우량에 의해 작도되는 유량-시간 관계 곡선을 말한다. 단위유량도의 면적이 직접유출량이 된다.

해설 14
유량빈도곡선의 경사가 급하면 홍수의 발생빈도가 크다.
자연하천에서는 수위-유량 관계곡선이 100P 형태를 갖게 된다.

해설 15
대규모 수공구조물에는 PMP를 적용한다.

정답 11. ② 12. ① 13. ④ 14. ① 15. ②

출제예상문제

CHAPTER 9 증발과 유출

1. 단위유량도 이론의 가정에 대한 설명으로 옳지 않은 것은? [18 24 ㉮]
① 초과강우는 유효지속기간 동안에 일정한 강도를 가진다.
② 초과강우는 전 유역에 걸쳐서 균등하게 분포된다.
③ 주어진 지속기간의 초과강우로부터 발생된 직접유출수문곡선의 기저시간은 일정하다.
④ 동일한 기저시간을 가진 모든 직접유출 수문곡선의 종거들은 각 수문곡선에 의하여 주어진 총 직접유출수문곡선에 반비례한다.

[해설] 수문곡선의 종거는 유효 강수량에 비례한다.

2. 다음 중 수위-유량 관계곡선의 연장 방법이 아닌 것은? [00 ㉮]
① 전대수지법
② Stevens 방법
③ Manning 공식에 의한 방법
④ 유량 빈도 곡선법

[해설] 유량 빈도 곡선
곡선의 경사가 급하면 홍수가 빈번하고 지하수의 방출이 작은 하천이다. 경사가 완만하면 홍수가 드물고 지하수의 방출이 큰 하천이다.

3. 유출(runoff)에 대한 설명으로 옳지 않은 것은? [19 ㉮]
① 비가 오기 전의 유출을 기저유출이라 한다.
② 우량은 별도의 손실 없이 그 전량이 하천으로 유출된다.
③ 일정기간에 하천으로 유출되는 수량의 합을 유출량이라 한다.
④ 유출량과 그 기간의 강수량과의 비(比)를 유출계수 또는 유출률이라 한다.

[해설] 우량은 손실, 침투 등을 거쳐 유출이 발생하게 된다.

4. 토양수대와 모관수대를 연결하는 중간수대가 있는데 이곳에 존재하는 물은?
① 토양수
② 지하수
③ 모관수
④ 중력수

[해설] 지하수의 연직분포
① 포화대 : 지하수면의 아랫부분을 말하며 이 포화대의 물을 지하수라 한다.
② 통기대 : 지하수면의 윗부분을 말한다.
  ㉠ 토양수대
    지표면에서 식물의 뿌리가 박혀있는 면까지의 영역을 말하며 토양수가 존재한다.
  ㉡ 중간수대
    토양수대의 하단에서 모관수대의 상단까지의 영역을 말하여 피막수와 중력수가 존재한다.
  ㉢ 모관수대
    지하수가 모세관 현상에 의해 지하수면으로부터 올라가는 점까지의 영역을 말하며 모관수가 존재한다.

5. 다음 설명 중 기저유출에 해당되는 것은? [16 ㉮]

· 유출에 유수의 생기원천에 따라 (A)지표면 유출, (B)지표하(중간)유출, (C)지하수 유출로 분류되며, 지표하 유출은 (B_1)조기 지표하 유출(prompt subsurface runoff), (B_2)지연 지표하 유출(delayed subsurface runoff)로 구성된다.
· 또한 실용적인 유출해석을 위해 하천수로를 통한 총 유출은 직접유출과 기저유출로 분류된다.

① (A)+(B)+(C)
② (B)+(C)
③ (A)+(B_1)
④ (C)+(B_2)

[해설] 기저유출은 평상시의 유출을 말하는 것으로 지연된 지표하 유출(B_2)과 지하수 유출(C)을 말한다.

해답 1. ④ 2. ④ 3. ② 4. ④ 5. ④

6. 유역면적 20km² 지역에서 수공구조물의 축조를 위해 다음 아래의 수문곡선을 얻었을 때, 총 유출량은?
[20⑦]

① 108m³
② 108×10⁴m³
③ 300m³
④ 300×10⁴m³

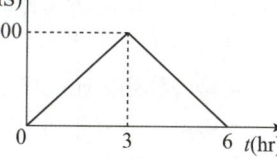

해설
총유출량 = 유량 × 시간
$= 100 \times 6 \times 60 \times 60 \times \frac{1}{2}$
$= 1080000 m^3$
$= 108 \times 10^4 m^3$

7. 어떤 유역 내에 계획상 만수면적 20km²인 저수지를 건설하고자 한다. 연 강수량, 연 증발량이 각각 1,000 mm, 800mm이고 유출계수와 증발 접시계수는 각각 0.4, 0.7이라 할 때 댐 건설 후 하류의 하천 유량 증가량은?

① $0.4 \times 10^6 m^3$
② $0.6 \times 10^6 m^3$
③ $0.8 \times 10^6 m^3$
④ $1.0 \times 10^6 m^3$

해설
댐 건설전 유출량 : $Q = CIA$ 에서
$0.4 \times 1m \times (20 \times 10^6)m^2 = 8 \times 10^6 m^3$
댐 건설후 유출량 :
$(1 - 0.8 \times 0.7)m \times 20 \times 10^6 m^2 = 8.8 \times 10^6 m^3$
유량 증가량 : $(8.8 - 8) \times 10^6 m^3 = 0.8 \times 10^6 m^3$

8. 수표면적이 10km²되는 어떤 저수지면으로부터 측정된 대기의 평균 온도가 25℃이고, 상대습도가 65%, 저수지면 6m 위에서 측정한 풍속이 4m/sec이고, 저수지면 경계층의 수온이 20℃로 추정되었을 때 증발률(E_o)이 1.4mm/day였다면 이 저수지 수면으로 부터의 일증발량은?
[06⑦]

① 42,3661m³
② 42,918m³
③ 57,339m³
④ 14,400m³

해설
일증발량 = 증발율 × 수표면적
$= 1.44 \times 10^{-3} \times 10 \times 10^6 = 14,400 m^3$

9. 물수지 관계를 나타내는 저류량 방정식은 어느 것인가? (단, E : 증발량, P : 총강수량, I : 지표유입량, U : 지하 유출입량, S : 지표 및 지하수 저류량 변화, O : 지표 유출량)
[86 92 93 97⑦]

① $E = P - I \pm U - O \pm S$
② $E = P + I - U + O \pm S$
③ $E = P - I + U - O \pm S$
④ $E = P + I \pm U - O \pm S$

해설
증발량=총강수량+유입량−유출량±유출입량±저유량변화량
$E = P + I - O \pm U \pm S$

10. 지속기간 2hr인 어느 단위유량도의 기저시간이 10hr이다. 강우강도가 각각 2.0, 3.0 및 5.0cm/hr이고 강우지속기간은 똑같이 모두 2hr인 3개의 유효강우가 연속에서 내릴 경우 이로 인한 직접유출수문곡선의 기저시간은?
[16 23 ⑦]

① 2 hr
② 10 hr
③ 14 hr
④ 16 hr

해설
강우 강도가 변하더라도 각 강우에 따른 기저시간은 동일하다. 그러므로 기저시간(10 hr) + 추가 강우시간 (4 hr) = 14 hr

11. 다음은 물수지 방정식이다. 각 인자를 아래와 같이 나타낸다면 맞는 관계식은? (단, P : 년강수량, D : 년유출량, E : 년증발산량, O : 년지표 유출량, I : 년지표유입량, $\triangle S$: 유역의 저류수량)
[94⑦]

① $E = P - I + \triangle S - O$
② $P - E + D = 0$
③ $P = D + E + \triangle S$
④ $E = P + I - O + \triangle S$

해설
증발량 = 강수량+유입량−유출량±유출입량±저유량변화량
$E = P + I - O + \triangle S$

해답 6. ② 7. ③ 8. ④ 9. ④ 10. ③ 11. ④

12. 그림과 같은 우량 주상도에서 어느 유역에 내린 총 우량이 75mm인 호우의 시간적 분포도이다. 유역출구의 지표유출량이 33mm일 때 이 호우에 대한 ϕ-index는?

① 25mm/hr
② 75mm/hr
③ 33mm/hr
④ 8mm/hr

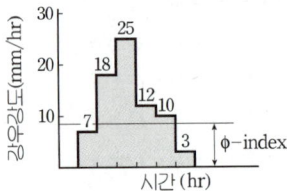

해설
침투량 = 총강우량 − 지표유출량
1단계) ϕ = 8mm로 가정하면
지표유출량 = 10+17+4+2 = 33mm
그러므로 ϕ = 8mm이다.

13. 강우의 초기 손실량과 관계 없는 것은? [92 ㉮]

① 유역의 토질 상태
② 지면의 요철
③ 수림 상태
④ 일기

해설 강우의 초기 손실인자
식물에 의한 차단, 증발, 증산, 토양에의 침투, 지면의 요철, 지면의 수림, 지상의 일기. 이중에서 지면의 요철이 가장 작은 요소이다.

14. 1시간 간격의 강우량이 10mm, 20mm, 40mm, 10mm이다. 직접 유출량이 50%일 때 ϕ-index를 구하시오. [87 93 98 05 ㉮]

① 16mm/hr
② 18mm/hr
③ 10mm/hr
④ 12mnm/hr

해설
직접유출량 : 50%
(10+20+40+10)/2 = 40mm
1단계) ϕ = 12mm
　　직접유출량 = 8+28 = 36mm
2단계) ϕ = 10mm
　　직접유출량 = 10+30 = 40mm

15. SCS방법(NRCS 유출곡선 번호방법)으로 초과강우량을 산정하여 유출량을 계산할 때에 대한 설명으로 옳지 않은 것은? [16 ㉮]

① 유역의 토지이용형태는 유효우량의 크기에 영향을 미친다.
② 유출곡선지수(runoff curve number)는 총우량으로부터 유효우량의 잠재력을 표시하는 지수이다.
③ 투수성 지역의 유출곡선지수는 불투수성지역의 유출곡선지수보다 큰 값을 갖는다.
④ 선행토양함수조건(antecedent soil moisture condition)은 1년을 성수기와 비성수기로 나누어 각 경우에 대하여 3가지 조건으로 구분하고 있다.

해설
유출곡선지수는 불투수성 지역의 값이 투수성 지역보다 크다.

16. 다음 중 유출계수 C를 옳게 표현한 것은? (단, R = 하천유량, P = 강수량)

① R/P
② P/R
③ R·P
④ 1/RP

해설 R = CP

17. 수표면 면적이 200ha인 저수지에서 24시간 동안 측정된 증발량은 2cm이며, 이 기간동안 평균 2m³/s의 유량이 저수지로 유입된다. 24시간 경과 후 저수지의 수위가 초기수위와 동일할 경우 저수지로 부터의 유출량 체적은 얼마인가? (단, 저수지의 수표면 면적은 수심에 따라 변화하지 않는다.) [98 02 ㉮, 06 ㉯]

① 1,328ha·cm
② 1,728ha·cm
③ 2,160ha·cm
④ 2,592ha·cm

해설
24시간 동안의 증발량 체적(E)는
$200\text{ha} \times 2\text{cm} = 200 \times 10^4 \times 2 \times 10^{-2}\text{m}^3 = 400 \times 10^2\text{m}^3$
저수지 유입량(I)은 $2 \times (60 \times 60 \times 24)\text{m}^3$이며,
유출량을 O라 할 때, 물수지 방정식에서
$E + O = I$이므로 O은 $I - E$에서
$O = 2 \times 60 \times 60 \times 24 - 400 \times 10^2 = 132800\text{m}^3$
∴ $32,800\text{m}^3 = 1,328\text{ha·cm}$

해답 12. ④　13. ②　14. ③　15. ③　16. ①　17. ①

18. 다음 중 단위유량도 이론에서 사용하고 있는 기본가정이 아닌 것은? [18 21 ㉮]

① 일정 기저시간 가정
② 비례가정
③ 푸아송 분포 가정
④ 중첩가정

해설
단위유량도의 기본가정은 일정기저시간 가정, 비례가정, 중첩가정이다.

19. S-곡선(S-curve)와 가장 관계가 먼 것은? [22 ㉮]

① 단위도의 지속시간 ② 평형 유출량
③ 등우선도   ④ 직접유출 수문곡선

해설
S-Curve는 긴 지속시간의 단위도로부터 짧은 단위도를 유도하는 것이므로, 단위도의 지속시간, 유출량, 수문곡선 등이 관계있다. 등우선도는 강우의 분포를 나타내는 방법이다.

20. 면적 10km²의 지역에 3시간에 1cm의 강우강도로 무한히 내릴 때 평형유량은?

① 9.72m³/sec   ② 9.26m³/sec
③ 8.94m³/sec   ④ 10.20m³/sec

해설
$Q = 0.2778 \times CIA$
$= 0.2778 \times 1 \times \left(\dfrac{10}{3}\right) \times 10 = 9.26 \text{m}^3/\text{sec}$

21. 년우량이 2,000mm, 유출계수 0.7일 때 100km²당의 연평균 유출량은 다음 중 어느 것인가?

① 2.4m³/sec   ② 4.4m³/sec
③ 6.2m³/sec   ④ 8.6m³/sec

해설
$Q = 0.2778 C \cdot I \cdot A$
$= 0.2778(0.7)\left(\dfrac{2,000}{365 \cdot 24}\right)(100) = 4.4(\text{m}^3/\text{sec})$

22. 다음 중 직접 유량 측정법이 아닌 것은? [95 ㉮]

① 중량 측정법
② 체적 측정법
③ 위어에 의한 측정법
④ 피토관에 의한 측정

해설
피토관(Pitot Tube)에 의한 유량측정은 간접 측정법이다.

23. 단위 유량도(Unit hydrograph)를 작성함에 있어서 기본 가정에 해당되지 않는 것은? [19 ㉮]

① 비례 가정   ② 중첩 가정
③ 직접 유출의 가정 ④ 일정 기저시간의 가정

해설
단위유량도 기본가정은 일정기저시간 가정, 비례가정, 중첩가정이다.

24. 유역면적이 3km², 도달시간이 30분, 유출계수가 0.6인 유역의 첨두유량을 구하면 얼마인가? (단, 지속시간 10분, 20분, 30분에 대한 강우강도는 30mm/hr, 20mm/hr, 10mm/hr이다.) [96 ㉮]

① 15m³/sec
② 12m³/sec
③ 10m³/sec
④ 5m³/sec

해설
$I_{10} = 30$mm/hr, $I_{20} = 20$mm/hr, $I_{30} = 10$mm/hr 중에서 최대 강우강도(I_{max})는 $I_{10} = 30$mm/hr이므로 합리식으로 첨두유량을 구하면
∴ $Q = 0.2778 \cdot CIA$
$= 0.2778 \times 0.6 \times 30 \times 3 = 15$m³/sec

해답 18. ③ 19. ③ 20. ② 21. ② 22. ④ 23. ③ 24. ①

25. 다음 중 합성 단위 유량도(Synthetic Unit Hydrograch)의 공식 중에서 지체시간(Lag time)에 영향을 주는 주요한 요소들은?

① 첨두유량, 기저시간(Base time), 강우지속시간
② 유역의 하천길이, 유역중심까지 하천의 길이
③ 강우량, 기저유량, 첨두유량
④ 수문곡선의 변곡점까지의 시간, 기저시간, 첨두유량이 발생하는 시간

[해설] snyder의 단위 유량도 합성방법에서 지체시간은 $t_p = C_t(L_{ca}L)^{0.3}$ 으로서 C_t는 계수, L_{ca}는 측수점으로부터 본류를 따라 유역의 중심에 가장 가까운 본류상의 점까지 측정한 거리(mile)이며, L은 측수점으로부터 본류를 따라 유역경계선까지 측정한 거리(mile)이다.

26. 하천의 강우량이 그림과 같은 분포로 내렸을 때 지표면 유출량이 30mm일 때의 ϕ지수는?

① 14mm/hr
② 15mm/hr
③ 20mm/hr
④ 12.5mm/hr

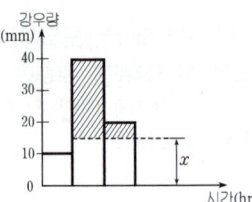

[해설] 총유출량이 30mm이므로 ϕ지수를 10~20mm사이에 있다고 가정하면 빗금친 부분이 30mm가 되어야 한다.
$(40-x)+(20-x)=30$
$\therefore x = 15$mm/hr

27. 1cm 단위도의 한 시간 간격의 종거가 0, 30, 100, 80…이다. 한 시간 간격의 유효강우량이 10mm, 30mm가 연속해서 내렸을 때 강우 시작 후 2시간인 시각에서 유출수문곡선의 종거를 구하면 얼마인가? [89 95 ㉮]

① 120m³/sec
② 150m³/sec
③ 230m³/sec
④ 190m³/sec

[해설] 유효우량으로 인한 수문곡선의 종거를 구하기 위해서는 단위도(1cm)의 종거를 파악하여 유효우량을 지체시켜 가면서 시간에 따른 수문곡선의 종거를 구하면 된다. 즉 ②의 유효우량 10에 대하여 ①의 단위도가 생성된 것이므로 ③의 수문곡선 아래부분이 되며, ②의 유효우량 30에 대해서는 먼저보다 1시간이 지체되어 ①의 단위도의 3배 크기가 되며 ③의 수문곡선의 윗부분이 된다.

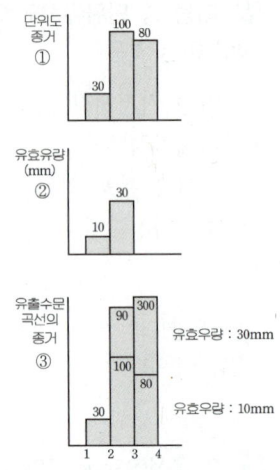

28. 어떤 지방의 강우기록자료를 분석한 결과 대수정규분포를 이루고 있으며, 지속기간 10분 자료에서 평균값 $\bar{x}$ =1.1428이고 표준편차 S =0.1877이었다. 재현기간 3년에 대한 통계값 Z =0.43165였다면 확률 강우량은?

① 13.89mm ② 16.74mm
③ 19.99mm ④ 24.17mm

[해설] 대수정규분포(lognormal distribution)
① 변수의 대수치를 취하여 왜곡된 분포를 정규분포화한 것으로 Galton의 법칙이라고도 한다.
② $Z = \dfrac{\log x - \mu}{\sigma}$
여기서, Z : 특정 누가확률 x : 변수(variate)
        μ : 모집단의 평균치 σ : 모집단의 표준편차
$\log x = Z\sigma + \mu = 0.43165 \times 0.1877 + 1.1425 = 1.2235$
$\therefore x = 16.731$mm

29. 어느 유역에 그림과 같은 분포로 같은 시간에 같은 크기의 강우가 내렸다면 어느 강우에 의한 첨두유량이 가장 클까? (단, 강우 손실량은 같다.) [91 97 ㉮]

① Ⅰ
② Ⅱ
③ Ⅲ
④ 모두 같다.

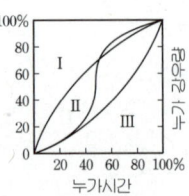

해답 25. ② 26. ② 27. ④ 28. ② 29. ④

해설
강우의 총량과 각 경우에 대한 손실우량이 같기 때문에 같은 시간에 있어서 첨두유량은 모두 같은 크기를 갖는다.

30. 강우강도 I, 침투율 f_i, 침투수량 F_i, 토양미흡량 M_D라고 하면 중간유출과 지하수유출이 시작되며, 강수와 함께 수문곡선을 그릴 수 있는 조건은?
① $I < f_1$, $F_i < M_D$
② $I < f_1$, $F_i > M_D$
③ $I > f_1$, $F_i < M_D$
④ $I > f_1$, $F_i > M_D$

해설
강우강도(I)가 침투율(f_i)보다 작으나 침투수량(F_i)이 토양 수분 미흡량(M_D)보다 큰 경우
① 중간유출과 지하수 유출이 시작된다.
② 지표면 유출은 발생하지 않는다.
③ 하천의 유량증가는 수로상 강수가 기여한다.

31. 유역면적이 0.4km²이고 유출계수가 0.8인 산지하천에서 강우강도가 20mm/min이다. 합리식을 사용한 유역 출구에서의 첨두홍수량은? [24㉮]
① 35.5m³/s
② 106.68m³/s
③ 128m³/s
④ 256m³/s

해설
$Q = 0.2778 \times CIA$
$= 0.2778 \times 0.8 \times 1200 \times 0.4$
($I = 20\text{mm/min} = 20 \times 60\text{mm/hr} = 1200\text{mm/hr}$)
$= 108.68 \text{m}^3/\text{sec}$

32. 기온 15℃에서 포화증기압이 17.38mb이고 상대습도가 30%이면 실제증기압은? [98㉴]
① 5.21mb
② 32.25mb
③ 172.5mb
④ 57.93mb

해설
상대습도 = $\dfrac{\text{실제증기압}}{\text{포화증기압}} \times 100(\%)$
실제증기압 = 포화증기압 × 상대습도
$= 17.38\text{mb} \times \dfrac{30}{100} = 5.21\text{mb}$

33. 어떤 유역에 내린 총우량이 70mm인 호우의 시간적 분포는 다음과 같다. 이 호우의 ϕ-Index가 10mm/hr이라면 지표 유출량은?

시간(hr)	08~09	09~10	10~11	11~12
우량(mm)	8	25	20	17

① 38mm
② 60mm
③ 40mm
④ 32mm

해설
지표유출량 = (25−10) + (20−10) + (17−10) = 32mm

34. 유역면적 40km²인 어떤 유역에 15시간 지속된 강우로 인한 총우량이 31.5cm 발생하였다. 이때, 이 유역에서 호우로 인한 하천 출구 유출총량이 10,648,800m³이었다면 손실우량은?
① 1.26cm
② 2.45cm
③ 4.87cm
④ 8.49cm

해설
① 총우량 = 유출량 + 손실량(침투량)
② 하천의 유출량은 유출총량을 유역면적으로 나눈 깊이로서 표시하면
유출량 = $\dfrac{10,648,800}{40 \times 10^6} = 0.2662\text{m} = 26.62\text{cm}$
∴ 31.5 = 26.62 + 손실량
∴ 손실량 = 4.88cm

35. 단순 수문곡선의 분리방법이 아닌 것은? [19㉮]
① N-day법
② S-curve법
③ 수평직선 분리법
④ 지하수 감수곡선법

해설
수문곡선의 분리방법은 수평직선 분리법, 지하수 감수 곡선법, N-day법 등이 있다.
S-curve는 단위도의 긴 지속시간을 짧은 지속기간으로 유도할 때 사용한다.

해답 30. ② 31. ② 32. ① 33. ④ 34. ③ 35. ②

36. 다음 중에서 증발산량을 산정하는 방법이 아닌 것은?

① Horton에 의한 방법
② Penman에 의한 방법
③ Blaney-Criddle에 의한 방법
④ Thornthwaite에 의한 방법

해설
Horton에 의한 방법은 침투능을 산정하는 방법이다.

37. 유출을 구분하면 표면유출(A), 중간유출(B) 및 지하수유출(C)로 구분할 수 있다. 또한 중간유출은 조기지표하(早期地表下) 유출(B_1)과 지연지표하(遲延地表下)유출(B_2)로 구분된다. 직접(直接)유출을 옳게 나타낸 것은? [01 ㉮]

① (A)+(B)+(C)
② (A)+(B_1)
③ (A)+(B_2)
④ (A)+(B)

해설
직접유출=지표면유출+조기 지표하유출

38. 합성단위도를 결정하는 인자가 아닌 것은? [01 ㉮]

① 기저시간   ② 첨두유량
③ 지체시간   ④ 강우강도

39. 어느 지역의 증발접시에 의한 년증발량이 750mm이다. 증발접시계수가 0.7일 때 저수지의 년증발량을 구한 값은? [95 98 01 ㉮]

① 525mm   ② 535mm
③ 750mm   ④ 1071mm

해설
증발접시계수 = 저수지의 증발량 / 접시의 증발량

$0.7 = \dfrac{x}{750}$

∴ $x = 525mm$

40. 수문자료 해석에 사용되는 확률분포형의 매개변수를 추정하는 방법이 아닌 것은?? [22 24 ㉮]

① 모멘트법(method of moments)
② 회선적분법(convolution integral method)
③ 최우도법(method of maximum likelihood)
④ 확률가중모멘트법(method of probability weighted moments)

해설
회선적분법은 기저유출을 예측할 때 사용할 수 있다.

41. 유역면적 280km², 유출계수 0.75인 산지하천에 있어서 상류단에서 출구지점까지의 도달시간에 있어 최대 우량 강도가 29.9mm/hr인 경우 첨두 유량(Q_P)는? (단, 합리식으로 계산할 것) [91 97 ㉮]

① 1,844m³/sec
② 1,744m³/sec
③ 1,644m³/sec
④ 1,544m³/sec

해설
$Q = 0.2778 CIA$
$= 0.2778 \times 0.75 \times 29.9 \times 280 = 1744.3 m^3/sec$

42. 한 유역에서 유출에 영향을 미치는 인자는 지상학적 인자와 기후학적 인자로 대별할 수 있다. 다음 중 지상학적 인자가 아닌 것은 어느 것인가? [88 ㉮]

① 증발과 증산
② 유역의 형상
③ 유로 특성
④ 유역의 고도

해설
유출에 영향을 미치는 인자 중 증발산은 기후학적 인자에 속한다.

해답 36. ① 37. ② 38. ④ 39. ① 40. ② 41. ② 42. ①

43. 유출 수문곡선에서 기저유출과 직접유출을 분리하는 방법에 대한 설명 중 옳지 않은 것은? [83]
① 지하수의 감소특성을 아는 경우 주지하수 감수곡선법을 사용한다.
② 상승부 기점에서 수평선을 분리하는 것이 간편한 수평직선 분리법이다.
③ N-day법에서 유역면적이 km²일 때 $N=A^{0.2}$의 식으로 N값을 결정한다.
④ 수로상 강수는 전량 직접유출량에 포함된다.

해설
N-day법에서
$N=A_1^{0.2}=0.8267\,A_2^{0.2}$
이때 A_1의 단위는 mile²이고, A_2의 단위는 km²이다.

44. 미계측 유역에 대한 단위유량도의 합성방법이 아닌 것은? [19 ㉮]
① SCS 방법 ② Clark 방법
③ Horton 방법 ④ Snyder 방법

해설
Horton은 침투능곡선법이다.

45. 1cm 단위도의 종거가 1, 5, 3, 1이다. 유효 강우량이 10mm, 20mm 내렸을 때 직접 유출 수문 곡선의 종거는? (단, 모든 시간 간격은 1시간이다.) [21 ㉮]
① 1, 5, 3, 1, 1 ② 1, 5, 10, 9, 2
③ 1, 5, 10, 9, 2 ④ 1, 7, 13, 9, 2

해설
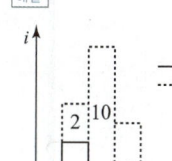
수문곡선의 종거는 1, 7, 13, 7, 2

46. 다음 중 토양의 침투능(Infiltration Capacity) 결정방법에 해당되지 않는 것은? [15 21 ㉮]
① 침투계에 의한 실측법
② 경험공식에 의한 계산법
③ 침투지수에 의한 방법
④ 물수지 원리에 의한 산정법

해설
물수지 원리에 의한 산정법은 증발량 산정법이다.

47. 유역면적이 2km²인 어느 유역에 다음과 같은 강우가 있었다. 직접유출용적이 140000m³일 때, 이 유역에서의 ϕ-index는? [20 ㉮]

시간(30min)	1	2	3	4
강우강도(mm/h)	102	51	152	127

① 36.5mm/h ② 51.0mm/h
③ 73.0mm/h ④ 80.3mm/h

해설
실제 발생한 강우량은 51, 25.5, 76, 63.5 이므로 총 216mm이다.

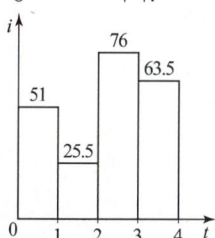

$Q=iA$이므로
$140,000 = i \times 2,000,000$
유효강우량 $i = 0.07$m $= 70$mm
손실우량은 $216 - 70 = 146$mm
i) $\phi = 25.5$mm인 경우
  손실량은 $25.5 \times 4 = 102$mm
  부족손실량은 $146 - 102 = 44$mm
ii) $\phi = 25.5 + 44/3$
    $= 40.17$mm인 경우
  손실량은 $102 + 44 = 146$mm
그러므로 ϕ-index $= 40.17$
이를 강우강도로 바꾸면
ϕ-index $= 80.3$mm/h

해답 43. ③ 44. ③ 45. ③ 46. ④ 47. ④

MEMO

Part 2
CIVIL ENGINEERING
과년도출제문제

토목기사

2021년 1회 시행 출제문제해설 및 정답
2021년 2회 시행 출제문제해설 및 정답
2021년 3회 시행 출제문제해설 및 정답
2022년 1회 시행 출제문제해설 및 정답
2022년 2회 시행 출제문제해설 및 정답
2022년 3회 시행 출제문제해설 및 정답(CBT)
2023년 1회 시행 출제문제해설 및 정답(CBT)
2023년 2회 시행 출제문제해설 및 정답(CBT)
2023년 3회 시행 출제문제해설 및 정답(CBT)
2024년 1회 시행 출제문제해설 및 정답(CBT)
2024년 2회 시행 출제문제해설 및 정답(CBT)
2024년 3회 시행 출제문제해설 및 정답(CBT)
2025년 1회 시행 출제문제해설 및 정답(CBT)
2025년 2회 시행 출제문제해설 및 정답(CBT)
2025년 3회 시행 출제문제해설 및 정답(CBT)

토목산업기사

2023년 1월 1일부터 출제범위 변경 및 출제문항수가 20문항에서 10문항으로 변경되었습니다.

2023년 1회 시행 출제문제해설 및 정답(CBT)
2023년 2회 시행 출제문제해설 및 정답(CBT)
2023년 4회 시행 출제문제해설 및 정답(CBT)
2024년 1회 시행 출제문제해설 및 정답(CBT)
2024년 2회 시행 출제문제해설 및 정답(CBT)
2024년 3회 시행 출제문제해설 및 정답(CBT)
2025년 1회 시행 출제문제해설 및 정답(CBT)
2025년 2회 시행 출제문제해설 및 정답(CBT)
2025년 3회 시행 출제문제해설 및 정답(CBT)

CBT대비 기사 6회 실전테스트

- CBT 토목기사 제1회 (2025년 제1회 과년도)
- CBT 토목기사 제2회 (2025년 제3회 과년도)
- CBT 토목기사 제3회 (2024년 제1회 과년도)
- CBT 토목기사 제4회 (2024년 제3회 과년도)
- CBT 토목기사 제5회 (2023년 제1회 과년도)
- CBT 토목기사 제6회 (2023년 제3회 과년도)

CBT대비 산업기사 6회 실전테스트

- CBT 토목산업기사 제1회 (2025년 제1회 과년도)
- CBT 토목산업기사 제2회 (2025년 제3회 과년도)
- CBT 토목산업기사 제3회 (2024년 제1회 과년도)
- CBT 토목산업기사 제4회 (2024년 제3회 과년도)
- CBT 토목산업기사 제5회 (2023년 제1회 과년도)
- CBT 토목산업기사 제6회 (2023년 제4회 과년도)

CBT 대비 토목기사, 토목산업기사 실전테스트는 홈페이지 (www.inup.co.kr)에서 CBT 모의 TEST로 함께 체험하실 수 있습니다.

과년도 출제문제

21 토목기사
1회 시행 출제문제

1. 수로 폭이 10m인 직사각형 수로의 도수 전 수심이 0.5m, 유량이 40m³/s이었다면 도수 후의 수심(h_2)은?

① 1.96m ② 2.18m
③ 2.31m ④ 2.85m

2. 수로경사 1/10000인 직사각형 단면 수로에 유량 30m³/s를 흐르게 할 때 수리학적으로 유리한 단면은? (단, h : 수심, B : 폭이며, Manning 공식을 쓰고, $n=0.025\text{m}^{-1/3} \cdot \text{s}$)

① $h=1.95\text{m}$, $B=3.9\text{m}$
② $h=2.0\text{m}$, $B=4.0\text{m}$
③ $h=3.0\text{m}$, $B=6.0\text{m}$
④ $h=4.63\text{m}$, $B=9.26\text{m}$

3. 10m³/s의 유량이 흐르는 수로에 폭 10m의 단수축이 없는 위어를 설계할 때, 위어의 높이를 1m로 할 경우 예상되는 월류수심은? (단, Francis 공식을 사용하며, 접근유속은 무시한다.)

① 0.67m ② 0.71m
③ 0.75m ④ 0.79m

4. 물의 순환에 대한 설명으로 옳지 않은 것은?

① 지하수 일부는 지표면으로 용출해서 다시 지표수가 되어 하천으로 유입한다.
② 지표에 강하한 우수는 지표면에 도달 전에 그 일부가 식물의 나무와 가지에 의하여 차단된다.
③ 지표면에 도달한 우수는 토양 중에 수분을 공급하고 나머지가 아래로 침투해서 지하수가 된다.
④ 침투란 토양면을 통해 스며든 물이 중력에 의해 계속 지하로 이동하여 불투수층까지 도달하는 것이다.

5. 부력의 원리를 이용하여 그림과 같이 바닷물 위에 떠 있는 빙산의 전체적을 구한 값은?

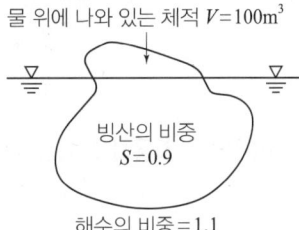

① 550m³ ② 890m³
③ 1000m³ ④ 1100m³

6. 유역면적 10km², 강우강도 80mm/h, 유출계수 0.70일 때 합리식에 의한 첨두유량($Q_{\max}$)은?

① 155.6m³/s ② 560m³/s
③ 1.556m³/s ④ 5.6m³/s

7. 수로 바닥에서의 마찰력 τ_0, 물의 밀도 ρ, 중력 가속도 g, 수리평균수심 R, 수면경사 I, 에너지선의 경사 I_e라고 할 때 등류(㉠)와 부등류(㉡)의 경우에 대한 마찰속도(u_*)는?

① ㉠ : ρRI_e, ㉡ : ρRI
② ㉠ : $\dfrac{\rho RI}{\tau_0}$, ㉡ : $\dfrac{\rho RI_e}{\tau_0}$
③ ㉠ : $\sqrt{gRI}$, ㉡ : $\sqrt{gRI_e}$
④ ㉠ : $\sqrt{\dfrac{gRI_e}{\tau_0}}$, ㉡ : $\sqrt{\dfrac{gRI}{\tau_0}}$

8. 유속을 V, 물의 단위중량을 γ_w, 물의 밀도를 ρ, 중력가속도를 g라 할 때 동수압(動水壓)을 바르게 표시한 것은?

① $\dfrac{V^2}{2g}$ ② $\dfrac{\gamma_w V^2}{2g}$
③ $\dfrac{\gamma_w V}{2g}$ ④ $\dfrac{\rho V^2}{2g}$

9. 단위유량도 이론에서 사용하고 있는 기본가정이 아닌 것은?

① 비례 가정
② 중첩 가정
③ 푸아송 분포 가정
④ 일정 기저시간 가정

10. 액체 속에 잠겨 있는 경사평면에 작용하는 힘에 대한 설명으로 옳은 것은?

① 경사각과 상관없다.
② 경사각에 직접 비례한다.
③ 경사각의 제곱에 비례한다.
④ 무게중심에서의 압력과 면적의 곱과 같다.

11. 중량이 600N, 비중이 3.0인 물체를 물(담수) 속에 넣었을 때 물 속에서의 중량은?

① 100N ② 200N
③ 300N ④ 400N

12. 유속 3m/s로 매초 100L의 물이 흐르게 하는데 필요한 관의 지름은?

① 153mm ② 206mm
③ 265mm ④ 312mm

13. 수두차가 10m인 두 저수지를 지름이 30cm, 길이가 300m, 조도계수가 $0.013\text{m}^{-1/3}\cdot\text{s}$인 주철관으로 연결하여 송수할 때, 관을 흐르는 유량(Q)은?
(단, 관의 유입손실계수 f_e=0.5, 유출손실계수 f_c=1.0이다.)

① $0.02\text{m}^3/\text{s}$ ② $0.08\text{m}^3/\text{s}$
③ $0.17\text{m}^3/\text{s}$ ④ $0.19\text{m}^3/\text{s}$

14. 관수로의 흐름에서 마찰손실계수를 f, 동수반경을 R, 동수경사를 I, Chezy 계수를 C라 할 때 평균 유속 V는?

① $V=\sqrt{\dfrac{8g}{f}}\sqrt{RI}$ ② $V=fC\sqrt{RI}$
③ $V=\dfrac{\pi d^2}{4}f\sqrt{RI}$ ④ $V=f\dfrac{\ell}{4R}\cdot\dfrac{V^2}{2g}$

15. 피압 지하수를 설명한 것으로 옳은 것은?

① 하상 밑의 지하수
② 어떤 수원에서 다른 지역으로 보내지는 지하수
③ 지하수와 공기가 접해있는 지하수면을 가지는 지하수
④ 두 개의 불투수층 사이에 끼어 있어 대기압보다 큰 압력을 받고 있는 대수층의 지하수

16. 축척이 1:50인 하천 수리모형에서 원형 유량 10,000m³/s에 대한 모형 유량은?

① $0.401\text{m}^3/\text{s}$ ② $0.566\text{m}^3/\text{s}$
③ $14.142\text{m}^3/\text{s}$ ④ $28.284\text{m}^3/\text{s}$

17. 어떤 유역에 표와 같이 30분간 집중호우가 발생하였다면 지속시간 15분인 최대 강우 강도는?

시간(분)	0~5	5~10	10~15
우량(mm)	2	4	6

시간(분)	15~20	20~25	25~30
우량(mm)	4	8	6

① 50mm/h ② 64mm/h
③ 72mm/h ④ 80mm/h

18. 개수로 내의 흐름에서 평균유속을 구하는 방법 중 2점법의 유속 측정 위치로 옳은 것은?

① 수면과 전수심의 50% 위치
② 수면으로부터 수심의 10%와 90% 위치
③ 수면으로부터 수심의 20%와 80% 위치
④ 수면으로부터 수심의 40%와 60% 위치

19. 그림과 같은 노즐에서 유량을 구하기 위한 식으로 옳은 것은? (단, 유량계수는 1.0으로 가정한다.)

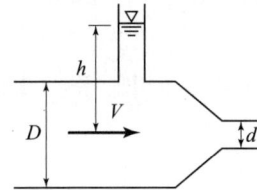

① $\dfrac{\pi d^2}{4}\sqrt{2gh}$

② $\dfrac{\pi d^2}{4}\sqrt{\dfrac{2gh}{1-\left(\dfrac{d}{D}\right)^4}}$

③ $\dfrac{\pi d^2}{4}\sqrt{\dfrac{2gh}{1-\left(\dfrac{d}{D}\right)^2}}$

④ $\dfrac{\pi d^2}{4}\sqrt{\dfrac{2gh}{1+\left(\dfrac{d}{D}\right)^2}}$

20. Darcy의 법칙에 대한 설명으로 옳지 않은 것은?

① 투수계수는 물의 점성계수에 따라서도 변화한다.
② Darcy의 법칙은 지하수의 흐름에 대한 공식이다.
③ Reynolds 수가 100 이상이면 안심하고 적용할 수 있다.
④ 평균유속이 동수경사와 비례관계를 가지고 있는 흐름에 적용될 수 있다.

해설 및 정답

1. $h_2 = \dfrac{h_1}{2}\left(-1 + \sqrt{1 + 8F_{r_1}^{\,2}}\right)$

$F_{r_1} = \dfrac{V_1}{\sqrt{gh_1}}$

$V_1 = \dfrac{Q}{A} = \dfrac{40}{10 \times 0.5} = 8\text{m/sec}$ 이므로

$F_{r_1} = \dfrac{8}{\sqrt{9.8 \times 0.5}} = 3.61$

$h_2 = \dfrac{0.5}{2}(-1 + \sqrt{1 + 8 \times 3.61^2}) = 2.31\text{m}$

2. $V = \dfrac{1}{n} R^{2/3} \cdot I^{1/2}$

$Q = AV$

$= bh \times \dfrac{1}{n}\left(\dfrac{bh}{b+2h}\right)^{2/3} \cdot I^{1/2}$

수리학적 유리한 단면 : $b = 2h$ 이므로

$Q = 2h^2 \times \dfrac{1}{n}\left(\dfrac{2h^2}{4h}\right)^{2/3} \cdot I^{1/2}$

$30 = 2h^2 \times \dfrac{1}{0.025} \times \left(\dfrac{h}{2}\right)^{2/3} \times \left(\dfrac{1}{10,000}\right)^{1/2}$

$h^{8/3} = \dfrac{30}{2} \times 0.025 \times 2^{2/3} \times 10,000^{1/2} = 59.5$

$h = 4.63\text{m}, \; b = 9.26\text{m}$

3. $Q = 1.84 b_o h^{3/2}$

$10 = 1.84 \times 10 \times h^{3/2}$

$h = 0.67\text{m}$

4. 지하로 침투되어 지하수면까지 도달하는 것은 침루라고 한다.

5. $wV + M = w'V' + M'$

$0.9 \times (V' + 100) + 0 = 1.1 \times V' + 0$

$V'(1.1 - 0.9) = 0.9 \times 100$

$V' = 450\text{m}^3$

전체적 = 수면위 체적 + 수면아래 체적

$= 100 + 450$

$= 550\text{m}^3$

6. $Q = 0.2778 CiA$

$= 0.2778 \times 0.7 \times 80 \times 10$

$= 155.6\text{m}^3/\text{sec}$

7. 등류 $u_* = \sqrt{gRI}$

부등류 $u_* = \sqrt{gRI_e}$

8. 동수압 $= \dfrac{\rho V^2}{2}, \; \rho = \dfrac{w}{g}$ 이므로

$= \dfrac{wV^2}{2g}$

9. 단위유량도 기본가정 : 비례, 중첩, 일정 기저시간 가정

10. $P = wh_G A$ 이므로 압력과 면적의 곱이다.

11. $wV + M = w'V' + M'$

$600 + 0 = 1 \times \dfrac{600}{3} + M'$

$M' = 600 - 200 = 400\text{N}$

12. $Q = AV$

$100 \times 10^{-3} = \dfrac{\pi D^2}{4} \times 3$

$D = 0.206\text{m}$

13. $Q = AV$

$= \dfrac{\pi \cdot 0.3^2}{4} \times \sqrt{\dfrac{2gh}{f_i + f_o + f\dfrac{\ell}{D}}}$

여기에서 $f = \dfrac{124.6 n^2}{D^{1/3}}$

$= \dfrac{124.6 \times 0.013^2}{0.3^{1/3}} = 0.031$ 이므로

$Q = \dfrac{\pi \cdot 0.3^2}{4} \times \sqrt{\dfrac{2 \times 9.8 \times 10}{0.5 + 1.0 + 0.031 \times \dfrac{300}{0.3}}}$

$Q = 0.17\text{m}^3/\text{sec}$

14. $V = C\sqrt{RI}$

$\quad = \sqrt{\dfrac{8g}{f}} \cdot \sqrt{RI}$

15. 피압 지하수는 압력을 받고 있는 지하수를 말한다.

16. $Q_r = \dfrac{Q_m}{Q_p} = L_r^{5/2}$ (Q_m : 모형, Q_p : 원형)

$\quad Q_m = Q_p \times L_r^{5/2}$

$\quad\quad = 10,000 \times \left(\dfrac{1}{50}\right)^{5/2}$

$\quad\quad = 0.566 \text{m}^3/\text{sec}$

17. i) $t = 0 \sim 15$분

$\quad i_{15} = 2 + 4 + 6 = 12$

$\quad i_{60} = 12 \times \dfrac{60}{15} = 48 \text{mm/hr}$

ii) $t = 5 \sim 20$분

$\quad i_{15} = 4 + 6 + 4 = 14$

$\quad i_{60} = 14 \times \dfrac{60}{15} = 56 \text{mm/hr}$

iii) $t = 10 \sim 25$분

$\quad i_{15} = 6 + 4 + 8 = 18$

$\quad i_{60} = 18 \times \dfrac{60}{15} = 72 \text{mm/hr}$

iv) $t = 15 \sim 30$분

$\quad i_{15} = 4 + 8 + 6 = 18$

$\quad i_{60} = 18 \times \dfrac{60}{15} = 72 \text{mm/hr}$

최대값은 $72 \text{mm}/hr$

18. 1점법 : 수면으로부터 수심의 60% 위치

2점법 : 수면으로부터 수심의 20%와 80%의 평균

19. $Q = AV$

$\quad = \dfrac{\pi d^2}{4} \times \sqrt{\dfrac{2gh}{1 - \left(\dfrac{a}{A}\right)^2}}$

$\quad = \dfrac{\pi d^2}{4} \times \sqrt{\dfrac{2gh}{1 - \left(\dfrac{d}{D}\right)^4}}$

20. Darcy법칙에서는 Reynolds수가 10 이하인 경우가 적당하다.

1. ③	2. ④	3. ①	4. ④	5. ①
6. ①	7. ③	8. ②	9. ③	10. ④
11. ④	12. ②	13. ③	14. ①	15. ④
16. ②	17. ③	18. ③	19. ②	20. ③

과년도출제문제

21 토목기사
2회 시행 출제문제

1. 지름 1m의 원통 수조에서 지름 2cm의 관으로 물이 유출되고 있다. 관내의 유속이 2.0m/s일 때, 수조의 수면이 저하되는 속도는?

① 0.3cm/s   ② 0.4cm/s
③ 0.06cm/s ④ 0.08cm/s

2. 유체의 흐름에 관한 설명으로 옳지 않은 것은?

① 유체의 입자가 흐르는 경로를 유적선이라 한다.
② 부정류(不定流)에서는 유선이 시간에 따라 변화한다.
③ 정상류(定常流)에서는 하나의 유선이 다른 유선과 교차하게 된다.
④ 점성이나 압축성을 완전히 무시하고 밀도가 일정한 이상적인 유체를 완전유체라 한다.

3. 오리피스의 지름이 2cm, 수축단면(Vena Contracta)의 지름이 1.6cm라면, 유속계수가 0.9일 때 유량계수는?

① 0.49   ② 0.58
③ 0.62   ④ 0.72

4. 유역면적이 4km²이고 유출계수가 0.8인 산지하천에서 강우강도가 80mm/h이다. 합리식을 사용한 유역출구에서의 첨두홍수량은?

① 35.5m³/s   ② 71.1m³/s
③ 128m³/s   ④ 256m³/s

5. 유역의 평균 강우량 산정방법이 아닌 것은?

① 등우선법   ② 기하평균법
③ 산술평균법   ④ Thiessen의 가중법

6. 강우강도(I), 지속시간(D), 생기빈도(F) 관계를 표현하는 식 $I = \dfrac{kT^x}{t^n}$에 대한 설명으로 틀린 것은?

① k, x, n은 지역에 따라 다른 값을 가지는 상수이다.
② T는 강우의 생기빈도를 나타내는 연수(年數)로서 재현기간(년)을 의미한다.
③ t는 강우의 지속시간(min)으로서, 강우지속시간이 길수록 강우강도(I)는 커진다.
④ I는 단위시간에 내리는 강우량(mm/h)인 강우강도이며, 각종 수문학적 해석 및 설계에 필요하다.

7. 항력(Drag force)에 관한 설명으로 틀린 것은?

① 항력 $D = C_D A \dfrac{\rho V^2}{2}$으로 표현되며, 항력계수 C_D는 Froude의 함수이다.
② 형상항력은 물체의 형상에 의한 후류(Wake)로 인해 압력이 저하하여 발생하는 압력저항이다.
③ 마찰항력은 유체가 물체표면을 흐를 때 점성과 난류에 의해 물체표면에 발생하는 마찰저항이다.
④ 조파항력은 물체가 수면에 떠 있거나 물체의 일부분이 수면위에 있을 때에 발생하는 유체저항이다.

8. 단위유량도(unit hydrograph)를 작성함에 있어서 주요 기본가정(또는 원리)으로만 짝지어진 것은?

① 비례가정, 중첩가정, 직접유출의 가정
② 비례가정, 중첩가정, 일정기저시간의 가정
③ 일정기저시간의 가정, 직접유출의 가정, 비례가정
④ 직접유출의 가정, 일정기저시간의 가정, 중첩가정

9. 레이놀즈(Reynolds) 수에 대한 설명으로 옳은 것은?

① 관성력에 대한 중력의 상대적인 크기
② 압력에 대한 탄성력의 상대적인 크기
③ 중력에 대한 점성력의 상대적인 크기
④ 관성력에 대한 점성력의 상대적인 크기

10. 지름 $D=4$cm, 조도계수 $n=0.01\text{m}^{-1/3}\cdot\text{s}$인 원형관의 Chezy의 유속계수 C는?

① 10   ② 50
③ 100   ④ 150

11. 폭이 1m인 직사각형 수로에서 0.5m³/s의 유량이 80cm의 수심으로 흐르는 경우, 이 흐름을 가장 잘 나타낸 것은? (단, 동점성 계수는 0.012cm²/s, 한계수심은 29.5cm이다.)

① 층류이며 상류   ② 층류이며 사류
③ 난류이며 상류   ④ 난류이며 사류

12. 빙산의 비중이 0.920이고 바닷물의 비중은 1.025일 때 빙산이 바닷물 속에 잠겨있는 부분의 부피는 수면 위에 나와 있는 부분의 약 몇 배인가?

① 0.8배   ② 4.8배
③ 8.8배   ④ 10.8배

13. 수온에 따른 지하수의 유속에 대한 설명으로 옳은 것은?

① 4℃에서 가장 크다.
② 수온이 높으면 크다.
③ 수온이 낮으면 크다.
④ 수온에는 관계없이 일정하다.

14. 유체 속에 잠긴 곡면에 작용하는 수평분력은?

① 곡면에 의해 배제된 액체의 무게와 같다.
② 곡면의 중심에서의 압력과 면적의 곱과 같다.
③ 곡면의 연직상방에 실려 있는 액체의 무게와 같다.
④ 곡면을 연직면상에 투영하였을 때 생기는 투영면적에 작용하는 힘과 같다.

15. 지하수(地下水)에 대한 설명으로 옳지 않은 것은?

① 자유 지하수를 양수(揚水)하는 우물을 굴착정(Artesian well)이라 부른다.
② 불투수층(不透水層) 상부에 있는 지하수를 자유 지하수(自由地下水)라 한다.
③ 불투수층과 불투수층 사이에 있는 지하수를 피압지하수(被壓地下水)라 한다.
④ 흙입자 사이에 충만되어 있으며 중력의 작용으로 운동하는 물을 지하수라 부른다.

16. 월류수심 40cm인 전폭 위어의 유량을 Francis 공식에 의해 구한 결과 0.40m³/s였다. 이 때 위어 폭의 측정에 2cm의 오차가 발생했다면 유량의 오차는 몇 %인가?

① 1.16%   ② 1.50%
③ 2.00%   ④ 2.33%

17. 폭 9m의 직사각형 수로에 16.2m³/s의 유량이 92cm의 수심으로 흐르고 있다. 장파의 전파속도 C와 비에너지 E는? (단, 에너지 보정계수 $\alpha=1.0$)

① $C=2.0$m/s, $E=1.015$m
② $C=2.0$m/s, $E=1.115$m
③ $C=3.0$m/s, $E=1.015$m
④ $C=3.0$m/s, $E=1.115$m

18. Chezy의 평균유속 공식에서 평균유속계수 C를 Manning의 평균유속 공식을 이용하여 표현한 것으로 옳은 것은?

① $\dfrac{R^{1/2}}{n}$ ② $\dfrac{R^{1/6}}{n}$
③ $\sqrt{\dfrac{f}{8g}}$ ④ $\sqrt{\dfrac{8g}{f}}$

19. 비압축성 이상유체에 대한 아래 내용 중 ( ) 안에 들어갈 알맞은 말은?

> 비압축성 이상유체는 압력 및 온도에 따른 ( )의 변화가 미소하여 이를 무시할 수 있다.

① 밀도　　② 비중
③ 속도　　④ 점성

20. 수로경사 $I=\dfrac{1}{2500}$, 조도계수 $n=0.013\text{m}^{-1/3}\cdot\text{s}$인 수로에 아래 그림과 같이 물이 흐르고 있다면 평균 유속은? (단, Manning의 공식을 사용한다.)

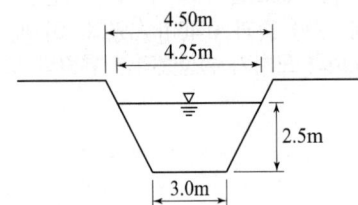

① 1.65m/s　　② 2.16m/s
③ 2.65m/s　　④ 3.16m/s

해설 및 정답

1.

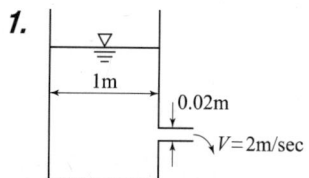

1초 동안 유출량을 원통면적으로 나누면 원통 저하유속이 된다.

$Q = AV = \dfrac{\pi \cdot 0.02^2}{4} \times 2 = 0.000628 \mathrm{m^3/sec}$

원통의 면적 $= \dfrac{\pi \cdot 1^2}{4} = 0.785 \mathrm{m^2}$

저하속도 $= \dfrac{Q}{A} = \dfrac{0.000628}{0.785} = 0.0008 \mathrm{m/sec}$
$= 0.08 \mathrm{cm/sec}$

2. 정상류에서는 유선은 교차하지 않고 정상적으로 흐른다.

3. 유량계수 = 유속계수 × 수축계수

수축계수 $= \dfrac{a}{A}$

$C = 0.9 \times \dfrac{\dfrac{\pi \cdot 1.6^2}{4}}{\dfrac{\pi \cdot 2^2}{4}}$
$= 0.576 ≒ 0.58$

4. $Q = 0.2778 CiA$
$= 0.2778 \times 0.8 \times 80 \times 4$
$= 71.1 \mathrm{m^3/sec}$

5. 등우선법, 산술평균법, Thiessen 가중법이 있다.

6. 강우지속기간이 길수록 강우강도는 작아진다.

7. 항력계수 C_D는 Reynolds 함수이다.

〈참고〉 관수로에서의 마찰손실계수를 구하는 f도 Reynolds 함수

8. 단위유량도의 기본가정으로는 비례가정, 중첩가정, 일정기저시간 가정이다.

9. $R_e = \dfrac{V \cdot D}{\nu}$ 로서 관성력에 대한 점성력의 상대적인 크기이다.

10. $V = C\sqrt{RI} = \dfrac{1}{n} R^{2/3} \cdot I^{1/2}$

$C = \dfrac{1}{n} R^{1/6}$

$R = \dfrac{A}{P} = \dfrac{\dfrac{\pi D^2}{4}}{\pi D} = \dfrac{D}{4}$

$C = \dfrac{1}{0.01} \times \left(\dfrac{0.04}{4}\right)^{1/6}$
$= 46.4$

11. $b = 1\mathrm{m}$, $Q = 0.5 \mathrm{m^3/sec}$, $h = 80 \mathrm{cm}$

$V = \dfrac{Q}{A} = \dfrac{0.5}{1 \times 0.8} = 0.625 \mathrm{m/sec}$

$Re = \dfrac{V \cdot D}{\nu} = \dfrac{62.5 \times 80}{0.012} = 416,667 > 4,000$ 이므로
∴ 난류

$F_r = \dfrac{V}{\sqrt{gh}} = \dfrac{0.625}{\sqrt{9.8 \times 0.8}} = 0.22 < 1$ 이므로
∴ 상류

12. $wV + M = w'V' + M'$

$0.92 \times V + 0 = 1.025 \times (V - V_1) + 0$

V_1 : 수면 위의 빙산 부피

$(1.025 - 0.92) V = 1.025 V_1$

$\dfrac{V}{V_1} = \dfrac{1.025}{1.025 - 0.92}$

구하고자 하는 값은 $\dfrac{\text{수중 속의 부피}}{\text{수면 위의 부피}} = \dfrac{V'}{V_1}$

$\dfrac{V'}{V_1} = \dfrac{V - V_1}{V_1} = \dfrac{V}{V_1} - 1$
$= 9.76 - 1 = 8.76$

13. $V = ki$에서 k는 점성과 밀접한 관계가 있으며, 온도의 함수이므로 수온이 높으면 크다.

14. $P = wh_G \cdot A'$
 A' : 연직면에 투영면적

15. 굴착정은 피압지하수를 양수하는 우물을 말한다.

16. $Q = 1.84 b_o h^{3/2}$

$$\frac{dQ}{Q} = \frac{1.84 h^{3/2} \cdot db}{1.84 bh^{3/2}} = \frac{db}{b} = ?$$

$Q = 1.84 \times b \times 0.4^{3/2} = 0.4$

∴ $b = 0.86\text{m} = 86\text{cm}$를 대입하면

$\dfrac{db}{b} = \dfrac{2}{86} \times 100 = 2.33\%$

17. 장파의 전파속도 $C = \sqrt{gh}$

비에너지 $E = h + \dfrac{\alpha V^2}{2g}$

$Q = AV$
$\quad = 9 \times 0.92 \times V = 16.2$
$V = 1.96$
$C = \sqrt{gh} = \sqrt{9.8 \times 0.92} = 3\text{m/sec}$
$E = 0.92 + \dfrac{1 \times 1.96^2}{2 \times 9.8} = 1.116\text{m}$

18. $V = C\sqrt{RI}$

$V = \dfrac{1}{n} R^{2/3} \cdot I^{1/2}$

$C\sqrt{RI} = \dfrac{1}{n} R^{2/3} \cdot I^{1/2}$

$C = \dfrac{1}{n} R^{1/6}$

19. 비압축성 유체는 압력을 가해도 밀도의 변화가 거의 없다.

20. $V = \dfrac{1}{n} R^{2/3} \cdot I^{1/2}$

$R = \dfrac{A}{P}$

$P = 3 + \sqrt{\left(\dfrac{4.25 - 3}{2}\right)^2 + 2.5^2} \times 2 = 8.12\text{m}$

$A = \dfrac{3 + 4.25}{2} \times 2.5 = 9.06\text{m}^2$

$R = \dfrac{9.06}{8.12} = 1.16$

$V = \dfrac{1}{0.013} 1.16^{2/3} \cdot \sqrt{\dfrac{1}{2,500}} = 1.7\text{m/sec}$

1. ④	2. ③	3. ②	4. ②	5. ②
6. ③	7. ①	8. ②	9. ④	10. ②
11. ③	12. ③	13. ②	14. ④	15. ①
16. ④	17. ④	18. ②	19. ①	20. ①

과년도 출제문제

21 토목기사
3회 시행 출제문제

1. 탱크 속에 깊이 2m의 물과 그 위에 비중 0.85의 기름이 4m 들어있다. 탱크 바닥에서 받는 압력을 구한 값은? (단, 물의 단위중량은 9.81kN/m^3이다.)

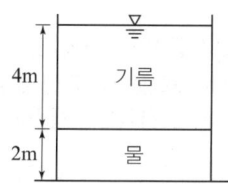

① 52.974kN/m^2
② 53.974kN/m^2
③ 54.974kN/m^2
④ 55.974kN/m^2

2. 1차원 정류흐름에서 단위시간에 대한 운동량 방정식은? (단, F: 힘, m: 질량, V_1: 초속도, V_2: 종속도, Δt: 시간의 변화량, S: 변위, W: 물체의 중량)

① $F = W \cdot S$
② $F = m \cdot \Delta t$
③ $F = m \dfrac{V_2 - V_1}{S}$
④ $F = m(V_2 - V_1)$

3. 물이 유량 $Q = 0.06 \text{m}^3/\text{s}$로 60°의 경사평면에 충돌할 때 충돌 후의 유량 Q_1, Q_2는? (단, 에너지 손실과 평면의 마찰은 없다고 가정하고 기타 조건은 일정하다.)

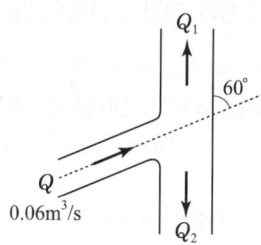

① $Q_1 : 0.03\text{m}^3/\text{s}$, $Q_2 : 0.03\text{m}^3/\text{s}$
② $Q_1 : 0.035\text{m}^3/\text{s}$, $Q_2 : 0.025\text{m}^3/\text{s}$
③ $Q_1 : 0.040\text{m}^3/\text{s}$, $Q_2 : 0.020\text{m}^3/\text{s}$
④ $Q_1 : 0.045\text{m}^3/\text{s}$, $Q_2 : 0.015\text{m}^3/\text{s}$

4. 동점성계수와 비중이 각각 $0.0019\text{m}^2/\text{s}$와 1.2인 액체의 점성계수 μ는? (단, 물의 밀도는 1000kg/m^3)

① $1.9 \text{kgf} \cdot \text{s/m}^2$
② $0.19 \text{kgf} \cdot \text{s/m}^2$
③ $0.23 \text{kgf} \cdot \text{s/m}^2$
④ $2.3 \text{kgf} \cdot \text{s/m}^2$

5. 직경 4cm, 길이 30cm인 시험원통에 대수층의 표본을 채웠다. 시험원통의 출구에서 압력수두를 15cm로 일정하게 유지할 때 2분 동안 12cm^3의 유출량이 발생하였다면 이 대수층 표본의 투수계수는?

① 0.008cm/s
② 0.016cm/s
③ 0.032cm/s
④ 0.048cm/s

6. 폭 35cm인 직사각형 위어(weir)의 유량을 측정하였더니 $0.03\text{m}^3/\text{s}$이었다. 월류수심의 측정에 1mm의 오차가 생겼다면, 유량에 발생하는 오차는? (단, 유량계산은 프란시스(Francis) 공식을 사용하고, 월류 시 단면수축은 없는 것으로 가정한다.)

① 1.16%
② 1.50%
③ 1.67%
④ 1.84%

7. 안지름 20cm인 관로에서 관의 마찰에 의한 손실수두가 속도수두와 같게 되었다면 이때 관로의 길이는? (단, 마찰저항 계수 $f = 0.04$이다.)

① 3m
② 4m
③ 5m
④ 6m

8. 폭이 무한히 넓은 개수로의 동수반경(Hydraulic Radius, 경심)은?

① 계산할 수 없다.
② 개수로의 폭과 같다.
③ 개수로의 면적과 같다.
④ 개수로의 수심과 같다.

9. 압력 150kN/m²을 수은기둥으로 계산한 높이는?(단, 수은의 비중은 13.57, 물의 단위중량은 9.81kN/m³이다.)

① 0.905m ② 1.13m
③ 15m   ④ 203.5m

10. 수로 폭이 3m인 직사각형 수로에 수심이 50cm로 흐를 때 흐름이 상류(subcritical flow)가 되는 유량은?

① 2.5m³/sec ② 4.5m³/sec
③ 6.5m³/sec ④ 8.5m³/sec

11. 관수로에서 관의 마찰손실계수가 0.02, 관의 지름이 40cm일 때, 관내 물의 흐름이 100m를 흐르는 동안 2m의 마찰손실수두가 발생하였다면 관내의 유속은?

① 0.3m/sec ② 1.3m/sec
③ 2.8m/sec ④ 3.8m/sec

12. 저수지에 설치된 나팔형 위어의 유량 Q와 월류수심 h와의 관계에서 완전 월류상태는 $Q \propto h^{3/2}$이다. 불완전월류(수중위어)상태에서의 관계는?

① $Q \propto h^{-1}$ ② $Q \propto h^{1/2}$
③ $Q \propto h^{3/2}$ ④ $Q \propto h^{-1/2}$

13. 다음 중 토양의 침투능(Infiltration Capacity) 결정 방법에 해당되지 않는 것은?

① Philip 공식
② 침투계에 의한 실측법
③ 침투지수에 의한 방법
④ 물수지 원리에 의한 산정법

14. 원형 관내 층류영역에서 사용 가능한 마찰손실계수 식은? (단, Re : Reynolds수)

① $\dfrac{1}{Re}$ ② $\dfrac{4}{Re}$
③ $\dfrac{24}{Re}$ ④ $\dfrac{64}{Re}$

15. 다음 중 도수(跳水, hydraulic jump)가 생기는 경우는?

① 사류(射流)에서 사류(射流)로 변할 때
② 사류(射流)에서 상류(常流)로 변할 때
③ 상류(常流)에서 상류(常流)로 변할 때
④ 상류(常流)에서 사류(射流)로 변할 때

16. 1cm 단위도의 종거가 1, 5, 3, 1이다. 유효 강우량이 10mm, 20mm 내렸을 때 직접 유출 수문 곡선의 종거는? (단, 모든 시간 간격은 1시간이다.)

① 1, 5, 3, 1, 1   ② 1, 5, 10, 9, 2
③ 1, 7, 13, 7, 2   ④ 1, 7, 13, 9, 2

17. 자연하천의 특성을 표현할 때 이용되는 하상계수에 대한 설명으로 옳은 것은?

① 최심하상고와 평형하상고의 비이다.
② 최대유량과 최소유량의 비로 나타낸다.
③ 개수 전과 개수 후의 수심 변화량의 비를 말한다.
④ 홍수 전과 홍수 후의 하상 변화량의 비를 말한다.

18. 다음 중 부정류 흐름의 지하수를 해석하는 방법은?

① Theis 방법   ② Dupuit 방법
③ Thiem 방법   ④ Laplace 방법

19. 개수로의 흐름에 대한 설명으로 옳지 않은 것은?

① 사류(supercritical flow)에서는 수면변동이 일어날 때 상류(上流)로 전파될 수 없다.
② 상류(subcritical flow)일 때는 Froude 수가 1보다 크다.
③ 수로경사가 한계경사보다 클 때 사류(supercritical flow)가 된다.
④ Reynolds 수가 500보다 커지면 난류(turbulent flow)가 된다.

20. 가능최대강우량(PMP)에 대한 설명으로 옳은 것은?

① 홍수량 빈도해석에 사용된다.
② 강우량의 장기 변동성향을 판단하는 데 사용된다.
③ 최대강우강도와 면적관계를 결정하는 데 사용된다.
④ 대규모 수공구조물의 설계홍수량을 결정하는 데 사용된다.

해설 및 정답

1. $P = wh$
$= 9.81 \times 2 + 0.85 \times 9.81 \times 4$
$= 52.974 \text{kN/m}^2$

2. 운동량 방정식은
$F \cdot \Delta t = m(V_2 - V_1)$
$\Delta t = 1$ 이므로
$F = m(V_2 - V_1)$

3. y축 +방향으로 유출되므로
$Q\cos\theta = Q_1 - Q_2$
그리고
$Q = Q_1 + Q_2$ 이므로
연립하여 방정식을 풀면
$Q\cos\theta = Q_1 - (Q - Q_1)$
$Q_1 = \dfrac{Q}{2}(1 + \cos\theta)$
$Q = \dfrac{Q}{2}(1 + \cos\theta) + Q_2$
$Q_2 = \dfrac{Q}{2}(1 - \cos\theta)$
$Q_1 = \dfrac{0.06}{2} \times (1 + \cos 60) = 0.045 \text{m}^3/\text{sec}$
$Q_2 = \dfrac{0.06}{2} \times (1 - \cos 60) = 0.015 \text{m}^3/\text{sec}$

4. $\nu = \dfrac{\mu}{\rho}$
$\mu = \nu \cdot \rho$
$= 0.0019 \text{m}^2/\text{sec} \times 1200 \text{kg/m}^3$
$= 2.28 \text{kg/m} \cdot \text{sec}$
공학단위로 변환하기 위해 중력가속도로 나누면
$= \dfrac{2.28 \text{kgf/m} \cdot \text{sec}}{9.8 \text{m/sec}^2}$
$= 0.23 \text{kgf} \cdot \text{sec/m}^2$

5.

$Q = Aki$
$\dfrac{12}{2 \times 60} = \dfrac{\pi \cdot 4^2}{4} \times k \times \dfrac{15}{30}$
$k = 0.016 \text{cm/sec}$

6. $Q = 1.84 BH^{\frac{3}{2}}$ 에서
$H = \left(\dfrac{Q}{1.84B}\right)^{\frac{2}{3}}$
$= \left(\dfrac{0.03}{1.84 \times 0.35}\right)^{\frac{2}{3}} = 0.13\text{m} = 13\text{cm}$

사각형 위어이므로
$\dfrac{dQ}{Q} = \dfrac{\dfrac{2}{3} Cb\sqrt{2g} \cdot \dfrac{3}{2} h^{1/2} \cdot dh}{\dfrac{2}{3} Cb\sqrt{2g} \, h^{3/2}}$
$= \dfrac{3}{2} \times \dfrac{dH}{H}$
$= \dfrac{3}{2} \times \dfrac{0.1}{13} \times 100 = 1.15\%$

7. $h_L = f\dfrac{l}{D} \cdot \dfrac{V^2}{2g} = \dfrac{V^2}{2g}$
$\therefore f\dfrac{l}{D} = 1$
$l = \dfrac{D}{f} = \dfrac{0.2}{0.04} = 5\text{m}$

8. $R = \dfrac{A}{P}$ 에서 P가 무한히 커지면 $R \fallingdotseq h$가 된다.

9. $h = \dfrac{P}{w}$
$= \dfrac{150}{9.81} = 15.29\text{m}$ (물기둥)
수은 $h = \dfrac{15.29}{13.57} = 1.13\text{m}$

10. 한계흐름 시의 유량을 구하면 된다.
(실제유속이 V보다 작아야 한다.)
$$F_r = \frac{V}{\sqrt{gh}} = 1$$
$$Q = AV = 3 \times 0.5 \times V$$
$$V = \sqrt{g \cdot h} = \sqrt{9.8 \times 0.5} = 2.21 \text{m/sec}$$
$$Q = 3 \times 0.5 \times 2.21 = 3.32 \text{m}^2/\text{sec보다 작아야 한다.}$$

11. $h_L = f \frac{l}{D} \cdot \frac{V^2}{2g}$

$2 = 0.02 \times \frac{100}{0.4} \times \frac{V^2}{2 \times 9.8}$

$V^2 = 7.84$

$V = 2.8 \text{m/sec}$

12. 완전 월류 상태가 $Q \propto h^{3/2}$이므로
불완전 월류 상태는 h와 비례관계이므로
$Q \propto h^{1/2}$

13. 침투능 결정방법
침투계, Horton 공식, Philips 공식, Holtan 공식, Green-Ampt 공식, 침투지수(ϕ-지수법, W-지수법)

14. 층류영역에서는
$$f = \frac{64}{Re}$$

15. 도수는 댐의 여수로 하류부에서 발생한다.
즉, 사류에서 상류로 변화시 발생한다.

16.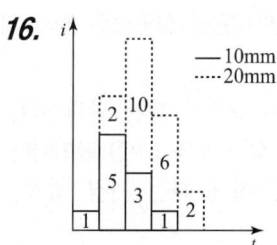
수문곡선의 종거는 1, 7, 13, 7, 2

17. 하상계수는 $\frac{최대유량}{최소유량}$으로 나타낸다.

18. • 부정류 흐름 해석 방법:
Theis, Jacob, Chow, 수두 회복법
• 정류 흐름 해석 방법:
Thiem, Dupuit, Laplace

19. 상류에서의 F_r수는 1보다 적다.

20. 가능 최대 강우량은 대규모 수공 구조물을 설계할 때 활용된다.

1. ①	2. ④	3. ④	4. ③	5. ②
6. ①	7. ③	8. ④	9. ②	10. ①
11. ③	12. ②	13. ④	14. ④	15. ④
16. ③	17. ②	18. ①	19. ②	20. ④

과년도출제문제

22 토목기사
1회 시행 출제문제

1. 하폭이 넓은 완경사 개수로 흐름에서 물의 단위중량 $W = \rho g$, 수심 h, 하상경사 S일 때 바닥 전단응력 τ_0는? (단, ρ : 물의 밀도, g : 중력가속도)

① $\rho h S$
② $g h S$
③ $\sqrt{\dfrac{hS}{\rho}}$
④ $W h S$

2. 베르누이(Bernoulli)의 정리에 관한 설명으로 틀린 것은?

① 회전류의 경우는 모든 영역에서 성립한다.
② Euler의 운동방정식으로부터 적분하여 유도할 수 있다.
③ 베르누이의 정리를 이용하여 Torricelli의 정리를 유도할 수 있다.
④ 이상유체 흐름에 대하여 기계적 에너지를 포함한 방정식과 같다.

3. 삼각 위어(weir)에 월류 수심을 측정할 때 2%의 오차가 있었다면 유량 산정시 발생하는 오차는?

① 2%
② 3%
③ 4%
④ 5%

4. 다음 사다리꼴 수로의 윤변은?

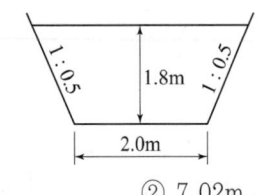

① 8.02m
② 7.02m
③ 6.02m
④ 9.02m

5. 흐르는 유체 속의 한 점(x, y, z)의 각 축방향의 속도성분을 (u, v, w)라 하고 밀도를 ρ, 시간을 t로 표시할 때 가장 일반적인 경우의 연속방정식은?

① $\dfrac{\partial u}{\partial t} + \dfrac{\partial v}{\partial t} + \dfrac{\partial w}{\partial t} = 0$
② $\dfrac{\partial \rho u}{\partial x} + \dfrac{\partial \rho v}{\partial y} + \dfrac{\partial \rho w}{\partial z} = 0$
③ $\dfrac{\partial \rho}{\partial t} + \dfrac{\partial u}{\partial x} + \dfrac{\partial v}{\partial y} + \dfrac{\partial w}{\partial z} = 0$
④ $\dfrac{\partial \rho}{\partial t} + \dfrac{\partial \rho u}{\partial x} + \dfrac{\partial \rho v}{\partial y} + \dfrac{\partial \rho w}{\partial z} = 0$

6. 그림과 같이 수조 A의 물을 펌프에 의해 수조 B로 양수한다. 연결관의 단면적 200cm², 유량 0.196m³/s, 총손실수두는 속도수두의 3.0배에 해당할 때 펌프의 필요한 동력(HP)은? (단, 펌프의 효율은 98%이며, 물의 단위중량은 9.81kN/m³, 1HP는 735.75N·m/s, 중력가속도는 9.8m/s²)

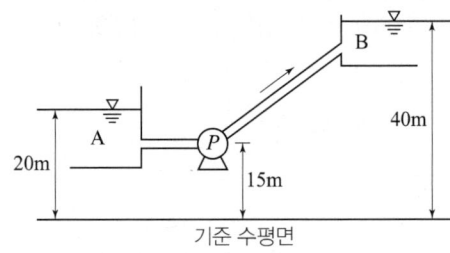

① 92.5HP
② 101.6HP
③ 105.9HP
④ 115.2HP

7. 수리학적으로 유리한 단면에 관한 설명으로 옳지 않은 것은?

① 주어진 단면에서 윤변이 최소가 되는 단면이다.
② 직사각형 단면일 경우 수심이 폭의 1/2인 단면이다.
③ 최대유량의 소통을 가능하게 하는 가장 경제적인 단면이다.
④ 사다리꼴 단면일 경우 수심을 반지름으로 하는 반원을 외접원으로 하는 사다리꼴 단면이다.

8. 여과량이 2m³/s, 동수경사가 0.2, 투수계수가 1cm/s일 때 필요한 여과지 면적은?

① 1,000m²   ② 1,500m²
③ 2,000m²   ④ 2,500m²

9. 비중이 0.9인 목재가 물에 떠 있다. 수면 위에 노출된 체적이 1.0m³이라면 목재 전체의 체적은?
(단, 물의 비중은 1.00이다.)

① 1.9m³   ② 2.0m³
③ 9.0m³   ④ 10.0m³

10. 두께가 10m인 피압대수층에서 우물을 통해 양수한 결과, 50m 및 100m 떨어진 두 지점에서 수면강하가 각각 20m 및 10m로 관측되었다. 정상상태를 가정할 때 우물의 양수량은? (단, 투수계수는 0.3m/h)

① 7.6×10^{-2}m³/s   ② 6.0×10^{-3}m³/s
③ 9.4m³/s   ④ 21.6m³/s

11. 첨두홍수량 계산에 있어서 합리식의 적용에 관한 설명으로 옳지 않은 것은?

① 하수도 설계 등 소유역에만 적용될 수 있다.
② 우수 도달시간은 강우 지속시간보다 길어야 한다.
③ 강우강도는 균일하고 전유역에 고르게 분포되어야 한다.
④ 유량이 점차 증가되어 평형상태일 때의 첨두유출량을 나타낸다.

12. 그림과 같은 모양의 분수(噴水)를 만들었을 때 분수의 높이(H_v)는? (단, 유속계수 C_v : 0.96, 중력가속도 g : 9.8m/s², 다른 손실은 무시한다.)

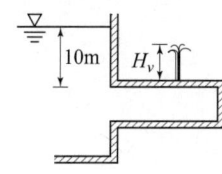

① 9.00m   ② 9.22m
③ 9.62m   ④ 10.00m

13. 동수반경에 대한 설명으로 옳지 않은 것은?

① 원형관의 경우, 지름의 1/4이다.
② 유수단면적을 윤변으로 나눈 값이다.
③ 폭이 넓은 직사각형수로의 동수반경은 그 수로의 수심과 거의 같다.
④ 동수반경이 큰 수로는 동수반경이 작은 수로보다 마찰에 의한 수두손실이 크다.

14. 댐의 상류부에서 발생되는 수면 곡선으로 흐름 방향으로 수심이 증가함을 뜻하는 곡선은?

① 배수 곡선   ② 저하 곡선
③ 유사량 곡선   ④ 수리특성 곡선

15. 일반적인 물의 성질로 틀린 것은?

① 물의 비중은 기름의 비중보다 크다.
② 물은 일반적으로 완전유체로 취급한다.
③ 해수(海水)도 담수(淡水)와 같은 단위중량으로 취급한다.
④ 물의 밀도는 보통 1g/cc=1,000kg/m³=1t/m³를 쓴다.

16. 강우 자료의 일관성을 분석하기 위해 사용하는 방법은?

① 합리식
② DAD 해석법
③ 누가 우량 곡선법
④ SCS(Soil Conservation Service) 방법

17. 수문자료 해석에 사용되는 확률분포형의 매개변수를 추정하는 방법이 아닌 것은?

① 모멘트법(method of moments)
② 회선적분법(convolution integral method)
③ 최우도법(method of maximum likelihood)
④ 확률가중모멘트법(method of probability weighted moments)

18. 정수역학에 관한 설명으로 틀린 것은?

① 정수 중에는 전단응력이 발생된다.
② 정수 중에는 인장응력이 발생되는 않는다.
③ 정수압은 항상 벽면에 직각방향으로 작용한다.
④ 정수 중의 한 점에 작용하는 정수압은 모든 방향에서 균일하게 작용한다.

19. 수심이 1.2m인 수조의 밑바닥에 길이 4.5m, 지름 2cm인 원형관이 연직으로 설치되어 있다. 최초에 물이 배수되기 시작할 때 수조의 밑바닥에서 0.5m 떨어진 연직관 내의 수압은? (단, 물의 단위중량은 9.81kN/m³이며, 손실은 무시한다.)

① 49.05kN/m^2
② -49.05kN/m^2
③ 39.24kN/m^2
④ -39.24kN/m^2

20. 어느 유역에 1시간 동안 계속되는 강우기록이 아래 표와 같을 때 10분 지속 최대강우강도는?

시간(분)	0	0~10	10~20	20~30	30~40	40~50	50~60
우량(mm)	0	3.0	4.5	7.0	6.0	4.5	6.0

① 5.1mm/h
② 7.0mm/h
③ 30.6mm/h
④ 42.0mm/h

해설 및 정답

1. $\tau = WRI$
   $= w \cdot h \cdot s$

2. 회전류의 경우 모든 영역에서 베르누이 정리가 성립되는 것은 아니다.

3. $Q = \dfrac{8}{15} C\sqrt{2g} \cdot \tan\dfrac{\theta}{2} \cdot h^{\frac{5}{2}}$

수심 h로 양변을 미분하면

$\dfrac{dQ}{dh} = \dfrac{8}{15} C\sqrt{2g} \cdot \tan\dfrac{\theta}{2} \cdot \dfrac{5}{2} h^{\frac{3}{2}}$

유량에 대한 오차는

$\dfrac{dQ}{Q} = \dfrac{\dfrac{8}{15} C\sqrt{2g} \cdot \tan\dfrac{\theta}{2} \cdot \dfrac{5}{2} h^{\frac{3}{2}} \cdot dh}{\dfrac{8}{15} C\sqrt{2g} \cdot \tan\dfrac{\theta}{2} \cdot h^{\frac{5}{2}}}$

$= \dfrac{5}{2} \dfrac{dh}{h}$

$= \dfrac{5}{2} \times 2\% = 5\%$

4. 윤변 $P =$ 물과 맞닿는 변의 길이

$P = 2 + \sqrt{1.8^2 + 0.9^2} \times 2$
$= 6.02\text{m}$

5. 일반적인 경우에는 시간에 따라 밀도가 변화하고, 각 축방향에 따라 밀도가 변화하게 된다.

6. 펌프의 필요 동력(HP)

$E = \dfrac{1}{\eta} \times 13.33 QH_P$

$\eta = 0.98, \quad Q = 0.196$

$H_P = H + H_L$
$= (40 - 20) + 14.7$

$H_L = \dfrac{V^2}{2g} \times 3$

$V = \dfrac{Q}{A} = \dfrac{0.196}{200 \times 10^{-4}} = 9.8\text{m/sec}$

$H_L = \dfrac{9.8^2}{2 \times 9.8} \times 3 = 14.7\text{m}$

$H_P = 20 + 14.7 = 34.7\text{m}$

$E = \dfrac{1}{0.98} \times 13.33 \times 0.196 \times 34.7 = 92.5\text{HP}$

7. 유리한 단면은 R이 최대

$R = \dfrac{A}{P}$

사다리꼴 단면의 경우 반원에 외접하는 단면이다.

8. $Q = AKi$

$A = \dfrac{Q}{Ki}$

$= \dfrac{2}{1 \times 10^{-2} \times 0.2}$

$= 1,000\text{m}^2$

9. $wV + M = w'V' + M'$

$0.9 \times V + 0 = 1 \times (V - 1) + 0$

$0.9V = V - 1$

$V = \dfrac{1}{1 - 0.9} = 10\text{m}^3$

10. 굴착정이므로

$Q = \dfrac{2\pi ak(H - h_o)}{L_n\left(\dfrac{R}{r}\right)}$

$= \dfrac{2\pi \times 10 \times 0.3 \times (20 - 10)}{L_n\left(\dfrac{100}{50}\right)}$

$= 271.9\text{m}^3/\text{hr}$

$= 7.6 \times 10^{-2} \text{m}^3/\text{sec}$

11. 강우 지속시간이 우수 도달시간보다 길어야 한다.

12. 분수의 높이 $H = C_v^2 \cdot h$

$H = 0.96^2 \times 10$
$= 9.22\text{m}$

13. $R = \dfrac{A}{P}$

동수반경이 큰 수로는 수리상 유리한 단면으로 진행하는 단면이므로 마찰 수두손실이 작다.

14. 물이 댐체를 만날 때 수면이 상승하는 곡선을 배수곡선이라 한다.

15. 해수의 경우는 단위중량이 1.025g/cm^3이다.

16. 자료의 일관성 분석에 사용되는 방법은 누가 우량 곡선법이다.

17. 회선적분법은 기저유출을 예측할 때 사용할 수 있다.

18. 정수 중에는 전단응력이 발생하지 않는다.

19.

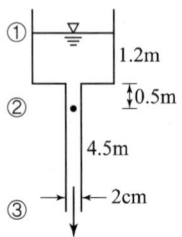

①,②점에 있어서 베르누이 정리 대입

$$\dfrac{P_1}{w} + \dfrac{V_1^2}{2g} + Z_1 = \dfrac{P_2}{w} + \dfrac{V_2^2}{2g} + Z_2$$

$\left(\dfrac{P_1}{w} = 0, \dfrac{V_1^2}{2g} = 0\right)$이므로

$\dfrac{P_2}{w} = Z_1 - Z_2 - \dfrac{V_2^2}{2g}$ ················ (1)

①,③에 베르누이 정리를 대입하면

$$\dfrac{P_1}{w} + \dfrac{V_1^2}{2g} + Z_1 = \dfrac{P_3}{w} + \dfrac{V_3^2}{2g} + Z_3$$

$\left(\dfrac{P_1}{w} = 0, \dfrac{V_1^2}{2g} = 0, \dfrac{P_3}{w} = 0, Z_3 = 0\right)$

$Z_1 = \dfrac{V_3^2}{2g}$ ·························· (2)

②,③은 동일관로이므로

$V_2 = V_3$ ································ (3)

(1)식에 각 각 대입을 하면

$\dfrac{P_2}{w} = Z_1 - Z_2 - Z_1$

$\quad = -Z_2$

$P_2 = w \cdot Z_2$

$\quad = -9.81 \times (4.5 - 0.5)$

$\quad = -39.24 \text{kN/m}^2$

20. 10분 강우량은 7mm가 최대 강우강도로 환산하면

$7 \times \dfrac{60}{10} = 42 \text{mm/hr}$

1. ④	2. ①	3. ④	4. ③	5. ④
6. ①	7. ④	8. ①	9. ④	10. ①
11. ②	12. ②	13. ④	14. ①	15. ③
16. ③	17. ②	18. ①	19. ④	20. ④

과년도 출제문제

22 토목기사 2회 시행 출제문제

1. 2개의 불투수층 사이에 있는 대수층 두께 a, 투수계수 k인 곳에 반지름 r_0인 굴착정(artesian well)을 설치하고 일정 양수량 Q를 양수하였더니, 양수 전 굴착정 내의 수위 H가 h_0로 강하하여 정상흐름이 되었다. 굴착정의 영향원 반지름을 R이라 할 때 $(H-h_0)$의 값은?

① $\dfrac{2Q}{\pi ak}ln\left(\dfrac{R}{r_0}\right)$ ② $\dfrac{Q}{2\pi ak}ln\left(\dfrac{R}{r_0}\right)$
③ $\dfrac{2Q}{\pi ak}ln\left(\dfrac{r_0}{R}\right)$ ④ $\dfrac{Q}{2\pi ak}ln\left(\dfrac{r_0}{R}\right)$

2. 침투능(infiltration capacity)에 관한 설명으로 틀린 것은?

① 침투능은 토양조건과는 무관하다.
② 침투능은 강우강도에 따라 변화한다.
③ 일반적으로 단위는 mm/h 또는 in/h로 표시된다.
④ 어떤 토양면을 통해 물이 침투할 수 있는 최대율을 말한다.

3. 3차원 흐름의 연속방정식을 아래와 같은 형태로 나타낼 때 이에 알맞은 흐름의 상태는?

$$\dfrac{\partial u}{\partial x}+\dfrac{\partial v}{\partial y}+\dfrac{\partial w}{\partial z}=0$$

① 압축성 부정류   ② 압축성 정상류
③ 비압축성 부정류 ④ 비압축성 정상류

4. 지름 20cm의 원형단면 관수로에 물이 가득 차서 흐를 때의 동수반경은?

① 5cm   ② 10cm
③ 15cm   ④ 20cm

5. 대수층의 두께 2.3m, 폭 1.0m일 때 지하수 유량은? (단, 지하수류의 상·하류 두 지점 사이의 수두차 1.6m, 두 지점 사이의 평균 거리 360m, 투수계수 $k=$ 192m/day)

① $1.53m^3$/day   ② $1.80m^3$/day
③ $1.96m^3$/day   ④ $2.21m^3$/day

6. 그림과 같은 수조 벽면에 작은 구멍을 뚫고 구멍의 중심에서 수면까지 높이가 h일 때, 유출속도 V는? (단, 에너지 손실은 무시한다.)

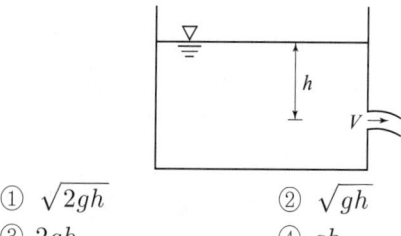

① $\sqrt{2gh}$ ② $\sqrt{gh}$
③ $2gh$ ④ gh

7. 그림과 같이 원형관 중심에서 V의 유속으로 물이 흐르는 경우에 대한 설명으로 틀린 것은?(단, 흐름은 층류로 가정한다.)

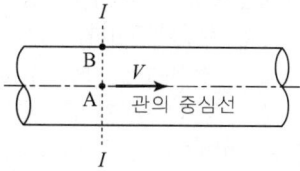

① 지점 A에서의 마찰력은 V^2에 비례한다.
② 지점 A에서의 유속은 단면 평균유속의 2배이다.
③ 지점 A에서 지점 B로 갈수록 마찰력은 커진다.
④ 유속은 지점 A에서 최대인 포물선 분포를 한다.

8. 어떤 유역에 다음 표와 같이 30분간 집중호우가 계속되었을 때, 지속기간 15분인 최대강우강도는?

시간(분)	우량(mm)
0~5	2
5~10	4
10~15	6
15~20	4
20~25	8
25~30	6

① 64mm/h
② 48mm/h
③ 72mm/h
④ 80mm/h

9. 정지하고 있는 수중에 작용하는 정수압의 성질로 옳지 않은 것은?

① 정수압의 크기는 깊이에 비례한다.
② 정수압은 물체의 면에 수직으로 작용한다.
③ 정수압은 단위면적에 작용하는 힘의 크기로 나타낸다.
④ 한 점에 작용하는 정수압은 방향에 따라 크기가 다르다.

10. 단위유량도에 대한 설명으로 틀린 것은?

① 단위유량도의 정의에서 특정 단위시간은 1시간을 의미한다.
② 일정기저시간가정, 비례가정, 중첩가정은 단위유량도의 3대 기본가정이다.
③ 단위유량도의 정의에서 단위 유효우량은 유역 전 면적 상의 등가우량 깊이로 측정되는 특정량의 우량을 의미한다.
④ 단위 유효우량은 유출량의 형태로 단위유량도상에 표시되며, 단위유량도 아래의 면적은 부피의 차원을 가진다.

11. 한계수심에 대한 설명으로 옳지 않은 것은?

① 유량이 일정할 때 한계수심에서 비에너지가 최소가 된다.
② 직사각형 단면 수로의 한계수심은 최소 비에너지의 $\frac{2}{3}$이다.
③ 비에너지가 일정하면 한계수심으로 흐를 때 유량이 최대가 된다.
④ 한계수심보다 수심이 작은 흐름이 상류(常流)이고 큰 흐름이 사류(射流)이다.

12. 개수로 흐름의 도수현상에 대한 설명으로 틀린 것은?

① 비력과 비에너지가 최소인 수심은 근사적으로 같다.
② 도수 전·후의 수심 관계는 베르누이 정리로부터 구할 수 있다.
③ 도수는 흐름이 사류에서 상류로 바뀔 경우에만 발생 된다.
④ 도수 전·후의 에너지 손실은 주로 불연속 수면 발생 때문이다.

13. 단면 2m×2m, 높이 6m인 수조에 물이 가득차 있을 때 이 수조의 바닥에 설치한 지름이 20cm인 오리피스로 배수시키고자 한다. 수심이 2m가 될 때까지 배수하는데 필요한 시간은? (단, 오리피스 유량계수 $C=0.6$, 중력가속도 $g=9.8m/s^2$)

① 1분 39초
② 2분 36초
③ 2분 55초
④ 3분 45초

14. 정상류에 관한 설명으로 옳지 않은 것은?

① 유선과 유적선이 일치한다.
② 흐름의 상태가 시간에 따라 변하지 않고 일정하다.
③ 실제 개수로 내 흐름의 상태는 정상류가 대부분이다.
④ 정상류 흐름의 연속방정식은 질량보존의 법칙으로 설명된다.

15. 수로의 단위폭에 대한 운동량 방정식은? (단, 수로의 경사는 완만하며, 바닥 마찰저항은 무시한다.)

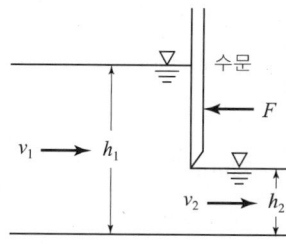

① $\dfrac{\gamma h_1^2}{2} - \dfrac{\gamma h_2^2}{2} - F = \rho Q(V_1 - V_2)$

② $\dfrac{\gamma h_1^2}{2} - \dfrac{\gamma h_2^2}{2} - F = \rho Q(V_2 - V_1)$

③ $\dfrac{\gamma h_1^2}{2} + \dfrac{\gamma h_2^2}{2} - F = \rho Q(V_2 - V_1)$

④ $\dfrac{\gamma h_1^2}{2} + \rho Q V_1 + F = \dfrac{\gamma h_2^2}{2} + \rho Q V_2$

16. 완경사 수로에서 배수곡선(backwater curve)에 해당하는 수면곡선은?

① 홍수 시 하천의 수면곡선
② 댐을 월류할 때의 수면곡선
③ 하천 단락부(段落部) 상류의 수면곡선
④ 상류 상태로 흐르는 하천에 댐을 구축했을 때 저수지 상류의 수면곡선

17. 지하수의 연직분포를 크게 통기대와 포화대로 나눌 때, 통기대에 속하지 않는 것은?

① 모관수대
② 중간수대
③ 지하수대
④ 토양수대

18. 하천의 수리모형실험에 주로 사용되는 상사법칙은?

① Weber의 상사법칙
② Cauchy의 상사법칙
③ Froude의 상사법칙
④ Reynolds의 상사법칙

19. 속도분포를 $v = 4y^{\frac{2}{3}}$으로 나타낼 수 있을 때 바닥면에서 0.5m 떨어진 높이에서의 속도경사(Velocity gradient)는? (단, v : m/sec, y : m)

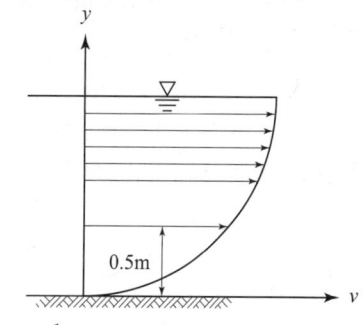

① 2.67sec^{-1}
② 3.36sec^{-1}
③ 2.67sec^{-2}
④ 3.36sec^{-2}

20. 수중에 잠겨 있는 곡면에 작용하는 연직분력은?

① 곡면에 의해 배제된 물의 무게와 같다.
② 곡면중심의 압력에 물의 무게를 더한 값이다.
③ 곡면을 밑면으로 하는 물기둥의 무게와 같다.
④ 곡면을 연직면상에 투영했을 때 그 투영면이 작용하는 정수압과 같다.

해설 및 정답

1. 굴착정 양수량 Q

$$Q = \frac{2\pi ak(H-h_o)}{L_n\left(\frac{R}{r}\right)}$$

$$H-h_o = \frac{Q \cdot L_n\left(\frac{R}{r}\right)}{2\pi ak}$$

2. 침투능의 크기는 토양의 조건과 매우 밀접한 관련이 있다. 침투능에 영향을 주는 인자는 토양의 종류 및 함유수분, 다짐정도, 식생피복 등

3. 연속방정식의 항목이 밀도와는 관계가 없으므로 비압축성, 시간 항목이 없으므로 정상류이다.

4. 동수반경 $R = \frac{A}{P}$

$$R = \frac{\frac{\pi D^2}{4}}{\pi D} = \frac{D}{4}$$

$$= \frac{20}{4} = 5\text{cm}$$

5. $Q = Aki$

$$= 2.3 \times 1 \times 192 \times \frac{1.6}{360}$$

$$= 1.96\text{m}^3/\text{day}$$

6. 수면과 출구점에 각각 베르누이 정리를 대입하면

$$\frac{P_1}{w} + \frac{V_1^2}{2g} + Z_1 = \frac{P_2}{w} + \frac{V_2^2}{2g} + Z_2$$

$$0 + 0 + h = 0 + \frac{V_2^2}{2g} + 0$$

$$V_2 = \sqrt{2gh}$$

7. 마찰력 $\tau = WRI$

8. i) 0~15 : 2+4+6 = 12

$$12 \times \frac{60}{15} = 48\text{mm/hr}$$

ii) 5~20 : 4+6+4 = 14

$$14 \times \frac{60}{15} = 56\text{mm/hr}$$

iii) 10~25 : 6+4+8 = 18

$$18 \times \frac{60}{15} = 72\text{mm/hr}$$

iv) 15~30 : 4+8+6 = 18

$$18 \times \frac{60}{15} = 72\text{mm/hr}$$

9. 점이라고 하는 것은 위치만 있는 것이기 때문에 정수압의 크기는 모든 방향에서 동일하다.

10. 단위유량도에서 특정 단위시간은 1시간 만을 의미하는 것은 아니다.

11. 한계수심보다 작은 수심의 흐름은 사류, 큰 수심의 흐름은 상류이다.

12. 도수 전·후의 수심은 도수로 인한 운동량이 변화하므로 운동량 방정식으로 구할 수 있다.

13. $T = \frac{2A_1}{C_a\sqrt{2g}}\left(H_1^{\frac{1}{2}} - H_2^{\frac{1}{2}}\right)$

$$= \frac{2 \times 2 \times 2}{0.6 \times \frac{\pi \cdot 0.2^2}{4} \times \sqrt{2 \times 9.8}}\left(6^{\frac{1}{2}} - 2^{\frac{1}{2}}\right)$$

$$= 99.2\text{초} = 1\text{분 } 39\text{초}$$

14. 정상류는 유선과 유적선이 일치하며, 흐름이 시간에 따라 변화가 없으며, 연속방정식은 질량보존의 법칙으로 설명이 가능하며, 실제 개수로 흐름은 정상류가 대부분이므로 모두 맞는 답이므로 옳지 않은 것은 없습니다.

15. $F_1 - F_2 - F = \rho Q(V_2 - V_1)$

$\dfrac{\gamma h_1^2}{2} - \dfrac{\gamma h_2^2}{2} - F = \rho Q(V_2 - V_1)$

16. 배수곡선은 댐체 등의 장애물로 인한 상류수면의 곡선 형태를 말한다.

17. 통기대 : 토양수대, 중간수대, 모관수대

18. 하천의 수리모형실험에 적용되는 법칙은 Froude 상사법칙이다.

19. $V = 4y^{\frac{2}{3}}$ 이므로 속도경사는

$\dfrac{dV}{dy} = 4 \cdot \dfrac{2}{3} \cdot y^{-\frac{1}{3}}$

$= 4 \times \dfrac{2}{3} \times 0.5^{-\frac{1}{3}}$

$= 3.36 \sec^{-1}$

20. 수중의 곡면에 작용하는 연직분력은 곡면을 밑면으로 하는 물기둥의 무게와 같다.

1. ②	2. ①	3. ④	4. ①	5. ③
6. ①	7. ①	8. ③	9. ④	10. ①
11. ④	12. ②	13. ①	14. 답없음	15. ②
16. ④	17. ③	18. ③	19. ②	20. ③

과년도출제문제 (CBT시험문제)

22 토목기사 3회 시행 출제문제

※ 본 기출문제는 수험자의 기억을 바탕으로 하여 복원한 문제이므로 실제 문제와 다를 수 있음을 미리 알려드립니다.

1. 직경이 10cm인 원관 속에 비중이 0.85인 기름이 0.01m³/sec으로 흐르고 있다. 이 기름의 동점성 계수가 1×10^{-4} m²/sec일 때, 이 흐름의 상태는?
① 난류의 흐름   ② 층류의 흐름
③ 천이영역의 흐름 ④ 부정류의 흐름

2. 다음 사항 중 옳지 않은 것은?
① 자연 하천에서 대부분 동일수위에 대한, 수위 상승시와 하강시의 유량이 다르다.
② 수위-유량 관계곡선의 연장방법인 Stevens법은 Chezy의 유속공식을 이용한다.
③ 합리식은 어떤 배수영역에 발생한 호우강도와 첨두유량간 관계를 나타낸다.
④ 유량 빈도곡선의 경사가 급하면 홍수가 드물고 지하수의 하천방출이 크다.

3. S-곡선(S-curve)와 가장 관계가 먼 것은?
① 단위도의 지속시간 ② 평형 유출량
③ 등우선도   ④ 직접유출 수문곡선

4. 직사각형 위어에서 위어의 월류수두 h에 2%의 측정 오차가 생기면 유량에는 몇 %의 오차가 생기겠는가?
① 1%   ② 2%
③ 3%   ④ 4%

5. 수리학적 완전상사를 이루기 위한 조건이 아닌 것은?
① 기하학적 상사(Geometric Similarity)
② 운동학적 상사(Kinematic Similarity)
③ 동역학적 상사(Dynamic Similarity)
④ 대수학적 상사(Algebraic Similarity)

6. 폭 5m인 직사각형 수로에 유량 8m³/sec의 물이 항시 수심 0.8m로 흐르는 경우 이 흐름의 Froude 수는? (단, 중력가속도 $g = 9.81$m/sec²이다.)
① 0.26   ② 0.54
③ 0.71   ④ 0.93

7. 내경 1.8m의 강관에 압력수두 100m의 물을 흐르게 하려면 강관의 필요최소두께는? (단, 물의 단위중량은 9.81kN/m³이며 강재의 허용인장응력은 11000N/cm²이다.)
① 0.6   ② 0.7
③ 0.8   ④ 0.9

8. 그림과 같이 수면에서 5m 깊이에 연직으로 놓여 있는 판의 전수압이 7000kN이라면 이 판의 폭은? (단, 물의 단위중량은 9.81kN/m³이다.)
① 7.14m
② 8.14m
③ 9.14m
④ 10.14m

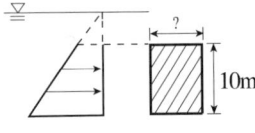

9. 기온 30℃에서의 포화 증기압은 31.82mmHg, 실제증기압은 19.42mmHg일 때 상대습도는?
① 51%   ② 61%
③ 71%   ④ 81%

10. 2개의 불투수층 사이에 있는 대수층의 두께 a, 투수계수 k인 곳에 반지름 r_0인 굴착정(artesian well)을 설치하고 일정 양수량 Q를 양수하였더니, 양수전 굴착정 내의 수위 H가 h_0로 강하하여 정상흐름이 되었다. 굴착정의 영향원 반지름을 R이라 할 때 $(H-h_0)$의 값은?

① $\dfrac{2Q}{\pi a k} \ln\left(\dfrac{R}{r_0}\right)$　　② $\dfrac{Q}{2\pi a k} \ln\left(\dfrac{R}{r_0}\right)$

③ $\dfrac{2Q}{\pi a k} \ln\left(\dfrac{r_0}{R}\right)$　　④ $\dfrac{Q}{2\pi a k} \ln\left(\dfrac{r_0}{R}\right)$

11. 다음은 개수로 흐름의 운동량 방정식을 나타낸 것이다. 각 항들의 물리적 의미가 올바르지 못한 것은?

$$\underbrace{\dfrac{\partial V}{\partial t}}_{(\text{I})} + \underbrace{V\dfrac{\partial V}{\partial x}}_{(\text{II})} + \underbrace{g\dfrac{\partial y}{\partial x}}_{(\text{III})} - \underbrace{gS_0}_{(\text{IV})} + \underbrace{gS_f}_{(\text{V})} = 0$$

① I항 : 대류 가속(Convective Acceleration)항
② I항 및 II항 : 흐름의 관성항
③ III항 : 수심변화에 따른 압력변화
④ IV항 : 흐름에 대한 중력의 영향

12. 원관 내의 층류에서 유량에 대한 설명으로 옳은 것은?

① 관의 길이에 비례한다.
② 반경의 제곱에 비례한다.
③ 압력강하에 반비례한다.
④ 점성에 반비례한다.

13. 중력장에서 단위유체질량에 작용하는 외력 F의 x, y, z축에 대한 성분을 각각 X, Y, Z라고 하고, 각 축방향의 증분을 dx, dy, dz라고 할 때 등압면의 방정식은?

① $\dfrac{dx}{X} + \dfrac{dy}{Y} + \dfrac{dz}{Z} = 0$
② $\dfrac{X}{dx} + \dfrac{Y}{dy} + \dfrac{Z}{dz} = 0$
③ $X \cdot dx + Y \cdot dy + Z \cdot dz = 0$
④ $X \cdot dx + Y \cdot dy + Z \cdot dz = dp$

14. 프란시스(Francis) 공식으로 전폭위어(weir)의 월류량을 구할 때 위어 폭의 측정에 2%의 오차가 있다면 유량에는 얼마의 오차가 있게 되는가?

① 1%　　② 2%
③ 3%　　④ 5%

15. 직사각형 단면의 수로에서 단위폭당 유량이 0.4m³/sec 이고, 수심이 0.8m일 때 비에너지는? (단, 에너지 보정계수는 1.0, 중력가속도는 9.81m/sec²으로 한다.)

① 0.817m　　② 0.815m
③ 0.813m　　④ 0.811m

16. 미계측 유역에 대한 단위유량도의 합성방법이 아닌 것은?

① Clark 방법　　② Horton 방법
③ Snyder 방법　　④ SCS 방법

17. 미소진폭파(small-amplitude wave)이론을 가정할 때, 일정 수심 h의 해역을 전파하는 파장 L, 파고 H, 주기 T의 파랑에 대한 설명 중 틀린 것은?

① h/L이 0.05보다 작을 때, 천해파로 정의한다.
② h/L이 1.0보다 클 때, 심해파로 정의한다.
③ 분산관계식은 L, h 및 T 사이의 관계를 나타낸다.
④ 파랑의 에너지는 H^2에 비례한다.

18. 지름 20cm의 원형단면 관수로에 물이 가득차서 흐를 때의 동수반경(R)은?

① 5cm　　② 10cm
③ 15cm　　④ 20cm

19. 개수로 내 흐름에 있어서 한계수심에 대한 설명으로 옳은 것은?

① 상류쪽의 저항이 하류쪽의 조건에 따라 변한다.
② 유량이 일정할 때 비력이 최대가 된다.
③ 유량이 일정할 때 비에너지가 최소가 된다.
④ 비에너지가 일정할 때 유량이 최소가 된다.

20. 물 속에 잠겨진 곡면에 작용하는 전수압의 연직 방향 분력은?

① 곡면을 밑면으로 하는 물기둥 체적의 무게와 같다.
② 곡면 중심에서의 압력에 수직투영 면적을 곱한 것과 같다.
③ 곡면의 수직투영 면적에 작용하는 힘과 같다.
④ 수평분력의 크기와 같다.

해설 및 정답

1. $Re = \dfrac{V \cdot D}{v}$

$V = \dfrac{Q}{A} = \dfrac{0.01}{\dfrac{\pi \cdot 0.1^2}{4}}$

$= 1.27 \text{m/sec}$

$Re = \dfrac{1.27 \times 0.1}{1 \times 10^{-4}}$

$= 127 < 2000$ 이므로
층류 흐름이다.

2. 유량빈도곡선의 경사가 급하면 홍수가 빈번하다.

3. S-Curve는 긴 지속시간의 단위도로부터 짧은 단위도를 유도하는 것이므로, 단위도의 지속시간, 유출량, 수문곡선 등이 관계있다. 등우선도는 강우의 분포를 나타내는 방법이다.

4. $Q = \dfrac{2}{3} C b \sqrt{2g} \, h^{3/2}$

양변을 h로 미분하면

$\dfrac{dQ}{dh} = \dfrac{2}{3} C b \sqrt{2g} \cdot \dfrac{3}{2} h^{1/2}$

유량오차를 구하면

$\dfrac{dQ}{Q} = \dfrac{\dfrac{2}{3} C b \sqrt{2g} \cdot \dfrac{3}{2} h^{1/2} \cdot dh}{\dfrac{2}{3} C b \sqrt{2g} \cdot h^{3/2}}$

$= \dfrac{3}{2} \dfrac{dh}{h}$

$= \dfrac{3}{2} \times 2\% = 3\%$

5. 수리학적 상사는
- 기하학적
- 운동학적
- 동역학적

6. $F_r = \dfrac{V}{\sqrt{gh}}$

$V = \dfrac{Q}{A} = \dfrac{8}{5 \times 0.8} = 2$

$F_r = \dfrac{2}{\sqrt{9.81 \times 0.8}} = 0.71$

7. $t = \dfrac{PD}{2\sigma}$

$P = wh = 9.8 \times 100 = 980 \text{kN/m}^2$

$t = \dfrac{980 \times 1.8}{2 \times 11 \times 10^4} = 0.008 \text{m}$

$= 0.8 \text{cm}$

8. $P = w h_G \cdot A$

$7000 = 9.81 \times \left(5 + \dfrac{10}{2}\right) \times b \times 10$

$b = 7.14 \text{m}$

9. 상대습도 $= \dfrac{\text{실제증기압}}{\text{포화증기압}} \times 100\%$

$= \dfrac{19.42}{31.82} \times 100$

$= 61\%$

10. 굴착정의 양수량

$Q = \dfrac{2\pi a k (H - h_o)}{L_n\left(\dfrac{R}{r}\right)}$

$H - h_o = \dfrac{Q L_n\left(\dfrac{R}{r}\right)}{2\pi a k}$

11. 제1항 : 국지 가속도항, 관성항
제2항 : 대류 가속도항, 관성항
제3항 : 압력항
제4,5항 : 중력에 관계하는 마찰항

12. $Q = \dfrac{w\pi \cdot h_L \cdot r^4}{8\mu l}$ 에서 보면
점성에는 반비례한다.

13. 등압면 방정식은 각 축방향에 대한 증분의 합이 0이 되는 것이다.

14. Francis : $Q = 1.84b \cdot h^{3/2}$
 폭의 측정에 오차가 있었으므로
 양변을 폭으로 미분하면
$$\frac{dQ}{db} = 1.84h^{3/2} \cdot \frac{db}{db}$$
$$\frac{dQ}{Q} = \frac{1.84h^{3/2} \cdot db}{1.84bh^{3/2}}$$
$$= \frac{db}{b} = 2\%$$

15. $h_e = h + \frac{\alpha V^2}{2g}$
$$V = \frac{Q}{A} = \frac{0.4}{1 \times 0.8} = 0.5\text{m/sec}$$
$$h_e = 0.8 + \frac{1 \times 0.5^2}{2 \times 9.81}$$
$$= 0.813$$

16. 단위유량도의 합성방법
 Snyder 방법, SCS방법, Clark 방법이 있으며, Horton 방법은 침투능을 알아내는 방법이다.

17. 심해파는 $\frac{H}{L} > 0.5$인 경우를 말한다.

18. $R = \frac{A}{P} = \frac{\frac{\pi D^2}{4}}{\pi D} = \frac{D}{4}$
$$= \frac{20}{4} = 5\text{cm}$$

19. 한계수심은 유량이 일정하게 흐를 때 비에너지가 최소가 되는 흐름이다.

20. 곡면의 연직방향분력은 곡면을 밑면으로 하는 물기둥의 체적에 해당하는 무게와 같다.

1. ②	2. ④	3. ③	4. ③	5. ④
6. ③	7. ③	8. ①	9. ②	10. ②
11. ①	12. ④	13. ③	14. ②	15. ③
16. ②	17. ②	18. ①	19. ③	20. ②

과년도출제문제(CBT시험문제)

23 토목기사
1회 시행 출제문제

※ 본 기출문제는 수험자의 기억을 바탕으로 하여 복원한 문제이므로 실제 문제와 다를 수 있음을 미리 알려드립니다.

1. 해수면상의 체적이 $1205m^3$인 빙산 위에 무게가 300kg인 곰 10마리가 올라가 있을 경우 수면 아래 빙산의 체적은? (빙산의 비중은 0.92, 해수의 비중은 1.025이다.)

① $10558m^3$ ② $1112m^3$
③ $10587m^3$ ④ $5422m^3$

2. 지속기간 2hr인 어느 단위도의 기저시간이 10hr이다. 강우강도가 각각 2.0, 3.0 및 5.0cm/hr이고 강우지속기간은 똑같이 모두 2hr인 3개의 유효강우가 연속해서 내릴 경우 이로 인한 직접유출수문곡선의 기저시간은 얼마인가?

① 2hr ② 10hr
③ 14hr ④ 16hr

3. 베르누이(Bernoulli)의 정리에 관한 설명 중 옳지 않은 것은?

① 부정류(不定流)라고 가정하여 얻은 결과이다.
② 하나의 유선(流線)에 대하여 성립된다.
③ 하나의 유선에 대하여 총 에너지는 일정하다.
④ 두 단면 사이에 있어서 외부와 에너지 교환이 없다고 가정한 것이다.

4. 폭 8m의 구형판으로 물을 수직으로 막고 있을 때, 이 수직판에 작용하는 전수압이 1000kN이면 수직판의 높이 H는? (단, 물의 단위중량은 $9.81kN/m^3$이다.)

① 3m ② 4m
③ 5m ④ 6m

5. 다음 중 무차원량(無次元量)이 아닌 것은?

① 후르드수(Froude수)
② 에너지 보정계수
③ 동점성 계수
④ 비중

6. 용기에 물을 넣고 연직하향 방향으로 가속도 $\alpha=4.9$ m/sec²만큼 작용했을 때, 용기내 깊이 2m에서 물에 작용하는 압력 P는? (단, 물의 단위중량은 $9.81kN/m^3$이다.)

① 4.9kPa ② 9.81kPa
③ 19.62kPa ④ 29.43kPa

7. 대기의 온도 t_1, 상대습도 70%인 상태에서 증발이 진행되었다. 온도가 t_2로 상승하고 대기 중의 증기압이 20% 증가하였다면 온도 t_1 및 t_2에서의 포화 증기압이 각각 10.0mmHg 및 14.0mmHg라 할 때 온도 t_2에서의 상대습도는?

① 50% ② 60%
③ 70 ④ 80%

8. 폭이 넓은 직사각형 수로에서 배수곡선의 조건을 바르게 나타낸 항은? (단, i=수로경사, I_e=에너지경사, F_r=Froude 수)

① $i > I_e$, $F_r < 1$ ② $i < I_e$, $F_r < 1$
③ $i < I_e$, $F_r > 1$ ④ $i > I_e$, $F_r > 1$

9. 큰 오리피스의 정의 중 가장 옳은 것은 어느 것인가?

① 직경이 큰 오리피스
② 수심이 큰 오리피스
③ 수면에서 오리피스 중심까지의 수심에 비해 직경이 작은 오리피스
④ 수면에서 오리피스 중심까지의 수심에 비해 직경이 큰 오리피스

10. 폭이 b인 직사각형 웨어에서 양단수축이 생길 경우 폭 b_0는? (단, Francis 공식 적용)

① $b_0 = b - \dfrac{h}{10}$ ② $b_0 = b - \dfrac{h}{5}$
③ $b_0 = 2b - \dfrac{h}{10}$ ④ $b_0 = 2b - \dfrac{h}{5}$

11. 유선에 대한 다음 설명 중 옳지 않은 것은?

① 정상류에는 유적선과 일치한다.
② 비정상류에는 시간에 따라 유선이 달라진다.
③ 유선이란 유체입자가 움직인 경로를 말한다.
④ 하나의 유선은 다른 유선과 교차하지 않는다.

12. 그림과 같은 직사각형 수로에서 수로경사가 1/1000인 경우 수로바닥과 양벽면에 작용하는 평균마찰응력은?

① 11.76 N/m^2
② 10.29 N/m^2
③ 6.57 N/m^2
④ 8.04 N/m^2

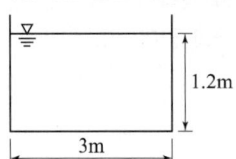

13. 흐름 방향의 단면적이 1.0m^2인 정사각형 평판이 유속 2.0m/s인 물속에서 받는 힘은? (단 항력계수 C_D =1.96으로 가정한다.)

① 1.96 kN   ② 3.92 kN
③ 19.6 kN   ④ 39.2 kN

14. 수심이 0.4m, 하폭이 2m, 유량이 9m^3/s인 직사각형 개수로에서 비력(충력치)은? (단, 운동량보정계수 η=1.0, 중력가속도 g=9.81m^2/s이다.)

① 8.78m^3 ② 9.56m^3
③ 10.48m^3 ④ 11.12m^3

15. 다음 중 DAD 해석에 관련되는 것으로 옳은 것은?

① 강우깊이 - 유역면적 - 강우지속기간
② 강우깊이 - 유수단면적 - 최대수심
③ 수심 - 단면적 - 홍수기간
④ 적설량 - 분포면적 - 적설일수

16. 정수두 투수계에 의한 투수계수 측정에서 유량 4cm^3/sec, 시료실의 단면적 A가 200cm^2, 수두차 h가 200cm, 시료실의 길이가 10cm일 때 투수계수는?

① 0.001cm/sec
② 0.01cm/sec
③ 0.1cm/sec
④ 1.0cm/sec

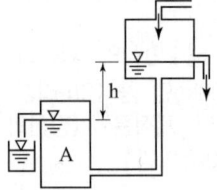

17. 다음 중 단위유량도 작성시 필요 없는 사항은?

① 직접유출량
② 유효우량의 지속시간
③ 투수계수
④ 유역면적

18. Manning의 조도계수 n에 대한 설명으로 옳지 않은 것은?

① 콘크리트관이 유리관보다 일반적으로 값이 작다.
② Kutter의 조도계수보다 이후에 제안되었다.
③ Chezy의 C계수와는 $C = \dfrac{1}{n} \times R^{\frac{1}{6}}$ 의 관계가 성립한다.
④ n의 값은 대부분 1보다 작다.

19. 다르시(Darcy)의 법칙에 대한 설명으로 옳은 것은?

① 지하수 흐름이 층류일 경우 적용된다.
② 투수계수는 무차원의 계수이다.
③ 유속이 클 때에만 적용된다.
④ 유속이 동수경사에 반비례하는 경우에만 적용된다.

20. 0.3m^3/s의 물을 실양정 45m의 높이로 양수하는데 필요한 펌프의 동력은? (단, 마찰손실수두는 18.6m이다.)

① 186.98kW   ② 196.98kW
③ 214.4kW   ④ 224.4kW

해설 및 정답

1. $wV+M = w'V'+M'$
$0.92 \times (1205+V') + 0.3 \times 10 = 1.025 \times V' + 0$
$(1.025-0.92)V' = 0.92 \times 1205 + 0.3 \times 10$
$V' = 10587 \text{m}^3$

2.
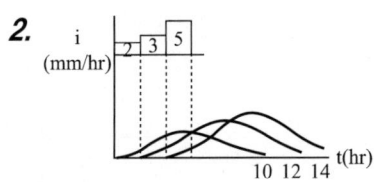

3. 베르누이 정리는 정류인 경우에 적용 가능하다.

4. $P = wh_G \cdot A$
$1000 = 9.81 \times \dfrac{h}{2} \times 8 \times h$
$h^2 = 25.5$
$h \fallingdotseq 5\text{m}$

5. 동점성계수 : ν
$\nu = \dfrac{\mu}{\rho} = \dfrac{\text{g/cm} \cdot \text{sec}}{\text{g/cm}^3} = \text{cm}^2/\text{sec}\ [L^2T^{-1}]$

6. $P = wh\left(1-\dfrac{\alpha}{g}\right) = 9.81 \times 2\left(1-\dfrac{4.9}{9.81}\right)$
$= 9.81 \text{kN/m}^2\ (1\text{kN} \fallingdotseq 1\text{kPa}이므로)$
$= 9.81 \text{kPa}$

7.

온도	상대습도	대기증기압	포화증기압
t_1	70%	x	10
t_2	Y	$x+0.2x$	14

$70 = \dfrac{x}{10} \times 100,\ x = 7\text{mmHg}$

$Y = \dfrac{\text{실제 증기압}}{\text{포화증기압}} \times 100$
$= \dfrac{7+0.2 \times 7}{14} \times 100 = 0.6 = 60\%$

8. 배수 조건은 상류의 흐름과 완경사일 때 발생된다. 완경사라는 것은 수로의 경사가 한계경사보다는 작고 에너지 경사보다는 커야 한다.
$F_r < 1,\ i > I_e$

9. 큰 오리피스는 수심에 비해 직경이 큰 오리피스이다.

10. 양단수축 발생시
$b_0 = b - 0.1nh$
$= b - 0.1 \times 2h$
$= b - \dfrac{h}{5}$

11. 유체입자가 움직인 경로는 유적선이 된다.

12. $\tau = wRI$
$= 9.81 \times \dfrac{1.2 \times 3}{1.2 \times 2 + 3} \times \dfrac{1}{1000}$
$= 0.00654 \text{kN/m}^2 = 6.54 \text{N/m}^2$

13. $D = C_D \cdot A \cdot \dfrac{\rho V^2}{2}$
$= 1.96 \times 1 \times \dfrac{1 \times 2^2}{2} = 3.92 \text{kN}$

14. $F = \dfrac{w}{g} Q(V_1 - V_2)$
$= \dfrac{1}{9.81} \times 9 \times \left(\dfrac{9}{0.4 \times 2}\right)$
$= 10.32 \text{m}^3$

15. DAD = 강우 깊이 – 유역면적 – 지속기간

16. $Q = K\dfrac{h}{l}A$ 에서
$K = Q\dfrac{l}{hA}$
$= \dfrac{4\text{cm}^3/\text{sec} \cdot 10\text{cm}}{200\text{cm} \cdot 200\text{cm}^2} = 0.001 \text{cm/sec}$

17. 단위유량도를 작성하기 위해서는 직접 유출량, 지속시간, 유역면적을 알아야 한다.

18. 조도계수는 콘크리트관이 유리관보다 크다.

19. 다르시 법칙은 층류영역인 $Re < 10$에서 잘 맞는다.

20. $E = \dfrac{9.8QH_P}{\eta}$
$= \dfrac{9.8 \times 0.3 \times (45 + 18.6)}{1.0} = 186.98 \text{kW}$

1. ③	2. ③	3. ①	4. ③	5. ③
6. ②	7. ②	8. ①	9. ④	10. ②
11. ③	12. ③	13. ②	14. ③	15. ①
16. ①	17. ③	18. ①	19. ①	20. ①

과년도 출제문제(CBT시험문제)

23 토목기사
2회 시행 출제문제

※ 본 기출문제는 수험자의 기억을 바탕으로 하여 복원한 문제이므로 실제 문제와 다를 수 있음을 미리 알려드립니다.

1. 지름 d인 모세관을 연직으로 세웠을 경우 이 모세관 내에 상승한 액체의 높이는? (단, T : 표면장력, θ : 접촉각)

① $h = \dfrac{4T\cos\theta}{wd^2}$ ② $h = \dfrac{2T\cos\theta}{wd}$

③ $h = \dfrac{2T\cos\theta}{wd^2}$ ④ $h = \dfrac{4T\cos\theta}{wd}$

2. 그림과 같이 경사면에 수문을 설치했을 때 수문에 작용하는 전수압과 작용점은?

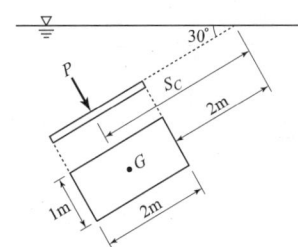

① $P = 18.4$kN, $h_c = 3.11$m
② $P = 18.4$kN, $h_c = 3.28$m
③ $P = 29.4$kN, $h_c = 3.11$m
④ $P = 29.4$kN, $h_c = 3.28$m

3. 내경이 50cm인 관에 800N/cm²의 수압에 견딜 수 있도록 하기 위한 관의 허용인장응력은? (단, 관의 두께는 30mm이다.)

① 5.32kN/cm² ② 6.67kN/cm²
③ 7.04kN/cm² ④ 8.15kN/cm²

4. 다음 중에서 질량유량은?

① gAV ② ρAV
③ AV ④ wAV

5. 잠수함이 수면하 20m를 2m/sec의 속도로 진행하고 있을 때, 잠수함 선수에서의 압력은? (단, 물의 단위중량은 9.81kN/m³)

① 136.2kN/m² ② 196.2kN/m²
③ 198.2kN/m² ④ 258.2kN/m²

6. 작은 오리피스의 단면적을 a, 수축계수 C_a, 유속계수 C_v, 오리피스 중심에서 수면까지의 높이를 h, 중력가속도를 g라 할 때, 유량 공식은?

① $Q = a \cdot C_v \cdot C_a \cdot \sqrt{2gh}$

② $Q = a \cdot \left(\dfrac{C_v}{C_a}\right) \cdot \sqrt{2gh}$

③ $Q = a \cdot (C_v - C_a) \cdot \sqrt{2gh}$

④ $Q = a \cdot (C_v + C_a) \cdot \sqrt{2gh}$

7. 수평으로 위치한 노즐로부터 물이 분출되고 있다. 직경이 4cm, 압력이 8.0kg/cm²인 노즐에 작용하는 힘은?

① 0.201 ton ② 0.402 ton
③ 2.01 ton ④ 4.02 ton

8. 그림과 같은 수중 오리피스에서 단면적이 50cm²일 때 유출량은? (단, 유량계수 $C=0.62$임.)

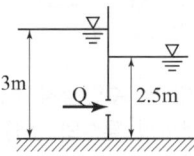

① 9.7×10^{-3} m³/s
② 9.7×10^{-4} m³/s
③ 9.7×10^{-5} m³/s
④ 9.7×10^{-6} m³/s

9. 안지름 100mm, 조도계수 $n=0.013$의 관으로 물을 보낼 때, 마찰손실계수 f 는? (단, Manning 공식을 적용할 것.)

① 0.0306 ② 0.0386
③ 0.0453 ④ 0.0526

10. 관의 직경과 유속이 다른 두 개의 병렬 관수로(looping pipe line)에 대한 설명 중 옳은 것은?

① 각 관의 수두손실은 전손실을 구하기 위하여 합한다.
② 각 관에서의 유량은 같다고 본다.
③ 각 관에서의 손실수두는 같다고 본다.
④ 전 유량이 주어지면 각 관의 유량은 등분하여 결정한다.

11. 다음 중 동일한 단면과 수로경사에 대하여 최대유량이 흐르는 조건은?

① 수심이 최소이거나 동수반경이 최대일 때
② 수심이 최대이거나 수로 폭이 최소일 때
③ 윤변이 최소이거나 동수반경이 최대일 때
④ 윤변이 최대이거나 동수반경이 최소일 때

12. 개수로의 상류(subcritical flow)에 대한 설명으로 옳은 것은?

① 유속과 수심이 일정한 흐름
② 수심이 한계수심보다 작은 흐름
③ 유속이 한계유속보다 작은 흐름
④ Froude수가 1보다 큰 흐름

13. 물의 단위중량 γ, 수면경사 I, 수리평균심 R 이라 할 때, 등류 내에서의 유수의 소류력을 구하는 식으로 옳은 것은?

① γRI ② $\dfrac{RI}{\gamma}$
③ $\dfrac{I}{R\gamma}$ ④ $\dfrac{R\gamma}{I}$

14. 그림과 같이 우물로부터 일정한 양수율로 양수를 하여 우물 속의 수위가 일정하게 유지되고 있다. 대수층은 균질하며 지하수의 흐름은 우물을 향한 방사상 정상류라 할 때 양수율(Q)을 구하는 식은? (단, k는 투수계수임)

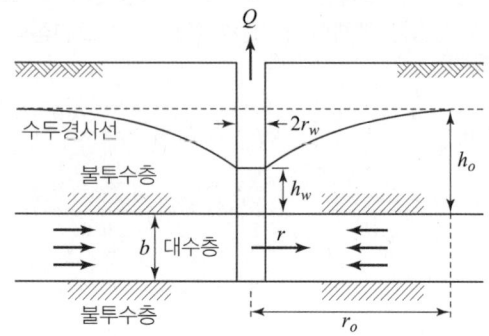

① $Q = 2\pi bk \dfrac{h_o - h_w}{\ln\left(\dfrac{r_o}{r_w}\right)}$

② $Q = 2\pi bk \dfrac{\ln\left(\dfrac{r_o}{r_w}\right)}{h_o - h_w}$

③ $Q = 2\pi bk \dfrac{h_o^2 - h_w^2}{\ln\left(\dfrac{r_o}{r_w}\right)}$

④ $Q = 2\pi bk \dfrac{\ln\left(\dfrac{r_o}{r_w}\right)}{h_o^2 - h_w^2}$

15. 축척이 1/50인 댐 모형실험에서 물받이(apron)의 원형의 유속이 7.07m/sec일 때, 모형의 유속은?

① 0.8m/sec ② 1.0m/sec
③ 1.2m/sec ④ 1.4m/sec

16. 항만을 설계하기 위해 관측한 불규칙 파랑의 파고 및 주기가 다음 표와 같을 때, 유의주기($T_{1/3}$)는?

연번	파고(m)	주기(s)
1	9.5	9.4
2	8.9	9.0
3	7.4	8.0
4	7.3	7.4
5	6.5	7.5
6	5.8	6.5
7	4.2	6.2
8	3.3	4.3
9	3.2	5.6

① 8.4sec ② 8.6sec
③ 8.8sec ④ 9.0sec

17. 강우강도 공식형이 $I = \dfrac{4500}{t+30}$ (mm/hr)로 표시된 어떤 도시에 있어서 15분간의 강우량은? (단, t의 단위는 min이다.)

① 15mm ② 20mm
③ 25mm ④ 30mm

18. 다음 중 침투능에 영향을 주는 인자 중 가장 거리가 먼 것은?

① 토양의 종류 ② 토양의 다짐정도
③ 지하수위 ④ 동결 및 융해

19. 수문곡선 중 기저시간(基底時間 : time base)의 정의로 가장 옳은 것은?

① 수문곡선의 상승시점에서 첨두까지의 시간폭
② 강우중심에서 첨두까지의 시간폭
③ 유출구에서 유역의 수리학적으로 가장 먼 지점의 물입자가 유출구까지 유하하는 데 소요되는 시간
④ 직접유출이 시작되는 시간에서 끝나는 시간까지의 시간 폭

20. 다음 중 합리식을 적용하여 유출량을 산정할 때, 유역면적은 얼마로 가정하여 산정하는가?

① 1.0km² ② 10km²
③ 100km² ④ 500km²

해설 및 정답

1. 모세관 내에 상승한 액체의 높이=모관고(h)
$$h = \frac{4T\cos\theta}{wd}$$

2. 전수압 $P = wh_G \cdot A$
$$P = 1 \times (2+1) \times \sin 30° \times 2 \times 1 = 3t$$
$$= 3 \times 9.81 \text{kN} = 29.43 \text{kN}$$
$$h_c = h_G + \frac{I_G}{h_G \cdot A}$$
$$I_G = \frac{bh^3}{12} = \frac{1 \times 2^3}{12} = 0.67 \text{m}^4$$
$$h_c = 3\sin 30° + \frac{0.67}{3\sin 30° \times 2 \times 1} = 3.11 \text{m}$$

3. $t = \dfrac{PD}{2\sigma_{ta}}$
$$\sigma_{ta} = \frac{PD}{2t}$$
$$= \frac{800 \times 50}{2 \times 3} = 6666.7 \text{N/cm}^2 = 6.67 \text{kN/cm}^2$$

4. 질량유량 $m = \rho Q = \rho AV$

5. 잠수함 선수에서의 압력은 정체압력이 된다.
정체수두=정수두+속도수두
$$= \frac{P}{w} + \frac{V^2}{2g} = 20 + \frac{2^2}{2 \times 9.81} = 20.2 \text{m}$$
$$P = wh$$
$$= 9.81 \times 20.2 = 198.16 \text{kN/m}^2$$

6. $Q = CAV$
$$= C_a \cdot C_v \cdot a \cdot \sqrt{2gh}$$

7. $F = \dfrac{Q}{g}V$를 위하여
$$\frac{P}{w} = \frac{V^2}{2g}$$
$$V^2 = \frac{P}{w} \times 2g = 8000 \times 2 \times 980$$

$V = 3960 \text{cm/sec}$
$$Q = AV$$
$$= \frac{\pi \cdot 0.04^2}{4} \times 39.6 = 0.05 \text{m}^3/\text{sec}$$
$$F = \frac{0.05}{9.8} \times 39.6 = 0.201 \text{t}$$

8. $Q = CAV$
$$= 0.62 \times 50 \times \sqrt{2 \times 980 \times (300-250)}$$
$$= 9704 \text{cm}^3/\text{sec}$$
$$= 9.704 \times 10^{-3} \text{m}^3/\text{sec}$$

9. $V = \dfrac{1}{n} R^{\frac{2}{3}} \cdot I^{\frac{1}{2}}$
$$f = \frac{124.6 \cdot n^2}{D^{\frac{1}{3}}} = \frac{124.6 \times 0.013^2}{100^{\frac{1}{3}}} = 0.00454$$

10. 병렬관수로의 경우 각 관로에서의 손실수두는 동일한 것으로 본다.

11. 최대유량 : $Q = AV$
$$V = \frac{1}{n} \left(\frac{A}{P}\right)^{\frac{2}{3}} \cdot I^{\frac{1}{2}}$$
즉, P(윤변)가 최소이거나 $\dfrac{A}{P}$(동수반경)가 최대일 때

12. 상류 흐름은 $F_r < 1$일 때이다.
또는 $V < V_c$, $I < I_c$일 때이다.

13. 소류력 : $\tau = wRI$

14. 피압대수층의 물을 양수하는 것이므로 굴착정공식을 활용한다.
$$Q = 2\pi bk \frac{h_0 - h_w}{L_n\left(\dfrac{r_0}{r_w}\right)}$$

15. $L_r = \dfrac{L_m}{L_P} = \dfrac{1}{50}$

$V_r = \dfrac{V_m}{V_P} = \sqrt{g_r\, h_r} = L_r^{\frac{1}{2}}$

$\dfrac{V_m}{7.07} = L_r^{\frac{1}{2}} = \left(\dfrac{1}{50}\right)^{\frac{1}{2}}$

$V_m = 1\,\text{m/sec}$

16. 유의주기($T_{1/3}$)는 파고가 큰 쪽에서 1/3까지의 파고를 평균한 것이므로

$T_{1/3} = \dfrac{(9.4 + 9 + 8)}{3} = 8.8\,\text{sec}$

17. $I = \dfrac{4500}{t+30} = \dfrac{4500}{15+30} = 100\,\text{mm/hr}$

15분간의 강우량은

$100 \times \dfrac{15}{60} = 25\,\text{mm}$

18. 침투층 영향인자 : 지하수위, 토양의 종류, 토양의 공극률(다짐 정도)

19. 기저시간의 유역 내 강우 유출의 시작 시간에서부터 유출이 끝나는 시간까지의 시간을 말한다.

20. 합리식의 적용 가능한 유역 면적은 작은 유역 면적이 적합하다. 보통 5km² 이하이다.

1. ④	2. ③	3. ②	4. ②	5. ③
6. ①	7. ①	8. ①	9. ③	10. ③
11. ③	12. ③	13. ①	14. ①	15. ②
16. ③	17. ③	18. ④	19. ④	20. ①

과년도출제문제(CBT시험문제)

23 토목기사 3회 시행 출제문제

※ 본 기출문제는 수험자의 기억을 바탕으로 하여 복원한 문제이므로 실제 문제와 다를 수 있음을 미리 알려드립니다.

1. 차원방정식 [LMT]계를 [LFT]계로 고치고자 할 때 이용되는 식은 어느 것인가?
① $[M] = [FLT]$
② $[M] = [FL^{-1}T^2]$
③ $[M] = [FLT^2]$
④ $[M] = [FL^2T]$

2. 내경 2m의 강관에 압력수두 500m의 물을 흐르게 하려면 강관의 필요두께는? (단, 물의 단위중량은 9.81 kN/m³이며 강관의 허용인장응력은 12000N/cm²이다.)
① 21mm
② 31mm
③ 41mm
④ 51mm

3. 폭이 4m 길이가 8m이고 무게가 650kN인 직육면체의 배가 바다를 운항하는데 필요한 최소수심은? (단, 바닷물의 단위중량은 10.055kN/m³이다.)
① 1.88m
② 1.95m
③ 2.02m
④ 2.09m

4. 다음 중 연속방정식이란 무엇인가?
① 운동량 방정식이다.
② 에너지 방정식이다.
③ 질량 보존의 법칙이다.
④ 오리피스 법칙이다.

5. Δt 시간동안 질량 m인 물체에 속도변화 Δv가 발생할 때, 이 물체에 작용하는 외력 F는?
① $\dfrac{m \cdot \Delta t}{\Delta v}$
② $m \cdot \Delta v \cdot \Delta t$
③ $\dfrac{m \cdot \Delta v}{\Delta t}$
④ $m \cdot \Delta t$

6. 폭이 2m, 높이가 9.8m인 평판이 정지수중에서 5m/sec의 속도로 움직일 때 항력계수가 $C_D = 0.2$라면 평판에 작용하는 항력(抗力)은? (단, 물의 단위중량은 9.81kN/m³이다.)
① 10kN
② 25kN
③ 29kN
④ 49kN

7. 수두가 2m인 작은 오리피스로부터 유출하는 유량은? (단, 오리피스의 직경은 10cm, 유속계수 0.95, 수축계수 0.70이다.)
① 0.053m³/sec
② 0.012m³/sec
③ 0.132m³/sec
④ 0.033m³/sec

8. 물이 저수지에서 25mm 원관을 통해 600m를 흘러 대기 중으로 유출된다. 유출구가 저수지 수면보다 0.3m 아래에 위치하고 있을 때 관내의 흐름이 층류이면 유출구에서의 유량은? (단, 마찰손실만 있는 것으로 보고, 물의 동점성 계수는 1.334×10^{-6} m²/sec이다.)
① 43 cm³/sec
② 594 cm³/sec
③ 1188 cm³/sec
④ 1464 cm³/sec

9. 상업용 관의 마찰 손실계수의 특성 중 옳은 것은?
① Moody 도표로 표시되며 레이놀즈수와 절대조도의 함수이다.
② Moody 도표로 표시되며 레이놀즈수와 상대조도의 함수이다.
③ Stanton 도표로 표시되며 레이놀즈수와 상대조도의 함수이다.
④ Stanton 도표로 표시되며 레이놀즈수와 절대조도의 함수이다.

10. 개수로에서 지배단면이란 무엇을 뜻하는가?

① 사류에서 상류로 변하는 지점의 단면
② 비에너지가 최대로 되는 지점의 단면
③ 상류에서 사류로 변하는 지점의 단면
④ 층류에서 난류로 변하는 지점의 단면

11. 다음 중 상류일 때의 조건은? (단, F_r : Froude Number, I : 경사)

① $F_r > 1$, $I < \dfrac{g}{\alpha C^2}$

② $F_r < 1$, $I < \dfrac{g}{\alpha C^2}$

③ $F_r > 1$, $I > \dfrac{g}{\alpha C^2}$

④ $F_r < 1$, $I > \dfrac{g}{\alpha C^2}$

12. 위어에 관한 설명 중 옳지 않은 것은?

① 위어를 월류하는 흐름은 일반적으로 상류에서 사류로 변한다.
② 위어를 월류하는 흐름이 사류일 경우 유량은 하류 수위의 영향을 받는다.
③ 위어는 개수로의 유량측정, 취수를 위한 수위증가 등의 목적으로 설치된다.
④ 작은 유량을 측정 할 경우 3각위어가 효과적이다.

13. 다음 중 사류(射流)인 흐름의 수면형 계산은?

① 하류로부터 상류 쪽으로 계산해 나간다.
② 상류와 사류의 구분 없이 하류로 계산한다.
③ 상류로부터 하류 쪽으로 계산해 나간다.
④ 지배단면에서 하류로 계산한다.

14. 그림과 같이 단위폭당 자중이 3.5×10^6 N/m인 직립식 방파제에 1.5×10^6 N/m의 수평 파력이 작용할 때, 방파제의 활동 안전율은? (단, 중력가속도=10.0 m/s², 방파제와 바닥의 마찰계수=0.7, 해수의 비중=1로 가정하며, 파랑에 의한 양압력은 무시하고, 부력은 고려한다.)

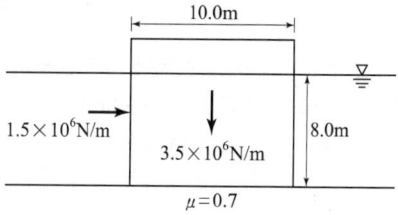

① 1.20   ② 1.22
③ 1.24   ④ 1.26

15. 지하수 수리의 문제에서 Darcy의 법칙이 성립하는 Re 수의 범위는?

① Re < 2000   ② Re < 500
③ Re < 45   ④ Re < 4

16. 개수로 내의 흐름, 댐의 여수토의 흐름에 적용되는 수류의 상사법칙은?

① Reynolds의 상사법칙
② Froude의 상사법칙
③ Weber의 상사법칙
④ Cauchy의 상사법칙

17. 어느 지역의 증발접시에 의한 연증발량이 98.2mm이다. 증발접시 계수가 0.7일 때 저수지의 연증발량을 구한 값은?

① 62.81mm   ② 65.39mm
③ 68.74mm   ④ 71.52mm

18. 1시간 간격의 강우량이 15.2mm, 25.4mm, 20.3mm, 7.6mm이다. 지표 유출량이 47.9mm일 때 ϕ-index는?

① 5.15mm/hr   ② 2.58mm/hr
③ 6.25mm/hr   ④ 4.25mm/hr

19. 다음 유역홍수추적 기법 중 비선형을 고려한 것은?

① Muskingum의 유역추적 방법
② Nash의 유역추적 방법
③ Clark의 유역추적 방법
④ 저류함수법

20. 유역면적이 1.5km²인 유역에 강우강도가 30mm/hr이고 두 영역 즉, 유역면적 A_1=1.5km², A_2=1.0km²과 유출계수 C_1=0.7, C_2=0.3으로 나누어질 때 총 유출량은?

① 7.25m³/sec ② 9.25m³/sec
③ 11.25m³/sec ④ 13.25m³/sec

해설 및 정답

1. [LMT]계와 [LFT]계의 상호호환인자는 $F=MLT^{-2}$ 즉, $M=FL^{-1}T^2$이다.

2. $t = \dfrac{P \cdot D}{2\sigma_{ca}} = \dfrac{4905 \times 2}{2 \times 120}$

$P = wh = 9.81 \times 500 = 4905 \,\text{kN/m}^2$

$t = 40.9 \,\text{mm}$

3. $wV + M = w'V' + M'$

$650 + 0 = 10.055 \times 4 \times 8 \times h' + 0$

$h = 2.02 \,\text{m}$

4. 연속방정식은 질량보존의 법칙에 근거하고 있다.

5. $F = ma = m \cdot \dfrac{\Delta V}{\Delta t}$

6. $D = C_D A \dfrac{\rho V^2}{2} = 0.2 \times 2 \times 9.8 \times \dfrac{1 \times 5^2}{2} = 49 \,\text{kN}$

7. $Q = CAV = C_v \cdot C_a \cdot \dfrac{\pi D^2}{4} \times \sqrt{2gh}$

$= 0.95 \times 0.7 \times \dfrac{\pi \cdot 0.1^2}{4} \times \sqrt{2 \times 9.8 \times 2}$

$= 0.0327 \,\text{m}^3/\text{sec}$

8. $Q = AV$

$V = \sqrt{\dfrac{2gh}{f \cdot \dfrac{l}{D}}}$

$Re = \dfrac{V \cdot D}{\nu} = \dfrac{\sqrt{2 \times 9.8 \times 0.3} \times 0.025}{1.334 \times 10^{-6}}$

$= 45443 > 2000$, 난류

흐름이 층류라 가정했으므로

$Re = 2000$

$f = \dfrac{64}{Re} = \dfrac{64}{2000}$

$V = \sqrt{\dfrac{2 \times 9.8 \times 0.3}{\dfrac{64}{2000} \times \dfrac{600}{0.025}}} = 0.088 \,\text{m/sec}$

$Q = \dfrac{\pi \cdot 0.025^2}{4} \times 0.088$

$= 43 \times 10^{-6} \,\text{m}^3/\text{sec} = 43 \,\text{cm}^3/\text{sec}$

9. 마찰손실계수는 Moody도표로부터 파악할 수 있으며, Re수와 상대조도의 함수이다.

10. 지배단면은 개수로에서의 흐름이 상류에서 사류로 변하는 지점 단면을 말한다.

11. 상류는 $F_r < 1$, $I < \dfrac{g}{\alpha C^2}$ 일 때 상류가 된다.

12. 위어를 월류하는 유량은 위어의 상류 수위의 영향을 받는다.

13. 사류의 흐름은 하류부로 흐름이 전파되기 때문에 지배단면에서 하류로 계산한다.

14. 활동 안전율 $= \dfrac{\text{연직력} \times \text{마찰계수}}{\text{수평력}}$

수평력 $P_h = 1.5 \times 10^6 \,\text{N/m}$

연직력

$W = 3.5 \times 10^6 \,\text{N/m} \times 10 \times 9800 \,\text{N/m}$

$= 2.716 \times 10^6 \,\text{N/m}$

$F = \dfrac{2.716 \times 10^6 \times 0.7}{1.5 \times 10^6} = 1.267$

15. 지하수에서는 $Re < 10$ 이하에서만 Darcy 법칙이 성립된다.

16. 자유수면을 갖고 있으므로 Froude 상사법칙이 적용된다.

17. 증발접시계수 = $\dfrac{\text{저수지의 연증발량}}{\text{증발접시의 연증발량}}$

$0.7 = \dfrac{x}{98.2}$

$x = 68.74\,\text{mm}$

18.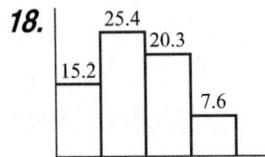

지표유출량이 $47.9\,\text{mm}$

i) ϕ-index $= 7.6\,\text{mm}$ 가정하면

$15.2 + 25.4 + 20.3 - 3 \times 7.6 = 38.1$

$47.9 - 38.1 = 9.8\,\text{mm}$

$\dfrac{9.8}{4} = 2.45\,\text{mm}$

즉 ϕ-index는 $7.6 - 2.45 = 5.15\,\text{mm/hr}$

19. • 비선형 홍수추적기법 : Muskingum 기법
 • 선형 홍수추적기법 : Nash 모형, Clark 모형, 저류함수법 모형

20. $A_1 = 1.5\,\text{km}^2$, $C_1 = 0.7$

$A_2 = 1.0\,\text{km}^2$, $C_2 = 0.3$

$I = 30\,\text{mm/hr}$

$Q = 0.2778\,CIA$

$ = 0.2778 \times 30 \times (0.7 \times 1.5 + 0.3 \times 1.0)$

$ = 11.25\,\text{m}^3/\text{sec}$

1. ②	2. ③	3. ③	4. ③	5. ③
6. ④	7. ④	8. ①	9. ②	10. ③
11. ②	12. ②	13. ④	14. ④	15. ④
16. ②	17. ③	18. ①	19. ①	20. ③

과년도 출제문제 (CBT시험문제)

24 토목기사
1회 시행 출제문제

※ 본 기출문제는 수험자의 기억을 바탕으로 하여 복원한 문제이므로 실제 문제와 다를 수 있음을 미리 알려드립니다.

1. 뉴턴의 점성법칙(粘性法則)에서 점성계수 μ의 차원(次元)으로 옳은 것은?

① $[FL^{-1}T^{-1}]$ ② $[FL^{-1}T]$
③ $[FL^{-2}T]$ ④ $[FL^{-1}T^2]$

2. 물체의 공기 중 무게가 750N이고 물속에서의 무게는 250N일 때 이 물체의 체적은? (단, 무게 1kg=10N)

① $0.05m^3$ ② $0.06m^3$
③ $0.50m^3$ ④ $0.60m^3$

3. 단위무게 $5.88kN/m^3$, 단면 40cm×40cm, 길이 4m인 물체를 물속에 완전히 가라앉히려 할 때 필요한 최소 힘은? (단, 물의 단위중량 $9.8kN/m^3$)

① 2.51kN   ② 3.76kN
③ 5.88kN   ④ 6.27kN

4. 지름 1m의 원통 수조에서 지름 2cm의 관으로 물이 유출되고 있다. 관내의 유속이 2.0m/s일 때, 수조의 수면이 저하되는 속도는?

① 0.4cm/s   ② 0.3cm/s
③ 0.08cm/s   ④ 0.06cm/s

5. 2차원 비압축성 정류의 유속성분 u, v가 보기와 같을 때, 연속방정식을 만족하는 것은?

① $u=4x$, $v=4y$ ② $u=4x$, $v=-4y$
③ $u=4x$, $v=6y$ ④ $u=4x$, $v=-6y$

6. 지름 d의 구(球)가 밀도 ρ의 유체 속을 유속 V로서 침강할 때 구(球)의 항력(D)은? (단, C_D : 항력계수)

① $D=C_D \pi d^2 \dfrac{V^2}{2g}$ ② $D=\dfrac{1}{4}C_D \cdot \pi d^2 \rho V^2$
③ $D=\dfrac{1}{8}C_D \pi d^2 \rho V^2$ ④ $D=\dfrac{1}{16}C_D \pi d^2 \rho V^2$

7. 오리피스(orifice)로부터의 유량을 측정한 경우 수두 H를 추정함에 1%의 오차가 있었다면 유량 Q에는 몇 %의 오차가 생기는가?

① 1%   ② 0.5%
③ 1.5%   ④ 2%

8. 오리피스(Orifice)의 이론과 가장 관계가 먼 것은?

① 토리첼리(Torricelli) 정리
② 베르누이(Bernoulli) 정리
③ 베나콘트랙타(Vena Contracta)
④ 모세관현상의 원리

9. 수면표고가 18m인 정수장에서 직경 600mm인 강관 900m를 이용하여 수면표고 39m인 배수지로 양수하려고 한다. 유량이 $1.0m^3/s$이고 관로의 마찰손실계수가 0.03일 때 모터의 소요 동력은? (단, 마찰손실만 고려하며, 펌프 및 모터의 효율은 각각 80% 및 70%이다.)

① 520kW   ② 620kW
③ 780kW   ④ 870kW

10. 기계적 에너지와 마찰손실을 고려하는 베르누이 정리에 관한 표현식은? (단, E_P 및 E_T는 각각 펌프 및 터빈에 의한 수두를 의미하며, 유체는 점 1에서 점 2로 흐른다.)

① $\dfrac{v_1^2}{2g}+\dfrac{p_1}{\gamma}+z_1=\dfrac{v_2^2}{2g}+\dfrac{p_2}{\gamma}+z_2+E_P+E_T+h_L$

② $\dfrac{v_1^2}{2g}+\dfrac{p_1}{\gamma}+z_1=\dfrac{v_2^2}{2g}+\dfrac{p_2}{\gamma}+z_2-E_P-E_T-h_L$

③ $\dfrac{v_1^2}{2g}+\dfrac{p_1}{\gamma}+z_1=\dfrac{v_2^2}{2g}+\dfrac{p_2}{\gamma}+z_2-E_P+E_T+h_L$

④ $\dfrac{v_1^2}{2g}+\dfrac{p_1}{\gamma}+z_1=\dfrac{v_2^2}{2g}+\dfrac{p_2}{\gamma}+z_2+E_P-E_T+h_L$

11. 다음 중 한계 수심에 대한 설명 중 옳지 않은 것은?

① 한계 수심에서 비에너지가 최고가 된다.
② 한계 수심보다 수심이 작은 흐름이 상류이고, 큰 흐름이 사류이다.
③ 한계 수심으로 흐를 때 유량이 최대가 된다.
④ 유량이 일정할 때 한계 수심은 비에너지의 2/3이다.

12. 수평면상 곡선수로의 상류(常流)에서 비회전흐름인 경우, 유속 V와 곡률반지름 R의 관계로 옳은 것은?

① $V = CR$
② $VR = C$
③ $R + \dfrac{V^2}{2g} = C$
④ $\dfrac{V^2}{2g} + CR = 0$

13. 수심이 50m로 일정하고 무한히 넓은 해역에서 주태양반일주조(S_2)의 파장은? (단, 주태양반일주조의 주기는 12시간, 중력가속도 $g = 9.81 \text{m/s}^2$이다.)

① 9.56km
② 95.6km
③ 956km
④ 9560km

14. Darcy의 법칙에 대한 설명으로 옳지 않은 것은?

① Darcy의 법칙은 지하수의 흐름에 대한 공식이다.
② 투수계수는 물의 점성계수에 따라서도 변화한다.
③ Reynolds수가 클수록 안심하고 적용할 수 있다.
④ 평균유속이 동수경사와 비례관계를 가지고 있는 흐름에 적용될 수 있다.

15. 여과량이 2m³/s, 동수경사가 0.2, 투수계수가 1cm/s일 때 필요한 여과지 면적은?

① 1000m²
② 1500m²
③ 2000m²
④ 2500m²

16. 강수량 자료를 분석하는 방법중 2중 누가우량곡선 법(double mass curve)이 많이 이용되고 있다. 다음 설명 중 맞는 것은?

① 평균 강수량을 계산하기 위하여 사용한다.
② 강수의 지속기간을 알기 위하여 사용한다.
③ 결측자료를 보완하기 위하여 사용한다.
④ 강수량 자료의 일관성을 검증하기 위하여 사용한다.

17. 그림과 같은 정사각형 모양의 유역에 호우가 발생하여 유역 내 우량 관측점에 기록된 우량이 다음과 같을 때 Thiessen법을 사용하여 유역 평균우량을 구한 값은? (단, 그림에서 $\overline{AE} = \overline{CE} = \overline{BE} = \overline{DE} = 10\text{km}$이고, 강우량은 $P_A = 80\text{mm}$, $P_B = 60\text{mm}$, $P_C = 90\text{mm}$, $P_D = 70\text{mm}$, $P_E = 100\text{mm}$ 임.)

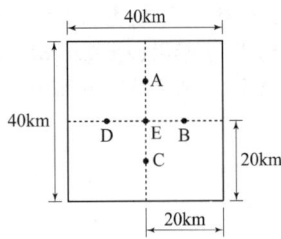

① 80.00mm
② 40.28mm
③ 70.56mm
④ 76.56mm

18. 다음과 같은 집중호우가 자기기록지에 기록되었다. 지속기간 20분 동안의 최대 강우강도를 구한 값은?

시간(분)	5	10	15	20	25	30	35	40
누가우량(mm)	2	5	10	20	35	40	43	45

① 35mm/hr
② 75mm/hr
③ 95mm/hr
④ 105mm/hr

19. 배수면적이 500ha, 유출계수가 0.70인 어느 유역에 연평균강우량이 1300mm 내렸다. 이때 유역 내에서 발생한 최대유출량은?

① $0.1443 m^3/s$
② $12.64 m^3/s$
③ $14.43 m^3/s$
④ $1264 m^3/s$

20. 단위유량도 이론의 기본가정에 충실한 호우사상을 선별하여 분석하기 위해 선별시 고려해야 할 사항으로 적당하지 않은 것은?

① 가급적 단순호우사상을 택한다.
② 강우지속기간 동안 강우강도의 변화가 가급적 큰 분포를 택한다.
③ 유역 전반에 걸쳐 강우의 공간적 분포가 가급적 균일한 것을 택한다.
④ 강우의 지속기간이 비교적 짧은 호우사상을 택한다.

해설 및 정답

1. 점성계수 $\mu = g/cm \cdot sec$
즉, $\mu = [FL^{-1}T^{-1}]$

2. $wV + M = w'V' + M'$
$75kg + 0 = 1000 \times V' + 25kg$
$V' = \dfrac{75-25}{1000} m^3 = 0.05 m^3$

3. $wV + M = w'V' + M'$
$1kN ≒ 0.1t$이므로
$0.588 \times 0.4 \times 0.4 \times 4 + M$
$= 1 \times 0.4 \times 0.4 \times 4 + 0$
$M = 0.263t ≒ 2.64kN$

4. $Q = A \cdot V$
$\dfrac{\pi \cdot 1^2}{4} \times V = \dfrac{\pi \cdot 0.02^2}{4} \times 2$
$V = 0.0008 m/sec = 0.08 cm/sec$

5. $\dfrac{\partial u}{\partial x} + \dfrac{\partial v}{\partial y} = 0$
① $4+4 = 8 \neq 0$
② $4-4 = 0 = 0$
③ $4+6 = 10 \neq 0$
④ $4-6 = -2 \neq 0$

6. $D = C_D A \dfrac{\rho v^2}{2}$
$= C_D \cdot \dfrac{\pi d^2}{4} \cdot \dfrac{\rho v^2}{2}$
$= \dfrac{1}{8} C_D \cdot \pi d^2 \cdot \rho v^2$

7. $Q = a \cdot \sqrt{2gh}$
$\dfrac{dQ}{Q} = \dfrac{a\sqrt{2g} \cdot \dfrac{1}{2} h^{-\frac{1}{2}} \cdot dh}{a\sqrt{2gh}}$
$= \dfrac{1}{2} \cdot \dfrac{dh}{h}$
$= \dfrac{1}{2} \cdot 1\% = \dfrac{1}{2}\%$

8. 모세관 현상의 원리는 액체의 응집력과 부착력이다.

9. 양수동력
$E = \dfrac{9.8 Q H_p}{n}(kW)$
$= \dfrac{9.8 \times 1 \times 49.77}{0.8 \times 0.7} = 871 kW$
$H_p = (39 - 18) + h_L = 49.77 m$
$h_L = f \dfrac{l}{D} \cdot \dfrac{v^2}{2g} = 0.03 \times \dfrac{900}{0.6} \times \dfrac{3.54^2}{2 \times 9.8}$
$V = \dfrac{Q}{A} = \dfrac{1}{\pi \cdot 0.6^2/4} = 3.54 m/sec$
$h_L = 28.77 m$

10. 베르누이 방정식
$\dfrac{v_1^2}{2g} + \dfrac{p_1}{\gamma} + z_1 = \dfrac{v_2^2}{2g} + \dfrac{p_2}{\gamma} + z_2$
펌프수두 : $-E_p$
터빈수두 : $+E_T$
손실수두 : $+h_L$
그러므로
$\dfrac{v_1^2}{2g} + \dfrac{p_1}{\gamma} + Z_1 = \dfrac{v_2^2}{2g} + \dfrac{p_2}{\gamma} + Z_2 - E_P + E_T + h_L$

11. 한계수심 h_c는 $F_r = 1$

한계수심보다 큰 수심이 상류, 작은수심이 사류이다.

12. 유속과 곡률반경과의 관계는 $V \cdot R = C$가 된다.

13. $L = T\sqrt{gh}$
$= 12 \times 3600 \times \sqrt{9.81 \times 50}$
$= 956,760\text{m}$
$= 957\text{km}$

14. Darcy 법칙은 $R_e < 10$에서 잘 맞는다.

15. $Q = Aki$
$2 = A \times 0.01 \times 0.2$
$A = 1000\text{m}^2$

16. 2중 누가우량곡선법은 강우량자료의 일관성을 검증하기 위한 것이다.

17.

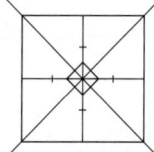

E점의 면적 : $10 \times 10 = 100\text{km}^2$
A=B=C=D는 면적이 동일하므로
$(40 \times 40 - 100)/4 = 375\text{km}^2$
$P_m = \dfrac{(80+60+90+70) \times 375 = 100 \times 100}{40 \times 40}$
$= 76.56\text{mm}$

18. 5~20 : 20
10~25 : 35-2=33
15~30 : 40-5=35
20~35 : 43-10=33
25~40 : 45-20= 25
$35\text{mm}/20\text{min} \times \dfrac{60}{20} = 105\text{mm/hr}$

19. $Q = 0.2778\,ciA$
$= 0.2778 \times 0.7 \times 1300/(365 \times 24) \times 500/10^2$
$= 0.1443\text{m}^3/\text{sec}$

20. 단위유량도를 얻기 위하여는 가급적 단순호우사상을 선택한다.

1. ③	2. ①	3. ①	4. ③	5. ②
6. ③	7. ②	8. ④	9. ④	10. ③
11. ②	12. ②	13. ③	14. ③	15. ①
16. ④	17. ④	18. ④	19. ①	20. ②

과년도출제문제(CBT시험문제)

24 토목기사
2회 시행 출제문제

※ 본 기출문제는 수험자의 기억을 바탕으로 하여 복원한 문제이므로 실제 문제와 다를 수 있음을 미리 알려드립니다.

1. 물속에 존재하는 임의의 면에 작용하는 정수압의 작용방향에 대한 설명으로 옳은 것은?

① 정수압은 수면에 대하여 수평방향으로 작용한다.
② 정수압은 수면에 대하여 수직방향으로 작용한다.
③ 정수압은 임의의 면에 직각으로 작용한다.
④ 정수압의 수직압은 존재하지 않는다.

2. 길이 13m, 높이 2m, 폭 3m, 무게 20ton인 바지선의 흘수는?

① 0.51m
② 0.56m
③ 0.58m
④ 0.46m

3. 부체의 안정에 관한 설명으로 옳지 않은 것은?

① 경심(M)이 무게중심(G)보다 낮을 경우 안정하다.
② 무게중심(G)이 부심(B)보다 아래쪽에 있으면 안정하다.
③ 경심(M)이 무게중심(G)보다 높을 경우 복원모멘트가 작용한다.
④ 부심(B)과 무게중심(G)이 동일 연직선상에 위치할 때 안정을 유지한다.

4. 유선 위 한 점의 x, y, z축에 대한 좌표를 (x, y, z), x, y, z축 방향 속도성분을 각각 u, v, w라 할 때 서로의 관계가 $\dfrac{dx}{u} = \dfrac{dy}{v} = \dfrac{dz}{w}$, $u = -ky$, $v = kx$, $w = 0$인 흐름에서 유선의 형태는? (단, k는 상수)

① 원
② 직선
③ 타원
④ 쌍곡선

5. 원형 단면의 수맥이 그림과 같이 곡면을 따라 유량 0.018m³/s가 흐를 때 x방향의 분력은? (단, 관내의 유속은 9.8m/s, 마찰은 무시한다.)

① -18.25N
② 37.83N
③ -64.56N
④ 17.64N

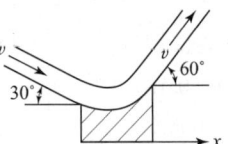

6. 유속을 V, 물의 단위중량을 γ_w, 물의 밀도를 ρ, 중력가속도를 g라 할 때 동수압(動水壓)을 바르게 표시한 것은?

① $\dfrac{V^2}{2g}$
② $\dfrac{\gamma_w V^2}{2g}$
③ $\dfrac{\gamma_w V}{2g}$
④ $\dfrac{\rho V^2}{2g}$

7. 오리피스에서 수축계수의 정의와 그 크기로 옳은 것은? (단, a_o : 수축단면적, a : 오리피스 단면적, V_o : 수축단면의 유속, V : 이론유속)

① $C_a = \dfrac{a_o}{a}$, 1.0~1.1
② $C_a = \dfrac{V_o}{V}$, 1.0~1.1
③ $C_a = \dfrac{a_o}{a}$, 0.6~0.7
④ $C_a = \dfrac{V_o}{V}$, 0.6~0.7

8. 그림과 같은 관(管)에서 V의 유속으로 물이 흐르고 있을 경우에 대한 설명으로 옳지 않은 것은?

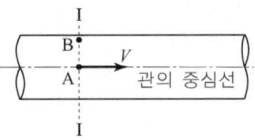

① 흐름이 층류인 경우 A점에서의 유속(流速)은 단면(斷面) I의 평균유속의 2배다.
② A점에서의 마찰저항력은 V^2에 비례한다.
③ A점에서 B점(管璧)으로 갈수록 마찰저항력은 커진다.
④ 유속은 A점에서 최대인 포물선 분포를 한다.

9. 그림과 같은 병렬관수로 ㉠, ㉡, ㉢에서 각관의 지름과 관의 길이를 각각 $D_1, D_2, D_3, L_1, L_2, L_3$라 할 때 $D_1 > D_2 > D_3$ 이고 $L_1 > L_2 > L_3$이면 A점과 B점 사이의 손실수두는?

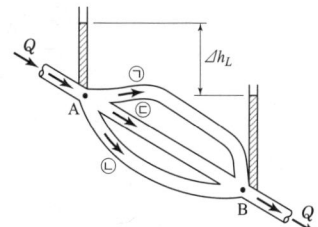

① ㉠의 손실수두가 가장 크다.
② ㉡의 손실수두가 가장 크다.
③ ㉢에서만 손실수두가 발생한다.
④ 모든 관의 손실수두가 같다.

10. 다음 사다리꼴 수로의 윤변은?

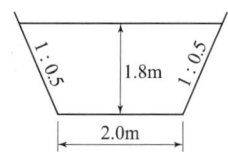

① 8.02m
② 7.02m
③ 6.02m
④ 9.02m

11. 도수(hydraulic jump) 전후의 수심 h_1, h_2의 관계를 도수 전의 Froude 수 Fr_1의 함수로 표시한 것으로 옳은 것은?

① $\dfrac{h_2}{h_1} = \dfrac{1}{2}(\sqrt{8Fr_1^2+1}-1)$

② $\dfrac{h_1}{h_2} = \dfrac{1}{2}(\sqrt{8Fr_1^2+1}+1)$

③ $\dfrac{h_2}{h_1} = \dfrac{1}{2}(\sqrt{8Fr_1^2+1}+1)$

④ $\dfrac{h_1}{h_2} = \dfrac{1}{2}(\sqrt{8Fr_1^2+1}-1)$

12. 수로의 단위폭에 대한 운동량방정식은? (단, 수로의 경사는 완만하며, 바닥 마찰저항은 무시한다.)

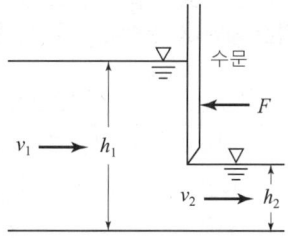

① $\dfrac{\gamma h_1^2}{2} - \dfrac{\gamma h_2^2}{2} - F = \rho Q(V_1 - V_2)$

② $\dfrac{\gamma h_1^2}{2} - \dfrac{\gamma h_2^2}{2} - F = \rho Q(V_2 - V_1)$

③ $\dfrac{\gamma h_1^2}{2} + \dfrac{\gamma h_2^2}{2} - F = \rho Q(V_2 - V_1)$

④ $\dfrac{\gamma h_1^2}{2} + \rho Q V_1 + F = \dfrac{\gamma h_2^2}{2} + \rho Q V_2$

13. 댐의 상류부에서 발생되는 수면곡선으로 흐름방향으로 수심이 증가함을 뜻하는 곡선은?

① 배수곡선
② 저하곡선
③ 유사량 곡선
④ 수리특성 곡선

14. 지하수 흐름과 관련된 Dupuit의 공식으로 옳은 것은? (단, q=단위폭당의 유량, l=침윤선 길이, k=투수계수)

① $q = \dfrac{k}{2l}(h_1^2 - h_2^2)$
② $q = \dfrac{k}{2l}(h_1^2 + h_2^2)$
③ $q = \dfrac{k}{l}\left(h_1^{\frac{3}{2}} - h_2^{\frac{3}{2}}\right)$
④ $q = \dfrac{k}{l}\left(h_1^{\frac{3}{2}} + h_2^{\frac{3}{2}}\right)$

15. 흐름을 지배하는 가장 큰 요인이 점성일 때 흐름의 상태를 구분하는 방법으로 쓰이는 무차원수는?

① Froude 수
② Reynolds 수
③ Weber 수
④ Cauchy 수

16. 관측점 X의 우량계 고장으로 1개월 동안 강우량 관측을 할 수 없었다. 이 기간 동안 집중호우가 발생하여 인접관 측점 A, B, C에 다음과 같이 강우량이 측정되었다면 결측 기간 동안 X 관측점의 강우량은?

관측점	강우량(mm)	정상 연평균 강우량(mm)
X	?	951
A	103	1,010
B	90	920
C	118	1,208

① 91.3mm ② 92.3mm
③ 93.3mm ④ 94.3mm

17. 유역의 평균강우량 산정방법이 아닌 것은?

① 산술평균법 ② 등우선법
③ Thiessen 가중법 ④ 기하평균법

18. 침투능에 관한 다음 설명 중 틀린 것은?

① 어떤 토양면을 통해 물이 침투할 수 있는 최대율을 말한다.
② 단위는 통상 mm/hr 또는 in/hr로 표시된다.
③ 침투능은 강우강도에 따라 변화한다.
④ 침투능은 토양 조건과는 무관하다.

19. 유역면적이 4km^{2}이고 유출계수가 0.8인 산지하천에서 강우강도가 80mm/h이다. 합리식을 사용한 유역출구에서의 첨두홍수량은?

① 35.5m^3/s ② 71.1m^3/s
③ 128m^3/s ④ 256m^3/s

20. 수문자료 해석에 사용되는 확률분포형의 매개변수를 추정하는 방법이 아닌 것은?

① 모멘트법(method of moments)
② 회선적분법(convolution integral method)
③ 최우도법(method of maximum likelihood)
④ 확률가중모멘트법(method of probability weighted moments)

해설 및 정답

1. 정수압의 작용방향은 임의의 면에 대해서 직각으로 작용한다.

2. $t = \dfrac{P \cdot D}{2\sigma_{ca}} = \dfrac{4905 \times 2}{2 \times 120}$

$P = wh = 9.81 \times 500 = 4905 \,\text{kN/m}^2$

$t = 40.9 \,\text{mm}$

3. $wV + M = w'V' + M'$

$650 + 0 = 10.055 \times 4 \times 8 \times h' + 0$

$h = 2.02 \,\text{m}$

4. 연속방정식은 질량보존의 법칙에 근거하고 있다.

5. $F = ma = m \cdot \dfrac{\Delta V}{\Delta t}$

6. $D = C_D A \dfrac{\rho V^2}{2} = 0.2 \times 2 \times 9.8 \times \dfrac{1 \times 5^2}{2} = 49 \,\text{kN}$

7. $Q = CAV = C_v \cdot C_a \cdot \dfrac{\pi D^2}{4} \times \sqrt{2gh}$

$= 0.95 \times 0.7 \times \dfrac{\pi \cdot 0.1^2}{4} \times \sqrt{2 \times 9.8 \times 2}$

$= 0.0327 \,\text{m}^3/\text{sec}$

8. A점은 관의 중심이므로 마찰저항력은 0이다.

9. A점에서 분기되어 B에서 합류되므로 모든관의 손실수두는 동일하다.

10. 윤변 $P =$ 물과 맞닿는 변의 길이

$P = 2 + \sqrt{1.8^2 + 0.9^2} \times 2$

$= 6.02 \,\text{m}$

11. 도수후의 수심

$h_2 = \dfrac{h_1}{2}\left(-1 + \sqrt{1 + 8F_{r_1}^2}\right)$

$\dfrac{h_2}{h_1} = \dfrac{1}{2}\left(-1 + \sqrt{1 + 8F_{r_1}^2}\right)$

12. 침투능의 크기는 토양의 조건과 매우 밀접한 관련이 있다. 침투능에 영향을 주는 인자는 토양의 종류 및 함유수분, 다짐정도, 식생피복 등

13. 댐은 상류부에서 흐름방향인 하류부로 수심이 증가하는 배수곡선이 형성된다.

14. $Q = KiA$

$= K \times \dfrac{h_1 - h_1}{l} \times \left(\dfrac{h_1 + h_2}{2}\right) \times 1$

$= \dfrac{K}{2l}\left(h_1^2 - h_2^2\right)$

15. 점성 등이 흐름을 지배하는 경우에는 Reynolds 법칙을 적용한다.(관수로)

16. $P_m = \dfrac{N_x}{3}\left(\dfrac{P_A}{N_A} + \dfrac{P_B}{N_B} + \dfrac{P_C}{N_C}\right)$

$= \dfrac{951}{3}\left(\dfrac{103}{1010} + \dfrac{90}{920} + \dfrac{118}{1208}\right) = 94.3 \,\text{mm}$

$\dfrac{1208 - 951}{951} \times 100 = 27.02\% > 10\%$이므로

정상 연강수량 비율법을 사용한다.

17. 등우선법, 산술평균법, Thiessen 가중법이 있다.

18. 침투능은 토양의 성질에 의해 영향을 받는다.

19. $Q = 0.2778 CiA$
$\quad\quad = 0.2778 \times 0.8 \times 80 \times 4$
$\quad\quad = 71.1 \text{m}^3/\text{sec}$

20. 회선적분법은 기저유출을 예측할 때 사용할 수 있다.

1. ③	2. ①	3. ①	4. ①	5. ③
6. ②	7. ③	8. ②	9. ④	10. ③
11. ①	12. ②	13. ①	14. ①	15. ②
16. ④	17. ④	18. ④	19. ②	20. ②

과년도 출제문제(CBT시험문제)

24 토목기사
3회 시행 출제문제

※ 본 기출문제는 수험자의 기억을 바탕으로 하여 복원한 문제이므로 실제 문제와 다를 수 있음을 미리 알려드립니다.

1. 그림과 같이 정수 중에 있는 판에 작용하는 전수압을 계산하는 식은?

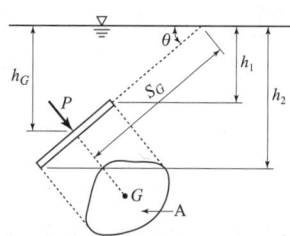

① $P = \gamma S_G A$
② $P = \gamma \dfrac{h_1 + h_2}{2} A$
③ $P = \gamma h_G A$
④ $P = \gamma h_G A \sin\theta$

2. 그림과 같이 물속에 수직으로 설치된 넓이 2m×3m의 수문을 올리는 데 필요한 힘은? (단, 수문의 물속 무게는 1960N이고, 수문과 벽면사이의 마찰계수는 0.25이다.)

① 5.45kN
② 53.4kN
③ 126.7kN
④ 271.2kN

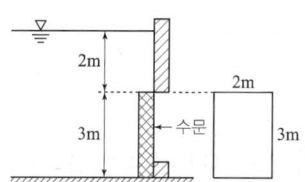

3. 빙산(氷山)의 부피가 V, 비중이 0.92이고, 바닷물의 비중은 1.025라 할 때 바닷물 속에 잠겨 있는 빙산의 부피는?

① $1.1V$
② $0.9V$
③ $0.8V$
④ $0.7V$

4. 다음 물의 흐름에 대한 설명 중 옳은 것은?

① 수심은 깊으나 유속이 느린 흐름을 사류라 한다.
② 물의 분자가 흩어지지 않고 질서 정연히 흐르는 흐름을 난류라 한다.
③ 모든 단면에 있어 유적과 유속이 시간에 따라 변하는 것을 정류라 한다.
④ 에너지선과 동수 경사선의 높이의 차는 일반적으로 $\dfrac{V^2}{2g}$ 이다.

5. 오리피스에서 C_c를 수축계수, C_v를 유속계수라 할 때 실제유량과 이론유량과의 비(C)는?

① $C = C_c$
② $C = C_v$
③ $C = C_c / C_v$
④ $C = C_c \cdot C_v$

6. 폭 2.5m, 월류수심 0.4m인 사각형 위어(weir)의 유량은? (단, Francis 공식: $Q = 1.84 B_o h^{3/2}$에 의하며, B_o : 유효폭, h : 월류수심, 접근유속은 무시하며 양단수축이다.)

① $1.117 \text{m}^3/\text{sec}$
② $1.126 \text{m}^3/\text{sec}$
③ $1.145 \text{m}^3/\text{sec}$
④ $1.164 \text{m}^3/\text{sec}$

7. 지름 D인 원관에 물이 반만 차서 흐를 때 경심은?

① $D/4$
② $D/3$
③ $D/2$
④ $D/5$

8. 수위차가 3m인 2개의 저수지를 지름 50cm, 길이 80m의 직선관으로 연결하였을 때의 유량은? (단, 입구 손실계수 = 0.5, 관의 마찰손실계수 = 0.0265, 출구손실계수 = 1.0, 이외의 손실은 없다고 한다.)

① $0.124 \text{m}^3/\text{s}$
② $0.314 \text{m}^3/\text{s}$
③ $0.628 \text{m}^3/\text{s}$
④ $1.280 \text{m}^3/\text{s}$

9. 개수로의 흐름에 가장 지배적인 영향을 미치는 것은?

① 유체의 밀도
② 관성력
③ 중력
④ 점성력

10. 비에너지와 한계수심에 관한 설명으로 옳지 않은 것은?

① 비에너지가 일정할 때 한계수심으로 흐르면 유량이 최소가 된다.
② 유량이 일정할 때 비에너지가 최소가 되는 수심이 한계수심이다.
③ 비에너지는 수로바닥을 기준으로 하는 단위무게당 흐름에너지이다.
④ 유량이 일정할 때 직사각형단면 수로 내 한계수심은 최소 비에너지의 $\frac{2}{3}$ 이다.

11. 수심에 비해 수로폭이 매우 큰 사각형 수로에 유량 Q가 흐르고 있다. 동수경사를 I, 평균유속계수를 C라고 할 때, Chezy 공식에 의한 수심은? (단, h : 수심, B : 수로폭)

① $h=\frac{3}{2}\left(\frac{Q}{C^2B^2I}\right)^{1/3}$ ② $h=\left(\frac{Q^2}{C^2B^2I}\right)^{1/3}$

③ $h=\left(\frac{Q}{C^2B^2I}\right)^{2/3}$ ④ $h=\left(\frac{Q^2}{C^2B^2I}\right)^{7/10}$

12. 다음 그림은 개수로에서 동점성계수가 일정하다고 할 때, 수심 h와 유속 V에 대한 한계 레이놀즈수(R_e)와 후르드수(F_r)를 전대수지에 나타낸 것이다. 그림에서 4개의 영역으로 나눌 때 난류인 상류를 나타내는 영역은?

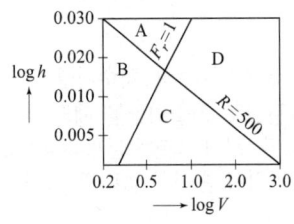

① A ② B
③ C ④ D

13. 도수 전후의 수심이 각각 2m, 4m일 때 도수로 인한 에너지 손실(수두)은?

① 0.1m ② 0.2m
③ 0.25m ④ 0.5m

14. 자유수면을 가지고 있는 깊은 우물에서 양수량 Q를 일정하게 퍼냈더니 최소의 수위 H가 h_o로 강하하여 정상흐름이 되었다. 이때의 양수량은? (단, 우물의 반지름 $= r_o$, 영향원의 반지름 $= R$, 투수계수 $= k$)

① $Q=\dfrac{\pi k(H^2-h_o^2)}{\ln\dfrac{R}{r_o}}$ ② $Q=\dfrac{2\pi k(H^2-h_o^2)}{\ln\dfrac{R}{r_o}}$

③ $Q=\dfrac{\pi k(H^2-h_o^2)}{2\ln\dfrac{R}{r_o}}$ ④ $Q=\dfrac{\pi k(H^2-h_o^2)}{2\ln\dfrac{r_o}{R}}$

15. 하천의 수리모형실험에 주로 사용되는 상사법칙은?

① Weber의 상사법칙 ② Cauchy의 상사법칙
③ Froude의 상사법칙 ④ Reynolds의 상사법칙

16. Thiessen 다각형에서 각각의 면적이 20km², 30km², 50km²이고, 이에 대응하는 강우량이 각각 40mm, 30mm, 20mm일 때, 이 지역의 면적평균 강우량은 얼마인가?

① 25mm ② 27mm
③ 30mm ④ 32mm

17. 관수로에서의 미소 손실(Minor Loss)는?

① 위치수두에 비례한다.
② 압력수두에 비례한다.
③ 속도수두에 비례한다.
④ 레이놀즈수의 제곱에 반비례한다.

18. 어떤 유역에 70mm의 강우량이 그림과 같은 분포로 내렸을 때 유역의 직접유출량이 30mm이었다면 이때의 $\phi-$index는?

① 10mm/h
② 12.5mm/h
③ 15mm/h
④ 20mm/h

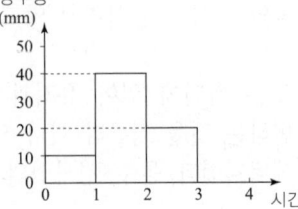

19. 다음 중에서 차원이 다른 것은?

① 증발량 ② 침투율
③ 강우강도 ④ 유출량

20. 단위도(단위 유량도)에 대한 설명으로 옳지 않은 것은?

① 단위도의 3가지 가정은 일정기저시간가정, 비례가정, 중첩가정이다.
② 단위도는 기저유량과 직접유출량을 포함하는 수문곡선이다.
③ S-Curve를 이용하여 단위도의 단위시간을 변경할 수 있다.
④ Snyder는 합성단위도법을 연구 발표하였다.

해설 및 정답

1. $P = wh_G A$

2. 마찰력 = 마찰계수 × 수직항력
들어올리는 필요한 힘 = 마찰력 + 물체의 무게
$= 0.25 \times 1 \times \left(2 + \dfrac{3}{2}\right) \times 2 \times 3 + 1960/(9.8 \times 1000)$
$= 5.45t ≒ 53.4kN$

3. $wV + M = w'V' + M'$
$0.92 \times V + 0 = 1.025 \times V' + 0$
$V' = \dfrac{0.92}{1.025} V = 0.9V$

4. 에너지선 = 동수경사선 + 속도수두로 나타낼 수 있다.
그러므로 속도수두는 $\dfrac{V^2}{2g}$ 이다.

5. 실제유량과 이론유량
$C = C_c \times C_v$

6. $Q = 1.84 b_o h^{\frac{3}{2}}$
$b_o = b - 0.1nh$
$= b - 0.2h$
$Q = 1.84 \times (2.5 - 0.2 \times 0.4) \times 0.4^{\frac{3}{2}}$
$= 1.126 \, m^3/s$

7. $R = \dfrac{A}{P} = \dfrac{\dfrac{\pi D^2}{4} \times \dfrac{1}{2}}{\pi D \times \dfrac{1}{2}}$
$= \dfrac{\pi D^2}{4\pi D} = \dfrac{D}{4}$

8. $Q = AV = A \cdot \sqrt{\dfrac{2gh}{f_i + f\dfrac{l}{D} + f_0}}$
$= \dfrac{\pi \cdot 0.5^2}{4} \times \sqrt{\dfrac{2 \times 9.8 \times 3}{0.5 + 0.0265 \times \dfrac{80}{0.5} + 1}}$
$= 0.628 \, m^3/\sec$

9. 개수로의 흐름은 중력이 지배하는 흐름이다.

10. 한계수심으로 흐르게 되면 유량은 최대가 된다.

11. $V = C\sqrt{RI} = C\sqrt{hI}$
$h = \dfrac{V^2}{C^2 I} = \dfrac{(Q/A)^2}{C^2 I}$
$= \dfrac{Q^2}{C^2 I \cdot (Bh)^2}$
$h = \left(\dfrac{Q^2}{C^2 B^2 I}\right)^{\frac{1}{3}}$

12. A영역은 $R_e > 500$이며 $F_r < 1$인 흐름이다.
즉, 난류이며 상류이다.

13. $\Delta H_e = \dfrac{(h_2 - h_1)^3}{4h_1 h_2}$
$= \dfrac{(4-2)^3}{4 \times 2 \times 4}$
$= 0.25 m$

14. $Q = \dfrac{\pi k (H^2 - h_o^2)}{\ln \dfrac{R}{r_o}}$

15. 하천의 수리모형실험에 적용되는 법칙은 Froude 상사법칙이다.

16. $P_m = \dfrac{20\times 40 + 30\times 30 + 50\times 20}{20+30+50} = 27\mathrm{mm}$

17. 미소손실은 속도수두에 비례한다.

18. i) ϕ-index=20mm
　　　유출량=20mm
　ii) ϕ-index=15mm
　　　유출량=25+5=30mm

19. 유출량 : $\mathrm{m^3/sec} = L^3 T^{-1}$
　증발량 : $\mathrm{mm/hr} = LT^{-1}$
　침투율, 강우강도는 증발량과 동일

20. 단위도
유효우량이 1cm일 때의 유역 출구점에서의 유출수문곡선이다.

1. ③	2. ②	3. ②	4. ④	5. ④
6. ②	7. ①	8. ③	9. ③	10. ①
11. ②	12. ①	13. ③	14. ①	15. ③
16. ②	17. ③	18. ③	19. ④	20. ②

과년도 출제문제(CBT시험문제)

25 토목기사
1회 시행 출제문제

※ 본 기출문제는 수험자의 기억을 바탕으로 하여 복원한 문제이므로 실제 문제와 다를 수 있음을 미리 알려드립니다.

1. 물리량의 차원을 표시한 것으로 옳지 않은 것은?

① 각 가속도 : $[T^{-2}]$
② 힘 : $[MLT^{-2}]$
③ 점성계수 : $[ML^{-1}T^{-1}]$
④ 탄성계수 : $[MLT^{-2}]$

2. 탱크 속에 깊이 2m의 물과 그 위에 비중 0.85의 기름이 4m 들어있다. 탱크 바닥에서 받는 압력을 구한 값은? (단, 물의 단위중량은 9.81kN/m³이다.)

① 52.974kN/m²
② 53.974kN/m²
③ 54.974kN/m²
④ 55.974kN/m²

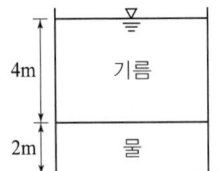

3. 폭 4.8m, 높이 2.7m의 연직 직사각형 수문이 한쪽 면에서 수압을 받고 있다. 수문의 밑면은 힌지로 연결되어 있고 상단은 수평체인(Chain)으로 고정되어 있을 때 이 체인에 작용하는 장력(張力)은? (단, 수문의 정상과 수면은 일치한다.)

① 29.23kN
② 57.15kN
③ 7.87kN
④ 0.88kN

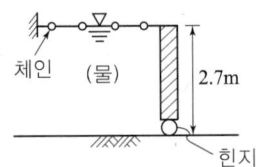

4. 비중이 0.9인 목재가 물에 떠 있다. 수면 위에 노출된 체적이 1.0m³이라면 목재 전체의 체적은? (단, 물의 비중은 1.00이다.)

① 1.9m³
② 2.0m³
③ 9.0m³
④ 10.0m³

5. 평면상 x, y 방향의 속도성분이 각각 $u=ky$, $v=kx$인 유선의 형태는?

① 원
② 타원
③ 쌍곡선
④ 포물선

6. 그림과 같이 $d_1=1m$인 원통형 수조의 측벽에 내경 $d_2=10cm$의 관으로 송수할 때의 평균 유속(V_2)이 2m/s이었다면 이 때의 유량 Q와 수조의 수면이 강하하는 유속 V_1은?

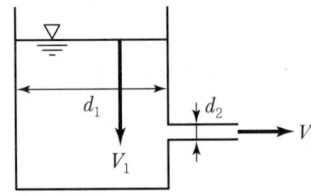

① $Q=1.57L/s$, $V_1=2cm/s$
② $Q=1.57L/s$, $V_1=3cm/s$
③ $Q=15.7L/s$, $V_1=2cm/s$
④ $Q=15.7L/s$, $V_1=3cm/s$

7. 사각 위어에서 유량산출에 쓰이는 Francis 공식에 대하여 양단 수축이 있는 경우에 유량으로 옳은 것은? (단, B : 위어 폭, h : 월류수심)

① $Q=1.84(B-0.4h)h^{\frac{3}{2}}$
② $Q=1.84(B-0.3h)h^{\frac{3}{2}}$
③ $Q=1.84(B-0.2h)h^{\frac{3}{2}}$
④ $Q=1.84(B-0.1h)h^{\frac{3}{2}}$

8. 직사각형의 단면(폭 4m×수심 2m) 개수로에서 Manning 공식의 조도계수 $n=0.017$이고 유량 $Q=15\text{m}^3/\text{s}$일 때 수로의 경사(I)는?

① 1.016×10^{-3}
② 4.548×10^{-3}
③ 15.365×10^{-3}
④ 31.875×10^{-3}

9. Chezy의 평균유속 공식에서 평균유속계수 C를 Manning의 평균유속 공식을 이용하여 표현한 것으로 옳은 것은?

① $\dfrac{R^{1/2}}{n}$
② $\dfrac{R^{1/6}}{n}$
③ $\sqrt{\dfrac{f}{8g}}$
④ $\sqrt{\dfrac{8g}{f}}$

10. 동력 20,000kW, 효율 88%인 펌프를 이용하여 150m 위의 저수지로 물을 양수하려고 한다. 손실수두가 10m일 때 양수량은?

① $15.5\text{m}^3/\text{s}$
② $14.5\text{m}^3/\text{s}$
③ $11.2\text{m}^3/\text{s}$
④ $12.0\text{m}^3/\text{s}$

11. 직사각형 단면수로의 폭이 5m이고 한계수심이 1m 일 때의 유량은? (단, 에너지 보정계수 $\alpha=1.0$)

① $15.65\text{m}^3/\text{s}$
② $10.75\text{m}^3/\text{s}$
③ $9.80\text{m}^3/\text{s}$
④ $3.13\text{m}^3/\text{s}$

12. 수심이 10cm, 수로 폭이 20cm인 직사각형 개수로에서 유량 $Q=80\text{cm}^3/\text{s}$가 흐를 때 동점성계수 $\nu=1.0\times10^{-2}\text{cm}^2/\text{s}$이면 흐름은?

① 난류, 사류
② 층류, 사류
③ 난류, 상류
④ 층류, 상류

13. 개수로에서 도수가 발생할 때 도수 전의 수심이 0.5m, 유속이 7m/sec이면 도수 후의 수심은?

① 2.5m
② 2.0m
③ 1.8m
④ 1.5m

14. 지하수의 흐름에서 Darcy 법칙을 적용하는 레이놀즈 수(Re)의 일반적인 범위는?

① Re < 0.1
② Re < 1~10
③ Re < 500
④ Re < 2000

15. 다음 중 부정류 흐름의 지하수를 해석하는 방법은?

① Theis 방법
② Dupuit 방법
③ Thiem 방법
④ Laplace 방법

16. 원형 댐의 월류량(Q_p)이 1,000m³/s이고, 수문을 개방하는 데 필요한 시간(T_p)이 40초라 할 때 1/50 모형(模形)에서의 유량(Q_m)과 개방 시간(T_m)은? (단, 중력가속도비(g_r)는 1로 가정한다.)

① $Q_m=0.057\text{m}^3/\text{s}$, $T_m=5.657\text{s}$
② $Q_m=1.623\text{m}^3/\text{s}$, $T_m=0.825\text{s}$
③ $Q_m=56.56\text{m}^3/\text{s}$, $T_m=0.825\text{s}$
④ $Q_m=115.00$, $T_m=5.657\text{s}$

17. 어떤 유역에 표와 같이 30분간 집중호우가 발생하였다. 지속시간 15분인 최대 강우 강도는?

시간(분)	우량(mm)
0~5	2
5~10	4
10~15	6
15~20	4
20~25	8
25~30	6

① 80mm/hr
② 72mm/hr
③ 64mm/hr
④ 50mm/hr

18. 강우강도를 I, 침투능을 f, 총 침투량을 F, 토양수분 미흡량을 D라 할 때, 지표유출은 발생하나 지하수위는 상승하지 않는 경우에 대한 조건식은?

① $I < f$, $F < D$ ② $I < f$, $F > D$
③ $I > f$, $F < D$ ④ $I > f$, $F > D$

19. 하천의 평균유속 V를 구하는 방법으로서 적절치 못한 것은? (여기서, V_s는 표면유속, $V_{0.2}$, $V_{0.4}$, $V_{0.6}$, $V_{0.8}$는 수면으로부터 수심의 20%, 40%, 60%, 80%에 해당하는 수심을 나타낸다.)

① 표면법 : $V = 0.85 V_s$
② 1점법 : $V = V_{0.6}$
③ 3점법 : $V = \dfrac{1}{4}(V_{0.2} + V_{0.6} + V_{0.6})$
④ 4점법 : $V = \dfrac{1}{5}[(V_{0.2} + V_{0.4} + V_{0.6} + V_{0.8}) + \dfrac{1}{2}(V_{0.2} + \dfrac{1}{2}V_{0.8})]$

20. 다음 중 단위유량도(Unit hydrograph)를 작성함에 있어서 기본가정에 해당되지 않는 것은?

① 비례 가정
② 중첩 가정
③ 직접 유출의 가정
④ 일정 기저시간 가정

해설 및 정답

1. 탄성계수 : E

$E = \dfrac{dP}{\dfrac{dV}{V}}$ 즉, 압력의 단위

$= g/cm^2 = FL^{-2}$에서 $F = MLT^{-2}$이므로

$FL^{-2} = MLT^{-2} \cdot L^{-2} = ML^{-1}T^{-2}$

2. $P = w_1 h_1 + w_2 h_2 = 1 \times 2 + 0.85 \times 4 = 5.4 \text{t/m}^2$

$= 5.4 \times 9.81 = 52.974 \text{kN/m}^2$

($1t = 9.81 \text{kN}$)

3. 수평 체인에 걸리는 힘과 수문에 걸리는 힘은 힌지를 중심으로 모멘트가 같아야 한다.

수문에 작용하는 힘

$P = wh_G A = 1 \times \dfrac{2.7}{2} \times 4.8 \times 2.7 = 17.5 \text{t}$

힌지를 중심으로 모멘트를 취하면

$P_c \times 2.7 = 17.5 \times \dfrac{2.7}{3}$

$P_c = 5.83 \text{t}$

$1t = 9.8 \text{kN}$이므로

$P_c = 5.83 \times 9.8 \text{kN} = 57.16 \text{kN}$

4. $wV + M = w'V' + M'$

$0.9 \times V + 0 = 1 \times (V-1) + 0$

$0.1V = 1, \quad V = 10 \text{m}^3$

5. $\dfrac{dx}{u} = \dfrac{dy}{v}$

$\dfrac{dx}{ky} = \dfrac{dy}{kx}$

$kx \cdot dx = ky \cdot dy$

$\dfrac{1}{2}x^2 + C = \dfrac{1}{2}y^2 + C$

$x^2 - y^2 = C$

∴ 쌍곡선

6. $Q = AV = \dfrac{\pi \cdot 10^2}{4} \times 200$

$= 15,707 \text{cm}^3/\text{sec} = 15.7 l/\text{sec}$

$15,700 = AV = \dfrac{\pi \cdot 100^2}{4} \times V$

$V = 2 \text{cm/sec}$

7. 프란시스 공식

$Q = 1.84 b_o \cdot h^{\frac{3}{2}}$

$b_o = B - 0.2h$ (양단수축)

$Q = 1.84(B - 0.2h) \cdot h^{\frac{3}{2}}$

8. $Q = AV = bh \times \dfrac{1}{n} \cdot \left(\dfrac{bh}{b+2h}\right)^{\frac{2}{3}} \cdot I^{\frac{1}{2}}$

$15 = 4 \times 2 \times \dfrac{1}{0.017} \times \left(\dfrac{4 \times 2}{4 + 2 \times 2}\right)^{\frac{2}{3}} \cdot I^{\frac{1}{2}}$

$I = 1.016 \times 10^{-3}$

9. Chezy : $V = C\sqrt{RI}$

Manning : $V = \dfrac{1}{n} R^{\frac{2}{3}} \cdot I^{\frac{1}{2}}$

$C\sqrt{RI} = \dfrac{1}{n} R^{\frac{2}{3}} \cdot I^{\frac{1}{2}}$

$C = \dfrac{1}{n} R^{\left(\frac{2}{3} - \frac{1}{2}\right)} = \dfrac{1}{n} R^{\frac{1}{6}}$

10. 양수동력 : E

$E = \dfrac{1}{n} 9.8 Q H_P \text{ (kW)}$

$20,000 = \dfrac{1}{0.88} \times 9.8 \times Q \times (150 + 10)$

$Q = 11.22 \text{m}^3/\text{sec}$

11. 사각형 단면의 한계 수심 : h_c

$h_c = \left(\dfrac{\alpha Q^2}{g b^2}\right)^{\frac{1}{3}}$

$1 = \left(\dfrac{1 \times Q^2}{9.8 \times 5^2}\right)^{\frac{1}{3}}$

$Q = 15.65 \text{m}^3/\text{sec}$

12. $Re = \dfrac{V \cdot R}{\nu}$ $\quad < 500$: 층류
$\qquad\qquad\qquad\quad > 500$: 난류

$Q = AV$

$80 = 10 \times 20 \times V$

$V = 0.4\,\text{cm/sec}$

$Re = \dfrac{0.4 \times \dfrac{20 \times 10}{20 + 10 \times 2}}{1 \times 10^{-2}} = 200 < 500 \quad \therefore \text{층류}$

$F_r = \dfrac{V}{\sqrt{gh}}$ $\quad < 1$: 상류
$\qquad\qquad\quad > 1$: 사류

$\quad = \dfrac{0.4}{\sqrt{9.8 \times 0.1}} = 0.4 < 1 \quad \therefore \text{상류}$

13. 도수 후의 수심 : h_2

$h_2 = \dfrac{h_1}{2}(-1 + \sqrt{1 + 8F_{r_1}^{\,2}})$

$F_{r_1} = \dfrac{V}{\sqrt{gh_1}} = \dfrac{7}{\sqrt{9.8 \times 0.5}} = 3.16$

$h_2 = \dfrac{0.5}{2}(-1 + \sqrt{1 + 8 \times 3.16^2}) \fallingdotseq 2\,\text{m}$

14. 지하수 흐름에 적용 가능한 Re수의 범위는 1~10이다.

15. 부정류 해석 방법은 Theis, Jacob, Chow 방법 등이 있다.

16. $\dfrac{Q_m}{Q_p} = L_r^{\,\frac{5}{2}} = \left(\dfrac{1}{50}\right)^{\frac{5}{2}}$

$Q_m = \left(\dfrac{1}{50}\right)^{\frac{5}{2}} \times 1{,}000 = 0.057\,\text{m}^3/\text{sec}$

$V_r = \sqrt{gh_r} = L_r^{\,\frac{1}{2}}$

$V_r = L_r \cdot T_r^{\,-1}$

$L_r^{\,\frac{1}{2}} = L_r \cdot T_r^{\,-1}$

$T_r = L_r^{\,\frac{1}{2}}$

$\dfrac{T_m}{T_p} = \left(\dfrac{1}{50}\right)^{\frac{1}{2}}$

$T_m = \left(\dfrac{1}{50}\right)^{\frac{1}{2}} \times 40 = 5.657\,\text{sec}$

17. i) 0~15분 강우량

$\qquad 2 + 4 + 6 = 12\,\text{mm}$

$\qquad 12 \times \dfrac{60}{15} = 48\,\text{mm/hr}$

ii) 5~20분 강우량

$\qquad 4 + 6 + 4 = 14\,\text{mm}$

$\qquad 14 \times \dfrac{60}{15} = 56\,\text{mm/hr}$

iii) 10~25분 강우량

$\qquad 6 + 4 + 8 = 18\,\text{mm}$

$\qquad 18 \times \dfrac{60}{15} = 72\,\text{mm/hr}$

iv) 15~30분 강우량

$\qquad 4 + 8 + 6 = 18\,\text{mm}$

$\qquad 18 \times \dfrac{60}{15} = 72\,\text{mm/hr}$

18. 지표유출 발생 : $I > f$

지하수위 미상승 : $F < D$

19. 평균 유속 3점법

$V = \dfrac{1}{4}(V_{0.2} + 2V_{0.6} + V_{0.8})$

20. 단위도 기본 가정은
 i) 비례가정
 ii) 중첩가정
 iii) 일정기저시간 가정

1. ④	2. ①	3. ②	4. ④	5. ③
6. ③	7. ③	8. ①	9. ②	10. ③
11. ①	12. ④	13. ②	14. ②	15. ①
16. ①	17. ②	18. ③	19. ③	20. ③

과년도 출제문제(CBT시험문제)

25 토목기사
2회 시행 출제문제

※ 본 기출문제는 수험자의 기억을 바탕으로 하여 복원한 문제이므로 실제 문제와 다를 수 있음을 미리 알려드립니다.

1. 도수 전후의 수심이 각각 1m, 3m일 때 에너지손실은?

① $\frac{1}{3}$ m   ② $\frac{1}{2}$ m
③ $\frac{2}{3}$ m   ④ $\frac{4}{5}$ m

2. 유선(stream line)에 대한 설명으로 옳지 않은 것은?

① 유선에 수직한 방향으로 속도 성분이 존재한다.
② 유선은 어느 순간의 속도 벡터에 접하는 곡선이다.
③ 흐름이 정상류일 때는 유선과 유적선이 일치한다.
④ 유선방정식은 $\frac{dx}{u} = \frac{dy}{v} = \frac{dz}{w}$ 이다.

3. 수두차가 10m인 두 저수지를 지름이 30cm, 길이가 300m, 조도계수가 0.013m$^{-1/3}$·s인 주철관으로 연결하여 송수할 때, 관을 흐르는 유량(Q)은? (단, 관의 유입손실계수 $f_e = 0.5$, 유출손실계수 $f_c = 1.0$이다.)

① 0.02m³/s   ② 0.08m³/s
③ 0.17m³/s   ④ 0.19m³/s

4. 저수지의 측벽에 폭 20cm, 높이 5cm의 직사각형 오리피스를 설치하여 유량 200L/s를 유출시키려고 할 때 수면으로부터의 오리피스 설치 위치는? (단, 유량계수 C=0.62)

① 33m   ② 43m
③ 53m   ④ 63m

5. 삼각위어에서 수두를 h라 할 때 위어를 통해 흐르는 유량 Q와 비례하는 것은?

① $h^{-\frac{1}{2}}$ ② $h^{\frac{1}{2}}$
③ $h^{\frac{3}{2}}$ ④ $h^{\frac{5}{2}}$

6. 개수로 흐름에 대한 Manning 공식의 조도계수값의 결정요소로 가장 거리가 먼 것은?

① 동수경사
② 하상물질
③ 하도 형상 및 선형
④ 식생

7. 침투능에 관한 설명 중 틀린 것은?

① 어떤 토양면을 통해 물이 침투할 수 있는 최대율을 말한다.
② 단위는 통상 mm/hr 또는 in/hr로 표시된다.
③ 침투능은 강우강도에 따라 변화한다.
④ 침투능은 토양조건과는 무관하다.

8. Chezy의 평균유속공식에서 평균유속계수 C를 Manning의 평균유속공식을 이용하여 표현한 것으로 옳은 것은?

① $\frac{R^{1/2}}{n}$ ② $\frac{R^{1/6}}{n}$
③ $\sqrt{\frac{f}{8g}}$ ④ $\sqrt{\frac{8g}{f}}$

9. 비중이 0.9인 목재가 물에 떠 있다. 수면 위에 노출된 체적이 1.0m³이라면 목재 전체의 체적은? (단, 물의 비중은 1.0이다.)

① 1.9m³   ② 2.0m³
③ 9.0m³   ④ 10.0m³

10. 경계층에 대한 설명으로 틀린 것은?

① 전단저항은 경계층 내에서 발생한다.
② 경계층 내에서는 층류가 존재할 수 없다.
③ 이상유체일 경우는 경계층은 존재하지 않는다.
④ 경계층에서는 레이놀즈(Reynolds) 응력이 존재한다.

11. 미소진폭파(small-amplitude wave) 이론을 가정할 때, 일정 수심 h의 해역을 전파하는 파장 L, 파고 H, 주기 T의 파랑에 대한 설명 중 틀린 것은?

① $\dfrac{h}{L}$이 0.05보다 작을 때, 천해파로 정의한다.
② $\dfrac{h}{L}$이 1.0보다 클 때, 심해파로 정의한다.
③ 분산관계식은 L, h 및 T 사이의 관계를 나타낸다.
④ 파랑의 에너지는 H^2에 비례한다.

12. 레이놀즈(Reynolds)수에 대한 설명으로 옳은 것은?

① 중력에 대한 점성력의 상대적인 크기
② 관성력에 대한 점성력의 상대적인 크기
③ 관성력에 대한 중력의 상대적인 크기
④ 압력에 대한 탄성력의 상대적인 크기

13. 지하수의 투수계수에 관한 설명으로 틀린 것은?

① 같은 종류의 토사라 할지라도 그 간극률에 따라 변한다.
② 흙입자의 구성, 지하수의 점성계수에 따라 변한다.
③ 지하수의 유량을 결정하는 데 사용된다.
④ 지역 특성에 따른 무차원 상수이다.

14. 수리학적으로 유리한 단면에 관한 내용으로 옳지 않은 것은?

① 동수반경을 최대로 하는 단면이다.
② 구형에서는 수심이 폭의 반과 같다.
③ 사다리꼴에서는 동수반경이 수심의 반과 같다.
④ 수리학적으로 가장 유리한 단면의 형태는 이등변 직각삼각형이다.

15. 오리피스(Orifice)의 이론과 가장 관계가 먼 것은?

① 토리첼리(Torricelli) 정리
② 베르누이(Bernoulli) 정리
③ 베나콘트랙타(Vena Contracta)
④ 모세관 현상의 원리

16. 합성 단위유량도의 모양을 결정하는 인자가 아닌 것은?

① 기저시간　　② 첨두유량
③ 지체시간　　④ 강우강도

17. 그림과 같이 수면에서 5m 깊이에 연직으로 놓여 있는 전수압이 7,000kN이다, 이 판의 폭은? (단, 물의 단위중량은 9.81kN/m³이다.)

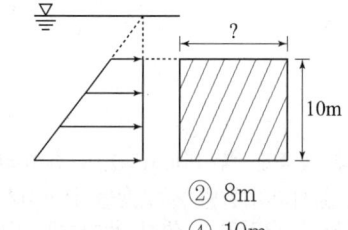

① 7m　　② 8m
③ 9m　　④ 10m

18. 수심에 대한 측정오차(%)가 같을 때 사각형위어 : 삼각형위어 : 오리피스의 유량오차(%) 비는?

① 2 : 1 : 3　　② 1 : 3 : 5
③ 2 : 3 : 5　　④ 3 : 5 : 1

19. 그림과 같이 내경이 60mm, $H=3$m의 호스에 직경 20mm의 노즐을 붙였다. 이때 유속계수 $C_v = 0.98$이라면 노즐로부터 분류하는 실제 유속은?

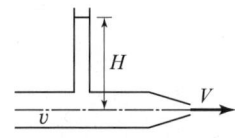

① 6.56m/sec   ② 7.56m/sec
③ 8.56m/sec   ④ 9.56m/sec

20. 폭 10m인 직사각형 단면수로에서 유량 16m³/sec가 수심 80cm로 흐를 때 비에너지는? (단, 에너지 보정계수 $\alpha = 1.1$)

① 0.82m   ② 1.02m
③ 1.52m   ④ 2.02m

해설 및 정답

1. $\Delta H_e = \dfrac{(h_2-h_1)^3}{4h_1 h_2}$

$= \dfrac{(3-1)^3}{4\times 1\times 3} = \dfrac{8}{12} = \dfrac{2}{3}\text{m}$

2. 유선과 유속은 동일한 방향이다.

3. $Q=AV=A\cdot \sqrt{\dfrac{2g(h_1-h_2)}{f_i+f_o+f\dfrac{l}{D}}}$

$= \dfrac{\pi\cdot 0.3^2}{4}\times \sqrt{\dfrac{2\times 9.8\times 10}{0.5+1+0.031\cdot \dfrac{300}{0.3}}}$

$f=\dfrac{124.6n^2}{D^{\frac{1}{3}}}$

$=\dfrac{124.6\times 0.013^2}{0.3^{\frac{1}{3}}}=0.031$

$Q=0.17\text{m}^3/\text{sec}$

4. $Q=CAV$

$=C\times ab\times \sqrt{2gh}$

$0.2=0.62\times 0.2\times 0.05\times \sqrt{2\times 9.8\times h}$

$h=53.1\text{m}$

5. $Q=\dfrac{8}{15}C\sqrt{2g}\tan\dfrac{\theta}{2}\cdot h^{\frac{5}{2}}$

Q에는 $h^{\frac{5}{2}}$이 비례한다.

6. 개수로 흐름에서의 조도계수는 하상의 상태와 밀접한 관련이 있다.

7. 침투능은 물이 침투할 수 있는 토양의 상태와 밀접하다.

8. $V=C\sqrt{RI}$

$V=\dfrac{1}{n}R^{\frac{2}{3}}\cdot I^{\frac{1}{2}}$

$C\sqrt{RI}=\dfrac{1}{n}R^{\frac{2}{3}}\cdot I^{\frac{1}{2}}$

$C=\dfrac{1}{n}R^{\frac{1}{6}}$

9. $wV+M=w'V'+M'$

$0.9\times V+0=1\times(V-1)+0$

$V=\dfrac{1}{1-0.9}=10\text{m}^3$

10. 경계층은 층류와 난류의 공동 구역이다.

11. 심해파는 $\dfrac{h}{L}>0.5$인 경우이다.

12. $Re=\dfrac{V\cdot D}{\nu}$ 이므로 관로에서의 관성력에 대한 점성력의 상대적인 크기를 말한다.

13. 지하수의 투수계수는 유속의 차원을 갖는다.

14. 수리학적으로 유리한 단면은 직사각형의 경우 $B=2h$이다.

15. 모세관 현상은 유체의 응집력과 표면장력이 관계한다.

16. 합성 단위유량도는 지체시간, 기저시간, 첨두유량, 유역계수 등이 관계한다.

17. $P=wh_G\cdot A$

$7,000=9.8\times\left(5+\dfrac{10}{2}\right)\cdot 10\times b$

$(1\text{t}=9.8\text{kN})$

$b=7.14\text{m}$

18. 사각형위어 $Q = \frac{2}{3} C b \sqrt{2g} \cdot h^{\frac{3}{2}}$

삼각형위어 $Q = \frac{8}{15} C \sqrt{2g} \tan \frac{\theta}{2} \cdot h^{\frac{5}{2}}$

오리피스 $Q = CA\sqrt{2gh}$

수심측정에 오차가 있었으므로

$h^{\frac{3}{2}} : h^{\frac{5}{2}} : h^{\frac{1}{2}} = 3 : 5 : 1$

19. 실제유속 $V = C_v \sqrt{2gh}$

$V = 0.98 \times \sqrt{2 \times 9.8 \times 3}$

$= 7.51 \text{m/sec}$

20. $H_e = h + \frac{\alpha V^2}{2g}$

$Q = AV$

$16 = 10 \times 0.8 \times V$

$V = 2 \text{m/sec}$

$H_e = 0.8 + \frac{1.1 \times 2^2}{2 \times 9.8}$

$= 1.02 \text{m}$

1. ③	2. ①	3. ③	4. ③	5. ④
6. ①	7. ④	8. ②	9. ④	10. ②
11. ②	12. ②	13. ④	14. ④	15. ④
16. ④	17. ①	18. ④	19. ②	20. ②

과년도 출제문제(CBT시험문제)

25 토목기사
3회 시행 출제문제

※ 본 기출문제는 수험자의 기억을 바탕으로 하여 복원한 문제이므로 실제 문제와 다를 수 있음을 미리 알려드립니다.

1. 수리실험에서 점성력이 지배적인 힘이 될 때 사용할 수 있는 모형법칙은?

① Reynolds 모형법칙　② Froude 모형법칙
③ Weber 모형법칙　　④ Cauchy 모형법칙

2. 수리학에서 취급되는 다음 여러 가지 양에 대한 차원이 옳은 것은?

① 유량 = $[L^3 T^{-1}]$
② 힘 = $[MLT^{-3}]$
③ 동점성계수 = $[L^3 T^{-1}]$
④ 운동량 = $[MLT^{-2}]$

3. 수표면적이 10km²되는 어떤 저수지 수면으로부터 2m 위에서 측정된 대기의 평균온도가 25℃, 상대습도가 65%이고, 저수지 수면 6m 위에서 측정한 풍속이 4m/s, 증발률(E_o)이 1.44mm/day이었다면 이 저수지 수면으로부터의 일증발량(E_{day})은?

① 42300m³/day　　② 32900m³/day
③ 27300m³/day　　④ 14400m³/day

4. 비력(special force)에 대한 설명으로 옳은 것은?

① 물의 충격에 의해 생기는 힘의 크기
② 비에너지가 최대가 되는 수심에서의 에너지
③ 한계수심으로 흐를 때 한 단면에서의 총에너지 크기
④ 개수로의 어떤 단면에서 단위중량당 동수압과 정수압의 합계

5. 중량이 600N, 비중이 3.0인 물체를 물(담수)속에 넣었을 때 물속에서의 중량은?

① 100N　　② 200N
③ 300N　　④ 400N

6. 직각삼각형 예연 위어의 월류수심이 30cm일 때 이 위어를 통과하여 1시간 동안 방출된 수량은? (단, 유량계수(C) = 0.6)

① 0.069m³　　② 0.091m³
③ 251.3m³　　④ 318.8m³

7. 자연하천에서 수위-유량관계곡선이 loop형을 이루게 되는 이유가 아닌 것은?

① 배수 및 저수 효과
② 하도의 인공적 변화
③ 홍수 시 수위의 급변화
④ 조류 발생

8. 강우자료의 일관성을 분석하기 위해 사용하는 방법은?

① 합리식
② DAD 해석법
③ 누가우량곡선법
④ SCS(Soil Conservation Service) 방법

9. 개수로에서 일정한 단면적에 대하여 최대유량이 흐르는 조건은?

① 수심이 최대이거나 수로폭이 최소일 때
② 수심이 최소이거나 수로폭이 최대일 때
③ 윤변이 최소이거나 경심이 최대일 때
④ 윤변이 최대이거나 경심이 최소일 때

10. 원형댐의 월류량(Q_p)이 1,000m³/s이고 수문을 개방하는 데 필요한 시간(T_p)이 40초라 할 때 1/50 모형(模型)에서의 유량(Q_m)과 개방시간(T_m)은? (단, 중력가속도비(g_r)는 1로 가정한다.)

① $Q_m = 0.057\text{m}^3/\text{s}$, $T_m = 5.657\text{s}$
② $Q_m = 1.623\text{m}^3/\text{s}$, $T_m = 0.825\text{s}$
③ $Q_m = 56.56\text{m}^3/\text{s}$, $T_m = 0.825\text{s}$
④ $Q_m = 115.00\text{m}^3/\text{s}$, $T_m = 5.657\text{s}$

11. 개수로 지배단면의 특성으로 옳은 것은?

① 하천흐름이 부정류인 경우에 발생한다.
② 완경사의 흐름에서 배수곡선이 나타나면 발생한다.
③ 상류흐름에서 사류흐름으로 변화할 때 발생한다.
④ 사류인 흐름에서 도수가 발생할 때 발생한다.

12. 수심 H에 위치한 작은 오리피스(orifice)에서 물이 분출할 때 일어나는 손실수두(Δh)의 계산식으로 틀린 것은? (단, V_a는 오리피스에서 측정된 유속이며 C_v는 유속계수이다.)

① $\Delta h = H - \dfrac{V_a^2}{2g}$
② $\Delta h = H(1 - C_v^2)$
③ $\Delta h = \dfrac{V_a^2}{2g}\left(\dfrac{1}{C_v^2} - 1\right)$
④ $\Delta h = \dfrac{V_a^2}{2g}\left(\dfrac{1}{C_v^2 + 1}\right)$

13. 베르누이 정리를 $\dfrac{\rho}{2}V^2 + wZ + P = H$로 표현할 때, 이 식에서 정체압(stagnation pressure)은?

① $\dfrac{\rho}{2}V^2 + wZ$로 표시한다.
② $\dfrac{\rho}{2}V^2 + P$로 표시한다.
③ $wZ + P$로 표시한다.
④ P로 표시한다.

14. 그림과 같이 $d_1 = 1$m인 원통형 수조의 측벽에 안지름 $d_2 = 10$cm의 관으로 송수할 때의 평균유속(V_2)이 2m/s이었다면 이때의 유량 Q와 수조의 수면이 강하하는 유속 V_1은?

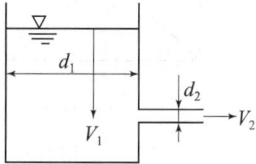

① $Q = 1.57\text{L/s}$, $V_1 = 2\text{cm/s}$
② $Q = 1.57\text{L/s}$, $V_1 = 3\text{cm/s}$
③ $Q = 15.7\text{L/s}$, $V_1 = 2\text{cm/s}$
④ $Q = 15.7\text{L/s}$, $V_1 = 3\text{cm/s}$

15. Hardy-Cross의 관망계산 시 가정조건에 대한 설명으로 옳은 것은?

① 합류점에 유입하는 유량은 그 점에서 1/2만 유출된다.
② 각 분기점에 유입하는 유량은 그 점에서 정지하지 않고 전부 유출한다.
③ 폐합관에서 시계방향 또는 반시계방향으로 흐르는 관로의 손실수두의 합은 0이 될 수 없다.
④ Hardy-Cross 방법은 관경에 관계없이 관수로의 분할 개수에 의해 유량분배를 하면 된다.

16. 대규모 수공구조물의 설계우량으로 가장 적합한 것은?

① 평균면적 우량
② 발생 가능 최대강수량(PMP)
③ 기록상의 최대우량
④ 재현기간 100년에 해당하는 강우량

17. 유역면적 20km² 지역에서 수공구조물의 축조를 위해 다음 아래의 수문곡선을 얻었을 때, 총 유출량은?

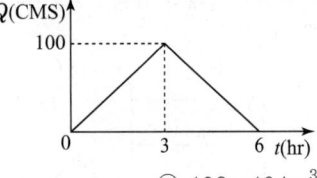

① 108m³
② 108×10⁴m³
③ 300m³
④ 300×10⁴m³

18. 그림에서 $h=25$cm, $H=40$cm이다. A, B 두 점의 압력차는 얼마인가?

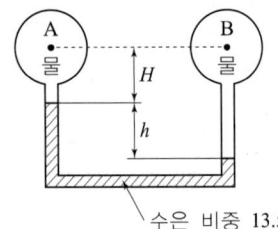

① 1N/cm²
② 3N/cm²
③ 49N/cm²
④ 100N/cm²

19. 그림과 같은 관로의 흐름에 대한 설명으로 옳지 않은 것은? (단, h_1, h_2는 위치 1, 2에서의 수두, h_{LA}, h_{LB}는 각각 관로 A 및 B에서의 손실수두이다.)

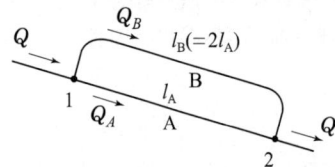

① $h_{LA}=h_{LB}$
② $Q=Q_A+Q_B$
③ $Q_A=Q_B$
④ $h_2=h_1+h_{LA}$

20. 관수로에 물이 흐를 때 층류가 되는 레이놀즈수(Re, Reynolds Number)의 범위는?

① Re < 2000
② 2000 < Re < 3000
③ 3000 < Re < 4000
④ Re > 4000

해설 및 정답

1. 점성력 관련한 모형법칙은 Reynolds 법칙이다.

2. 힘 $= [MLT^{-2}]$
동점성계수 $= [L^2T^{-1}]$
운동량 $= [MLT^{-1}]$

3. 일증발량 $=$ 증발률 $\times$ 수면적
$= 1.44 \times 10^{-3} \times 10 \times 10^6$
$= 14,400 \text{m}^3$

4. 비력은 한 단면에서의 단위중량당 정수압과 운동량의 합인데, 여기서 운동량은 동수압의 형태로 볼 수 있다.

5. $wV + M = w'V' + M'$
$M = wV$
$600 = 30 \times V, \quad V = 200$
$3 \times 200 + 0 = 1 \times 200 + M'$
$M' = 600 - 200 = 400\text{N}$

6. $Q = \frac{8}{15} C\sqrt{2g} \cdot \tan\frac{\theta}{2} \cdot h^{\frac{5}{2}}$
$= \frac{8}{15} \times 0.6 \times \sqrt{2 \times 9.8} \times 1 \times 0.3^{\frac{5}{2}}$
$= 0.07 \text{m}^3/\text{sec} ≒ 251.4 \text{m}^3/\text{hr}$

7. 자연하천에서의 loop형은 조류 발생과는 관계없다.

8. 강우자료의 일관성 검증은 누가우량곡선법을 사용한다.

9. 최대유량이 흐르는 조건은 $R = \frac{A}{P}$ 에서 경심이 최대 또는 윤변이 최소인 경우

10. $\frac{모형}{원형} = \frac{1}{50} = Lr$
$\frac{Q_m}{Q_p} = Lr^{5/2} = \left(\frac{1}{50}\right)^{5/2}$
$Q_m = Q_P \times \left(\frac{1}{50}\right)^{5/2} = 1000 \times \left(\frac{1}{50}\right)^{5/2}$
$= 0.0566 \text{m}^3/\text{sec}$
$\frac{Q_m}{Q_P} = \frac{L_m^3 \, T_m^{-1}}{L_P^3 \, T_P^{-1}} = \frac{L_r^3}{T_r}$
$T_r = \left(\frac{Q_P}{Q_m}\right) \cdot L_r^3 = \frac{1000}{0.0566} \times \left(\frac{1}{50}\right)^3$
$= 0.141 \text{sec}$
$0.141 = \frac{T_m}{T_P}$
$T_m = 0.141 \times T_P = 0.141 \times 40 = 5.654 \text{sec}$

11. 지배단면은 상류의 흐름에서 사류의 흐름으로 바뀔 때 나타나는 단면이다.

12. $V = \sqrt{2g(h - \Delta h)}$
$\Delta h = h - \frac{V^2}{2g}$
$V = C_v \cdot V_a$ 이므로
$\Delta h = h - C_v \cdot \frac{V_a^2}{2g} = h(1 - C_v^2) = \frac{V_a}{2g}\left(\frac{1}{C_v^2} - 1\right)$

13. 정체압은 정압력과 동압력의 합이다. 즉
$wZ + \frac{\rho}{2}V^2$

14. $Q = AV = \frac{\pi \cdot 10^2}{4} \times 200 = 15,708 \text{cm}^3/\text{sec} = 15.7 l/\text{sec}$
$V = \frac{Q}{A} = \frac{15,708}{\frac{\pi \cdot 100^2}{4}} = 2 \text{cm/sec}$

15. Hardy-Cross 관망 계산은 '들어오는 모든 유량은 전부 유출한다'이다.

16. 대규모 수공구조물에는 PMP(발생가능 최대 강우량)를 적용한다.

17. 총 유출량은 삼각형의 면적이 된다.
$$100\,CMS \times 6h \times \frac{1}{2}$$
$$= 100 \times 6 \times 3{,}600 \times \frac{1}{2}$$
$$= 1{,}080{,}000\,\text{m}^3 = 108 \times 10^4\,\text{m}^3$$

18. $P_A + 1 \times 40 + 13.55 \times 25 - 1 \times (40+25) = P_B$
$|P_A - P_B| = 313.75\,\text{g/cm}^2$
1kg = 9.8N 이므로
$|P_A - P_B| = 313.75 \times \dfrac{9.8}{1{,}000}\,\text{N/cm}^2 = 3\,\text{N/cm}^2$

19. A, B 관로에 대한 손실수두는 같으나 유량은 다르다.

20. $Re < 2{,}000$ 층류
$2{,}000 < Re < 4{,}000$ 불완전층류
$Re > 4{,}000$ 난류

1. ①	2. ①	3. ④	4. ④	5. ④
6. ③	7. ④	8. ③	9. ③	10. ①
11. ③	12. ④	13. ②	14. ③	15. ②
16. ②	17. ②	18. ②	19. ③	20. ①

과년도 출제문제(CBT시험문제)

23 토목산업기사
1회 시행 출제문제

※ 본 기출문제는 수험자의 기억을 바탕으로 하여 복원한 문제이므로 실제 문제와 다를 수 있음을 미리 알려드립니다.

1. 물의 성질에 관한 설명 중 틀린 것은?
① 물은 압축성을 가지며 온도, 압력 및 물에 포함되어 있는 공기의 양에 따라 다르다.
② 물의 단위중량이란 단위체적당 무게로 담수, 해수를 막론하고 항상 동일하다.
③ 물의 밀도는 단위 체적당 질량으로 비질량(比質量)이라고도 한다.
④ 물의 비중은 그 질량에 최대밀도가 생기게 하는 온도에서 그것과 같은 체적을 갖는 순수한 물의 질량과의 비이다.

2. 해수면 아래 2000m 지점의 계기압력으로 옳은 것은? (단, 해수의 비중은 1.025이고, 물의 단위중량은 9.81kN/m³이다.)
① 5110.5kN   ② 10110.5kN
③ 15110.5kN   ④ 20110.5kN

3. 수면과 연직한 평면에 작용하는 전수압의 작용점 위치에 관한 설명 중 옳은 것은?
① 전수압이 작용점은 항상 도심보다 위에 있다.
② 전수압의 작용점은 항상 도심보다 아래에 있다.
③ 전수압의 작용점은 항상 도심과 일치한다.
④ 전수압의 작용점은 도심 위에 있을 때도 있고, 아래에 있을 때도 있다.

4. 4m×5m×1m의 목재판이 물에 떠 있고 목재판 위에 2000kg의 하중이 놓여 있다. 목재의 비중이 0.5일 때 목재판이 물에 잠기는 체적(V)은?
① 16.0m³   ② 12.0m³
③ 10.0m³   ④ 9.6m³

5. 그림과 같이 원 관이 중심축에 수평하게 놓여있고 계기압력이 각각 1.8kg/cm², 2.0kg/cm²일 때 유량은? (단, 압력계의 kg은 무게를 표시한다.)

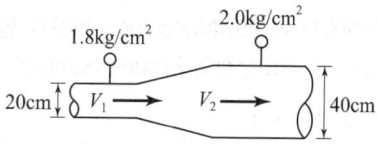

① 203L/s   ② 223L/s
③ 243L/s   ④ 263L/s

6. 압력을 P, 물의 단위무게를 ω 라고 할 때, P/ω 의 단위는?
① 시간   ② 길이
③ 질량   ④ 중량

7. 그림과 같은 수중 오리피스에서 유량 Q를 구하는데 사용되는 수심은?

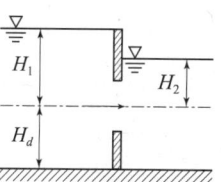

① $H_1 + H_d$ ② $H_1 + H_d - H_2$
③ $H_1 - H_2$ ④ $H_d + H_2$

8. 경심이 1m이고 동수경사가 1/500인 관수로에서의 레이놀즈수가 1500인 흐름의 유속은?
① 1.4m/sec   ② 1.9m/sec
③ 2.4m/sec   ④ 2.9m/sec

9. 수면 경사가 1/1000인 직사각형 수로에 유량이 100m³/sec로 흐를 때 수리상 유리한 단면의 수심(h)은? (단, Manning 공식을 쓰고, n=0.0130이다.)

① h=0.7m ② h=1.7m
③ h=2.7m ④ h=3.7m

10. 개수로에서 파상도수(undular jump)가 일어나는 한계는? (단, Fr : 도수전의 Froude number)

① $\sqrt{3} > Fr > 1$
② $\sqrt{3} > Fr > \sqrt{2}$
③ $Fr = \sqrt{3}$
④ $2 > Fr > \sqrt{3}$

해설 및 정답

1. 해수의 단위 중량 : $1.025 t/m^3$
   담수의 단위 중량 : $1.0 t/m^3$

2. $P = wh$
   $= 1.025 \times 2000 = 2050 t$
   $= 2050 \times 9.81 kN = 20110.5 kN$

3. 작용점은 항상 도심 아래에 있다.

4. $wV + M = w'V' + M'$
   $0.5 \times 4 \times 5 \times 1 + 2 = 1 \times V' + 0$
   $V = 12 m^3$

5. $Q = A_1 V_1 = A_2 V_2$
   ①점과 ②점에 베르누이 방정식을 적용하면
   $$\frac{1800}{1} + \frac{V_1^2}{2g} = \frac{2000}{1} + \frac{V_2^2}{2g}$$
   연속방정식에서
   $$\frac{\pi}{4} 20^2 \times V_1 = \frac{\pi}{4} 40^2 \times V_2$$
   $\therefore V_1 = 4 V_2$
   그러므로
   $$1800 + \frac{(4V_2)^2}{2 \times 980} = 2000 + \frac{V_2^2}{2 \times 980}$$
   $\therefore V_2 = 161.7 cm/sec$
   $Q_2 = A_2 V_2$
   $= \frac{\pi \, 0.4^2}{4} \times 1.62 = 0.203 m^3/sec = 203 l/sec$

6. $\frac{P}{w} = \frac{t/m^2}{t/m^3} = \frac{t \cdot m^3}{t \cdot m^2} = m$(길이) 단위이다.

7. $Q = CAV = CA \cdot \sqrt{2gh}$
   h는 수면 차이다.
   즉, $h = H_1 - H_2$

8. $V = C\sqrt{RI}$, $C = \sqrt{\frac{8g}{f}}$
   $Re < 2000$이면 $f = \frac{64}{Re}$
   $V = \sqrt{\frac{8g}{f}} \cdot \sqrt{RI}$
   $= \sqrt{\frac{8 \times 9.8}{\frac{64}{1500}}} \times \sqrt{1 \times \frac{1}{500}}$
   $= 1.9 m/sec$

9. 수리상 유리한 단면은 $b = 2h$
   $Q = AV$
   $= bh \times \frac{1}{n} \left(\frac{bh}{b+2h}\right)^{\frac{2}{3}} \cdot I^{\frac{1}{2}}$
   $100 = 2h^2 \times \frac{1}{0.013} \left(\frac{2h^2}{4h}\right)^{\frac{2}{3}} \cdot \left(\frac{1}{1000}\right)^{\frac{1}{2}}$
   $= \frac{2}{0.013} \times \left(\frac{1}{2}\right)^{\frac{2}{3}} \times \left(\frac{1}{1000}\right)^{\frac{1}{2}} \times h^{\frac{8}{3}}$
   $= 3.1 h^{\frac{8}{3}}$
   $h = 3.68 m$

10. 파상도수는 불완전 도수를 말한다.

| 1. ② | 2. ④ | 3. ② | 4. ② | 5. ① |
| 6. ② | 7. ③ | 8. ② | 9. ④ | 10. ① |

과년도출제문제 (CBT시험문제)

23 토목산업기사
2회 시행 출제문제

※ 본 기출문제는 수험자의 기억을 바탕으로 하여 복원한 문제이므로 실제 문제와 다를 수 있음을 미리 알려드립니다.

1. 다음과 같은 모세관 현상의 내용 중에서 옳지 않은 것은?
① 모세관의 상승높이는 모세관의 지름 d에 반비례한다.
② 모세관의 상승높이는 액체의 단위중량에 비례한다.
③ 모세관의 상승여부는 액체의 응집력과 액체와 관벽의 부착력에 의해 좌우된다.
④ 액체의 응집력이 관벽과의 부착력보다 크면 관 내 액체의 상승높이는 관밖보다 낮아진다.

2. 부체의 안정성을 조사할 때 다음 용어 중 관계 없는 것은?
① 경심(傾心)   ② 수심
③ 부심   ④ 무게중심(重心)

3. 내경이 2cm의 관내를 수온 20℃의 물이 25cm/sec의 유속을 갖고 흐를 때 이 흐름의 상태는? (단, 20℃일 때의 물의 동점성 계수 $\nu=0.01cm^2/sec$ 이다.)
① 상류   ② 층류
③ 난류   ④ 불안전 층류

4. 지름이 각각 15cm와 30cm인 관이 서로 연결되어 있다. 15cm인 관에서의 유속이 100cm/sec일 때 30cm 관에서의 유속은?
① 15cm/sec   ② 25cm/sec
③ 35cm/sec   ④ 45cm/sec

5. 베르누이의 정리를 응용하지 않은 것은?
① Torricelli의 정리
② Pitot Tube
③ Venturimeter
④ Pascal의 원리

6. 정방형 오리피스의 수두(水頭)가 3m인 오리피스에서의 유량은? (단, 오리피스 한변의 길이 1m 유량계수 0.62)
① $2.75m^3/s$ ② $3.758m^3/s$
③ $4.75m^3/s$ ④ $5.75m^3/s$

7. 관수로에서 최대유속이 V_{max} 이고 평균유속이 V_m 이라고 하면, 최대유속 V_{max} 와 평균유속 V_m 의 관계에 가장 가까운 것은? (단, 층류로 흐르는 경우)
① 평균유속 V_m 은 최대유속 V_{max} 의 $\frac{1}{2}$ 이다.
② 평균유속 V_m 은 최대유속 V_{max} 의 $\frac{1}{3}$ 이다.
③ 평균유속 V_m 은 최대유속 V_{max} 의 $\frac{1}{4}$ 이다.
④ 평균유속 V_m 은 최대유속 V_{max} 의 $\frac{1}{6}$ 이다.

8. 층류일 때 관수로의 유량에 대한 설명 중 틀린 것은?
① 유량의 크기는 관지름의 4제곱에 비례한다.
② 유량의 크기는 동수경사에 반비례한다.
③ 유량의 크기는 유체의 단위중량 크기에 반비례한다.
④ 유량의 크기는 점성계수의 크기에 반비례한다.

9. 구형수로에서 수리상 유리한 단면일 때, 경심 R과 단면폭 B와의 관계 중 옳은 것은??
① $R=\frac{B}{4}$ ② $R=\frac{B}{3}$
③ $R=\frac{B}{2}$ ④ $R=2B$

10. 구형(矩形) 단면의 개수로에 흐르는 한계유속의 값은? (단, V_c = 한계유속, h_c = 한계수심, α = 보정계수, g = 중력가속도)

① $V_c = \left(\dfrac{g h_c}{\alpha}\right)^{\frac{1}{2}}$

② $V_c = \left(\dfrac{g h_c}{\alpha}\right)^{\frac{1}{3}}$

③ $V_c = \left(\dfrac{g h_c}{\alpha}\right)^{\frac{1}{4}}$

④ $V_c = \left(\dfrac{\alpha h_c}{g}\right)^{\frac{1}{2}}$

해설 및 정답

1. $h = \dfrac{4T\cos\theta}{wd}$

액체의 단위중량에 반비례한다.

2. 부체의 안정, 불안정

$\dfrac{I}{V'} - \overline{GC} > 0$ 안정

$\phantom{\dfrac{I}{V'} - \overline{GC}\ } = $ 중립

$\phantom{\dfrac{I}{V'} - \overline{GC}\ } < $ 불안정

3. $Re = \dfrac{V \cdot D}{\nu} = \dfrac{25 \times 2}{0.01} = 5000$

∴ 난류

4. $Q = A_1 V_1 = A_2 V_2$

$\dfrac{\pi \cdot 15^2}{4} \times 100 = \dfrac{\pi \cdot 30^2}{4} \times V_2$

$V_2 = 25\,\text{cm/sec}$

5. 베르누이는 에너지 불변의 법칙을 활용한 것이고, Pascal 원리는 압력 전달을 말한다.

6. $Q = CAV$

$ = 0.62 \times 1 \times 1 \times \sqrt{2 \times 9.8 \times 3}$

$ = 4.75\,\text{m}^3/\text{sec}$

7. $V_{\max} = 2V_m$

8. $Q = AV$

$ = A \cdot C\sqrt{RI}$

9. 수리상 유리한 단면은 $B = 2h$ 이므로

$R = \dfrac{A}{P} = \dfrac{Bh}{B+2h} = \dfrac{B \cdot \dfrac{B}{2}}{B+B} = \dfrac{\dfrac{B^2}{2}}{2B} = \dfrac{B}{4}$

10. $V = \sqrt{gh}$

$V_c = \left(\dfrac{gh_c}{\alpha}\right)^{\frac{1}{2}}$

1. ②	2. ②	3. ③	4. ②	5. ④
6. ③	7. ①	8. ②	9. ①	10. ①

과년도출제문제(CBT시험문제)

23 토목산업기사
4회 시행 출제문제

※ 본 기출문제는 수험자의 기억을 바탕으로 하여 복원한 문제이므로 실제 문제와 다를 수 있음을 미리 알려드립니다.

1. 유체의 점성(viscosity)에 대한 설명으로 옳은 것은?

① 유체의 비중을 알 수 있는 척도이다.
② 액체의 경우 온도가 상승하면 점성도 함께 커진다.
③ 동점성계수는 점성계수에 밀도를 곱한 값이다.
④ 점성계수는 전단응력(τ)을 속도 경사$\left(\dfrac{\partial u}{\partial y}\right)$로 나눈 값이다.

2. 수심 25m이고 단위폭인 직사각형 수로를 연직으로 가로막았을 때, 이 연판에 작용하는 전수압은? (단, 물의 단위중량은 9.81kN/m³이다.)

① 275.63kN ② 472.63kN
③ 3065.63kN ④ 3655.63kN

3. 그림과 같은 직사각형 평면이 연직으로서 있을 때 그 중심의 수심을 H_G라 하면 압력의 중심 위치(작용점)를 a, b, H_G로 표현한 것으로 옳은 것은?

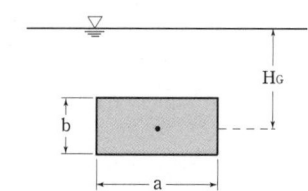

① $H_G + \dfrac{b}{H_G \cdot a \cdot b}$

② $H_G + \dfrac{ab^2}{12}$

③ $H_G + \dfrac{b}{12 \cdot H_G}$

④ $H_G + \dfrac{b^2}{12 \cdot H_G}$

4. 직경 0.5m에서 0.2m로 축소하는 관에서 직경 0.5m 관 속의 유속이 2m/sec라면 0.2m 관 속의 유속은 얼마인가?

① 10.5m/sec ② 11.5m/sec
③ 12.5m/sec ④ 13.5m/sec

5. 베르누이(Bernoulli) 정리의 적용 조건이 아닌 것은?

① 비압축성 유체의 흐름이다.
② 비점성 유체의 흐름이다.
③ 정상류의 흐름이다.
④ 마찰을 고려한 실제유체이다.

6. 동수경사선 위에 어느 수두를 더하면 에너지선이 되는가?

① 위치수두(Z) ② 압력수두$\left(\dfrac{p}{\omega}\right)$
③ 속도수두$\left(\dfrac{V^2}{2g}\right)$ ④ 정체수두

7. 수조 1과 수조 2를 단면적(A)의 완전한 수중오리피스 2개로 연결하였다. 수조 1로부터 상시 유량의 물을 수조 2로 송수할 때 양수조의 수면차(H)는? (단, 오리피스의 유량계수는 C이고, 접근유속수두(h_a)는 무시한다.)

① $H = \left(\dfrac{Q}{2\,CA\sqrt{2g}}\right)^2$

② $H = \left(\dfrac{Q}{2A\sqrt{2g}}\right)^2$

③ $H = \left(\dfrac{Q}{A\sqrt{2g}}\right)^2$

④ $H = \left(\dfrac{Q}{CA\sqrt{2g}}\right)^2$

8. 지름 80cm의 원형단면 관수로를 물이 가득차서 흐를 때 동수반경(動水半徑)은?

① 20cm   ② 25cm
③ 50cm   ④ 75cm

9. 수면 경사 1/500인 직사각형 수로에 유량 50m³/sec로 흐르게 할 때 수리상 유리한 단면의 수심(h)? (단, Manning 공식을 쓰고, n=0.023이다.)

① h=0.8m   ② h=1.1m
③ h=2.0m   ④ h=3.1m

10. 개수로 내의 한 단면에 있어서 평균유속 V, 수심 h라 하면 비에너지를 표시한 식은?

① $H_e = h + \alpha \dfrac{V^2}{2g}$

② $H_e = \dfrac{h}{b} + \alpha \dfrac{V^2}{2g}$

③ $H_e = \dfrac{V^2}{2g} + \dfrac{Q}{A}$

④ $H_e = h + \left(\dfrac{Q}{A}\right)^2$

해설 및 정답

1. $\tau = \mu \cdot \dfrac{dV}{dy}$

$\mu = \dfrac{\tau}{\dfrac{dV}{dy}}$

2. $P = wh_G \cdot A$

$= 9.81 \times \dfrac{25}{2} \times 25 \times 1$

$= 3065.63 \, \text{kN}$

3. 압력위치 : h_c

$h_c = h_G + \dfrac{I_G}{h_G A}$

$= h_G + \dfrac{\dfrac{ab^3}{12}}{h_G \cdot ab} = h_G + \dfrac{b^2}{12 h_G}$

4. $Q = A_1 V_1 = A_2 V_2$

$\dfrac{\pi \cdot 0.5^2}{4} \times 2 = \dfrac{\pi \cdot 0.2^2}{4} \times V_2$

$V_2 = \dfrac{0.5^2}{0.2^2} \times 2 = 12.5 \, \text{m/sec}$

5. 베르누이 정리는 압축성과 마찰이 없는 유체에 적용하는 조건이다.

6. 에너지선 = 압력수두 + 속도수두 + 위치수두
동수경사선 = 위치수두 + 압력수두
그러므로 에너지선 = 동수경사선 + 속도수두

7. $Q = CAV$

$= C \cdot 2A \cdot \sqrt{2gh}$

$\sqrt{2gh} = \dfrac{Q}{2CA}$

$h = \dfrac{\left(\dfrac{Q}{2CA}\right)^2}{2g} = \left(\dfrac{Q}{2CA\sqrt{2g}}\right)^2$

8. 동수반경 $R = \dfrac{A}{P}$

$P = \pi D, \quad A = \dfrac{\pi D^2}{4}$

$R = \dfrac{\dfrac{\pi D^2}{4}}{\pi D} = \dfrac{D}{4} = \dfrac{80}{4} = 20 \, \text{cm}$

9. $i = \dfrac{1}{500}, \quad Q = 50 \, CMS, \quad n = 0.023$

수리상 유리한 단면 $B = 2h$

$V = \dfrac{1}{n} R^{\frac{2}{3}} \cdot I^{\frac{1}{2}}$

$Q = AV$

$= B \cdot h \cdot \dfrac{1}{n} \left(\dfrac{A}{P}\right)^{\frac{2}{3}} \cdot I^{\frac{1}{2}}$

$50 = 2h \times h \times \dfrac{1}{0.023} \left(\dfrac{2h \cdot h}{2h + 2h}\right)^{\frac{2}{3}} \cdot \left(\dfrac{1}{500}\right)^{\frac{1}{2}}$

$50 = 2.45 \cdot h^{\frac{8}{3}}$

$h = 3.1 \, \text{m}$

10. 비에너지 h_e

$h_e = h + \alpha \dfrac{V^2}{2g}$

1. ④	2. ③	3. ④	4. ③	5. ④
6. ③	7. ①	8. ①	9. ④	10. ①

과년도 출제문제(CBT시험문제)

24 토목산업기사
1회 시행 출제문제

※ 본 기출문제는 수험자의 기억을 바탕으로 하여 복원한 문제이므로 실제 문제와 다를 수 있음을 미리 알려드립니다.

1. 다음 중 표면장력의 차원으로 옳은 것은?

① $[MLT^{-3}]$ ② $[FL^{-2}]$
③ $[MT^{-1}]$ ④ $[FL^{-1}]$

2. 그림과 같은 단면 ABCDEF에 작용하는 전수압은?

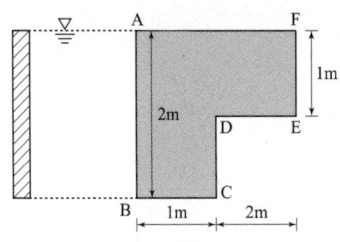

① 14.72kN ② 29.43kN
③ 44.15kN ④ 58.86kN

3. 다음 중 수면이 부체를 절단시키는 가상면을 무엇이라고 하는가?

① 흘수 ② 부양면
③ 경심 ④ 부심

4. 그림과 같이 수조에서 관을 통하여 물을 분출시킬 때 관에 의한 수두손실이 2m라면 물의 분출속도는?
(단, 유속계수는 무시함)

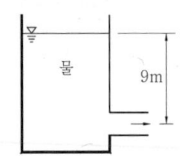

① 11.7m/sec ② 13.3m/sec
③ 15.2m/sec ④ 17.1m/sec

5. 1초에 5m의 속도로 흐르는 물의 속도수두는?

① 1.72m ② 11.72m
③ 1.28m ④ 12.80m

6. 위어에 있어서 수맥의 수축에 대한 일반적인 설명으로 옳지 않은 것은?

① 정수축은 광정위어에서 생기는 수축현상이다.
② 연직수축이란 면수축과 정수축을 합한 것이다.
③ 단수축은 위어의 측벽에 의해 월류폭이 수축하는 현상이다.
④ 면수축은 물의 위치에너지가 운동에너지로 변화하기 때문에 생긴다.

7. Darcy-Weisbach의 마찰손실수두공식

$h_L = f \cdot \dfrac{l}{D} \cdot \dfrac{V^2}{2g}$ 에서 층류인 경우 f의 값은?
(단, Re는 레이놀즈 수이다.)

① $\dfrac{Re}{64}$ ② $\dfrac{64}{Re}$
③ $\dfrac{1}{Re}$ ④ $\dfrac{32}{Re}$

8. 수면차 10m인 두 수조를 지름 30cm, 길이 300m의 관으로 연결했을 때 관내의 유량은?
(단, 관의 마찰손실계수=0.03, 유입손실계수=0.5, 유출손실계수=1.0이다.)

① 0.125m³/sec ② 0.176m³/sec
③ 1.208m³/sec ④ 1.534m³/sec

9. 수리학적으로 유리한 단면의 조건으로 옳은 것은?

① 동수반경(R)이 최대가 되거나 윤변(P)이 최대가 되어야 한다.
② 동수반경(R)이 최소가 되거나 윤변(P)이 최대가 되어야 한다.
③ 동수반경(R)이 최대가 되거나 윤변(P)이 최소가 되어야 한다.
④ 동수반경(R)과 윤변(P)의 곱이 최대가 되어야 한다.

10. 폭 5m인 직사각형 수로에 유량 $10\,\text{m}^3/\text{sec}$의 물이 항시 수심 1m로 흐르는 경우 이 흐름의 상태는?

① 상류
② 한계류
③ 사류
④ 부정류

해설 및 정답

1. 표면장력 : T=dyne/cm
즉, [FL^{-1}]

2. CD선을 연장하여 계산하면 전수압=wh_GA이므로
$P = 1×1×2×1+1×\dfrac{1}{2}×2×1$
$\quad = 3t(1t ≒ 9.8\text{kN})$
$\quad = 29.4\text{kN}$

3. 부체가 수면에 의해 절단되는 가상면을 부양면이라 한다.

4. $V = \sqrt{2g(h-h_1)}$
$\quad = \sqrt{2×9.8×(9-2)}$
$\quad = 11.7\text{m/sec}$

5. 속도수두 : $\dfrac{V^2}{2g}$
$= \dfrac{5^2}{2×9.8} = 1.28\text{m}$

6. 정수축은 위어 마루부의 날카로움으로 인해 생기는 수축이다.

7. 마찰 손실수두공식에서 층류인 경우 $f = \dfrac{64}{Re}$를 사용한다.

8. $Q = A·\sqrt{2gh}$
$\quad = \dfrac{\pi·0.3^2}{4} × \sqrt{\dfrac{2×9.8×10}{0.5+0.03×\dfrac{300}{0.3}+1}}$
$\quad = 0.176\text{m}^3/\text{sec}$

9. 수리학적 유리한 단면은 작은 단면으로 많은 유량을 보낼 수 있는 단면이므로
$Q = AV = A·\dfrac{1}{n}R^{\frac{2}{3}}·I^{\frac{1}{2}}$
$R = \dfrac{A}{P} = \dfrac{\text{단면적}}{\text{윤변}}$
즉, R이 최대 또는 윤변이 최소

10. $F = \dfrac{V}{\sqrt{gh}}$
$Q = AV, V = \dfrac{Q}{A} = \dfrac{10}{5×1} = 2$
$F = \dfrac{2}{\sqrt{9.8×1}} = 0.64 < 1 \quad$ 상류

1. ④	2. ②	3. ②	4. ①	5. ③
6. ①	7. ②	8. ②	9. ④	10. ①

과년도출제문제(CBT시험문제)

24 토목산업기사
2회 시행 출제문제

※ 본 기출문제는 수험자의 기억을 바탕으로 하여 복원한 문제이므로 실제 문제와 다를 수 있음을 미리 알려드립니다.

1. 다음 차원의 방정식 중 옳지 않은 것은?

① 밀도 : $[ML^{-3}]$
② 압력강도 : $[ML^{-1}T^{-2}]$
③ 일·에너지 : $[ML^2T^{-2}]$
④ 비중량 : $[ML^{-1}T^{-2}]$

2. 그림과 같이 높이 4m, 폭 4m인 수문이 있다. 상류 수심 5m에서 하류로 물이 흐를 때 이 수문에 작용하는 전수압의 작용점 위치는? (단, 수면을 기준으로 한 위치)

① 3.444m
② 4.333m
③ 4.777m
④ 4.875m

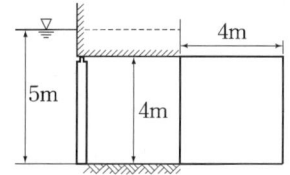

3. 그림과 같이 물속에 잠긴 원판에 작용하는 전수압은? (단, 단위중량은 $9.81\,N/m^3$ 이다.)

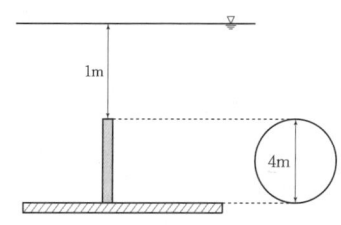

① 92.63kN
② 184.27kN
③ 369.83kN
④ 738.45kN

4. 관경이 d_1 에서 d_2 로 변할 때 유속비 V_1/V_2 은?

① $\dfrac{d_2}{d_1}$
② $\dfrac{d_1}{d_2}$
③ $\left(\dfrac{d_2}{d_1}\right)^2$
④ $\left(\dfrac{d_1}{d_2}\right)^2$

5. 10m/s로 움직이는 수직 평판에 동일한 방향으로 25m/s로 분류가 충돌하고 있을 때 평판에 미치는 힘은? (단, 분류의 지름은 10mm이다.)

① 11.76N
② 17.67N
③ 27.44N
④ 31.36N

6. 관의 단면적이 $4\,m^2$ 인 관수로에서 물이 정지하고 있을 때 압력을 측정하니 $500\,kPa$ 이었고 물을 흐르게 했을 때 압력을 측정하니 $420\,kPa$ 이었다면 관의 유속은?

① $15.22\,m/sec$
② $12.65\,m/sec$
③ $11.16\,m/sec$
④ $10.05\,m/sec$

7. 오리피스(orifice)에서 수축계수를 0.64, 유속계수를 0.98이라고 할 때 유량 계수는?

① 0.63
② 0.65
③ 0.67
④ 0.69

8. 다음 중 관수로의 흐름에 가장 영향을 많이 끼치는 것은?

① 유체의 밀도
② 관성력
③ 중력
④ 점성력

9. 그림과 같은 단면에서 측면의 기울기가 양쪽이 같을 경우 수로에 평균유속이 3m/sec라 하면 유량은?

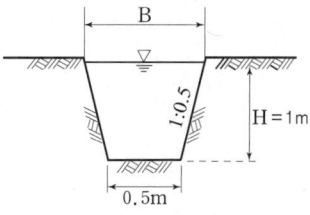

① $0.5m^3/sec$
② $1.0m^3/sec$
③ $2.0m^3/sec$
④ $3.0m^3/sec$

10. 도수(hydraulic jump)에 대하여 옳게 기술한 것은?

① 수로의 곡선부에 있어서 요안(凹岸) 측으로 수면이 상승하는 현상
② 사류에서 상류로 변할 때 수면이 불연속적으로 뛰어오르는 현상
③ 정수면의 외부 충격에 의한 표면파의 전파현상
④ 수로를 갑자기 막았을 때 수면상승이 상류로 전파되는 현상

해설 및 정답

1. 비중량은 단위중량을 말하므로
$t/m^3 = FL^{-3}$
$F = MLT^{-2}$ 이므로
$FL^{-3} = MLT^{-2}L^{-3}$
$\quad\quad = ML^{-2}T^{-2}$ 이다.

2. $h_C = h_G + \dfrac{I_G}{h_G A}$

$= 3 + \dfrac{\dfrac{4 \times 4^3}{12}}{3 \times 4 \times 4}$

$= 3.444m$

3. $P = wh_G A$

$= 1 \times \left(5 + \dfrac{2}{2}\right) \times \dfrac{\pi \cdot 2^2}{4} = 18.85t$

$1t = 9.8kN$ 이므로
$P = 18.85 \times 9.8 = 184.7kN$

4. $Q = A_1 V_1 = A_2 V_2$

$\dfrac{\pi d_1^2}{4} \cdot V_1 = \dfrac{\pi d_2^2}{4} \cdot V_2$

$\dfrac{V_1}{V_2} = \left(\dfrac{d_1}{d_2}\right)^2$

5. $F = \dfrac{w}{g} Q(V - u)$

$Q = AV = \dfrac{\pi \cdot 0.01^2}{4} \times (25 - 10) = 0.001 m^3/sec$

$F = \dfrac{1}{9.8} \times 0.001 \times (25 - 10)$

$0.0018t = 1.8kg ≒ 17.64N$

6. $\dfrac{P_1}{w} + \dfrac{V_1^2}{2g} = \dfrac{P_2}{w} + \dfrac{V_2^2}{2g}$

$\dfrac{500}{9.8} + 0 = \dfrac{420}{9.8} + \dfrac{V_2^2}{2 \times 9.8}$

$V_2 = 12.65 m/sec$

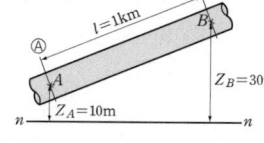

7. $C = C_a \times C_V$
$= 0.64 \times 0.98$
$= 0.63$

8. 관수로는 마찰의 영향을 많이 받으므로 점성력이 영향을 많이 끼친다.

9. $Q = AV$

$A = 0.5 \times 1 + 1 \times 0.5 \times \dfrac{1}{2} \times 2 = 1$

$Q = 1 \times 3 = 3m^3/sec$

10. 도수
사류에서 상류로 변할 때 급격한 에너지 손실을 동반하며 수면이 불연속적으로 튀는 현상

1. ④	2. ①	3. ③	4. ③	5. ②
6. ②	7. ①	8. ④	9. ④	10. ②

과년도출제문제(CBT시험문제)

24 토목산업기사
3회 시행 출제문제

※ 본 기출문제는 수험자의 기억을 바탕으로 하여 복원한 문제이므로 실제 문제와 다를 수 있음을 미리 알려드립니다.

1. 연직 평면에 작용하는 전수압의 작용점 위치에 관한 설명 중 옳은 것은?

① 전수압의 작용점은 항상 도심보다 위에 있다.
② 전수압의 작용점은 항상 도심보다 아래에 있다.
③ 전수압의 작용점은 항상 도심과 일치한다.
④ 전수압의 작용점은 도심 위에 있을 때도 있고 아래에 있을 때도 있다.

2. 투수계수 0.5m/sec, 제외지 수위 6m, 제내지 수위 2m, 침투수가 통하는 길이 50m일 때 하천 제방단면 1m 당 누수량은?

① $0.16m^3/sec$
② $0.32m^3/sec$
③ $0.96m^3/sec$
④ $1.28m^3/sec$

3. 평행하게 놓여 있는 관로에서 A점의 유속이 3m/s, 압력이 294kPa이고, B점의 유속이 1m/s이라면 B점의 압력은? (단, 무게 1kg = 9.8N)

① 30kPa   ② 31kPa
③ 298kPa ④ 309kPa

4. 그림과 같이 지름 3m, 길이 8m인 수문에 작용하는 수평 분력의 작용점까지 수심(h_c)은?

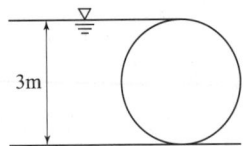

① 2.00m   ② 2.12m
③ 2.34m   ④ 2.43m

5. 다음 물리량에 대한 차원을 설명한 것 중 옳지 않은 것은?

① 압력 : $[ML^{-1}T^{-2}]$
② 밀도 : $[ML^{-2}]$
③ 점성계수 : $[ML^{-1}T^{-1}]$
④ 표면장력 : $[MT^{-2}]$

6. 유량 147.6L/s를 송수하기 위하여 내경 0.4m의 관을 700m 설치하였을 때의 관로 경사는?
(단, 조도계수 n=0.012, Manning 공식 적용)

① $\dfrac{2}{700}$
② $\dfrac{2}{500}$
③ $\dfrac{3}{700}$
④ $\dfrac{3}{500}$

7. 그림과 같은 단선관수로에서 200m 떨어진 곳에 내경 20cm 관으로 0.0628m³/s의 물을 송수하려고 한다. 두 저수지의 수면차(H)를 얼마로 유지하여야 하는가? (단, 마찰손실계수 f=0.035, 급확대에 의한 손실계수 f_{se}=1.0, 급축소에 의한 손실계수 f_{sc}=0.50이다.)

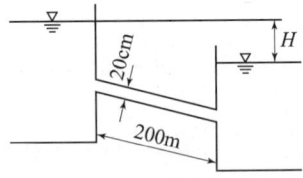

① 6.45m
② 5.45m
③ 7.45m
④ 8.27m

8. 부체에 관한 설명 중 틀린 것은?

① 수면으로부터 부체의 최심부(가장 깊은 곳)까지의 수심을 흘수라 한다.
② 경심은 물체 중심선과 부력 작용선의 교점이다.
③ 수중에 있는 물체는 그 물체가 배제한 배수량만큼 가벼워진다.
④ 수면에 떠 있는 물체의 경우 경심이 중심보다 위에 있을 때는 불안정한 상태이다.

9. 모세관 현상에 관한 설명으로 옳지 않은 것은?

① 모세관의 상승높이는 액체의 응집력과 액체와 관 벽의 부착력에 의해 좌우된다.
② 액체의 응집력이 관 벽과의 부착력보다 크면 관 내의 액체 높이는 관 밖의 액체보다 낮게 된다.
③ 모세관의 상승높이는 모세관의 지름 d에 반비례한다.
④ 모세관의 상승높이는 액체의 단위중량에 비례한다.

10. 어느 하천에서 H 되는 곳까지 양수하려고 한다. 양수량을 Q(m³/sec), 모든 손실수두의 합을 $\sum h_e$, 펌프와 모터의 효율을 각각 η_1, η_2라 할 때, 펌프의 동력을 구하는 식은?

① $\dfrac{9.8Q(H+\sum h_e)}{75\eta_1\eta_2}$ [kW]

② $\dfrac{9.8Q(H+\sum h_e)}{\eta_1\eta_2}$ [kW]

③ $\dfrac{9.8Q(H-\sum h_e)}{75\eta_1\eta_2}$ [kW]

④ $\dfrac{13.33Q(H-\sum h_e)}{\eta_1\eta_2}$ [kW]

해설 및 정답

1. 전수압의 작용점은 항상 도심보다 아래에 있다.

2. 투수량
$$Q = AV = A \cdot ki$$
$$= (6-2) \times 1 \times 0.5 \times \frac{6-2}{50}$$
$$= 0.16 \text{m}^3/\text{sec}$$

3. 압력수두 + 속도수두 = 일정
$$294\text{kPa} = 294\text{kN/m}^2$$
$$= 30\text{t/m}^2$$
베르누이 방정식에 대입하면
$$30 + \frac{3^2}{2 \times 9.8} = P + \frac{1^2}{2 \times 9.8}$$
$$P = 30.41\text{t/m}^2$$
$$= 298\text{kPa}$$

4. 수평분력과 연직분력을 구하여 모멘트를 취함으로써 구한다.
$$P_H = w\,h_G\,A' = 1 \times \frac{3}{2} \times 3 \times 8 = 36\text{t}$$
P_V는 반원에 해당하는 물의 무게이므로
$$P_V = 1 \times \frac{\pi}{4} 3^2 \times \frac{1}{2} \times 8 = 9\pi\,\text{t}$$
반지름이 $\frac{3}{2}$m이므로
$$x = \frac{3}{2} \cdot \cos\theta, \quad y = \frac{3}{2} \cdot \sin\theta$$

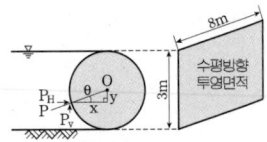

원의 중심(O)에 대해 모멘트를 취하면
$$P_H \cdot y = P_V \cdot x$$
$$36 \cdot \frac{3}{2}\sin\theta = 9\pi \cdot \frac{3}{2}\cos\theta$$
$$\frac{\sin\theta}{\cos\theta} = \frac{\pi}{4} = \tan\theta$$
$$\therefore \theta = 38.1°$$

$$\therefore h_C = \frac{3}{2} + y = \frac{3}{2} + \frac{3}{2} \cdot \sin38.1 = 2.43\text{m}$$

5. 밀도 $\rho = ML^{-3}$

6. $Q = AV = A \cdot \frac{1}{n} R^{\frac{2}{3}} \cdot I^{\frac{1}{2}}$
$$147.6\ell/\text{sec} = \frac{\pi \cdot 0.4^2}{4} \times \frac{1}{0.012} \times \left(\frac{0.4}{4}\right)^{\frac{2}{3}} \times I^{\frac{1}{2}}$$
$$I = 0.004 = \frac{3}{700}$$

7. $Q = AV = A \cdot \sqrt{\dfrac{2gh}{f_i + f\dfrac{l}{D} + f_o}}$
$$0.0628 = \frac{\pi \cdot 0.2^2}{4} \sqrt{\frac{2 \times 9.8 \times h}{0.5 + 0.035\frac{200}{0.2} + 1.0}}$$
$$h = 7.44\text{m}$$

8. 안정한 경우는 경심이 무게 중심보다 위에 위치하는 경우이다.
- M : 경심
- G : 무게중심
- C : 부심

9. 모세관 상승고
$h = \dfrac{4T\cos\theta}{wd}$ 이므로 액체의 단위중량에는 반비례한다.

10. $E = \dfrac{9.8}{\eta} Q h_p$
$$= \frac{9.8}{\eta_1 \cdot \eta_2} Q(H + \sum h_e)(\text{kW})$$

| 1. ② | 2. ① | 3. ③ | 4. ④ | 5. ④ |
| 6. ③ | 7. ③ | 8. ④ | 9. ④ | 10. ② |

과년도출제문제(CBT시험문제)

25 토목산업기사
1회 시행 출제문제

※ 본 기출문제는 수험자의 기억을 바탕으로 하여 복원한 문제이므로 실제 문제와 다를 수 있음을 미리 알려드립니다.

1. 물의 성질에 대한 설명으로 옳지 않은 것은?

① 물의 점성계수는 수온이 높을수록 그 값이 커진다.
② 공기에 접촉하는 물의 표면장력은 온도가 상승하면 감소한다.
③ 내부마찰력이 큰 것은 내부마찰력이 작은 것보다 그 점성계수의 값이 크다.
④ 압력이 증가하면 물의 압축계수(C_W)는 감소하고 체적탄성계수(E_W)는 증가한다.

2. 해수면 아래 40m 지점의 절대압력으로 옳은 것은? (단, 해수의 비중은 1.025, 물의 단위중량은 9.81kN/m³이고 대기압력은 101.234kPa이다)

① 303.44kPa
② 403.44kPa
③ 503.44kPa
④ 603.44kPa

3. 원통형의 용기에 깊이 2.0m까지는 물을 넣고 그 위에 1.0m의 깊이로 비중이 0.8인 액체를 넣었을 때, 밑바닥이 받는 압력은? (단, 물의 단위중량은 9.81kN/m³이다.)

① 17.5kPa
② 27.5kPa
③ 29.5kPa
④ 31.5kPa

4. 10초 동안 20m의 속도로 흐르는 물의 속도수두는?

① 0.104m
② 0.204m
③ 0.304m
④ 0.404m

5. 오리피스에서의 실제 유속을 구하기 위하여 에너지 손실을 고려하는 방법으로 옳은 것은?

① 이론 유속에 유속계수를 곱한다.
② 이론 유속에 유량계수를 곱한다.
③ 이론 유속에 수축계수를 곱한다.
④ 이론 유속에 모형계수를 곱한다.

6. 조도계수 $n=0.02$이고 지름 200mm의 관에 대한 마찰손실계수(f)는?

① 0.052
② 0.063
③ 0.076
④ 0.085

7. 관수로의 마찰손실수두에 관한 설명으로 틀린 것은?

① 관의 조도에 반비례한다.
② 관수로의 길이에 정비례한다.
③ 동점성 계수에 비례한다.
④ 관내의 직경에 반비례한다.

8. 사다리꼴 단면인 개수로에서 수리학적으로 가장 유리한 단면의 조건은? (단, R : 경심, B : 수면 폭, h : 수심)

① $R = \dfrac{h}{2}$
② $B = h$
③ $B = \dfrac{h}{2}$
④ $R = h$

9. 한계류에 대한 설명으로 옳은 것은?

① 유속의 허용한계를 초과하는 흐름
② 유속과 장파의 전파속도의 크기가 동일한 흐름
③ 유속이 빠르고 수심이 작은 흐름
④ 동압력이 정압력보다 큰 흐름

10. 물이 흐르는 수로에 손가락을 집어넣었더니 손가락에 부딪혀 물들이 산산이 부서져 튀어 올랐다면, 이 수로의 흐름을 가장 잘 나타내는 흐름의 상태는?

① 층류
② 사류
③ 상류
④ 난류

해설 및 정답

1. 점성계수 : μ

$\mu = \dfrac{\square}{t^0 + \Delta t' + \bigcirc t^2}$

수온이 높을수록 작아진다.

2. $P = wh + P_a$
$= 1.025 \times 40 + 10.33 = 51.33 \text{t/m}^2$
$1\text{t/m}^2 = 9.8\text{kPa}$이므로
$P = 51.33 \times 9.8\text{kPa} = 503\text{kPa}$

3. $P = w_1 h_1 + w_2 h_2$
$= 1 \times 2 + 0.8 \times 1 = 2.8 \text{t/m}^2$
$= 2.8 \times 9.8 = 27.4 \text{kPa}$

4. $h = \dfrac{V^2}{2g} = \dfrac{\left(\dfrac{20}{10}\right)^2}{2 \times 9.8} = 0.204\text{m}$

5. $V_s = C_v \cdot V =$ 유속계수 $\times$ 이론유속

6. $C\sqrt{RI} = \dfrac{1}{n} R^{\frac{2}{3}} \cdot I^{\frac{1}{2}}$

$C = \dfrac{1}{n} R^{\frac{1}{6}} = \dfrac{1}{0.02} \left(\dfrac{0.2}{4}\right)^{\frac{1}{6}} = 30.3$

$C = \sqrt{\dfrac{8g}{f}}$ 이므로

$30.3 = \sqrt{\dfrac{8 \times 9.8}{f}}$

$f = 0.085$

7. $h = f \dfrac{l}{D} \cdot \dfrac{V^2}{2g}$

$Re = \dfrac{V \cdot D}{\nu}$

층류의 경우에는 $f = \dfrac{64}{Re}$

8. 사다리꼴에서는 $B = 2l$ 또는 $R = \dfrac{h}{2}$ 이다.

9. 한계류는 $V = \sqrt{gh}$ 이다.

10. 장애물의 영향이 하류로 전달되는 것임.
즉, $F_r > 1$ 이다.

1. ①	2. ③	3. ②	4. ②	5. ①
6. ④	7. ①	8. ①	9. ②	10. ②

과년도출제문제(CBT시험문제)

25 토목산업기사
2회 시행 출제문제

※ 본 기출문제는 수험자의 기억을 바탕으로 하여 복원한 문제이므로 실제 문제와 다를 수 있음을 미리 알려드립니다.

1. Manning 공식의 조도계수 n과 마찰손실계수 f와의 관계식으로 옳은 것은? (단, 지름 D인 원관의 경우)

① $12.7n^2 D^{\frac{1}{3}}$
② $124.5n^2 D^{-\frac{1}{3}}$
③ $12.7nD^{-\frac{1}{3}}$
④ $124.5nD^{\frac{1}{3}}$

2. 개수로의 지배 단면(control section)에 대한 설명으로 옳은 것은?

① 홍수 시 하천흐름이 부정류인 경우에 발생한다.
② 급경사의 흐름에서 배수곡선이 나타나면 발생한다.
③ 상류흐름에서 사류흐름으로 변화할 때 발생한다.
④ 사류흐름에서 상류흐름으로 변화하면서 도수가 발생할 때 나타난다.

3. 개수로의 흐름이 사류일 때를 나타내는 것은? (단, h : 수심, h_c : 한계수심, F_r : Froude 수)

① $h < h_c$, $F_r < 1$
② $h < h_c$, $F_r > 1$
③ $h > h_c$, $F_r < 1$
④ $h > h_c$, $F_r > 1$

4. 지름 100cm의 원형단면 관수로에 물이 만수되어 흐를 때의 동수반경(hydraulic radius)은?

① 50cm
② 75cm
③ 25cm
④ 20cm

5. 그림과 같은 피토관에서 A점의 유속을 구하는 식으로 옳은 것은?

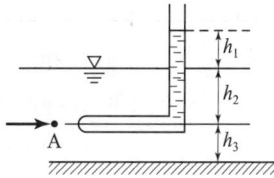

① $V = \sqrt{2gh_1}$
② $V = \sqrt{2gh_2}$
③ $V = \sqrt{2gh_3}$
④ $V = \sqrt{2g(h_1 + h_2)}$

6. 한계 수심에 관한 설명으로 옳은 것은?

① 유량이 최소이다.
② 비에너지가 최소이다.
③ Reynolds 수가 1이다.
④ Froude 수가 1보다 크다.

7. 직각 삼각위어(weir)에서 월류 수심이 1m이면 유량은? (단, 유량계수 $C=0.59$이다.)

① $1.0\text{m}^3/\text{s}$
② $1.4\text{m}^3/\text{s}$
③ $1.8\text{m}^3/\text{s}$
④ $2.2\text{m}^3/\text{s}$

8. 비에너지(Specific Energy)에 관한 설명으로 옳지 않은 것은?

① 한계류인 경우 비에너지는 최대가 된다.
② 상류인 경우 수심의 증가에 따라 비에너지가 증가한다.
③ 사류인 경우 수심의 감소에 따라 비에너지가 증가한다.
④ 어느 수로단면의 수로 바닥을 기준으로 하여 측정한 단위 무게의 물이 가지는 흐름의 에너지이다.

9. 그림과 같은 오리피스를 통과하는 유량은? (단, 오리피스 단면적 $A=0.2m^2$, 손실계수 $C=0.78$이다.)

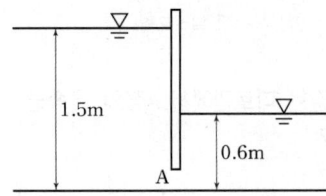

① $0.36m^3/s$ ② $0.46m^3/s$
③ $0.56m^3/s$ ④ $0.66m^3/s$

10. Bernoulli 정리의 적용 조건이 아닌 것은?

① Bernoulli 방정식이 적용되는 임의의 두 점은 같은 유선 상에 있다.
② 정상상태의 흐름이다.
③ 압축성 유체의 흐름이다.
④ 마찰이 없는 흐름이다.

해설 및 정답

1. Manning 공식 : $V = \dfrac{1}{n} R^{\frac{2}{3}} \cdot I^{\frac{1}{2}}$

Chezy 공식 : $V = C\sqrt{RI}$, $C = \sqrt{\dfrac{8g}{f}}$

$\dfrac{1}{n} R^{\frac{2}{3}} \cdot I^{\frac{1}{2}} = \sqrt{\dfrac{8g}{f}} \cdot \sqrt{RI}$

$R^{\frac{4}{3}} \cdot I = n^2 \cdot \dfrac{8g \cdot RI}{f}$

$f = \dfrac{n^2 \cdot 8g \cdot RI}{R^{\frac{4}{3}} \cdot I}$

$= n^2 \cdot 8g \cdot R^{-\frac{1}{3}}$

여기서, $R = \dfrac{D}{4}$ 이므로

$= n^2 \times 8 \times 9.8 \times \left(\dfrac{1}{4}\right)^{-\frac{1}{3}} \times D^{-\frac{1}{3}}$

$= 124.5 n^2 D^{-\frac{1}{3}}$

2. 지배 단면은 상류흐름에서 사류흐름으로 변화할 때 나타나는 단면이다.

3. 사류의 흐름은 $F_r > 1$ 이며 $h < h_c$ 이 되어야 한다.

4. 동수반경 $R = \dfrac{D}{4}$ 이므로

$R = \dfrac{100}{4} = 25 \text{cm}$

5. $V = \sqrt{2gh}$

여기서, h는 수면위 수심

$V = \sqrt{2gh_1}$

6. 한계 수심으로 흐를 때는 비에너지가 최소이다.

7. $Q = \dfrac{8}{15} C \tan\dfrac{\theta}{2} \cdot \sqrt{2g} \cdot h^{\frac{5}{2}}$

여기서, $C = 0.59 \theta = 90°$

$Q = \dfrac{8}{15} \times 0.59 \times \sqrt{2g} \times 1^{\frac{5}{2}}$

$= 1.4 \text{m}^3/\text{sec}$

8. 비에너지는 한계류일 때 최소가 된다.

9. $Q = \sqrt{2gh} \cdot A \cdot C$

$= \sqrt{2 \times 9.8 \times (1.5 - 0.6)} \times 0.2 \times 0.78$

$= 0.66 \text{m}^3/\text{sec}$

10. 베르누이의 기본가정은 비압축성 유체의 흐름이다.

1. ②	2. ③	3. ②	4. ③	5. ①
6. ②	7. ②	8. ①	9. ④	10. ③

과년도출제문제(CBT시험문제)

25 토목산업기사
3회 시행 출제문제

※ 본 기출문제는 수험자의 기억을 바탕으로 하여 복원한 문제이므로 실제 문제와 다를 수 있음을 미리 알려드립니다.

1. 수로폭 4m, 수심 1.5m인 직사각형 수로에서 유량 24m³/sec가 흐를 때 후르드수(Froude number)와 흐름의 상태는?

① 1.04, 사류 ② 1.04, 상류
③ 0.74, 사류 ④ 0.74, 상류

2. 수심이 3m, 유속이 2m/s인 개수로의 비에너지 값은? (단, 에너지 보정계수는 1.10이다.)

① 1.22m ② 2.22m
③ 3.22m ④ 4.22m

3. 지름 20cm, 길이가 100m인 관수로 흐름에서 손실 수두가 0.2m라면 유속은? (단, 마찰손실 계수 $f = 0.03$이다.)

① 0.61m/s ② 0.57m/s
③ 0.51m/s ④ 0.48m/s

4. 그림과 같이 단면 ①에서 관의 지름이 0.5m, 유속이 2m/s이고, 단면 ②에서 관의 지름이 0.2m일 때 단면 ②에서의 유속은?

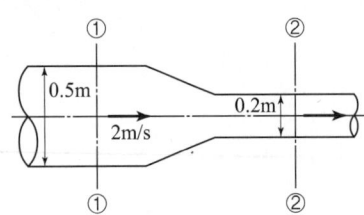

① 10.5m/s ② 11.5m/s
③ 12.5m/s ④ 13.5m/s

5. Chezy 공식의 평균유속계수 C와 Manning 공식의 조도계수 n 사이의 관계는?

① $C = nR^{\frac{1}{3}}$ ② $C = nR^{\frac{1}{6}}$
③ $C = \frac{1}{n}R^{\frac{1}{3}}$ ④ $C = \frac{1}{n}R^{\frac{1}{6}}$

6. 부체에 관한 설명 중 틀린 것은?

① 수면으로부터 부체의 최심부(가장 깊은 곳)까지의 수심을 흘수라 한다.
② 경심은 물체 중심선과 부력 작용선의 교점이다.
③ 수중에 있는 물체는 그 물체가 배제한 배수량만큼 가벼워진다.
④ 수면에 떠 있는 물체의 경우 경심이 중심보다 위에 있을 때는 불안정한 상태이다.

7. 지름 0.3cm의 작은 물방울에 표면장력 $T_{15} = 0.00075$N/cm가 작용할 때 물방울 내부와 외부의 압력차는?

① 30Pa ② 50Pa
③ 80Pa ④ 100Pa

8. 물의 점성계수(coefficient of viscosity)에 대한 설명 중 옳은 것은?

① 수온에는 관계없이 점성계수는 일정하다.
② 점성계수와 동점성계수는 반비례한다.
③ 수온이 낮을수록 점성계수는 크다.
④ 4℃에서의 점성계수가 가장 크다.

9. 유량 Q, 유속 V, 단면적 A, 도심거리 h_G라 할 때 충력치(M)의 값은? (단, 충력치는 비력이라고도 하며, η : 운동량 보정계수, g : 중력가속도, W : 물의 중량, w : 물의 단위중량)

① $\eta\dfrac{Q}{g}+Wh_G A$ ② $\eta\dfrac{Q}{g}V+h_G A$

③ $\eta\dfrac{gV}{Q}+h_G A$ ④ $\eta\dfrac{Q}{g}V+\dfrac{1}{2}w^2$

10. 오리피스에서의 유량 관계식을 $Q=KH^{1/2}$라 할 경우, 유량 Q에 1%의 오차가 있었다면 수두 H의 측정 오차는?

① 0.5% ② 1%
③ 2%   ④ 4%

해설 및 정답

1. $F_r = \dfrac{V}{\sqrt{gh}}$

$Q = AV$

$24 = 4 \times 1.5 \times V$, $V = 4\,\text{m/sec}$

$F_r = \dfrac{4}{\sqrt{9.8 \times 1.5}} = 1.04 > 1$

∴ 사류

2. $H_e = h + \alpha \cdot \dfrac{V^2}{2g} = 3 + 1.1 \times \dfrac{2^2}{2 \times 9.8} = 3.22\,\text{m}$

3. $h_L = f\dfrac{l}{D} \cdot \dfrac{V^2}{2g}$

$V^2 = \dfrac{D \cdot 2g \times h_L}{f \cdot l} = \dfrac{0.2 \times 2 \times 9.8 \times 0.2}{0.03 \times 100} = 0.26$

$V = 0.51\,\text{m/sec}$

4. $A_1 V_1 = A_2 V_2$

$\dfrac{\pi \times 0.5^2}{4} \times 2 = \dfrac{\pi \cdot 0.2^2}{4} \times V_2$

$V = 12.5\,\text{m/sec}$

5. $V = C\sqrt{RI}$

$V = \dfrac{1}{n} R^{\frac{2}{3}} \cdot I^{\frac{1}{2}}$

$C\sqrt{RI} = \dfrac{1}{n} R^{\frac{2}{3}} \cdot I^{\frac{1}{2}}$

$C = \dfrac{1}{n} R^{\frac{2}{3}-\frac{1}{2}} \cdot I^{\frac{1}{2}-\frac{1}{2}} = \dfrac{1}{n} R^{\frac{1}{6}}$

6.
- M
- G
- C

경심이 무게중심보다 위에 있을 때는 안정하다.

7. $T = \dfrac{Pd}{4}$

$P = \dfrac{4T}{d} = \dfrac{4 \times 0.00075}{0.3}$

$= 0.01\,\text{N/cm}^2 = 100\,\text{N/m}^2 = 100\,\text{Pa}$

8. $\mu = \dfrac{\square}{t^0 + \Delta^1 + Ot^2}$

수온(t)이 낮을수록 점성계수는 크다.

9. 충력치 $M = \eta \dfrac{Q}{g} V + h_G A$

10. $Q = kH^{\frac{1}{2}}$

$\dfrac{dQ}{Q} = \dfrac{k \cdot \dfrac{1}{2} H^{-\frac{1}{2}} \cdot dH}{kH^{\frac{1}{2}}}$

$1\% = \dfrac{1}{2} \dfrac{dH}{H}$

$\dfrac{dH}{H} = 2\%$

| 1. ① | 2. ③ | 3. ③ | 4. ③ | 5. ④ |
| 6. ④ | 7. ④ | 8. ③ | 9. ② | 10. ③ |

토목기사 대비 수리학 및 수문학 ③

定價 28,000원

저 자 심기오 · 노재식
　　　　한웅규

발행인 이 종 권

2001年　1月　 8日　초판발행
2021年　1月　 7日　20차개정1쇄발행
2022年　1月　10日　21차개정1쇄발행
2023年　1月　18日　22차개정1쇄발행
2024年　1月　 9日　23차개정1쇄발행
2025年　1月　10日　24차개정1쇄발행
2026年　1月　 7日　25차개정1쇄발행

發行處　(주) 한솔아카데미

(우)06775 서울시 서초구 마방로10길 25 트윈타워 A동 2002호
TEL : (02)575-6144/5　FAX : (02)529-1130
〈1998. 2. 19 登錄 第16-1608號〉

※ 본 교재의 내용 중에서 오타, 오류 등은 발견되는 대로 한솔아
카데미 인터넷 홈페이지를 통해 공지하여 드리며 보다 완벽한
교재를 위해 끊임없이 최선의 노력을 다하겠습니다.
※ 파본은 구입하신 서점에서 교환해 드립니다.
www.inup.co.kr / www.bestbook.co.kr

ISBN 979-11-6654-750-8 13530

한솔아카데미 발행도서

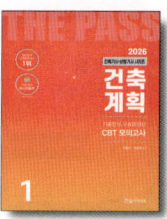
건축기사시리즈
①건축계획
이종석, 이병억 공저
432쪽 | 27,000원

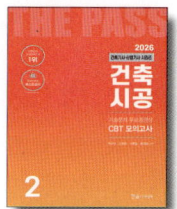
건축기사시리즈
②건축시공
김형중, 한규대, 이명철 공저
570쪽 | 27,000원

건축기사시리즈
③건축구조
안광호, 홍태화, 고길용 공저
796쪽 | 27,000원

건축기사시리즈
④건축설비
오병칠, 권영철, 오호영 공저
564쪽 | 27,000원

건축기사시리즈
⑤건축법규
현정기, 조영호, 한웅규, 김주석 공저
622쪽 | 27,000원

건축기사 필기 10개년 핵심 과년도문제해설
안광호, 백종엽, 이병억 공저
1,028쪽 | 45,000원

건축기사 4주완성
남재호, 송우용 공저
1,412쪽 | 47,000원

건축산업기사 4주완성
남재호, 송우용 공저
1,136쪽 | 44,000원

7개년 기출문제 건축산업기사 필기
한솔아카데미 수험연구회
868쪽 | 38,000원

건축설비기사 4주완성
남재호 저
1,088쪽 | 46,000원

건축설비산업기사 4주완성
남재호 저
872쪽 | 40,000원

10개년 핵심 건축설비기사 과년도
남재호 저
1,148쪽 | 40,000원

건축기사 실기
한규대, 김형중, 안광호, 이병억 공저
1,708쪽 | 53,000원

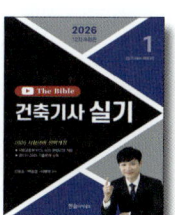
건축기사 실기 (The Bible)
안광호, 백종엽, 이병억 공저
1,000쪽 | 41,000원

건축기사 실기 14개년 과년도
안광호, 백종엽, 이병억 공저
688쪽 | 34,000원

건축산업기사 실기
한규대, 김형중, 안광호, 이병억 공저
696쪽 | 33,000원

건축산업기사 실기 (The Bible)
안광호, 백종엽, 이병억 공저
300쪽 | 30,000원

실내건축기사 4주완성
남재호 저
1,320쪽 | 39,000원

실내건축산업기사 4주완성
남재호 저
1,096쪽 | 32,000원

시공실무 실내건축(산업)기사 실기
안동훈, 이병억 공저
422쪽 | 30,000원

Hansol Academy

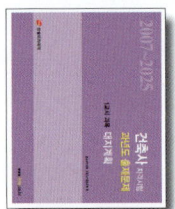
건축사 과년도출제문제
1교시 대지계획
한솔아카데미 건축사수험연구회
346쪽 | 33,000원

건축사 과년도출제문제
2교시 건축설계1
한솔아카데미 건축사수험연구회
192쪽 | 33,000원

건축사 과년도출제문제
3교시 건축설계2
한솔아카데미 건축사수험연구회
436쪽 | 33,000원

건축물에너지평가사
①건물 에너지 관계법규
건축물에너지평가사 수험연구회
852쪽 | 32,000원

건축물에너지평가사
②건축환경계획
건축물에너지평가사 수험연구회
516쪽 | 30,000원

건축물에너지평가사
③건축설비시스템
건축물에너지평가사 수험연구회
708쪽 | 32,000원

건축물에너지평가사
④건물 에너지효율설계·평가
건축물에너지평가사 수험연구회
648쪽 | 32,000원

건축물에너지평가사
2차실기(상)
건축물에너지평가사 수험연구회
940쪽 | 45,000원

건축물에너지평가사
2차실기(하)
건축물에너지평가사 수험연구회
905쪽 | 50,000원

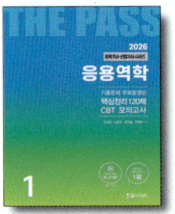
토목기사시리즈
①응용역학
안광호, 김창원, 염창열, 정용욱 공저
540쪽 | 28,000원

토목기사시리즈
②측량학
남수영, 정경동, 고길용 공저
392쪽 | 28,000원

토목기사시리즈
③수리학 및 수문학
심기오, 노재식, 한웅규 공저
396쪽 | 28,000원

토목기사시리즈
④철근콘크리트 및 강구조
정경동, 정용욱, 고길용, 김지우 공저
464쪽 | 28,000원

토목기사시리즈
⑤토질 및 기초
안진수, 박광진, 김창원, 홍성협 공저
588쪽 | 28,000원

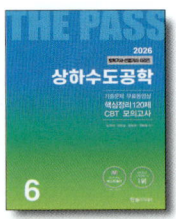
토목기사시리즈
⑥상하수도공학
노재식, 이상도, 한웅규, 정용욱 공저
544쪽 | 28,000원

10개년 핵심 토목기사
과년도문제해설
김창원 외 5인 공저
1,076쪽 | 46,000원

토목기사 4주완성
핵심 및 과년도문제해설
이상도, 고길용, 안광호, 한웅규,
홍성협, 김지우 공저
1,054쪽 | 45,000원

토목산업기사 4주완성
과년도문제해설
이상도, 정경동, 고길용, 안광호,
한웅규, 홍성협 공저
752쪽 | 42,000원

토목기사 실기
김태선, 박광진, 홍성협, 김창원,
김상욱, 이상도, 한웅규 공저
1,540쪽 | 52,000원

토목기사 실기
과년도문제해설
김태선, 이상도, 한웅규, 홍성협,
김상욱, 김지우 공저
892쪽 | 38,000원

www.bestbook.co.kr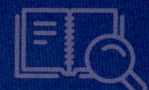

콘크리트기사 · 산업기사 4주완성(필기)
정용욱, 고길용, 전지현, 김지우 공저
856쪽 | 39,000원

콘크리트기사 과년도(필기)
정용욱, 고길용, 김지우 공저
684쪽 | 30,000원

콘크리트기사 · 산업기사 3주완성(실기)
정용욱, 한웅규, 홍성협, 전지현 공저
784쪽 | 33,000원

건설재료시험기사 4주완성(필기)
박광진, 이상도, 김지우, 전지현 공저
742쪽 | 39,000원

건설재료시험기사 과년도(필기)
고길용, 정용욱, 홍성협, 전지현 공저
692쪽 | 32,000원

건설재료시험기사 3주완성(실기)
고길용, 홍성협, 전지현, 김지우 공저
728쪽 | 33,000원

콘크리트기능사 3주완성(필기+실기)
정용욱, 고길용, 염창열, 전지현 공저
538쪽 | 27,000원

지적기능사(필기+실기) 3주완성
염창열, 정병노 공저
640쪽 | 30,000원

측량기능사 3주완성
염창열, 정병노, 고길용 공저
580쪽 | 29,000원

전산응용토목제도기능사 필기 3주완성
염창열, 김지우, 최진호 공저
644쪽 | 29,000원

건설안전기사 4주완성 필기
지준석, 조태연 공저
1,388쪽 | 38,000원

산업안전기사 4주완성 필기
지준석, 조태연 공저
1,560쪽 | 38,000원

공조냉동기계기사 필기
조성안, 이승원, 강희중 공저
1,358쪽 | 41,000원

공조냉동기계산업기사 필기
조성안, 이승원, 강희중 공저
1,236쪽 | 36,000원

공조냉동기계기사 실기
조성안, 강희중 공저
1,040쪽 | 38,000원

조경기사 · 산업기사 필기
이윤진 저
1,464쪽 | 49,000원

조경기사 · 산업기사 실기
이윤진 저
784쪽 | 45,000원

조경기능사 필기
이윤진 저
682쪽 | 29,000원

조경기능사 실기
이윤진 저
360쪽 | 29,000원

조경기능사 필기
한상엽 저
712쪽 | 28,000원

Hansol Academy

조경기능사 실기
한상엽 저
823쪽 | 30,000원

산림기사·산업기사 1권
이윤진 저
888쪽 | 27,000원

산림기사·산업기사 2권
이윤진 저
974쪽 | 27,000원

전기기사시리즈(전6권)
대산전기수험연구회
2,240쪽 | 131,000원

전기기사 5주완성
전기기사수험연구회
2,140쪽 | 43,000원

전기산업기사 5주완성
전기산업기사수험연구회
1,964쪽 | 43,000원

전기공사기사 5주완성
전기공사기사수험연구회
2,096쪽 | 43,000원

전기공사산업기사 5주완성
전기공사산업기사수험연구회
1,606쪽 | 43,000원

전기(산업)기사 실기
대산전기수험연구회
766쪽 | 43,000원

전기기사 실기 20개년 과년도문제해설
대산전기수험연구회
992쪽 | 38,000원

전기기사시리즈(전6권)
김대호 저
3,230쪽 | 136,000원

전기기사 실기 기본서
김대호 저
964쪽 | 39,000원

전기기사 실기 기출문제
김대호 저
1,340쪽 | 43,000원

전기산업기사 실기 기본서
김대호 저
920쪽 | 39,000원

전기산업기사 실기 기출문제
김대호 저
1,076쪽 | 41,000원

전기기사/전기산업기사 실기 마인드 맵
김대호 저
232쪽 | 15,000원

CBT 전기기사 단기완성
이승원, 김승철, 윤종식 공저
1,244쪽 | 42,000원

전기기능사 3단계 핵심 및 과년도
김승철, 신면순, 오용환, 이승원 공저
876쪽 | 28,000원

전기기능사 3주완성
이승원, 김승철, 윤종식 공저
532쪽 | 27,000원

소방설비기사 기계분야 필기
김흥준, 윤중오 공저
1,212쪽 | 40,000원

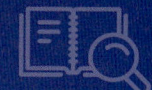

www.bestbook.co.kr

소방설비기사 전기분야 필기
김흥준, 신면순 공저
1,148쪽 | 40,000원

공무원 건축계획
이병억 저
800쪽 | 37,000원

7·9급 토목직 응용역학
정경동 저
1,192쪽 | 42,000원

응용역학개론 기출문제
정경동 저
686쪽 | 40,000원

측량학(9급 기술직/ 서울시·지방직)
정병노, 염창열, 정경동 공저
756쪽 | 29,000원

응용역학(9급 기술직/ 서울시·지방직)
이국형 저
628쪽 | 23,000원

스마트 9급 물리 (서울시·지방직)
신용찬 저
422쪽 | 23,000원

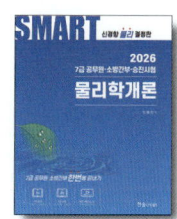

7급 공무원 스마트 물리학개론
신용찬 저
996쪽 | 45,000원

1종 운전면허
도로교통공단 저
110쪽 | 13,000원

2종 운전면허
도로교통공단 저
110쪽 | 13,000원

지게차 운전기능사
건설기계수험연구회 편
216쪽 | 15,000원

굴삭기 운전기능사
건설기계수험연구회 편
224쪽 | 15,000원

지게차 운전기능사 3주완성
건설기계수험연구회 편
338쪽 | 12,000원

굴삭기 운전기능사 3주완성
건설기계수험연구회 편
356쪽 | 12,000원

초경량 비행장치 무인멀티콥터
권희춘, 김병구 공저
258쪽 | 22,000원

시각디자인 산업기사 4주완성
김영애, 서정술, 이원범 공저
1,102쪽 | 36,000원

시각디자인 기사·산업기사 실기
김영애, 이원범 공저
508쪽 | 35,000원

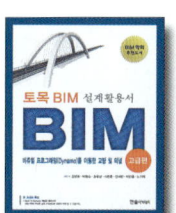

토목 BIM 설계활용서
김영휘, 박형순, 송윤상, 신현준, 안서현, 박진훈, 노기태 공저
388쪽 | 30,000원

BIM 전문가 토목 2급자격(필기+실기)
BIM전문가 토목연구회 공저
324쪽 | 32,000원

BIM 구조편
(주)알피종합건축사사무소
(주)동양구조안전기술 공저
536쪽 | 32,000원

Hansol Academy

BIM 기본편
(주)알피종합건축사사무소
402쪽 | 32,000원

BIM 기본편 2탄
(주)알피종합건축사사무소
380쪽 | 28,000원

BIM 건축계획설계 Revit 실무지침서
BIMFACTORY
607쪽 | 35,000원

전통가옥에서 BIM을 보며
김요한, 함남혁, 유기찬 공저
548쪽 | 32,000원

BIM 주택설계편
(주)알피종합건축사사무소
박기백, 서창석, 함남혁, 유기찬 공저
514쪽 | 32,000원

BIM 활용편 2탄
(주)알피종합건축사사무소
380쪽 | 30,000원

BIM 건축전기설비설계
모델링스토어, 함남혁
572쪽 | 32,000원

BIM 토목편
송현혜, 김동욱, 임성순, 유자영, 심창수 공저
278쪽 | 25,000원

디지털모델링 방법론
이나래, 박기백, 함남혁, 유기찬 공저
380쪽 | 28,000원

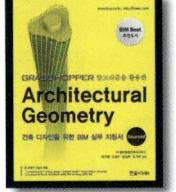
건축디자인을 위한 BIM 실무 지침서
(주)알피종합건축사사무소
박기백, 오정우, 함남혁, 유기찬 공저
516쪽 | 30,000원

BIM 전문가 건축 2급자격(필기+실기)
모델링스토어
760쪽 | 36,000원

BIM 전문가 토목 2급 실무활용서
채재현, 김영휘, 박준오, 소광영, 김소희, 이기수, 조수연
614쪽 | 35,000원

BE Architect
유기찬, 김재준, 차성민, 신수진, 홍유찬 공저
282쪽 | 20,000원

BE Architect 라이노&그래스호퍼
유기찬, 김재준, 조쥬상, 오주연 공저
288쪽 | 22,000원

BE Architect AUTO CAD
유기찬, 김재준 공저
400쪽 | 25,000원

건축관계법규(전3권)
최한석, 김수영 공저
3,544쪽 | 110,000원

건축법령집
최한석, 김수영 공저
1,490쪽 | 60,000원

건축법해설
김수영, 이종석, 김동화, 김용환, 조영호, 오호영 공저
918쪽 | 32,000원

건축설비관계법규
김수영, 이종석, 박호준, 조영호, 오호영 공저
790쪽 | 34,000원

건축계획
이순희, 오호영 공저
422쪽 | 23,000원

www.bestbook.co.kr

건축시공학
이찬식, 김선국, 김예상, 고성석,
손보식, 유정호, 김태완 공저
776쪽 | 30,000원

**현장실무를 위한
토목시공학**
남기천,김상환,유광호,강보순,
김종민,최준성 공저
1,212쪽 | 45,000원

알기쉬운 토목시공
남기천, 유광호, 류명찬, 윤영철,
최준성, 고준영, 김연덕 공저
818쪽 | 28,000원

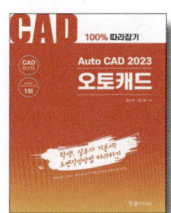
Auto CAD 오토캐드
김수영, 정기범 공저
364쪽 | 25,000원

친환경 업무매뉴얼
정보현, 장동원 공저
352쪽 | 30,000원

**건축시공기술사
기출문제**
배용환, 서갑성 공저
1,146쪽 | 69,000원

**합격의 정석
건축시공기술사**
조민수 저
904쪽 | 67,000원

**건축시공기술사
용어해설**
조민수 저
1,438쪽 | 70,000원

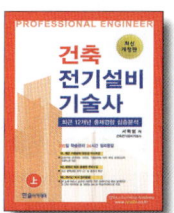
**건축전기설비기술사
(상,하)**
서학범 저
1,532쪽 | 65,000원(각권)

**디테일 기본서 PE
건축시공기술사**
백종엽 저
730쪽 | 62,000원

**디테일 마법지 PE
건축시공기술사**
백종엽 저
504쪽 | 50,000원

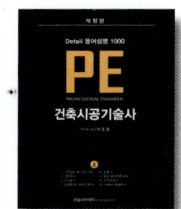
**용어설명1000 PE
건축시공기술사(상,하)**
백종엽 저
2,148쪽 | 70,000원(각권)

역학의 정석
김성민, 김성범 공저
788쪽 | 52,000원

**합격의 정석
토목시공기술사**
김무섭, 조민수 공저
874쪽 | 60,000원

건설안전기술사
이태엽 저
776쪽 | 60,000원

소방기술사 上
윤정득, 박견용 공저
656쪽 | 55,000원

소방기술사 下
윤정득, 박견용 공저
730쪽 | 55,000원

**소방시설관리사 1차
(상,하)**
김흥준 저
1,630쪽 | 63,000원

건축에너지관계법해설
조영호 저
614쪽 | 27,000원

ENERGYPULS
이광호 저
236쪽 | 25,000원

Hansol Academy

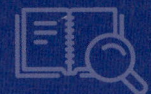

수학의 마술(2권)
아서 벤저민 저, 이경희, 윤미선,
김은현, 성지현 옮김
206쪽 | 24,000원

**스트레스,
과학으로 풀다**
그리고리 L. 프리키온, 애너이브
코비치, 앨버트 S.융 저
176쪽 | 20,000원

행복충전 50Lists
에드워드 호프만 저
272쪽 | 16,000원

지치지 않는 뇌 휴식법
이시카와 요시키 저
188쪽 | 12,800원

지능형홈관리사
김일진, 이의신, 송한춘, 황준호,
장우성 공저
500쪽 | 35,000원

**스마트 건설,
스마트 시티, 스마트 홈**
김선근 저
436쪽 | 19,500원

**e-Test 엑셀
ver.2016**
임창인, 조은경, 성대근, 강현권
공저
268쪽 | 17,000원

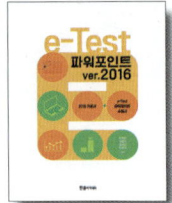

**e-Test 파워포인트
ver.2016**
임창인, 권영희, 성대근, 강현권
공저
206쪽 | 15,000원

**e-Test 한글
ver.2016**
임창인, 이권일, 성대근, 강현권
공저
198쪽 | 13,000원

**e-Test 엑셀
2010(영문판)**
Daegeun-Seong
188쪽 | 25,000원

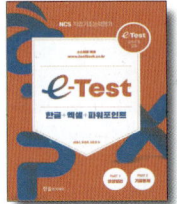

**e-Test
한글+엑셀+파워포인트**
성대근, 유재휘, 강현권 공저
412쪽 | 28,000원

**재미있고 쉽게 배우는
포토샵 CC2020**
이영주 저
320쪽 | 23,000원

토목기사 실기 (전 3권)

김태선, 박광진, 홍성협, 김창원, 김상욱, 이상도, 한웅규
1,540쪽 | 52,000원

토목기사 실기 12개년 과년도

김태선, 이상도, 한웅규, 홍성협, 김상욱, 김지우
892쪽 | 38,000원

※ 구입처는 **전국대형서점**에서 구매하실 수 있습니다.

핵심 13 충격력과 항력

1. 직경 10cm의 단면적에 유속 40m/sec의 분류가 판에 충돌하여 90°로 구부러질 때 판에 작용하는 힘은 ☐ 이다.

답 1.28t

2. 구형물체(球形物體)에 대하여 stokes의 법칙이 적용되는 범위에서 항력계수 C_D는 ☐ 이다.

답 $24/Re$

3. 연형 단면의 관로가 그림과 같이 stokes의 법칙이 적용되는 범위에서 유량 $0.018 \mathrm{m^3/sec}$가 흐를 때 x 방향의 분력은 ☐ 이다. (단, 관내의 유속은 $9.8 \mathrm{m/sec}$, 마찰은 무시한다.)

$$F_x = \frac{w}{g}Q(V \cdot \cos30 - V \cdot \cos60)$$
$$= \frac{1}{9.8} \times 0.018 \,(9.8\cos30 - 9.8\cos60) = -6.588\,\mathrm{kg}\,(반력)$$

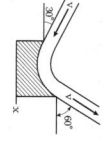

4. 그림과 같이 곡면판이 A에 $1\mathrm{m^3/sec}$의 유량이 $2\mathrm{m/sec}$의 유속으로 흐를 때 곡면을 따라 흘러서 반대방향인 B로 유출할 때 곡면이 받는 힘은 ☐ 이다.

답 0.41t

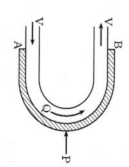

5. 절대속도 U(m/sec)로 움직이고 있는 곡면 방향으로부터 절대속도 V(m/sec)의 분류가 흘러들어오는 힘에 충돌하는 힘을 계산하는 식은 ☐ 이다. (단, A는 통수단면적임)

답 $F = \frac{w_0}{g} \cdot A \cdot (V - U)^2$

6. 밀도가 ρ인 유체가 일정한 속도 V_0로 수평방향으로 흐르고 있다. 이 유체속의 직경 d, 길이 ℓ인 원주가 흐름 방향에 직각으로 중심축을 가지고 놓였을 때 원주에 작용하는 항력(抗力)을 구하는 공식은 ☐ 이다. (단, C_D는 항력계수이다.)

답 $C_D \cdot d \cdot \ell \cdot \frac{\rho V_0^2}{2}$

7. 원형통 교각 주위에 담수($w=1\mathrm{t/m^3}$)가 $1\mathrm{m/sec}$의 속도로 흐르고 있을 때 교각이 받는 항력은 ☐ 이다. (단, 수심은 5m이고, 교각의 지름은 3m이며 항력계수 C_D는 1.00이다.)

답 $D = C_D \cdot A \cdot \frac{\rho V^2}{2}$ ∴ 765.3kg

핵심 14 오리피스와 위어

1. 그림과 같은 수조에서 수심이 5m인 A점에 작은 오리피스가 설치되어 있고 B의 수면 압축공기를 유입시킬 때 오리피스에서 수면 위의 공기압력(P)을 $2\mathrm{t/m^2}$로 유지시킬 때 유출되는 유속은 ☐ 이다. (단, 유속계수는 0.6으로 함.)

답 $V = C_v\sqrt{2gh}$ ∴ 7.03m/sec

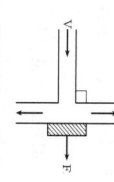

2. 수두 2m되는 곳에 직경 10cm의 오리피스를 만들어 물을 유출시킬 경우, 유속계수 0.95, 수축계수 $C_a = 0.70$이라 하면 실제 유량은 ☐ 이다.

답 $Q = C_a \cdot C_v \cdot A\sqrt{2gh}$ ∴ 0.033m³/s

3. 오리피스(orifice)에서 유속계수가 0.97 이라고 할 때 유량계수 0.65, 유속계수가 0.95, 수축계수가 0.80이다.

답 유량계수 = 수축계수 × 유속계수 = 0.63

4. 오리피스(orifice)로부터 유출하는 유량은? (단, 오리피스의 직경 10cm, 유속계수 0.95, 수축계수 0.80이다.)

답 0.037m³/sec

5. 수두가 2m의 작은 오리피스로부터 유출하는 유량은? (단, 오리피스의 직경이 5cm, 수두가 5m이고 유량이 5,000cm³/sec이라면 이 오리피스의 유량계수는 ☐ 이다.

답 0.257

6. 오리피스의 직경이 5cm, 수두가 5m이고 유량이 5,000cm³/sec이라면 이 오리피스의 유량계수는 ☐ 이다.

답 0.124m³/sec

7. 그림과 같은 수조에 연결된 지름 30cm의 관로의 끝에 지름 7.5cm의 노즐이 부착되어 있다. 관로의 노즐을 지나때까지의 손실수두의 크기가 10m일 때 이 노즐에서의 유출량은 ☐ 이다.

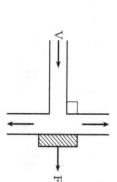

답 15cm

8. 저수조 측벽 정사각형의 오리피스에서 0.08m³/sec의 유량이 1m의 길이로 방출되고 있다. 관로계수는 0.610이고, 수면과 정사각형 오리피스 중심까지의 고저차는 1.8m이다.

답 ☐

9. 수평과의 각 60°를 이루고 초속 20m/sec로 사출되는 분수의 최대 수평도달 거리는 ☐ 이다. (단, 공기 기타의 저항은 무시한다.)

답 최대수평 도달거리는 $\frac{v^2}{2g}\sin2\theta \times 2 = 35.4$m

핵심 12 흐름의 방정식(2)

1. 그림과 같은 관로에 0.8m³/sec 유량으로 물이 흐르고 있다. 직경이 1m인 단면에서의 압력이 0.12kg/cm²이었다면 0.7m인 단면에서의 압력은 ▭ 이다. (단, 관은 수평으로 놓여 있다.)

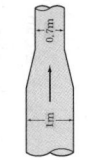

답 0.103kg/cm²

2. 유체의 흐름에서 운동량 보정계수는 ▭ 로 정의 유속이다.

답 $\dfrac{1}{A}\int_A \left(\dfrac{V}{V_m}\right)^2 dA$ 평균유속, V : 임의

3. 다음 그림과 같이 원형으로 된 관로에서 $D_2 = 200$mm, $Q_2 = 150$l/sec이고, $D_3 = 150$mm, $V_3 = 2.2$m/sec인 경우 $D_1 =$ 300mm에서의 유량 Q_1은 ▭ 이다.

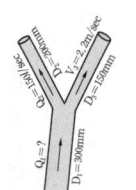

답 188.9 l/sec

4. 그림에서 A, B에서의 압력이 같은 단면 축소관의 지름 d는 약 얼마이다.

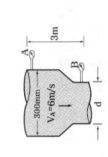

답 $\dfrac{P_1}{w} + \dfrac{V_1^2}{2g} + Z_1 = \dfrac{P_2}{w} + \dfrac{V_2^2}{2g} + Z_2$ 를 사용한다. ∴ 235mm

5. 에너지 보정계수는 원관내의 층류일 때 ▭ 이다.

답 약 2.0

6. 반지름 r_o인 원관내를 물이 흐를 때 유속 분포가 $V = \left(1 - \dfrac{r^3}{r_o^2}\right)$, V_m로 표시된다면, 이 때의 운동량 보정계수는 ▭ 이다. (단, 흐름은 층류인 상태이고, 평균유속 V_m을 최대유속 V_{max}의 $\dfrac{1}{2}$이다.)

답 운동량 보정계수 : 원관내, 에너지 보정계수 : 원관내 층류 $\eta=\dfrac{4}{3}$ ∴ $\dfrac{4}{3}$

7. 유속이 5m/sec이고, 압력 P=5t/m² 일 때 총수두는 ▭ 이다.

답 6.28m

8. 수압이 3kg/cm² 일 때 압력수두(壓力水頭)는 ▭ 이다.

답 30m

9. 그림에서 H=250cm일 때 유속을 구한 값은 ▭ 이다.

답 700cm/sec

핵심 15 위어와 유량(1)

1. 위어(weir)는 ▭ 을 하는데 사용한다.

답 유량 측정, 취수, 분수, 유속감소, 친수 공간 조성, 연수축

2. 개수로의 수류가 위어(weir)에 접근함에 따라 접근 유속으로 인하여 일어나는 수축은 ▭ 이다.

답 단수축

3. 구형단면 위어에서 위어 폭 4m, 위어 높이 0.5m, 월류수심이 0.8m일 때 월류량은 ▭ 이다. (단, C=0.620이다.)

답 $Q = \dfrac{2}{3} C b \sqrt{2g} \, h^{\frac{3}{2}}$ ∴ 5.2m³/sec

4. 폭 3.5m, 월류 수심 0.4m인 사각형 수로의 유량은 Francis 공식에 의하면 ▭ 이다. (단, 접근유속은 무시하며, 양단 수축이다.)

답 $Q = 1.84 b_0 h^{3/2}$, $b_0 = b - 0.1 n h$ ∴ 1.59m³/sec

5. 3 각위어에서 $\theta = 60°$ 일 때 월류수심은 ▭ 이다.

답 $Q = \dfrac{8}{15} C \sqrt{2g} \tan\dfrac{\theta}{2} H^{5/2}$ ∴ $H = \left(\dfrac{Q}{1.36C}\right)^{2/5}$

6. 중심각이 90°인 삼각형 위어상의 수두가 30cm일 때 유량을 계산한 값은 ▭ 이다. (단, 위어의 유량계수는 0.6으로 가정한다.)

답 69.8 l/sec

7. 직각삼각형 위어에 있어서 월류수심이 0.25m인 경우 일반식에 의한 유량은 ▭ 이다. (단, 유량계수 C = 0.6)

답 0.0442m³/sec

8. 직각삼각형 위어에 예연 위어에서의 월류 수심 h=30cm이다. 이 위어를 통과하여 1시간 동안 방출된 물의 양은 ▭ 이다. (단, C=0.60이다.)

답 251.4m³

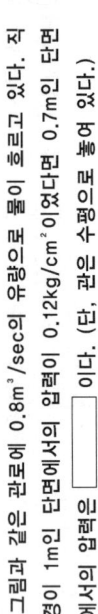
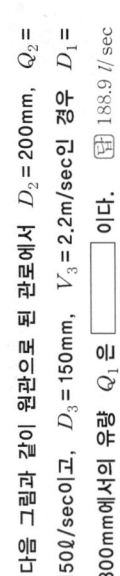

핵심 11 흐름의 방정식(1)

1. 유속이 2m/s, 길이가 1000m이고, 직사각형 수로의 폭이 100m, 수심이 3m, 조도계수가 0.02일 경우 에너지선의 경하량은 _____ 이다.

답 $V = \dfrac{1}{n} R^{\frac{2}{3}} I^{\frac{1}{2}} = \dfrac{1}{0.02} \left(\dfrac{100 \times 3}{100 + 3 \times 2} \right)^{\frac{2}{3}} \times \left(\dfrac{h_L}{1000} \right)^{\frac{1}{2}} = 0.4 \text{m}$

2. 관경이 d_1 에서 d_2 로 변할 때의 유속비 $\dfrac{V_1}{V_2}$ 은 _____ 이다.

답 $\left(\dfrac{d_2}{d_1} \right)^2$

3. 아래 그림과 같이 d_1=1m의 원통형 수조의 측벽에 내경 10cm의 관으로 송수할 때에 관내의 평균유속이 V_2=2m/sec였을 때의 유량은 _____ 이다.

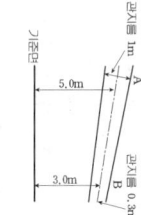

답 0.0157m³/sec

4. 유경이 10m³/sec의 물을 유속 2m/sec로 흐르게 하기 위하여 정사각형 단면의 수로를 이용한다고 하면 적당한 1변의 길이는 _____ 이다.

답 약 2.24m

5. 토리첼리(Torricelli)정리는 _____ 를 이용하여 유도할 수 있다.

답 베르누이 정리 : $E = \dfrac{P}{w} + \dfrac{V^2}{2g} + Z$ 일정

6. 유속 V, 압력 P, 위치수두를 Z, 중력가속도를 g, 물의 단위중량을 w로 표시할 때, 완전유체에 대한 베르누이 정리를 나타내면 _____ 이다.

답 $\dfrac{V^2}{2g} + \dfrac{P}{w} + Z$ 일정

7. 베르누이 정리를 압력의 항으로 표시할 때 이 중 동압력(動壓力) 항에 해당하는 것은 _____ 이다.

답 $\dfrac{1}{2} \rho V^2$

8. 관의 직경이 A점에서 1.0m로부터 B점에서 0.3m로 변화되는 관수로가 그림과 같이 설치되었있다. 이 때 A점의 압력은 8kg/cm², 유속은 0.4m/sec라 하고 두 점간에너지 손실은 없다고 가정할 때 B점에서의 유속과 압력은 _____ 이다.

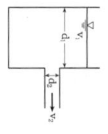

답 V_B=4.4m/sec, P_B=8.1kg/cm²

핵심 16 위어와 유량(2)

1. 폭 1.0m, 월류수심 0.4m인 사각형 위어의 유량을 Francis 공식으로 구하면 _____ 이다. (단, α=1, 접근유속은 1.0m/sec이며 양단수축이다.)

답 0.493m³/sec

2. 완전수축을 한 폭 2m, 월류수심 40cm의 구형위어의 유출량을 Francis 공식에 의해 구한 값은 _____

답 0.894m³/sec

3. 광정위어에서 월류수심 h=0.5m, 수로의 폭이 1.0m, 접근유속이 0.4m/sec일 때 월류량은 _____ 이다. (단, C=1.10이다.)

답 0.68m³/sec

4. 사각형 위어에서 월류수심 100m³/sec, 상류수두가 2m, 위어폭이 20m이다. 위어 위의 수심을 구한 값은 _____

답 1.77

5. 위어를 월류하는 유량 Q=400m³/s, 저수지와 위어 정부와의 수면차가 1.7m, 위어의 유량계수를 2라 할 때 위어의 길이 L은 _____

답 90m

6. 그림과 같은 수중오리피스에서 단면적이 50cm²일 때 유출량은 _____ 이다. (단, 유량계수 C=0.62임)

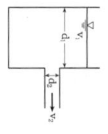

답 $Q = C \cdot A \cdot V = C \cdot A \cdot \sqrt{2g(h_2 - h_1)}$ ∴ 9.70 l/sec

7. 그림의 같은 수문의 상류 수심이 5.3m, 하류 수심이 3.5m일 때, 수문에서 8m/sec의 유량이 흐른다. 수문의 폭을 2.5m라 하면 수문을 열어야 한다. (단, C=0.650이다.)

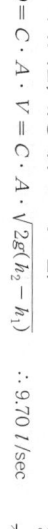

답 $Q = CAV\sqrt{2gH} = CbdV\sqrt{2g(H_1 - H_2)}$ 에서 $d = \dfrac{Q}{Cb\sqrt{2g(H_1 - H_2)}}$ ∴ 0.83m

8. 그림과 같이 폭이 4m인 수문의 d=2m만큼 열려있을 때 상류수심 h1=4m, 하류수심 h2=3m, 유량계수 C=0.60이면 수문을 통하는 유량은 _____ 이다.

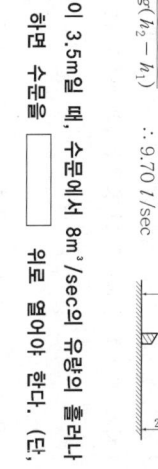

답 21.25m³/s

핵심 10 흐름의 분류(2)

1. 내경이 2cm인 관내를 수온 20℃의 물이 25cm/sec의 유속을 갖고 흐를 때 이 흐름의 상태는 □ 이다. (단, 20℃일 때의 물의 동점성 계수 $\nu = 0.01cm^2/sec$이다.)

   답 $R_e = \dfrac{VD}{\nu} = \dfrac{25 \times 2}{0.01}$ ∴ 난류

2. 유체의 흐름이 일정한 방향이 아니고 상하좌우 방향으로 이동하면서 흐르는 흐름은 □ 이다.

   답 난류

3. 한계 레이놀즈(Reynolds)수는 관내 흐름에서 □ 상한에서 기름의 동점성 계수가 $1 \times 10^{-4} m^2/sec$일 때 이 흐름이 층류이 상태는 □ 이다.

   답 $R_e < 2,000$: 층류
   $2,000 < R_e < 4,000$: 불완전 층류
   $R_e > 4,000$: 난류
   ∴ 2,000

4. 지름이 10cm인 원관속에 비중이 0.85인 기름이 $0.55m^3/sec$로 흐르고 있다. 상온에서 기름의 동점성 계수가 $1 \times 10^{-4} m^2/sec$일 때 이 흐름이 층류의 값은 □ 이다.

   답 1.030

5. 지름 10cm의 관내를 유량 Q가 $100cm^3/sec$로 흐를 경우 레이놀즈(Reynolds)수를 구한 값은 □ 이다. (단, 점성계수 $\mu = 0.0123g/cm \cdot sec$, 밀도 $\rho = 1g/cm^3$)

   답 cm/sec

6. 지름 10cm의 물이 흐를 때 층류가 되자면 관의 평균유속은 □ 를 유지하여야 한다. (단, 동점성계수는 $0.012cm^2/sec$이다.)

   답 2.4cm/sec

7. 유량 $2\ell/sec$의 물을 원관내에서 층류상태로 흐르게 하자면 원관의 지름이 만족해야 할 조건은 □ 이다. (단, 물의 동점성 계수는 $0.01cm^2/sec$이다.)

   답 $d \geq 127cm$

8. 직사각형 개수로의 단위 폭당의 유량 $5m^3/sec$, 수심 5m이면 푸르드수 및 흐름의 상태는 □ 이다.

   답 $F_r = \dfrac{V}{\sqrt{gh}}$ 에서 $F_r < 1$: 상류, = 1 : 한계류(한계수심), > 1 : 사류
   ∴ $F_r = 0.143$, 상류

9. 폭 12m인 구형 수로에 $16.2m^3/sec$의 유량이 60cm의 수심으로 흐를 때 Froude 수와 흐름의 상태는 □ 이다.

   답 0.93, 상류

핵심 17 유량 오차

1. 직사각형 위어로 유량을 측정하였다. 위어의 수두측정에 2%의 오차가 발생하였다면 유량에는 □ 의 오차가 있다.

   답 3%

2. 오리피스의 유량 측정에서 3%의 수두(H) 측정에 오차가 있었다면 유량(Q)에 미치는 오차는 □ 이다.

   답 $\dfrac{3}{2}\%$

3. 직사각형 weir 에서의 월류량 Q를 구하기 위하여 유량계수 C 및 월류수심 H를 측정해서 각각 1%의 오차가 있을 경우 월류량의 오차는 □ 이다.

   답 $Q = \dfrac{2}{3} Cb\sqrt{2gh} h^{\frac{3}{2}}$ ① 수심 : $\dfrac{dQ}{dh} = \dfrac{2}{3} Cb\sqrt{2g} \cdot \dfrac{3}{2} h^{\frac{1}{2}} \cdot dh$
   $\dfrac{dQ}{Q} = \dfrac{\frac{2}{3} Cb\sqrt{2g} \cdot \frac{3}{2} h^{\frac{1}{2}} \cdot dh}{\frac{2}{3} Cb\sqrt{2g} h^{\frac{3}{2}}} = \dfrac{3}{2} \cdot \dfrac{dh}{h} = \dfrac{3}{2} \cdot 1\% = 1.5\%$
   ② 유량계수 : $\dfrac{dQ}{dC} = \dfrac{2}{3} b\sqrt{2g} h^{\frac{3}{2}}$
   $\dfrac{dQ}{Q} = \dfrac{\frac{2}{3} b\sqrt{2g} \cdot h^{\frac{3}{2}} \cdot dc}{\frac{2}{3} Cb\sqrt{2g} h^{\frac{3}{2}}} = \dfrac{dC}{C} = 1\%$
   ∴ $1.5\% + 1\% = 2.5\%$

3. 삼각 위어에 있어서 유량계수가 일정하다고 할 때 월류 수심의 측정오차에 의한 유량 오차가 1% 이하가 되기 위한 월류수심의 측정오차는 □ 도 해야 한다.

   답 $Q = \dfrac{8}{15} CV\sqrt{2g} \cdot \tan\dfrac{\theta}{2} \cdot h^{\frac{5}{2}}$ ∴ $\dfrac{2}{5}\%$ 이하

4. 프란시스(Francis) 공식으로 전폭 위어(weir)의 월류량을 구할 때 위어 폭의 측정에 2%의 오차가 있다면 유량에는 □ 오차가 있다.

   답 2%

5. 폭 35cm인 직사각형 위어(weir)의 유량을 측정하였더니 $0.03m^3/sec$였다. 월류수심의 측정에 1mm의 오차가 생겼다면 유량에는 □ 오차가 발생한다. (단, 유량 계산은 프란시스(Francis) 공식을 사용하되 월류시 단면 수축은 것으로 취급한다.)

   답 $Q = 1.84BH^{\frac{3}{2}}$ 에서 $\dfrac{dQ}{Q} = \dfrac{3}{2} \times \dfrac{dH}{H} = \dfrac{3}{2} \times \dfrac{0.1}{13} \times 100 = 1.15\%$ ∴ 1.15%

핵심 9 흐름의 분류(1)

1. 2차원 x, y방향의 속도성분의 유선이 $u = -ky$, $v = kx$ 형태는
   답 $\dfrac{dx}{u} = \dfrac{dy}{v}$ ∴ 원

2. 속도성분이 $u = -ky$, $v = kx$인 2차원 흐름의 유선 방정식은
   답 정상류

3. 개수로 흐름에서 유속이 일정하게 유지되는 흐름은
   답 등류

4. 직경 80cm의 관수로 내를 만관의 상태로 흐를 때 경심(동수반경)은
   답 20cm

5. 직경 D인 원형 관로내를 $\dfrac{D}{2}$의 깊이로 물이 흐를 때 경심은
   답 $\dfrac{D}{4}$

6. 다음 그림은 손실수두의 관내 유속과의 관계를 나타낸 그림이다.
   답 층류 - 난류

7. 난류혼산의 정의는 흐름속의 물질이 _____ 으로 이송되는 현상이다.
   답 유체입자의 운직임

8. 유선이란 _____ 을 말한다.
   답 직각 방향

9. 안지름 1cm인 원형관로에 물을 흘릴 때 난류가 생기는 한계유속은 _____ 이다. (단, $\nu_{20°C} = 0.01 cm^2/sec$이다.)
   답 40cm/sec

10. 비압축성유체의 연속방정식은 _____ 이다.
    답 $A_1 V_1 = A_2 V_2$

핵심 18 관수로 일반

1. 관수로의 흐름에 가장 영향을 많이 끼치는 것은
   답 점성력

2. 원관내 층류의 유속분포 및 유량공식 유체 저항 설명 식은
   답 $Q = \dfrac{w\pi h_L}{8\mu l} r^4$

3. 반원형 수로 단면의 동수반경(hydraulic mean radius)은
   답 $R = \dfrac{A}{P}$ ∴ $\dfrac{D}{4}$

4. 지름이 30cm, 길이가 1m인 관의 손실이 30cm일 때 관벽면에 작용하는 마찰력
   답 $\tau = wRI = w \cdot \dfrac{D}{4} \cdot \dfrac{h_L}{l} = 1 \times \dfrac{30}{4} \times \dfrac{30}{100} = 2.25 \, g/cm^2$

5. 직경 50cm의 원통 수조에서 직경 1cm의 관으로 물이 유출되고 있다. 관내의 유속이 1.5m/s일 때, 수조의 수면이 저하되는 속도는
   답 0.06cm/s

6. 뉴우톤 유체의 층류흐름에서의 속도분포로 포물선을 그리게 된다. 이때 전단응력의 분포는
   답 직선

7. 관벽면의 마찰력 τ_o, 유체의 밀도 ρ, 점성계수 μ 라고 할 때 전단응력은 _____ 을 말한다.
   답 $\sqrt{\tau_o / \rho}$

8. 관벽면의 마찰력 τ_o, 유체의 밀도 ρ, 점성계수 μ 라고 할 때 전단응력(τ)은 _____ 이다.
   답 관의 중심선에서 0이고 관벽에서 가장 큰 직선 변화

9. 관의 지름이 A점에서 1.0m로부터 B점에서 관지름 0.3m로 변화되는 관수로가 그림과 같이 설치되었다. 이때, A점의 압력은 8kg/cm², 유속은 0.4m/sec라 하고 두 점간의 지수실은 없다고 가정할 때 B점의 유속과 압력은?

   답 ① 연속방정식 $Q = A_1 V_1 = V_2 V_2$
   ② A, B점간 베르누이 정리 취하면
   $\dfrac{V_1^2}{2g} + \dfrac{P_1}{w} + Z_1 = \dfrac{V_2^2}{2g} + \dfrac{P_2}{w} + Z_2$
   ∴ $V_n = 4.4 \, m/sec$ $P_B = 8.1 \, kg/cm^2$

핵심 8 부체와 상대정지(2)

1. 부체의 중심을 G, 부심 C, x축의 단면2차모멘트를 I_x, 체적을 V라 할 때 부체의 안정조건은 [ ] 이다.

   답 $\dfrac{I_x}{V} > \overline{CG}$

2. 한 변의 길이가 4m인 정사각형 단면의 각주가 물에 떠 있다. 각주의 비중이 0.920이고 길이는 6m이다. 계산된 흘수가 3.68m이고, 물에 잠긴 체적 V가 88.32m³ 라면 이 부체는 [ ] 이다.

   답 $\dfrac{I}{V} - \overline{GC} = \dfrac{\frac{6 \times 4^3}{12}}{88.32} - 0.16 = 0.202 > 0$ ∴ 안정

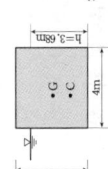

3. 물이 들어 있고 뚜껑이 없는 수조가 9.8m/sec² 으로 수직 상향으로 가속되고 있을 때 2m에서의 압력은 [ ] 이다.

   답 4t/m^2

4. 다음 그림과 같이 높이 2m인 물통에 물이 1.5m만큼 담겨져 있다. 물통이 수평으로 4.9m/sec² 의 일정한 가속도를 받고 있을 때 물통이 넘치지 않게 하기 위한 물통의 최소 길이는 [ ] 이다.

   답 $\tan\theta = \dfrac{a}{g} = \dfrac{0.5}{0.5L}$ ∴ 2.0m

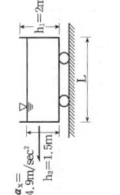

5. 물이 들어 있고 뚜껑이 없는 수조가 14.7m/sec² 로 수직 상향방향으로 가속되고 있을 때 길이 2m에서의 압력을 계산하면 [ ] 이다.

   답 5t/m^2

6. 그림에서 가속도 $\alpha = 19.6\text{m/sec}^2$ 일 때 A점에서의 압력은 [ ] 이다.

   답 $P_a = wh\left(1 + \dfrac{\alpha}{g}\right)$ ∴ 3.0t/m²

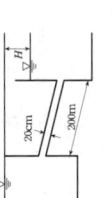

7. 다음 그림과 같이 길이 5m인 원기둥(비중 0.6)을 수중에 수직으로 띄웠을 때, 원기둥이 전도되지 않도록 하는데 필요한 지름은 7m 이상

   답 $\dfrac{I}{V} - \overline{GC} > 0$ 이어야 안정하다.

핵심 19 마찰 손실 공식(1)

1. 관의 길이가 200m인 5cm×5cm의 정사각형 관로에 0.5m/sec의 속도로 물이 흐를 때 마찰손실수두는 [ ] 이다. (단, 마찰손실계수 $f = 0.025$)

   답 $h_L = f \cdot \dfrac{l}{D} \cdot \dfrac{V^2}{2g} = 1.28$

2. 관수로에서 흐름이 층류인 경우 마찰계수 f는 [ ] 이다.

   답 $\dfrac{64}{R_e}$

3. 직경 D=2cm, l=1,000m인 원관에서 V=2cm/sec의 유속으로 흐를 때의 손실수두를 측정해 보았더니 h_L=2.24cm이었다. 이 관의 마찰손실계수 f는 [ ] 이다.

   답 0.022

4. 지름 1cm인 관속도 15.7cm³/sec로 물이 흐를 때 관의 길이가 1m이면 마찰손실 수두는 [ ] 이다. (단, 물의 동점성계수 $\nu = 1.12 \times 10^{-2}\text{cm}^2/\text{sec}$)

   답 $h_L = f \cdot \dfrac{l}{D} \cdot \dfrac{V^2}{2g}$ $R_e = \dfrac{V \cdot D}{\nu} = \dfrac{20 \times 1}{1.12 \times 10^{-2}} = 1784 < 2000$ 층류이다.

   그러므로 $f = \dfrac{64}{R_e} = \dfrac{64}{1784}$
   ∴ 0.731cm

5. 그림과 같이 원형관을 통하여 정상 상태로 흐를 때 관의 확소부로 인한 수두 손실은 [ ] 이다. (단, V₁ = 0.5m/s, D₁ = 0.2m, D₂ = 0.1m, f_e = 0.36)

   답 $h_e = f_e \dfrac{V_2^2}{2g} = 7.30\text{cm}$

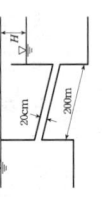

6. 관수로에서의 미소 손실(Minor Loss)은 [ ] 한다.

   답 속도수두에 비례

7. 내경 5cm의 원활한 관내로 50cm/sec의 유속으로 물이 흐르고 있을 때 단위 길이 당(1m당) 손실수두는 [ ] 이다. (단, 마찰손실 수두계수 f = 0.02)

   답 0.005m

8. Moody 도표에서 마찰손실계수와 가장 관계가 있는 것은 [ ] 이다.

   답 R_e : Reynolds 수, e/D : 상대조도

9. 그림과 같은 단일 관수로를 사용하여 200m 떨어진 곳에 내경 20cm관으로 0.0628m³/sec의 물을 송수하려고 한다. 두 저수지의 수면차(H)를 유지하여야 한다. (단, 마찰손실계수 $f = 0.035$, 급확대에 의한 손실계수 $f_o = 1.0$, 급축소에 의한 손실계수 $f_i = 0.50$이다.)

   답 $Q = AV = A \cdot \sqrt{\dfrac{2gh}{f_i + f\dfrac{l}{D} + f_o}}$ $h = 7.44\text{m}$

핵심 7 부체와 상대정지(1)

1. 해수면상의 체적이 102.45m³로 떠 있는 빙산의 전체적을 구한 값은 [ ] 이다. (단, 빙산의 비중은 0.92, 해수의 비중은 1.025이다.)

답 $wV+M=w'V'+M'$
$0.9\times V+0=1.025\times(V-102.45)+0$
$\therefore 1{,}000.0\text{m}^3$

2. 4m×5m×1m의 목재판이 물에 떠 있고, 판 위에 2,000kg의 하중이 놓여있다. 목재의 비중이 0.5일 때 목재판이 물에 잠기는 흘수(draught)는 [ ] 이고 체적은 [ ] 이다.

답 $d=0.6\text{m},\ V=12.0\text{m}^3$

3. 비중 0.9인 빙산이 비중 1.02인 해수에 떠 있고 노출된 부분의 부피를 1이라고 하면 빙산 전체의 부피는 [ ] 이다.

답 8.5

4. 해수면상의 체적이 1,205m³인 빙산 위에 무게가 300kg인 곰 10마리가 올라가 있을 경우 수면아래 빙산의 체적은 [ ] 이다. (단, 빙산의 비중은 0.92, 해수의 비중은 1.025이다.)

답 10587m³

5. 폭 4m, 길이 5m, 무게 40t의 물체가 해수중에 떠 있을 경우 흘수는 [ ] 이다. (단, 해수의 비중은 1.025)

답 1.951m

6. 바다에서 배수량(排水量) 20,000t, 흘수(吃水) 9m의 배가 담수로 차 있는 운하에 들어갔을 때 흘수가 0.16m 증가하였다면 바닷물의 단위중량은 [ ] 이다. (단, 이 배의 수선(水線) 부근에서의 단면적은 3,000m²이다.)

답 • 바다에서 있을 경우 $20{,}000=w'\times3{,}000\times h$
• 담수에 있을 경우 $20{,}000=1\times3{,}000\times(h+0.16)$
$\therefore h=6.51\text{m}$ $\quad\therefore w'=\dfrac{20{,}000}{3{,}000\times(6.5)}\fallingdotseq1.025\text{t/m}^3$

7. 어떤 선박의 배수용량이 3,000ton이며 갑판에서 15ton의 하중을 선박의 대칭축 방향에 직각이 되는 방향으로 30m 이동시켰을 때 1/30의 각도만큼 기울어졌다. 이 때의 경심고는 [ ] 이다.

답 경심고(MG) $=\dfrac{P\cdot L}{W\cdot\theta}=\dfrac{15\times30}{3{,}000\times\frac{1}{30}}=4.5\text{m}$

8. 부체의 최심부까지의 수심을 나타낸 것을 [ ] 이라 한다.

답 흘수

핵심 20 마찰 손실 공식(2)

1. 저수지에 연결된 관수로 입구에서의 동수경사선은 저수지 수면에서 [ ] 양만큼 아래에 위치한다. (단, 입구손실계수는 0.5이다.)

답 $0.5\dfrac{V^2}{2g}$

2. 관의 길이가 80m, 관경 400mm인 주철관으로 0.1m³/sec의 유량을 송수할 때 손실수두는 [ ] 이다. (단, chezy의 평균 유속계수 C=70이다.)

답 $h_L=f\cdot\dfrac{l}{D}\cdot\dfrac{V^2}{2g}\quad C=\sqrt{\dfrac{8g}{f}}\quad\therefore 0.103\text{m}$

3. 유량 Q, 관길이 L, 관의 직경 D, 동점성 계수 υ, 상대조도 ε가 주어졌을 때 관로의 마찰 손실수두 h_L를 구하는 순서는 [ ] 한다.

답 R_e를 계산하고 e/D에 대한 f를 무우디-그림에서 찾고 h_L를 계산

4. 안지름 20cm인 관로에서 관의 마찰에 의한 손실수두가 속도수두와 같게 되었다면, 이때 관로의 길이는 [ ] 이다. (단, 마찰저항계수 f=0.04이다.)

답 $h_L=\dfrac{V^2}{2g}=f\dfrac{l}{D}\dfrac{V^2}{2g}\quad\therefore 5\text{m}$

5. 유량이 0.5m³/sec인 관수로의 지름이 20cm에서 40cm로 증가하는 경우 손실수두는 [ ] 이다.

답 $h_{se}=\left(1-\dfrac{A_1}{A_2}\right)^2\dfrac{V_1^2}{2g}=7.27\text{m}$

6. 그림의 관로 1, 2, 3, 4에서 마찰손실 수두를 각각 h_1, h_2, h_3, h_4라 할 때 [ ] 이다. (단, 관경의 지름은 동일)

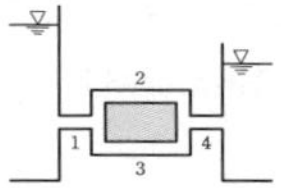

답 $h_2=h_3$

7. 관수로의 물이 큰 저수지로 유출할 때의 관의 유출 손실계수는 [ ] 이다.

답 1.0

8. 수면 차가 항상 20m인 수조에 지름 30cm, 길이 500m인 관이 연결되었다면 관속의 유속은 [ ] 이다. (단, 관의 마찰손실계수 f=0.03, 입구손실계수 f_i=0.5, 출구손실계수 f_o=1.0이다.)

답 $V=\sqrt{\dfrac{2gh}{f_i+f\frac{l}{D}+f_o}}=2.76\text{m/sec}$

핵심 6 전수압(2)

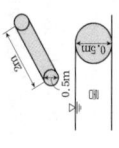

1. 그림과 같은 길이 2m, 지름 0.5m의 원주(圓柱)가 수평으로 놓여 있다. 원주의 한쪽에 윗쪽까지 물이 차 있다고 하면 이 원주에 작용하는 전수압의 수평분력은 □ 이다. 답 0.25t

2. 허용인장응력이 15kg/mm² 인 두께 10mm의 철판으로 만들어진 지름 1.2m의 관을 통과한 는 물의 수압강도는 □ 까지 가능하다. 답 0.25kg/mm²

3. 안지름 0.5m, 두께 20mm의 수압관이 15kg/cm²의 압력을 받고 있다. 관벽에 작용되는 인 장응력은 □ 이다. 답 187.5kg/cm²

4. 그림과 같이 수문이 설치되어 있을때 수문이 열리지 않도록 지지하는 힘 F 는 □ 이다. (단, AB의 폭은 2m이고, 수심 9m부분만 물로 채워져 있음) 답 30.66ton

5. 직경 2m의 원판이 연직으로 수중에 잠겨있다. 원판의 상단이 수면 아래 1m의 위치에 있을 경우 원판에 작용하는 전수압은 □ 이고 전수압의 중심위치(h_c)는 □ 이다. 답 P=6.28 ton, h_c=2.13 m

6. 양수발전소의 상부저수지와 하부저수지의 수위차가 500m이고 직경이 2m이고 관의 허용인 장 강도가 1200kg/cm² 인 경우 가장 얇게 할 수 있는 관의 두께를 □ 로 하여야 한다. 답 42mm

7. 안지름 50cm의 강관에 최고 P=15kg/cm²의 수압이 작용한다고 할 때 가장 적당한 강관 의 두께는 □ 이다. (단, 강의 허용인장응력은 σ_a=1,400kg/cm² 이다.) 답 $t = \dfrac{PD}{2\sigma}$=3mm

8. 길이가 3m이고 직경이 2m인 반원통의 물체가 수중에 있다. 이 반원통에 작용하는 물에 의한 힘력이 점 O에 작용하는 모멘 트는 □ 이다. 답 2.0t·m

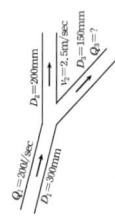

핵심 21 유량과 배수시간(1)

1. A지역의 급수용 배수본관의 직경이 1m이다. 장차 아파트 건설 등으로 급수인구가 4배로 증가하여 총급수량도 4배로 증가할 때 급수용 배수본관의 직경은 □ 이다.(단, 유 속은 변경하지 않는다고 생각함) 답 $4Q_1 = Q_2$ ∴ 2.0m

2. 유속 V, 경심 R, 동수경사를 I 라 하면 Chezy의 평균유속 공식은 $V = C\sqrt{RI}$ 로 표시 된다. 유속계수 C의 차원은 □ 이다. 답 $L^{1/2}T^{-1}$

3. Manning의 평균유속공식 중 마찰손실계수 f 와 조도계수 n과의 관계는 □ 이다.

chezy : $V = c\sqrt{RI}$

manning : $V = \dfrac{1}{n}R^{2/3} \cdot I^{1/2}$, $C = \dfrac{1}{n} \cdot R^{1/6}$, $R = \dfrac{D}{4}$, $C\sqrt{RI} = \sqrt{\dfrac{8g}{f}}$

답 $f = \dfrac{124.6n^2}{D^{\frac{1}{3}}}$

4. 내경 100mm, 조도계수 n=0.0124의 주철관으로 물을 보낼 때 마찰손실계수 f 는 □ 이다. (단, 매닝(Manning)공식을 적용할 것) 답 0.0386

5. Chezy의 유속계수 C와 Manning의 조도계수 n 과의 관계는 □ 이다. 답 $C\sqrt{RI} = \dfrac{1}{n}R^{\frac{2}{3}} \cdot I^{\frac{1}{2}}$, $n = \dfrac{1}{C}R^{\frac{1}{6}}$

6. 원관의 흐름에서 마찰손실 계수 f 는 Manning의 조도계수를 썼을 때 $f = \dfrac{124.6n^2}{D^{1/3}}$ 이 다. 여기에서 D는 □ 이다. 답 직경으로서 m단위

7. 다음 그림과 같은 원관으로 된 관로에서 D_1=300mm, Q_1=200l/sec이고, D_2=200mm, V_2=2.5m/sec인 경우 D_3= 150mm에서의 유량 Q_3는 □ 이다. 답 $Q_1 = Q_2 + Q_3$ ∴ 121.5 l/sec

8. 그림과 같은 단선 관로에 있어서 안지름 D=20cm, l=650m, H=65cm일 때 유량을 구한 값은 □ 이다. (단, f_i =0.5, f_o =1, f=0.030이다.)

답 $H = h_i + h_L + h_o = \dfrac{V^2}{2g}\left(f_i + f\dfrac{l}{D} + f_o\right)$

∴ $V = \sqrt{\dfrac{2gh}{f_i + f\dfrac{l}{D} + f_o}}$ ∴ 0.011m³/sec

핵심 5 정수압(1)

1. 그림과 같은 삼각형 단면이 받는 총수압의 크기는 ☐이다.
답 13.50t

2. 폭 2.4m, 높이 2.7m의 수직 직사각형 수문이 힌지에서 연결되어 있고 상단은 한면에서 수압을 받고 있다. 수문의 밑면은 한지로 연결되어 있고 상단은 체인(Chain)으로 고정되어 있을 때 이 체인에 작용하는 장력(張力)은 ☐이다. (단, 수문의 정상과 수면은 일치한다.)
답 2.92ton

3. 직경 4m의 원판이 연직으로 수중에 잠겨있다. 원판의 상단이 수면하 1m의 위치에 있을 경우 원판에 작용하는 전수압은 ☐이고 전수압의 중심위치는 ☐이다.
답 P = 37.68ton, hc = 3.33m

4. 그림과 같이 길이 2.5m×2.0m의 수직판이 수면으로부터 1.5m 아래 세워져 있다. 이 판에 작용하는 전수압은 ☐이다.
답 13.75t

5. 그림과 같은 연통의 바닥이 받는 전수압의 크기는 ☐이다.
답 169.6g

6. 정지한 담수 중에 경사 평판에 작용하는 전수압 S_c는 ☐이다.
답 $P = 3.0t$ $S_c = 3.11$m

7. 그림과 같은 연통의 수직으로 물을 가득 채었을 때, 이 수직판에 작용하는 전수압의 위치 S_c는 ☐이다.
답 5m

8. 그림과 같은 경사판에 작용하는 단위폭당의 전수압은 ☐이다.
답 5.65t

핵심 22 유량과 배수시간(2)

1. 마찰이외의 손실을 무시할 수 있는 장관(Long Pipe)은 ☐인 경우이다.
답 $\frac{l}{D} > 3,000$

2. n=0.013인 지름 600mm의 원형 주철관의 동수 구배가 1/180일 때 유량은 ☐이다. (단, Manning 공식을 이용할 것.)
답 $Q = A \cdot \frac{1}{n} R^{2/3} \cdot I^{1/2} = 0.458 \text{m}^3/\text{sec}$

3. 수면차 20m의 27H의 저수지가 지름 50cm, 길이 1,000m의 원관에 의해서 연결되어 있다면 유량은 ☐이다. (단, $f_i = 0.5$, $f_o = 1.0$, $f_b = 0.2$ (만곡부 3개)=0.2×3=0.6).
답 $Q = A \cdot \frac{\pi D^2}{4} \sqrt{\frac{2gH}{f_i + f \frac{l}{D} + 3f_b + f_o}} = 0.45\text{m}^3/\text{sec}$
∴ 11.23l/sec

4. 그림과 같은 D=100mm인 관로에서 마찰저항계수 f = 0.020이고 돌결손실계수 $f_b = 0.2$일 때 유량을 계산한 값은 ☐이다. (단, 양저수지의 수면차는 0.3m이다.)
답 $f = 0.036$입

5. 사이폰 작용을 이용하여 고수조에서 저수조로 관로에 의해서 송수하고자 한다. 동수 경사선보다 관로를 최고로 통할 수 있는 높이는 ☐이다.
답 8m

6. Syphon과 같은 역사이폰관리 수두차에 대한 실제 송수통이는 ☐이다.
답 8~9m까지

7. 그림과 같은 역사이폰에서 특히 주의해야 할 점은 ☐이다.
답 관내의 h_{max}에 상당하는 부수압

8. 관망에서 실제 유량 Q, 손실수두 h, 가정유량 Q'일 때의 손실수두 h'라 하고 하디크로스(Hardy cross)법에 의한 유량 보정량을 구하는 △Q을 ☐이다. (단, $k = f \cdot \frac{l}{D} \cdot \frac{1}{2g} \cdot \left(\frac{4}{\pi D^2}\right)^2$ 이다.)
답 $\Delta Q = -\frac{\sum h'}{2\sum kQ}$

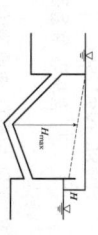

핵심 4 정수압

1. 원통형의 용기에 길이 1.5m까지는 비중이 1.35인 액체를 넣고 그 위에는 2.5m까지의 길이로 비중 0.95인 액체를 넣었을 때의 밑바닥이 받는 총압력은 ▢ 이다. (단, 밑바닥의 직경은 2m이다.)
   답 $P = whA = (1.35 \times 1.5 + 0.95 \times 2.5) \times \dfrac{\pi \cdot 2^2}{4} = 13.823t$

2. 대기압을 무시한 압력은 ▢ 이다.   답 게이지압력

3. 밀폐된 직육면체의 탱크에 물이 5m 깊이로 차 있을 때 수면에는 3kg/cm²의 증기압이 작용하고 있다면 탱크 밑면에 작용하는 압력은 ▢   답 $P = wh + P_a = 3.50$kg/cm²

4. 흐르지 않는 물이 잠긴 평면에 작용하는 전수압의 계산 방법중 옳은 것은 ▢ 이다. (단, 여기서 수압이란 단위면적당 압력을 말함)   답 도심의 수압에 평판면적을 곱함

5. 그림과 같은 수압기에서 A, B의 단면적 지름이 각각 30cm, 120cm이다. A에서 $P_1 = 1.0t$으로 누르면 B에는 ▢ 의 힘이 생긴다.   답 $P_2 = 16.0t$

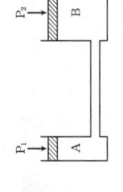

6. 그림에서 $A/a = 1,000$, $L/l = 8$로 하여 $P = 10$kg의 힘이 가해질 때 ▢ 의 힘이   답 80t

7. 액주계의 눈금이 그림과 같을 때 A점의 압력은 ▢ 이다. (단, 수은의 비중은 13.6)   답 262g/cm²

8. 그림에서 h=25cm, H=40cm이다. A, B 두 점의 압력차는 ▢ 이다.   답 0.31375kg/cm²

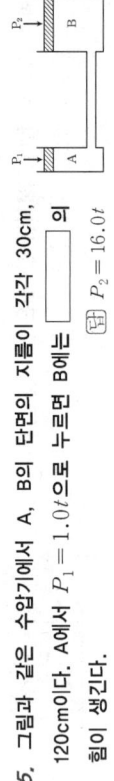

핵심 23 동력과 수력작용

1. 총낙차가 68m이고 발전용 수로의 사용 수량이 8m³/sec인 총손실수두가 1.06m라면, 발전기에서 발생하는 이론 출력은 ▢ 이다.   답 $E = 13.33QH = 9.8QH = 5250kw = 7140Hp$

2. 주철관으로 매초 0.08m³의 물을 총 양정 50m 높이까지 양수하려면 필요한 펌프의 마력은 ▢ 이다. (단, 펌프의 효율은 0.8로 한다.)   답 양수동력(HP)

3. 관정의 펌프용 전동기 동력이 100kW, 펌프의 효율이 93%, 양정고 150m, 손실수두 10m 일 때 펌프에 의한 양수량은 ▢ 이다.   답 0.06m³/sec

4. 양정고가 6m일 때 4.2 마력의 펌프로 0.03m³/sec를 양수했다면 이 펌프의 효율은 ▢ 이다.   답 $E = \dfrac{13.33QH_P}{\eta}$ ∴ 0.57

5. 긴 관로상의 유량조절 밸브를 갑자기 폐쇄시키면 관로내의 유량이 갑자기 크게 변화하기 때문에 관내의 물의 운동량 때문에 관벽에 큰 충격을 가하게 되어 정상적인 동수압보다 몇배나 큰 압력이 상승이 일어난다. 이와 같은 현상을 ▢ 이라 한다.   답 수격작용

6. 총유량 25m³/sec, 총낙차 H=80.0m, 전체 손실수두 $\sum h_L = 5.0$M, 수차효율 $\eta_1 = 80$%, 발전기효율 $\eta_2 = 90$%라고 하면 소요동력은 ▢ 이다.
   답 $E = 9.8 \cdot \eta \cdot Q \cdot H_e$ (kw) $= 9.8 \cdot \eta_1 \cdot \eta_2 \cdot Q \cdot (H - \sum h_L)$ ∴ 13.230kw

7. 양수량 20m³/sec, 양정 100m의 양수 발전소의 펌프용 전동기 동력(kw)은 ▢ 이다. (단, 펌프의 효율은 85%이다.)   답 23.059 kw

8. 어떤 수평관 속에 물이 2.8m/sec의 속도와 0.46kg/cm²의 압력으로 흐르고 있다. 이 물의 유량이 0.84m³/sec 일 때 물의 동력은 ▢ 이다.
   답 $E = 13.33QH_e[HP]$
   여기서 $H_e = \left(\dfrac{p}{w} + \dfrac{V^2}{2g}\right) = \dfrac{4.6}{1} + \dfrac{2.8^2}{2 \times 9.8} = 5.0$ m
   ∴ 56마력

핵심 3 단위와 차원

1. 힘의 차원을 MLT계로 표시하면 ☐ 이다.
   답 [MLT^{-2}]

2. 표면장력의 단위는 ☐ 이다.
   답 dyne/cm

3. 공학단위로 물의 밀도를 표시하면 ☐ 이다.
   답 102kg·sec^2/m^4

4. 유체 내부 마찰응력(τ)은 그 단면위에 수직인 y방향 유속의 변화율($\frac{\Delta v}{\Delta y}$)에 비례하며 비례상수는 점성계수($\mu$)이다. 점성계수($\mu$)의 차원은 ☐ 이다.
   답 ML^{-1}T^{-1}

5. 어떤 액체의 동점성계수가 $0.0019 \mathrm{m^2/sec}$이고, 비중이 1.2일 때 이 액체의 점성계수는 ☐ 이다. (단, $0.233\mathrm{kg \cdot sec/m^2}$)

6. 점성계수 $\mu = \mathrm{Ag/cm \cdot sec}$를 공학단위로 표시하면 ☐ 단위)
   답 $\frac{A}{98}$ kg·sec/m^2

7. 물의 밀도를 ρ, 유속을 v라고 할 때 $\frac{\rho V^2}{2}$의 단위는 ☐ 이다.
   답 압력

8. 체적 탄성계수(Ew)의 차원은 ☐ 이다.
   답 ML^{-1}T^{-2}

9. 운동량의 차원을 나타내면 ☐ 이다.
   답 [MLT^{-1}]

10. 밀도 $1.5\mathrm{g/cm^3}$를 LFT로 타나내면 ☐ 이다.
    답 $\frac{1.5}{980}$ g·sec^2/cm^4

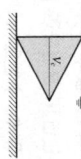

핵심 24 개수로의 평균유속(1)

1. 그림과 같은 직사각형 수로경사가 1/1,000인 경우 수로바닥과 양벽면에 작용하는 평균마찰응력은 ☐ 이다.
   답 $\tau = wRI = w\frac{A}{P} I$ ∴ 0.67 kg/m^2

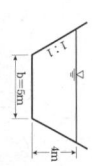

2. 수심 2m, 폭 4m인 콘크리트 직사각형수로의 유량은 ☐ 이다. (단, n = 0.012, 경사 I = 0.0009이다)
   답 $Q = AV = A \cdot \frac{1}{n} R^{2/3} \cdot I^{1/2} = 20 \mathrm{m^3/s}$

3. 다음 그림과 같은 양 축면의 경사가 같은 사다리꼴 단면의 경심 (R), 수리수심(D), 단면계수(Z)는 ☐ 이다.
   답 $R = \frac{A}{P}, D = \frac{A}{B}, Z = A\sqrt{D}$
   R=2.21m, D=2.77m, Z=59.92m$^{2.5}$

4. 그림과 같은 복합단면수로에 물이 흐를 때 단면은 ☐ 이다.
   답 18m

5. 유수단면적 A, 수리수심 D, 수면폭 B, 그리고 한계류 계산을 위한 단면계수 Z라고 할 때 Z의 값은 ☐ 이다.
   답 $Z = AV = A \cdot \sqrt{A/B}$

6. 구형 단면 개수로의 수리학상 유리한 횡단면의 단면계수 n = 0.02라면 이 수로의 경심은 ☐ 이다.
   답 0.75m

7. 폭 b=3.0m, 수심 h=1.5m인 구형 수로에서 수로경사가 0.01일 때 조도계수 n=0.02라면 Chezy의 유속공식에 의한다.)
   답 $V = C\sqrt{RI}$ ∴ 5.63m/sec

8. 유수단면적 2m^{2}인 구형 수로에 등류가 흐르고 있을 때 C=650이고 Chezy의 유속공식에서 속도분포가 그림과 같을 때 평균 (Chezy)의 계수 C의 값은 ☐ 이다.
   답 $C\sqrt{RI} = \frac{1}{n} R^{\frac{2}{3}} \cdot I^{\frac{1}{2}} \div 50$

9. 폭이 4m, 수심 2m인 구형 수로에서 속도 분포가 그림과 같을 때 평균 유속 V는 ☐ 이다.
   답 $V = \frac{1}{2} V_c$

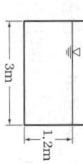

핵심 2 표면장력과 모관고

1. 온도가 10°C(보통온도) 정도에서 200m 길이에 있는 물의 실제압축은 □이다.
   답 0.001

2. 18°C의 물을 처음 용적에서 1% 축소시키려고 할 때 필요한 압축율을 $C = 5 \times 10^{-5} cm^2/kg$이다.) 답 $200 kg/cm^2$

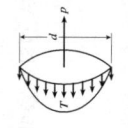

3. 물방울의 지름 d, 표면장력의 크기 T, 그리고 물방울을 내·외부의 압력차를 ΔP 라고 할 때 그 상관식은 □이다.
   답 $\Delta P = 4T/d$

4. 10°C의 물방울의 직경이 2mm일 때 그 내부의 압력과 외부의 압력차는 □이다. (단, 10°C 때의 표면장력은 74.22dyne/cm이다)
   답 $1.51 g/cm^2$

5. 온도 10°C에서 물의 체적탄성계수가 $2.0 \times 10^4 kg/cm^2$ 일 때 $1 kg/cm^2$의 압력증가에 의한 체적변화량은 □한다.
   답 0.005%만큼 증가

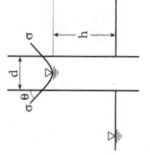

6. 그림과 같이 물과 관 사이의 접촉각을 θ 라고 하면 모세관의 내경이 d, 그때의 물의 표면장력 σ 그리고 물과 관 사이에 세운 모세관 h는 □이다. (단, 물의 단위중량은 w 이다.)
   답 $h = \dfrac{4\sigma \cos\theta}{wd}$

7. 직경 0.15cm의 매끈한 유리관을 15°C의 물속에 세웠을 경우 접촉각이 9° 였다. 모세관현상에 의한 물의 높이는 □이다. (단, $\cos 9° = 0.988$, 15°C의 표면장력 $T_{15} =$ 0.075g/cm)
   답 1.976cm

8. 전단응력 및 인장력이 발생하지 않으며 전혀 압축되지도 않고 손실수두(h_L)가 0인 유체를 □라 한다.
   답 완전유체

9. 액체와 기체와의 경계면에 작용하는 분자간의 인력에 의한 힘을 □이다. (단, 물의 표면장력은 □이다)
   답 표면장력

10. 직경 1mm인 모세관의 경우에 모관상승 높이는 □이다. (단, 74dyne/cm, 접촉각은 8°)
    답 30mm

핵심 25 개수로의 평균유속(2)

1. 개수로의 수면구배가 1/1,2000이고, 경심은 0.85m, 유속계수가 56일 때 평균유속은 □이다.
   답 1.49m/sec

2. 사각형단면 개수로의 수리상 유리한 형상의 단면에서 수로 수심이 1.5m이었다면 이 수로의 경심은 □이다.
   답 0.75m

3. 개수로내의 흐름에서 평균유속을 구하는 방법 중 2점법(2점법은 □에서의 유속장)의 평균한 것이다.
   답 2점법 : $V = \dfrac{V_{0.2} + V_{0.8}}{2}$ 3점법 : $V = \dfrac{V_{0.2} + 2V_{0.6} + V_{0.8}}{4}$
   ∴ 수심의 20%와 80% 위치

4. 폭이 4m, 수심 2m의 구형 수로에서 수면경사 $I = 4/1,000$, $n = 0.02$ 일 때 유속 V는 □이다.
   답 3.16m/sec

5. 수심 2m, 폭 4m, 경사 0.0004인 구형 수로에서 유량이 $14.56 m^3/sec$가 흐르고 있다. 이 흐름에서 수로벽면 조도계수(n)는 □이다. (단, Manning의 공식을 사용하시오.)
   답 0.025

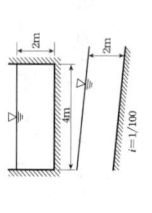

6. 그림과 같은 구형단면 개수로에서 유량을 매닝(Manning)의 평균유속 공식을 사용하여 구한 값은 □이다. (단, 수로경사 $i = 1/100$, 수로의 조도계수 $n = 0.025$)
   답 $Q = AV = A\dfrac{1}{n}R^{\frac{2}{3}}I^{\frac{1}{2}}$ ∴ $32.0 m^3/sec$

7. 구형(矩形) 단면을 가진 개수로(腸水路)에서 수리상 유리한 단면은 □이다. (단, 수로폭 B, 수심 h이다.)
   답 수리상 유리한 단면은 외접하는 반원이므로 $B = 2h$ ∴ $\dfrac{B}{2} = h$

8. 주어진 단면과 수로경사에 대하여 최대 유량이 흐르는 조건은 □이다.
   답 $Q = AV = AC\sqrt{RI} = AC\sqrt{\dfrac{A}{P}}I$ ∴ 윤변이 취소이거나 경심이 최대일 때

9. 수면 경사 1/1,000인 구형단면 수로에 유량 $30 m^3/sec$를 흐르게 할 때 수리상 유리한 단면을 결정하면 □이다. (단, Manning 공식을 쓰고, $n = 0.0250$이다. 또 구형은 $Q = AV = bh \cdot \dfrac{1}{n}R^{2/3} \cdot I^{1/2}$
   답 폭 B, 수심 h이다.) 답 $h = 3.0m$, $B = 6m$

핵심 1 유체의 기본 성질

1. 용적 $V=4.8\,m^3$인 유체의 중량 $W=6.38ton$일 때 이 유체의 밀도(ρ)를 구하면 ☐ 이다.

   답 $\rho = \dfrac{1.33t/m^3}{9.8m/sec^2} = 0.1356t\cdot sec^2/m^4$

2. 어떤 액체의 밀도가 $1.02\times 10^{-3}g\cdot sec^2/cm^4$이라면 이 액체의 단위 중량은 ☐ 이다.

   답 $1g/cm^3$

3. 체적이 $4m^3$, 중량이 12ton인 액체의 비중은 ☐ 이다.

   답 3.0

4. 액체와 기체와의 경계면에 작용하는 분자간의 인력에 의한 힘은 ☐ 이다.

   답 표면장력

5. 물의 점성계수 단위는 $g/cm\cdot sec$이며, 동점성 계수의 단위는 ☐ 이다.

   답 cm^2/sec

6. 흐르는 유체에 대한 마찰응력의 크기를 규정하는 뉴우튼의 점성법칙 함수는 ☐ 이다.

   답 $\tau = \mu \cdot \dfrac{dv}{dy}$ =점성계수×속도구배(속도경사)

7. 물의 밀도(ρ), 점성계수(μ) 그리고 동점성계수 γ 와의 사이에 상관식은 ☐ 이다.

   답 $\gamma = \dfrac{\mu}{\rho}$

8. 점성계수 $\mu =0.6poise$, 비중=0.6인 유체의 동점성 계수 ν는 ☐ 이다.

   답 1.0stokes

9. 동점성계수와 비중이 각각 $0.0019m^2/sec$와 1.2인 액체의 점성계수는 ☐ 이다.

   답 $0.233kg\cdot sec/m^2$

10. 어느 유체의 비중이 3.0일 때 이 유체의 비체적은 ☐ 이다.

    답 $\dfrac{1}{3,000}\,m^3/kg$

핵심 26 한계수심과 흐름판별(1)

1. 폭 6m의 직사각형 단면 수로에 $8.0m^3/sec$의 물이 호르고 있을 경우 비에너지는 ☐ 이다. (단, 에너지 보정계수 $\alpha =1.1$, 수심은 0.8m이다)

   답 $H_e = h + \alpha\dfrac{V^2}{2g}$ $\therefore 0.96m$

2. 폭이 10m인 직사각형 수로에 유속 3m/sec로 $30m^3/sec$의 물이 흐를 경우 비에너지와 한계수심 각각 ☐ 이다.

   답 $H_e = \dfrac{3}{2}h_c$ $\therefore 3.13m^3/sec$

3. 직사각형 단면의 수로에서 최소 비에너지가 ☐ 이다.

   답 $h_c = \left(\dfrac{\alpha Q^2}{gb^2}\right)^{1/3}$ $\dfrac{3}{2}$m이다. 단위 폭 당 최대 유량은

   $\therefore$ 비에너지 : 1.459m, 한계수심 : 0.972m

4. 개수로에서 한계수심은 ☐ 이다.

   답 $2.38m^3/sec$

5. 최소 비에너지가 1m인 직사각형 수로에서 폭 1.4m일 때의 최대 유량은 ☐ 이다.

   답 $9.39m^3/sec$

6. 수로폭이 3m인 직사각형 개수로에서 비에너지가 1.5m일 경우의 최대유량(Q_{max})은 ☐ 이다. (단, 에너지 보정계수는 1.00이다.)

7. 개수로에서 유량이 일정할 때 한계수심이 ☐ 가 된다.

   답 비에너지가 최소

8. 그림과 같은 구형수로에 유량 $Q=20m^3/sec$, 조도계수 n = 0.035일 때 한계구배 I_c를 구하면 ☐ 이다. (단, Manning공식을 적용할 것)

   답 한계구배 $I_c = \dfrac{g}{\alpha C^2}$ 여기서 $C = \dfrac{1}{n}R^{\frac{1}{6}}$ $\therefore \dfrac{1}{80}$

9. 수로폭이 2.4m인 직사각형 수로에서 비에너지 1.5m인 경우에서의 최대유량은 ☐ 이다. (단, $\alpha =1.0$으로 본다)

   답 한계유속으로 흐를 때 유량은 최대이므로 $Q = AV_c = bh_c\sqrt{\dfrac{gh_c}{\alpha}}$ $\therefore 7.51m^3/sec$

제2편 핵심120제

핵심 27 한계흐름과 흐름판별(2)

1. 개수로에서 지배단면이란 □ 이다. 答 상류에서 사류로 변하는 지점의 단면

2. 구형 단면 수로에서 유량 $50m^3/sec$, 수로 폭 10m, $h_1=0.4m$일 때의 후루드 수(Froude number)는 □ 이다. 答 $Fr=\dfrac{V}{\sqrt{gh}}$ ∴ 6.3

3. 수로폭 4m, 수심 1.5m인 직사각형 수로에서 유량 $24m^3/sec$가 흐를 때 흐름도(froude number)와 흐름의 상태는 □ 이다. 答 1.04, 사류

4. 사류의 Froude 수 $Fr_1=\dfrac{V_1}{\sqrt{gh_1}}=\sqrt{\dfrac{q}{gh_1^3}}$ 의 값으로 파상도수와 완전도수를 구별할 수 있다. 완전도수가 발생하는 값은 □ 이다. (단, Bakhmeteff에 의한 방법)

答 ① 완전도수 : $F_r \geq \sqrt{3}$ 일 때 발생한다.
② 파상도수(불완전 도수) : $1 < F_r < \sqrt{3}$ 일 때 발생한다.
③ $F_r=1$이면 한계류이므로 도수는 발생하지 않는다.
∴ $1.7 < F_{r1}$

5. 개수로의 수심을 h, 평균유속을 V, 에너지 보정계수를 α라 할 때 비에너지(He)를 옳게 표시하면 □ 이다. 答 $He=h+\dfrac{\alpha V^2}{2g}$

6. 광폭 직사각형 단면수로의 단위폭당 유량이 $16m^3/sec/m$ 일 때 한계수심과 한계경사는 □ 이다. (단, 수로의 조도계수 n=0.020이다.)

答 $h_c=\left(\dfrac{\alpha Q^2}{gb^2}\right)^{1/3}$, $I_c=\dfrac{g}{\alpha C^2}$ ∴ 2.97m, 2.73×10^{-3}

7. 3각형 단면 수로를 유량 Q가 흐르고 있을 경우 한계수심은 □ 이다.

答 $hc=\left(\dfrac{2aQ^2}{gm^2}\right)^{\frac{1}{5}}$

8. 한계경사(I_c)를 구하는 식은 □ 이다. (단, n: 조도계수, $α$: 에너지 보정계수, R: 경심)

答 $I_c=\dfrac{g}{\alpha C^2}$, $C=\dfrac{1}{n}R^{\frac{1}{6}}$ ∴ $I_c=\dfrac{n^2 g}{\alpha R^{\frac{1}{3}}}$

핵심 28 비력과 수면형

1. 수로바닥 경사를 거의 무시할 수 있는 어떤 직사각형 수로에서 Q=6.4m³/sec, 수심 0.8m, 폭 2m일 때 충력값은 □ 이다. (단, η=1이다)

   답 $M = h_G A + \eta \dfrac{Q}{g} V$ ∴ 3.25m³

2. 구형수로에서 도수가 일어날 때 유량 Q=42m³/sec이고, 수로폭 B=10m, 수심 h_1=0.5m였다. 이에 대응하는 상류수심 h_2는 □ 이다.

   답 $h_2 = \dfrac{h_1}{2}(-1 + \sqrt{1 + 8F_r^2})$ ∴ 2.45m

3. 도수가 일어나기 전후의 수로 깊이가 각각 1.5m, 9.24m일 때 도수로 인한 손실수두는 □ 이다.

   답 $\Delta H_e = \dfrac{(h_2 - h_1)^3}{4 h_1 h_2}$ ∴ 8.36m

4. 개수로에서 강도수(strong jump)가 일어나는 한계는 □ 이다.

   답 $F_r > 9.0$

5. 두 개수로의 어느 곳에 댐업(dam up)이 발생함으로써 수위가 상승되는 영향이 상류(上流) 쪽으로 미치는 현상을 말한다.

   답 배수(back water)

6. 수로 경사가 급한 곳에서 갑자기 완경사로 변하는 경우 흐름방향으로 감소하는 형태의 수면곡선은 □ 이다.

   답 저하곡선(M2)

7. 도수 전후의 수심이 각각 1.8m, 4.5m이다. 이 수로의 도수로 인한 에너지 손실은 □ 이다.

   답 0.6m

8. 개수로내 등류의 통수능(通水能) K_0는 □ 이다. (단, A_0 : 유수단면적, n : 조도계수, R_0 : 수리평균심, I_0 : 등류에너지 수면경사이다.)

   답 $Q = AV = A \cdot \dfrac{1}{n} \cdot R^{2/3} \cdot I^{1/2} = K \cdot I^{1/2}$ ∴ $\dfrac{1}{n} A_0 R_0^{2/3}$

9. 다음 그림과 같이 수로가 완경사로부터 급경사로 변화하였다. 이때 급경사 부분의 수심을 계산하고자 할 때 계산해야 할 구간은 □ 이다.

   답 B부터 시작하여 C까지

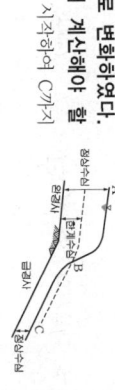

핵심 29 지하수

1. 지하수의 흐름에서 Darcy의 법칙이 적용되는 범위는 ☐ 이다. (단, R_e는 Reynolds수이다.)

답 $1 < R_e < 10$

2. 면적이 400m²인 여과지의 동수경사가 0.050이고 여과량이 1m³/sec이면 이 여과지의 투수계수는 ☐ 이다.

답 $Q = Aki$ ∴ 5cm/sec

3. 투수계수의 차원은 ☐ 이다.

답 $V = ki$ ∴ LT^{-1}

4. 토사층을 흐르는 지하수의 유속이 0.01m/sec, 토사의 공극율이 33.3%일 때 흐름의 실제유속은 ☐ 이다.

답 실제유속 $V_s = \dfrac{V}{n} = \dfrac{KI}{n}$ ∴ 0.03m/sec

5. 두 수조를 연결하는 길이 1m의 수평관 속에 모래가 가득차 있다. 양수조의 수위차를 50cm, 투수계수를 0.01m/sec라고 하면 모래를 통과할 때의 평균 유속은 ☐ 이다.

답 0.005m/sec

6. 지하의 사질(砂質) 여과층에서 수두차 h=0.5m이며 투과거리 l=2.5m 일 경우에 이곳을 통과하는 지하수의 유속은 ☐ 이다. (단, 투수계수는 0.3cm/sec이다.)

답 0.06cm/sec

7. 부정류 흐름의 지하수를 해석하는 방법은 ☐ 이다.

답 Theis 방법, Jacob 방법, Chow 방법

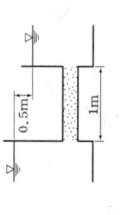

8. 제외지 수위 6m, 제내지 수위 2m, 투수계수 k=0.5m/s, 침투수가 통과하는 길이 ℓ =50m일 때 하천 제방단면 1m당 누수량은 ☐ 이다.

답 $Q = Aki = \dfrac{6+2}{2} \times 1 \times 0.5 \times \dfrac{6-2}{50}$ ∴ 0.16m³/sec

9. 다르시의 법칙 $V = K \cdot \triangle h/\triangle l$ 에서 K와 밀접한 관계가 있는 인자는 ☐ 이다.

답 토사의 공극률, 점성계수, 입자의 형상 및 구조, 토사의 입경

---

3. 수위-유량 곡선(Rating Curve)
자연하천의 경우에는 loop형이 된다.
곡선연장방법 : ① 전대수지법
② Stevens법
③ Manning 공식에 의한 법

4. 합리식
불투수성 지역이며 작은 유역 면적(A < 0.4km²)
Q=0.2778 CIA

28 수문 곡선

1. 지체시간 : 유효우량 주상도의 중심과 첨두유량이 발생하는 시간까지의 시간적 시간 차이

2. 직접유출량 : 유효우량으로 인해 하천으로 유출

3. 기저유출과 직접유출의 분리법
① 수평직선 분리법
② $N - day$ 법 $N = 0.8267A^{0.2}$ (A : km²)
③ 수정 $N - day$ 법
④ 지하수 감수곡선법

4. 단위도의 가정
① 일정기저시간 가정 : 유하시간은 동일
② 비례가정 : 종거는 강우 강도의 크기에 비례
③ 중첩가정 : 강우 개개의 유출응을 시간에 따라 산술적으로 합한 것

5. Snyder 방법
$t_p = C_t (L_{ca} \times L)^{0.3}$
여기서 L_{ca} : 중구점으로부터 유역중심이 가장 가까운 주류하천까지의 측정 거리 (mile)

6. 유량 빈도 곡선 : 경사가 급하면 홍수가 빈번하고 경사가 완만하면 홍수가 드물다.

7. 강우와 토양
① $I < f_i$, $F_i < M_d$: 단시간의 이슬
② $I < f_i$, $F_i > M_d$: 장시간의 이슬
③ $I > f_i$, $F_i < M_d$: 단시간의 소나기
④ $I > f_i$, $F_i > M_d$: 장시간 대호우
여기서 I : 강우강도
F_i : 총침투량
f_i : 침투율
M_d : 토양수분 미흡량

25 평균우량

1. **평균우량 산정법**
   ① 산술평균법 : 비교적 평탄지역에서 유역면적이 500km² 미만인 경우에 적용가능
   ② Thiessen의 가중법 : 우량계가 불균등 분포된 경우, 객관성이 있어 널리 사용. 유역면적 500~5000km² 에서 많이 사용.
   ③ 등우선법 : 산악의 영향이 고려, 유역면적이 5000km² 이상에서 사용
   $$P_m = \frac{A_1P_1 + A_2P_2 + \cdots + A_NP_N}{A_1 + A_2 + \cdots + A_N} = \frac{\sum AP}{\sum A}$$

2. DAD(Depth - Area - Duration) 해석 : 최대우량깊이 - 유역면적 - 지속시간과의 관계를 해석하는 작업

26 증발과 침투

1. **증발산** : 증발과 증산의 합성어
2. **증발비** : 토양면과 수면으로부터의 증발량
3. **증발량 산정법**
   · 물수지원리에 의한 신정 : $E = P + I - O \pm U \pm S$
4. **증발경감제** : 저수지의 역증발을 방지
5. **침투 지수법**
   · $\phi-\text{index}(\phi \text{지수})$법 : 유효우량과 손실 우량을 구분
6. **토양의 초기조건을 양적으로 표시하는 방법**
   · 선행강수 지수에 의한 방법
   · 지하수 유출량에 의한 방법
   · 토양의 함수조건에 의한 방법

27 유출

1. 유출계수 = $\frac{\text{하천유출량}}{\text{강수량}} = \frac{\text{평균유출고}}{\text{강우량깊이}}$
2. 기저 유출(base flow) : 비가 오기전의 유출

핵심 30 지하수 유량과 소류력

1. 직경 4cm, 깊이 30cm의 시험원통에 대수층의 표본을 채웠다. 시험원통의 출구에서 압력수두를 15cm로 일정하게 유지할 때 동안 12cm³의 유출량이 발생하였다면 이 대수층 표본의 투수계수는 ☐ 이다.
   圉 $Q = A \cdot V = A k i = \frac{\pi \cdot 4^2}{4} \times k \times \frac{15}{30}$
   ∴ 0.016cm/s

2. 대수층의 두께 2.3m, 폭 1.0m일 때 지하수 유량을 구한 값은 ☐ 이다. (단, 지하수의 상하류 두 지하수의 수두차 1.6m, 두 지점 사이의 평균 거리 360m, 투수계수 K=192m/day)
   圉 $Q = AV = Aki = 2.3 \times 1 \times 192 \times \frac{1.6}{360}$
   ∴ 1.96m³/day

3. 그림과 같은 면적 50m²의 여과지가 있다. 투수계수 k=0.15cm/sec 일 때 여과수량은 ☐ 이다. (단, 마찰손실만 고려한다.)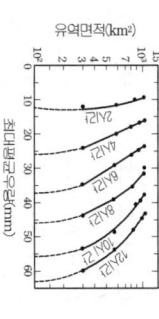
   圉 0.03m³/sec

4. 제외지 수위가 6m, 제내지 수위가 2m, 투수계수 K=0.5m/sec, 침투수가 통하는 길이가 $l = 50\text{m}$일 때 하천 제방 단면 1m 당의 누수량은 ☐ 이다.
   圉 $Q = A \cdot V = Aki = \frac{H + h}{2} \times b \times K \times \frac{H - h}{L}$
   ∴ 0.16m³/sec

5. 두께 15m의 피압대수층(confined aquifer)에 있는 우물에서 $Q = 5l/\text{sec}$의 물을 양수한 결과 지름 200m에서 수면강하가 1.2m, 반지름 40m에서 수면강하가 2.7m되었다. 이 대수층의 투수계수는 ☐ 이다.
   圉 $Q = \frac{2\pi Ka(H - h_o)}{\ln\frac{R}{r}}$
   ∴ 0.046cm/sec

6. 직경 0.5m, 수심 10m인 굴착정에서 유체속도 5m/hr, 영향원의 반경 500m이다.
   圉 굴착정 $Q = \frac{2\pi a k (H - h_o)}{\ln \frac{R}{r}}$
   ∴ 8.8m

7. 비중 2.65의 구형 알갱이를 정수 유체속에 침전시켜 침강속도를 측정해서 0.01cm/s을 얻었다. 알갱이의 직경(cm)은 ☐ 이다. (단, 수온은 10℃, 동점성 계수 $v_{10} = 0.013\text{cm}^2/\text{s}$)
   圉 Stokes 법칙에 의하면 $V = \frac{(\rho_s - \rho_w)}{18\mu} g d^2$, $v = \frac{\mu}{\rho}$, $\mu = v\rho$
   ∴ d = 0.0012cm

핵심 31 수리학적 상사

1. 하천모형 실험과 가장 관계가 큰 것은 ☐ 이다.

답 ∴ Froude의 상사법칙

■ 참고
① Reynolds 상사법칙 : 관수로 흐름 ② Weber 상사법칙 : 파고가 작은 파동에 적용
③ Cauchy 상사법칙 : 압축성 유체에 적용

2. 흐름을 지배하는 가장 큰 요인이 점성일 때 흐름을 구분하는 방법으로 쓰이는 무차원수는 ☐ 이다. 답 Reynolds 수

3. 모형실험에서 원형과 모형에 작용하는 힘들 중 점성력이 지배적일 경우 적용해야 할 모형법칙은 ☐ 이다. 답 Reynolds 모형법칙

4. 관수로 내의 흐름에서 흐름을 주로 지배하는 힘은 ☐ 이다. 답 점성력

5. 물 위를 $2m/sec$의 속도로 항진하는 길이 $2.5m$의 모형에 작용하는 조파저항이 $5kg$이었다. 길이 $40m$인 실물의 배가 이것과 상사상태로 항진한다면 속도는 ☐ 이다.

답 원형의 F_r 수 = 모형의 F_r 수
$$\frac{V_p}{\sqrt{g_p h_p}} = \frac{V_m}{\sqrt{g_m h_m}}, \quad V_p = \sqrt{\frac{h_p}{h_m}} \cdot V_m = \sqrt{\frac{40}{2.5}} \cdot 2$$
∴ $8m/sec$

6. 흐름을 지배하는 가장 큰 요소가 중력일 때 흐름을 구분하는 방법으로 쓰이는 수는 ☐ 이다. 답 Froude 수

7. 원형댐의 월류량이 $400m^3/sec$이고 수문을 여는데 필요한 시간이 40초라 할 때 $1/50$의 모형에서의 유량과 개방시간은 ☐ 이다. (단, g는 1로 본다.)

답 $Q = AV$
$Q_r \Rightarrow L_r^2 \cdot L_r^{1/2} = L_r^{5/2}, \quad \frac{V}{\sqrt{gh}} = 1$
$Q_m = \frac{Q_p}{400} = \left(\frac{1}{50}\right)^{5/2}$
$Q_m = 0.0226\ m^3/sec, \quad V_r = \sqrt{g_r h_r}$
$L_r T_r^{-1} = L_r^{1/2}, \quad T_r = L_r^{1/2} \quad T_m^2 = \left(\frac{1}{50}\right)^{1/2} \cdot 40 = 5.657\ sec$
∴ $Q_m = 0.0228\ m^3/sec, \quad Tm = 5.656\ sec$

---

23 수문학

1. 물의 순환인자

강수, 증발, 증산, 차단, 저류, 침투, 침루, 유출

2. 강수량 ⇌ 유출량 + 증발산량 + 침투량 + 침루량 + 저유량
$P \rightleftarrows R + E + C + S$

3. 상대습도 : $h = \dfrac{e}{e_s} \times 100(\%)$

4. 풍속과 고도 : $\dfrac{V_o}{V_o} = \left(\dfrac{Z}{Z_o}\right)^k$

5. 잠재증기회열 : $H_v = 597.3 - 0.56\,t$

6. 저수위 : 1년중에 고수위에서부터 275번째의 수위

24 강수

1. 강수량의 분류

① 대류형 강수, ② 전선형 강수, ③ 산악형 강수
④ 선풍형 강수 : 지각 표면의 압력저하로 발생

2. 강수기록의 추정방법(결측강우 발생시)

① 산술평균법
② 정상 연강수량 비율법 : $P_x = \dfrac{N_x}{3}\left(\dfrac{P_A}{N_A} + \dfrac{P_B}{N_B} + \dfrac{P_C}{N_C}\right)$
③ 단순 비례법

3. 용어

① 누가우량곡선(mass curve) : 누가 우량의 시간적 변화 상태를 기록, 한경사인 경우 강우강도가 작으며 급경사인 경우 강우강도가 크다.
② 이중누가우량분석(double mass curve) : 장기간 강우자료의 일관성 검증을 위해 사용되는 분석
③ 가능 최대 강우량(PMP) : 지역 최악의 기상조건하에서의 최대 강우량.

4. 강우강도

① Talbot 형 : $I = \dfrac{a}{t+b}$ ② Sherman 형 : $I = \dfrac{c}{t^n}$
③ Japanese 형 : $I = \dfrac{d}{\sqrt{t}+e}$ ④ 물부(모노베) 공식 : $I = \dfrac{R_{24}}{24}\left(\dfrac{24}{t}\right)^{2/3}$ (t : hr)
⑤ 강우강도, 지속시간, 생기빈도 곡선(I-D-F)
$I = \dfrac{kT^x}{t^n}$ (k, n, x는 지역상수)

20 지하수

1. Darcy 법칙 $V = Ki$
2. 적용범위 : 일반적으로 $R_e < 4$ ($1 < R_e < 10$)

21 지하수 유량과 소류력

1. 대수층에서의 유량 $Q = AV = AKi$
2. 굴착정 : 피압 대수층의 물을 양수한다.
   $$Q = \frac{2\pi a k(H - h_o)}{l_n(R/r)}$$
3. 깊은 우물(심정호) : 집수정 바닥이 불투수층까지 도달한 경우
   $$Q = \frac{\pi k(H^2 - h_o^2)}{l_n(R/r)}$$
4. 집수암거 : 복류수층에 도달한 경우 $Q = \frac{Kl}{R}(H^2 - h_o^2)$
5. 얕은 우물(천정호)
   비피압수층만 양수시 : $Q = 4Kr_o(H - h_o)$
6. 소류력 : $\tau_o = wRI$
7. 한계 소류력 : $D = C_D A \frac{\rho V^2}{2}$ (A : 투영면적)
8. 마찰속도 : $U_* = \sqrt{\dfrac{\tau_o}{\rho}} = \sqrt{gRI}$
9. 토립자의 침강속도 : $V_s = \dfrac{(\rho_s - \rho_w)g \, d^2}{18\mu}$

22 수리학적 상사

1. 상사 법칙
   ① 기하학적 상사 ② 운동학적 상사 ③ 동역학적 상사
2. 특별상사 법칙
   ① Froude 상사 법칙 : 중력이 흐름지배(개수로)
   ② Reynolds 상사 법칙 : 마찰력과 점성력(관수로)
   ③ Weber 상사 법칙 : 표면장력이 지배
   ④ Cauchy(마하)상사 법칙 : 탄성력이 흐름지배

핵심 32 수문학

1. 물의 순환과정은 통상 8가지의 과정을 거친다. 물의 순환과정 중에는 ▢ 이다.
   답 강수, 증발, 증산, 차단, 침루, 침투, 유출

2. 강수량 P의 행방을 추적한 바, 유출량 R, 증발산량 E, 지하로의 침투량 C 그리고 저류량 S일 때 물의 순환 관계식은 ▢ 이다.
   답 $P \leftrightarrow R + E + C + S$

3. 기온 25°C에서의 실제 증기압이 16.8mb일 때 상대습도는 ▢ 이다. (단, 25°C에서의 포화증기압은 32.3mb이다.)
   답 상대습도 = $\dfrac{\text{실제증기압}}{\text{포화증기압}} \times 100(\%) = 52.0\%$

4. 대기의 온도 t_1, 상대습도 75%인 상태에서 증발이 진행되어 온도 t_2로 상승하고 대기중의 증기압은 20% 증가하였고, 온도 t_1 및 t_2에서의 포화증기압은 각각 10.0mmHg 와 18.0mmHg라 할 때 온도 t_2에서의 상대습도는 ▢ 이다.
   답 75 = $\dfrac{x}{10} \times 100$, $x = 7.5$ mmHg

온도	대기중의 증기압	포화 증기압
t_1	75%	10
t_2	$x + 0.2x$	18

   $y = \dfrac{\text{실제증기압}}{\text{포화증기압}} \times 100\%$
   $= \dfrac{7.5 + 0.2 \times 7.5}{18} \times 100 = 50\%$

5. 일단 물이 토양연을 통해 스며드는 중력의 영향으로 계속 지하로 이동하여 지하수면까지 도달하게 되는 현상을 ▢ 이라 한다.
   답 침루

6. 습구 온도계 독치가 t_w일 때 물의 포화 중기압 e_w라 하면 임의 온도 t°C에 있어서의 증기압(e)은 ▢ 이다. (단, 중기압의 측정 단위는 mmHg임)
   답 $e = e_w - 0.66(t - t_w)$ milibar, $e = e_w - 0.485(t - t_w)$ mmHg

7. 우리나라 연평균 강수량은 1,274mm이며 이는 1,267억m³의 수량이다. 이것을 수계별로 보면 한강은 ▢ 이다.
   답 320억m³

8. 수문학에서 저수위란 1년을 통해 ▢ 동안 이보다 저하하지 않은 수위이다.
   답 275일
   ■ 참고
   갈수위 : 1년 중에 185일째의 수위, 저수위 : 1년 중에 275일째의 수위
   평수위 : 1년 중에 355일째의 수위

핵심 33 강수(1)

1. 강우량 자료를 분석하는 방법 중 2종누가곡선법(double mass curve)을 많이 이용한다. 이는 ☐ 사용한다.

⟹ 강우량 자료의 일관성을 검증하기 위하여

2. 어느 관측소의 자기우량기록이 다음 표와 같을 때 10분지속 최대 강우강도는 ☐ 이다.

시 각 (분)	0	5	10	15	20	25
누가우량(mm)	0	2	8	18	20	

⟹ 0~10 : 8mm 5~15 : 16mm 10~20 : 17mm $I = 17 \times \frac{60}{10} = 102$mm/hr

3. 어느 도시의 하수도계획에 있어서 30분간 계속의 강우강도는 ☐ 이다. (단, $I = \frac{b}{t+a}$ 에서 $b = 4{,}000$, $a = 50$)

⟹ 50mm/hr

4. 30년간의 연평균 강우량이 800m m이고, 어느 해의 강우량이 $N_A = 1{,}000$mm, $N_B = 900$mm, $N_C = 600$mm, $N_D = 800$mm이고 $P_A = 90$mm, $P_B = 80$mm, $P_C = ?$, $P_D = 75$mm일 때 정상 연강우량 비율법에 의한 C지점의 강우량을 구한 값은 ☐ 이다.

⟹ $P_C = \frac{N_C}{3}\left(\frac{P_A}{N_A}+\frac{P_B}{N_B}+\frac{P_D}{N_D}\right) = \frac{600}{3}\left(\frac{90}{1{,}000}+\frac{80}{900}+\frac{75}{800}\right) = 54.5$mm

5. 관측소 A에서 강우량 자료가 결측되었다. 주변의 관측소 B, C, D의 자료를 이용하여 가중평균법을 이용하여 보완하면 결측강우량은 ☐ 이다.

관측소	연간 평균 강우량(mm)	지속기간 18시간 강우량(mm)
A	604	결측
B	472	70
C	723	90
D	984	122

⟹ P = 79.88m

6. 다음 표와 같이 40분간 집중호우가 계속 되었다면 지속기간 20분인 최대강우강도는 ☐ 이다.

시간(분)	우량(mm)	시간(분)	우량(mm)
0~5	1	20~25	8
5~10	4	25~30	7
10~15	2	30~35	3
15~20	5	35~40	2

⟹ $5+8+7+3 = 23$mm
$I = \frac{23}{20} \times 60 = 69$ mm/hr

---

18 한계수심과 흐름판별

1. 비에너지 : $H_e = h + \alpha \cdot \dfrac{V^2}{2g}$

2. 한계수심 : $H_c = \dfrac{2}{3} H_e$, 사각형 단면 : $h_C = \left(\dfrac{\alpha Q^2}{gb^2}\right)^{1/3}$

$\begin{array}{ll} < 1 : \text{상류} \\ = 1 : \text{한계류(지배단면)} \\ > 1 : \text{사류} \end{array}$

3. 흐름도수 :
$F_r = \dfrac{V}{\sqrt{gh}} \quad \begin{array}{l} < 1 : \text{상류} \\ = 1 : \text{한계류} \\ > 1 : \text{사류} \end{array}$

4. 경사 :
$I \; \begin{array}{l} < \\ = \\ > \end{array} \; \dfrac{g}{\alpha C^2} \quad \begin{array}{l} : \text{상류(완경사)} \\ : \text{한계류} \\ : \text{사류(급경사)} \end{array}$

5. Reynolds 수
$R_e = \dfrac{V \cdot R}{\nu} \; \begin{array}{l} \leq 500 : \text{층류} \\ > \quad : \text{난류} \end{array}$

---

19 비력과 수면형

1. 비력 : 운동량 방정식을 기초
$M = \eta \dfrac{Q}{g} V + h_G \cdot A = \text{Const}$

2. 도수
① 도수후 수심 : $h_2 = \dfrac{h_1}{2}\left(-1+\sqrt{1+8\,F_{r1}^{\,2}}\right)$
② 에너지 손실 : $\triangle H_e = \dfrac{(h_2-h_1)^3}{4h_1 h_2}$
④ 과상도수(불완전도수) : $1 < F_{r_1} < \sqrt{3}$

3. 수면형
① 완경사(Mild Slope) : $h_o > h_c$, $I < \dfrac{g}{\alpha C^2}$
㉠ $h > h_o > h_c$ ⋯ M_1 곡선(배수) 월류댐의 상류부
㉡ $h_o > h > h_c$ ⋯ M_2 곡선(저하) 자유낙하시
㉢ $h_o > h_c > h$ ⋯ M_3 곡선 수문개방시 하류부 수면

16 동력과 수차작용

1. **수차의 출력**

$$E = wQH_e\eta \text{ (kg·m/sec)} = 9.8QH_e\eta \text{ (KW)}$$
$$= 13.33QH_e\eta \text{ (HP)}$$

여기에서 $H_e = H - \Sigma h_L$

2. **양수 동력**

$$E = 9.8QH_P/\eta \text{ (KW)} = 13.33QH_P/\eta \text{ (HP)}$$

여기에서 $H_P = H + \Sigma h_L$

3. **수격작용**: 밸브의 급조작시 발생
   ① 공동현상: 국부적인 저압부위에 발생
   ② Pitting: 고체면에 강한 충격을 주는 작용
   ③ 서어징: 탱크내에서의 수면 진동 현상

② 실제 기능 높이: 약 8.0m
③ 역사이폰은 관로 최하부가 고압이므로 주의

2. **보정유량**: $\Delta Q = \dfrac{-\Sigma h_L}{2\Sigma KQ}$

17 개수로의 평균유속

1. 한계류 계산을 위한 단면계수: $Z = AV\sqrt{D}$

$$D = \dfrac{A}{B} \quad (D : \text{수리수심}, \ A : \text{유적}, \ B : \text{수면폭})$$

2. 수로 바닥과 벽면에 작용하는 평균 마찰응력: $\tau = wRI$

$$R = \dfrac{A}{P}, \quad h = \sin\theta \ (\theta\text{는 바닥경사 각도})$$

3. 유속 측정법
   ① 표면법: $V_m = 0.85V_s$
   ② 1점법: $V_m = V_{0.6}$
   ③ 2점법: $V_m = \dfrac{V_{0.8} + V_{0.2}}{2}$
   ④ 3점법: $V_m = \dfrac{V_{0.2} + 2V_{0.6} + V_{0.8}}{4}$

4. 수리상 유리한 단면
   ① 사각형(구형) 단면: $B = 2h$
   ② 사다리꼴 단면: $B = 2l$
   ③ 원형단면 단면에서 Q_{max}일 때 수심은 $h = 0.94D$이다.

핵심 34 강수(2)

1. 어떤 유역에 20분간 지속된 강우강도가 20mm/hr이었다면 강우량은 ☐ 이다.
   답 6.67mm

2. $i_1 = 200\text{mm}/100\text{min}$, $i_2 = 50\text{mm}/30\text{min}$ 및 $i_3 = 120\text{mm}/80\text{min}$되는 3종의 강우 강도(mm/hr) I_1, I_2 및 I_3의 대소(大小) 관계는 ☐ 이다.
   답 $I_1 > I_2 > I_3$

3. IDF도(圖)를 이용하여 강우강도를 구하기 위해서 필요한 요소는 ☐ 이다.
   답 강우지속기간, 재현기간

4. 4개 지점의 강우량 관측 자료가 아래와 같을 경우, 강우강도가 최대가 되는 지점은 ☐ 이다.
   A지점: $15 \times 60/10 = 90\text{mm/hr}$
   B지점: $50 \times 60/30 = 100\text{mm/hr}$
   C지점: $72 \times 60/45 = 96\text{mm/hr}$
   D지점: $132 \times 60/80 = 99\text{mm/hr}$
   답 B지점

5. 4개 지점의 강우량 관측 자료가 아래와 같을 경우, 강우강도가 최대가 되는 지점은 ☐ 이다.
   A지점: $t_A = 10\text{분}, \ \gamma_A = 15\text{mm}$
   B지점: $t_B = 30\text{분}, \ \gamma_B = 50\text{mm}$
   C지점: $t_C = 45\text{분}, \ \gamma_C = 72\text{mm}$
   D지점: $t_D = 80\text{분}, \ \gamma_D = 132\text{mm}$
   답 B지점

6. 강우강도식 $I = \dfrac{9000}{t + 60}$ (mm/hr)로 계산된 지점에서 30분 동안 내린 강우량은 ☐ 이다. (단, t는 분단위이다.)
   답 200mm

7. 서울지역의 I-D-F 곡선으로부터 구한 20년 빈도, 지속시간 2시간의 강우강도가 100mm/hr 일 때 우량깊이는 ☐ 이다.

   답 Talbot형 강우강도 경험식 $I = \dfrac{9000}{t+60} = \dfrac{9000}{30+60} = 100\text{mm/hr}$
   30분동안이므로 $100 \times \dfrac{30}{60} = 50\text{mm}$ ∴ 50mm

8. 강우강도 – 재현기간 – 지속기간 관계를 나타내는 식은 ☐ 이다.
   답 $I = \dfrac{kT^x}{t^n}$

2. 폭을 잘못측정
   양변을 폭으로 1차 미분하여 정리

13 관수로 일반

1. 유량 : $Q = \dfrac{w\pi h_L}{8\mu l} r^4 = \dfrac{\triangle P \pi}{8\mu l} r^4$

2. 마찰력 크기 : $\tau_o = w \cdot R \cdot I$

3. 관로의 유속과 마찰력 분포
   최대 유속 = 2 × 평균유속

4. 마찰속도(=전단속도) : $U_* = \sqrt{gRI}$

14 마찰 손실 공식

1. 마찰 손실 수두 : $h_L = f \cdot \dfrac{l}{D} \cdot \dfrac{V^2}{2g}$ (Darcy-Weisbach 공식)

2. 마찰 손실 계수 : Moody(무디) 도표로서 Reynolds와 상대조도와의 함수이다.
   층류(R_e < 2000)의 경우 마찰손실계수 : $f = \dfrac{64}{R_e}$

3. 손실수두
   모든 손실수두는 속도수두 $\left(\dfrac{V^2}{2g}\right)$에 비례한다.
   일반적인 관수로의 손실계수(f) : 유입 = 0.5, 유출 = 1.0

4. 병렬 관수로의 손실 수두
   각 관로마다 손실의 크기가 동일하다.

15 유량과 배수시간

1. 관로의 평균유속
   ① Chezy식 : $V = C\sqrt{RI}$, $C = \sqrt{\dfrac{8g}{f}}$
   Manning 식 : $V = \dfrac{1}{n} R^{2/3} \cdot I^{1/2}$ (D : m단위)
   $f = \dfrac{124.6n^2}{D^{1/3}}$
   $l/D > 3,000$ 이면 마찰 이외의 손실은 무시한다.

핵심 35 평균우량(1)

1. 유역의 평균 강우량 산정법에는 □ 있다.
   답 산술평균, Thiessen의 가중법, 등우선법

2. 그림과 같은 정사각형 모양의 유역의 호우가 발생하여 유역내 우량 관측점에 기록된 우량이 다음과 같을 때 Thiessen 법을 사용하여 유역 평균 우량은 □ 이다. (단, 그림에서 $\overline{AE} = \overline{CE}$ = $\overline{BE} = \overline{DE}$, = 10km 이고 강우량은 P_A = 80mm, P_B = 60mm, P_C = 90mm, P_D = 70mm, P_E = 100mm임)

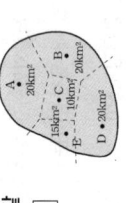

답 Thiessen 방법을 활용한 평균 강우량은 두 관측점의 수직 이등분선을 그으면 관측점 할당된 면적을 구할 수 있다.
$P_m = \dfrac{A_A P_A + A_B P_B + A_C P_C + A_D P_D + A_E P_E}{A_A + A_B + A_C + A_D + A_E}$ = 76.56mm

3. 유역의 평균 강우량 산정 방법 중 비교적 산악의 영향을 고려한 것은 □ 이다.
   답 등우선법
   • 산술평균법 : 평야지역에서 우량계가 등분포 되어있는 경우에 사용한다.
   • 티센법 : 우량계가 불균등하게 분포되어 있는 경우에 사용한다.
   • 등우선법 : 산악의 영향을 고려하여 평균우량을 산정한다.

4. 유역의 평균 강우량 산정방법에서 유역 면적이 500~5,000km² 인 곳에서 사용하면 가장 효과적인 방법은 □ 이다.
   답 티센 가중법

5. 그림과 같이 유역내의 5개 우량 관측점에 기록된 우량이 표와 같을 때 Thiessen법으로 유역 평균우량을 계산하여 그림한 것은 □ 이다. (단, 각 관측점의 지배면적은 그림면적은 바와 같다.)

단측점	A	B	C	D	E
우량(mm)	20	30	40	35	40

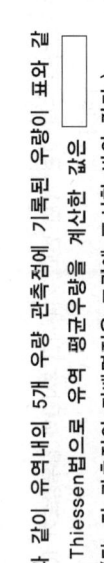

답 31.8mm

6. 우량계의 지배면적이 A_1 = 40km², A_2 = 118km², A_3 = 99km², A_4 = 95km²이고, 유역내 관측점에 기록된 강우량이 P_1 = 15mm, P_2 = 28mm, P_3 = 31mm, P_4 = 22mm이다. 면 Thiessen의 가중법을 사용한 평균 강우량은 □ 이다.
   답 $P_m = \dfrac{\sum PA}{\sum A}$ ∴ 26mm

11 위어와 유량

1. 용어
① 월류수심 : 수면이 축소(수면연직축)
② 정수축 : 위어 마루부의 날카로운으로 인한 수축
③ 연직수축 : 위어축+정수축
④ 단수축 : 축판(notch)의 날카로움

2. 사용목적 : 유량측정, 취수를 위한 수위 증가, 분수(分水), 하천유속의 감소, 정수 공간 조정

**3. 저수량=총저수량+정규유효수량

4. 위어의 유량
사각형 위어 : $Q = \dfrac{2}{3} C b \sqrt{2g} \, h^{3/2}$
Francis 공식 : $Q = 1.84 \, b_0 h^{3/2}$, $b_0 = b - 0.1 \, nh$ ($n = 0, 1, 2$)

5. 삼각형 위어 : $Q = \dfrac{8}{15} C \cdot \tan\dfrac{\theta}{2} \sqrt{2g} \, h^{5/2}$

6. 광정위어 : $C = 0.623$을 대입 정리하면

7. 일반형 위어유량 : $Q = CLH^{3/2}$

8. 나팔형 위어유량 : $Q = CaH^{1/2}$
a : 도출구 단면적

(1) 면수축과 정수축
(2) 단수축

12 유량 관측오차

**1. 수심을 정밀측정 않변을 수심으로 1차 미분하여 정리

종류	유량 오차	오차비
오리피스	$\dfrac{dQ}{Q} = \dfrac{1}{2} \dfrac{dh}{h}$	1
사각형위어	$\dfrac{dQ}{Q} = \dfrac{3}{2} \dfrac{dh}{h}$	3
삼각형위어	$\dfrac{dQ}{Q} = \dfrac{5}{2} \dfrac{dh}{h}$	5

핵심 36 평균우량(2)

1. 어떤 하천유역 3개 관측소의 강우량이 각각 관측소의 지배면적이 각각 $A_1 = 10 km^2$, $A_2 = 15 km^2$, $A_3 = 40 km^2$일 때 Thiessen법에 의한 평균강우량은?

몸 Thiessen 방법 $P_m = \dfrac{\Sigma PA}{\Sigma A} = \dfrac{10 \times 10 + 15 \times 20 + 40 \times 30}{10 + 15 + 40} = 24.62$

2. Thiessen망에서 A, B, C 구역의 면적비가 1 : 3 : 2이고 강우량이 80, 90, 85mm이다. 면적 평균 강우량을 구하면 _____이다.

몸 $P_m = \dfrac{1 \times 80 + 3 \times 90 + 2 \times 85}{1 + 3 + 2} = 86.7$mm

3. 인어진 강우량 기록으로부터 우량의 값, 유역면적 및 강우 지속 시간 등의 관계를 구하는 것은 _____이다.

몸 면적은 총우표, 강우량, 침투량, 지속시간은 매개변수

4. DAD 곡선은 _____이다.

5. 홍수 유출에는 유역면적이 작으면 단시간의 강우가, 면적이 크면 장기간의 강우가 모든 수문학적 인자 사이의 관계를 조사하는 D.A.D 해석하는데 필요한 인자는 _____이다.

몸 강우, 지속시간, 강우량, 유역 면적

6. 다음 표에서 Thiessen법으로 유역평균 우량을 구한 값은 _____이다.

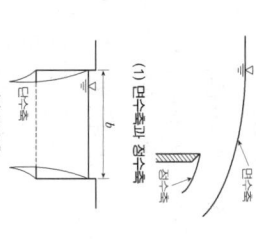

몸 26.25mm

7. Thiessen 다각형에서 각각의 면적이 25km², 30km², 50km² 이고, 이에 대응하는 강우량이 각각 45mm, 40mm, 35mm일 때, 이 지역의 면적 평균강우량을 구하면 _____이다.

몸 Thiessen법에 의한 평균강우량 산정

$P_m = \dfrac{A_1 P_1 + A_2 P_2 + \cdots + A_N P_N}{A_1 + A_2 + \cdots + A_N} = \dfrac{(25 \times 45) + (30 \times 40) + (50 \times 35)}{25 + 30 + 50}$
$= 38.8$mm

관측점	A	B	C	D	E
지배면적	15km²	20km²	10km²	15km²	20km²
우량	20mm	25mm	30mm	20mm	35mm

핵심 37 증발과 침투

1. 증발비란

□ 이다.

답 토양면으로부터의 증발량과 수면으로부터 증발량과의 비

2. 유역면적이 1km², 강수량이 1,000mm, 지표유입량이 400,000m³, 지표유출량이 600,000m³, 지하유입량이 100,000m³, 저류량의 감소량이 200,000m³ 이라면 증발량은 □ 이다.

답 $E = P + I - O \pm U \pm S = 1000^2 \times 1 + 400000 + 100000 - 600000 - 200000 = 700000\ m^3$

3. 어느 지역의 증발접시에 의한 연 증발량이 98.2mm이고 증발접시 계수가 0.7일 때 저수지의 연 증발량을 구한 값은 □ 이다.

답 증발접시계수 = 저수지의 연 증발량 / 접시의 연 증발량 $0.7 = \dfrac{x}{98.2}$ ∴ 68.74mm

4. 침투능을 추정하는 방법에는 □ 이 있다.

답 ϕ-index, W-index

5. 수표면적이 10km²되는 어떤 저수지면으로부터 측정된 대기의 평균 온도가 25℃이고, 상대 습도가 65%, 저수지면 6m위에서 측정한 풍속이 4m/sec이고, 저수지면 경계층의 수온이 20℃로 측정되었을 때 증발률(E_o)이 1.44mm/sec/day였었다면 이 저수지면으로부터의 일증발량은 □ 이다.

답 일증발량 = 증발률 × 수면적 = $1.44 \times 10^{-3} \times 10 \times 10^6$ ∴ 14400m³

6. 어떤 유역에 내린 총우량이 70mm인 호우의 시간적 분포표는 다음과 같다. 이 호우의 ϕ-Index가 10mm/hr이라면 지표 유출량은 □ 이다.

시간t(hr)	08~09	09~10	10~11	11~12
우량(mm)	8	25	20	17

답 지표유출량 = (25-10) + (20-10) + (17-10) = 32mm

7. 어떤 유역에 내린 총 강우량 75mm인 시간적분포가 다음 우량 주상도로 나타났다. 이 유역의 출구에서 측정한 지표 유출량이 9mm/hr 33mm였다면 ϕ-index는 □ 이다.

8. 토양의 초기 함수 조건을 양적으로 표시하는 방법에는 □ 이 있다.

답 선행강수 지수에 의한 방법, 지하수 유출량에 의한 방법, 토양의 함수조건에 의한 방법

---

9 충격력과 항력

1. 정지면의 충격력

작용력(충격력) $\Rightarrow F_x = F_y = \dfrac{w}{g}Q(V_1 - V_2)$

• V_1, V_2 : 유체의 방향(x, y)을 고려한 유입, 유출 속도

2. 항력(전 저항력)

① 마찰저항(표면저항) : 마찰력의 분력을 적분
② 형상저항(압력저항) : 물체 후면가 원인
③ 조파저항 : 파동을 일으켜 물체에 저항

항력 $D = C_D \cdot A \cdot \dfrac{\rho V^2}{2}$ (kg)

C_D : 항력계수, A : 흐름방향에 투영된 면적

---

10 오리피스와 유량

1. 수축단면 : 수맥의 단면적이 가장 작은 부분

2. 수축단면

① 발생위치 : 오리피스 직경의 $\dfrac{1}{2}$ 떨어진 지점
② 수축계수 : $C_a = \dfrac{a}{A} = \dfrac{\text{수축단면의 단면적}}{\text{오리피스의 단면적}}$ 표준단면 : $C_a = 1.0$
③ 접근유속수두 : $h_a = \dfrac{V_a^2}{2g}$, V_a : 접근유속
④ 유량계수 : $C = C_a \cdot C_v$

3. 유량

① 큰오리피스(사각형) : $Q = \dfrac{2}{3}Cb\sqrt{2g}(H_2^{3/2} - H_1^{3/2})$
② 작은오리피스 : $Q = CAV = CA\sqrt{2gH}$

4. 배수시간과 경로 : $T = \dfrac{2A_1 A_2}{Ca\sqrt{2g}(A_1 + A_2)}(H_1^{1/2} - H_2^{1/2})$

8 흐름의 방정식

1. 연속 방정식
$$Q_1 = A_1 V_1 = A_2 V_2 = Q_2$$

2. Bernoulli 정리 : 에너지 불변의 법칙을 기초
$$\frac{P_1}{w} + \frac{V_1^2}{2g} + z_1 = \frac{P_2}{w} + \frac{V_2^2}{2g} + z_2 = \text{Const}$$

3. Venturimeter $Q = C \cdot \dfrac{A_1 \cdot A_2}{\sqrt{A_1^2 + A_2^2}} \sqrt{2gh}$

4. 보정계수
① 에너지 보정계수 $\alpha = \int_A \left(\dfrac{V}{V_m}\right)^3 \dfrac{dA}{A}$
  원관내 : $\alpha = 2$
② 운동량 보정계수 $\eta = \int_A \left(\dfrac{V}{V_m}\right)^2 \dfrac{dA}{A}$
  원관내 : $\eta = \dfrac{4}{3}$

5. 정체압력(총압력)
① 총압력 = 정압력 + 동압력 = $wh + \dfrac{1}{2}\rho V^2$

---

3. 층류, 난류

$R_e = \dfrac{v \cdot D}{\nu} = \dfrac{유속 \times 반경}{동점성계수}$

- $R_e \leq 2,000$: 층류
- $2,000 < R_e \leq 4,000$: 불안정 층류
- $R_e > 4,000$: 난류

4. 상, 사류

$F_r = \dfrac{V}{\sqrt{gh}} \begin{cases} < 1 : 상류 \\ = 1 : 한계류(한계수심, 한계유속) \\ > 1 : 사류 \end{cases}$

한계의 전달속도 : $C = \sqrt{gh}$

핵심 38 유출(1)

1. 어느 강 유역의 일년간의 총우량이 1,160mm이며 유출고를 계산했더니 270.28mm이었다. 이때 유출계수는 ☐ 이다.

답 유출계수 $C = \dfrac{유출량}{강우량}$ ∴ 0.233

2. 유출량이 50m³/sec이고, 유출계수가 0.460이라면 이 유역에 내린 강우량은 ☐ 이다.

답 109mm

3. 유역면적 180km²이고 최대 비유량이 4.0m³/sec/km² 되라면 최대홍수량은 ☐ 이다.

답 720m³/sec

4. 유역면적이 5km², 유출계수가 0.7인 어느 지역에 강우가 60mm/hr의 크기로 지속되었다. 이 때 이 유역내에 발생한 첨두 유출량은 ☐ 이다. (단, 합리식으로 계산할 것)

답 $Q = 0.2778 CIA = 58.3$m³/sec

5. 하천유출에서 rating curve는 ☐ 에 관련된 것이다.

답 수위 – 유량

6. 평균강우량이 30mm/hr의 강우가 면적이 25km²의 유역에 내렸다. 유역 중 유출계수 C = 0.7인 면적이 15km²이고, C = 0.3인 면적이 10km²이라면 유역출구에서 전유역으로부터의 첨두 유출량은 ☐ 이다.

답 $Q = 0.2778 CIA = (0.2778 \times 0.7 \times 30 \times 15) + (0.2778 \times 0.3 \times 30 \times 10) = 112.5$m³/sec

7. 유역면적 280km², 유출계수 0.75인 산지하천에 있어서 상류단에서 출구지점까지의 도달시간에 있어 최대 우량 강도가 29.9mm/hr인 경우 첨두 유량(Q_P)는 ☐ 이다. (단, 합리식으로 계산할 것)

답 $Q = 0.2778 CIA = 0.2778 \times 0.75 \times 29.9 \times 280 = 1744.3$m³/sec

8. 면적 10km²의 지역에 3시간에 1cm의 강우강도로 무한히 내릴 때 평균유량은 ☐ 이다.

답 $Q = 0.2778 \times CIA = 0.2778 \times 1 \times \left(\dfrac{10}{3}\right) \times 10 = 9.26$m³/sec

핵심 39 유출(2)

1. 년우량 2,000mm, 유출율 0.7일 때, 100km² 당의 년 평균유출은 □ 이다.

   답 $Q = 0.2778CIA = 0.2778 \times 0.7 \times \dfrac{2,000}{365 \times 24} \times 100 = 4.4\text{m}^3/\text{sec}$

2. 어떤 소유역의 면적과 유수의 도달시간은 각각 20ha 및 5분이다. 부터 얻어진 이 지역의 강우 강도식이 $I = 6,000/(t+35)\text{mm/hr}$ (I : 강우강도, t : 강우계속시간(min))로 표시된다. 합리식에 의해 홍수량을 계산한 값은 □ 이다. (단, 유역의 평균 유출계수는 0.60이다.)

   답 $1\text{km}^2 = 100\text{ha}$ ∴ $5.0\text{m}^3/\text{sec}$

3. 유역면적 40km²인 어떤 유역에 15시간 지속된 강우로 인한 총우량이 31.5cm 발생하였다. 이때, 이 유역에서 호우로 인한 하천 출구 유출총량이 10,648,800m³이었다면 손실우량은 □ 이다.

   답 ① 총우량 = 유출량 + 손실량(침투량)
   ② 하천의 유출량은 유출총량을 유역면적으로 나눈 값이므로 표시하면

   유출량 = $\dfrac{10,648,800}{40 \times 10^6} = 0.2362\text{m} = 26.62\text{cm}$

   ∴ 31.5 = 26.62 + 손실량

4. 일반적으로 유량빈도곡선의 경사가 완만하면 □ 해당 하천은 홍수가 드물고 지하수가 변화하는 하천방출이 크다.

5. 신도시에 위치한 택지조성 지구의 우수배제를 위하여 우수거를 설계하고자 한다. 신도시에서 재현기간 10년의 강우 강도식이 $I = \dfrac{6,000}{(t+40)}$ 라 하면 합리식에 의한 설계유량은 □ 이다. (단, 유역 평균유출계수는 0.5, 유역면적 1km², 우수의 도달시간은 20분이다.) 답 $Q = 0.2778 C \cdot I \cdot A = 0.2778(0.5)(100\text{ mm/hr})(1\text{km}^2) = 13.9\text{m}^3/\text{s}$

6. 유역면적이 10km²인 하천유역의 강우강도가 200mm/hr이다. 유역의 유출계수가 0.6이 면 유출구에서 첨두유량을 합리적으로 구한 값은 □ 이다. 답 $333.36\text{m}^3/\text{sec}$

7. 수위-유량 관계곡선의 연장방법은 □ 이다.

   답 전대수지 방법, Stevens 방법, Manning공식에 의한 방법

---

4. 수압에 의한 원관의 두께(t) : $t = \dfrac{PD}{2\sigma_{ta}}$

   ※ 주의 : 단위일치

6 부체와 상대정지

1. 부력(B) : 물체가 수중에 있을 때 물체가 받는 연직 상방분력의 힘을 말한다.
   일반식 : $w \cdot V + M = w' \cdot V' + M'$

2. 경심고 ($\overline{MG}$) : 경심(M)과 무게중심(G)과의 거리
   일반식 : $\overline{MG} \cdot W \cdot \theta = P \cdot l$

3. 안정·불안정
   $\dfrac{I}{V} - \overline{GC} > 0$: 안정 (경심 M이 무게중심 G보다 위)
   $= 0$: 중립 (경심 M이 무게중심 G와 일치)
   < 0 : 불안정 (경심 M이 무게중심 G보다 아래)

   여기서 V : 물체 수중부분의 체적
   I : 최소 단면2차 모멘트, $\min[I_x, I_y]$

4. 수평가속도(α)를 받는 액체 : $\tan\theta = \dfrac{a}{g}$

5. 연직가속도(α)를 받는 액체의 압력 : $P = wh\left(1 \pm \dfrac{a}{g}\right)$

7 흐름의 분류

1. 유선방정식
   - 유선 : 입자속도 벡터에 접하는 가상의 곡선
   - 유관 : 유선으로 이루어진 가상적인 관
   - 유적선 : 유체입자의 운동경로

   $\dfrac{dx}{u} = \dfrac{dy}{v} = \dfrac{dz}{w}$

2. 흐름의 분류
   - 정류 : 시간에 따라 유동특성이 변하지 않는 흐름
   - 부정류 : 시간에 따라 유동특성이 변하는 흐름
   - 등류 : 두 단면의 흐름 특성값이 같은 흐름
   - 부등류 : 두 단면의 흐름 특성값이 다른 흐름

5 정수압

1. 전수압

$P = w h_G A$

2. 작용점의 위치

$h_C = h_G + \dfrac{I_G}{h_G A} \sin^2 \theta$

h_G : 수면으로부터 물체중심까지의 길이

도 형	단면2차 모멘트 (I_G)
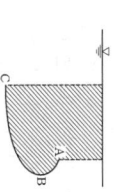	$\dfrac{bh^3}{12}$
	$\dfrac{bh^3}{36}$
	$\dfrac{\pi D^4}{64}$

3. 곡면에 작용하는 전수압

$P = \sqrt{P_x^2 + P_y^2}$

(1) 곡면에 작용하는 수평분력(P_x) : 연직면에 투영했을 때 투영면상(연직면)에 작용하는 전수압

$P_x = w \cdot h_G \cdot A'$

(2) 곡면에 작용하는 연직분력(P_y) : 곡면을 밑면으로 하는 연직선에 대하여 축방향 물기둥의 무게와 동일
  ㉠ 연직선에 대하여 축방향 부분의 부피표시
  ㉡ 중복되는 부분은 연직 부분을 배제
  ㉢ 중복되지 않는 부분의 물무게를 구한다.

핵심 40 수문 곡선

1. 유출 경수량과 가장 관계가 깊은 것은 _____ 이다.
   답 직접 유출량

2. 가저 유출의 직접 유출의 분리 방법은 _____ 이다.
   답 수평직선 분리법, N-day법, 수정 N-day법, 지하수 경수 곡선법

3. 단위유량도 작성에 있어 긴 경우지속 기간을 단위도로부터 짧은 경우기간을 가진 단위도로 변환하기 위해서 사용하는 방법으로 적합한 것은 _____ 이다.
   답 S-curve 법

4. 다음 수문곡선이 나타내는 유출의 값으로 나타내면 _____ 이다. (단, A=10km² 이다.)

   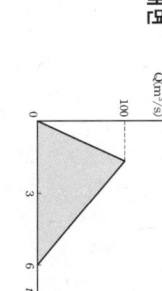

   답 중간유출

   $V = Q \cdot t = 100 \times 6 \times \dfrac{1}{2} \times 60 \times 60 = 1.08 \times 10^6$

   유효강이 : $h = \dfrac{V}{A} = \dfrac{1.08 \times 10^6}{10 \times 10^6} = 108 mm$

5. 강우강도를 I, 침투능을 f, 총우수 미흡량을 F, 토양수 미흡량을 D 라 할 때 지표면 유출을 발생하나 지하수의 상승하지 않는 경우에 대한 조건식은 _____ 이다.
   답 $I > f$, $F < D$

6. 일정 기간동안 균일한 강도를 가진 임의의 유효경우량이 유역출구점으로 함한 직접유출량 산출작으로 단위도를 구하는 방법은 _____ 이다.
   답 중첩가정(Princip of superposition)

7. 우량과 유량자료가 없는 미계측 유역에서 경험적으로 단위도를 구하는 방법은 _____ 이다.
   답 합성단위유량도

8. 합성 단위 유량도(Synthetic Unit Hydrograch)의 공식 중에서 지체시간(Lag time)에 영향을 주는 주요한 요소들은 _____ 이다.

   $t_p = C_t (L L_{ca} L)^{0.3}$ 으로서 C_t는 계수, L_{ca}는 유역중심가지 하천의 길이, L은 축수경정으로부터 분수계까지 측정한 거리(mile)이며, L_{ca}는 축수경정으로부터 분수계 때까지 유역의 중심에 가까운 분수경정까지 측정한 거리이다.

9. 단위유량도 작성시 필요한 사용은 _____ 이다.
   답 직접 유출량, 유효우량의 지속시간, 유역 면적

3. 모관상승고
   ① 정의 : 액체의 부착력과 응집력의 원인
   ② 유리관 모관고 : $h = \dfrac{4T\cos\theta}{wd}$
   ③ 연직 평판 모관고 : $h = \dfrac{2T\cos\theta}{wd}$

4. 유체의 분류
   ① 압축성 유체, 비압축성 유체
   ② 점성 유체, 비점성 유체
   ③ 실제유체, 완전유체

3 단위와 차원

1. 절대단위계와 공학단위계의 상호 교환인자 : $F = ma$
   즉, $F = MLT^{-2}$ 또는 $M = FT^2L^{-1}$

2. 절대 단위계의 변환
   ① 차원만 변환 : 상호교환인자를 사용
   ② 상수값 변환 : 중력가속도($9.8 m/sec^2$)를 곱한다.

3. 공학단위계의 변환
   ① 차원만 변환 : 상호교환인자를 사용
   ② 상수값 변환 : 중력가속도를 밖으로 나타낸다.

4 정수압

1. 성질
   ① 면이 이동해도 상대적인 운동이 없다.
   ② 점성력이 존재하지 않는다.
   ③ 수압은 항상 면에 직각으로 작용한다.
   ④ 수압은 수심에 비례한다 : $p = wh$
   ⑤ 절대압력 = 게기압력 + 대기압력 : $p = wh + P_a$
   ※ 표준기압(1기압)

   $1\,\text{atm} = 760\,\text{mmHg} = 1,033\,\text{g}/\text{cm}^2 = 1,033\,\text{cmH}_2\text{O}$

2. Pascal 원리
   정수중의 한점에 압력을 가하면 그 압력은 물속의 모든 곳에 같은 크기로 전달된다.

공식 파일 요약

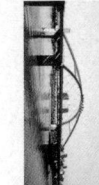

1 유체의 기본성질

1. 밀도(=비질량)
① 정의 : 물체 단위체적당 질량의 크기를 말한다.
② 사용 기호 : ρ (단위 : g/cm^3, t/m^3)
③ 특성 : 표준대기압하에서 물의 밀도는 3.98℃에서 최대를 가진다.

2. 단위중량(=비중량)
① 정의 : 물체의 단위체적에 작용하는 물체의 중량이다.
② 사용기호 : w (단위 : g/cm^3, t/m^3)
③ 단위중량 = 밀도 × 중력가속도 = $\dfrac{중량}{체적}$

$$w = \rho g = \dfrac{단위중량}{단위체적} = \dfrac{W}{V} = \dfrac{mg}{V}$$

3. 비체적 = $\dfrac{단위중량}{단위질량}$ = $\dfrac{1}{w}$

4. 비중 = $\dfrac{물체의 밀도}{물의 밀도}$ = $\dfrac{물체의 단위중량}{물의 단위중량}$

5. 전단응력 = 점성계수 × 속도경사, $\tau = \mu \times \dfrac{dv}{dy}$ 속도경사 $\dfrac{dv}{dy}$의 단위는 /sec이다.

6. 점성계수 사용기호 : μ (단위 : poise=g/cm·sec)

7. 동점성계수 = $\dfrac{점성계수}{밀도}$, $\nu = \dfrac{\mu}{\rho}$

2 표면장력과 모관고

1. 평균 압축률
① 사용기호 : C (단위 : cm^2/kg, cm^2/g)
② 평균압축률 = $\dfrac{부피의 변화율}{압력의 변화량}$ $C = \dfrac{\dfrac{dV}{V}}{dP}$
③ 특성 : 물은 10℃ 상태에서 1기압에 대해 약 $\dfrac{5}{100,000}$ 씩 압축이 된다.
※ 체적탄성계수 : $E = \dfrac{dP}{\dfrac{dV}{V}} = \dfrac{1}{C}$

2. 물방울의 표면장력 : $T = \dfrac{P}{4}d$

1주일 완성! 핵심문제풀이
수리수문학

發行處 (주) 받솔아카데미

(주)06775 서울시 서초구 마방도10길 25 트인타워 A동 2002호
TEL : 575-6144/5   FAX : 529-1130
⟨1998. 2. 19 登錄 第16-1608號⟩
www.bestbook.co.kr/www.inup.co.kr

제1편 운송과 물류운영

CIVIL ENGINEER 수리수문학

- 제1편 공식파일오약
- 제2편 핵심120제(1~40)

2026
1주일 완성! 핵심문제풀이
수리학 및 수문학
핵심정리 120제

- 핵심 1 ~ 핵심 28
- 핵심모의고사 파일모음

3

한솔아카데미

1주일 완성! 핵심문제풀이
수리학 및 수문학
핵심정리 120제

이 책의 특징

- 각 단원별 기출문제를 체계적으로 정리하여 복습이 자연스럽게 이루어지도록 유도하였습니다.
- 과년도 기출문제 중심으로 구성하여 문제 답을 한눈에 들어오도록 하였습니다.
- 총정리 문제풀이로 최종 마무리가 될 수 있도록 하였습니다.

www.inup.co.kr
www.bestbook.co.kr